高等师范院校
化学教育教学前沿研究

主编◎陈光巨　万　坚

扫码查看电子资源

北京师范大学出版集团

BEIJING NORMAL UNIVERSITY PUBLISHING GROUP

北京师范大学出版社

图书在版编目(CIP)数据

高等师范院校化学教育教学前沿研究/陈光巨，万坚主编.—北京：北京师范大学出版社，2022.5
ISBN 978-7-303-25289-3

Ⅰ．①高… Ⅱ．①陈… ②万… Ⅲ．①化学教学－教学研究－高等师范院校－文集 Ⅳ．①O6-42

中国版本图书馆 CIP 数据核字(2020)第 077298 号

营 销 中 心 电 话　　010-58802181　58805532
北师大出版社科技与经管分社　www.jswsbook.com
电 子 信 箱　　jswsbook@163.com

出版发行：北京师范大学出版社　www.bnupg.com
　　　　　北京市西城区新街口外大街 12-3 号
　　　　　邮政编码：100088
印　　刷：北京天泽润科贸有限公司
经　　销：全国新华书店
开　　本：889 mm×1194 mm　1/16
印　　张：36.5
字　　数：948 千字
版　　次：2022 年 5 月第 1 版
印　　次：2022 年 5 月第 1 次印刷
定　　价：120.00 元

策划编辑：雷晓玲　　　　　责任编辑：雷晓玲
美术编辑：李向昕　　　　　装帧设计：李向昕
责任校对：陈　民　　　　　责任印制：赵　龙

高等师范院校化学教育教学前沿研究

编 委 会

前　言

为了全面贯彻落实全国教育大会和新时代全国高等学校本科教育工作会议精神，推动我国高等师范院校化学课程结构和教学改革，营造各高等师范院校化学教育教学协同发展的良好态势，教育部高等学校化学类专业教学指导委员会（高师协作组）坚持以习近平新时代中国特色社会主义思想为指导，坚持立德树人的根本方向，多措并举推进我国高等师范院校化学师范专业建设和拔尖创新人才的培养，2013—2018 年：分别在东北师范大学、陕西师范大学、广西师范大学召开了第十五、第十六、第十七届全国高等师范院校化学课程结构与教学改革研讨会；分别在河南师范大学、山西师范大学、河北师范大学召开了第三、第四、第五届全国高等师范院校大学生化学实验邀请赛暨高等师范院校化学实验教学与实验室建设研讨会。会议期间，来自全国各高等师范院校化学专业的专家、学者围绕高等师范化学专业课程体系建设、课程设计与实施、教学模式与教学方法变革、学生化学实践创新能力培养与发展、信息技术与高等师范化学教育教学深度融合等方面开展了深入的学习和交流，探讨了新时代高等师范化学教育所面临的问题、机遇和挑战。

上述会议征文得到了海内外从事高等师范教育工作教师的踊跃响应，收到的论文经评审、遴选，结集出版《高等师范院校化学教育教学前沿研究》一书。本书收录的论文是我国各高等师范院校化学专业的专家、学者围绕当前高等师范化学教育改革发展等问题所研究出来的重要研究成果，反映了新时代高等师范化学人对如何落实"以生为本""以本为本"的思考。根据所收录论文的内容和研讨会主题，我们将论文大致整理为三个专题。

由于论文提交时间跨度大、不同作者所提供的论文格式不尽相同，且编者的时间、水平有限，难免存在着论文审理和编辑的不足之处，恳请广大作者和读者对可能出现的错误和不妥之处加以谅解和批评。

本书的出版得到了教育部高等学校化学类专业教学指导委员会（高师协作组）的悉心指导，特别是得到了教学指导委员会副主任委员、北京师范大学原副校长陈光巨教授的大力支持、指导与帮助。在此，对所有为本书出版给予关心和支持的单位和个人一并致以衷心的感谢！

教育部高等学校化学类专业教学指导委员会（高师协作组）

2019 年 3 月

目　录

Ⅰ　化学人才培养模式改革

Ⅱ 化学课程体系与教学方式改革

Ⅲ　化学实验教学与实验室管理改革

I

化学人才培养模式改革

化学教育硕士培养激励机制研究

常聪，刘宝①

（广西民族大学化学化工学院，广西南宁 530008）

摘　要： 化学教育硕士在我国发展较快，形成了庞大规模，但是培养出的化学教育硕士质量不容乐观。基于目前存在的问题，将激励机制与高校管理实践相结合，提出激励机制构建原则和实施建议，旨在建立科学的、有利于人才培养和使用的激励机制，充分调动教师、化学教育硕士的积极性，实现化学教育硕士培养目标，发挥他们创造力，提高学校的办学质量，使学校的发展充满活力。

关键词： 激励理论；激励机制；高校教师；人力资源管理

专业学位研究生教育在我国起步较晚，但发展迅速。2013 年，我国专业硕士研究生录取率 40%，录取 22 万余人，到 2015 年，专业硕士研究生录取率达到了 50%，专业硕士已成为我国研究生的一个重要组成部分。专业硕士教育在我国从无到有，从小到大，涉及经济管理、理工、法律、社会、农医、教育等多个学科，基本形成了全日制和在职教育相结合的培养格局，涵盖了经济社会发展的各个领域，备受关注，并逐渐被社会认同。

我国化学教育硕士培养发展较快，形成了庞大规模，但是化学教育硕士培养在我国还处在初期发展阶段，要使其健康发展并逐渐彰显出生机与活力自然离不开提升化学教育硕士的质量。全日制化学教育硕士培养目标要求学生：在知识上，具备扎实的理论知识、较强的专业知识、过硬的教学技能、教学实践能力以及一定的研究能力；在能力上，具有自学能力、教学能力、实践能力、科研能力、创新能力；在情感上，治学态度端正、具有创新意识和科学精神、具备一定的责任担当。然而目前化学教育硕士的培养并未很好地实现教育硕士的培养目标，主要是因为：培养目标不明确；学生科研态度不端正；导师课题经费资助不足；学校绩效考评制度不完善等。因此，围绕实现化学教育硕士的培养目标，建立完善的激励机制体系是及时且有必要的。

一、激励机制研究

1. "激励机制"概念界定

激励机制，也称激励制度，是通过一套理性化的制度来反映激励主体与激励客体相互作用的方式。学校管理中激励机制就是充分发挥学校行政管理功能，通过正面导向和调控，将学校发展、教师个体发展、学生发展的外部条件，作用于教师、学生群体，激发教师、学生为达到共同目标而相互影响、相互联系、相互促进的行为系统。本研究中的"激励"是通过满足人的需求来调动人的动机的整个过程，因此必须要了解被激励对象的主客观需要，有针对性地实行一系列持续性的激发人的主动性与积极性的措施。

2. 激励机制理论依据

马斯洛的"需求层次理论"认为人的基本需求包括 5 个层次，分别是生理需求、安全需求、情感和归属需求、尊重需求和自我实现需求，并且认为一般情况下人们的这 5 种层次的顺序基本不变，当人

---

① 通信联系人：刘宝，24129738@qq.com。

们低层次需要得到满足后便渴望自己能在社会中有所归属，希望在生活学习、社会交往中，得到他人尊重、社会或他人的认可。

"阿特金森的成就动机模型"把个人的成就动机分为两部分：一是力求成功的意向；二是避免失败的意向。力求成功者坚持学习的时间会更长，即使遇到挫折，也往往会加倍努力；避免失败者在选择任务时，一般选择比较容易的，或极为困难的任务。因此在活动中要给予不同学生以适当任务。

"斯金纳的强化理论"中的强化是指个体产生了某种行为后得到了良好的效果，从而提高了该行为日后产生的频率。例如学生因一次激励取得良好成绩、满足自身需要层次，他们就会有更强的学习动机去积极参与下一次活动；反之，如果学生的学习没有受到强化，他们的学习动机相应也会减弱。

基于上述 3 个理论，从内部动机、外部动机相结合探索化学教育硕士生激励过程，从渴望得到他人尊重和自我实现需要开始，由个人需要进而产生行为动机，指导教师结合学生实际情况给予恰当任务，学生取得明显成果后，自我实现的需要也愈加强烈，进而不断产生新的动机。激励过程就是这样周而复始、循环往复地进行，源源不断地为激励机制的开展提供动力。

二、激励机制构建原则

1. 激励要以学生为本

无论何种激励形式，都要以学生的基本需求为前提，充分了解学生实际需要。只有这样，才能起到真正的激励作用。鉴于硕士研究生作为复杂的脑力劳动者，他们的想象力与创造力很强，本文倡导化学教育硕士研究生激励机制的建立，要通过规范化学教育硕士研究生学习的外在条件，真正确保喜欢研究的学生们能够安心学习与科研。

2. 激励程序遵循公开、公平与公正

高校应制订民主科学的评比细则，以班级或年级为单位，广泛征求学生们的建议，确保评比标准的科学性。客观公正的评比结果是激励后进学生努力的最好形式，这样才能让所有参评者口服心服，才能实现奖励优秀学生的目的。整个评比过程应严格遵照评选程序，做到"三公"。

3. 衡量激励的指标多元化

纵观各高校现有的奖助学金评价指标（学习成绩、科研成果、英语及计算机水平等），在现实操作层面，由于评判标准不同，导致课程成绩不具有可比性。硕士研究生的卓越究竟用何种指标加以衡量？本研究认为，院系可以将学生在硕士期间获得的各种成绩及奖项加以统计，鼓励学生拿出真正可以代表自己学术水平的文章，将参赛获奖、科研情况、参与社会实践活动都纳入"硕士研究生综合素质测评体系"中并加以客观量化，利用多元化评价指标评出真正卓越者。

4. 物质激励与精神激励两手抓

反观研究生教育本身，以培养高层次专门人才为目标，强调"高""精""尖"的精英化人才培养。因此，本研究认为，真正践行同步激励理论，必须将物质激励与精神激励贯穿于激励过程的始终。比如把奖学金进一步细化为论文成果奖学金、竞赛成果奖学金、课程学习成绩奖学金等；在奖励思想道德与学习工作方面，可以设立精神文明建设奖、学生工作奖等。

三、激励机制实施建议

激励机制是为了更好地实现对化学教育硕士的激励，让优秀的人才真正获得稀缺资源的优待，进一步调动学生学习科研的积极性。研究生教育资源的稀缺性决定了其分配方式，因此，要防止稀缺资源分配的平庸化现象出现，既要以硕士研究生的成才为核心，也要考虑激励多元主体中的政府、高校、导师及硕士研究生四个要素。

1. 政府层面：发挥宏观调控作用

对于研究生教育资源配置，要做到以政府的宏观调控为主，坚持效率优先、兼顾公平。政府应不断完善硕士研究生教育质量保障体系的相关政策与法律法规，明确各权益主体的合法权益与各自的权责关系，规范各自的评估行为，提倡各利益主体之间的协同合作，旨在为提高研究生教育质量服务。国家也要加大对研究生教育的激励经费投入。政府要继续资助硕士研究生完成已有的科研项目，更要保证基础研究的顺利开展。政府是硕士研究生激励的重要利益主体。因此，政府要进一步完善奖学金、助学贷款、勤工助学等激励政策，保障贫困硕士研究生接受研究生教育机会的平等。

2. 高校层面：严格各种绩效考评制度

高校在硕士研究生激励过程中处于基础性地位，更要自觉地进行自我评估，在行为中要自我约束，各种活动的开展都要以自我发展为核心，自觉地提高高校自身的办学质量。首先，要在高校全体师生中树立较强的质量意识，营造积极向上的竞争氛围，激发师生员工以更大的工作学习热情投入到质量提升工作中。其次，要构建完善的高校资助激励机构，校级与二级院系级资助机构并行，进一步完善各自院系的评比方案与细则。高校通过汇总各二级学院的科研成果，对科研贡献较大的院系给予奖励，表彰那些在科研活动中表现突出的院系。

3. 导师层面：加大导师的课题激励作用

硕士研究生教育质量的提高，必须以高素质的导师队伍作保障。导师作为硕士研究生培养的主要负责人，指导硕士研究生的学术科研与人生品质，在硕士研究生的思想教育方面起着引导与监督作用。首先，高校应完善以激励为主的导师建设管理制度，在硕士研究生招生环节与培养过程中，给予导师较大的自主权。其次，奖助学金的评定应充分发挥导师的话语权。导师较为了解学生的日常学习科研情况，奖助学金评定必须考虑导师的建议；把硕士研究生的培养成本逐步转移到导师身上，导师可以从科研经费中提取一部分用于资助研究生，形成强大的师生科研团队，也有助于增加导师申请更多科研项目的机会。

4. 硕士研究生层面：端正科研作风

硕士研究生作为研究生激励的主要受益者，在学习、科研的过程中，要尽可能地考虑现实社会的需要：硕士研究生的科研活动要面向市场经济发展的需要，更好地为社会主义市场经济的发展服务；硕士研究生要超越"象牙塔"，将学到的知识真正运用到现实生活中，更好地为社会发展服务。硕士研究生的激励过程，尤其是奖助学金的评定过程，要确保资助评审会议中学生代表的参与，因为他们代表了硕士研究生们的基本利益，在激励执行过程中可起一定的监督作用。硕士研究生应坚持端正的学习科研作风，潜心钻研，虚心向身边的老师和同学请教；从严要求自己，遵守校纪校规，积极参加院系组织的社会实践活动，提高自己的社会实践能力。

参考文献

[1]谢梦，王顶明. 研究型大学拔尖创新博士生培养激励机制——L院士课题组案例研究[J]. 高等工程教育研究，2016(1)：158-161.

[2]许方. 全日制化学教育硕士教师专业发展现状的调查和分析[D]. 武汉：华中师范大学，2015.

[3]丁旭光，朱琳. 化学教育硕士研究生实践能力培养模式研究[J]. 鞍山师范学院学报，2016(6)：53-55.

[4]王媛. 化学教育硕士教学技能发展的个案研究[D]. 西安：陕西师范大学，2014.

[5]王蕾，肖鹏. 激励机制在高职教学中的探索与实践[J]. 现代交际，2013(6)：195-196.

[6]张存道，刘建涛，周锡勤. 试论实践教学中的激励机制[J]. 电力高等教育，1994(2)：47-49.

中学化学教师专业伦理初探

陈庆露，杨承印[①]

（陕西师范大学化学化工学院，陕西西安 710119）

摘　要： 化学教师专业伦理是化学教师在教学活动中应该秉持的价值判断以及所应遵守的行为规范的总和，其目的是为了促进化学教师的专业发展以及维护化学学科和化学科学的声誉。对中学化学教师的调查研究发现：化学教师伦理决策现状的三个视角中，生命伦理视角的教师伦理失范行为最多，科技伦理视角教师伦理失范行为次之，环境伦理视角的教师伦理失范行为最少。总体上教师在每个视角下都有较多的伦理失范行为，存在亟待解决的问题。发展化学教师专业伦理素养有教师自我修养和专业组织培训两种途径，应当将显性的教育培训和隐性的修养陶冶有机结合起来发展教师的专业伦理素养。

关键词： 化学教师；专业伦理；生命伦理

化学教师专业伦理是教师专业伦理具体到化学学科上的体现，其发展程度在一定程度上代表了化学教师职业的专业化程度。从实践状态来看，我国的化学教师职业尽管已经进入专业化阶段，但是用来指导教师道德行为、维护教师形象的专业伦理的发展却仍然停留在职业道德层面，显得不合时宜。教师在教学中存在哪些伦理失范行为，如何进行改进，是亟待解决的问题。

一、什么是化学教师专业伦理

化学教师专业伦理即化学教师在进行教学活动时所应持有的对化学科学、化学技术、生态环境的观念，对所从事化学教育活动的价值判断，以及化学教师在化学教学活动中应该遵守的一系列能够帮助教师和学生生命发展的伦理规范总和。它产生于教师与他人（主要是学生）的利益互动之中，是教师专业活动开展的需要，更是引导教师朝向专业化迈进的一个核心机制。它所要回答的是教师具有哪些道德义务，拥有哪些权利，对何种道德实践负有责任的问题，或者说是化学教师要成为怎样的人的问题。

化学教师专业伦理的内涵应做两个层面的解释。一是以教师专业为重点，即化学教学伦理，这一层面所探讨的是化学教师在教学活动中与学习者之间的道德关系，与管理者之间的道德关系，以及与社会之间的道德关系，以教师的教学行为为研究对象。二是以化学学科为重点，也就是化学学科伦理，这一层面从化学知识、化学科学、化学技术出发，以化学对人类社会、自然环境的影响为着眼点，以更好地发挥化学的育人价值，促进学生的发展为目标，其研究对象是化学教师的学科理解——即化学教师对化学学科价值的理解。

化学教师专业伦理的构成要素应当有四个。其一，专业理想。它反映了教师教育理想和教育价值判断，是教师在道德实践中做出何种决策的决定性因素。其二，专业伦理原则。在道德辩护中专业伦理原则有更高于专业伦理规范的效力，即当同一道德事件可以用不同的伦理规范进行辩护并且得到不同的结论时，可以向上寻找伦理原则进行辩护，并以伦理原则为准。其三，专业伦理规范。它详细指明在教学工作中教师的哪些行为是积极的，哪些行为是被禁止的，即教师可以做什么和不可以做什么

---

①　通信联系人：杨承印，yangcy@snnu.edu.cn。

的说明，同时也是教师权利的体现。其四，一部分典型性的教师道德实践的案例分析，它是对以上三要素如何应用的进一步说明。

我国最早对化学教师专业伦理的讨论始于 2006 年，周国芬[1]提出要在化学类师范生中加强绿色化学的伦理价值教育，其后学者们对在化学教学中加强环境伦理[2,3]、科技伦理[4-6]以及人文价值教育[7]进行了理论探讨与实践研究，上述研究是对化学学科伦理的研究；而对化学教学伦理的研究则始于 2007 年，姜建文[8]从伦理的视角分析了教师创设的化学教学情境，指出了不符合伦理规范的教学情境，而段志欢[9]则对新课改下化学教学中的师生关系进行了伦理视角的研究。

二、化学教师专业伦理提出的充要条件

化学教师专业伦理提出的充分条件指的是其可能性，即为什么能够提出化学教师专业伦理这个概念？有两点原因：其一，教师专业化发展。教师专业伦理发展的研究最早可以追溯到 1954 年，国际教师团体协商委员会通过《国际教师团体协商委员会教师宪章》，规定了各国教师都应遵循的四条师德规范。1987 年《国际教师工作与教师教育百科全书》解说的"专业标准"对于教师专业伦理的要求是非常清晰的。教师专业化发展使得教师从普通职业的从业人员成了其他职业无法代替的专业人员，能够提供社会上不可缺少的教育服务，他们像医生和律师一样以崇高的专业理想和专业精神指导他们做出专业判断，提供专业服务。其二，伦理学的发展。21 世纪科学技术飞速发展，对人类生活带来了深远的影响，也产生了更多关乎人类未来的伦理问题，而伦理所关涉的范畴也不断扩大。阿尔贝特·施韦泽[10]（Albert Schweitzer）敬畏生命伦理思想的提出，将伦理关怀的对象扩展到包括动物、植物、微生物在内的一切生命之间。这一伦理思想的提出成为环境伦理、科技伦理等主要的思想源泉，进而使上文中所提出的化学学科伦理成为可能。

在我国，化学教师专业伦理提出的必要条件有三点。

其一，2017 年 1 月，国务院《国家教育事业发展"十三五"规划》第二部分"全面落实立德树人根本任务"第六条指出：要强化生态文明教育，广泛开展可持续发展教育。鼓励学校开设相关课程，帮助学生树立尊重自然、保护生态文明、形成可持续发展的理念；使学生具备知识和能力，形成绿色、文明、健康的生活方式，引领社会绿色风尚[11]。那么如何将上述要求落实到化学学科上？化学教师在其中承担着怎样的责任？这些问题都对化学教师的教学工作提出了新的要求，化学教师专业伦理的研究是对上述问题的回应。

其二，化学科学的发展与化学价值教育的缺失。它为人类文明的发展作出了巨大的贡献，与现代生产、生活的各个方面都密切相关。遗憾的是，化学学科正面临声誉不佳、吸引力不强、后继相对乏人等窘境，被科学界边缘化，贬低为"落日科学"，被普通民众与食品造假、环境污染、恐怖威胁等画等号[12]。化学科学的教育理应体现化学对科学、技术、社会、环境（STSE）的贡献，然而在化学教学的实践中，部分化学教师对于化学学科缺乏认同感，课堂上不合适的举例，化学实验教学事故频发等原因，导致学生对化学兴趣不足。而化学教师教育领域仍片面强调学习化学本体知识与技能，提高研究创新能力、教学能力等，忽视了对化学教师专业理想的构建，专业行为的规范与指导，很多化学教师缺乏对本行业的价值认同[13]。如此，既没有对化学学科价值的认同，也没有对教师行业价值的认同，最终化学教师对化学学科缺乏热情，甚至产生厌恶，也很难在教师行业内获得幸福感。

其三，教师职业道德的实践状态。对我国现行教师职业道德可以作两种解读：教师职业道德的研究重点是"道德"，其目的是提升"教师个人"的道德品质，让教师成为道德楷模；"职业"是教师职业道德研究的重点，发展教师职业道德是为了更好地为教师职业服务，让教师职业行为遵守道德规范和道德准则[14]。第一种观念将教师职业道德与教师道德混同，泛化教师职业道德的内涵，无形中用教师个人道德代替了教师职业道德，忽视了道德的内部差异和公私之别，显然教师职业道德更偏重教师在公德方面的表现，而教师道德关注教师在私德方面的表现。第二种观念主张师德建设更好地服务于教师

职业的生存和发展。这种观念倾向于将职业道德放到公德中去理解，强调师德规范的研究与制订，希望通过明确规则来约束教师的行为。应当承认：一方面，这种认识和行动有助于建构教师职业价值观；但在另一方面，过于强调规范的效力，使得教师成为师德的客体，教师职业行为和态度始于规范，终于规范，难以成为道德主体。如此一来就难以理解作为一名教育工作者的价值和意义，难以在教育工作中找到幸福，教学工作也就沦为了机械重复的过程，教师职业只能成为一种谋生手段而永远不能成为一种专业。因此，教师职业道德必然向教师专业伦理转移。

三、中学化学教师专业伦理的现实状态

为了解中学化学教学中的专业伦理的实践状态，本文针对中学化学教师进行了问卷调查和访谈法相结合的研究，其中问卷分为两部分，第一部分为背景信息，第二部分为推断分析，推断分析部分以中学化学教师专业伦理决策现状为调查主题。从生命伦理、科技伦理、环境伦理三个视角设计调查问题，各题均有"非常符合、符合、比较符合、比较不符合、非常不符合"五个选项，采用五点计分法，得分均值越高，表明教师在该问题下的决策结果越符合伦理规范。问卷发放对象为某师范大学 2015 届免费师范生（这些学生毕业后分布在全国各地的中学执教化学）及西安市部分高中的化学教师。问卷采取网上发放的形式，回收问卷 61 份，调查结果用统计软件 SPSS19.0 进行可靠性分析，得到 Cronbach's Alpha 为 0.907，表明信度较高。

调查结果如下：

1. 生命伦理视角教师伦理问题决策现状

如图 1 所示，生命伦理视角下，中学化学教师专业伦理决策现状的调查显示，"教育平等"一项的调查结果中，问题 18、22、24、26、28 分别得分 4.25、4.13、4.25、4.18、3.54。问题 18、22、24、26 分别指向教师平等地对待每一个学生、教师与学生之间教学相长、学生对教师的监督、教师对学生提问权利的认可四方面，得分均超过了 4 分，说明在这四方面绝大多数教师都能够做得比较好，情况可喜。问题 28 为"我能控制自己的脾气，从未在课堂上对学生大发雷霆"。这一题得分较低，仅为 3.54 分，在中学化学课堂上教师对学生发脾气并不少见，更有甚者会对学生言语侮辱，这一方面反映了教师缺乏相应课堂掌控能力，另一方面则反映了教师不能平等地看待学生。试想有哪个教师会在校长面前大发雷霆吗？教师因为掌握了知识而在学生心目中具有权威，从而手中拥有了权力，能够对学生进行管理和批评教育。但是我们要善用这种权力，让它成为学生发展中保驾护航的强有力保障，而非有可能对学生造成伤害的言语暴力等。而且这种行为伤害的不仅仅是学生，更是教师的形象，一个经常大吼大叫的老师无疑是很难让学生信服的。

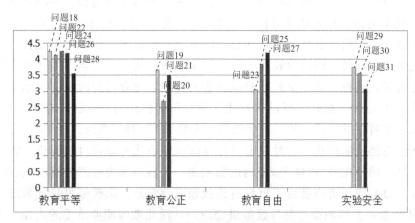

图 1　生命伦理视角教师伦理问题决策现状统计图

在"教育公正"一项的调查结果中，问题 19、20、21 分别得分 3.65、2.69、3.51。可见在"教育公

正"一项教师仍有较多问题需要改进。问题 19 为"我认为化学成绩差的学生能学好其他科目"得分较低，说明学生一旦学生成绩差，很可能从此不再受到教师的关注，因为教师认为他其他科目也是学不好的，显然这种看法并不公正，与因材施教的理念背道而驰。问题 20 为"我更喜欢与学习好的学生讨论书本之外的化学知识"，该问题指向教师看待"学优生"与"学困生"的态度问题，如果问题 19 的结果还不够明显，那么本题 2.69 分的得分则更加能说明问题，即教师不能公正地看待每一个学生，而是明显地偏爱学习成绩好的学生。问题 21 为"我认为男生更有学习化学的天赋，女生稍差"，该问题的得分也不高，说明在中学化学教师眼里男生更有学习化学的天赋。一旦教师形成这种观念，那么来源于教师的非物质的化学学习资源必然会向这部分学生偏移，如教师的关注、期待等，而这些因素对于学生学习化学有非常重要的作用。总之，这些问题都说明教育公正这一项问题较为突出。

在"教育自由"一项的调查结果中，问题 23、25、27 分别得分 3.05、3.85、4.20。问题 23 为"我认为必须努力监控学生行为，避免他们学坏"，得分在同类问题中得分最低，为 3.05 分，表明在教师与学生的相处中教师总是对学生抱有一种怀疑的状态，从而处于一种监控学生行为的状态之中。这种行为会在无形中降低师生之间的信任度，会给教师增加额外的工作量，并且不利于学生的自主发展。这在中学化学教学实践中有两种体现：一种是教师为了完成当堂课的课程，而限制学生的活动时间，这种情况主要出现在"新手型教师"身上；另一种是学校较为盛行的教师坐班制，该制度的初衷是让学生有问题的时候可以随时请教老师，但是在实践过程中经常会出现"窗外的班主任"这种现状，是对学生的过度掌控。问题 27 为"我会选择灵活多样的教学方式，并注重与学生交流"，该问题得分较高，表明教师在教学方式的选择上是具有自主权的，并且充分地尊重学生的意见，这一点值得肯定。

在"实验安全"一项的调查中，问题 29、30、31 分别得分 3.74、3.56、3.07。该项调查的所有问题得分在同一视角下的不同二级类目中得分最低，表明在生命伦理视角下的中学化学教师专业伦理决策中，实验安全部分的伦理失范行为最多，情况最差。问题 29 为"我在进行实验教学时总是事先演练，从未发生意外"，该问题在同类型三个问题中得分最高 3.74，但是从得分上，可以推测部分教师在进行化学实验教学时仍然有意外发生的情况出现。化学实验对于化学学科育人价值的作用无须细说，但是一旦发生意外其造成的危害也非常大，这一点尤其需要引起化学教师的重视。问题 30 为"我进行化学实验时，总是为我和学生做好防护措施"，得分 3.56，表明教师在给学生做防护措施这方面也不容乐观。问题 31 为"我在教学情境创设时，从未使用过其他动植物"，该问题得分是同类三个问题中的最低分，表明化学教师在教学情境创设时，较少考虑人类对于其他动植物所负有的道德责任，对生命缺乏敬畏。

整体上生命伦理视角下的中学化学教师伦理决策现状，分别在教育平等、教育公正、教育自由、实验安全等方面呈现出各种各样的问题，其中教育公正和实验安全这两部分的伦理失范行为较为突出。

2. 环境伦理视角教师伦理问题决策现状

如图 2 所示，环境伦理视角教师伦理问题决策的调查结果表明："化学影响环境"部分的三个问题，问题 32、33、34 分别得分 4.33、4.13、2.78。问题 34 为"我创设教学情境时，会选择化学污染环境的事例"，这一项教师得分最低仅为 2.78，说明化学教师创设的教学情境是不太合适的，教学情境一般的作用都是用来导课，使学生对该部分化学知识对社会的影响有一个初步的印象，教师选择化学污染环境的事例，容易让学生认为化学是污染环境的，这种理解显然是有失公正的，环境污染只是人类滥用化学技术的后果，而非化学本身。问题 32、33 分别指向教师是否会结合化学知识进行环境保护教育，以及创设教学情境时是否会选择化学保护环境的事例，得分较高，说明中学化学教师在这两方面做得较好。在教学中我们应当选择化学有益社会的事例进行导课，而将产生的负面影响放在课后总结时加以说明，以便学生更好地理解科学技术的两面性，而非仅仅产生不好的印象。

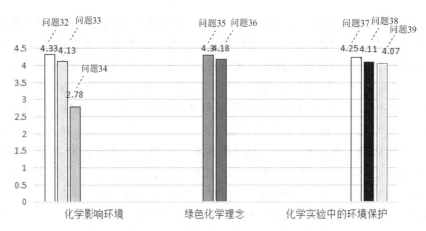

图 2　环境伦理视角教师伦理问题决策现状统计图

在"绿色化学理念"这一项的调查中，问题 35、36 分别得分 4.30、4.18。问题 35 为"我会教育学生节能减排的低碳生活方式"，在同类型的两个问题中得分较高，表明教师在这方面做得较好，伦理失范行为较少。问题 36 为"我进行化学实验时，总是精心设计使其符合绿色化学理念"，在同类问题中得分较低，表明化学教师在教学实验设计上仍有可以进步的空间。整体上这部分情况较好，教师行为符合环境伦理的精神，值得肯定。

在"化学实验中的环境保护"这一项的调查中，问题 37、38、39 分别得分 4.25、4.11、4.07。问题 37 为"我在进行化学实验时，只要现象清晰，会尽可能取用少量试剂"。问题 38 为"我在进行实验课时，会收集学生实验的废弃物"。这两个问题得分较高，表明教师在这方面伦理失范行为较少。问题 39 为"我会认真处理学生实验收集的废弃物"，在同类问题中得分较低，这其实是中学化学实验教学中教师不太关注的方面，但是如果仅收集而不处理，随后排放掉，与学生直接随意排放掉的结果并无二致。

整体上环境伦理视角下中学化学教师伦理决策现状呈现出较好的态势，伦理失范行为较少，教师行为符合伦理规范，但是在教学情境创设时应当谨慎选择化学污染环境的事例，这需要引起教师重视。

3. 科技伦理视角教师伦理问题决策现状

图 3 所示为科技伦理视角教师伦理决策现状统计图。"实验室管理"一项的调查中，问题 40 为"我从未将实验室的化学仪器、试剂带出用于教学之外的活动"，得分 4.02，表明化学教师对实验室的管理还是较为严格的，但是得分也并没有达到理想状态的 5 分，中学化学实验室有不少易燃、易爆、有毒的危险物品，一旦拿出实验室进行教学之外的其他活动很可能会引发危险，因此必须严格杜绝实验室药品挪作他用。

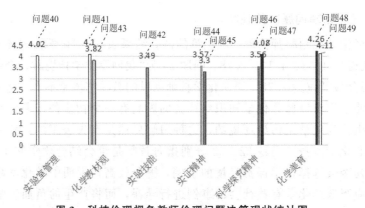

图 3　科技伦理视角教师伦理问题决策现状统计图

在"化学教材观"这一项的调查中,问题41、43分别得分4.10、3.82。问题41为"当实验现象与教材不符时,我会重新实验以证明之",得分较高,为4.10分。问题43为"我认为课本上的知识都是正确的,无须实验验证"得分3.82。结合问题41、43来看,我们得到这样一个结论:中学化学教师一般情况下认为书本上的知识是正确的,无须实验验证。一旦实验现象与教材不符合,教师会怀疑实验出现了问题,从而重新设计实验进行验证,直至符合教材。这说明教师对教材持有迷信的态度,不利于"用教材教而非教教材"的理念。

在"实验技能"一项的调查中,问题42为"我做的演示实验,总是不能观察到预期现象",得分3.49,得分并不算高,说明化学教师的实验技能仍有待提高。化学实验是化学科学的基础,中学化学教师实验技能薄弱,无疑是难以胜任化学实验教学的,可以说是较为严重的伦理失范行为。

在"实证精神"一项的调查中,问题44、45分别得分3.57、3.30。整体上这一项调查得分不高,说明化学教师在实证精神方面有所欠缺,需要有所改进。问题44为"我认为很多化学实验不需要做,可以用讲解和视频代替",这一现象在中学化学教学中主要发生在实验本身较有难度,或者说教师认为该实验不好做,并伴随危险时,当然不排除极少数教师是因为自身懒惰的因素。化学教学的目的应当是通过教学发展学生的思维,帮助学生以化学的方法认识世界,而不单单是化学知识的传递,因此教师不做或极少做化学实验对学生的发展是极为不利的。问题45为"当学生实验数据雷同时,我会让他们重新实验",得分3.30,说明化学教师在面对该伦理问题时更多的是选择放任不管,也就是说默认了学生之间互相抄袭实验数据的做法。这首先是对化学实验教学的不重视,其次是缺乏对学生的诚信教育,也是教师缺乏责任心的表现。

在"科学探究"一项的调查中,问题46、47分别得分3.56、4.08。问题46为"我积极参加化学教研活动,所得结论均真实可靠",该题得分较低,说明教师对于化学教研活动兴趣不高。化学教研活动既是教师提升自己的重要渠道,也是化学教学改进的重要方法。中学化学教师应当是化学教研活动的主体,然而现实情况却并不乐观。其原因一方面是中学教师教学任务较重,课时较多,缺乏足够的时间与精力;另一方面是缺乏专业的方法与专业人员的指导。问题47为"学生对生活中的化学现象产生兴趣时,我会支持他们探究",该项问题得分较高,说明教师对学生的探究活动持肯定态度。

在"化学美育"一项的调查中,问题48、49分别得分4.26、4.11。得分较高,说明化学教师在用化学美的现象感染学生,使学生赞赏化学科学,以及关注化学界最新成果,帮助学生开阔眼界方面做得较好,值得肯定。

整体上,科技伦理视角下化学教师伦理决策调查的几个三级类目中,实验室管理和化学美育得分较高,教师伦理失范行为较少,化学教材观、实验技能、实证精神、科学探究精神这四个类目都存在伦理失范行为,其中实验技能和实证精神两项情况较为严重,教师伦理失范行为较多。

四、教师如何发展化学教师专业伦理

专业伦理是教师职后教育和专业素质的重要内容,对教师、教学、学生以及专业学科的发展都至关重要[15],发展教师的专业伦理素养主要有教师自我修养和专业培训两种途径。

教师自我修养是将教师专业伦理内化的一种重要途径,其方法包括阅读相关书籍、专业期刊文章等相关理论。此外,教师要做教学研究,教学研究实践是成长最快的途径。同时,还要参加专业会议,增加教师群体之间的交流机会,避免教师仅注重个体形态的专业伦理素养提升而忽视了教师共同体的专业伦理素养提升。

专业培训是教师发展专业伦理重要的外在途径。首先,教师专业组织应当制订符合本专业特征的学科教师专业伦理,完善专业伦理的建构,以明文规定的形式约定教师的权利和责任,对教师的行为进行规约和指导;其次,在对教师进行培训时要有意识地增加专业伦理的内容,既注重教师专业伦理相关理论的学习,也要开发对应实践案例供教师分析探讨,将理论与实践结合起来;最后,学校应当行动起来，将教师专业伦理作为教师绩效考核的内容之一，做到有奖有惩，以激励教师发展专业伦理。同时应该注重校园文化建设，使教师通过文化陶冶潜移默化地发展专业伦理素养，将显性教育培育与隐性的陶冶熏陶结合起来才能更好地发展教师的专业伦理素养。

参考文献

[1]周国芬. 绿色化学：师范化学教育的新理念[J]. 宿州教育学院学报，2006，9(5)：121-142.

[2]周建英. 对中学化学教学中伦理教育的思考[J]. 吉林教育，2012(25)：25.

[3]张永涛. 中学化学教学中渗透环境教育存在的问题思考[J]. 吉林教育，2012(25)：25.

[4]王梅，刘登科. 在医用化学教学中渗透科技伦理道德教育[J]. 西北医学教育，2006(5)：597-599.

[5]娄凤文，朱凤霞，孙小军. 基于大学化学课程的科技伦理教育思考[J]. 教育教学论坛，2014(40)：247-249.

[6]许永宏. 中学化学如何渗透科技伦理道德教育[J]. 青少年日记，2016(4)：16.

[7]曹明平. 中学化学教育中人文精神教育的理论探索[D]. 济宁：曲阜师范大学，2005.

[8]姜建文. 试论化学教学情境创设的伦理视角[J]. 化学教学，2011(5)：4-6.

[9]段志欢. 新课改理念下化学教学中师生关系探讨[D]. 武汉：华中师范大学，2012.

[10]阿尔贝特·施韦泽. 敬畏生命：五十年来的基本论述[M]. 陈泽环，译. 上海：上海社会科学院出版社，2003：5-13.

[11]国务院. 国务院关于印发国家教育事业发展"十三五"规划的通知[EB/OL]. http://www.moe.edu.cn/jyb_sy/sy_gwywj/201701/t20170119_295319.html，2017-1-10/2017-1-11.

[12]房喻. 化学学科发展与化学教育：挑战与机遇[J]. 中国大学教学，2009(9)：13-15.

[13]杨承印，高双军. 以培养卓越化学教师为目标的职前教师教育课程设置研究[J]. 化学教育，2016(10)：45.

[14]檀传宝. 走向新师德：师德现状与教师专业道德建设研究[M]. 北京：北京师范大学出版社，2009：21.

[15]于巧娥，王林毅. 高校青年教师职后教育中的专业伦理素质培养路径[J]. 黑龙江高教研究，2017(3)：135-137.

口头科学论证中学生身份建构特征对其
科学论证质量的影响研究

邓阳①，鲍喜，于赛赛

（华中师范大学化学教育研究所，湖北武汉 430079）

摘　要：学生的科学论证能力是各国科学教育研究关注的热点问题。本研究利用质性研究的方法，对 6 名高三学生的口头科学论证过程进行了分析，探索了他们的身份建构特征对其科学论证质量的影响。研究表明，学生在参与口头科学论证过程中质疑、批评和反驳他人的程度以及为自己辩护和开展自我反思的情况，会影响学生提出的科学论证的质量。为此，在指导学生参与口头科学论证的过程中，让学生学会真正地参与争辩是至关重要的。

关键词：口头科学论证；科学论证质量；身份建构特征

科学论证是科学家在解决科学问题时，基于证据和理由建构主张，同时以反驳、劝说等形式为自己辩护并批评他人的合理性实践[1]。在科学教育领域，让学生参与科学论证已经成了国际科学教育研究与实践的热门研究课题，但国内对此关注较少。本研究试图利用质性研究的方法对中学生参与口头科学论证的过程进行深入研究，探索中学生在口头科学论证过程中的身份建构特征对其科学论证质量的影响。

一、研究的背景

口头科学论证是基于口头语言表达的科学论证形式。参与口头科学论证时，个体要面对真实的听众，且它们之间往往具备共同的社会文化背景。在口头科学论证中，个体必须致力于说服，即利用规范、科学、有针对性的语言让听众相信自己。口头科学论证较书面科学论证来说更多元和复杂，这是因为其对科学思维的要求较高，同时又具备较强的灵活性。另外，如果要针对他人提出的观点进行批评，就需要个体具备较强的倾听、理解能力和批判性思维，能够在对话的过程中及时获取、理解、考察、审思他人的观点。

学生在口头科学论证中提出的科学论证的质量，是基于一定的评价标准，针对学生在口头科学论证任务中所提出的科学论证是否能解决口头科学论证任务中的科学问题而进行评价的。首先，评价离不开具体的口头科学论证任务。该任务包含科学问题，具有一定的探究性和开放性，能为学生提供开展口头科学论证的空间和需要。其次，评价过程需要依赖于观察的方法，要记录下学生在整个口头科学论证过程中的表现。通常是记录下学生的话语，再从中提取出学生在该过程中为解决科学问题所提出的全部科学论证。再次，评价需要基于一定的标准。部分研究者基于图尔敏（Toulmin）论证形式考察了学生提出的科学论证是否具备足够的结构要素[2]，也有研究者在此基础上从内容和辩护逻辑的角度考察科学论证的科学性和逻辑性[3]，甚至有研究者考察学生在该过程中的语言运用能力[4]。本研究对学生提出的科学论证的质量的评价，主要是从科学论证的结构要素及其内容的科学性这两个角度进行的。

口头科学论证在本质上是一种言语交际过程，而在实际的言语交际中，"表达主体通常具有一个或

---

① 通信联系人：邓阳，ydeng123@126.com。

多个身份，有些身份是客观存在的，有些身份是在言语交际中建构或虚构的"[5]。由于学生的学习风格、个人性格等具有差异性，所以学生在口头科学论证中建构的身份也是多种多样的，比如有的学生以陈述者的身份参与口头科学论证，仅仅表达自己的观点而不关注于他人，有的人则以质疑者的身份参与讨论，对他人的观点始终保持怀疑的态度。所以，基于身份建构特征去探究学生参与口头科学论证的过程，考察学生建构科学论证的质量，能够有效地对学生所表达的语言的意义、关系、价值作出动态的判断，能够在一定程度上描绘出学生的社会身份和心理特征，能够揭示出学生为了提出高质量科学论证所持有或改变的交往态度，这对于提高学生提出的科学论证的质量是极其有效的。所以，本研究假设在学生参与口头科学论证的过程中，不同身份的建构对于学生提出科学论证的质量是有影响的。

二、研究的设计

1. 口头科学论证任务设计

本研究所设计的口头科学论证任务，是在奥斯本（Osborne）等[6]编著的 *Ideas，Evidence and Argument in Science*（《科学中的观念、证据与论证》）一书中的 *Activity* 1：*A Burning Candle*（活动一：燃烧的蜡烛）的基础上改编的。该活动旨在帮助学生经历"预测—观察—解释"的科学思维过程，让学生基于与燃烧有关的知识，预测一个实验结果，形成一个主张，并且通过实验获得证据来支持他们的主张。为了让学生能够充分地进行争辩，本研究在此基础上增加了一个"讨论阶段"。该任务的具体内容如图1所示。

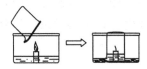

任务名称：燃烧的蜡烛

核心问题：在一个水槽中立一根蜡烛，点燃，向水槽中注入一定量的水。之后，将洁净、干燥的烧杯倒扣在燃烧的蜡烛上方，可观察到蜡烛熄灭、水面上升、烧杯外壁变热等现象。为什么水槽中的水会流进烧杯，导致其水面上升呢？

具体步骤：

1. 针对核心问题，提出主张。

2. 思考应该收集怎样的证据来说明主张是否成立，如何收集证据。

3. 实施实验，收集证据。

4. 形成对核心问题的解释。

5. 讨论阶段：相互交流、询问、质疑和评判。

图1 口头科学论证任务

该任务涉及燃烧、O_2 和 CO_2 的性质等中学化学课程中的核心知识，同时解释"为什么水面会上升"这一问题也存在多种可能性（如压强减小、CO_2 溶于水、温度变化等），所以该任务适合中学生开展，特别适合具有较扎实的知识水平且思维活跃的高年级中学生开展。另外，该任务具有一定的探究性和开放性，有利于激发学生探究的兴趣，为学生提供了开展科学论证的空间和可能。同时，该任务所需的实验药品相对简单易得，实验耗时短，研究者容易开展研究。

2. 研究的对象

本研究所选择的对象是6名来自武汉市 W 校高三普通班的学生。之所以选择高三学生，是因为他们已经具备了较完整的中学科学知识体系，而这一点往往被部分研究者认为是开展口头科学论证的基础[7]。这6名学生两人为一组，分别探究"水槽中的水会流进烧杯，导致其水面上升"的原因（即口头科学论证任务的第 1 步至第 4 步），再在教师的组织下进行讨论（第 5 步）。

W 校位于武汉市武昌区，拥有 90 多年的办学历史，是湖北省办学水平示范学校。同时，该校普通班学生的学习成绩被该校界定为处中等偏上水平。基于"较高能力的学生有更多参与论证的机会"[8]（Zohar & Dori, 2003），本研究选择的对象具有一定的知识储备、实验技能和探究能力，适合于参与口头科学论证任务，同时他们也并非同龄人中的拔尖精英，不会使得本研究过于限定特殊样本。另外，本研究让学生自由组合成两人小组参与口头科学论证，也是因为一些研究者指出，在基于友谊和相互了解组建的两人小组内，学生更不容易处于一个"局外人"的角色中，更具有参与口头科学论证任务的责任感[9,10]。

为了更加充分地了解研究对象的基本情况，研究者对这 6 名学生的理科课程任课教师和班主任进行了非结构式访谈，了解这些学生的性格、学习成绩、科学学习兴趣和态度，进一步确定了他们参与本研究的可能性和可行性。表 1 概述了相关访谈结果。

表 1　研究对象基本信息概述

组别	姓名	性别	基本信息概述
G1	ZSW	女	化学课代表，但化学成绩和总成绩都较靠后。有一定的学习兴趣，且做事仔细，但学习方法不好，对科学知识理解不到位。平时能够积极参与课堂活动
	GK	男	成绩好，自信，偶尔能在班上排前 5 名。对理科各门课程的学习很有兴趣，掌握了较好的科学学习方法，但计算能力稍有欠缺。平时能够积极参与课堂活动
G2	TWJ	女	学习成绩中等偏上，在班上排 20 名左右。聪明，但比较马虎，且不够自信，学习成绩还有可提高的空间
	LJW	男	内向，学习成绩中等偏上，在班上排十多名。对科学有较浓厚的学习兴趣，但对科学知识的理解不够到位，计算能力和实验能力有待加强
G3	CY	女	外向，善问，总成绩在班上排前 10 名。但学习兴趣不够浓厚，各理科课程的成绩一般
	YXT	男	偏内向，成绩好，在班上排前 10 名。有较强的学习兴趣，掌握了较好的科学学习方法，对科学知识理解到位

在本研究中，研究者需要对各个小组学生参与口头科学论证任务的全过程进行记录，同时还需要给学生提供实验药品和器材，势必会耗费一定的人力和物力。另外，由于研究对象是高三学生，为了不影响学校的正常高三复习课教学，本研究定在周末进行。而部分家长认为孩子学习压力大，休息时间少，故不愿意让子女周末参与研究。这些限制使得本研究最终确定的研究对象为上述 6 人，但由于本研究是质性研究，研究对象的数量足以达到研究的需要。这 6 人事先已被告知"研究结果不会对其日常学习生活产生任何影响"。

3. 研究资料的收集与分析方法

本研究的资料来源于学生在口头科学论证任务中的话语表现。研究者对整个口头科学论证活动进行了全程录像。在整个活动过程中，研究者原则上不回答学生关于口头科学论证任务的任何问题。

视频录制完毕后，研究者将视频中的讨论阶段转录成文字稿以便后续分析使用。为了确保文字稿的准确性，转录工作要经过两人独立的转录和校对过程。对文字稿的分析以学生小组为单位，这是因为小组成员经过协作，达成了对核心问题解决方案的共识，持有相同的立场，而且每个组的科学论证过程是一个相对独立的片段，反映了某组学生在解决核心问题时提出某些主张以及为这些主张辩护的过程。

对于文字稿的分析，主要经历了如下两个过程：

（1）对科学论证质量进行分析。根据 Toulmin 论证形式中的主张、理由和资料（即证据）这三个结构要素对每个组建构的口头科学论证进行结构要素编码，再在分析结构要素的基础之上讨论学生建构的科学论证是否能科学地解决"为什么烧杯中的水面上升"这一核心问题，从而判断各组建构的科学论证的质量。

（2）对身份建构特征进行编码。首先，研究者结合文字稿的上下文意义进行斟酌，分析学生某句话语所反映出的某种身份建构特征，从而完成第一次自由编码。其次，对第一次自由编码结果进行归类整理，归纳出如表2所示的7种身份建构特征。最后，重新阅读文字稿，利用这7种身份建构特征对话语进行再次编码，以确定每个学生在整个讨论阶段所表达的每句话语的身份建构特征。

表2 口头科学论证中身份建构特征编码方法

身份建构特征编码	释义	举例
陈述者	在教师组织下或主动表达自己的观点；针对他人提出的问题，进一步说明自己的观点	①$NaHCO_3$加得不多，因为加很多的话，溶液 pH 就不会有明显变化，虽然现在测还是没有什么变化。（GK－陈述者） ②然后 B 组 $NaHCO_3$ 很少对吧？（ZSW－询问者） 　对。（GK－陈述者）
询问者	以问题的形式要求对方进一步详细说明或解释已经提出的观点；向对方询问自己对对方观点的理解是否正确	①那就是一样的。一样的。（GK－陈述者） 　为什么一样的？（TWJ－询问者） ②然后前后实验又不一样，对不对？（ZSW－询问者）
质疑者	表示对他人观点存在怀疑	你们为什么不用烧杯再做一组呢？（TWJ－质疑者）
辩护者	当面对他人质疑时，通过解释维护自己的观点	因为这个实验很简单就没有再做了。（ZSW－辩护者）
反思者	回忆自己做过的事、说过的话；进行自我批评和否定	①是不是我们多加点 $NaHCO_3$ 就不会上升。（ZSW－反思者） ②我们做得不是很标准。（LJW－反思者）
批评者	用直接、明确、强烈的言辞表达对他人观点的不赞同	你只需要跟那个实验做对比就行了。（CY－批评者）
赞同者	表示对他人的观点的赞同	我比较赞同你的观点，我也是一样的。（TWJ－赞同者）

以上过程均先由两名研究者独立地完成，之后，两人对不一致的分析结果进行协商，从而达成一致意见。

三、研究的结果

1. 科学论证质量分析

（1）G1 组的科学论证质量分析

G1 组在讨论开始时提出了一个主张，并且陈述了两个证据和一个理由，但他们随后立即否定了证据1，如表3所示。

表3 G1组口头科学论证结构要素分析表

主张	证据	理由
蜡烛燃烧生成的 CO_2 溶于水导致气压减小是液面上升的原因	证据1：测定实验前后烧杯中液体的 pH，发现前后均呈中性，故该证据无效（归因为实验误差）。 证据2：将水槽换成烧杯，同时将水换成饱和 $NaHCO_3$ 溶液，用另外一个等大的烧杯扣在盛有 $NaHCO_3$ 溶液的烧杯上（试图用手堵住烧杯口）。等蜡烛熄灭后，观察到液面不上升	CO_2 溶于水，不溶于 $NaHCO_3$ 溶液

分析证据 2，从其操作中可以看出，即使在实验中设法堵住烧杯口，蜡烛燃烧确实会导致烧杯内部气体减少，但是，由于液体表面的压强与烧杯内的压强相等，没有明显的压强差，无论怎样液面都不可能上升。G1 组的实验结果也表明液面没有上升，但是，这一现象却让 G1 组误认为是 CO_2 溶解的量减少所致，从而错误地证明了其主张成立。虽然他们提出的理由"CO_2 溶于水，不溶于 $NaHCO_3$ 溶液"是科学的，但是他们提出的证据并不科学，无法支持主张。

在整个讨论中，其他组始终没有指出 G1 组提出的证据 2 存在的不科学之处，仅仅在明确了 G1 组的实验方案后，意识到 G1 组的两个实验（分别用烧杯和水槽完成实验）没有有效地控制变量。但是 G1 组却对此不以为然，仅将原因归结为实验误差：

但是，这个实验误差贯穿了整个实验过程呀！（GK）

所以就没有理会了。（ZSW）

所以就没有再重新做一遍了。因为我觉得再做一遍，实验结果还是一样的。（GK）

其他组关于 G1 组的科学论证的讨论始终集中在 G1 组已经自我否定的证据 1，即溶液的 pH 值上。这一方面是因为其他组的实验也或多或少与溶液 pH 值有关，另一方面也是因为 G1 组学生在澄清 pH 值的变化时前后不一致，使其他学生感到困惑。例如：

①测量溶液的 pH 值前后，也是没有变化，然后它的溶液是呈碱性，没有变化，应该也是实验误差。（ZSW）

②嗯，然后还有 $NaHCO_3$ 那个实验，其实前后也是 pH 值不一样的。（ZSW）

另外，G1 组试图用 pH 试纸检测 CO_2 溶于水后 pH 值的变化。但是，由于溶液体积较大及 pH 试纸灵敏度不高等原因，他们没能在实验过程中观察到明显的现象。

综上，G1 组始终没有提出科学的证据支持其主张，同时在整个讨论过程中并没有认识到自己提出的科学论证存在问题，所以整体上看他们提出的科学论证质量不高。

(2)G2 组的科学论证质量分析

G2 组最开始提出的主张是"CO_2 溶解于水，导致压强减小"，同时他们基于三个证据和两个理由支持该主张（见表 4）。第一个证据主要是测定蜡烛燃烧后产生的气体溶于水后的 pH 值，联结该主张和证据之间的理由是"CO_2 溶于水得 H_2CO_3，呈酸性，H_2CO_3 易分解，故而酸性减弱"。该证据的确证明了"CO_2 溶解于水"的主张，其他组学生对此是认可的：

表 4 G2 组口头科学论证结构要素分析表

主张	证据	理由
CO_2 溶解于水，导致压强减小	证据 1：将点燃的蜡烛放入蘸有水的烧杯中，待其熄灭后，用 pH 试纸在有水雾的地方擦拭，测得 pH=6。过了一段时间之后，pH=7。	理由一：CO_2 溶于水得 H_2CO_3，呈酸性，H_2CO_3 易分解，故而酸性减弱
	证据 2：在烧杯中加入 $NaHCO_3$ 固体和少量水后，倒掉水，使底部残留少量 $NaHCO_3$ 固体。用此烧杯重复演示实验，蜡烛熄灭后液面上升得比演示实验高。	理由二：$NaHCO_3$ 被烛焰加热分解产生 CO_2
	证据 3：做演示实验后，发现烧杯比蜡烛燃烧前更难从水中提起来	

我觉得他们的误差比较小一些，因为只有几滴水，pH 值变化比较明显。（GK）

对于证据 2，由于烧杯底部存留固态 $NaHCO_3$，它们受到烛焰加热后会产生少量 CO_2，导致烧杯内 CO_2 含量增加，使得更多 CO_2 溶于水，造成压强下降更多，液面上升更高。所以该证据能够支持"CO_2 溶解于水，导致压强减小"的主张。但是随着讨论的进行，其他组学生不断地质疑和反驳该证据。比如其他组学生指出：

①$NaHCO_3$，就一个蜡烛加热，它怎么可能？就算分解也不会放出很多 CO_2。（GK）

②可能就是那个时候空气中的 CO_2 比较多。(ZSW)

G2 组并未有效回应这些质疑和反驳，相反他们自己也变得不自信起来：

$NaHCO_3$ 分解了，它放出 CO_2，然后它其实是放出 CO_2，使它压强增大了的。然后你又吸进去了，应该这里面(压强)没有变化。(LJW)

之后，G2 组又重复进行实验来验证证据 2 的科学性。但是，由于他们使用的蜡烛很短，烛焰不高，无法触及倒扣烧杯的底部内壁，导致能够传递给 $NaHCO_3$ 固体分解的热量极少，没能够重现第一次的现象。这被其他组学生认为第一次实验的现象纯属偶然，并归因于实验误差。即使 G2 组在之后试图再次重复实验，但由于没能控制两个对照实验的变量(如烧杯大小)，故均未呈现出"液面升高更多"的现象。最终，G2 组放弃了该证据，仅仅提出"CO_2 溶解于水，导致压强减小"的主张，未提出相应的理由。

对于证据 3，虽然没有量化数据，但学生的直观感受确实说明了烧杯内部压强减小，这是与主张相关的。但在学生的讨论中，并未针对该证据进行讨论。

所以，G2 组提出的科学论证虽然在最开始是高质量的，但是随着讨论的进行，他们不断地自我否定，导致其质量不断地下降。

(3)G3 组的科学论证质量分析

G3 组最开始提出的科学论证涉及一个主张，支持其的证据和理由也各一个，如表 5 所示。

表 5　G3 组口头科学论证结构要素分析表

主张	证据	理由
O_2 被消耗的同时产生了 CO_2，CO_2 溶于水导致内部压强减少，使液面上升	用纯水和 $pH=8$ 的 $NaHCO_3$ 溶液重复演示实验，后者液面上升较前者低一些，且后者溶液的 pH 变为 7	$NaHCO_3$ 可能受热产生了部分 CO_2，但是 CO_2 在 $NaHCO_3$ 中的溶解度比在水中小，所以液面上升得没有之前高。CO_2 溶于水产生 H_2CO_3，与 $NaHCO_3$ 发生中和反应使 pH 有所下降

在蜡烛燃烧的过程中，伴随着 O_2 的消耗，产生了 CO_2。当 CO_2 溶于水后，烧杯内部气体的量减少，如果温度保持不变，那么烧杯内部的压强将会降低，造成液面上升。G3 组提出的实验方案中，由于饱和 $NaHCO_3$ 溶液中大量存在 HCO_3^-，使得 $CO_2+H_2O \rightleftharpoons H_2CO_3$、$H_2CO_3 \rightleftharpoons H^+ + HCO_3^-$ 两个平衡均向右移动，导致 CO_2 不易溶于饱和 $NaHCO_3$ 溶液，故而烧杯内部气体减少得少，压强下降得小，液面上升得并不高。因此，当他们获得了"液面上升高度减少"的证据后，他们提出的主张便得到了支持。

在讨论环节，单独针对 G3 组科学论证的讨论较少，仅有的一些话语集中在 G1 组因与 G3 组所得到的实验现象不一致而一直询问和反驳 G3 组的证据：

①你是不是应该先测一下没有点燃蜡烛的(水面的高度)呢？(ZSW)

那个不用测吧。(CY)

②可是你们一开始也许清水就比 $NaHCO_3$ 要高呀。(ZSW)

我觉得没有必要纠结这个问题，因为我们俩都在那看水面变化，它很明显在往上，很明显！那个真的不用记。(CY)

综上，G3 组在最开始就提出了高质量的科学论证，而且在整个讨论过程中都没有受到其他组的影响而降低科学论证的质量。

2. 身份建构特征分析

基于表 2 的编码方法统计出了所有发言人在整个讨论阶段建构各类身份的次数。图 2 以小组为单位呈现了各组学生在建构各类身份上所占的比例。

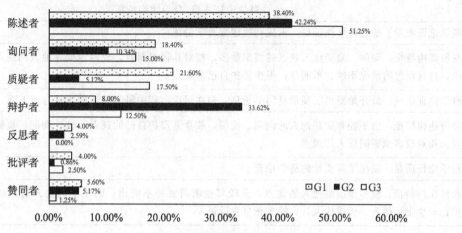

图 2　口头科学论证中身份建构特征统计图

从图 2 可以看出，对于这三个小组来说，学生以"陈述者"的身份参与讨论，即自己主动表达观点或进一步说明自己的观点的话语，所占的比例都是最高的，而以其他类型的身份参与讨论的情况则不尽相同。

G1 组除了陈述自己的观点外，作为"询问者"询问他人的观点的情况最多，并且常常以"质疑者"的身份参与讨论，对其他组提出的科学论证提出质疑。他们作为"批评者"和"反思者"参与讨论的比例相比于其他组而言所占的比例最高，但就其自身而言，在讨论过程中他们较少进行自我反思，也较少直接否定或赞同他人的观点。相反，当他们受到其他组的质疑或批评时，他们以"辩护者"的身份参与讨论所占的比例在三组中是最少的。

G2 组在整个讨论过程中以"辩护者"身份参与讨论的比例远高于除"陈述者"身份之外其他身份的比例，也是三个组当中最高的。这在一定程度上说明了 G2 组在整个讨论过程中受到质疑的情况较多，为自己辩护的情况较多。相反，他们询问、质疑、批评其他组的观点的情况就较少了，所占比例在所有小组中也是最低的。G2 组不仅较少询问、质疑、批评他人，他们在讨论过程中以"赞同者"身份赞同他人观点的情况也较 G3 组多，几乎与 G1 组持平。

G3 组的两名学生除了陈述自己的观点外，最多地以"质疑者"的身份参与讨论，但仍然没有 G1 组所占的比例高。此外，他们以"询问者""辩护者"的身份参与讨论的比例也较高，但相对其他两组而言则处于中间位置。在整个讨论中，他们较 G1 组而言较少批评他人的观点，也很少赞成他人的观点，而且由于他们提出的科学论证较少受到其他组的质疑与批评，也就从未以"反思者"的身份参与讨论。

3. 身份建构特征对科学论证质量的影响

学生完成口头科学论证的理想状况是，不仅能够基于自己的科学知识基础，围绕口头科学论证任务，自始至终提出高质量的科学论证，更重要的是在整个讨论过程中试图通过说服让他人相信自己提出的高质量科学论证，在经受他人质疑的同时对其他人低质量的科学论证提出质疑或批评。结合表 1 所呈现的基本信息可以看出，各个小组的学生在口头科学论证过程中提出科学论证的质量与学生理科各门课程的学习成绩之间并无明显的关系。最明显的例子是 G1 组的 GK，其学习成绩优异，但是却未能提出高质量科学论证；G3 组的 CY 成绩一般，但在整个过程中提出了高质量的科学论证。

从学生在口头科学论证中的身份建构特征对其科学论证质量的影响方面看，我们通过表 6 整合了上述科学论证质量与身份建构特征的分析结果。

表 6　口头科学论证中科学论证质量与身份建构特征的分析结果

组别	科学论证质量/身份建构特征
G1	科学论证质量：缺乏科学性证据，未成功地建立科学论证 身份建构特征：询问、质疑他人观点的情况最多，相对其他组而言，较多地批评他人的观点；相对于自身来说，自我反思的情况不够、不明显；很少辩护自己的观点
G2	科学论证质量：最开始提出了高质量科学论证，但在讨论过程中科学论证的质量有所下降 身份建构特征：由于经常受到他人的询问、质疑，故常常辩护自己的观点；较少询问、质疑和批评他人的观点；相对较多地赞同他人的观点
G3	科学论证质量：提出了高质量的科学论证 身份建构特征：较多地质疑他人的观点，但较其他组而言并不突出；偶尔询问他人观点或为自己的观点辩护；较少批评他人、赞成他人，也较少做自我反思

从表 6 可以看出，G1 组在整个讨论的过程中，由于缺乏科学证据，所以没有提出高质量的科学论证。但是，G1 组学生善于参与讨论，且具有很强的自信心，坚持认为自己提出的科学论证没有问题，因此在面对他人的质疑时较少辩护自己的观点，也较少以"反思者"的身份来进行自我批评和否定。不仅如此，他们还常常基于自己错误的认识来询问、质疑他人，相对于其他组学生来讲，甚至更多地批评他人，这样一来使得其他组学生在应对他们的询问和质疑时更多地关注如何做出回应，而疏于考察 G1 组提出的科学论证。从 G1 组的例子中可以看出，虽然有学者指出"知识的建构依靠建构和批判之间的辩证"，在科学论证时需要通过询问来质疑、批评、反驳他人的观点并为自己辩护[11]，但对于某些较为自信、乐于批判且不善于接受他人批评的中学生来讲，过多地质疑、批评和反驳他人，容易使得话语关注点较少地集中在自己身上，影响他人对自己的关注，无法接受别人的意见并进行反思进而提升科学论证的质量。

G2 组在身份建构特征上与 G1 组相反。一方面，他们不够自信，较为内向，因此在参与讨论时常常因为受到他人的质疑和批评而不断地进行解释，为自己的观点辩护。但是，他们为自己的观点辩护的力度并不强，所以在接受他人的质疑后容易变得不够自信，使自己放弃最开始原本高质量的科学论证。另一方面，从他们对待其他小组的科学论证的态度看，他们常常赞同他人的观点，并且较少询问、质疑和批评他人的观点。所以，就 G2 组的例子看，对于缺乏自信心的学生来说，在科学论证中较少质疑、批评和反驳他人，不通过反驳来辩护自己的观点，不利于提出高质量的科学论证。这一点与一些学者的观点类似，认为要让学生清楚自己的观点与别人的观点之间的矛盾在哪里，并将持有不同观点的学生组织在一起，让他们开展争辩，解决争论，达成共识[12]。

G3 组相对于前两个小组学生来说，在询问、质疑、辩护、批评这几方面所表达的话语比例都比较适中，这说明他们一方面能够合理地、适度地开展质疑、批评和反驳，另一方面又具有一定的自信心，善于为自己的观点辩护。所以，在整个科学论证的过程中，他们始终在提出高质量的科学论证，且在整个讨论过程中受到他人质疑和批评的情况并不多，也几乎没有对自己提出的科学论证进行反思。应该说，如果将一味地质疑、批评和反驳与不断地为自己辩护却不考察他人的观点置于两个极端的话，那么 G3 组在身份建构方面恰好处于一个中间位置，这也是他们能够相对于其他两个小组学生能够高质量地建构科学论证的原因之一。

四、研究的结论与讨论

分析本研究的研究对象和研究结果可以发现，对于中学生而言，建构高质量的科学论证与在口头科学论证过程中的身份建构特征有密切关系。具体来说，学生在参与口头科学论证过程中质疑、批评和反驳他人的程度，以及为自己辩护和开展自我反思的情况，会影响学生提出的科学论证的质量。学生如果能够在科学论证过程中积极参与争辩、切中要害，善于挑战其他人的观点并合理地为自己辩护，将有利于在讨论中提出高质量的科学论证。相反，如果学生性格外向、过于自信，在参与讨论中通过掌握话语导向而过度地批评他人且缺少自我反思，那么讨论的焦点则不能够集中在自己的观点上，无法利用相互争辩来提升自己提出的科学论证的质量。另外，如果学生过于内向、不够自信，仅仅在讨论过程中解释自己的观点，为自己辩护，而不去考察、质疑、批评和反驳他人提出的科学论证，那么讨论话语的过度聚焦会导致学生无法基于自己的观点为自己辩护，容易被他人的错误看法迷惑和诱导，使得科学论证的质量随着讨论的进行而降低。

参与口头科学论证的学生需要通过口头表达准确地陈述和澄清自己的观点，讨论解决具体问题的设计路径和方法，试图劝说对方，或者与同伴达成共识，从而致力于多方理解。为了达到这个目的，学生一方面需要开诚布公地陈述自己的观点，表达自己的想法，另一方面又要学会必要的批判和反思。作为一个批判者，学生需要在参与口头科学论证的过程中表现出批判理性这种典型的科学家的特质，重视对立观点、另有主张。而要成为一个反思者，需要学生具备高水平的反思性思维，能够监控、评价和管理自己的思维与合作交流过程，在讨论的过程中善于察言观色、灵活应变。批判和反思在开展口头科学论证的过程中是相辅相成的，这意味着学生需要通过批判和反思，意识到自己和同伴在口头科学论证过程中立场和观点的转变，及时考察其他人提出科学论证的过程和质量，说服他人相信自己所提出的科学论证，关注他人的话语对自己参与口头科学论证的影响。

为了达到上述目的，在指导学生参与口头科学论证的过程中，教会学生学会真正地参与争辩是至关重要的。真正地参与争辩首先意味着在争辩的过程中学生要表现得自信、坦率，清楚自己在参与争辩过程中的权利和义务，既要争取让他人相信自己的观点，也要在受到质疑、批评和反驳时能够合理地为自己辩护。此外，学生需要在坚持"恪守证据"这一基本的科学原则的基础上，无偏向地参与讨论，均衡地关注到各个参与者的观点，不进行话语控制，从而清晰、彻底地表达关于自己和他人所提出的科学论证的所有优点和缺点。但是事实上，有一个长期的社会心理学研究表明在有争议的议题上具有不同观点的人们有时在接受新信息时容易极化[13]，正如部分学者的研究表明，不自信的学生倾向于主动避免参与科学论证，而过于自信的学生则会主导科学论证的开展[14]。所以，要让学生真正参与争辩，必须考虑学生自身的性格特点，并根据不同性格学生参与争辩的不同行为进行有针对性的指导。

参考文献

[1]邓阳. 科学论证及其能力评价研究[D]. 武汉：华中师范大学，2015.

[2]Erduran S，Simon S，Osborne J. TAPping into argumentation：Developments in the application of Toulmin's argument pattern for studying science discourse[J]. Science Education，2004，88：915-933.

[3]Choi A，Notebaert A，Diaz J，Hand B. Examining arguments generated by year 5，7，and 10 students in science classrooms[J]. Research in Science Education，2010，40：149-169.

[4]Sandoval W A，Millwood KA. The quality of students' use of evidence in written scientific explanations[J]. Cognition and Instruction，2005，23(1)：23-55.

[5]刘琳琪. 言语交际中表达主体的话语形式在身份建构中的选择[J]. 东北师范大学学报（哲学社会科学版），2015(4)：132-135.

[6]Osborne J，Erduran S，Simon S. Ideas，Evidence and Argument in Science（IDEAS PROJECT）[M]. London：Kings College，University of London，2004.

[7]Sadler T D，Fowler S R. A threshold model of content knowledge transfer for socioscientific argumentation[J]. Science Education，2006，90：986-1004.

[8]ZoharA，Dori Y. Higher order thinking skills and low achieving students：Are they mutually

exclusive？［J］. The Journal of the Learning Science，2003，12(2)：145-181.

［9］Webb M，PalinscarA S. Group processes in the classroom［C］// D. C. Berliner，R. C. Calfee (Eds.)，Handbook of educational psychology. New York：Prentice Hall，1996.

［10］Hogan K，Nastasi B，Pressley M. Discourse patterns and collaborative scientific reasoning in peer and teacher-guided discussions［J］. Cognition and Instruction，1999，17(4)：379-432.

［11］Ford M. Disciplinary authority and accountability in scientific practice and learning［J］. Science Education，2008，92(3)：404-423.

［12］Berland L K，Reiser B J. Classroom communities' adaptations of the practice of scientific argumentation［J］. Science Education，2011，95：191-216.

［13］Miller A G，McHoskey J W，Bane C M，Dowd T G. The attitude polarization phenomenon：Role of response measure，attitude extremity，and behavioural consequences of reported attitude change［J］. Journal of Personality and Social Psychology，1993，64(4)：561-574.

［14］Nussbaum E M，Bendixen L D. Approaching and avoiding arguments：The role of epistemological beliefs，need for cognition，and extraverted personality traits［J］. Contemporary Educational Psychology，2003，28(4)：573-595.

中药学专业毕业实习考核方法探析①

豆佳媛¹，刘存芳²②

（1. 陕西国际商贸学院医药学院，陕西西安 712046；

2. 陕西理工大学化学与环境科学学院，陕西汉中 723000）

摘　要：针对中药学的专业特点，本文着重介绍了现阶段中药学专业的实习及考核方法。毕业实习对提高教学质量，培养综合型人才，提升中药学专业类院校教学水平有着至关重要的作用，通过综合分析，本文提出了一些关于毕业实习考核方法的思考和探析。

关键词：中药学；毕业实习；考核方法

随着我国高等中药学教育的发展，教学规模的扩展，学科的融合和渗透，具有特色的中药学学科群体及其课程体系现已基本形成。目前，中药学教育仍立足于中医药学－化学教育模式，面对当代社会的发展以及新生物技术的改变和挑战，大多数中药类院校已经充分了解到生物学、化学在中药学体系的重要地位，但在实际人才培养目标、教学和课程中还未能体现出来。按照现代中药学学科教育的发展和需求，任何一个教育目标都应立足于国家的发展和社会的需要。因此，中药学学科教育体系的发展，不能仅仅停留在学生要学习专业课知识的阶段，要更加注重学习综合知识和培养创新能力。中药学学科的发展必须以培养实用型和创新型人才为主，并且按照现代创新制药、合理用药的发展趋势，建构以中医药为主，理工科渗透，全面发展，培养综合型应用人才的模式。21 世纪，我们要用新的思维观念来审度高等中药学教育的发展，建立从"专才"到"全才"的培养理念，充分发挥中药学学科的优势，建立新的教育观，培养综合型的人才，使其适应社会需求、国家发展，构建适应 21 世纪的中药学人才培养模式[1]。

一、毕业实习阶段考核方法

中药学专业是实践性很强的专业，毕业实习是教学环节的重中之重，也是理论联系实际的具体桥梁。中药学类专业院校的毕业实习不但符合学科体系及其培养目标特点，更能够加强对学生实践能力、综合能力的培养，并且符合当今社会的科技发展。目前，毕业实习一般包括以下几个环节：选取题目、查阅文献、实验研究、论文撰写。富有成效的实习方法会使毕业生从毕业实习的各个环节中受益匪浅，可极大地提高中药学专业毕业生的专业素质[2]。因此，严格考核中药学类专业学生的毕业实习至关重要。

现阶段的实习考核一般包含日常工作考核、毕业论文考核和毕业答辩考核。日常工作考核包含平常考勤考纪、实验过程的方案设计、实验操作等；毕业论文考核主要包含毕业论文成绩考核，论文成绩是由论文最终评审成绩和答辩成绩按照一定比例折合而来；毕业答辩考核主要就是答辩成绩考核，答辩成绩则是由答辩组长、答辩委员按照一定的评分标准赋分。但是，所有的考核均没有细节上的评分准则，所以考核相对而言不易实施。因此，我们应该在此基础上制订更加严谨的考核方法，对毕业实习进行严格而科学的把关。

---

①　项目资助：陕西省教育科学"十三五"规划课题（SGH17H143）；陕西理工大学 2016 年研究生教育教学改革研究项目（SLGYJG1613）。

②　通信联系人：刘存芳，987253106@qq.com。

二、制订客观的考核方法

对中药学专业来说，毕业实习是一个提高学生综合素养的有效途径，可以让学生在实践中加强对所学知识的深入理解和合理应用。学生通过自己动手去做，从而在各个环节中使知识和技能得到提升[3]。为了进一步提高中药学专业毕业实习的教学质量，可以使量化考评贯穿于毕业实习的全部环节，以提高毕业实习的质量和效率。量化考评主要为：平时考评、操作技能考评、论文撰写及答辩考评。在每一个考评环节均赋予细节分值，并加强组织和管理，调动学生的积极主动性，体现学生的主体地位[4]。

为了避免教师对学生进行评定成绩时有误差，我们对实习过程中的每一个环节都应严格执行量化考评，并且对每一个环节以细节赋值，最终加以权重，给出科学合理的考评标准，如表1所示。此评分标准既能体现毕业实习的重点是培养实验操作技能，又能体现出毕业论文的重要性。

表1　量化考评内容及权重指数

考评内容	平时考评	操作技能	论文撰写及答辩
权重指数	3	4	3

在平时考评中，主要考查学生的出勤、卫生、纪律、实习计划和实习记录等方面，并对每方面进行细节赋分，使学生可以得到一个公平合理的分值。平时考评时，学生必须亲自签到，并由老师监督。此外，对学生的请假、迟到、早退、擅自离岗等不良行为要做详细记录，在一定程度上可进行相应的扣分处理。在此环节对学生严格要求，可以培养学生基本的科学素养。实践教学的重点是学生的实践操作能力，把操作步骤进行细化，根据具体的实验和操作中的情况对学生进行考评，对每一次实验细节进行量化考评，详细记录，并给予相应分值，课后进行汇总。教师在监督学生操作的过程中要及时纠正学生的不正当操作和不良习惯，并且，应该阶段性检查学生的实验记录，让学生汇报近期成果，对结果达不到标准的学生要求其找出原因并重复实验。这样可以督促学生高质量高标准地完成实验，定期检查学生实验台面的卫生、仪器设备等的使用情况，根据考核标准，对学生的每次实验、每个步骤、每一次检查客观公正地打分，并且在实验完成后对每个学生的记录进行汇总，汇总结果可为学生的实验操作提供实质上的反映。论文的撰写及答辩过程主要是考查学生实验计划的总结、实验现象的处理和结果的分析讨论，能够比较深刻地反映学生的理论学习情况以及对各学科知识的综合运用能力。学生经过大量的图表处理、页面排版、格式校对工作后，能否撰写出一篇优秀的学术论文。答辩过程主要包括学生的PPT（PowerPoint，幻灯片）制作、自我陈述、现场问答等方面，可以有效考查学生的综合知识应用能力、逻辑思维能力和现场应变能力等。在这一环节中，我们可以对论文的框架、排版、格式、内容、图表、数据、创新点、结论分析以及答辩的PPT、陈述、问题解答等每一个细节进行详细赋分，最终得出综合评定分值。

所有的环节考评完成后，教师对每一个记录进行汇总，得出每一个学生的具体分值并进行等级划分。这样可以使每一个学生了解自己的长处和不足处，让学生在以后的学习工作中加以改进。这样的考评方法可以客观公正地反映学生的实践操作能力和各专业学科的综合应用及理解能力，有利于提升实习环节的教学质量、改进教学方法。学生的综合成绩得出的等级排名，可以作为就业推荐时的附加项，不但可以使学生有力地证实自己，而且可以作为企事业单位录用职员的有效参考。

三、实习方法的改革对就业的影响

毕业实习是教学实践环节中的重要环节，是检验学生基础理论、基本知识和技能是否合格的有效方式。培养学生良好的科学素养和科研能力也是毕业实习的主要目标之一[3]。因此，一个科学合理的考核方法，不仅有助于提高学生的综合素质，提升学生的实践操作能力和创新能力，更好地适应社会发展，同时也能体现教学质量和效率。论文的选题、实验目的、实验方案设计以及实验操作技能的训练、实验数据的分析处理、论文的撰写和答辩等过程，均是对学生严谨求实的考核，是对学生的分析能力、观察能力以及创造力的有效考察。论文的撰写要求内容严谨准确、语言简洁明了、推理合乎逻辑、格式标准统一。整篇论文是对实习工作的总结和升华。在高层次的中药学人才培养目标模式下，毕业实习具有其他教学环节不可替代的作用。根据学生的毕业实习环节的考评汇总，每个学生均有一个等级排名，可以将其用于就业推荐，为学生和录用方提供一个有力的支撑和参考。以此可以使学生深刻认识毕业实习的重要性，学生必将重视并合理利用毕业实习这一教学环节，重温以往所学专业知识，同时也可以有效地再度培养学生的严谨性和科学素养，为以后的工作作铺垫。

四、结论

中药学专业实习是教学中的重要环节。在中国经济发展的基础上，对中药学专业人才培养提出了新的要求，对其学科知识的学习也提出了新的内容，这均需要我们紧随新时代的教育理念，遵从科学的培养方案，从而促进中药学专业的发展，使具有中药学专业类的院校教学质量得以提升。毕业实习的过程既是对所学知识的运用，对实验操作技能的反映，也可以让学生学习更多的为人处世之道，始终以严谨的态度对待每一件事。毕业实习的教学质量一定程度上决定了学生是否可以顺利过渡到社会工作中，是否能够更好地在以后的工作中得到提高。因此，必须进一步提高中药学专业毕业实习教学的质量，加强实习管理，合理安排实习的各个环节，使学生的能力得到提高，使毕业实习这一教学实践环节充分发挥其重要作用，达到有效的教学效果，进而推进毕业实习改革，为学生更好地进入社会作铺垫。毕业实习能够加强学生的理论知识，培养学生理论联系实际、分析解决问题的能力。毕业实习在中药学专业本科教学环节中具有举足轻重的作用，中药学专业类院校必须高度重视毕业实习这一教学实践环节，方可使教育教学质量得以提高，因此，中药类专业院校的毕业实习改革势在必行。

参考文献

[1]匡海学. 中药学专业人才培养改革问题的思考[J]. 中医杂志，2015(16)：1355-1358.

[2]张帆，乌莉娅·沙依提，田梅. 中药学专题实习质量监控体系的探索与实践[J]. 时珍国医国药，2007(11)：2870-2871.

[3]王君明，卢旻，崔瑛，等. 基于PBL的中药学毕业生实习带教模式[J]. 中国医药导报，2012(11)：166-167.

[4]刘存芳，田光辉，赖普辉. 有机实验课综合考评方法探析[J]. 科技教育创新，2008(3)：178-179.

探讨知识获取/情感教育—
多维度(KA/EE-MD)
的教学理念在分析化学教学中的应用(一)
——情感教育篇

龚静鸣[①]，徐晖，周燕平，梁沛，宋丹丹，万坚

(华中师范大学化学学院，湖北武汉 430079)

摘　要：分析化学是化学专业大学新生的一门专业基础课，在整个化学专业的学习中有着不可替代的重要作用。笔者结合教学实践和教学对象的特点，采用多种教学举措，以递进式教学目标为指导，实现对大学低年级化学专业学生分析化学专业知识的认知性教育，并且还蕴含着学生群体在化学教学中的情感教育，提出了知识获取/情感教育—多维度(Knowledge Acquistion/ Emotion Education-Multiple Dimension，KA/EE-MD)的教学理念。文中重点探讨情感教育在分析化学教学中的应用。

关键词：知识获取；情感教育；分析化学

分析化学是化学专业大学新生的一门专业基础课，它既承担着引导大学新生适应高等教育模式的任务，又肩负为无机化学、有机化学、物理化学等课程的学习奠定良好扎实的理论学习基础的重任，有承上启下的桥梁作用，在整个化学专业的学习中有着举足轻重的作用。分析化学的学习过程是大一新生新的学习态度、学习习惯和人生价值观形成的关键时期，关系着学生学习能力、科学研究能力等综合素质的培养及社会责任、家国情怀的树立。而一年级新生，大都是出生于 21 世纪初，总体上是一群伴随着国家现代化的进程，伴随着电视、电脑和网络等成长起来的"新新人类"，他们在情感发展上表现出一些十分明显的时代特征。为此，如何在分析化学教学过程中做好引导和培养工作是分析化学教师一直以来研究和实践的重点。近些年来，华中师范大学化学学院分析化学教研组致力于采用多样式教学举措，以递进式教学目标为指导，开展以知识获取/情感教育—多维度（Knowledge Acquistion/ Emotion Education-Multiple Dimension，KA/EE-MD)的教学模式(见图 1)，以培养具有良好分析化学素养，具有科学、健康向上的价值观和具备竞争力和创新能力的高端人才。

德国教育家第斯多惠说："教学的艺术不仅在于传授本领，还包含鼓励、唤醒和鼓舞"。针对教学对象(大学一年级新生)的认知、情感特点，要求教授分析化学的老师在充分考虑认知因素的同时，充分发挥情感因素的积极作用，以完善教学目标，增强教学效果。教师在教学过程中，不仅要重视学生认知性学习，更要注重利用情感教育心理学来传授知识，优化教学，根据分析化学学科的特点，促进学生产生积极向上、正确的学习态度，变苦学为乐学，提高学习热情，调动积极性和主动性，深化当前的教育改革，贯彻素质教育，为推进新一轮的课程改革作出积极的贡献。下面主要阐述新理念下"情感教育在分析化学中的应用实施"。

[①]　通信联系人：龚静鸣，jmgong@mail.ccnu.edu.cn。

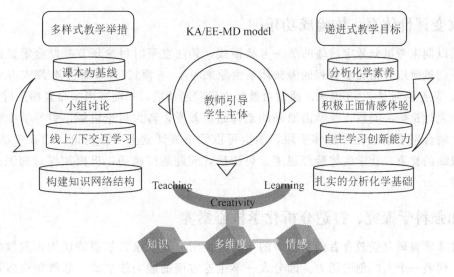

图 1   KA/EE-MD 分析化学教学模式

一、教师展示化学之美，激励调动学生的情感，以美融情

著名科学家杨振宁说过，科学是美的。而化学世界更是绚丽多彩、奥秘无穷。化学之美包括化学内容美。在学习分析化学的有效数字、误差、准确度/精密度、基准物质、直接配制和标定法等这些知识时，要求学生严格树立量的概念，无不体现分析化学的严谨美；在后续的酸碱滴定、络合滴定和氧化还原滴定等知识的学习中，在临近滴定终点时指示剂的变色现象等，无不体现以化学反应为基础的化学分析法的绚丽多彩和奇妙；溶液四大平衡理论体现化学反应的动态美，而氧化还原反应又给人以辩证统一美。化学之美还包括化学教学美。分析化学教学工作者要努力加强自身的美育修养，充分挖掘教学中的美育因素对学生进行教育，要以逻辑性强、深入浅出、生动、活泼、形象、富有情趣感染力的语言去引导学生，以问题为导向，如探讨揭示在滴定分析中，在化学计量点附近，滴定曲线呈现量变到质变的规律等。以化学之美激发学生学习分析化学的兴趣，积极调动学生的情感。

二、挖掘人文化学，锤炼学生人格

在人类文化背景下构建化学课程体系，既能充分体现化学课程的人文内涵，又能发挥化学课程对培养学生人文精神的积极作用。如在讲授仪器分析课程中电分析化学关于能斯特方程、法拉第定律、极谱学和循环伏安法等知识时，笔者会穿插布置具有人文背景的小组讨论题，如"电化学奠基人历史漫谈"等，让学生从法拉第、能斯特、海洛夫斯基等电化学家的生平、科学研究历程等故事中，去感悟科学家的人格魅力及其对科学执着追求的态度；在学习核磁共振章节时，会穿插讲"核磁共振和诺贝尔奖"，彰显榜样的力量。充分挖掘分析化学课程的人文内涵，发挥分析化学课程对培养学生人文精神的积极作用，锤炼学生的人格，树立积极向上的世界观和价值观。

三、关联社会/历史事件，以知育情，培养学生情怀

情感与认知存在着相互制约和相互促进的规律。而化学是一门实践性强的学科，在课堂教学中关联社会和历史事件，从分析化学的角度去思考，可以帮助学生建立家国情怀，树立高度责任感。例如，关联 20 世纪初期发生于日本富山县的大规模"骨痛病"，市场上流传的"镉米杀机"等故事，引导学生设计实验，应用所学的电化学中的溶出伏安法、原子光谱法等来监测环境水样、土壤介质中重金属离子的含量，增强学生的社会意识、环保意识，培养学生家国的情怀。

四、改变评价体系，体验成功乐趣

从过去的以期末考试分数定成绩的单一考核模式，到注重平时讨论环节并结合笔试成绩的全方位评价体系。我们教研组分析化学课程的考核体系由原来的4：6模式（即平时占4/期末占6）转变为现在的6：4模式，甚至有时是7：3模式。通过由教师创设问题情境，提前或当堂布置相关讨论题，由学生查阅资料、研究讨论解决问题，教学由原来的老师组织教学，转为讨论讲解，引导学生利用资料表达自己的看法。结合网络信息化多媒体手段，学生可以线下或课堂上展开讨论，而在考核评价体系中，更注重平时成绩的比重，让学生体验经思考、讨论后，问题越辩越明，巩固加深对知识的理解，体验到成功的乐趣。

五、加强科学探究，打造分析化学核心素养

当今教育非常强调对受教育者创新能力的培养，美国心理学家吉尔福特认为：发散思维是创造性思维的核心，代表一个人的创造能力。部分大一学生这方面的能力较欠缺，故教师应多以启发、讨论的方式教学，加强学生研讨和科学探究的能力，对学生进行发散思维创造力的培养和训练。例如，在学习分析化学数据处理、统计分布等相关知识时，拓展目前关于代谢组学等前沿科学研究内容，引导学生利用计算机软件、计算机语言等实现海量数据的分析处理；在学习色谱分析相关内容时，引导学生利用液相色谱法来测定咖啡因含量或饮料中维生素含量等。创新精神和实践能力是化学科学素养的一个重要组成部分，加强科学探究，激发学生独立思考和创新，培养学生的科学态度、价值观和创新思维习惯，促进学生形成良好的分析化学核心素养。

总之，教师通过实施KA/EE-MD教学理念，有机结合"知识获取/情感教育"的相互协同促进作用，以情感教育实施促进学生对分析化学学科知识的掌握、领悟，使学生获取更高层次的学习情感体验，促进学生形成良好的学习习惯、学习态度和人生观价值观等，培养学生成为具有良好分析化学素养、具备竞争力和创新能力的高端人才。

参考文献

[1]戴可，梁华. 如何使学生正确记录数据——大学化学有效数字教学改进[J]. 大学化学，2016，31(5)：19-22.

[2]庄晓娟，韩明梅. 探讨PBL教学法在无机化学元素部分教学中的应用[J]. 大学化学，2016，31(12)：13-16.

[3]华中师范大学，陕西师范大学，东北师范大学，北京师范大学. 分析化学[M]. 4版. 北京：高等教育出版社，2011.

基于化学专业人才培养标准的无机化学课程群的构建与实践①

金晶，迟玉贤，杨广生，张澜萃，杨梅②，由忠录，李杰兰，徐缓

（辽宁师范大学化学化工学院，辽宁大连 116029）

摘 要：基于学校定位、专业特点以及培养方案的要求，在剖析原有无机化学课程群存在问题的基础上，本文探索构建了以"知识—能力—素质"三位一体为核心的无机化学课程群体系，并对教学内容、教学方法等进行了改革探索与实践。

关键词：无机化学；课程群；课程体系改革

辽宁师范大学化学专业紧紧围绕学校"教师教育特色鲜明的高水平综合性大学"的战略定位，围绕国家和区域经济社会发展对化学人才的新需求，把培养具有就业竞争力和可持续发展能力的基础化学教育师资和复合型化学人才作为本专业的长期发展方向和目标。专业人才培养目标的实现是通过教学计划的制订和实施来实现的。做好教学计划，构建及优化课程体系是实现专业人才培养的首要工作。2011 年教育部颁布的《高等学校化学类专业指导性专业规范》（以下简称《规范》）对化学类课程体系的构建给出了指导性意见，《化学类专业本科教学质量国家标准》（以下简称《标准》）为人才培养提供了外部保障体制[1]。以《规范》作指导，以《标准》为参照，并结合 2014 年化学专业人才培养方案要求，无机化学课程群必须是传授知识、培养能力与提高素质的融合体。因此，必须重新审视我院无机化学课程群结构，进一步优化课程体系，改革课程内容及教学方法，夯实专业基础，提升专业素养，培养宽口径、厚基础、重能力的高素质复合型人才。

一、无机化学课程群存在的不足

我院 2014 年以前的无机化学课程群主要包括无机化学、无机化学实验、无机化学原理、元素化学、配位化学和中级无机化学实验。这一课程群体系在夯实无机化学基础知识方面发挥了重要作用。但是对照近年来的各项政策规范，以及新形势下对人才培养的要求，现阶段的无机化学课程群体系存在以下不足：（1）未能突出体现《规范》中"化学专业培养规格"对知识—能力—素质的要求。（2）实验课程层次不分明，与能力培养的关系不明确。（3）未能较好地体现学科的交叉和融合。（4）缺乏对无机化学学科发展历史、学科前沿以及学科新成就等学科素养和创新思维的引领。

综上，为了满足新形势下高素质创新型人才培养目标的需求，研究并构建新的无机化学课程群体系迫在眉睫。构建支撑核心知识和能力的课程群，建设重基础、体现学科发展的理论课教学内容，并构建立体化的知识体系，建设适应素质教育、能力培养要求的实验教学内容，建立多媒体课、网络课程、微课等新的教学模式，改革教学方法和手段等，在这些方面进行全方位的深化改革显得尤为重要。

二、改革的主要内容

1. 基于专业核心知识—能力—素质，构建层次化无机化学课程群

基于教育部《普通高等学校本科专业目录和专业介绍（2012）》中对化学专业应包含的核心知识领域

① 项目资助：辽宁省普通高等学校本科教育教学改革研究项目（UPRP20140656）；辽宁省教育评价协会教学改革与教育质量评价重点课题（PJHYZD15015）；辽宁师范大学本科教学改革研究项目（LS201515）。

② 通信联系人：杨梅，yangmeils@163.com。

的界定以及《规范》中对大学生的能力要求，并根据我院 2014 版专业人才培养方案要求，我们优化课程内容，重组课程结构，构建以"知识—能力—素质"三位一体为核心的无机化学课程群结构，如图 1 所示。新课程群包含两个层次：一是专业主干课程，夯实学生的专业基础知识和基本能力；二是专业发展课程，拓展学生的知识领域、开阔学生的视野、提升学生的学术发展与创新能力。

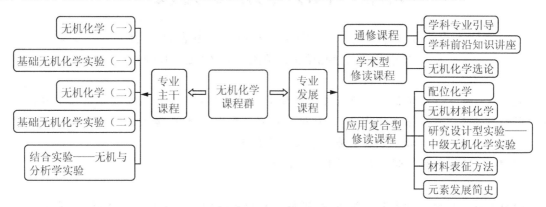

图 1 无机化学课程群结构

值得一提的是，考虑到学生个性化、可持续化的专业发展，在专业发展课程中，又进一步设置了通修课程、学术型修读课程和应用复合型修读课程。这些课程以提高学生综合素养为核心，更注重通识性，将传授知识、培养能力与提高素质融为一体。例如，新增设的"学科专业引导""无机化学前沿知识讲座"，由无机专业科研能力突出的博导进行授课，在介绍本学科发展简史、最新的学术前沿动态、最新和最有价值的研究成果中渗透并传递科学精神、科学方法、创新思维等基本学科素养，他们还结合自己多年的科研经历和感悟与学生们分享科学研究带来的快乐。这种对化学的情怀给学生巨大的感召力，激发了学生的学习热情和创造热情。再如，针对学生个性需求和发展空间需要，以探究、创新训练为初心开设的中级无机化学实验课程，现在采取了时间、空间、内容、仪器和设备等全开放，基础实验室、专业实验室、科研实验室三层次全开放的"三维三层次全开放"实验教学模式，通过精心设计和优选实验内容，提交科研论文的成绩评定方式等，使学生在掌握基础知识综合运用中，提高了实验技能、论文写作能力，更重要的是在实验探究过程中，学会创新思维，提高创新能力。通过一系列专业发展课程的开设将学科素养、创新能力和人文情怀教育贯穿于人才培养的全过程，这对于优化学生知识结构，实施宽口径人才培养模式，培养有创新精神和创新意识的人才具有重要意义。

经过这样的多层次递进式课程群设置，使无机化学课程相关的知识有机衔接起来，并形成了立体化的知识体系，不仅体现了对专业知识领域和能力培养要求的支撑，也符合现代社会对人才"综合、灵活地运用知识，实施创新"的要求[2]。

2. 探索构建知识衔接、能力培养递进的实验课程教学内容

这方面的改革内容包括凝练基础教学内容，建立重基础、体现学科发展的无机化学理论课教学内容，增加无机化学学科发展的新科学理论、新技术、新材料等符合培养创新人才要求的内容。我院将无机化学实验课程体系优化整合为"基础—综合—研究设计"三个层次：学生在基础实验阶段初步掌握无机化学实验的一些基本操作、技能和无机物制备的常用方法；在综合性实验阶段进一步巩固知识的应用和提高技能；通过研究设计型实验，在一个相对长时间的自主学习中，更深入地培养分析和解决问题的能力、知识应用的能力及创新意识，初步培养团队协作精神、科学论文写作能力以及科学表达能力等。此外，借助后续教师指导本科生科研训练、学生自主科研训练、创新创业训练计划以及化学专业竞赛等项目，使得学生参与科研创新成为一种新常态，进一步巩固、提升和检验学生的各种能力。

3. 构建具有学科交叉和融合性的综合性实验课程——无机及分析化学实验

科学技术的飞速发展，学科间的交叉、渗透和融合已是常态，因此教学体系和教学内容必须与这种科学发展协调同步。无机及分析化学综合实验的开设体现了无机化学与分析化学学科的交叉和融合。由无机化学和分析化学专业教学经验丰富的教师组成教学团队，设计实验内容、实验方案，进行可行性论证、课程评价等。化学综合实验打破了单科实验只验证某一论点、只测定某一数据、只学习某一操作技术的缺陷，它将无机化学和化学分析专业课的基本理论、基本操作技能系统地综合在一起，大大促进了学生综合素质的提高。

4. 改革教学方式、方法

无机化学课程教学实行团队运行机制，它是一种教师互动的有效方式，能集思广益，发挥集体的智慧。无机化学课程团队由 10 名专任教师组成，其中教授 4 名、副教授 2 名和讲师 4 名，全部为博士，其中 3 名博导，师资力量非常雄厚。团队教师实行集体备课制，每月两次（月初和月底）集中讨论和总结；每个实验开课前，集体做准备实验。年轻教师实行导师制、助课制、听课和评课制度，每位年青教师必须在其导师指导下助课两年后方能上讲台。这些措施既提升了青年教师的教学能力，又发挥了资深老教师的"传帮带"作用，有利于专业可持续发展和优秀教学传统的继承和发扬。

在基础无机化学实验中，实行小班制授课。实验教学的主要目标是培养学生的科学研究能力和综合应用知识的能力，其主要的教学手段是指导学生进行实验、实践。为了达到更好的实验效果，同时鉴于无机化学实验课程特点，采取 15 人的小班制。建立详细的实验成绩评定方案，跟踪实验全过程，对学生进行全方位的客观评价。

组建基于自主学习的无机化学合作学习小组。无机化学是大一学生的一门专业基础课，尽管其知识与高中化学有着千丝万缕的联系，但内容庞杂、知识点多，教学节奏快，教学方法和管理模式与高中大相径庭，又没有了家长和老师的时时督促等，使得初入新环境的大一新生往往处于茫然状态。鉴于大一学生的学习空间、时间的一致性，采取小组合作学习模式，不仅学习上的困难在组内成员之间能得到及时解决，而且生活中的困惑也可在这种愉快的学习氛围中得到排解[3]。经过在 2015 级和 2016 级大一学生中合作学习的实践，发现学生不仅自主学习的能力增强了，而且责任感及合作意识也增强了，同学关系也融洽了。这两个年级的无机化学期末考试整体成绩要远优于个体学习的成绩，但如何构建一个高效运行的学习小组，需要教师付出更多、更科学的引导、设计和安排。

参考文献

[1]朱亚先，张树永."化学类专业本科教学质量国家标准"的研制与解读[J]. 中国大学教学，2015(2)：31.

[2]高元哲，于海涛，吴银素，陈汝芬，刘辉. 发展中的化学科学课程的全方位构建[J]. 大学化学，2014，29(5)：29.

[3]王琴芳. 合作学习小组组建研究[J]. 南通职业大学学报，2015，29(1)：52.

因事而化、因时而进、因势而新：浅谈高校思想政治工作与高等学校化学学科教育的结合点

李丽萍，常华

（首都师范大学化学系，北京 100048）

摘　要："把思想政治工作贯穿到教育教学的全过程"是一项系统性工程。本文以高等学校自然科学学科中的化学为例，通过举例探讨马克思主义哲学、国际形势变化、党和国家的战略政策与化学学科教育的结合点，为高等学校自然科学教育中将思想政治工作因事而化、因时而进、因势而新提供一些思路和方法上的参考。

关键词：高校思想政治工作；化学；自然科学；结合点

高等教育是培养社会主义现代化建设人才的重要基地。因此，各大高校在传授知识、培养技能的同时，通过各种形式的思想政治工作帮助学生完善人生观、世界观、价值观等也成为不可或缺的需求。近年来难以阻挡的经济全球化、蓬勃发展的新科技革命和日新月异的社会生活使得新一代大学生的成长环境有着不同维度的动态变化，他们的信息获取方式日趋多样，独立思考的意识逐渐加强。在这样的形势下，高校思想政治工作的有效开展面临着诸多新挑战[1-2]。

我们认为，除了原有的思想政治课程体系，考虑到大学生们各自的专业背景，适度地、科学地、有针对地将思想政治教育融入日常课程学习之中，也是一种不可忽视的思想政治教育途径。正如习近平总书记在 2016 年 12 月召开的全国高校思想政治工作会议中的指示："把思想政治工作贯穿教育教学全过程，开创我国高等教育事业发展新局面"[3]。相比于人文社会学科，自然科学学科与思想政治工作看似交融尚浅，却依然有着千丝万缕的联系。具体说来，主要包括以下三方面：

第一，马克思主义哲学与自然科学密不可分[4]。马克思主义哲学的两大重要组成部分辩证唯物主义和历史唯物主义，都与自然科学发展和自然科学教育息息相关。辩证唯物主义与自然科学的发展规律和研究方法是内在一致的，自然科学教育离不开辩证唯物主义教育，历史唯物主义提供了如何看待历史和如何以史为鉴的两大视角，有利于科学界对科学史和科学发展趋势实现客观认识、深度理解和未来前瞻。

第二，国际形势变化受自然科学变革影响深远[5]。第一次科技革命改变了世界格局，第二次和第三次科技革命影响了当今的国际分工。新科技革命围绕能源材料、生命科学、人工智能等领域展开，目前世界各国在自然科学领域的竞争日趋激烈，哪个国家取得竞争中的有利格局，即取得了未来世界中自己国家和民族的有利地位。

第三，党和国家的战略政策与自然科学发展存在关联[6,7]。科教兴国战略、可持续发展战略等一系列高瞻远瞩的战略方针，其制定参考了自然科学技术的发展成果和自然科学技术在当今世界的发展趋势，其贯彻也必将推动我国自然科学的发展并印证其对国家繁荣和民族复兴的长期作用。

以笔者所在的高等教育化学学科为例，本文将从以上三方面出发，探讨化学学科教育与马克思主义哲学、近现代和未来世界发展形势、党和国家最新发展战略的结合点。在列举实例分析说明这些结合点的基础上，从中总结在化学教育中加强高校思想政治工作方面教师的行动方向，为自然科学学科中高等教育领域的思想政治工作提供一些参考。

一、马克思主义哲学与化学学科教育

1. 辩证唯物主义

化学是人类认识和改造物质世界的主要方法和手段之一，化学学科教育是自然科学教育体系的重要组成部分。培养创新型人才是当今中国高等学校化学教育的核心任务之一，而科学创新必须借助于科学思维，科学思维创新方法则是建立在唯物辩证法基础之上[8]。唯物辩证法既是客观世界发展的一般规律，又是思维的逻辑和认识论，是我们时代真正的智慧[9]。在传授化学知识、训练化学技能、培养化学创新人才的过程中，必然需要唯物辩证法这一智慧的融入和流通。具体说来，可以从以下三方面进行讨论和举例说明：

第一，实践和认识的辩证关系在化学学科教育中的应用。

化学是一门理论性和实践性都非常强的学科，教学中很多内容与社会生产、国民生活和国家发展息息相关。从这个切入点出发，化学的理论成果、研究方向布局、技术产出和应用成果无不彰显了"实践—认识—实践"这一图式。学生在学习化学知识、化学技术的时候，必然需要渗透对这一图式的理解，而他们选择研究方向和研究课题的时候，必然会需要这一图式的引导。例如，有机化学教学中重大疾病的难题与随之衍生的药物的研发与应用、分析化学教学中环境污染的问题与随之衍生的环境分析技术、物理化学中新能源材料的现实需求与新能源材料的开发等。一个最简单的实例是，千百年来疟疾一直是人类的威胁，中国人民早在两千多年前就从实践中得出可将菊科植物用于抗疟药的认识，这一古老的实践成果经过以屠呦呦为代表的科学家们的努力，成功利用现代科学方法分离出这类抗疟药的活性成分青蒿素，并进行了结构鉴定、药理研究和临床试验，自此将实践成果转化和升华为认识成果，随后又提出研发复方青蒿素解决耐药性风险，从而诞生了世界卫生组织推荐的青蒿素联合疗法，并在临床治疗中取得了良好的效果，自此认识成果又转化到实践中去。

另外，化学是一门以实验为基础的学科，化学教育过程中凸显实验研究的重要性，并在实验中不断引导学生以创新应用为导向进行思考和探索，本身就是"实践—认识—实践"这一图式的应用过程。唯物辩证法在化学教学中的应用还有很多，例如抓住主要矛盾是解决化学问题的重要思路，透过现象看本质是认识化学世界的基本方法[10]。

第二，真理的条件性和具体性原理在化学学科中的应用。

任何真理都有使用条件和适用范围，必须随着历史发展不断丰富、发展和完善真理，化学理论、化学规律也不例外。例如，化学性质不活泼的物质也可能在某些条件下发生化学反应；化学实验设计中经常要先进行条件实验，筛选出最优化的条件再进行后续的应用探索；虽然"结构决定性质、性质决定用途"是化学学科一条常用的"真理"，但是实际应用中除了考虑性质，还需要考虑成本、环保等多种因素。

在化学教学中，让学生不断深化真理的条件性和具体性原理，有助于学生建立合理的"科学观"和批判性思维，即用客观、合理的方式看待学科理论和学科研究成果，不是一味全盘接受，而是能够批判性地思考和选择性地吸收。

第三，认识过程的反复性和无限性原理在化学学科中的应用。

真理的形成往往需要经历由实践到认识、由认识到实践多次反复才能完成，化学学科理论当然也不例外。当前化学学科中活跃的科研探索活动，都是在经历这种"多次反复"，而化学科学研究的意义，就在于在这种反复探索中，将"实践—认识—实践—认识"的"进度条"不断向真理推进。从这个角度出发，化学学科授课应该多用启发式、探究式的教学，引导学生一步步向本质问题靠近。例如，在理论化学教学中，教师首先让学生认识到微观世界中宏观运动的规律和理论已经不再适用，从而引入适用于微观世界的量子力学，讲授适用于电子运动的不确定原理和薛定谔方程。虽然薛定谔方程在解释一些问题上取得了巨大的成功,但是它在处理问题中需要采取一些近似,所以它对微观世界的描述依然是非常受限的。在这个层面上,描述微观世界的理论体系依然需要不断完善,可以说,认识过程可以随着不断逼近本质的过程无限深入下去。

2. 历史唯物主义

历史唯物主义也称唯物史观,它不仅是关乎人类社会发展一般规律的总结,同时还蕴含着如何看待历史、如何以史为鉴等重要思想。与自然科学史类似,化学学科发展也有与之对应的化学学科发展史。高等院校不仅化学相关专业的教育教学有化学史直接相关的课程,而且任何一门化学分支的教学都或多或少会涉及化学学科发展史的重要片段。在这些教学环节中,我们至少可以在以下两方面帮助学生构建和加强唯物史观:

第一,如何看待历史,即如何用唯物史观看待化学史中的理论发展过程和技术发展过程。

物理学历史中,亚里士多德的理论被伽利略的比萨斜塔实验证伪;天文学历史中,哥白尼日心说战胜了托勒密的地心说;化学历史中,罗蒙诺索夫和拉瓦锡用质量守恒定律推翻燃素说。自然科学的发展历史,可以说就是一部唯物史观的教科书。首先要引导学生正视历史、重视历史,引导他们在这些学科历史进展当中思考,让学生真正能够把化学学科看成动态发展的、活跃和有活力的学科,而不是一成不变的现成结论。例如,在有机合成的历史中,从最开始追求高产率、低成本,到现在兼顾产率和成本的同时追求绿色化学,追求"原子经济性",就是化学学科动态发展的代表性实例之一。

第二,如何以史为鉴,即如何用唯物史观汲取化学史反映的经验、判断化学发展的趋势。

有了唯物史观和对学科历史的充分理解,才能对各种学术观点和科学见解有兼容并包的态度和高度,才能批判性地汲取前人结论和研究成果,才能有前瞻性视野来判断未来化学的发展趋势,才能有创新性的思维去不断突破化学研究的难题。举例来说,化学中的色谱分离技术,从最初的手动装柱、过柱,到现代高度自动化的色谱仪器,目前还在不断向智能化、信息化和自动化方向发展,可以说这不仅仅是色谱技术的发展趋势,也反映了整个仪器分析领域甚至大部分其他行业的发展趋势。

二、国际形势与化学学科教育

过去几百年,科技革命改变了世界的格局并影响了各国在国际分工中的位置,而在国际竞争日益激烈的今天,科技创新成为国际竞争的核心焦点[11]。作为与社会生产生活密切联系的自然学科,化学领域的科学创新与技术创新的重要性不言而喻。在化学学科教育中渗透学科发展对我国综合国力的重要意义,有利于培养学生对本学科积极的情感、态度和价值观。具体说来,可以包括以下方面的内容:

第一,旧科技革命、世界格局与化学学科教育。

以蒸汽机为代表的第一次科技革命,改变了世界格局,资本主义最终战胜了封建主义;以电气为代表的第二次科技革命、以原子和计算机为代表的第三次科技革命,影响了世界各国在国际分工中的位置。这三次科技革命的过程中,与化学工业有关的一些变化可以说是具有标志性意义的。例如,过去数年一直到现在为止,乙烯产量依然是衡量石油化工发展水平的标志,也是一个国家综合国力的表现,虽然我国的石油化工产业虽然取得了长足发展,但是依然存在自主创新度不足的问题。其中,有机化学和高分子化学在化工工艺中扮演着重要的角色,物理化学在高效催化剂方面起着重要的作用,而分析化学则为原料和产品分析提供技术支撑。

第二,新科技革命、国际竞争与化学学科教育。

新科技革命在学术界的说法暂未达成一致,但是广为接受的结论是,新科技革命围绕新能源、新材料、生命科学技术和人工智能等领域展开。其中,化学学科在新能源、新材料方面的地位举足轻重,在最新生命科学技术的发展中也以学科交叉、理论支撑、技术辅助等不同形式发挥着重要作用。例如,国内外竞争激烈、也是目前我们国家大力扶持的电动汽车领域，其关键瓶颈在于电池技术的突破，而电池材料的研发则是这一突破中的关键点。抢占新能源技术的创新先机，就是抢占未来科技革命中的制高点，就能够为国家和民族争取更有利的国际分工和国际地位。以这些视角切入，有利于激发学生学习、科研和创新的热情，也有利于充分展现化学学科的重要价值和重要意义。

三、党和国家最近政策与化学学科教育

党和国家的很多重要战略决策与自然科学的研究成果和发展趋势息息相关，化学学科作为自然科学的重要组成部分，也发挥着自己的独特作用。

例如，科教兴国战略的举措，其指导思想是"科学技术是第一生产力"，我国化学学科已经取得了长足的发展和进步，目前北京大学的化学学科排名已经稳居国际前十位，然而纵观现在的化学高等教育和化学科学研究，我们用的高端仪器、高端试剂依然依赖进口，国产仪器和试剂的发展，有赖于一代又一代化学学子去积累、创新和突破。那么在化学学科教育中，培养学生在化学学习和化学研究中的责任感和使命感，就是为科教兴国埋下不断萌芽的种子，就是为中华民族的伟大复兴积攒不断汇聚的力量。

又如，可持续发展战略的举措和科学发展观的提出，一方面要求维护和合理使用自然资源，另一方面要求在发展计划和政策中纳入对环境保护的考虑，可以说化学学科在这两方面都充当着重要的角色。在化学教育中不断渗透绿色化学的意识，在实验室注意培养学生养成安全环保的良好习惯，开设环境化学有关的社会实践和研究课题，都是化学学科能够支撑国家可持续发展战略的表现。例如，化学专业学生以环境保护为主题举办的科普宣传活动、暑期实践活动以及科学研究活动，都为学生以实际行动来践行对可持续发展战略和科学发展观的理解提供了落脚点。

四、总结

教育对国家和民族的意义有目共睹，党和国家领导人对教育的重视一脉相承，教育工作者肩负的责任之重不言而喻。正如习近平同志所指出的，高校思想政治教育要因事而化、因时而进、因势而新，作为自然学科重要组成的化学学科也不例外。只有因事而化，从化学学习和化学研究中与社会生产生活、国家和国际发展形势的结合点出发，才能让学生明确所学知识技能与国家、民族和社会的关系；只有因时而进，以唯物史观建立对化学学科发展历史乃至自然科学发展历史的正确认识，才能促进学生用发展的眼光努力探索并推动本学科不断完善；只有因势而新，才能让学生在国家和民族复兴进程中站在时代的前端，用前瞻意识判断化学教育和化学学科的发展趋势，并做出顺应历史和时代发展的抉择。

参考文献

[1]顾海良. 高校思想政治教育面临的新课题[J]. 中国人民大学学报，2000，14(4)：5-8.

[2]丰硕，张智昱. 加强高校思想政治工作队伍建设的重要性[J]. 社会科学家，2005(s2)：313-314.

[3]把思想政治工作贯穿教育教学全过程开创我国高等教育事业发展新局面[N]. 人民日报，2016-12-09(01).

[4]贝尔纳，张改珍，张纪昌，等. 马克思与科学[J]. 科学学与科学技术管理，1990，7(1)：15-31.

[5]金涛. 科技革命与变化中的国际冲突[J]. 国际观察，1998(1)：28-31.

[6]徐冠华. 关于实施科教兴国战略的若干问题思考[J]. 中国软科学，1999(1)：8-17.

[7]秋石. 科教兴国论[J]. 求是，2004(7)：19-22.

[8]崔自铎. 科学思维创新方法论八则[J]. 中共中央党校学报，2001(2)：57-60.

[9]张守民. 唯物辩证法是我们时代真正的智慧[J]. 中国高校社会科学，2004(7)：30-36.

[10]杨新生. 运用唯物辩证法提高学生化学思维能力[J]. 教学与管理，2002(36)：68-69.

[11]彭永东. 科技创新的动力源考察——《百年科技话创新》读后[J]. 科技进步与对策，2003，20(1)：70-72.

地方高师院校化学类专业创新型
人才培养改革与实践

李勋①，罗国添，练萍，潘虹，王莎

（赣南师范大学化学化工学院，江西赣州 341000）

摘　要： 结合国际高等教育发展趋势和时代发展对高等教育的要求，明确了实验教学改革在创新型人才培养中的关键作用，我院提出以创新型人才培养为主线，围绕化学实验教学体系、实验教学内容、实验教学模式和实验教学方法等方面的改革，发挥化学实验教学改革在化学专业创新型人才培养中的重要作用。实践表明，实验教学改革能够有效提高学生的动手能力以及分析和解决实际问题的能力，同时培养学生的创新意识和创新能力，促进化学拔尖创新人才的培养。

关键词： 化学学科；化学实验教学；创新人才

开展创新创业教育是高等教育新的历史使命，是创新型人才培养的时代要求，是服务经济社会发展的现实要求，是高等教育自身变革的内在需求，是学生个入成长成才的现实需求。许多高校在准确把握创新创业教育的本质属性和重大意义的基础上，以创新创业教育引领高等教育的改革与发展，以创新创业型人才培养为目标，重建人才培养体系和教学模式[1-2]。为提高学生的创新能力，学院充分利用学科特色和优势，在实验教学改革、学生技能竞赛、学生创新项目训练以及产学研合作等方面做了一些探索和实践，这些措施有效提高了学生的专业知识水平、实验技能及创新能力，化学创新创业教育质量和人才培养质量得到了显著提升。

一、实验教学课程体系改革，促进创新意识和创新能力培养

1. 调整实验教学体系

学院按照教育部高等学校化学与化工学科教学指导委员会、化学类专业教学指导分委员会制定的《高等学校本科化学类专业指导性专业规范》的要求，大幅度调整实验教学体系，以"培养能力、提高素质"为主线，以培养创新型、应用型人才为目标，更新实验教学内容，按一体化、多层次、开放性要求构建实验教学新模式。

2011 年，学院对实验教学体系进行了调整，按照由浅入深、循序渐进，强基本操作技能，少验证性，多综合性和设计性的原则，重新调整了无机化学实验、有机化学实验、分析化学实验和物理化学实验的实验项目，加大了综合性和设计性实验的比例。

2. 加大现代化学实验技术在基础实验教学中的应用

大型仪器设备主要集中在学院的分析测试中心。与其他许多高校一样，学院将大型仪器主要用于科研，忽视了本科教学的要求，从而导致学生的知识面狭窄，对现代测试仪器的动手能力较差的结果。因此，在实验内容的选择上，除了原来经典的基础实验外，我们大幅度增加了综合性和设计性实验内容，同时结合已有实验设备的情况，把大量现代化学分析检测手段引入化学实验教学中，特别是综合化学实验的教学中。这一措施不仅提高了测试中心大型仪器设备的利用率，更重要的是让学生掌握了

---

① 通信联系人：李勋，gnsylixun@163.com。

现代化学实验技术，增强了学生开展创新研究的能力。

3. 改进实验教学内容

除强化学生的基本实验技能，创新能力的培养也是我们实验教学改革的重点。学院开设了很多创新实验项目，将其内容转化到化学实验教学中，使化学实验内容不断更新和完善。比如，我们已经成功地将竞赛实验内容转化成了一个本科生探索性实验"阿司匹林中水杨酸的测定"，取得了较好的教学效果，受到了师生的广泛好评。

基础化学实验教学中心结合学院实验条件，组织编写了反映实验教学改革的化学实验系列教材《无机化学实验》《有机化学实验》《物理化学实验》《分析化学实验》《综合化学实验》和《材料化学实验》等。另外，还编写了化学教师教育校本教材《化学教学技能综合训练教程》，该教材紧密结合基础教育化学新课程实际，结合化学理论学习、教育见习、应用练习，给师范生以必需的教学实践训练，有助于发展和提升师范生的教学技能。

另外，为进一步提升学生创新能力，学院开设了综合化学实验课程。该课程主要是基于化学学科先进的科学研究硬件资源和软件环境，发挥学院现有的江西省有机药物化学重点实验室、江西省高校功能材料化学重点实验室、江西省镁合金材料工程技术研究中心三个省级科研平台的特色发展优势，建设综合化学实验基地，为教学提供基本实验条件。该课程的实验教学内容主要由承担国家自然科学基金等项目的教师提供，他们将自己成熟的科研成果移植或转化到综合性和设计性实验教学中，为实验教学提供了良好素材，激发了学生的实验热情，有利于学生创新意识的培养。部分实验项目如表1所示。

表1 综合化学实验项目

实验项目名称	主干学科	依托科研平台
土壤酸度及有机质含量测定	分析化学	分析测试中心
脐橙果品中酸与糖的测定	分析化学	分析测试中心
SiO_2 微球的合成及其原子力显微镜 AFM 表征	物理化学	江西省镁合金工程技术研究中心
稀土镁合金材料腐蚀性能测试	物理化学	江西省镁合金工程技术研究中心
三(乙二胺)合钴盐光学异构体的制备与拆分	有机化学	江西省有机药物化学重点实验室
药物渗透促进剂——氮酮的合成和表征	有机化学	江西省有机药物化学重点实验室
γ-Al_2O_3 催化剂的制备、表征及活性的测定	无机化学	江西省高校功能材料重点实验室
草酸根合铁(Ⅲ)酸钾的制备及其组成确定	无机化学	江西省高校功能材料重点实验室

4. 强化创新实践基地建设

加强了"教师教育实训室""化工专业实训室""化学化工仿真实训室"等技能实训实验室建设。目前学院已与多家企业单位合作建立了专业实践基地，建成具有本地先进水平的"产品质量检验与环境监测实践教学基地""油墨、涂料生产工艺实训基地"，与赣州卫农农药有限公司合作建立了"重大项目小试实验平台"等科学研究与人才培养基地，为化学工程与工艺专业发展和人才培养质量奠定了良好基础并取得了显著成效。

二、实验技能强化和创新项目训练提升创新人才培养质量

1. 实验技能竞赛取得优异成绩

实验教学培养方案和实验教学体系的改革，促进了学生动手能力及创新意识的培养。自2011年起，我们积极参与由教育部化学教学指导委员会师范协作组主办的"全国高等师范院校大学生化学实

邀请赛"。我院已连续 6 年参加了 3 次该竞赛，均取得了较好成绩。其中，2011 年 7 月在北京师范大学举行的第二届"全国高等师范院校大学生化学实验邀请赛"中，我院化学专业 2008 级本科生获得一等奖 1 项和二等奖 2 项的优异成绩，总成绩与广西师范大学并列全国第一；2013 年 7 月在河南师范大学举行的第三届邀请赛中，我院化学专业 2010 级本科生获得三等奖 3 项；2015 年 7 月第四届邀请赛在山西师范大学举行，我院化学专业 2012 级本科生获得二等奖 3 项。

另外，首届"江西省大学生化学实验技能大赛"于 2015 年在南昌大学举行，我院选派 5 名学生参赛，取得了一等奖 1 项和三等奖 3 项的好成绩。近年来学院本科生还获得"挑战杯"全国大学生创业竞赛三等奖 2 项。

2. 通过创新项目训练，提升学生创新能力

将科学研究与学生培养融合在一起，积极指导学生进行科学研究。学院教师承担了许多国家级科研项目，学院实行了科研导师制，指导学生参与课题研究，培养了学生科研和创新能力。同时鼓励大学生申报并主持完成各级各类大学生创新创业计划项目，进一步激发了学生的学习兴趣，提升了学生的创新意识和创新能力。2014 年我院学生申报大学生创新训练计划项目国家级 1 项、省级 3 项、校级 11 项，2015 年申报国家级 1 项、校级 6 项，2016 年申报国家级 2 项、校级 8 项。近 3 年来，本科生发表 SCI 收录论文 30 余篇。学生通过参与实践环节，参与到了教师的科研项目中，在实践中创新能力得到了提高。

3. 考研录取率不断取得突破

我院本科生考研录取率连续 5 年超过 35%，在 2016 年达到 43%，涌现出一批化学拔尖创新人才。

4. 创新、创业能力得到社会认可

系列创新、创业教育措施的实施，使学生及早受到科学研究和创新能力等方面的训练，提高了学生的实践能力，综合素质、创新意识以及分析问题和解决问题的能力得到了提高。在大学生就业形势越来越严峻的情况下，我院因化学类各本科专业毕业生的就业率一直保持较高的水平，被评为学校就业先进单位，毕业生也受到了用人单位的高度评价。

参考文献

[1]丁俊苗. 以创新创业教育引领高等教育改革与发展——创新教育教育的三个阶段与高校新的历史使命[J]. 创新创业教育，2016，7(1)：1.

[2]田少萍，徐家宁，宋天佑. 化学学科创新人才培养的探索与实践[J]. 化学教育，2016，37(14)：12.

顶岗实习视阈下化学师范生
教学实践能力的培养

刘敬华，曾艳丽①

（河北师范大学化学与材料科学学院，河北石家庄 050024）

摘　要： 教学实践能力是教师专业能力构成的核心内容之一，师范生的教学实践能力影响着其在未来教育教学中的教学质量。本文从课程设置、教学实施、顶岗实习 3 个角度论述了化学专业师范生教学实践能力培养的一些做法。

关键词： 顶岗实习；教学实践能力；课程设置

一、问题的提出

教学实践能力是教师专业能力构成的核心内容之一，也是衡量教师专业能力和水平的重要指标之一。教学实践能力是教师在教学活动中展现出来的教学设计能力、课堂教学能力和教学评价能力等。师范院校担负着培养未来教师的重任，师范生是从事教育事业的主力军，是深化教育体制改革、促进教育发展的有生力量。师范生的教学实践能力也是师范生获取教师资格证的必要条件，直接影响着他们未来教育教学的质量。从目前一些相关研究成果和教学实践来看，师范生在教学实践能力方面存在不足，例如对教学设计认识不够全面，对教学方法的使用过于死板，对学生的了解不够准确，教学实施能力欠缺等。究其原因可能是：（1）课程设置不够完善，缺乏实践性课程；（2）理论课程与教学实践脱节；（3）教育实习中缺乏针对性的实践训练和指导等。鉴于此，为了提高化学师范生的教学实践能力，我们在对化学教育专业师范生的培养过程中做了一些改进和尝试。

二、凸显实践性课程，构建合理的教师教育类课程体系

"课程是实现教育目的的重要途径，是组织教育教学活动的最主要的依据，是集中体现和反映教育思想和教育观念的载体，因此，课程居于教育的核心地位。"2012 年，教育部印发的《中学教师专业标准（试行）》（以下简称《专业标准》）提出："开展中学教师教育的院校要将《专业标准》作为中学教师培养培训的主要依据。重视中学教师职业特点，加强中学教育学科和专业建设。完善中学教师培养培训方案，科学设置教师教育课程，改革教育教学方式。"[1]因此，为了适应教师教育的新要求[2]，从 2011 级开始，我校对化学教育专业学生的课程设置进行了调整，在保证化学专业课程的前提下，加强教师教育实践类课程，构建教师教育类课程群。

1. 处理好必修课程与选修课程的关系

必修课程是对所有师范生提出的统一的课程学习要求，选修课程是对学有余力并且对自身有个性化发展需求的学生开设的。两者相辅相成，促进学生全面、有个性地发展。

2. 通识课与专业课的融合

教师教育通识课的学习让师范生对将来从事的中学教育教学工作的职业特点以及对自身的职业道德和基本素养的要求有了明确规范的认识，同时还需学习基本的教育教学的知识与技能，教师教育专

---

① 通信联系人：刘敬华，liujh1964@163.com；曾艳丽，yanlizeng@hebtu.edu.cn。

业课的设置引领学生从学科专业的角度进一步体会教育教学理论的应用。

3. 理论课与实践课并重

师范生的学习包括理论课程与实践课程,教育教学理论知识只有通过实践才能够转化成教学实践能力。所以在重视理论学习的基础上,也要重视实践课程的设置。学生通过理论课程的学习提高理论修养,通过实践课程,可以提高教学实践能力。其中,实践类课程又分为校内的实训课程和校外的实践课程。这样形成了多维度、多层面的立体化教师教育课程体系,旨在促进师范生教学实践能力的提升。具体课程设置如表 1 所示。

表 1 教师教育类课程群

课程类型			课程名称
必修课程	理论课程	通识课程	中学生认知与学习
			中学生发展
			中学生心理辅导
			教师职业道德与专业发展
			中学生品德发展与道德教育
			课程设计与评价
		专业课程	中学化学课程标准解读与教材研究
			中学化学教学设计
	实训课程	通识课程	语言与文字表达技能实训
			现代教育技术应用技能实训
			班主任工作技能实训
		专业课程	中学化学教学技能训练
			中学化学实验教学
			中学化学见习研习
	实践课程		师德实践
			化学教学实践(教育实习)
			教育与管理实践
			教育调研与社会实践
选修课程	专业课程		中学化学教学案例分析
			化学教学专题研究
	通识课程		现代教育技术应用
			教师语言
			中学班级管理与教师心理
			有效教学
			教育哲学
			教育研究方法

三、搭建自主学习平台,促进学生教学实践能力的生成

1. 利用课前 10 min,初步体验教师教学

化学教师教育专业课程的学习,安排在大学四年的第 4、5 学期,开设顺序为:中学化学课程标准

解读与教材研究—中学化学教学设计—中学化学教学技能实训。"中学化学课程标准解读与教材研究"是学生学习的第一门化学教师教育类课程，学生对教师这一职业以及化学课堂教学还缺乏感性认识，因此，教师利用该课程每次上课前 10 min，设计了"我讲教育叙事故事"环节，由学生课前准备，课上分享，既可以讲自己经历的和老师的故事，也可以讲别人的故事，通过这样的方式，锻炼学生查阅文献、组织材料、语言表达的能力，熟悉学校教育，熟悉班级教学。

"中学化学教学设计"和"中学化学教学技能实训"课程教学分别设计了"即兴演讲"和"课堂突发事件的处理"环节。"即兴演讲"是课前把学生分成若干小组，上课开始，由部分小组讨论提出 1 周内他们最关心的一个话题并书写在黑板上，再由其他小组派 1 名学生选择一个话题进行 3 min 的演讲。"课堂突发事件的处理"是在"中学化学教学技能实训"这门课的开始，由每组学生写出 3～5 个课堂突发事件，再由课代表整理后选出 20 个发生频率最高的课堂突发事件，每次课由两组学生分别选择 1 种在课堂上表演，另由两组各派 1 名学生作为教师角色现场处理突发事件，最后由教师点评。这样可以培养学生处理突发事件的能力。

2. 教学方式的多样化，促进教学实践能力的生成

传统的教师教育类课程的教学，多以讲授法为主，由于学生缺乏对教学的感性认识，这样的教学难以吸引学生参与到课堂学习中，即使能参与进来，也是浅尝辄止。部分学生由于学习认识的偏差，认为化学教师教育类课程比较简单，又不是考研基础课程，期末突击背一背就行了。基于这样的现状，教学中进行了教学方法的改革，旨在引导学生进行深度学习和思考。在"中学化学课程标准解读与教材研究""中学化学教学设计"教学中，采用了"微课＋翻转课堂""案例教学""任务驱动"的教学方法，对于"中学化学教学技能实训"课程，采取了"任务驱动"和"微格教学"的教学方法。这些教学方法的使用，充分调动了学生参与课堂的热情和积极性，促使学生以某一内容为载体，深入学习、思考，领会其实质并与大家进行交流展示，在这一过程实现了"我的课堂我做主"的教学理念，促进了学生教学实践能力的生成。

3. 情景模拟，突出实验教学能力的培养

实验教学是化学教学的重要组成部分。为了提高学生实验教学的能力，"中学化学实验教学"这门课采用情景模拟的教学方法，对于每一个实验，通过教材分析—实验准备—模拟教学三个环节，完成一个实验的小循环。在教材分析环节，由学生结合该实验在教材中的位置挖掘实验的教育教学价值并与同学分享交流，最后达成共识。在实验准备环节，学生以教师的身份对实验原理、仪器药品、实验操作及成败关键点进行实验的操作练习与研究。在模拟教学环节，完成实验教学的微设计并完成实验模拟教学。经过多次情景模拟实验教学的循环，学生实验教学能力得到提升。

4. 强化校内实训，促进理论知识向教学实践能力的转化

将教学理论知识和化学专业知识转化成师范生的教学实践能力，其中关键的一环就是教学实践，而校内的教学实践又是进行校外教学实践的基础。因此，为促成师范生教学实践能力的转化，成立了 5～7 人一组的同伴训练队，利用课上和课下的时间，利用微格教室进行规定内容的自主训练。所谓规定内容，是学生必须在规定的时间完成教学技能训练项目，而自主训练是指学生可以在完成规定训练项目后自主增加的训练项目。在课程结束时进行小组的"微型课"汇报展示。在这一过程中，同伴训练队充分发挥了同伴之间互帮互学互相激励的优势，同时同学之间学习经历了集体教研、团队合作、课例研修的磨课过程，提高了他们的教研能力。

四、顶岗实习，促进师范生教学实践能力的提升

教育实习是师范院校进行专业训练的一种实践形式，是其教学计划的重要组成部分，是提高师范生教学实践能力的综合实践环节，更是培养合格中小学教师的必经之路。近年在全国很多师范院校开

展的顶岗实习，为师范生教学实践能力的提升提供了一个广阔的平台。

1. 顶岗实习，师范生教学实践能力的初步检验

化学教育专业有约 80％的学生选择顶岗实习，顶岗实习时间为半年或 1 学期。在顶岗实习期间，师范生作为 1 名教师的角色需要完成的工作：(1)化学教学实习；(2)班主任工作实习；(3)教育调研。在化学教学实习期间，实习生要听本专业指导老师和其他老师的课，听其他专业老师的课，听实习同学的课，完成教学中的备课、试讲、课堂教学、课后辅导等一系列教学工作。

2. 教学指导，教学实践能力的助推剂

对实习生的教学指导分为四个层面：利用互联网的分阶段、分主题的 QQ 群指导—实习初期的教学录像指导—实习中期的现场指导—实习后期的成绩评定。参与教学指导的人员分为两部分，一部分是来自师范院校的化学教学论和专业方面的教师，另一部分是实习生所在地区的特聘名师和实习学校的指导老师。前者承担了实习生的 QQ 群指导、录像指导和中期的现场指导，而实习学校的指导老师和特聘名师承担了实习全程的面对面指导。这些来自不同层面的教学指导帮助师范生发现自己教学实践中的不足并不断加以改进，从而促进了师范生教学实践能力的提升。

总之，师范生的教学实践能力是衡量师范院校教育教学质量的指标之一，是教学的永恒追求。

参考文献

[1]教育部教师工作司.《中学教师专业标准(试行)》解读[M]. 北京：北京师范大学出版社，2013.

[2]中华人民共和国教育. 中学教师专业标准(试行)[S]. 教师[2011]6 号文件：2012.

大学生科学思维与创新能力集成式培养模式的探索[①]

刘向荣[②]，赵顺省，杨再文

（西安科技大学化学与化工学院，陕西西安 710054）

摘　要：当今，培养创新型人才已经成为高等教育领域的一个热门话题，但是没有科学的思维方式就不可能有创新的行为，相反只有科学的思维方式而没有相应的创新动手能力，就只能是空想，无法实现创新。本文探讨的大学生科学思维与创新能力集成式培养的模式，是对创新型人才培养机制的深入和完善，具有突出的意义。

关键词：科学思维；创新能力；集成式培养

创新能力的培养是目前高等教育研究的热点课题，大多的研究集中在"大学生课外科技活动与创新人才的培养上"，但是对于"科学思维"与"创新能力"的关联研究不多，因此，探索出大学生科学思维与创新能力集成式培养模式以及实施途径，推广应用价值很大。

一、科学思维和创新能力集成式培养模式研究的国内外现状

分别以关键词"科学思维""创新能力"以及"科学思维＋创新能力"检索了 2000—2019 年中国知网期刊库，相关研究文献统计结果如表 1 所示（限定主题：教育）。再分别以"Scientific thinking""Innovation ability"以及"Scientific thinking＋innovation ability"检索了相同时间段内国外 Elsevier 数据库，相关研究文献资料统计结果如表 2 所示（限定主题：education）。分析表 1 和表 2，与该项目相关的研究现状总结如下。

表 1　中文文献检索（限定主题：教育）

年份	关键词		
	科学思维/篇	创新能力/篇	科学思维＋创新能力/篇
2019	66	541	1
2018	49	520	0
2017	10	471	0
2016	11	566	1
2015	11	533	0
2014	11	661	0
2013	14	732	1
2012	13	646	2
2011	18	700	2
2010	14	667	0
2009	8	675	0

① 项目资助：陕西省高等教育教学改革研究重点项目（NO.19BZ028）；项目 NO.15B 47。

② 通信联系人：刘向荣，liuxiangrongxk@163.com。

续表

年份	关键词		
	科学思维/篇	创新能力/篇	科学思维＋创新能力/篇
2008	8	702	0
2007	8	639	0
2006	10	534	0
2005	6	481	0
2004	3	483	0
2003	9	453	0
2002	10	457	1
2001	7	427	0
2000	5	344	0
合计	291	11232	8

表 2　外文文献检索结果(限定主题：education)

Year	Keywords		
	Scientific thinking/piece	Innovation ability/piece	Scientific thinking＋Innovation ability/piece
2019	341	460	0
2018	350	420	0
2017	286	325	1
2016	232	324	0
2015	255	307	1
2014	207	308	0
2013	221	262	0
2012	176	187	1
2011	148	178	0
2010	142	145	1
2009	139	150	0
2008	143	138	0
2007	108	119	0
2006	90	97	0
2005	91	94	0
2004	95	78	0
2003	81	85	0
2002	63	82	0
2001	59	75	0
2000	60	59	0
Total	3287	3893	4

1. 对大学生科学思维或创新能力培养的单项研究较多

从表1可以看出，20年来，中文文献中关于"创新能力"的研究基本呈逐年增长的趋势，研究题目有"大学生课外科技活动与创新人才培养""大学生课外科技活动在培养工科创新人才方面的有效作用""探索大学生科技创新能力培养的有效途径""大学生科技创新能力培养的探索与实践""大学生科技创新能力培养模式研究"等，而有关"科学思维"以及"科学思维和创新能力"的研究相对较少。从表2可以看出，英文文献中关于"科学思维"和"创新能力"的研究均呈逐年增长的趋势，而有关"科学思维和创新能力"的研究同样相对较少。因此，在过去的20年中，对大学生科学思维或创新能力培养的单项研究较多。

2. 对大学生科学思维和创新能力结合起来研究的较少

表1和表2的统计结果显示，20年间把大学生"科学思维"和"创新能力"结合起来研究的中文文献只有8篇（按指定条件查询）。外文文献也仅有4篇（按指定条件查询），由于"科学思维"和"创新能力"本是高等学校高层次人才培养密不可分相互作用的两个部分，因为没有"科学思维"的指导，创新之路可能无法走通；反之，如果只有"科学思维"没有"创新能力"，"科学思维"将无法实现。因此，可以预见在对大学生科学思维或创新能力培养的单项研究之后，有关两者相互作用的研究将会成为热点课题。

二、科学思维和创新能力集成式培养模式的实施途径

科学思维，也叫科学逻辑，即形成并运用于科学认识活动，对感性认识材料进行加工处理的方式与途径的理论体系。它是真理在认识的统一过程中对各种科学的思维方法的有机整合，是人类实践活动的产物。在科学认识活动中，科学思维必须遵守三个基本原则：在逻辑上要求严密的逻辑性，达到归纳和演绎的统一；在方法上要求辩证地分析和综合两种思维方法；在体系上，实现逻辑与历史的一致，达到理论与实践的历史性统一[1-3]。

创新能力，是由创新和能力两个名词共同构成。其中，创新是指以现有的思维模式提出有别于常规或常人思路的见解为导向，利用现有的知识和物质，在特定的环境中，本着理想化需要或为满足社会需求而改进或创造新的事物，并能获得一定有益效果的行为[4-6]。

1. 在课堂教学中渗透科学思维方法，激发学生的创新意识

课堂教学是理论教学的基础，是教师传授课本知识的主渠道，教师可以通过合理运用科学思维方法，精心安排课堂教学内容，引导学生主动思考问题、提出问题，积极与教师和其他同学互动，碰撞出思想的火花，获得解决问题的办法，激发学生的创新意识，培养学生的创新能力。

（1）课前教师设计探究性问题

可将课堂教学中的重点内容设计成探究性的问题，比如："这一节的内容与以前所学有什么关联？""这个理论或概念中的关键词是什么？为什么？""你能否比较出这几种技术的优缺点和使用范畴？"如能把这些问题在课前发布到学生班级群里，鼓励学生提前看教材或查资料，以个人或团队的形式给出结论。

（2）课中教师和学生互动探讨

在课堂上，要有效实施师生互动，教师要与学生以同等地位互动。因为创新是一种高度复杂的智能活动，创新的意识和行动在自由、民主、互动的平等教学氛围容易产生。教师备课时要仔细研读教材，对课前设计的探究性问题能熟练运用归纳、演绎等科学思维方法有逻辑地评述，这样才能在师生和生生互动中引领学生以科学思维思考、判断和进行创新活动。

（3）课后组织师生讨论课

课堂时间是有限的，互动中有些教学内容的延伸或深入在课堂上如果未能完成，那么可以在课外安排时间，请有兴趣有时间的学生参加。讨论课的形式多种多样，可以安排在教室里，也可安排在学

院会议室，这样使得讨论课的气氛更加轻松。很多枯燥的理论和概念拿到这里讨论会变得有趣，还会有恍然大悟或者茅塞顿开的感觉，如果教师再在其中渗透科学的思维方式，更会衍生出创新的思想和行动。

2. 课外鼓励大学生参与科学研究，实现科学思维和创新能力的有机结合

(1)为本科生设立科研导师，鼓励学生本科阶段就进入导师课题组开展科研工作

每学期公布愿意承担科研导师的教师名单和科研方向，鼓励本科生选择感兴趣的科研方向和导师，进入导师课题组开展科研工作。这样，从开题、制订工作方案、进度汇报、结果分析和总结，学生在导师的指导下，经历科研工作的每个环节，完成科学思维和创新能力的有机融合。

(2)重视本科生各类创新创业项目的申报和各级竞赛的参加

鼓励学生积极申请国家、省级和校级的创新创业训练项目，并请专家对学生的申请书提出指导意见，一旦申请成功，全程提供指导，将学生的创新思想在科学思维的指导下实现，达到对学生创新能力的培养。同时，支持学生将取得的成果参加诸如"挑战杯"之类的大赛，让学生经历对科研成果的提炼、陈述、答辩等过程，达到科学思维和创新能力的有机结合[7-9]。

三、科学思维和创新能力集成式培养模式带来的社会效益

科学思维和创新能力集成式培养模式实现了在课堂中和课堂外培养大学生的科学素养和创新精神的目标，帮助学生掌握了科学思维的方法和具体实践的技能，增强自信，使学生从思想上和能力上都得到了极大的锻炼，能很快适应社会的需求，极大地推动人类社会的进步。

参考文献

[1]陈杏年. 培育科学思维，促进能力提升——深入学习贯彻习近平总书记系列重要讲话精神[J]. 党建，2016(9)：21-23.

[2]米广春. 科学思维培养的实证研究[D]. 上海：华东师范大学，2011：56-64.

[3]萧成勇. 科学思维与伦理思维衡论[J]. 科学技术与辩证法，2003(4)：1-4.

[4]郑连存，张艳. 培养大学生科学思维和创新能力的研究与实践[J]. 大学数学，2014(2)：43-47.

[5]张学洪. 大学生课外科技活动与创新人才培养[J]. 高校教育管理，2012，6(6)：80-83.

[6]宋之帅，赵金华. 探索大学生科技创新能力培养的有效途径[J]. 合肥工业大学学报(社会科学版)，2010，24(5)：142-145.

[7]张栋文，侯永. 以课外科技竞赛为牵引培养低年级本科学员的创新能力[J]. 高等教育研究学报，2011，34(S1)：23-25.

[8]董赞强. 面向科学思维的现代教育教学改革问题探讨[J]. 郑州航空工业管理学院学报(社会科学版)，2016(4)：178-182.

[9]张达. 大学生参与科学研究是培养科学思维和创新能力的重要途径——以美国南加利福尼亚大学为例[J]. 中国地质教育，2006(4)：153-155.

元素无机化学教学中培养学生
科学思维能力的探索

刘志宏①

（陕西师范大学化学化工学院，陕西西安 710119）

摘　要： 利用好元素化学教学内容中的"繁、杂、多变"，非常有利于培养学生的科学思维能力。本文从元素无机化学教学角度出发，从七个方面阐述了培养学生科学思维能力的途径。

关键词： 元素化学教学；科学思维能力；培养

思维是人脑有意识地对客观事物间接的、概括的和能动的反映过程。思维能力是抽象的，它需要具体的思维方法的运用来实现[1]，包括分析、综合、比较、概括、归纳、演绎、推理等能力。化学学科知识的特点非常有利于培养学生分析、综合、抽象概括的能力，也非常有利于培养他们对事物对比、类比、逻辑推理的能力[2]。

无机化学在化学科学中处于基础和母体地位，在化学各专业课的学习中起着承前启后的作用，对后续专业课程的学习起到非常关键的作用，对帮助学生巩固专业学习思想有重要影响。无机化学课程内容包含基础理论和元素化学两部分，它们互相渗透、紧密联系，组成了无机化学课程的整体。其中，元素化学是无机化学的主体，加强元素化学教学可提高学生的基本理论水平，从而提高无机化学教学质量。然而，元素化学部分的特点是内容庞杂、叙说烦琐、知识零散、规律性较少、要记的东西多，较多的学生反映"翻开书能看懂，合上书就糊涂"。因此，元素化学长期以来是无机化学教学的难点[3]。但是，如果利用好元素化学教学内容中的"繁、杂、多变"，就非常有利于培养学生的科学思维能力，例如综合概况能力、辩证思维能力、对比能力、类比能力以及逻辑推理能力等，这无疑成为广大教师大胆探索和认真实践的重要课题。我们在元素无机化学教学实践中培养学生科学思维能力从以下几方面进行了探索，取得了较好的效果。

一、创设问题情境，激发学生的思维兴趣

大一学生由于刚刚迈入大学校门，往往有一种好奇心理。在讲授知识之前，针对所教内容的特点设计一些有趣的问题，不但可以激发学生强烈的学习欲望，而且帮助学生集中注意力，启发学生思考，通过学生在课堂上的敢想和敢问，逐步激发科学思维兴趣。

例如，为什么感觉雷雨天过后的空气清新，有让人舒畅的感觉？为什么双氧水能使旧的油画翻新？等等。

二、组织学生开展课堂讨论，培养学生的创新思维

"讨论"是学生参与教学的一种重要方面，更是学生进行创新思维的重要形式。因此，在教学中教师应该注重引导学生开展讨论式学习。开展课堂讨论：一方面可以让学生在讨论中互相启发、互相评价，从而学会合作与交流；另一方面可以使学生敢于质疑，敢于标新立异，有利于发展学生的创新思维，也有利于培养学生的创新意识和探索精神。

---

① 通信联系人：刘志宏，liuzh@snnu.edu.cn。

例如，在学完非金属各章之后，对于"非金属小结"一章，我们改变了以往的做法，不是由教师总结讲解，而是事先提出一些思考问题，让学生自己全面复习讲过的内容，然后在课堂上进行讨论。

三、讲好重点元素，培养学生的演绎思维能力

周期表是化学元素最为科学的分类。由于同族元素具有相同的最外层电子数，其性质相似，所以在讲授每族元素通性之后，对族内的重点元素必须较为系统地讲解，以便学生演绎推理出其他同族元素的性质，以培养学生的演绎思维能力。例如，第ⅦA族的氯、第ⅥA族的硫等。

四、善于比较差异，提高对比思维能力

在教学中充分利用对比的方法可以加深学生对问题的理解，也有利于学生记忆。例如：讲授 ds 区的第Ⅰ副族元素时，与第Ⅰ主族元素对比；讲授 Hg_2Cl_2 时与 $HgCl_2$ 的性质比较；Hg_2^{2+} 的歧化与 Cu^+ 的歧化比较；等等。

五、全面考虑，培养学生的综合分析能力

在教学中，某些问题的解释，仅从单一因素来解释是片面的，经常要从多因素综合分析并找出其中的主要因素才能得到合理的解释，这对培养学生的综合分析能力大有裨益。例如，解释 F_2 的氧化性在卤素单质中最强，如果仅仅从 F 电子亲合能来解释是不正确的，而要通过设计热力学循环综合键能、电子亲合能和水合能三个因素来解释，并且其中 F_2 的键能最小和 F-(g)的水合能最小起了决定作用。

六、培养学生的发散思维，是创新的关键

发散思维是一种不依常规、寻求变异、从多方面寻求答案的思维方式。美国心理学家吉尔福特认为，发散思维与创造力有直接关系，它可以使学生思维灵活，能让学生丰富想象，积极探索求异。这就要求我们在课堂教学中，善于挖掘教材中蕴含的发散思维素材。

例如，第一个稀有气体化合物 $XePtF_6$ 的合成：化学家巴特列通过 O_2 与 PtF_6 反应得到了一种新化合物 O_2PtF_6 后，联想到 Xe 和 O_2 的第一电离能接近，冲破当时禁锢人们思想的"绝对惰性"观念，向传统思维挑战，大胆推测"绝对惰性"的 Xe 与 PtF_6 反应的可能性，果然制得了红色晶体 $XePtF_6$。

七、强调学习小结，提高学生的综合概括能力

元素无机化学教材内容多，而教学学时又少，故教学的进度较快。为了使大一学生快速适应大学的教学方法，教师应加强自学指导，要求学生课前预习，课后及时归纳总结规律，使学生所学知识系统化，并通过做练习的方式巩固所授知识[4]。在学生学完元素无机化学一章的内容后，要求学生在全面复习的基础上写出本章学习小结，最好是思维导图的形式，使所学知识条理化、系统化。开始时，学生不会写也不习惯这样做，教师可先做出示范，经过一段时间训练，学生慢慢也就习惯了。天长日久，学生归纳总结问题的能力自然也就得到了提高。

总之，元素无机化学中的很多知识点只要经过教师的精心挖掘和组织设计，都能成为培养学生科学思维能力的好素材。要培养学生的科学思维能力，必须强调学生学习的主动性；只要学生有意识地运用科学思维方式对待遇到的学习问题，日积月累就能逐步提高分析问题和解决问题的能力。

参考文献

[1]陶宏义. 科学思维能力的培养[J]. 湖北师范学院学报（自然科学版），2002，22(4)：42-45.

[2]陈伟. 化学教学中学生思维能力的培养[J]. 攀枝花学院学报，2004，21(4)：74-75.

[3]刘志宏. 提高学生对无机化学学习兴趣的若干做法[M]. 北京：北京师范大学出版社，2010：103-105.

[4]颜文斌. 无机化学课程教学与创新能力的培养[J]. 教育教学论坛，2012，29：183-184.

化工院 2015 级化学专业学生学习策略调查研究

屈颖娟，苏毅严[①]，吴雪梅

（西安文理学院化学工程学院，陕西西安 710065）

摘　要：以化学知识学习策略为理论依据设置问卷，调查我院 2015 级化学班学生学习策略运用情况，为有效培养符合中学教师专业标准的中学化学教师寻找准确的培养起点。

关键词：化学专业；学习策略；问卷调查

为更好、更有效地保持和提高新一轮基础教育课程改革的效果，教育部于 2012 年颁布的《中学教师专业标准（试行）》明确规定，要成为一名合格的中学教师，不但具备师德为先、学生为本、能力为重、终生学习的基本理念，而且还应该具备系统的专业知识和专业能力[1]。学习策略是指学习者在学习活动中有效的学习规则、方法、技巧及其调控[2]，也属于教师专业能力的范畴。即教师不仅要具备学习策略，更应具备指导学生在学习过程中学会应用本学科专业的学习策略进行有效学习的能力。

"培养能胜任中等化学教育与研究的工作者"是我院培养化学专业人才的目标之一。从我院化学专业毕业的学生将有相当一部分从事中学化学教学工作，因此，教师在要求学生掌握扎实的化学基础知识、基本理论和实验教学技能的同时，也应使学生学会运用化学知识学习策略进行有效地学习。鉴于上述原因，我们对 2015 级化学班的学生做了关于学习策略运用情况的问卷调查，目的是了解他们应用学习策略的水平，为后续教师教育教学能力的培养找到准确的起点。

一、调查问卷的设置

1. 理论依据

基于人的认知发展水平由低到高的顺序，化学知识可分为化学事实性知识、化学理论性知识、化学技能性知识等。其中，化学事实性知识的学习策略有多重感官协同记忆策略、联系—预测策略、知识结构化策略；化学理论性知识的学习策略有概念形成策略、概念同化策略、概念图策略；化学技能性知识的学习策略有练习—反馈策略、多重联系策略、可视化策略等[2]。

我们设置问卷时，以上述理论为依据，以无机化学教学内容中"S 及其化合物""弱酸弱碱的解离平衡"、无机化学实验中的"粗盐的提纯"及化学用语中"H_2O 的化学式意义"的学习效果为典型，设置了 7 个问题，对应上述 9 种学习策略。

2. 问卷主体部分构成及设置意图

第 1 题（多选）　你在学习"S 的制备和用途"时，采取的学习行为有（　　）

A. 阅读教材内容

B. 听教师讲授

C. 记完整笔记

D. 观察教师的演示实验

E. 自己做实验

F. 根据 S 原子结构示意图预测 S 的性质

---

①　通信联系人：苏毅严，syy5790@126.com。

G. 根据 O_2 的制备去预测 S 的制备

H. 根据 S 的制备过程，预测它的性质和用途

I. 在预测的基础上，设计 S 的制备实验

设置意图：调查 2015 级化学班学生对多重感官协同策略和联系—预测策略的应用情况。ABCDE 选项指向多重感官协同策略，FGHI 选项指向联系—预测策略。

第 2 题　请画出"S 及其化合物"这一节的知识结构图。

设置意图：考查 2015 级化学班学生对知识结构化策略的应用情况。

第 3 题（多选）　在学习"弱酸弱碱的解离平衡"时，你采取的学习行为有（　　　）

A. 回顾弱酸弱碱电离的例子

B. 找出弱酸弱碱电离过程的共同特点

C. 描述电离过程中的共同特点

D. 复习化学平衡，推测解离平衡的规律

E. 将解离平衡与化学平衡作比较

设置意图：考查 2015 级化学班学生对概念形成策略和概念同化策略的应用情况。ABC 选项指向概念形成策略，DE 选项指向概念同化策略。

第 4 题　请画出"弱酸弱碱的解离平衡"这一节的概念图。（若画不出请说明原因）

设置意图：考查 2015 级化学班学生对概念图策略的应用情况。

第 5 题　请写出"H_2O"代表的意义。

设置意图：考查 2015 级化学班学生对多重联系策略的应用情况。

第 6 题　粗盐的提纯步骤有哪些？请回忆你的实验过程？（若写不出请说明原因）

设置意图：考查 2015 级化学班新生对练习—反馈策略的应用情况。

第 7 题　已知某气相反应的活化能 $E_a = 163$ kJ·mol^{-1}，温度为 390 K 时的速率常数 $K_1 = 2.37 \times 10^{-2}$ dm^{-3}·mol^{-1}·s^{-1}，求温度为 420 K 时的反应速率常数。（请写出分析过程及解题步骤）

设置意图：考查 2015 级化学班新生对可视化策略的应用情况。

二、问卷调查及结果统计分析

1. 问卷的发放及回收

2015—2016 学年第二学期第 8 周，利用学生晚自习时间向 2015 级化学班集中发放调查问卷 39 份，回收问卷 34 份，有效问卷 34 份，无效问卷 0 份。答卷方式为闭卷考试，时间为 45 min。

2. 问卷调查结果与分析

（1）多种感官协同记忆策略的应用情况

统计结果见表 1。

表 1　多重感官协同策略应用情况统计表

答案层次	答案	人数/人	百分比/%
回答正确	ABCDE	3	8.8
回答不完整	ABCE	9	26.5
	ABCD	4	11.8
	ABDE	1	2.9
	ABC	9	26.5
	BCE	1	2.9

答案层次	答案	人数/人	百分比/%
回答不完整	ABD	2	5.9
	ABE	2	5.9
	ADE	2	5.9
	A	1	2.9
未作答	—	0	0

数据表明：在被调查的 34 名学生中，回答正确的学生仅占总调查人数的 8.8%，即说明全班仅有 8.8% 的学生会运用多种感官协同策略学习；在 91.2% 回答不完整的学生中，26.5% 的学生不观察教师做演示实验，11.8% 的学生未自己动手做实验，26.5% 的学生既不观察教师做演示实验也不自己动手做实验。如果仅仅从运用多种感官学习方面看，似乎了解此种学习策略，但从化学学科的特点来分析，对实验的漠视恰恰说明学生缺乏此种学习策略的运用能力。

(2)联系—预测策略应用情况

统计结果见表 2。

表 2　联系—预测策略应用情况统计表

答案层次	答案	人数/人	百分比/%
回答正确	FGHI	3	8.8
回答不完整	GHI	1	2.9
	HI	2	5.9
	FH	2	2.9
	FG	1	2.9
	G	7	20.6
	F	2	5.9
	I	1	2.9
	H	1	2.9
未作答	—	14	41.2

数据表明：回答正确的学生仅占总调查人数的 8.8%，即说明全班仅有 8.8% 的学生会运用联系—预测策略学习；在 50% 回答不完整的学生中，大部分学生选项单一，表明该部分学生没有明确运用联系—预测策略学习的意识；有 41.2% 的学生未作答，表明该部分学生没有运用联系—预测策略学习的能力。

(3)知识结构化策略应用情况

统计结果见表 3。

表 3　知识结构化策略应用情况统计表

答案层次	人数/人	百分比/%
回答正确	4	11.8
回答错误	17	50
未作答	13	38.2

数据表明：在被调查的 34 名学生中，回答正确的学生占总调查人数的 11.8%，表明全班仅 11.8% 的学生能运用知识结构化策略将所学知识系统化，所以记忆深刻；回答错误的学生占 50%，表明一半

学生并不会运用知识结构化策略学习，机械记忆的结构化知识是不准确的；38.2％的学生未作答，表明既不会运用知识结构化策略学习，又没有用功对知识进行机械记忆。

（4）概念形成策略应用情况

统计结果见表4。

表4　概念形成策略应用情况统计表

答案层次	答案	人数/人	百分比/%
回答正确	ABC	3	8.8
回答不完整	AB	2	5.9
	AC	2	5.9
	A	1	2.9
	B	7	20.6
	C	1	2.9
未作答	—	2	5.9

数据表明：在被调查的34名学生中，回答正确的学生仅占总调查人数的8.8％，即说明全班仅有8.8％的学生会运用概念形成策略学习；在85.3％回答不完整的学生中，11.8％的学生没选"描述电离过程的共同特点"，26.4％的学生选项单一；还有5.9％的学生未作答。这表明共有91.2％的学生不具备概念形成学习策略。

（5）概念同化策略应用情况

统计结果见表5。

表5　概念同化策略应用情况统计表

答案层次	答案	人数/人	百分比/%
回答正确	DE	7	20.6
回答不完整	D	19	55.9
	E	7	20.6
未作答	—	1	2.9

在被调查的34名学生中，回答正确的学生仅占总调查人数的20.6％，表明全班仅有20.6％的学生会运用概念同化策略学习；在76.5％回答不完整的学生中，55.9％的学生未选择"将解离平衡与化学平衡作比较"，20.6％的学生未选择"复习化学平衡，推测解离平衡规律"；还有2.9％的学生未作答。该调查表明共有79.4％的学生不具备概念同化学习策略。

（6）概念图策略应用情况

统计结果见表6。

表6　概念图策略应用情况统计表

答案层次		人数/人	百分比/%
回答正确		0	0
回答不完整		0	0
回答错误	答非所问	26	76.5
	未作答	8	23.5

数据表明：在被调查的34名学生中，回答正确、回答不完整的学生均占总人数0％，76.5％的学生答非所问，23.5％的学生未作答，表明全班学生都不会运用概念图策略进行学习。

（7）多重联系策略应用情况

统计结果见表7。

表7　多重联系策略应用情况统计表

答案层次		人数/人	百分比/%
回答正确		16	47.1
回答不完整	只回答1点意义	5	14.7
	回答了2点意义	6	17.6
	回答了3个点意义	5	14.7
回答错误		2	5.9

数据表明：在被调查的34名学生中，回答正确的学生占总调查人数的47.1%，表明全班近一半学生会运用多重联系策略；在47.0%回答不完整的学生中，32.3%的学生只回答一个或两个，14.7%的学生回答了3个，表明该部分学生可能是通过机械记忆进行回答；还有5.9%的学生回答错误，表明他们连化学用语这种基本的学习工具都不清楚。总之，还有超过一半的学生不会运用多重联系策略。

（8）练习—反馈策略的应用情况

统计结果见表8。

表8　练习—反馈策略的应用情况统计表

答案层次		人数/人	百分比/%
回答正确		8	23.5
回答不完整	只提纯步骤完整	18	52.9
	只课后反馈完整	2	5.9
	都不完整	6	17.7
未作答		0	0

数据表明：在被调查的34名学生中，回答正确的学生仅占总调查人数的23.5%，表明全班仅有23.5%的学生会运用练习—反馈策略学习；在76.5%回答不完整的学生中，52.9%的学生只把提纯步骤写完整，5.9%的学生课后反馈完整，17.7%的学生两个问题回答都不完整，表明学生的学习还仅仅停留在机械记忆的层次，全班2/3的学生不会运用练习—反馈策略学习。

（9）可视化策略应用情况

统计结果见表9。

表9　可视化策略应用情况统计表

答案层次		人数/人	百分比/%
回答正确		14	41.2
回答不完整	未写解题步骤	5	14.7
	未写最后答案	3	8.8
未作答		12	35.3

数据表明：在被调查的34名学生中，回答正确的学生占总调查人数的41.2%，表明全班有41.2%的学生会运用可视化策略学习；23.5%的学生回答不完整，其中14.7%的学生未写解题步骤，8.8%的学生未写最后答案，加上35.3%的未作答学生，全班不会运用可视化策略的学生占到58.8%。

三、问卷调查研究的结论及反思

1. 调查研究的结论

为保障问卷调查统计结果的可靠性，我们随机访谈了 2015 级化学班的 24 名学生，访谈结果与问卷调查数据统计结果具有较高的一致性。综合两种不同的调查结果，我们得出如下结论：

从问卷统计结果分析，2015 级化学班学生的学习策略运用情况依次是：会用多重联系策略的学生占 47.1%，会用可视化策略的学生占 41.2%，会用练习—反馈策略的学生占 23.5%，会用概念同化策略的学生占 20.6%，会用知识结构化策略的学生占 11.8%，会用多种感官协同策略的学生占 8.8%，会运用联系—预测策略、概念形成策略的学生均占 8.8%，无人会用概念图策略。如果结合中学化学教学中突出化学用语机械记忆的教学现状及计算题的题海战术，多重联系策略及可视化策略的运用情况也不容乐观。从整体上看，学生的学习策略知识非常匮乏。大一化学专业课教师的课堂教学效果不佳，一个重要的原因就是学生在中学化学学习过程中并没有学会基于化学学科特征的化学学习策略。

2. 反思

《普通高中化学课程标准（实验稿）》（2003）要求，高中毕业生通过化学课程的学习，必须学会主动构建自身发展所需的化学基础知识和基本技能，才能在后续的学习过程中进一步学习科学研究的基本方法，加深对科学本质的认识，才能具备创新精神和实践能力。事实告诉我们，如果在学习过程中没有学会运用符合化学学科本质的学习策略，要达成普通高中化学课程标准的要求无异于建空中楼阁。从问卷调查之后的学生访谈中我们了解到，学生在中学阶段的化学学习，重心依然在知识与技能上，过程与方法的体验是通过大量的习题训练而非实实在在的探究过程进行的，教师很少在教学过程中向学生渗透化学学习策略如何运用，如果有的话，那也仅仅是提高解题效率的技巧训练。学生在学习策略知识方面的欠缺是必然的。在大学学习期间，化学专业的学生如果依旧沿用机械记忆式的学习方式，大量抽象的专业知识势必使大部分学生失去学好化学专业课的信心和兴趣，对化学的认知将停留在高考之前的水平上。当他们走上讲台时，传授给学生的依旧是一大堆缺乏创新活力的化学实验现象、记不完的化学用语符号和缺乏相互联系的庞杂零乱的知识点，如何能胜任新课程改革形势下化学教育工作者的角色？

所以，有两个问题我们要深刻反思并及时付诸教学行动：一是如何采取有效的教学改革措施，将大一新生缺乏的化学学习策略知识及时地补上？二是在化学专业基础必修课的教学过程中，如何改进教学方式、优化教学过程，引导学生在学习大量化学专业知识的同时，提升学习策略的运用能力？我们将在后续的教学改革中解决上述两个问题。

参考文献

[1]中华人民共和国教育部. 中学教师专业标准（试行）[S]. 教师[2011]6 号文件：2012.

[2]刘知新. 化学教学论[M]. 4 版. 北京：高等教育出版社，2009.

化学教师教学效能感的调查研究

任红艳[①]，王竹君

（南京师范大学教师教育学院，江苏南京 210097）

　　摘　要：论文提出了化学教师教学效能感的结构，在参考其他相关量表的基础上，自行编制了化学教师教学效能感问卷。对 142 位化学教师的教学效能感进行了调查，分析了问卷的信度和效度，并在项目分析的基础上建立了因素分析模型。从问卷测试的结果中获得了化学教师教学效能感现状的总体性描述和群体差异。

　　关键词：化学教师；教师教学效能感；问卷调查

　　教师作为教育政策的执行者和教学的实施者，扮演着无比重要的角色。其教学理念、知识结构、教学效能感等都会通过课堂教学行为而影响学生学习。近年来，关于教师教育的研究偏重于知识结构等方面，而对教学效能感等教师心理因素方面的研究缺乏关注，尤其是关于具体学科教学情境中的教学效能感的研究则更为鲜见。由于教师教学效能感存在着情境特殊性，本研究拟探讨化学教学情境中教师教学效能感的结构和现状。

一、化学教师教学效能感的结构

　　化学教师教学效能感（Chemistry Teaching Efficacy，CTE）是指化学教师在化学教学过程中对自己教学能力的信念和对自己教学所能带来结果的预期，被认为是教师教学效能感在化学学科这个特定领域和阶段中的概念。CTE 既具有一般学科教学效能感的共同成分，又具有化学学科的特殊性。CTE 包括两个维度：一个是化学教师的个人教学效能感（Chemistry Personal Teaching Efficacy，CPTE），即化学教师关于自己化学教学能力的信念，对应自我效能感的效能预期成分；另一个是化学教师的一般教学效能感（Chemistry General Teaching Efficacy，CGTE），即化学教师对自己化学教学所能带来结果的预期，对应自我效能感的结果预期成分。

　　化学教师个人教学效能感（CPTE）反映教师关于自己化学教学能力的主观判断。根据林崇德等（1998）[1]关于中国特色教师专业知识结构，阎立泽（2004）[2]关于现代化学教师合理的知识结构的论述，以及舒尔曼（1986）[3]关于教师知识的分类等，作者将化学教师专业发展所必备素质视为广义的化学教师知识，主要包括本体性知识、实践性知识、条件性知识和文化性知识。

　　化学教师一般教学效能感（CGTE）反映教师关于学生化学学习结果的主观判断。对于学习结果的判断往往以学生学习目标的达成为依据。参照布卢姆教育目标分类体系及新课程三维目标，作者认为化学教师一般教学效能感（CGTE）的结构可分为三个维度：知识领域目标（事实性知识、符号性知识、理论性知识）、技能领域目标（智力技能、动作技能）、情意领域目标（情感体验、意志品质）。

二、问卷的编制及施测

　　以化学教师教学效能感结构分析为基础，结合相关其他教学效能感问卷[4,5]，作者编制了"化学教师教学效能感正式问卷"（见附录）。问卷的实际测试对象包括不同类型的化学教师，施测时间约为 10 min，回收有效问卷 142 份。对测试结果的分析表明，问卷各维度的 α 系数都在 0.8 以上，两个分测

---

　　①　通信联系人：任红艳，renhongyan@njnu.edu.cn。

验及总测验的 α 系数都大于 0.9，表示测试结果的内部一致性良好。与此同时，教师访谈和课堂观察也证明教师所填写的问卷是可信的。教师对其教学效能和教学结果的预期与问卷的测试结果呈明显相关，问卷测试结果具有良好的效度。对问卷测试结果的项目分析表明，各个项目的均数比较整齐，没有出现"天花板效应"或"地板效应"[6]，每个测试题与该测试题所属分测验的相关以及该测试题与总测验的相关均达到显著性程度。正式问卷的各测试题的测量学特征较为理想。

采用主成分分析法，从各项目中抽取若干个因子(特征值＞1)，进行因素分析。利用因子负荷和方差贡献率对化学教师的教学效能感进行进一步的解释。CPTE 分测验共抽取出 4 个因素(累积方差贡献率为 64.76%)：因素 1 为教学实施效能感(方差贡献率为 46.44%)；因素 2 为基本观念效能感(方差贡献率为 18.75%)；因素 3 为教学测评效能感(方差贡献率为 16.60%)；因素 4 为学科总观效能感(方差贡献率为 9.48%)。CGTE 分测验共抽取出 2 个因素(累积方差贡献率为 69.82%)：因素 1 为程序性知识教学效能感(方差贡献率为 38.61%)；因素 2 为陈述性知识教学效能感(方差贡献率为 31.21%)。由以上结果，作者得到了"(24＋13)个测题，(4＋2)个因素，2 个分测验"的因素分析模型。

三、化学教师教学效能感现状

1. 总体性描述

对教师教学效能感分测验所提取出来的 6 个因素的平均得分和标准差进行分析，可以了解当前化学教师教学效能感的总体情况。问卷测试结果的描述如表 1 所示。

表 1　正式问卷测试结果的描述

因素	教学实施 CPTE	基本观念 CPTE	教学测评 CPTE	学科总观 CPTE	程序性知识 CGTE	陈述性知识 CGTE	CPTE	CGTE	CTE
项目数	9	7	6	2	8	5	24	13	37
平均数	3.747	3.799	3.472	3.466	3.397	3.734	3.671	3.527	3.620
标准差	0.560	0.675	0.634	1.733	0.682	0.644	0.546	0.620	0.542
差异系数	14.9%	17.8%	18.3%	50.0%	20.1%	17.2%	14.9%	17.6%	15.0%

据上述数据，化学教师的教学效能感总得分均数为 3.620，各因素的均分在 3.397~3.799，说明参与调查的教师的教学效能感普遍较高，并且教师教学效能感各因素得分差异不大。表中的标准差数据表明学科总观效能感的变异远大于其他因素，说明这一因素存在更大的个体差异。教学实施效能感的均数相对较大，而标准差相对较小，差异系数小，表明均数代表性高——说明教师整体具有较高的教学实施的信念。

根据已有经验，绝大多数教师对自己的教学能力和学生的学习结果存在着高估现象。作者从测试问卷的结果数据来分析教师教学效能感的强度，也得到上述结论。这在访谈中同样得到证明。班杜拉认为最有效的评价，可能是在任何时候都对自己作出稍微超出能力的评估。教师对自己能力的适当高估能让他们更积极乐观地面对教学，也更能在教学情境中不断适应新的变化。教师对学生学习结果的适当高估同样让他们给学生更多的信任和嘉奖，有利于学生积极投入学习。因此，培养教师的教学信念，适当提高教师的教学效能感是教师教育的一个重要的目标。

2. 不同特征化学教师的教学效能感群体差异

我们分别以教师的性别、所学专业、年龄、职称、学校所在地区等为特征，对被调查教师分组，并对不同群体教师在教学效能感的 2 个分测验、总测验和 6 个因素上的得分分别进行均值的比较和分析，以探查化学教师教学效能感的群体差异。

由独立样本 t 检验(双侧)发现，本调查中，不同的专业背景、年龄、职称、学校所在地等的教师群体的教学效能感均数没有显著差异。这说明在调查的范围内，教师的学科专业、年龄、教龄、职称、学校所在地等特征因素对被调查教师的教学效能感没有明显的影响。但是，不同性别的教师群体的教学效能感总测验得分均数存在显著性差异（$t=-1.718$，$P=0.048<0.05$）。表 2 所示的进一步检验结果表明，男、女教师群体的差异主要来源于陈述性知识效能感和基本观念效能感。

表 2 不同性别化学教师的各因素均值比较结果

项目	教学实施 CPTE	基本观念 CPTE	教学测评 CPTE	学科总观 CPTE	程序性知识 CGTE	陈述性知识 CGTE
t 值	-0.505	-2.039	-0.010	-1.758	-0.901	-2.263
显著性	0.614	0.043	0.992	0.081	0.369	0.025

3. 化学教师教学效能感的发展

教龄是化学教师教学效能感的影响因素之一。作者在研究中将教师教龄分为四个阶段：预备期（0~1 年），形成期（1~6 年），发展期（7~15 年）和成熟期（15 年以上）。

如图 1 所示，随着教龄的增长，教师的教学效能感基本保持上升趋势。从样本数据的横向比较中，我们可以探查教师个体教学效能感的纵向发展。教师教学效能总测验（a）、个人教学效能分测验（b）、一般教学效能分测验（c）曲线走向基本一致。图 1 折线的起点均较低，表明准教师（实习的师范生）的教学效能感不高。而国外有研究表明，师范生的教师教学效能感普遍较高[7]。这种不一致的原因主要在于调查对象的不同：本研究的调查对象多数为硕士在读学生，他们虽已经历过教育实习，但时隔较长，故这一群体教学效能感普遍偏低。这一解释在相关文献中得到了查证[8]。

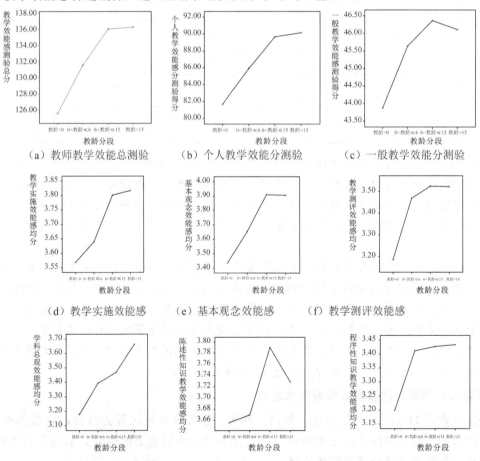

（a）教师教学效能总测验　（b）个人教学效能分测验　（c）一般教学效能分测验

（d）教学实施效能感　（e）基本观念效能感　（f）教学测评效能感

（g）学科总观教学效能感　（h）陈述性知识教学效能感　（i）程序性知识教学效能感

图 1 化学教师教学效能感的发展趋势

从第一阶段到第三阶段，教师的教学效能感保持稳定增长。教学效能感和个人教学效能感在后期仍有平缓上升趋势，一般教学效能感虽然在后期出现小幅度的负增长但仍保持较高水平。个人教学效能感分测验中，教学测评效能感(f)在教学前期迅猛提升，教学实施效能感(d)则在第二阶段发展非常迅速，这可能成为个人教学效能感发展的主要贡献力量。基本观念效能感(e)经过前三个阶段的发展，第四阶段已基本稳定地保持在较高的水平。这表明教师在经过15年的教学实践后化学基本观念已基本形成。可见，从总体上看，教龄长、经验丰富的教师教学效能感较高。学科总观教学效能感(g)接近直线上升，这说明随着化学学科日新月异的发展，教师始终在努力适应新的变化，不断更新和扩展学科知识。

一般教学效能感分测验中，程序性知识教学效能感(i)主要在第一阶段形成和发展，可见，刚刚走上工作岗位的新教师对学生技能、情意的培养充满热情和期待。陈述性知识教学效能感(h)折线图显示，教龄不长的年轻教师认为学生陈述性知识的学习有一定难度，表现出无能为力感；经过中长期的教学训练，第三阶段有经验的教师认为学生能够在其指导下较好地完成陈述性知识的学习；而到了第四阶段，颇有经验的教师反常地对学生陈述性知识学习的结果表示迷茫，这可能与教师对学生学习目标提出了更高的标准有关。例如，一位优秀的化学教师容易将自己现在的学生与以前曾经教过的最好的学生相比较，而比较的结果常常使他们失望，认为学生的化学知识掌握得不牢固。因此，这一阶段是培养化学教师教学效能感，尤其是培养陈述性知识教学效能感的最佳时机。

四、结论与启示

本研究从自我效能感理论出发，以化学教学情境为切入点，尝试编制较为科学的测量工具，据此对化学教师教学效能感的现状进行描述分析。调查结果显示：(1)化学教师教学效能感问卷的内部一致性良好、效度良好，各测试题均具有较为理想的测量学特征。(2)化学教师的教学效能感基本呈现正态分布，整体上可能存在对自己教学能力和教学效果高估的现象。(3)不同性别的化学教师的教学效能感整体上差异显著，其差异主要来源于陈述性知识效能感和基本观念效能感；不同教龄教师的教学效能感在总体上随教龄的增长保持上升趋势，但其不同因素在各教龄阶段呈现出不同增长速度的特点。

适当高估的评价会使教师坚定教学信念，激励教师改进教学，在一定程度上提高学生的学习成绩。但是，教师教学效能感并不是越高越好，过高的效能感可能导致教师盲目自信、脱离实际，给教师和学生带来负面效应。教师要能够学会调节其自身的教学效能感并保持在一个适度的水平上，从而提高教和学的质量。

参考文献

[1]林崇德，申继亮，辛涛. 教师素质的构成及其培养途径[J]. 中小学教师培训(中学版)，1998(1)：10-14.

[2]阎立泽. 化学教学论[M]. 北京：科学出版社，2004：286.

[3]Shulman L S. Paradigms and Research Programs in the Study of Teaching：A Contemporary Perspective. In M. C. Wittrock(Ed.)，Handbook of Research on Teaching(3rd ed.)[M]. New York：Macmillan，1986：3-36.

[4]Uzuntiryaki E，Aydin Y C. Development and Validation of Chemistry Self-Efficacy Scale for College Students[J]. Research in Science Education，2008，39(4)：539-551.

[5]孙志麟. 教师自我效能感的概念与测量[J]. 教育心理学报，2003，34(2)：139-156.

[6]边玉芳. 学习自我效能感量表的编制与应用[D]. 上海：华东师范大学，2003：48.

[7]Tekkaya C，Cakirogiu J，Ozkan O. Turkish Pre-Service Science Teachers' Understanding of Science and their Confidence in Teaching it[J]. Journal of Education for Teaching，2004，30(1)：57-66.

[8] Yilmaz H，Çavaş P H. The Effect of the Teaching Practice on Pre-service Elementary Teachers' Science Teaching Efficacy and Classroom Management Beliefs [J]. Eurasia Journal of Mathematics，Science and Technology Education，2008，4(1)：45-54.

附录　化学教师教学效能感正式问卷

化学教师调查问卷

尊敬的老师：您好！

感谢您在百忙之中填写我们的调查问卷。本问卷旨在了解化学教师对自己教学情况和学生学习情况的认识，问卷结果只作为研究参考。本问卷采用无记名的方式，请如实填写，感谢您的参与合作！

一、基本情况

性别：男（　） 女（　）；年龄：_____岁；教龄：_____年

目前所授班级：初中（　） 高中（　） 大学（　） 其他_____

所获最高学位：学士（　） 硕士（　） 博士（　）其他_____

最初所获学位的专业：化学师范（　） 化学非师范（　） 其他_____

目前职称：高级（　） 副高级（　） 中级（　） 其他_____

学校所在地：城市（　） 县〈市、区〉（　） 乡〈镇〉（　）

二、问卷内容

下述每句后都有一个标尺，双箭头的内侧被等分为五段，从左至右分别表示符合程度渐高，每一小段内符合程度也有差异。请您根据自己的实际情况在相应题目右边的标尺下面任意一点画"△"。

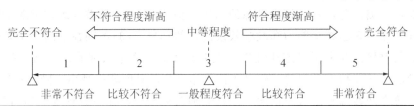

题　目	符合程度
我认为自己在教学中有能力做到：	
渗透物质是由元素组成，微粒构成的观点	1　2　3　4　5
渗透物质结构决定性质、性质体现结构的观点	1　2　3　4　5
渗透化学反应中质量守恒和能量守恒的观点	1　2　3　4　5
运用归纳、演绎的方法进行元素化合物知识教学	1　2　3　4　5
从宏观、微观、符号三个维度来描述物质变化	1　2　3　4　5
强调观察和记录，尊重实验事实	1　2　3　4　5
渗透化学具有实用性和创造性的思想	1　2　3　4　5
在实验设计中渗透绿色化学和原子经济性思想	1　2　3　4　5
了解化学学科发展线索，利用化学史创设情境	1　2　3　4　5
将化学科学的最新成就用通俗易懂的语言告诉学生	1　2　3　4　5
关注化学与其他学科间的交叉融合	1　2　3　4　5
根据课程标准拟订合适的教学目标和教学计划	1　2　3　4　5

续表

题 目	符合程度
针对不同课时、班级设计不同的教学程序	1 2 3 4 5
将化学教育研究的成果应用于教学实践	1 2 3 4 5
根据教学内容选择合适的教学方法和媒体	1 2 3 4 5
应对课堂中生成的各种问题和冲突	1 2 3 4 5
在学生中建立威信,使师生关系更融洽	1 2 3 4 5
通过多种手段测查学生是否达到了预定的学习目标	1 2 3 4 5
考虑多方面意见,运用多种方法和工具评价我的授课	1 2 3 4 5
从学生认知水平出发调整教学	1 2 3 4 5
激励学优生并对学困生进行及时的个别辅导	1 2 3 4 5
激发学生的学习动机,调动其积极性	1 2 3 4 5
帮助学生建立概念间的联系并形成知识网络	1 2 3 4 5
指导学生正确理解、分析和解决问题	1 2 3 4 5
我认为我的教学能让大多数学生做到:	
说出课本中提到的元素化合物的结构和主要性质	1 2 3 4 5
列举所学物质在自然界和社会生活中的存在和用途	1 2 3 4 5
用化学式等化学符号表示物质的组成和结构	1 2 3 4 5
用化学方程式等化学用语来描述化学变化	1 2 3 4 5
正确理解并使用化学基本概念	1 2 3 4 5
用化学基本原理来解释化学变化的趋势和原因	1 2 3 4 5
利用数学知识解决化学中的计算问题	1 2 3 4 5
运用推理、想象来理解物质的微观结构	1 2 3 4 5
有选择地记录和整理实验报告及课堂笔记	1 2 3 4 5
根据物质的结构式有效装配分子模型	1 2 3 4 5
独立完成或分工合作进行实验操作	1 2 3 4 5
积极参与化学学习,享受科学探究的乐趣	1 2 3 4 5
克服化学学习困难,纠正不良情绪,树立自信心	1 2 3 4 5

如果对您的教学能力进行评价(满分 100 分),您将给自己打多少分?

如果对您的学生的学习结果进行预测,您将给他们总体打多少分?

再次感谢您的积极配合,衷心祝愿您身体健康,工作愉快!

"国培计划"初中化学教师培训模式案例

——高校"集中培训"与项目县"送培下乡"有机整合

孙晓春①

（云南师范大学化学化工学院，云南昆明 650031）

摘　要：根据"2015 年国培计划"3 年制置换脱产研修项目要求，结合实际情况，采用高校"集中培训"的部分课程与项目县"送培下乡"有机整合的培训模式。该模式整合了课程和共享资源，既提高了高校在 3 年培训中跟岗研修的实效性和针对性，又提高了项目县送培的有效性和解决学员返回本县开展"送培下乡"工作难题。

关键词：国培计划；跟岗研修；送培下乡；协同培训；初中化学

　　"2015 年国培计划"置换脱产研修项目的培训目标、培训要求和培训形式都有新的变化。培训形式由原来的高校集中一次性培训大量各地初中化学教师变为高校与项目县协同培训，即高校连续 3 年集中培训项目县少数骨干教师，为项目县打造"县级教师培训团队"，县级培训者（以下简称学员）每学期在高校集中培训 21 天后，返回本县实施不少于两次"送培下乡"工作，通过 3 年分阶段连续性送培工作，最终提升该县全体初中化学教师课堂教学能力。根据培训目标和要求，结合县级培训者和乡村初中化学教师的实际情况，将集中培训的"跟岗研修"课程和项目县"送培下乡"有机整合。实践证明，该模式是高校与项目县协同培训的有效模式。

一、案例概要

　　"2015 年国培计划"3 年制置换脱产研修项目是属于"培训者培训"。高校负责集中培训对应项目学员和指导学员返回本县实施"送培下乡"工作；项目县负责选派学员和协调组织并支持学员"送培下乡"；学员是项目县"送培下乡"工作的学科首席专家和主要负责人。学员 3 年完成 12 次的"送培下乡"工作，这对学员的学科专业能力和培训能力要求很高。部分学员对分阶段递进式课程的设置、开设、实施等送培工作都感到很困难和迷茫。为指导学员有效完成"送培下乡"工作，针对实际问题和结合学科的特点，采用高校"跟岗研修""培训与项目县""送培下乡"培训有机整合的培训模式，即把高校集中培训的

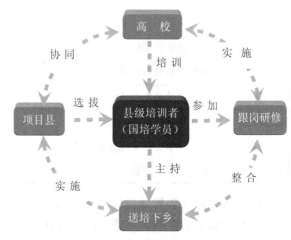

图 1　整合培训模式各要素间的关系

"跟岗研修"课程与项目县"送培下乡"培训有机结合，共同实施。其模式各要素间的关系如图 1 所示。

　　该模式是高校与项目县的协同合作，高校的"跟岗研修"部分课程与项目县的"送培下乡"的有机整合；县级培训者是核心，既是高校的受训者，又是项目县"送培下乡"的培训者。该模式既解决了高校在 3 年培训中跟班研修的实效性和跟班学校难寻问题，又解决了学员返回本县开展"送培下乡"工作困

---

　　① 通信联系人：孙晓春，云南师范大学化学化工学院副教授、硕士生导师，km14xcsun@126.com。

难的问题，同时提高了送培的有效性。

二、主要做法

"2015 国培计划"3 年制置换脱产项目从 2015 年下半年至 2017 年已经进行了五个阶段，初中化学项目在实施五个阶段的培训中，有四个阶段跟岗研修的部分课程与宜良县、寻甸县、景洪市、泸西县四个项目县"送培下乡"活动整合实施。具体做法如下：

第一，协同培训，共同发展。高校集中培训"跟岗研修"与项目县"送培下乡"培训工作有机整合，协同培训，资源共享，共同提高。在上一阶段培训时，确定下一阶段协同培训的项目县，该县学员与相关人员沟通对接，做好协调工作；做好该县初中化学教师的实际需求调研，确定送培形式、主题、课程、时间、地点等。

第二，整合课程设置。高校集中培训的跟班研修部分课程与学员"送培下乡"课程整合。具体课程内容根据协同项目县初中化学教师需求设置，同时考虑课程分阶段和递进式，宏观预设 3 年 12 次整体课程设置。实施中根据项目县大部分初中化学教师实际，实时动态调整课程[1]，如图 2 所示。

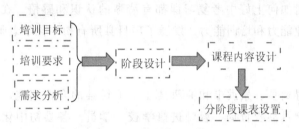

图 2　课程设置层次

第三，课程设置以"专家引领、学员实践"为主旨。高校负责聘请省内外专家，如聘请首都师范大学黄燕宁博士、重庆市教科院教研员钱胜老师、昆明市教科院教研员杨振力老师和学院的国培专家团队成员到项目县开设专题讲座、现场听课、评课和课堂诊断等。学员和项目县所有初中化学老师一起听讲座、磨课、同课异构、听课、评课，提升学员和本县老师观课、评课能力以及理论运用于实践能力。理论与实践有效结合，学员在实践中反思和成长。通过一个项目示范，其他项目县学员可以借鉴课程设计与具体送培实施方法。其部分课程设置如表 1 所示。

表 1　协同培训部分课程

授课时间		课程模块	课程名称	授课教师	点评专家	本县参训人数
2017-3-21（星期二）	上午	专业能力	初中化学有效教学	黄燕宁	首都师范大学专家	45
	下午	实践能力跟岗研修	同课异构："溶液"复习	国培学员：景洪四中林静景洪老师：景洪职业中学李娟	首都师范大学黄燕宁	46
2017-3-22（星期三）	上午	实践能力跟岗研修	同课异构："我们周围的空气"复习课	国培学员：梁河县囊宋中学寸玲景洪老师：景洪市第五中学唐艾琴	云南师范大学孙晓春	46
	下午	实践能力跟岗研修	同课异构："金属和金属材料"复习课	国培学员：寻甸县塘子中学铁崇文景洪老师：景洪市景哈中学艾建平	景洪市民族中学周定	46

续表

授课时间		课程模块	课程名称	授课教师	点评专家	本县参训人数
2017-3-23（星期四）	上午	实践能力跟岗研修	景洪民族中学跟班听课	彭英等	景洪民族中学教师	46
	下午	实践能力跟岗研修	景洪第四中学跟班听课	林静等	景洪第四中学教师	46

第四，具体案例。第四阶段(2017年3月)集中培训与景洪市送培工作协同进行。云南师范大学化学化工学院聘请首都师范大学黄燕宁博士到景洪市做专家讲座，3名学员与景洪市3名初中化学教师进行以"中考复习课例研究"为主题的3节复习课的同课异构，黄燕宁博士、项目首席专家、景洪市送培首席专家(学员)分别做点评。国培学员为景洪初中化学教师展示三种模式复习课：学案引导自主复习式、归纳点拨强化式(考点例题针对练习式)、问题驱动式。通过引领示范、专题讲座、专家点评，学员和景洪市初中化学老师对如何上好中考复习课都有清晰的认识和感悟。在观摩、讨论、学习和反思中，参训学员提升个人专业能力和培训能力、发展了项目县所有初中化学老师的课堂教学能力。

三、实施成效

通过分别与宜良县、寻甸县、景洪市和泸西县4个项目县的合作实施，这种模式取得了很好的效果。从访谈中了解到，各项目县教育局、教师进修学校、学员、各县初中化学教师对这种模式高度评价和认同，并积极支持，都认为这种模式是一举几得的有效模式。从实施中观察到受训教师的教学行为和学生的学习行为都有明显变化。5个县的学员与各项目县老师同课异构、互相切磋、取长补短，促进互相的专业成长。随堂跟班听课，学习当地优秀教师教学经验，了解当地各县初中化学教学实际情况，结合自己实际反思教学，提高个人教学有效性。培训学员在观摩和参与送培中学会怎样针对本县教师实际情况设置送培课程和实施培训，提升学员的培训能力，5个项目县的10位学员在5个阶段都高质量完成共10次，每次两天的送培下乡工作。

高校集中培训与项目县送培相结合，是有效、双赢的模式。高校集中培训工作和项目县送培下乡工作都得到有效推进和协同完成；通过引领示范、资源共享，有效促进学员培训能力提升和项目县初中化学教师专业的成长。实践证明，该模式是高校和项目县协同培训的有效模式。

四、实施经验

项目县选拔优秀骨干教师参加高校培训是该模式的前提；项目县协助高校到本县跟岗研修和组织并支持县级培训者开展"送培下乡"活动是该模式保障；高校有效提升县级培训者的培训能力，指导县级培训者设置优质"送培下乡"课程是该模式关键。通过实践证明，该模式适合"置换脱产县级培训者"项目，该模式易于操作，通过课程整合和资源共享，达到省时省力效果，不同地区、不同学科的培训者培训都可运用该模式。

参考文献

[1][英]泰勒.如何设计教师培训课程——参与式课程开发指南[M].陈则航，译.北京：北京师范大学出版社，2006.

"四维三全两类一核心"的高等师范院校化学类专业深度改革研究与实践

万坚①，张文华，涂海洋，邓阳，郭能，张礼知，吴正舜，李永健

（华中师范大学化学学院，湖北武汉 430079）

摘　要：华中师范大学化学学院基于我国当代高等师范院校化学类专业存在的问题和面临的挑战，开展了"四维三全两类一核心"的高等师范院校化学类专业深度改革研究与实践。深度改革不仅进一步凸显了师范类专业的特色和优势，提高中学化学教师教育培养质量，同时也兼顾非师范类专业的人才培养，满足应用型、交叉复合型到拔尖创新型人才的个性化培养需求。

关键词："四维三全两类一核心"；高等师范院校；化学类专业；深度改革

一、研究的缘起

《国家中长期教育改革和发展规划纲要（2010—2020 年）》指出，当前高等教育要"着力培养信念执着、品德优良、知识丰富、本领过硬的高素质专门人才和拔尖创新人才"。我国 180 余所高等师范院校不仅担负着培养高水平基础教育师资的使命，同时也是综合性人才培养的重要基地。在我国从制造大国向创新大国转变、教育大国向教育强国转变、精英教育向大众教育转变、专业教育向素质教育转变的背景下，在全面落实立德树人根本任务，践行创新驱动发展战略，推进一流大学和一流学科建设的进程中，高师院校本科专业建设中一个亟待解决的核心问题就是如何进一步凸显师范类专业的特色和优势，提高中学教师教育培养质量，同时兼顾非师范类专业的人才培养，构建合理完整的培养体系，满足应用型、交叉复合型到拔尖创新型人才的个性化培养需求[1]。

我们以"高师化学类专业核心素养的教育和培养"为主线（简称"一核心"），从"人才培养整体格局、课程体系与内容、课程教学过程、本科教学运行与管理"四个维度（简称"四维"）进行了全方位、全覆盖、全过程（简称"三全"）的化学类专业深度改革，实现了面向学院全体本科生因材施教（个性化发展）、分类培养（师范和非师范类）（简称"两类"）的目标。上述"四维三全两类一核心"的深度改革旨在使我校的中学化学教师培养（本科阶段）国内领先，化学类专业个性化人才培养特色鲜明。我们希望以此研究成果为例，探索和解决高师本科人才培养中的上述核心问题。研究的基本思路如图 1 所示。

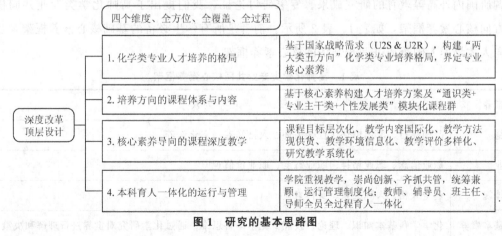

图 1　研究的基本思路图

---

①　通信联系人：万坚，jianwan@mail.ccnu.edu.cn。

二、研究的内容

（1）基于国家教育战略需求，构建了高等师范院校化学类专业"两大类五方向"的培养格局（见图2），实施 U2S（University to School/Society）到 U2R（University to Research）的人才个性化培养，根据人才培养目标提出了各方向"共同和侧重的"核心素养框架。解决了化学类专业深度改革的顶层设计问题。

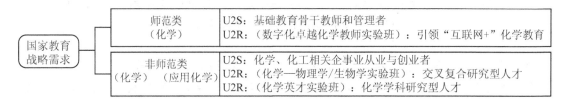

图 2 "两大类五方向"人才培养格局示意图

高师化学类专业改革的要旨在于，一方面要凸显化学教师教育特色，实现化学专业（师范类）的高水平发展，达到国际一流、国内领先水平；另一方面要全面优化化学类专业（化学、应用化学）的育人结构，实现高师院校非师范类专业人才培养的突破，彰显个性化人才培养的特色。为此，我们对两类人才培养都设置了 U2S 和 U2R 的个性化培养方案，因势利导，帮助全院全体学生实现因材施教、分类培养，兼顾个性化发展。

化学专业（师范类）设置了 U2S 和 U2R 的培养方案。前者旨在培养出基础教育骨干化学教师和管理者；后者则更加注重和化学教育硕士研究生教育阶段的衔接，旨在培养能够引领"互联网＋化学教育"发展趋势的、具有高水平教育研究能力的数字化卓越化学教师和管理者。

同样，化学和应用化学专业（非师范类）也设置了 U2S 和 U2R 的培养方案。U2S 旨在培养出化学化工相关企业、公司和事业单位的中坚人才；U2R 则通过"化学—物理学/生物学实验班"和"化学英才实验班"具体实施，更加注重化学学科研究素养和学科交叉研究能力的培养。"化学—物理学/生物学实验班"和"化学英才实验班"的人才方案各具特色又相得益彰。前者课程体系强调学科交叉、系统和刚性；后者在注重数理和化学类专业主干课程的基础上，学生可以根据自己的研究兴趣自主地选择"个性发展类"的专业选修课程群，相对而言更具人性化和个性化特色。这样一来，同一类专业内部实现了 U2S 到 U2R 的进阶，从而全面、有效地提升了两类专业人才的培养质量。

基于调研国内外高等教育的研究成果、专家研讨论证，我们提出了高师化学类专业共同核心素养框架和各方向核心素养框架，如表1、表2所示。前者是所有学生必备的基础核心素养框架，后者则是在各个方向人才培养上侧重或进一步升华的核心素养框架。

表 1 高师化学类专业共同核心素养框架

核心素养	要素
道德	品德品行、家国情怀、社会关怀、人格修养、文化修养
职业	职业信念、职业精神、职业态度、职业价值观
身心体魄	健全人格、人际关系、身体素质
化学学科基本素养	化学学科基本知识、理论、技能；化学学科思维；通过化学研究对世界进行理解和决策的能力

表 2 高师化学类专业各方向(侧重或进阶的)核心素养框架

专业类别	方向	核心素养	要素
化学专业 (师范类)	化学教师	化学教学与研究	现代教育学和化学教育学基本知识、理论;化学教学技能;通过研究解决实际化学教学问题
	数字化卓越 化学教师	数字化化学 教学与研究	数字化化学资源制作与运用能力;引领互联网+化学教育的能力;通过规范、科学的研究解决实际化学教学问题的能力
化学类专业 (非师范类)	化学应用化学	化学应用与实践	化合物的合成、表征、结构优化技能;化工基础实践能力
	化学—物理学 化学—生物学	学科交叉思维、学科 交叉与整合研究	化学—物理学/生物学观念;科学本质观;创新思维;学科综合实践及创新能力;基于多学科背景解决交叉学科问题的能力
	化学英才实验班	国际化、化学 科学研究	国际意识、国际视野、跨文化交流能力;创造性地解决化学问题的能力

基于化学类专业核心素养,完成了"两大类五方向"人才培养方案及其创新课程体系的建设,构建了具有高度模块化、功能化、融合化、立体化的课程群,解决了高师化学类专业人才个性化培养的教育载体问题。

基于核心素养,完成了各方向人才培养方案及其创新课程体系的建设,构建了具有高度模块化、功能化、融合化、立体化的"通识类+专业主干类+个性发展类"课程群。其中,通识类模块着重培养全体学生对社会的认知和责任感;专业主干类模块注重发展学生化学学科思想、思维等高水平专业素质;个性发展类模块主要突出了各类实践能力及开拓精神和创新能力的培养[2,3]。

具体来说,我们在"U2S"方向建立了基于其职业发展特征的实践性应用型课程群,在"U2R"方向上分别建立了体现师范性、学术性、数字化深度融合的"数字化卓越化学教师"课程群,突出学科综合性思维、能力、研究视角与研究方法深度互通的"化学—物理学/生物学"课程群和凸显高水平的研究能力和国际化视野的"化学英才实验班"课程群。上述课程群实现了更高效、更精准的人才培养。

在针对"U2S"方向的课程群中,通识类模块和专业主干类模块主要按照教育部化学类专业教学指导委员会制定的《化学类专业教学质量国家标准》(以下简称《标准》)的基本要求,突出学科基础知识。个性发展类模块则根据不同方向的需求,设计了化学教师教育类和应用化学类两类课程群。

在针对"U2R"方向的各类课程群中:第一,通识类模块和专业主干类模块在与《标准》保持一致的基础上,较前者增加了课程难度;第二,课堂群着力于体现出各个方向的特点,如在"化学—物理学/生物学"课程群中,增加了与化学交叉的物理学或生物学的专业主干课程;第三,根据《化学类专业化学理论教学建议内容》,个性发展类模块增设了满足不同人才发展所需的国际化课程内容。例如,结合"全英文授课专业"建设,"数字化卓越化学教师"和"化学英才实验班"课程群采用了国际权威原版教材,引入了国际前沿研究内容[4]。另外,我们创新了实践课程体系,创造并优化了实践教育环节。力求将教师的科研成果转化为实验内容,鼓励学生利用国内外条件开展创新和创业训练,接受国际一流科学家群体的指导,从而尽快融入学科前沿研究领域[5]。

(2)以主干课程建设为引领,全面实施核心素养导向的课程深度教学改革。具体内容包括构建并实施了课程深度教学设计与实施策略[6-8],探索践行了以"知识与技能的深度学习过程"为载体,培养学生以"LICC-Thinking"(The Integrate of Logical, Independent and Critical Thinking in Chemistry Teaching and Learning,整合逻辑思维、独立思维和批判思维的综合性化学思考能力)为核心的综合素质与能力的教学之道,解决了化学类专业核心素养培养的深度实施问题。

在建设一支教学水平与学术造诣高、结构合理、具有国际化水平的教学团队的同时，我们还及时更新了教学理念、改革了教学方法。首先，进一步厘清了教和学的关系，凸显了"以学定教"的理念，实现了从"以教师为中心"到"以学生为中心"的教学过程转变，努力将"课程目标层次化""教学内容国际化""教学方法现代化""教学环境信息化""教学评价多元化""研究教学系统化"等六"化"融入教学的全过程。

其次，在具体的课程教学中，我们践行了以"知识与技能的深度学习过程"为载体，培养学生"LICC-Thinking"为核心的综合素质与能力的教学之道。例如，在教学中建立了SC@O策略，即通过口头报告和研讨（Oral presentation and discussion）的方式完成知识框架图（Schema）和挑战性问题（Challenge question），从而践行深度教学[6-8]。

最后，在实践教学环节，我们着力于信息化实践教学环境的建设，构筑并不断完善了"虚实结合、虚为实用"的化学实践教学体系。在国家级化学实验教学示范中心（2013通过教育部验收）的基础上，2017年又获批湖北省虚拟仿真化学实验教学中心，积极打造夯实基础、强化能力、激发创新的"互联网＋化学实验教学中心"升级版。

课程深度教学改革根据不同方向人才培养的需求采取具体的教学方法，在U2S方向上着力突出其专业核心素养实践性、应用性、发展性等特点，在U2R方向上则更加凸显其专业核心素养研究性、前瞻性、创新性等特点。

（3）建立并实施了教学运行管理一体化、全过程的"三/三/三/三"新机制，为综合改革成果和人才培养质量提供了体制保障，解决了化学类专业深度改革的体制机制问题。

化学学院重视教学，崇尚创新。学院教学委员会、各级领导、研究所齐抓共管，统筹兼顾，确保化学类专业深度改革运行管理制度化。在研究实施过程中，各类教师全过程参与改革，实现了育人一体化。

具体来说，本科教学运行与管理实施"三/三/三/三"新机制，即建立学院教学委员会、研究所、主干课程团队的三级教学负责体制；建立由校级督导员、院级督导员以及学院党政班子成员组成的三级教学督导体制；建立由主讲教师、学习小组、个人自我组成的三级学习管理和评价体制；建立由辅导员、班主任、导师组成的三级人生发展指导育人机制。"三/三/三/三"新机制的有效贯彻落实，保障了化学类专业深度改革的良性发展，实现了整个教育教学环节对教师、学生、教研团队的综合性、形成性、发展性评价。

另外，在研究实施过程中，我们制订了相关的教学管理制度，确保了教学运行的法制化，如专业主干课程建设运行方案、主干课程优秀运行评估制度、课题组导师制度、班主任制度等。

三、研究的实施与应用情况

1. 研究实施过程中所取得的实质性成果

（1）化学类专业深度改革与化学学科建设相互促进、协调发展

化学类专业深度改革，为华中师范大学化学学科创一流学科奠定了人才基础，同时，化学优势学科的发展及其带来的软硬件条件又转化成为人才培养优势资源。

首先，高质量的人才培养格局提升了化学学科建设水平。2013年华中师范大学化学学科全国排名第23位；化学学科国际ESI排名从2012年的466位上升至2017年的288位，首次进入USNews全球大学化学学科排名（320名）。

其次，在学科建设中，化学学院引进并培育了包括中国科学院院士（双聘）、加拿大皇家科学院院士、中组部"千人计划"人选等在内的高端学科人才近30名。高素质的教学团队成了人才培养的有力保障，为化学类专业深度改革奠定了良好的师资基础。

（2）化学类专业人才培养质量社会认可度高、就业率高、考研率高

化学类专业深度改革奠定了全院学生未来职业发展的基础。学生就业率保持在93%以上，考研率保持在70%～80%。上述指标常年名列华中师范大学前茅。与此同时，近年来学生在校期间参加科研训练项目171项，参加国家级大学生创新创业训练项目40余项，公开发表论文30余篇，获得湖北省优秀学士论文66篇，获得省部级以上奖项100余项。

①化学专业（师范类）人才培养更上一层楼

化学（师范类）人才培养效果更显著，教师教育特色更加突出。学生的核心竞争力表现突出，在国家级、省部级大赛中屡屡获奖。在教育部举办的"东芝杯·中国师范大学师范专业理科大学生教学技能创新实践大赛"中，学生共获一等奖2项、二等奖2项、三等奖1项，整体成绩位列全国所有参赛高等师范院校化学专业前三甲。在其他全国性大赛（如"全国高等师范院校化学专业师范生教学素质大赛""全国师范院校师范生教学技能竞赛"等）中，学生屡获一等奖。数字化卓越化学教师专业学生有十余人次在本科阶段赴海外开展为期半年至一年的研修。

化学专业（师范类）人才大多被国内重点中学（如长沙市雅礼中学、成都七中等）聘用，成为其化学骨干教师、备课组长、竞赛教练。在职后的工作中，化学（师范类）人才在各类国家级、省级学科竞赛中屡次取得佳绩。另外，部分学生长期扎根于我国广袤的少数民族、老少边穷地区，服务于当地经济社会发展、助力于当地精准扶贫。

②非师范类各专业人才培养取得历史新突破

非师范类各专业人才培养效果明显。在"'挑战杯'全国大学生课外学术科技作品竞赛"中，学生获一等奖1项，在"全国大学生实验邀请大赛"中，学生共获一等奖2项、二等奖1项、三等奖6项。应用化学专业毕业生大多在国内知名企事业单位（如广东东阳光药业有限公司、凯莱英生命科学技术有限公司等）任职。化学—物理学/生物学方向和化学英才实验班方向的各类人才被输送到国内外高水平科研机构和高等院校进一步深造，并取得了"全国百篇优秀博士学位论文"等一系列高水平研究成果。

（3）师资队伍建设成效显著

近年来，在化学类专业深度改革的背景下，化学学院教师承担了省部级以上教学研究项目30余项，共荣获湖北省教学成果一等奖3项、华中师范大学本科教学创新成果奖一等奖1项、二等奖1项等教学殊荣。教师荣获"全国模范教师称号""全国教育系统职业道德建设标兵""湖北省优秀教师称号""明德教师奖"等荣誉称号，入选千人、长江学者、国家杰青、优青、青年千人等高端人才计划。

近年来，教师出版各类教材30余部，发表SCI/SSCI论文200余篇/年，获得东亚科学教育学会2015年国际会议杰出论文奖1项。在《课程·教材·教法》《教师教育研究》《全球教育展望》《中国大学教学》《化学教育》《大学化学》等核心期刊上发表教学研究论文100余篇。

2. 研究成果的辐射与示范

在研究实施的过程中，我们和北京师范大学、东北师范大学、陕西师范大学、南京师范大学等20余所高等师范院校进行了广泛且深入的交流，实施成果得到了同行的认可和借鉴。我们参与了6所部属高等师范院校的人才培养经验交流，在"东亚科学教育学会"2015年会和2016年会、"全国高等师范院校化学课程结构与教学改革研讨会"上向国内外同行进行了教学研究成果汇报，受到了同行的一致好评。另外，我们举办了"六所部属师范大学化学学院院长联系会""全国化学课程与教学论学术年会""全国结构化学教学研讨会""全国中学化学教育及化学教师教育改革论坛"等全国性教学会议，并向全国各兄弟院校相关专家宣传了本研究成果。

参考文献

[1]李大勇. 深化高校综合改革，全面提升人才培养质量[J]. 中国高等教育，2013(21)：34-36.

[2]王后雄，万坚. 化学教师教育人才培养模式改革与实践教学创新[J]. 中国大学教学，

2008(9)：28-30.

[3]万坚，梁德娟，于翔，等."化学生物学"复合型人才培养模式与课程体系改革的研究与实践[J].中国大学教学，2009(5)：31-33.

[4]朱亚先，张树永."化学类专业本科教学质量国家标准"的研制与解读[J].中国大学教学，2015(2)：31-33.

[5]郭能，叶依丛，张文华，等.免费师范生二段实习制模式的初步建构：师范院校教育实习改革的新思路[J].大学化学，2012(4)：9-13.

[6]万坚，邓阳，李永健，等.科学活动观视角下的"结构化学"课程教学：研究型教学的思考与实[J].中国大学教学，2012(10)：46-48.

[7]万坚.回归教育本源、以生发展为本、索行教学之道：结构化学课程教学研究与实践[J].大学化学，2017(4)：11-16.

[8]钟鸿英."分析化学"研究性课堂教学模式设计[J].中国大学教学，2010(1)：49-51.

课外科技创新活动是培养学生学习化学兴趣、提高学生创新意识和创新能力的有效途径

王崇太，华英杰[①]，孙振范

（海南师范大学化学与化工学院，海南海口 571158）

摘　要：本文通过对比中美化学教育的现状，并以本单位本科生参加"挑战杯"大学生课外科技作品竞赛为例，阐明了课外科技创新活动是培养学生学习化学兴趣，提高学生创新意识和创新能力的有效途径。

关键词：创新；科技活动；化学学习

自 20 世纪 50 年代以后，美国取代德国成为世界科技与经济中心，并一直引领世界科技发展的潮流。美国之所以做到这一点，完全依赖于它的大学教育以及大学教育的创新机制，这种创新机制使美国成为世界罕见的创新型国家，因为美国几乎所有的科学发现和技术发明都源于大学的基础研究，也就是说美国大学的创新研究支撑和推动了美国科技这个第一生产力的迅速发展，从而促进了美国经济的发展和国家综合实力的提高，使美国成为世界最强大的国家。由此可见，科技强国，基础在教育，尤其是大学教育，大学教育是产生质变的分水岭，是培养创新型人才的摇篮。

我们与美国的大学教育相比，差异在哪里呢？最显著的差别是教育理念的不同。我们的理念是"学富为师"，而美国教育的理念是"达者为师"。这种理念的区别导致了不同的培养模式和教学方法。前者以传播知识为主，后者以创新为主。前者培养的学生不敢挑战权威，后者培养的学生敢于质疑权威，因此能超越权威，从而推动一种理论、一个学科乃至一个国家和民族的发展。以化学教育为例，我们的课程设置与美国相比甚至更全，面面俱到，看起来十分完美。老师上课的时候恨不得把所有的知识都传授给学生，这样才能显示我"学富为师"，殊不知在知识爆炸的今天，是不可能在有限的学时内把所有的知识都传授给学生的，更重要的是把获取知识的方法传授给学生，使学生具备获取知识的能力，即自学能力和探索未知事物的能力。达到这个目的的最佳途径就是让学生亲自体验实验、观察和解释现象背后的本质与规律，在这个过程中学会思考、判断，学会发现问题、解决问题，学会知识的运用，同时明白知识的不足之处。学生具备了这种能力之后，可以发现老师未发现的真理，即所谓的"达者为师""青出于蓝而胜于蓝"。美国的化学教育，比较注重让学生亲身体验、独立观察、自己动手和动脑。例如，有的教师在讲化学电源的时候，只是简要介绍电池的原理，更多的时间和空间是让学生动手制作电池，如通过简单的水果电池实验，理解和明白其中的道理，从而掌握电池原理的应用方法，如图 1 和图 2 所示。

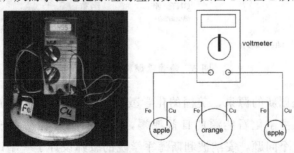

图 1　化学电源—水果电池[1,2]

---

①　通信联系人：王崇太，oehy2014@163.com；华英杰，521000hua282@sina.com。

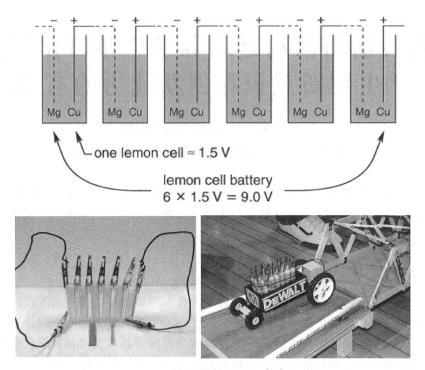

图 2　柠檬电池及其应用[1,2]

　　除了注重学生的亲身体验之外，美国的化学教育还比较注重教学内容的更新，及时反映最新科技成果并知识化和通俗化。例如，燃料电池是当前世界各国研究的一个热点，斯坦福大学的教师在课堂上用普通的滤纸、葡萄糖、葡萄糖氧化酶、漆酶和碳纳米管就将燃料电池组装出来了[3]，如图 3 所示，学生既容易理解和接受，又增加了学习化学的兴趣。

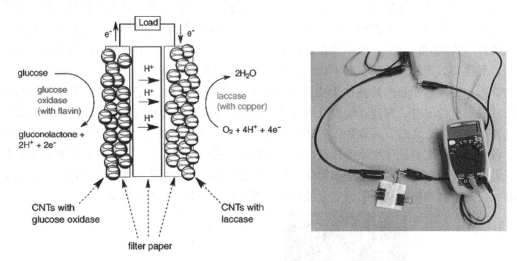

图 3　葡萄糖燃料电池[3]

　　对未来的幻想和展望是创新的源泉，美国的化学教育不但重视创新能力的培养，而且十分重视培养学生的创新意识。例如，由于化石能源的日益耗竭，人类面临着能源危机，未来有哪些替代能源？我们应该如何选择？针对这个问题，安纳波利斯海军学院的教师设计了一个课堂活动[4]，内容如表 1 所示。表中罗列了异辛烷、氢气、甲烷、丙烷、甲醇、乙醇和甲基亚油酸酯这几种可能的替代能源，让学生充分开展讨论和辩论，阐释自己的选择和理由，由此培养学生的创新意识。

表1 Representative Compounds Used in This Exercise[4]

Fuel	Formula
2,2,4-Trimethylpentane，"isooctane" (representative hydrocarbon in gasoline)	C_8H_{18}
Hydrogen	H_2
Methane (main component in natural gas)	CH_4
Propane (main component in liquefied petroleum gas，LPG)	C_3H_8
Methanol	CH_3OH
Ethanol	CH_3CH_2OH
Methyl Linoleate (main component in biodiesel made from soybeans)	$C_{19}H_{34}O_2$

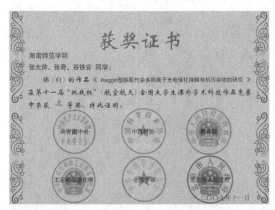 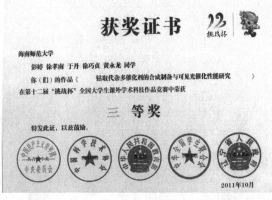

图4 本科生参加全国"挑战杯"大赛的获奖证

因此，要提高我们的化学教学质量，关键是要更新我们的教育理念并在教学中付诸实践。自2008年以来，我们开始以课外科技创新活动作为课堂教学的补充，着重培养学生的创新意识和创新能力，并取得明显效果。以"挑战杯"大学生课外科技作品大赛为例。全国"挑战杯"每两年举办一次，由共青团中央、中国科协、教育部、工信部、全国学联和地方政府联合举办，是规模大、影响广泛的大学生创新活动，代表着我国大学生的创新水平。从2009年至2015年，我们共有18位本科生参加了四届"挑战杯"大赛，获全国二等奖1项、三等奖3项(见图4)。他们之所以取得这样的成绩，是因为平时在实验室参加创新活动得到训练的结果。通过创新活动，学生的创新意识得到了培养，动手能力、解决问题的能力、逻辑思维能力、合作能力、表达能力、交流能力、学习能力、心理承受能力等都不同程度地得到提高，弥补了课堂教学的不足。18 位参加"挑战杯"大赛的学生中，有 16 位报考了硕士研究生，被录取的有 14 位，其中有的已经毕业，在环保、质检等部门工作，有的在读博士。

综上所述，无论是美国化学教育所提倡的亲身体验、独立观察、自己动手和动脑，还是我们践行的课外科技创新活动，都是培养学生学习化学的兴趣、提高学生创新意识和创新能力的有效途径。

参考文献

[1]Stroebel,G. G. ,Myers,S. A. Introductory Electrochemistry for Kids—Food for Thought,and Human Potential[J]. J. Chem. Educ. ,1998,75(2):178-180.

[2] Muske, K. R. , Nigh, C. W. , Weinstein, R. D. A Lemon Cell Battery for High-Power Applications[J]. J. Chem. Educ. ,2007,84(4):635-638.

[3]Ge,J. ,Schirhagl,R. , Zare,R. N. Glucose-Driven Fuel Cell Constructed from Enzymes and Filter Paper[J]. J. Chem. Educ. ,2011,88:1283-1286.

[4]MacArthur, A. H. R. ,Copper,C. L. Alternative Fuels and Hybrid Technology,A Classroom Activity Designed To Evaluate a Contemporary Problem[J]. J. Chem. Educ. ,2009,86(9):1049-1050.

基于核心素养视角的职前卓越化学教师
专业素养探讨

王焕珍，杨承印①

（陕西师范大学化学化工学院，陕西西安 710119）

摘 要： 学生核心素养以及学科核心素养的提出对中学化学教师的专业素养发展提出了新的要求，而职前卓越化学教师是为今后打造优秀中学化学教师队伍的中坚力量。要提高中学化学教师的专业化水平，提高教育质量，首先就要培养一批合格的职前卓越化学教师。通过阅读及分析相关文献，本文对职前卓越化学教师的专业素养从三方面进行了阐述，以期为职前卓越化学教师个人专业发展及课程设置提供依据。

关键词： 核心素养；职前教师；卓越化学教师；专业素养

一、研究背景

1. 学生核心素养的背景

1997 年年底，经济合作与发展组织（OECD）启动项目"素养的界定与遴选（DeSeCo）：理论和概念基础"，提出"核心素养"的概念，基于"成功的生活和健全的社会"这一观念，确定与选择了三大类核心素养：互动地运用工具（如语言、技术）、与异质群体互动、自主地行动[1]。自此，世界各国基于自己的教育实际和基本国情，制定和颁布了诸多有关核心素养的政策文件，分别对核心素养进行了概念界定和内容选择，例如联合国教科文组织提出的"五大支柱说"，美国提出的"21 世纪关键能力"等。习近平总书记在党的十八大报告中提出"把立德树人作为教育的根本任务"，2014 年，教育部颁布的《关于全面深化课程改革，落实立德树人根本任务的意见》中曾多次提到"核心素养或素养"，这意味着党和国家将"核心素养"问题的研究放在了一个前所未有的高度[2]，我国前教育部部长委托北京师范大学林崇德先生领衔着手中国学生发展核心素养的课题研究，林崇德及其团队自 2013 年到 2016 年 9 月，历时 3 年多，完成了《中国学生发展核心素养（征求意见稿）》，该意见稿中将学生发展核心素养总结为 9 大素养，课题组对"我国学生核心素养"进行了定义：学生发展核心素养，主要是指学生应具备的、能够适应终身发展和社会需要的必备品格和关键能力[3]。

2. 化学学科核心素养的背景

2014 年，教育部关于"立德树人"文件的颁布，使学生核心素养及各学科核心素养成了关注的热点。需要注意的是，学科核心素养不能等同于学生核心素养，邵朝友[4]等人将核心素养定义为"通过学习某学科的知识与技能，思想与方法而习得的重要观念、关键能力与必备品格"。福建师范大学余文森[5]教授认为：学科核心素养是学科本质观和学科教育价值观的反映，只有抓住学科核心素养，才能抓住学科的根本，学科核心素养是学科和教育的有机融合，学科核心素养的提出意味着教育模式及学习方式的根本改变。本文比较认同的观点是，学科核心素养是核心素养与学科教育实践的纽带，学科核心素养是对某些特定素养的培养，对学生核心素养的培养有一定的个性价值，但是不完全等同于学生核心素养。

---

① 通信联系人：杨承印，yangcy@snnu.edu.cn。

一所学校教学质量的高与低，最重要的要素还是要看教师。高水平的教师，是一所优质学校的基本保证，教师的专业化水平决定着教育的效能和质量，决定着新课程改革的成败[6]。在教师教育不断发展的过程中，卓越教师的培养为教师的专业发展指明了方向，并成为国际教师教育的普遍共识。在化学学科的教学中，要想更好地培养学生的化学学科素养，就需要建设高质量的化学教师队伍，而职前卓越化学教师是高质量的中学化学教师的潜在力量。

二、职前卓越化学教师应具备的专业素养

教师在教育活动中扮演着极其重要的角色，而教师的特殊性在于，他们要面对有思想并处于不断发展和变化过程中的学生，所以教师专业素养的要求也与其他职业素养有所不同。林崇德[7]等人认为，教师素质在结构上，至少应包括职业理想、知识水平、教育观念、教学监控能力以及教学行为与策略。叶澜[8]教授领衔的团队研究认为，我国教师专业素养主要体现在四方面：教育理念、专业知识、专业能力与教育智慧。石中英[9]教授提到，卓越教师的专业素养是指"卓越教师"专业的态度、专业的知识、专业的精神和信念。英、美、德、澳等发达国家在推进卓越教师培养方面积累了丰富的经验，对我国的卓越教师培养计划有很大的启示和借鉴作用[10]，2011年，我国教育部颁布的《中学教师专业标准（试行）》列出专业理念与师德、专业知识、专业能力三大维度。基于以上不同学者的观点，笔者认为可以将职前卓越化学教师的专业素养分为以下三方面。

1. 先进的教育理念和高尚的道德

教师作为人类心灵的工程师，对于培养什么样的学生及如何培养学生要有一个正确的认识与理解；为人师者必须要具备良好的道德修养，真正做到为人师表，因此教师具备正确的、先进的教育理念及高尚的道德对于成为优秀的教师具有十分重要的意义。

（1）正确而先进的教育理念

理念是对某一事物的观点、看法、信念，没有正确的理念就不可能有正确的方法[11]。教师的教育理念主要是在认识基础教育的未来性、生命性和社会性的基础上，形成新的教育观、学生观和教育活动观[12]。本文认为教育理念是指教师在对教育工作本质理解基础上形成的关于教育的观念和理性信念。有没有对自己所从事职业的理念，是专业人员与非专业人员的重要差别，也是教师专业素养不同于以往对教师要求的重要方面。

教师是21世纪核心素养能否在课程、学与教、评价中真正得到落实的关键影响因素，许多国际组织与经济体针对基于21世纪核心素养的教师专业化发展进行了设计与实践尝试[13]，而化学课程标准是规定化学学科的课程性质、课程目标、内容目标、实施建议的指导性文件，

余文森[5]教授提到学科核心素养使课程标准的形态从教学大纲（双基）、内容标准（三维目标）走向成就标准（核心素养），即以学生应该达到的素养（成就）作为课程标准的纲领。这个观点对于化学学科依然适用，新的化学课程标准也是将以化学学科核心素养为指导进行编制，即以学生应达到的素养（成就）作为化学课程标准的纲领。因此，对于还未走上教育岗位的化学师范生来说，能否理解和消化21世纪核心素养，能否正确解读化学学科核心素养及相关文件，是成为教师以后能否较好地践行教育政策及教育理念的关键所在。对于中学化学教师来说，只有掌握了正确的教育理念，才能根据教学实际找到合适的教学方法，从而进行高效的教学。

（2）高尚的道德

柏拉图曾经说过，教育是一种灵魂转向的艺术[14]，教师对于学生来说，既是心灵的指导者，也是人格构建的帮助者，教师的道德水平对于培养学生的完美人格、道德情操起着至关重要的作用，因此高尚的道德是职前卓越化学教师未来能否做好教育工作的重要条件。苏格拉底认为，认识自己就是道德，在研究自我心灵的过程中，就能探索真理，寻找最美的善[15]，因此要想成为德道高尚的中学化学

教师首先要有一个正确的自我认识，正确定位自己，才能不断成长与进步。学高为师，身正为范，教师的职业道德素质和人格品质对教育是十分重要的。高尚的道德是教师必备的职业品质，是做好教育工作不可缺少的重要条件。

在 21 世纪核心素养及化学学科核心素养的大背景下，职前卓越化学教师要能够正确地认识自己，具备强烈的自我意识及自我专业发展的意识，也要善于学习，教师作为学习者对于核心素养相关文件的解读越到位，那么学生获得 21 世纪核心素养或者化学学科素养的成效就越显著中学化学教师肩负对学生化学核心素养及化学学科核心素养启蒙的重任，在化学教学中，教师要将自己的道德理念传递给学生，而不仅仅是对学生进行知识与能力的传递，只有具有良好的道德修养的教师，才可能教导出高素质高道德水平的高素质学生。

2. 宽厚的专业知识结构

教师在对自己所教学科的知识在全面而系统掌握的基础上，对其他学科也要有所涉猎。作为中学化学教师，也应该树立活到老学到老的理念，要不断地提高自己的素质修养，也要随着时代的发展进步不断更新自己的知识储备，不能拘泥于已经掌握的知识，知识并不是一成不变的，而是不断更新的，不同类别的教师在特定专业知识与能力上有显著性差异，教师对自身的发展学习更注重时效性[16]。对于中学化学教师，除了要掌握系统全面的化学专业知识和过硬的化学实验基本技能之外，还要具备其他与化学相近自然学科（如物理、生物等学科）的基础知识，同时，人文素养也是作为一名理科教师必不可少的。另外，在化学教学中保证教学内容的科学性，是提高学生化学核心素养的重要前提条件，这就意味着职前卓越化学教师必须保证自己的教学中不出现科学性错误。

基于以上背景，对职前卓越化学教师最基本的要求就是要掌握合理的知识结构，首先是对于化学学科的知识要有一个系统全面的认识，既要知其然，也要知其所以然，不仅仅要对中学化学十分熟悉，也要对大学期间学过的化学知识有足够的掌握、积累和深入的了解。对中学化学的各个版本的教材及内容都能清楚它们的知识脉络；不仅仅需要掌握化学学科的知识，还需要对与化学相关和相近的专业知识有所涉猎；再者还需要关注化学学科及化学教育研究的前沿动向，关注最新的研究成果。化学教师还需要具备一定的人文知识素养，一位教师在课堂上若能将化学知识和人文知识穿插着讲给学生，那么对于吸引学生的注意力有很大帮助。教师拥有丰富的人文知识，具有人文情怀，在与学生的交往过程中或教学过程中，更加容易与学生产生共鸣，有助于课堂教学更加有效地进行。

3. 扎实的专业能力

职前卓越化学教师应具备扎实的专业技能，并能够创造性地教学，还要具备熟练的实验技能和一定的教育研究能力，掌握一定的教育知识与规律，能够使用合理的科学研究方法，能够对所从事的教育工作进行相关研究等。

（1）专业教学能力

教学技能既是教师素质的基本要求，也是实际教学中不可或缺的因素。教师教学技能的提高，既有助于提高教师专业素养和教学质量，又有助于学生良好素养的形成。对于职前卓越化学教师来说，良好的教学技能是作为一名优秀的中学化学教师的基础，具备良好的教学技能，能够很好地将课程标准与教材整合到一起，学会设计符合学生学情的教学设计，并能够很好地设定教学目标，掌握并突破教学重难点。此外，教师的语言是否规范、教学体态语是否得当等，也是教师是否具有良好的专业技能的体现。化学教师担负着学生化学学习的启蒙重任，在教学语言上必须规范，这样有利于帮助学生养成良好的化学用语习惯。

随着时代的发展，现代教育技术发展迅速，多媒体教学的手段早已应用到了教学中，类似于翻转课堂、智慧课堂等也早已用在教学实践当中，职前卓越教师也要掌握一定的现代教育技术应用能力，将教育技术与实际教学相结合，从而促进教学的有效性。

（2）熟练的实验技能

化学是一门以实验为基础的自然学科，也可以说，实验是化学的灵魂，对于职前卓越化学教师来说，严谨科学的实验态度，规范、娴熟的操作技能是最基本的实验素养的要求。熟练的化学实验操作技能无疑是必不可少的，尤其是演示实验，对于化学教师的要求则是只许成功不许失败，这就对教师的实验技能提出了一定的要求，不仅要会做实验，也要会解释实验现象、总结实验背后隐藏的规律，引导学生能够透过现象看本质，教会学生用宏观和微观的视角去认识事物。职前卓越化学教师要能够对实验进行创造性教学，采用科学探究的方式进行教学，对中学化学实验中已有的实验，进行科学合理的改进，可以有效激发学生对学习化学的兴趣，同时引导学生利用生活中的日常生活用品进行家庭小实验，有助于学生学以致用、活学活用，让学生知道化学是与生活息息相关的，而不仅仅是抽象出来的只存在于书本上的知识。

（3）教育研究能力

教育研究能力是一种高级的、来源于教育实践又超越教育实践本身的创新能力。以教育研究为依托，以研究促教育教学，积极开展教育教学改革的实验研究是提高教师专业化水平的重要途径[17]，明确的教育反思意识和较强的教育研究能力是每一个追求卓越的化学教师都应该具备的基本素质。职前教育阶段应该为卓越化学教师获得这种素质提供理论基础和初步的实践经验[18]。职前卓越化学教师要有积极主动地承担起有关中学化学教育教学的相关研究课题的意识，通过研究课题，提高自己的专业化发展水平和学术水平，开阔教育教学视野，发现教育教学改革的新途径；通过课题研究，职前化学教师也能提高自己的研究能力，增强自己教育教学的责任感、使命感和自豪感，也能激发教师的教育热情。

职前卓越化学教师是未来中学化学教师队伍的中坚力量，职前卓越化学教师专业素养水平的高低，直接影响着今后化学教育的发展及对学生化学学科核心素养及核心素养培育工作的进展。教师工作的独特之处就在于教师本身需要对教育理念、道德水平、知识结构的不断更新，教学科研等能力的不断提高，并且要不断地超越自我、更新观念，不断提高和完善综合素质，教师的专业素养是处在逐渐发展的状态，处于不同阶段的教师，专业水平是有差别的，不能以统一的标准来衡量职前卓越化学教师和在职化学教师，因此，关于职前卓越化学教师的专业素养的探讨及研究亟待补充和完善。

参考文献

[1]OECD, DeSeCo. Definition and Selection of Key Competencies-Executive Summary[J/OL]. [2021-3-1]. http://www.deseco.admin.ch/bfs/deseco/en/index/02.html，2005.

[2]林崇德. 21世纪学生发展核心素养研究[M]. 北京：北京师范大学出版社，2016：2.

[3]核心素养研究课题组. 中国学生发展核心素养[J]. 中国教育学刊，2016(10)：1-3.

[4]邵朝友，周文叶，崔允漷. 基于核心素养的课程标准研制：国外经验与启示[J]. 全球教育展望，2015(8)：10-24.

[5]余文森. 从三维目标走向核心素养[J]. 华东师范大学学报（教育科学版），2016(1)：11-13.

[6]刘铁芳. 守望教育[M]. 上海：华东师范大学出版社，2004：25.

[7]林崇德，申继亮，辛涛. 教师素质的构成及其培养途径[J]. 中国教育学刊，1996(6)：16-22.

[8]叶澜. 新世纪教师专业素养初探[J]. 教育研究与实验，1998(1)：41-46.

[9]石中英. 准备成为一名卓越的教师[J]. 中国教师，2008(23)：5-6.

[10]马毅飞. 国际教师教育改革的卓越取向：以英、美、德、澳卓越教师培养计划为例[J]. 世界教育信息，2014(8)：29-33.

[11]黄蓉生. 教师职业道德新论[M]. 北京：人民教育出版社，2014：144.

[12]张辉. 新课程理念下化学教师专业素养的发展研究[D]. 北京：首都师范大学，2007.

[13]魏锐,刘晟. 21世纪核心素养教育的支持体系[J]. 华东师范大学学报(教育科学版), 2016(3):46-51.

[14]祁智. 剥开教育的责任[M]. 南京:江苏出版社,2012:51.

[15]程文晋. 管理视域内的自我教育论[M]. 北京:中央编译出版社:2012:6-68.

[16]杨承印,杨娇荣. 理科教师专业发展现状及其对策:以陕西省中学化学教师为例[J]. 当代教师教育,2013(3):31-36.

[17]张裕锐. 中学教师专业发展实验策略[J]. 教育探索,2012(4).

[18]杨承印,高双军. 以培养化学卓越教师为目标的职前教师教育课程设置研究[J]. 化学教育,2016(10):44-48.

运用晶体结构可视化软件提高
晶体结构教学效果

王渭娜[①]，王文亮

（陕西师范大学化学化工学院，陕西西安 710119）

摘　要：在晶体结构教学中，认识和研究晶体的微观内部结构的主要的学习目标，可借助晶体结构模型，来帮助学生认识晶体的微观结构。然而，有限的模型和特定的展示方式使得教学效果不尽如人意。随着计算机与化学软件技术的发展，很多晶体结构可视化软件可多角度、多模式地展示晶体微观结构。本文介绍几款化学类可视化软件在晶体微观结构中的简单应用，以期为学生提供形象化和空间化的思维环境，通过操作实习，提高晶体结构部分的学习效果。

关键词：可视化软件；晶体结构；VESTA 软件

结构化学是化学专业的一门必修课，它主要是从原子、分子方面研究物质的结构、性质，以及结构与性质之间的联系，以及晶体的结构与性质。但由于其内容较为抽象，学生学习有畏难情结，特别是原子、分子及晶体的微观结构，无法用肉眼进行直接观察，因此，探究化学物质微观结构教学的形象化、直观化一直是结构化学教学研究中的一个热点[1,2]。目前，已有众多教师采用计算化学软件中可视化软件制作多媒体课件，使得微观结构教学越来越生动形象，尤其是仿真模拟的运用，使得抽象的教学过程更加直观，极大地提高了学生的学习兴趣。尽管在该部分教学过程教师采用多媒体教学，提供大量的图片使得教学效果大大提高。然而，受到课堂容量限制且模型有限，一些复杂空间构型难以直观平面表达，学生缺乏形象化和空间化的思维环境，不易建立空间概念。本文针对这一问题，围绕晶体结构部分教学，将介绍几个有用的网络资源和可视化软件，以期能够提供和引导学生利用已有的计算化化学软件和资源，进行更多的空间化思维训练，从而达到提高学生的学习效果的目的。

一、利用 VESTA 软件实现晶体结构的可视化

VESTA 软件是一款免费的三维晶体结构可视化和电子结构计算软件，VESTA 软件其官方主页为：http://jp-minerals.org/vesta/en/[3]。在 Windows 和 Linux 平台上均可运行。在晶体结构教学过程中，利用 VESTA 软件可以实现达到以下目的。

1. 画晶体结构

以 NaCl 为例，通过查阅文献可知[4]，NaCl 属于立方面心堆积，Fm-3m 空间群，晶胞参数 $a = 5.692A$。依据以上信息，我们即可画出 NaCl 晶体结构，具体操作过程如下：

(1)File→New Structure→Unit cell→Space group 处选择空间群的编号 225 号对应空间群为 Fm-3m。在 Lattice parameters 处输入晶胞参数 5.692.

(2)在 structure parameters 中添加原子。单击 New，在 Symbol 处输入 Na，Lable 处输入显示标签，在坐标处输入 Na 的坐标(0，0，0)。再次单击 New，输入 Cl 的相应信息。

(3)完成即可得的 NaCl 的晶体结构，如图 1(a)所示。

2. 晶体结构显示

VESTA 软件提供有多种显示模式的三维晶体结构图，如 Ball-and-stick、Space-filling、Polyhedral、

---

① 通信联系人：王渭娜，wangwn@snnu.edu.cn。

Wireframe、Stick 等，可适应不同的需求，如图 1 所示。

通过 Ball-and-stick，可以看到晶体结构中原子之间的键连关系，该模式是教科书中常见的三维晶体结构图，如图 1(a)所示；通过 Space-filling 模式，看出晶体结构中应用等径圆球或不等经圆球密堆积研究金属晶体或离子晶体的结构；通过 Polyhedral 可以看出在离子晶体中空隙的位置和类型。

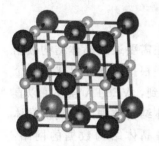

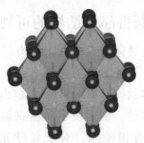
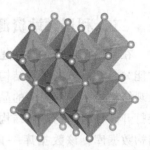

（a）Ball-and-stick　　（b）Space-filling　　（c）Polyhedral(A1为Na原子)　　（d）Polyhedral（A1为Cl原子）

图 1　NaCl 晶体结构

3. 空隙类型和分布

在晶体结构学习过程中，尤其是离子晶体结构学习时，常常会提出这样的规则：负离子做等径圆球密堆积，负离子填在正离子所形成的空隙中，根据正负离子半径比选择不同的空隙。等径圆球密堆积时形成的空隙类型有正方形空隙、八面体空隙、四面体空隙以及三角形空隙等，在这些空隙中正方体空隙、平面三角形空隙的位置通常容易识别，八面体空隙和四面体空隙的位置却不易识别，然而常见的离子晶体则多数填在八面体空隙或者四面体空隙中。空间立体思维相对弱的学生往往很难构建立体空间图形中的空隙分布情况，有时在一个晶体结构中认识了空隙分布情况，在另一个晶体中却又找不到空隙的分布。为了能让学生更好地认识空隙分布，以 VESTA 软件为例，介绍如何实现空隙分布的可视化，有助于学生进行空间思维训练，为学生更好地掌握这一知识点提供支持。

八面体空隙：以 NaCl 晶体为例，从图 1(a)和图 1(b)可以看出 Na 离子立方面心堆积 Cl 离子填在 Na 离子形成的空隙中。选择 Polyhedral 模式，从图 1(c)即可直观看到 6 个 Na^+ 形成八面体堆积，Cl^- 处于 Na^+ 形成的八面体中。由此得出如下认识：NaCl 晶体中，Na^+ 立方面心堆积，Cl 填在 Na^+ 形成的八面体空隙中。值得注意的是，在选择 Polyhedral 模式时，对于键的周期性模式必须选择为"search additional atoms if A1 is included in the boundary"或者"search additional atoms recursively if either A1 or A2 is visible"。Polyhedral 模式中，多面体的中心原子是可以选择的，A1 原子默认为多面体的中心原子。若 A1 为 Na 原子，则如图 1(c)所示；若 A1 为 Cl 原子，则如图 1(d)所示。

四面体空隙：以 CaF_2 为例，CaF_2 晶体结构如图 2 所示。从图 2(a)和图 2(b)可知，CaF_2 晶体中，Ca^{2+} 立方面心堆积，F^- 填空隙。选择 Polyhedral 模式，从图 2(c)即可直观看到 4 个 Ca^{2+} 形成四面体堆积，F^- 处于 Ca^{2+} 形成的四面体中，因而 F^- 填充在 Ca^{2+} 形成的四面体空隙中。

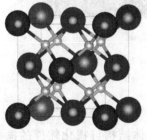

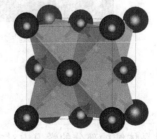

（a）Ball-and-stick　　　　（b）Space-filling　　　　（c）Polyhedral

图 2　CaF_2 晶体结构

通过 VESTA 的实战操作，学生容易建立抽象的空间结构。当然，除了 VESTA 软件外，还有众多的商业软件亦可实现晶体微观结构的可视化，如 Materials studio、Diamond、Crystal Maker、Mercury 等。这些商业化学软件都提供演示版供学习中测试使用，通过可视化晶体结构软件不仅可实现晶体结构的可视化，建立晶体结构，还可以计算晶体的 XRD 图谱。

二、利用网站资源获得晶体结构的可视化

在利用 VESTA 软件建立晶体的三维空间结构时，结构化学的初学者往往需要通过晶体结构数据才能"看到"晶体的微观结构，一般常见的晶体微观结构在教科书上都有描述，根据描述即可建立一个微观结构模型，而更多的晶体结构数据需要通过查阅晶体结构数据库或文献得到，VESTA 软件可以直接打开多种格式的晶体结构文件，则无须手动建立晶体结构。常见的无机晶体结构数据库有剑桥晶体结构数据库，该数据库一般有偿使用。对于教学来说，介绍一个免费获得晶体结构数据的网站：materials project，该网站主页：www. materialsproject. org。从该网站上可免费获得晶体结构数据。该网站数据库的使用，需要通过邮箱登录使用。在该网页首页上选择晶体组成的元素，或者直接输入晶体的原子组成，即可得到该晶体的结构参数记录，如图 3 所示。打开任何一个记录，即可看到该晶体的立体结构，该立体结构有两种显示模式 conventional standard 和 primitive，如图 4 所示。在线观看三维晶体结构也非常方便，如果需要更多的结构显示模式，该数据记录提供多种输出格式，如 cif 文件，适用于 VASP 计算的 POSCAR 文件。选择 cif 文件，即可利用 VESTA 或者其他晶体结构可视化软件打开。

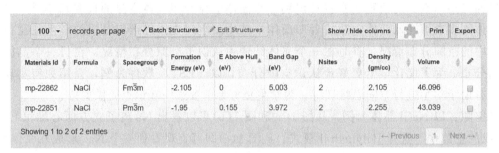

图 3　NaCl 晶体的结构数据记录

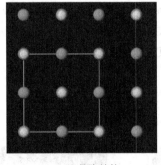（a）晶胞结构　　　　　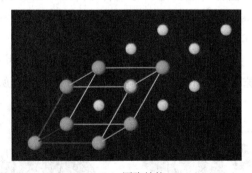（b）原胞结构

图 4　NaCl 晶体的立体结构图

三、结论

针对晶体结构部分的学习中对空间思维能力要求高的特点，将晶体结构可视化软件的操作实践和教学过程相互结合，可以生动灵活地展示教科书上晦涩枯燥的结构表述，提供多角度的逼真晶体结构

模型，可以极大地调动学生学习的积极性，使学生由被动接受知识变为主动学习，从而提高教学效果。

参考文献

［1］笪良国，张倩茹．Materials Studio 8.0 在晶体结构教学中的应用［J］．淮南师范学院学报 2019，21（2）：60-63.

［2］陈庆洁，彭叠，陶玉强，等．Diamond 软件及数据库在晶体结构教学中的应用：以钙钛矿（CaTiO$_3$）为例［J］．化学通报，2019，82（11）：1047-1050.

［3］Momma K.，Izumi F．VESTA 3 for three-dimensional visualization of crystal，volumetic and morphology data［J］．J．Appl．Cryst，2011（44）：1272-1276.

［4］Abrahams S C，Bernstein J L．Accuracy of an automatic diffractometer．Measurement of the sodium chloride structure factors［J］．Acta Crystallographica，2010，18（5）：926-932.

高校创新试点班教务管理新模式的研究与实践

吴萃艳①，许华岚，邓文芳，肖小明，谭亮

（湖南师范大学化学化工学院，湖南长沙 410081）

摘 要：教务管理是高校教学管理的重要组成部分，对正常教学秩序的维护和人才培养起着至关重要的作用。本文在分析国内外现有高校教务管理模式的基础上，以湖南师范大学"浩青实验班"为例，从学籍管理、班级管理、教学管理、学生信息管理、学生选课、课元建设、成绩管理、现代教务管理系统建设等方面入手，提出以二级学院为主导的承上启下的教务管理新模式。从而实现对化学拔尖型人才培养进行有益的探索与实践。

关键词：创新人才培养；教务管理新模式；高校创新试点班；浩青实验班

一、国内外现有高校教务管理模式分析

目前，我国高校教务管理主要有以下三种管理模式：（1）学校集中管控的教务管理模式；（2）二级学院为主导的承上启下的教务管理模式；（3）以实体系为基础的三级教务管理模式。

1. 学校集中管控的教务管理模式

高等学校是一个多层次、多结构的系统，为了实现其所设立的目标和任务，高等学校一般通过教务处来实现总体的教学管理工作。教务处从整体出发，把系统内各个要素结合起来，通过整体规划、统一指挥，以求实现最佳管理效果。该模式的主要特点：①管理人员与被管理人员之间的地位不平等；②在治理手段上过于依赖行政手段；③该模式是一种集权式的运行管理机制。

2. 二级学院为主导的承上启下的教务管理模式

该模式的核心内容是学校将教务管理工作等下移，明确学校和学院的权责，各司其职，各负其责，分级管理[1]。学校立足于宏观调控、协调和监督，成为决策中心；学校将很多教务管理权力下放到学院，学院是拥有一定权力和职责的实体，负责本学院的教务管理工作，是学校的管理中心。学院在学校的主导下，在教务管理方面，主要负责日常的教学管理和教育质量工作，以及专业建设、课程建设、教材建设、教学资源配置与管理、教学实习、毕业论文（设计）等。

3. 以实体系为基础的三级教务管理模式

国外大学通常实行教务的层级管理模式，即校、院、系三级管理模式。例如，美国的大学教务管理运行模式：美国大学的学院在与大学的关系上，表现为在行政上的相对独立，在财力、人事、学位评定、人员招聘等方面有一定的自主权。校方负责制订全局性的发展规划、发展目标和相关的方针政策，对学院实行宏观管理。院下设系，系为基本的行政组织，其教务管理人员属于三级管理人员，完成各项教学管理工作。我国有些综合性大学实行校、院、系三级管理模式，如清华大学、北京大学、浙江大学等，但大部分大学的学院制为虚体学院制，系为实体系。学院依附学校，学院在财力、人事、学位评定上没有自主权，而是归学校统一管理。大部分教学、教务管理工作由系级管理部门完成，如教学检查、成绩管理、学籍处理等，学校教务管理部门具有监督、协调、宏观管理的作用。

---

① 通信联系人：吴萃艳，wucuiyan514@163.com。

4. 我国高校教学管理制度发展的现状

目前，我国高校教学管理主要存在学年制、学年学分制和学分制。学年制是以读满规定的学习时数、考试合格为毕业标准的高等学校教学管理制度，又称学年学时制。而学分制是以选课为核心，教师指导为辅助，通过绩点和学分，考查学生学习质量的综合教学管理制度[2]。学分制首创于美国哈佛大学。1918 年，北京大学在国内率先实行"选课制"，1978 年，国内一些大学开始试行学分制，目前学分制改革已在国内高校全面推开。学年制有其自身的优缺点，其优点是必修课程和选修课程都已经经过严格规定，整齐统一，方便管理，可以保证一定的培养目标和质量。其缺点是课程比较多，学生学业负担重，培养模式单一，不利于因材施教，不利于调动学生的积极性和主动性。学分制有别于学年制，它可以促进高校课程体系建设，加快教学内容和教学方法的改革，从而更好更有效地调动学生和教师的积极性。同时，我们国家提出要不断"深化教育体制改革，全面推进素质教育"，这就为学分制的教学管理模式奠定了政策保障，为素质教育的落实和推广提供了可能和坚强后盾。

5. 湖南师范大学"浩青实验班"化学创新人才培养

在深化教学改革、全面提高教学质量、贯彻实施高等教育"质量工程"的背景下，国内很多高校开始探索新型人才培养模式，并相继创办了"强化班""基地班""精英班""英才班""实验班""试点班""卓越计划班"等各种符合自身办学特色的高校创新实验班。湖南师范大学化学化工学院依托国家级"理工教融合"化学化工人才培养模式创新实验区建设，结合"十二五"化学专业综合改革项目，积极探索化学专业创新人才培养模式，设立了化学本科创新实验班——"浩青实验班"。首届（2010 级）"浩青实验班"于 2011 年正式开班。目前，"浩青实验班"已选拔七期学生，每期学生 30 名左右；以培养适应时代发展需要，具备扎实的化学化工基础知识、基础理论和基本技能，理工教融合的具有国际竞争力的高素质拔尖创新人才为目标；为实现"浩青实验班"高素质拔尖创新人才的培养目标，"浩青实验班"在原有化学专业"理工教"融合人才培养模式的基础上，进行了改革和创新，提出了"融合—分流"的人才培养模式。针对"浩青实验班"特殊的人才培养模式，必须采用与之相适应的新型教务管理模式[3]。

二、教务管理新模式的构建

1. 学籍管理模式

"浩青实验班"采取择优录取和"滚动淘汰"的动态学籍管理模式，"浩青实验班"从一年级不同专业的学生中选拔，二年级开始单独组班学习，并采用末位淘汰制，涉及学生的专业与班级的动态转换，因此对"浩青实验班"必须采取与之相适应的新型教务管理模式。

2. "浩青实验班"班级管理模式

"浩青实验班"采用年级辅导员、班主任制和"导师负责制"相结合的三级管理模式，每班各配一名具有海外留学经历的青年博士教授担任班主任，采用"1 对 1"的导师制，促使本科生参与科研活动，早进团队、早进课题组、早进实验室，以突出创新能力培养。

3. 新型教务管理模式的构建

"浩青实验班"动态人才培养模式采用二级学院为主导的承上启下的教务管理模式，实施学年学分制，即通过统一规划管理使学生尽量在 4 年内完成规定的学分学习。由于"浩青实验班"人才培养模式的特殊性，"浩青实验班"的教务管理模式表现出新的特征：管理对象从集体转向个体，课表设置从自然班转向课程班，成绩管理从系统整体转向个体化。学生在大一学年期间：①根据学生学号生成自然班；②依据课程计划、教师选课生成课表；③课表和自然班抽象出课元；④学生借助课元进行网上评教；⑤学生评教与课元综合生成教师工作量；⑥学生评教为教师教学质量考核和教学业绩考核等提供支持；⑦依据课元进行考试组织管理；⑧根据学生学号和考试结果对学生成绩进行网络化系统管理；

⑨学生成绩为学生毕业资格审核、学生成绩查询和学生推优评奖等提供支持服务。在后 3 年的学分制期间：①学生依据学号和已修课程的成绩获取选课资格；②学生和教师分别依据课程计划进行选课；③师生选课后综合生成课表；④选相同课程的学生组成课程班；⑤课表和课程班抽象出课元；⑥其他流程与前两年的学年制管理流程相同，具体流程如图 1 所示。

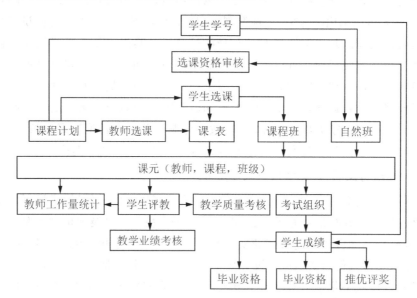

图 1 "浩青实验班"动态人才培养模式下新型教务管理模式流程

三、"浩青实验班"教务管理新模式的实施

1. 充分利用信息技术，把好师生选课关

学分制期间，选课是基础工作，也是学分制管理的第一关，又是一项系统工程。要想又好又快地做好选课工作，必须充分利用信息技术，研发一个选课系统，实现信息发布、教师选课和学生选课等功能。

2. 合理调动教学资源，把好课元建设关

课元建设是一项核心任务。首先，聘任那些学历职称合格、从教经验丰富的教师担任"浩青实验班"课程主讲教师；在课程方面，每年根据需要修改课程计划，提前发布课程信息，选用优质规划教材，培育并不断推出精品特色课程，让学生乐意选、学得好、有收获；在学生方面，除了在选课系统中及时发布信息外，还把课程之间的结构和联系事先公布出去，让大家了解和掌握课程之间的先导与后继关系，课程班生成后，根据人数多少和课程要求合理安排教室和上课时间，为教学质量的提高提供管理上的优质服务。

3. 使用并改进管理系统，把好成绩管理关

目前我校使用的教务管理信息系统，对学年制管理比较合理，在学分制管理方面则有一些不尽如人意的地方，在成绩管理方面，主要是按自然班设置的。为了进一步搞好学分制下课程班的学生成绩管理工作，可以开发一个外挂软件包，只要将学号、姓名、课程及成绩等录入到外挂系统，系统自动在原自然班对应的记录上添加信息，并可自动生成每个学生的成绩报告单，从而有效地解决成绩管理问题。

4. 努力加强自身建设，把好队伍素质关

要想提高管理工作效率，首先必须提高管理人员的素质[4]。作为教务管理人员，第一，热爱本职

工作，勤勤恳恳为教学服务，为师生服务；第二，不断加强学习，形成并保持良好的知识结构，提高管理水平和处事能力，要熟悉本系各专业定位、培养目标、培养途径和办学特色，从全局上掌握工作的主动权，要能熟练使用管理系统和一些应用软件，掌握与本职工作相关的信息技术，提前跟进无纸化、网络化办公和管理的步伐，主动适应并积极影响教学工作[5]；第三，校级教务管理人员和院级教务管理人员要上下一心、团结合作，同级之间要互相支持、互通有无，形成一支富有战斗力的、生动活泼的管理队伍。

四、结语

本文参考湖南师范大学"浩青实验班"化学创新人才培养模式，构建与之对应的以二级学院为主导的承上启下的教务管理模式：学籍管理采取择优录取和"滚动淘汰"的动态管理模式，班级管理采用年级辅导员、班主任制和"导师负责制"相结合的三级管理模式，管理对象从集体转向个体，课表设置从自然班转向课程班，成绩管理从系统整体转向个体化，并以课元建设为核心带动选课工作，优化教学资源的组合，以促进教学改革与创新，最终推动教学质量的全面提高，适应当今化学拔尖型创新人才的培养。

参考文献

[1]王雅新. 高校二级学院教务管理运行模式研究[J]. 语文学刊，2016(8)：295.

[2]高峰. 学分制下校院二级教务管理探索[J]. 南昌教育学院学报，2010，25(6)：64.

[3]常亮. 试析高校教务管理与拔尖创新人才培养[J]. 宿州教育学院学报，2014，17(3)：77.

[4]薛思军. 浅谈高校教务管理[J]. 教育理论与实践，2007，15(2)：15.

[5]蒋芳薇，刘粤惠，张扬. 当前高校教务管理工作的特点、问题与对策探讨[J]. 高等理科教育，2010(2)：39.

浅谈本科生科研创新能力培养
对建设优良学风的促进作用
——以化学类本科生的培养为例

谢遵园①，王晓，高玲香，张小玲

（陕西师范大学化学化工学院，陕西西安 710119）

摘　要： 建设良好的学风是提升人才培养质量的重要途径。"双一流"建设背景下加强学风建设是学生成长成才的需求和学校发展的内在动力。大学生科研创新活动可以有效提升大学生的创新能力，拓宽知识领域，提高专业理论水平、技能，同时也促进大学生综合素质的提高。高校的人才培养要重视科研创新活动对建设优良学风的重要促进作用，加强对本科生科研创新活动的指导与管理，要协调与统一评价机制与激励措施、科研创新活动与课程教学、毕业论文设计与专业实习和社会实践以及第二课堂的关系。

关键词： 双一流；学风建设；本科生；科研创新活动

2015 年 11 月 5 日，国务院印发《统筹推进世界一流大学和一流学科建设总体方案》，指出中国高校要打造顶尖学府、冲刺国际前列。我国"双一流"大学建设战略的提出和国家创新驱动发展战略的实施，对研究型大学的发展提出了明确要求，要在国家创新体系建设中的发挥主体作用，实现从研究型大学到创新型大学的转变[1]。"双一流"建设战略和国家创新驱动发展战略的提出既是巨大挑战也是重大机遇。从高等教育的发展历史经验来看，一流专业建设尤其是一流本科专业的建设是"双一流"建设的重中之重，一流大学和一流学科建设必须要遵循高等教育的发展规律，借鉴国内外著名大学的发展经验，重视本科生的教育和培养[2]。

学风建设不仅是高校提升人才培养质量的根本要求，更是高校实现转型发展、推进学校专业建设的重要途径，是促进学生综合发展的内在要求。良好的学风是促进学校发展、学生成长成才的内生动力，是统筹推进"双一流"建设、深化综合改革的根本途径[3]。

一、本科生科研创新能力培养对建设优良学风具有重要的促进作用

建设"双一流"大学和国家创新驱动发展战略对高校的学风建设也提出了新的要求和标准，创新型国家的建设根本在于创新型人才的培养，那么如何加强大学创新型人才的培养变成了关键，建设有利于创新型人才培养的优良学风的建设也就成了一个重要的课题[3]。利于创新型人才培养的优良学风的建设必将为系统地提升人才培养质量、学科建设水平、科技研发能力提供基础和动力。

创新型人才的培养必须要以科研创新活动为主要依托和载体。科研创新活动是大学本科生成长成才的重要途径和客观需要。本科生科研创新活动是优良学风养成的有效抓手，在学好专业课的前提下，本科生结合自己所学专业或者是自己感兴趣的课题进行研究，可以起到巩固、提升专业知识理论水平，培养专业技能和思维能力的作用。在科研创新活动中，本科生从专业学习出发，以兴趣为导向，并内化为学习动力，激发求知欲和创造力；同时，本科生的科研创新活动并没有学术产出的压力，更能够释放学生的想象力，极大促进学生创新能力的提升；再者，本科生参与科研创新活动必然要不断查阅

---

① 通信联系人：谢遵园，陕西师范大学化学化工学院讲师，研究方向为思政教育，zyxie123@snnu.edu.cn。

文献资料，动手实践，还需要积极求助于导师，与导师和导师指导的研究生进行学术交流和讨论，从而不断获得知识，提升专业技能；此外，在科研创新活动中导师良好的师德，严谨求学的优秀品质也对培养本科生优秀的道德品质和优良学风起到了促进作用，实现了德育功能[4,5]。

二、大力促进本科生参与科研创新活动的有效措施

1. 在评价机制上凸显对科研创新的重视，加大激励措施、加强管理与指导

目前，各高校虽然重视本科生的科研创新能力培养，但因为本科生不是科研产出的重要贡献者，对本科生参加的科研创新活动的重视程度不够高，对他们的指导和管理还不够专业，相关的配套措施，尤其是激励措施，以及管理规定等还未形成系统和完善的机制。促进本科生参加科研创新活动，首先要相关职能部门出台一系列配套措施和管理规定，加大奖励措施，在本科生的评价标准上凸显对参加科研创新活动的重视，无论是在平时的评奖评优中，还是在本科生升学就业时都应该有明确合适的奖励；其次，应该要加强对本科生参加科研创新活动的指导和管理，本科生参与科研创新活动的积极性较高，但是相对研究生来说，他们的课题具有较大的灵活性和随机性，遇到挫折很容易放弃，导师要求不高的时候还容易懈怠，这样连专业能力提升都有问题，更谈不上创新能力的培养和提升，因此，加强对本科生参加科研创新活动的指导和管理尤为重要；最后，促进本科生参加科研创新活动离不开专业教师的积极参与和热心指导，学校一方面要对专业老师的辛勤付出有相应的奖励措施，尤其是在课时和工作量方面，另一方面也应该明确标准和要求，保证本科生参与科研创新活动的质量。

2. 本科生科研创新活动要与课程教学、毕业论文设计与专业实习相结合

当代大学课程教学改革的一个共同趋势是课程体系的优化整合，强调课程的前沿性、综合性和系统性[5]。科研创新与课程教学相结合就是要求教师深入开展科学研究，站在科学发展的前沿，优化课程体系，充实教学内容，改革教学方法，创设有利于学习与研究相结合的教学环境。目前，我国大部分高校的本科生课堂教学还不同程度地存在着教学内容和教学方法较为陈旧的问题，教学内容更新较慢，教学方法基本以教授教材知识为主，造成了本科生课堂学习与实际科研创新活动的关联性不强，不利于激发本科生科研创新的动力，本科生在课堂学习中很难找到自己的科研兴趣知识点。实践教学是科研与教学的最佳结合点，帮助学生选择科研创新课题，并设计成学生毕业论文，同时把本科生的毕业论文设计贯穿到本科生大学四年的学习中，本科生在课堂学习的同时会主动寻找与科研创新课题相关的知识点，并加以学习和掌握，同时以毕业论文设计为目标导向的科研创新活动也有助于让本科生集中精力，把散布的点连成线，有效保证本科生参与科研创新的时间。本科生的专业实习也可以与科研创新活动相结合，学校可以灵活选择与本科生参与的科研创新活动内容相关的单位和岗位，让本科生在实习的时候拓宽对专业知识的了解，了解自己的专业知识和研究课题能够运用到什么地方，有什么样的价值，反过来激发自己的学习和科研动力，从而促进了学风建设。

教师们积极参与学生科研创新活动指导，在促进学生对教学内容的理解，增强学生的专业归属感和提高学生的专业素养的同时，也反过来加深了老师对教学的理解，有利于教师把握学生的学习规律，充实教学内容，改善教学模式，还可以促进教材建设工作，提升教学能力和教学水平。

3. 围绕第一课堂重构第二课堂，打造精品活动，将第二课堂作为第一课堂的有机延伸

第二课堂在培养本科生综合素质方面起到了重要的作用，尤其是在学生的思想教育方面，其育人功效显著，同时也是高校学风建设的主要阵地。高校第二课堂的内容应该围绕本科生专业技能的培养尤其是科研创新能力的提升，积极尝试增强与第一课堂内容的关联度和互动性，聘请学科专业老师指导，实现专业能力培养从第一课堂到第二课堂的延伸。同时更注重打造精品活动，增强高校与高校之间的互动和联系，让学生能够在省级乃至国家级的平台上展示自己的专业能力，拓宽视野和思路，激发本科生参加科研创新活动的兴趣和动力，进而促进有利于本科生参加科研创新活动的优良学风形成。

本科生积极参与科研创新活动能够有效促进学风建设，有利于本科生参加科研创新活动的优良学风建设，是高校优良学风建设的重要组成部分。

参考文献

[1]杨兴林. 关于"双一流"建设的三个重要问题思考[J]. 江苏高教，2016(2)：40-48.

[2]马陆亭. "双一流"建设不能缺失本科教育[J]. 中国大学教学，2016(5)：9-14.

[3]董慧，张立明. 黑龙江省普通高校学风建设现状与策略研究[J]. 思想政治教育研究，2016，32(4)：100-103.

[4]朱道立，王康乐，陈佩林，等. 大学生科研创新能力培养和优良学风建设的改革与实践[J]. 微生物学通报，2013，40(2)：328-333.

[5]彭大银，刘新静. 研究型大学的转型与本科学风建设[J]. 教育发展研究，2017，Z1(37)：44-48.

独立学院应用化学专业学生业余科研创新培养模式实践

杨水金①，吕宝兰

（湖北师范大学化学化工学院，湖北黄石 435002）

摘　要： 对于独立学院大学生的科研能力的培养，分层次、有步骤地进行实践能力与操作技能、专业技术应用能力与专业技能、综合实践能力与综合技能的培养和训练，对于低年级大学生，在老师的指导下，有意识地学习和了解科学研究和现实问题研究的基本知识和技能，选择合适的研究课题，同时了解实验记录、学术论文、文献综述等文体的格式。在这一实验探索过程中，既拓宽了学生的创造空间，增加了学生的创造机会，又使学生强化了创新意识，培养了学生科学创新素质。对于高年级大学生，开设综合设计性实验，由教师和学生进行双向选择，学生利用双休日时间，在导师的指导下开展科研活动，各位导师提供参与科研活动的条件，鼓励学生大胆探索、大胆怀疑，指导当中以具有创造性、发现性的归纳和类比的思维方式启发、诱导学生的创造性。

关键词： 独立学院；应用化学专业；科研创新

开展独立学院应用化学专业学生业余科研创新培养模式研究课题是当前高等教育的发展新趋势，符合素质教育和创新人才要求的教与学的和谐体系，可以奠定学生扎实的专业基础知识，培养学生科学研究能力和创新的兴趣。而近年来，独立学院理科各院系的教学工作，由于学时的缩减，经费投入不足等客观原因，造成学生动手能力差，理论与实际相脱节，缺乏创新能力等，导致独立学院应用化学专业学生业余科研创新能力的培养严重不足。针对这一问题，本课题分层次、有步骤地对独立学院应用化学专业学生进行业余科研创新能力的培养，重视独立学院本科生研究性学习与创新能力的培养，认识大学生科研工作的重要性。第一，加强实验教师队伍建设，建立先进的运行机制和管理方式，构建科学的实践教学体系：既与理论教学有机联系，又有相对独立的基础型、综合型与研究探索型三个层次的实验教学，各层次间形成科学的相互衔接。第二，改革实验教学内容：围绕理论知识的交叉融合、实验技能的综合训练、实验材料的综合运用、研究思想与方法的结合，开设综合设计性创新性实验课程，将科学研究的思维方法融入实验教学，将科学研究的方法引入实验教学，将科学研究成果转化为实验教学内容。第三，实行开放式实验教学模式：以学生为主体，营造自主实验，激发学生求知欲，发掘学生创新潜能，鼓励学生自主创新。采用多元实验考核方法对学生综合实践能力与综合技能进行考核，构建学生进行业余科研创新能力的培养模式。

一、研究的主要内容

本课题通过开展研究性学习—大学生科研立项—业余科研训练—毕业论文环节培养学生的创新能力，对我院化学专业大学生的科研能力的培养我们分为如下层次和步骤：

大一的科学实践能力培养。我们在学生认真学好各门功课的同时，利用寒暑假吸收他们参加教师的科研课题，进行科学研究的思想和意识熏陶，达到树立科研工作信心的目的。在讲授无机化学专业

---

① 通信联系人：杨水金，yangshuijin@163.com。

课时，采用启发式、讨论式、参与式、案例教学等研究性学习方式，把传统的教师讲、学生听的单向教学方法改变为师生双边互动的双向教学方式，使新生尽快适应大学学习方法，培养科学实践能力。

大二的科研能力培养。在老师的指导下，提高学习及自学能力、实际动手操作能力、语言和文字表达能力、分析和解决问题的能力、初步的科研能力和创造能力等。选择合适的研究课题，积极申报湖北师范大学及湖北师范大学文理学院组织的各类大学生科研项目，2012—2016 年，课题组老师共指导学生主持完成 2013 年地方高校国家级、省级大学生创新创业训练计划项目各 1 项，主持承担校级大学生科研项目 5 项。

大三的科学创新素质培养。对大三学生开设综合设计性实验，教师和学生进行双向选择，学生在导师的指导下开展科研活动。各位导师提供参与科研活动的条件，鼓励学生大胆探索、大胆怀疑，启发、诱导学生的创造性。在这一实验探索过程中，既拓宽了学生的创造空间，增加了学生的创造机会，又使学生强化了创新意识，培养了学生科学创新素质，为提高他们的就业竞争力打下了基础。

大四的综合能力培养。通过毕业论文学生可以进一步强化如下三种能力和三种技能：实践能力与操作技能、专业技术应用能力与专业技能、综合实践能力与综合技能。

二、本课题的研究方法

"独立学院应用化学专业学生业余科研创新培养模式实践"课题研究围绕以下几方面展开。

第一，确定指导培养湖北师范大学文理学院 2010 级学生吴梅、叶明琰和陈秀云 3 位学生通过实施新的人才培养模式，加强业余科研工作，最终吴梅成功考取湖北大学硕士研究生，叶明琰和陈秀云成功考取湖北师范大学硕士研究生。

第二，在上述工作基础上，加强对 2011 级湖北师范大学文理学院学生龚文朋、王伊婷、向诗银、陈苗苗 4 名学生进行业余科研创新培养，选取 2013 级邹晨涛、周州，2014 级田超强、陈迪菊、蔡慧、孙柳、田小敏 7 位学生为培养对象，对培养对象进行文献查阅—实验方案设计—实验基本操作—开展实验工作—论文初稿—论文定稿训练，并推荐培养对象积极参加湖北省大学生化学（化工）学术创新成果报告会比赛，参加第九届全国无机化学学术会议交流。并且在湖北省第七届、第八届、第九届大学生化学（化工）学术创新成果报告会上，陈秀云题为"$H_3PW_{12}O_{40}/SiO_2$ 催化合成 3,4-二氢嘧啶-2（H）-酮衍生物"的成果获"山宁杯"湖北省第七届大学生化学（化工）学术创新成果报告会二等奖；王伊婷、邹晨涛题为"$H_3PW_{12}O_{40}/SiO_2$ 高效催化一锅法合成 β-氨基酮衍生物"的成果获"科贝杯"湖北省第八届大学生化学（化工）学术创新成果报告会三等奖；田超强题为"基于 $H_6P_2Mo_{18}O_{62}$ 修饰三维骨架 Zn（BDC）（Bipy）$_{0.5}$ 实现亚甲基蓝的吸附"的成果获湖北省第九届大学生化学（化工）学术创新成果报告会二等奖；向诗银的 "$H_6P_2W_{18}O_{62}/SiO_2$ 催化合成丁醛 1,2-丙二醇缩醛"和龚文朋、向诗银合作提交成果 "$H_4SiW_{12}O_{40}/SiO_2$ 催化一锅法合成 4-苯基-6-甲基-5-乙氧羰基-3,4-二氢嘧啶-2（H）-酮"均获湖北师范大学第七届"挑战杯"大学生课外学术科技作品竞赛作品二等奖；吴梅、叶明琰等的论文《二氧化硅负载硅钨钼酸催化合成苹果酯》获 2012 年湖北省大学生优秀科研成果三等奖和湖北省第九届"挑战杯·青春在沃"大学生课外学术科技作品竞赛三等奖；叶明琰完成的毕业论文《$H_3PW_{12}O_{40}/TiO_2$-SiO_2 催化合成 3,4-二氢嘧啶-2（1H）-酮衍生物》获 2014 届毕业生省级优秀学士学位论文；2011 级龚文朋、王伊婷两名学生在 2014 年 6 月至 2015 年 8 月培养期间，取得 3 项国家发明专利，公开号分别为 CN105126817A，CN105107463A 和 CN105251538A，公开发表 1 篇二区 SCI 论文、1 篇四区 SCI 论文、1 篇 CSCI 论文，获得湖北师范大学"挑战杯"大学生课外学术科技作品竞赛作品二等奖 2 项、三等奖 1 项，获得"科贝杯"湖北省第八届大学生化学（化工）学术创新成果报告会三等奖 1 项，在湖北师范大学学报和第九届全国无机化学学术会议发表论文多篇；2013 级邹晨涛、周州主持完成 2014 年湖北师范大学文理学院大学生科研项目立项(编号 DK201402),周州主持承担湖北师范大学文理学院 2015 年本科生科研项目(编号 DK201503)1 项,邹晨涛参与完成题为《$H_3PW_{12}O_{40}/SiO_2$ 高效催化一锅法合成 β-氨基酮衍生物》的论文并获"科贝杯"湖北省第八届、第十届大学生化学(化工)学术创新成果报告会三等奖各 1 项,参与完成论文 *Selective adsorption of cationic dyes from aqueous solution by polyoxometalates-based metal-organic frameworks composite* 正式发表在 *Applied Surface Science*(2016,362:517—524),在此期间,邹晨涛、周州还发表了题为《SiO_2 负载 Dawson 结构的磷钨酸催化合成 2-(1-苯胺基)苯甲基环己酮》和《多金属氧酸盐催化合成乙酸正丁酯研究进展》的论文,分别刊于《商丘师范学院学报》[2016,32(6)]和《乙醛醋酸化工》[2016(12)]。

第三,对 2014 级田超强进行综述论文的写作训练,指导他完成了题为《硅钨酸光催化降解有机污染物研究进展》的论文,后刊于《精细石油化工进展》[2016,17(4),44—47],同时,主持承担湖北师范大学文理学院 2015 年本科生科研项目两项(编号 DK201502、DK201601),参与完成的论文《$H_6P_2Mo_{18}O_{62}/Zn(BDC)(Bipy)_{0.5}$ 复合材料的合成、表征及对亚甲基蓝的吸附》《基于 $H_3PMo_{12}O_{40}$ 修饰一例 MOF 复合材料及对染料的吸附》《$H_6P_2Mo_{15}W_3O_{62}$ 修饰 MOF-5 复合材料实现亚甲基蓝吸附》分别刊于 SCI 源刊《高等学校化学学报》[2016,37(9)]、EI 源刊《精细化工》[2016,33(4)]和 CSCI 核心期刊《应用化学》[2016,33(9)],他完成的题为"基于 $H_6P_2Mo_{18}O_{62}$ 修饰三维骨架 Zn(BDC)(Bipy)$_{0.5}$ 实现亚甲基蓝的吸附"的成果荣获湖北省第九届大学生化学(化工)学术创新成果报告会二等奖,显示出良好发展前景。

此后,我们又组织 2014 级陈迪菊、张志、罗文琦 3 位学生联合申报湖北省大学生创新创业训练项目,将他们纳入培养程序。

三、成果的创新点

该项研究成果的创新点在于对独立学院应用化学专业大学生的业余科研创新能力的培养要分层次、有步骤地进行。主要创新点:

(1)在构建三位一体的实验教学内容体系基础上,通过开展研究性学习—大学生科研立项—业余科研训练—毕业论文环节培养学生的创新能力,协同育人。

(2)对培养对象进行文献查阅—方案设计—基本操作训练—实验方案实施—数据分析与处理—论文初稿写作—论文定稿训练。

(3)实行开放式实验训练模式。以学生为主体,营造自主实验,激发学生求知欲,发掘学生创新潜能,鼓励学生自主创新,注重学生能力的提高,高年级大学生可以在教师指导下直接参与业余科研工作,并取得一定质量的科研成果。

该项研究成果对于独立学院应用化学专业大学生的业余科研创新能力的培养具有指导意义。

四、成果的推广应用效果

该项目实施前 5 年(2012—2016 年),湖北师范大学文理学院共有 11 名学生参与,其中已毕业 8 名学生,他们全部考取硕士研究生,对在读 3 名学生的培养效果明显。在此期间,完成 2013 年地方高校国家级、省级大学生创新创业训练计划项目各 1 项,主持承担校级大学生科研项目 5 项,指导学生荣获 2012 年湖北省大学生优秀科研成果三等奖 1 项,湖北省第九届"挑战杯·青春在沃"大学生课外学术科技作品竞赛三等奖 2 项,湖北省大学生化学学术创新成果报告会二等奖 2 项、三等奖 2 项,2014 届省级优秀学士学位论文 1 篇,校级"挑战杯"科技竞赛作品二等奖 3 项、三等奖 2 项,学生作为第一作者发表论文 14 篇(其中 SCI 源刊《高等学校化学学报》、CSCI 核心期刊《精细化工》各 1 篇),参与发表二区 SCI 论文 1 篇,学生参与申报三项发明专利。

参考文献

[1]刘登友，罗启枚，王辉宪．独立院校应用化学专业实践教学改革探讨[J]．化工时刊，2012，26(3)：124．

[2]黎胜禄．独立院校提升学生创新创业能力的实践探索[J]．民营科技，2016(12)：250．

[3]胡长刚，谢辉，王光彦，等．应用化学专业实践教学模式探索[J]．化学试剂，2009，31(12)：1047．

地方高师化学专业分类培养方案的构建和
培养模式研究

杨水金①，吕宝兰，王冬明，余新武，胡艳军，吕银华

（湖北师范大学化学化工学院，湖北黄石 435002）

摘　要：针对目前我国化学高师（高等师范）教育现状与发展趋势，根据学生发展规划与能力，构建了地方高师本科生"2.5＋1.5"专业分类培养模式和与之适应的"平台＋模块"课程体系，实施了本科生学业导师制及卓越化学教师和研究型人才的分类培养；开设卓越化学教师实验班，构建并完善了基于"面向课改＋突出能力＋学生为本＋实践取向"的地方高师院校化学专业"211"卓越中学化学教师"三位一体"协同培养模式，达到了适应化学专业学生多元化发展的人才培养需求目标；建立了"专业基础实验＋综合、设计性实验＋业余科研＋毕业论文"多层次实验与科学研究相结合的实践能力培养体系，形成了化学专业英才计划培养方案，增强了学生动手能力和创新能力。同时引导学生做好人生发展规划，实施英才计划，探索研究型人才培育途径，提供优质研究生生源。实施卓越中学化学教师培养的"六个一"计划，成效显著。该课题研究科学应对国家政策变化对地方高师化学专业发展空间的影响，提高化学专业人才培养质量。

关键词：化学专业；分类培养；培养模式

2007 年秋，国家实行免费师范生教育政策，到 2011 年第一届免费师范生就业，加之 1999 年高校扩招，2012 年稳定招生规模，地方高师院校师范专业毕业生就业市场受到严重的冲击；2015 年，国家实施研究生招生"985"等重点高校研究生免推比例由原来的 5％～15％扩大到 50％～65％，再次冲击地方高师院校师范专业毕业生报考"985"高校的考研市场，生存空间进一步受限。加之，2004 年我校化学专业为湖北省品牌专业，2008 年又成为国家级特色专业建设点，如何建设好化学国家级特色专业，科学应对国家政策变化对地方高师化学专业发展空间的影响，提高化学专业人才培养质量，开展"地方高师化学专业分类培养方案的构建和培养模式研究"教研项目研究是非常必要的。

目前，师范生就业难的问题已引起社会广泛关注。如何应对地方高师本科院校师范生的就业问题，使培养的学生能在激烈的就业市场竞争中有立足之地，已经是摆在所有地方师范类院校面前的一个紧迫问题。湖北师范大学是省属师范院校，化学化工学院所开办的化学专业创建于 1977 年，经过多年的发展和建设，化学实验教学中心于 2006 年获得湖北省实验教学示范中心立项建设，化学专业是教育部立项建设特色专业，应用化学专业是教育部"本科教学工程"地方高校第一批本科专业综合改革试点专业，有相对较高层次的学历结构和强有力的教师队伍。目前，化学专业主要为中学培养师资，采用学分制培养方案。面对日益激烈的就业市场竞争，虽然化学专业每年 80 名左右的毕业生中有超过 30％的学生考取了研究生继续深造，但在目前严峻的就业形势下，我们也感到了很大的就业压力。

随着我国高等教育逐步从精英教育迈入大众教育，社会对人才需求日趋多样化，大学生择业也日趋多元化。如何培养社会需要的高素质合格人才，适应就业市场的需求，是高等师范教育由精英教育转向大众化教育后面临的新课题。首先，师范专业的毕业生可以到教育行业就业，也可以到非教育行

---

① 通信联系人：杨水金，yangshuijin@163.com。

业就业；非师范专业的毕业生也可以到教育行业就业。师范专业的本科生毕业时有部分学生选择考研继续深造，大部分选择就业，到社会主义现代化建设的各个行业中去。其次，从宏观形势来看，师范生原有的就业市场定位被不断打破，免费师范生和部分研究生抢占了地方师范院校原有就业市场，这进一步加剧了地方高师院校师范专业毕业生的就业压力。在这样社会背景下，如果一味地按同一个师范教育模式设计，再好的设计也很难对全体学生起到好的作用。另外，大众化教育中也有精英，如何使精英脱颖而出，这也是摆在我们地方师范院校面前的重要课题。

2010年3月，在解读《国家中长期教育改革和发展规划纲要》的座谈会上，南开大学经济学教授、博士生导师朱光华先生认为："我国的人才培养模式千篇一律、千人一面，不但教材、课程等大同小异，而且评分、升学等评判标准也完全相同。这样的培养模式在高等教育大众化背景下对于培养创新型的拔尖人才是非常不利的"。他认为："对创新型拔尖人才必须进行分类培养，且分类培养应该从大学开始，具体来说应该从大二或大三开始"。作为国家著名高校肩负着为国家培养拔尖人才的重任，他们分类的目的是使拔尖人才脱颖而出。而作为地方高师院校，面对新形势，也应对人才分类培养模式进行深层次思考，以解决如何结合地方经济创办出师范院校特色，从而最大限度地满足学生的成才需求，为学生创设成功的平台等问题。

长期以来，地方高师实行的是定向型双轨制的师范教育，即各个专业课程与教育类课程在设置上采取并行的模式。这种体制的优点是保证人才培养按一定计划、有条不紊地开展。其缺点则是师范教育人才培养目标和培养模式趋于单一化，学校主要围绕基础教育所需师资开展相应的教学活动，课程结构和课程内容经久不变，教学方式落后。师范专业在课程设置上重学科专业课程、轻教育专业课程；教育专业课程又偏理论、轻师范技能的实践训练。在大多师范院校的人才培养方案中，教育实践一直是薄弱环节，教育实习一般是被安排在毕业前夕的一次突击性"实战演习"。这样不仅割裂了理论与实践的有机联系，而且学生遇到的问题因为课程及实习的结束得不到有效的解决，即存在理论与实践相脱节的问题。

面对新形势，目前国内各地方高师院校都在进行积极的改革，其改革后的培养模式不外乎以下两类：一类是大多数师范院校采用"平台＋模块""2＋2"或"3＋1"的培养模式，即前2年或3年按学科大类（平台）进行通识培养，后2年或1年按学科专业方向（模块）进行专业培养；另一类是"4＋1"或"4＋2"的培养模式，即在4年学科专业教育的基础上，再接受1或2年的教育专业训练。可以看出，已有培养模式都是按分段不分类的形式进行构建，目的仅仅是为加强教师教育专业教学技能的培养，是教师教育专业毕业生具有保护性就业政策下的产物。在大众化教育背景下，这种模式难以解决师范毕业生就业取向的多样化问题。

我校作为地方高师院校，在师资力量、学术氛围、办学经验、生源质量等方面均处于劣势的情况下，唯有扬长避短、突出特色，才有竞争力、生命力。尤其是必须主动适应社会需求，以学生就业为导向，实行精细化、个性化、特色化培养。

近20年来，我校围绕如何培养师范生的素质与能力，一直在持续不断地探索研究。2001年我校申报的教研成果"21世纪师范大学学生素质研究"获湖北省人民政府颁发的高校优秀教学成果一等奖；2004年本课题组完成的教研成果"更新教育观念，注重学生能力和素质培养——无机化学教学改革的思考与实践"获湖北师范学院优秀教学成果一等奖；2008年本课题组完成的教研成果"加强大学生业余科研实践－培养创新人才"获湖北师范大学优秀教学成果一等奖；该项目2009年又获湖北省第六次优秀高等教育研究成果一等奖；2012年本课题组完成的教研成果"化学学科拔尖创新人才培养模式的研究与实践"获湖北师范大学优秀教学成果一等奖；2015年本课题组完成的教研成果"地方高师化学专业分类培养方案的构建和培养模式研究"再次获湖北师范大学优秀教学成果一等奖。本课题的项目研究就是上述研究工作的继续与深化，其目的是：根据学生发展规划与能力，构建地方高师本科生"2.5＋1.5"化学专业分类培养模式和与之适应的"平台＋模块"课程体系，实施本科生学业导师制及分类培养；开设卓越化学教师实验班，创建并完善"211"卓越中学化学教师"三位一体"协同培养模式；同时引导学生做好人生发展规划，实施英才计划，探索研究型人才培育途径，提供优质研究生生源。

本课题的研究对象、内容、创新点及成果推广情况主要包括以下六方面：

一、构建"2.5＋1.5"化学专业分类培养模式和与之适应的"平台＋模块"课程体系

前面的"2.5"是指用累计 2.5 学年的时间学习包括"两课""大学英语""大学语文""心理健康"等通识课程，以提高学生科学人文素养，同时学习化学专业必修课和教育学、心理学等基本教育理论课程；后面的"1.5"是指用 1.5 学年让学生根据就业目标实行模块式学习，这是分类培养的主要阶段。

推行人才分类培养模式的关键在于课程改革。没有优化的课程体系，就会出现课程设置、课程内容选择的盲目性。因此，课程的设置应根据培养目标的要求，制订与之相对应的模块式教学计划。采用模块化、层次化和综合化等多种课程模式，形成基于学科大类知识结构的"平台＋模块"课程体系，优化课程结构：①通过"打通、减少、增加、分类、弹性"等调整方式，在课程平台的基础上，进行分模块核心课程设计，重新确定平台核心课程；②构建以"平台课程"为依托的"课程群"式教学模块，体现弹性学习要求。

二、构建并完善了基于"面向课改＋突出能力＋学生为本＋实践取向"的地方高师院校化学专业"211"卓越中学化学教师"三位一体"协同培养模式，达到了适应化学专业学生多元化发展的人才培养需求目标

"2"即大一、大二的学生以学习公共课和专业基础课为主，打好专业基础，坚持抓"三基"（基础知识、基础技能、基础理论）、推"三新"（新体系、新内容、新方法）；中间一个"1"即大三的学生以注重学科教学理论学习和教学技能训练为主，坚持促"三能"（学习能力、实践能力、创新能力），强化教育理论学习和教学技能训练；后一个"1"即大四的学生以"三习"（教育见习、实习、研习）实践环节、教学实践反思和毕业论文撰写为主，分步实施。该方案以化学专业教师职业能力培养为导向，选拔、培养与就业全程把关，校内教师与校外实践教师教育教学全程参与，以教育理论与教学实践相融合、大学与中学实践基地协同培养为途径，实施基于"面向课改＋突出能力＋学生为本＋实践取向"的高师院校化学专业"211"卓越中学化学教师"三位一体"协同培养模式，进一步改革课程设置，增设与中学教学内容紧密联系的系列课程，调整和增大教师教育课程类别和结构比例，使之达 10％以上。实施卓越中学化学教师培养的"六个一"计划，即：一个新发现（小论文）、一份课题申请书、一份 PPT 和说课教案、一份微作业设计、一堂课和一次主题班会，落实卓越化学教师培养计划。要求卓越化学教师实验班每位成员经过训练都要达到以上"六个一"的要求。

在大三上学期，进行教育教学理论与实践的强化训练，内容包括：学生说课练习（老师具体指导）；学生讲课练习（老师具体指导）；教学见习（到中学课堂随堂听课）；班主任工作模拟练习（老师具体指导）；中学教师观摩课；邀请讲座；微格教学；礼仪气质训练（融合到各个阶段）；学生心理研究；化学奥赛课程辅导；课堂练习自我评价。在大四上学期从事为期一学期的支教实习，到中学实习一学期。在大四下学期，从事与中学课改等方面相关的毕业论文工作。与此相关的措施有：配备专门的指导教师，长期进行课堂教学指导，并为教师计算工作量；提供专门教室，供学生日常练习使用；聘请省、市重点中学一线优秀教师讲授观摩课和并进行具体指导；邀请省内知名的教育教学专家对实验班学生做专门的讲座；充分利用学校教师教育平台开展微格教学；为学生实习及毕业论文提供实习学校及学分制的制度保障。

三、建立"专业基础实验＋综合、设计性实验＋业余科研＋毕业论文"多层次实验与科学研究相结合的实践能力培养体系，实施了化学专业英才计划，以进一步增强学生动手能力和创新能力

对将来打算从事科学研究岗位的学生，为了从总体上提高他们的创新能力和实验能力，我们着重训练他们的基础理论知识、强化其专业技能和科学创新能力，让这部分学生参与课题组研究，培育高素质科研人才，探索研究型人才培育途径。在大三下学期，开设与学术培养及开阔视野有关的课程与讲座，同时强化实验技能，内容包括：聘请国内外知名专家为培育班学生做学术讲座；邀请国内知名专家做学科前沿指导；邀请学院优秀教授、博士为学生做专题讲座；提供必要的科研创新条件，并配备专门的指导教师；开展各种科研创新和学习经验交流会。在大四上学期，拿出2～3周的时间进行校内阶段的教育实习，另外的时间进入科研室从事科研训练及实验技能的提高，同时开设相关的课程，为考研做好准备。在大四下学期，全力完成毕业论文工作。卓越中学化学教师培养方案实施框图如图1所示。

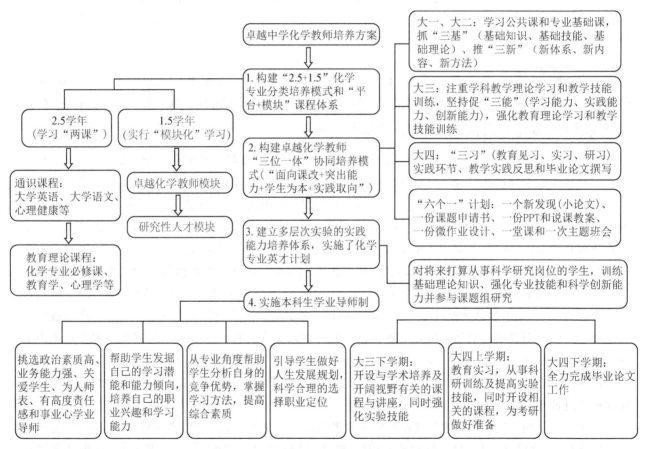

图1 卓越中学化学教师培养方案实施框图

四、实施本科生学业导师制，引导学生做好人生发展规划，科学合理地进行职业定位，为科学分类奠定基础

高等教育大众化的不断深入和招生规模的持续扩大，使大学生的专业选择和就业形势面临诸多新的挑战。当今众多大学生在挑战面前凸显了自我管理能力、心理承受能力的不足。他们在世界观、人生观、价值观方面的困惑，在学习、生活、目标设定、职业选择等方面的盲目，都急需教师指导和帮

助。因此，我们挑选出政治素质高、业务能力强、关爱学生、为人师表、有高度责任感和事业心的教师作为新生的学业导师。帮助学生发掘自己的学习潜能和能力倾向，培养自己的职业兴趣和学习能力，并从专业角度帮助分析自身的竞争优势，掌握学习方法，提高综合素质。

在此基础上，引导学生做好人生发展规划，真正突出学生的主体地位，着眼于学生的健康成长，改进教育教学方法，发展每一名学生的优势和潜能，科学合理地选择职业定位，为分类培养奠定良好的基础。

五、成果的创新点

一项教学研究成果的意义与价值就在于它的研究特色以及为师生所带来的创新性和实用性，本成果主要创新点如下：

（1）针对目前我国高师教育现状与发展趋势，根据学生发展规划与能力，构建了地方高师本科生"2.5＋1.5"的化学专业分类培养模式和与之适应的"平台＋模块"课程体系，实施了本科生学业导师制及分类培养。

（2）构建并完善了基于"面向课改＋突出能力＋学生为本＋实践取向"的地方高师院校化学专业"211"卓越中学化学教师"三位一体"协同培养模式，达到了适应化学专业学生多元化发展的人才培养需求目标。

（3）建立了"专业基础实验＋综合、设计性实验＋业余科研＋毕业论文"多层次实验与科学研究相结合的实践能力培养体系，实施了化学专业英才计划，增强了学生创新能力和就业竞争力。

（4）实施卓越中学化学教师培养的"六个一"计划，即一个新发现（小论文）、一份课题申请书、一份PPT和说课教案、一份微作业设计、一堂课和一次主题班会。

六、成果推广应用情况

项目实施以来，指导大学生主持承担各级大学生科研立项45项，所指导学生发表第一作者科研论文50篇，其中被SCI收录5篇；指导学生参与申报发明专利5项，获得国家级特等奖1项、一、二等奖43项，省级一、二等奖19项；此外，获省优学士学位论文10篇。汉江师范学院在2015年化学专业人才培养方案修订过程中，充分应用对学生实施分类培养的教学理念，最大限度地满足化学专业学生多元化发展的人才培养需求，增强学生的就业竞争力。特级教师方向东充分肯定做好人生发展规划，科学合理地选择职业定位的重要性。湖北师范大学文理学院运用本成果五年来，指导7名学生（已毕业）全部考取硕士研究生，指导学生主持完成各类大学生创新创业训练计划项目7项，指导学生获各类比赛奖12项，发表学生为第一作者的论文16篇。该课题推广应用成果被评为该校唯一的一项优秀教学成果一等奖。本课题取得的成果分别在我校、汉江师范学院、湖北师范大学文理学院和毕业生中推广应用，效果显著。

参考文献

[1]张婷，胡武洪，何树华. 地方高师院校化学专业分类培养与课程体系设计初探——以长江师范学院为例[J]. 高教论坛，2014(6)：54.

[2]杨素红，朱红. 高等理科人才分层分类培养的现状与策略[J]. 中国大学教学，2015(8)：77.

[3]白鑫刚，王海霞，渠桂荣，等. 高师本科化学专业分类培养模式下教学质量保障体系的构建与实施[J]. 大学化学，2013，28(5)：24.

基于创新驱动的化学专业研究生培养模式的探索与实践

杨水金[①]，吴一微

（湖北师范大学化学化工学院，湖北黄石 435002）

摘　要：探索拓展化学专业研究生生源的途径与思路；研究进一步优化化学专业研究生生源的办法；探索化学专业研究生具体培养措施的有效性，提高研究生的培养质量；制订化学专业研究生各阶段培养计划及个性化培养的实施方案，提高研究生就业竞争力，解决研究生就业问题。

关键词：化学专业；研究生；创新能力

经过 30 多年的发展，我国的研究生教育蓬勃发展，形成了比较完整的体系，达到了一定的规模，为认真贯彻科教兴国、人才强国战略作出了积极的贡献。目前，研究生教育发展到了一个新阶段，为推动研究生教育的发展，创新人才培养模式，提升研究生的创造意识、创新能力和创业本领，更快地适应新时期研究生教育培养机制改革的需要，自 2011 年以来，全国各地省学位办纷纷推出省级研究生创新能力培养项目。积极探索研究生培养机制改革，创新人才培养模式，提升研究生的创造意识、创新能力、创业本领已成为研究生培养亟待解决问题。

我校现已更名为湖北师范大学，面临硕士研究生生源不足、生源质量不高、研究生培养质量有待进一步提高等问题，为解决这些问题，本课题将探索解决这些问题的一些思路与方法，以供借鉴。

一、拓展化学专业研究生生源的途径与思路

我校通过吸收在读本科生参加研究生组会，通过指导在读本科生主持学校、学院大学生科研立项，通过指导在读本科生开展业余科研工作，通过指导在读本科生参加综合设计性实验工作，做好化学一级硕士点研究生生源的拓展工作。

二、进一步优化化学专业研究生生源的办法

我校通过做好以下四方面的工作，切实做好研究生生源优化培育工作。

1. 制订发展规划，明确努力目标

引导大一本科生科学制订发展规划，明确报考"985"高校专业课和英语的具体要求，对于四大专业基础课(含相应实验课程)成绩在班级排名前 20%，且大三上学期顺利通过英语六级考试者，可以选择报考"985"高校硕士研究生，同时要求达不到以上条件的本科生可以优先考虑报考本校的硕士研究生。

2. 通过文献综述，提高思维能力

对于进入科研实验室从事业余科研训练的本科生，引导他们进行文献阅读，尤其是英文文献的阅读，要求他们围绕某个专题进行文献综述，及时整理成文，由指导教师推荐发表。

3. 开展课题研究，增强研究能力

在指导本科生查阅专题文献的基础上，引导他们撰写课题立项申请书，对于研究思路清晰，研究

---

① 通信联系人：杨水金，yangshuijin@163.com。

方法完备，且有前期工作基础的课题，推荐他们参加国家级、省级大学生创新创业项目的申报，对于稍微差一点的课题方案要求进一步完善，推荐申报校级大学生科研立项和校级大学生科研指导性项目立项。通过开展课题研究，增强本科生的研究能力。

4. 推荐发表论文，增强科研自信

对于学生通过专题文献阅读撰写的综述论文或通过大学生科研立项而完成的课题研究，指导教师要及时督促学生整理成文，认真审阅并提出修改意见，定稿后及时推荐到各类学术会议上交流或刊物上发表，以增强本科生的科研自信。

三、探索化学专业研究生具体培养措施的有效性，提高研究生的培养质量

笔者认为，化学专业研究生具体培养措施除了通过每周要求研究生提交周报，每两周召开一次组会，便于师生之间有效沟通与交流之外，导师们可以制订科研奖励办法，并给每位硕士研究生提供一次外出参加学术交流的机会，对于激励研究生的科研热情，充分调动研究生的科研积极性非常有效。

四、探讨化学专业研究生个性化培养的实施方案，提高研究生就业竞争力，解决研究生就业问题

对化学各专业研究生各阶段的培养方案每个学校都有明确具体的要求，导师要在此培养计划框架内，针对实验室主客观条件及研究生个人具体期望制订出每位研究生的个性化培养实施方案，通过引导研究生围绕学校培养计划结合自己的具体实际撰写研究生期间个人规划来体现，导师也可以在学校培养计划基础上结合各自的专业基础对文献的阅读量、设计的体系数、完成论文的级别等提出明确目标，供研究生撰写个人3年规划时参考。对于硕士期间发表2篇SCI论文且英语水平达到六级的研究生，动员他进一步攻读博士学位，否则协助他尽快落实工作岗位。

开展《基于创新驱动的化学专业研究生培养模式的探索与实践》课题研究，探讨拓展化学专业研究生生源途径和优化化学专业研究生生源的办法，使化学化工学院各专业中等或中等偏下的本科生进一步明确目标，提高学生进一步选择在湖北师范大学深造的概率，稳定和优化化学一级硕士点生源，为妥善解决研究生生源不足问题，优化研究生生源质量提供借鉴。同时本课题探索化学专业研究生各阶段的培养计划、个性化培养的实施方案、具体培养措施，为进一步提高研究生培养质量提供参考，切实提高化学一级学科研究生尤其是无机化学专业方向研究生的培养质量，增强就业综合实力。

参考文献

[1]杨胜，方祯云，冯斌，等. 构建研究生创新团队之探讨[J]. 高等工程教育研究，2009(4)：124.

[2]郑曌. 研究生创新能力培养的对策研究[J]. 辽宁师范大学学报（社会科学版），2017，40(3)：66.

提升研究生学术报告能力的方案研究与实践[①]

姚晓杰[2]，王学文[1②]，张荣斌[1]

（1. 南昌大学化学学院应用化学研究所；2. 南昌大学管理学院 江西南昌 330031）

摘　要：学术报告能力是研究生综合科研素质的重要组成部分。调查研究发现目前研究生存在学术报告 PPT（PowerPoint）制作水平低、演讲组织能力差等诸多问题。为此，本文提出了相应的解决方案。通过讲座培训、示范学习及实践锻炼等方案的具体实施，学生的学术报告水平得到明显提升。

关键词：学术报告；科研能力；PPT 制作；演讲；提升方案

一、引言

科研工作的总结、汇报以及学术交流活动都需要通过学术报告的形式来展现。研究生通过良好的学术汇报、交流讨论不仅可以提升学生的研究工作质量，而且可以提高学生的数据分析与总结能力[1,2]。同时，较好的学术沟通、交流及探讨，能够激发思想火花、提高科研创新能力[3-5]。研究生是国内高校开展科学研究的生力军，其学术报告水平将直接影响到整体科研水平的提升。

学术报告能力是学生综合科研素质的集中展现。然而，当前研究生科研工作过程中，我们关注更多的是学生科学研究的实验过程，而常常忽视其他能力的培养，特别是学术报告能力。这导致很多研究生的学术报告水平较低，包括报告的幻灯片（PPT）整体质量较差，思路不清楚，讲述过程平淡无味。这样会使对方感觉研究工作没有亮点和系统性，于是无法引起对方的科研兴趣，很大程度上影响了学术间的交流。因此，对研究生的培养，亟须系统的学术报告能力的学习与培养，进而提升学生的综合科研能力。

然而，通过文献资料调查及高校实际教学调研，我们发现以提升学生学术报告能力为基础的相关研究和教学实践还很少，更缺乏系统的教学培训方案。因此本研究将从培养学生的学术报告能力入手，在科学分析研究的基础上，结合讲座培训与实践演练，尝试提高学生的学术报告 PPT 制作和演讲能力，使研究生的综合科研能力得以提升。

二、目前研究生学术报告的现状及问题分析

在研究生的培养和教育过程中，我们发现目前大多数研究生普遍存在学术报告水平低下的问题。通过调查分析，如图1所示，研究生的学术报告主要存在以下几个问题：（1）学术报告的思想性和可听性低；（2）PPT 的制作水平低；（3）报告的演讲水平有限。针对以上问题分别对研究生和研究生导师开展了问卷调查。结果统计（见表1和表2）分析显示，无论是研究生自身还是研究生导师都普遍认为学生的学术报告能力明显偏低。其中学生自我评测，约一半学生认为自己的学术报告能力差，且没有学生认为自己的学术报告能力是优秀的。而研究生导师的评价则更低，认为70％学生的学术报告能力很差。下面我们将围绕下列问题做深入细致的分析。

① 项目资助：2015 年江西省研究生教改项目资助（JXYJG-2015-010）和南昌大学研究院的大力支持；感谢国家自然科学基金（No. 51202105，21366020）以及江西省自然科学基金（20151BAB216006）的支持。

② 通信联系人：王学文，南昌大学化学学院应用化学研究所，wangxuewen@ncu.edu.cn。

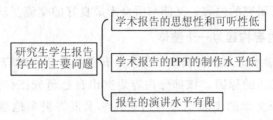

图1　目前研究生学术报告过程中存在的主要问题

表1　100名研究生对其学术报告水平的自身评测调查统计　　　　　　　单位:%

自我评价	报告水平综合评价	报告的思想性与可听性	PPT的制作水平	报告的演讲水平
优	0	2	8	4
良	16	12	24	12
一般	38	28	36	32
差	46	58	32	52

表2　50位研究生导师对学生学术报告能力的评价调查结果统计　　　　单位:%

导师评价	报告水平综合评价	报告的思想性与可听性	PPT的制作水平	报告的演讲水平
优	0	0	5	0
良	5	0	20	10
一般	25	15	20	20
差	70	85	55	70

1. 学术报告的思想性和可听性低

大多数研究生的PPT仅仅是实验数据的堆积，整个PPT没有贯穿始终的主脉络，让对方无法抓住报告的中心内容。数据堆积会让人感觉实验没有设计性，仅仅是为了实验而实验，这样将大幅降低所做工作的科学意义。此外，很多学生没有表达清楚为什么开展相关工作，使得对方不明白究竟为何开展相关科研工作，有怎样的科学意义。还有，一部分学生的学术报告非常死板乏味，像机器一样向外发布实验数据，很难引起人们的兴趣。

2. 学术报告PPT的制作水平低

很多研究生并不知道什么样标准的PPT才是合格的学术报告PPT，对学术报告PPT与一般PPT不加区别。在PPT制作上，一些学生在表面色彩和图片绚丽上做了尝试，但往往不能达到一个良好PPT的制作效果，甚至有时候弄巧成拙，掩盖了学术报告的真正含义。此外，另一些学生的PPT重点内容不突出，毫无特色，让人看完后，抓不住问题的核心。这样的PPT难以达到有效汇报和交流的目的。

3. 报告的演讲水平有限

很多学生在讲PPT时，平铺直叙，没有重点，所有PPT页面都均匀地分配时间。让听众觉得报告冗长、乏味，难以有效与听众互动。这并不是学生不知道自己报告的重点，而是不知道如何取舍，怎样将研究工作最闪亮的地方清晰明了地讲述给听众。还有一些研究生缺乏最基本的语言锻炼，科研工作做得不错，但讲起报告来，吞吞吐吐，词不达意，根本不知所云。

三、良好的学术报告应具备的特征

目前，研究生学术报告过程中存在诸多问题，那么良好的学术报告应该是什么样的？怎么讲解才能绘声绘色，既能充分表达所研究的内容，又能与听众形成良好的交流互动？

1. 通过主线脉络将报告内容构建为一个整体

学术报告PPT的脉络和学术论文非常相似。首先，有背景介绍，对应于文章的前言，主要简明介绍研究背景及开展相关研究工作的原因，该部分内容要突出自己研究工作的出发点和思路。此外，研究结果的展示与分析，对应于文章的实验结果与讨论。学术报告更多地展示研究工作的亮点和特色，需要把更多内容放在科学本质和创新意义之处，而不是像文章一样面面俱到。因此，PPT的制作不是简单实验数据的堆积，实验数据是为了说明某些科学问题的，是为报告的科学性和完整性服务的。

2. PPT页面的制作要凸显科研意义

学术报告PPT总体上要求简洁明了，重点突出科研结果和科研意义。PPT色彩图案的调配要突出上述重点，不能让人感觉只是艳丽多彩的PPT而不是科研成果。这就要求我们对PPT装饰要适当，而不是一味追求图片的艳丽多彩。此外，PPT中文字叙述要简洁，主要以词组代替完整的句子。语言的描述则是需要我们在讲解的过程中来表达的。

3. 报告的讲述过程要重点分明，具有科学性和故事性

良好的学术报告最终是通过演讲来呈现的，较好的演讲直接关系到学术报告的效果。学术报告首先要讲述为什么开展相关研究工作，也就是开展相关工作的意义性，然后深入浅出地讲述实验结果，并进行详细科学的分析，最后自然地得出相应结论。语言要高亢有力、有轻重缓急之分。好的学术报告如同讲述一个有趣的故事，扣人心弦。

四、学术报告水平提升的实践方案及实施效果

针对目前研究生学术报告中存在的问题，我们制订了相应的提升方案，并在化学专业研究生中做尝试性实践，取得了良好的效果。

1. 通过系列讲座提升研究生的PPT制作能力和演讲能力

邀请科研经验丰富的研究生导师，开设学术报告PPT制作方法与技巧相关的系列讲座。主要内容包括：(1)学术报告PPT制作的基本要求；(2)PPT的基本结构与框架构建；(3)PPT内容设置安排，主要是中心脉络的连贯性以及内容的主次分明；(4)PPT中图表的制作与注意事项；(5)PPT的模板选择及色彩搭配等；(6)讲述过程中的科学性、故事性及连贯性；(7)时间的分配与演讲的速度；(8)PPT常见问题规避等。在课题研究组进行学术讨论时，要求学生以正规学术报告的形式呈现实验结果进行讨论，培养学生形成良好的PPT制作能力。通过以上教学与研究实践，我们发现参加系列讲座培训的研究生，PPT的制作和演讲水平均得到了较大幅度的提升。

2. 优秀学术报告的示范性学习与提高

研究生可以通过听取优秀学术报告，来提升PTT的制作和演讲水平。目前很多研究生会参加学术活动，听取优秀学者的学术报告。但是学生听取报告的过程更多只是了解相关的研究进展，而对报告人的PPT制作和演讲方式等关注甚少。因此，在参加学术活动之前，就应对学生提出明确的要求，需要写听取报告后的收获和感受，并且必须包含从优秀学术报告中学到的PPT制作心得以及报告演讲的技巧等内容。这样学生带着目的和问题去听报告，对其能力的提升将更加有效。我们对小范围的研究生做尝试性实践，发现研究生确实从学术报告活动中获得了一些PPT制作和演讲的技能。

3. 鼓励学生参与各种学术会议并作学术报告进行实践锻炼

学术报告能力的提升最终还是需要通过实践来锻炼和检验的，因此在条件允许的情况下，应该鼓励学生以口头报告的形式参加各种类型的学术活动，真正在实践中锻炼学生的学术报告能力。

五、结论与展望

本文围绕研究生综合科研能力的提升，对目前研究生学术报告过程中存在的主要问题进行深入分析。针对目前研究生 PPT 制作质量差、演讲水平低等主要问题，提出了相应的解决方案，通过系列讲座培训和参加专家学术报告活动等形式，使学生获得 PPT 制作方法和报告演讲技巧。最后让学生参加各种类别的学术活动，并作口头报告，使学生在实践中得以锻炼和提高。学术报告能力的提升，将有利于提高学生总结和分析实验结果及论文写作的能力，进而提升研究生的综合科研能力。

参考文献

[1]庞雄奇，姜福杰. 如何做好地质类学术报告[J]. 中国地质教育，2012(4)：95.

[2]孙育峰，郝四平，何勋. 学术报告对研究生培养的作用研究[J]. 商丘职业技术学院学报，2013(12)：108.

[3]雷剑波. 研究生综合科研能力培养的教学与实践[J]. 中国科教创新导刊，2008(31)：23.

[4]杨荣敏，王让会，吴鹏飞. 浅析高校研究生科研创新能力的培养[J]. 教育与教学研究，2009(23)：65.

[5]樊兰. 浅谈研究生科研创新能力的培养[J]. 黑龙江教育，2012(8)：26.

卓越化学教师"立体化培养"课程
结构体系的构建与实践[①]

曾艳丽[②]，于海涛

（河北师范大学化学与材料科学学院，河北石家庄 050024）

摘　要：根据卓越化学教师培养目标的要求，对"立体化培养"卓越化学教师的课程结构体系进行了优化调整，从关注条块分割的知识体系培养转变为关注教育者的全面发展培养，实现了学科教育和教师教育的融合，提高了学生的化学科学素养、化学教育实践能力。从化学学科知识体系、化学教师教育实践等方面进行课程优化，将学科前沿知识、课程改革和教育研究最新成果充实到教学内容中，促使职前卓越化学教师既懂化学科学，又懂化学教育，还懂化学教育研究。"第一课堂"与"第二课堂"相结合、理论与实践相结合，充分发挥"校内双导师"对学生专业创新能力提升和教育研究能力提升的作用，以及"校外导师"对学生教技能提升的作用，实现了对学生的"立体化"培养，使学生毕业后能迅速成长为卓越的化学教师。

关键词：卓越教师；立体化培养；科学素养；教育研究

随着我国教育体制改革的不断深化、高等教育的迅速发展和基础教育改革的持续深入，教师培养的大学化、教师来源的多样化，给长期承担教师队伍培养任务的师范院校带来了严峻的挑战：教师的培养不再是师范院校的专利，师范生在激烈的教师求职竞争中的先天优势已不复存在，师范生垄断教育市场的局面被彻底打破。教师培养的综合化与专业化成为教师教育发展的潮流。

卓越人才培养理念要求我们把师范专业的学生当成未来的卓越教师来培养，当作未来的教育家来培养，因为他们需要面对的是今后的教育实践和教育变革，除了要有专业可持续发展的知识基础，还要有应对行业变革的能力基础，更要有随着行业变化的应变意识以及专业发展和专业增强意识。卓越教师培养需要构建综合化的课程体系，课程是人才培养的载体，卓越教师培养课程体系要体现专业教育和教师教育的统一，专业学习和教育学习的渗透，真正实现学科教育和教师教育的融合，提高学生的综合素质。

为了"立体化培养"卓越化学教师，我们从 2013 年开始，每年选拔出一批立志于从事教育事业的学生成立实验班，并对实验班的课程结构和设置做出变革和优化：科学设置公共基础课程、学科专业课程（培养研究创新能力，培育化学科学素养）和教师教育课程（加大化学学科的针对性），突出教师教育特色。

一、构建了"立体化培养"卓越化学教师"第一课堂"课程结构体系

系统的现代化科学知识是确保化学教育科学性的基础。它使化学教师能从容应对中学化学课程内容的变动与扩展；能站在更高的水平上把握中学化学教育教学，抓住时机促进学生思维与能力的发展；更能为某些对化学感兴趣或有志于从事化学专业的学生提供个性化指导。因此，它在化学教师的科学素养中的重要性毋庸置疑。

---

①　项目资助：本文得到河北省高等教育教学改革研究与实践项目（2016GJJG060）资助。
②　通信联系人：曾艳丽，yanlizeng@hebtu.edu.cn。

1. 将化学史实、哲学思想及科学方法等充实到教学内容中

化学史纵向描述了化学学科产生、发展的整体轮廓，描述了化学学科思想观念的演变过程以及重要研究中的关键细节等。将上述内容以适当的方式融入化学教育中，对科学素养中多个要素的培养都有帮助。化学哲学有助于认识化学教育的方法论基础，全面了解化学教育的目的，把握化学课程结构，以便实施科学素养教育。因此，化学哲学的有关内容也应成为化学教师教育课程体系的重要组成部分。

我们在大一开设了课程"发展中的化学科学"，将化学史实、哲学思想、科学方法、学科前沿知识、教育教学改革研究最新成果等充实到教学内容中，融合教师教育与学科专业教育内容。我们通过选取化学科学发展进程中的典型事件，剖析其发生、发展及对科学和人类生活的影响，并揭示在化学科学发展过程中的化学哲学思想和科学方法；同时为了加强学生对化学学科的全面认识，了解化学对于人类社会的作用和贡献，融入了与生命科学、环境科学、材料科学等有关的实际应用知识，以激发学生学习兴趣。

2. 构建有利于培养学生实践能力和创新能力的实验教学课程体系

按照以学生为本，知识传授、能力培养、素质提高协调发展的教育理念，依托国家级化学实验教学示范中心的建设，从专业培养目标出发，系统地构建了与理论教学并重、有利于培养学生实践能力和创新能力的实验教学课程体系。使用我们自己编写的教材：《化学实验》(上、中、下册，第二版已于2016年由化学工业出版社出版)、《化学实验教学论》(普通高等教育"十一五"国家级规划教材，在第一版基础上经充实、重组，重新编写的第二版已于2014年由科学出版社出版)。减少验证性实验，增加综合性、设计性、研究创新性实验，建立并完善了"基础→综合→探究"的"一体化、分层次"的实验教学体系，实现了基础与前沿、经典与现代的有机结合，对学生探索精神、科学思维、创新意识、创新能力、实践能力和综合素质的全面培养起到了关键作用。

3. 开展双语课程教学实践

随着当今世界国际化程度的日益提高，教师能否将自身所学用国际化语言——英语自如地进行表达，能否熟练地阅读世界范围内本学科领域的最新研究成果成为衡量当今卓越中学教师专业素质的一个重要标准。我们在"化学专业英语"课程教学经验基础上，成功开设了"有机化学(双语)"课程。在教学过程中，本着以学生为中心、优质高效的原则，不断开拓创新，应用新方法，发现问题和解决问题，在实践中不断探索合理有效的有机化学双语教学方法及教学模式。双语教学是目前我国教育改革的一个重要举措，对于提高学生素质，探讨人才培养新模式以及在更深层次向国际先进教育理念、教学方法学习等方面具有重要意义。

4. 将新的化学教育理念融入学生的专业素养培养实践

卓越化学教师要能够充分利用课程与教学上的自主权，主动实践新的化学教育理念，探索新的教学模式。这需要对新的化学教育教学理念及时作出反应，并积极地创造条件促使它们融入师范生的专业素养。

我们在教师教育必修课程"化学教学论"(采用项目组成员主编的《化学教学论》，普通高等教育"十一五"国家级规划教材，在第一版基础上经充实、重组，重新编写的第二版已于2015年由科学出版社出版)中创设基于探索研究的教学模式。充分利用模拟课堂、现场教学、情境教学、案例分析等多样化的教学方式，通过组织研讨小组、学习沙龙、讨论会等多种途径，培养学生的自主学习能力、创新意识和学习研究兴趣。对"中学学科课程标准解读与教材研究"和"中学学科教学技能训练"等课程进行翻转课堂研究与实践。具体思路是选择最重要、最基本的知识点，以中学化学新课程概念的理念的理解与落实(初中6条理念和高中8条理念)为出发点，按照研读课标理解的理念，分析教材、熟悉教学内容，选择教学策略和方法，进行教学评价和反思的思路来进行。自主学习、科学探究学习、合作学习等内容也从化学课程与教学论中释放出来，项目中成员将自己的研究成果《复杂性科学视野下的化学课堂"教学行为组合"研究》充实到化学教师教育课程群中。明确的教育反思意识和较强的教育研究能力是每一个追求卓越的化学教师都应该具备的基本素质。

二、开展了卓越化学教师"立体化培养"的"第二课堂"教学实践

创新精神是一名卓越教师必备的素质。创新性科研能力的培养是创新型人才培养中的核心环节，实现这一目标的关键在于经过重要实践环节的锻炼。开展创新性实验对培养未来的卓越化学教师更具有重要的意义：有助于形成宽广深厚的专业知识，激发创新思维，拓宽知识视野，提高文献调研能力；培养独立思考的能力，提高学术鉴赏力；增强承受挫折的能力和自信心，养成耐心、细致、注意把握细节的科研素质；培养团队协作精神，提高人际沟通能力。学生在校内学科专业导师的指导下通过参加项目立项申请可以锻炼概括基础和共性问题的能力，促进对学科前沿的把握和对技术发展动态的洞察；通过参与导师课题的研发能够锻炼系统利用知识和工具解决具体问题的能力。

为了加强学生的教育教学技能，提升其教育教学水平，校内学科教学论导师利用微格教室对学生进行日常的教学操练，包括进行教学模拟、教学观摩、师生交流、教育研究等；校外导师——中学优质的师资队伍为师范生教育教学技能的提升提供了重要的保障，在互惠互利的基础上，利用中学的优势资源，建立高水平的教育实习基地，使学生能深入真实的教育情境，了解中学的教育教学实际，在校外导师的指导下提升其运用教育理论解决教学实践问题的能力。

通过导师的协同指导和携手引领，实验班学生在各种学术交流和科研训练活动中学会学习、学会研究、学会创造；通过参加"教育名著选读""学术期刊拾贝""学科专业引领""课堂见习研习""主题研修讨论""教学技能比赛""道德法规自学"等读书、讲座、研讨和比赛等多项活动，增强学术底蕴，拓展学术视野。这为其成为教师队伍中学识厚实、能力超群、综合素质好、发展后劲足的卓越人才奠定基础。

我们通过组织学生参加各种国家级、省级教师教育培训项目，如中学特级教师培训、骨干教师培训、班主任培训等，加强教师养成教育，让学生耳濡目染地感受优秀教师的师德魅力，身体力行地领悟传道授业和教书育人的快乐。

三、形成系列研究问题并得到相关部门课题立项资助

基于卓越化学教师培养的课程体系，在原有的师范生培养基础上，进一步整合化学基础课程和内容，重点是将教师教育与化学专业教育的内容融合。在强化化学教育实践课程训练和师范生教学技能训练的基础上，重点是加强对学生探索精神、科学思维、创新意识、创新能力、实践能力和综合素质的全面培养。

在项目酝酿和实施的过程中，项目负责人和团队成员在理论研究和实践探索的过程中提出了一系列措施，四项课题获得了省教育厅的资助，九项课题获得了河北师范大学的资助，出版了七部著作和教材，学生在各类学科竞赛中以及河北省大学生科技创新大赛中取得了优异的成绩。

地方高校化学专业人才培养模式的探索①

曾造②，李金海，曾兵芳

（贵州工程应用技术学院化学化工实验教学中心，贵州毕节 551700）

摘　要：化学专业以培养学生的能力和综合素质为目的。本文主要探讨通过对地方本科院校化学专业的现状分析，探索出合适的人才培养模式，并在人才培养目标、课程设置、实践教学、教师队伍、校校合作和教学评价等方面进行改革，以提高人才培养质量。

关键词：应用型；化学专业；模块化；课程

2014 年 6 月国务院发布了《关于加快发展现代职业教育的决定》和《现代职业教育体系建设规划（2014—2020 年）》，正式提出"引导普通本科高等学校转型发展，引导一批普通本科高等学校向应用技术类型高等学校转型，重点举办本科职业教育"[1]。贵州工程应用技术学院（简称贵工程）由原毕节学院更名而来，是贵州省首批应用转型的地方院校。依照贵工程 2015 年应用型人才培养模式改革实施方案，学校按照"12224"应用型人才培养模式要求，坚持专业对接产业（或行业），培养一线教师和一线工程师的"两师"特色，提升学生专业、实践、应用、创新四种能力。化学专业如何根据行业的需求，以能力为核心构建理论、实践教学体系，从而实现培养融知识、能力、素质三位一体的新型应用技术人才，提高学校服务地方经济社会发展的能力。

人才培养模式是为了培养人才而制订的，是提高知识、能力、素质等所运用的方式和方法[2]。人才培养模式改革涉及课程设置、实践训练、培养方案、教学和评价方式等多个环节。近年来，化学专业在课程建设、教学方法、教育实践等方面进行改革尝试，探索适合地方院校化学专业的人才培养模式，以提高人才培养的质量。

一、化学专业实践教学存在的问题

总体上看，地方高校人才培养模式改革取得了一定的成绩，在应用观念、教学投入、课程改革和能力培养方面都有很大的进步，但在改革过程中，也出现了一些问题。

1. 人才培养目标"模糊"

随着国家对地方高校转型的倡导，大多数高校都明确办学定位为"应用型"，但在具体实践中，缺乏理论自信和行动自觉，对应用型人才的定位不清晰。对传统学术型本科办学的不舍，在教学内容、教学方法上均倾向于理论教学，弱化实践教学。学校办学重心由教师教育转向其他学科专业建设，弱化了师范教育在学校中的地位，师范教育的专业建设和师资培养等受到制约。

2. 专业课程设置"移位"

地方高校的专业课程设置往往沿用原有的课程体系，而未能根据地方高校所服务区域的人才需求及时调整，从而导致人才培养与人才需求之间、供给侧与需求侧之间结构性的冲突，缺乏学科专业课程设置的针对性和契合度。地方高校只有自觉主动融入地方经济社会发展，以学生为主体，跟踪行业

① 项目资助：贵州工程应用技术学院教学改革重点项目"化学专业模块化教学改革"，编号：JG2015004。

② 通信联系人：曾造，贵州工程应用技术学院化学工程学院副教授，主要从事课程建设研究，zengzao2006@126.com。

和学生需求调整学科专业课程设置，才能实现地方高校的"供给侧"转型。

3. 实践教学体系"弱化"

地方本科院校存在重理论知识、轻实践应用的问题，实践教学体系缺乏统一性和系统性，导致学生实践能力提高不明显。一方面，实践课程教学课时较少，专项教学技能缺乏连贯性和系统性，综合应用能力差，走过场和作假的现象普遍存在。另一方面，化学专业老师与应用型人才培养的要求不匹配，大多数教师中学教学实践经验欠缺，指导学生的实践教学效果不明显。实际上，"双师型"教师也应该是应用型本科院校教学活动的主要力量，资料显示目前双师型教师较少，实际所占比例不足 15%。

4. 教学质量评价"脱控"

目前，化学专业尚未建立起自己的较为完善的教学评价制度，在培养过程中，课程体系、教学内容、实践教学等考核没有落实到位，或落实过程中出现偏差。教学评价过于笼统，缺乏针对不同实践环节的评价标准，缺乏操作技能训练中量的积累过程，缺乏有效的教学质量评价。

5. 校校合作基地"短缺"

由于学校转型发展，涉及领域广，弱化了与中学的联系，虽然学校曾与部分中学建立了实习基地协议书，但与中学教师交流的机会少，与实习实践基地的合作项目少，共同培养师范专业学生多为纸上谈兵。实习基地建设不理想，导致学生在教育见习、教育实习等实践环节有一定困难。

6. 教学经费投入"稀少"

教学经费投入不够，对教学经费的投入和使用缺乏有效的管理和监督，致使实验、实习等重要教学环节的经费紧张。化学专业教师进修学习、参加学术交流活动很少，有的老师自己出经费参加交流学习，导致教师队伍教学和科研能力提升缓慢。

二、化学专业人才培养模式的探讨

1. 明确人才培养目标

应用型本科院校要以适应地方经济和社会发展，培养生产和管理一线的高级应用专业人才为目标[3]。化学专业应培养德、智、体、美全面发展，专业基础扎实、教学实践能力强，能够系统掌握化学基础知识、基本理论、基本技能，熟悉现代教学基本理论，具有中学化学教师资格，能服务基础教育事业和经济社会发展的中学化学教师、教育工作者以及化学应用型人才[4]。构建以能力为核心的专业课程体系和实践教学体系，强化实习实践训练和教学技能的培养，突出师范专业在师范院校转型发展中的传统优势和地位，培养更多适应社会需求的中学化学教师和高级应用型人才。

2. 完善专业课程设置

根据贵工程人才培养方案和教师职业能力的要求，围绕专业培养目标和核心技能来构建课程体系[5]。按照模块教学思想把本专业课程体系分为四个课程模块：视野拓展、专业教育、实践教育、创新创业模块。各模块主要知识、能力及化学专业课程体系如表1所示。

表 1　教师行业需求相关的课程体系

模块内容	主要知识和能力	化学专业课程体系
视野拓展	具有职业道德，热爱教育事业	职业道德与修养、中国近现代史纲要、马克思主义、毛泽东思想、大学外语、大学体育、计算机应用基础等课程
专业教育	掌握化学学科知识，化学方向知识	无机化学、有机化学及分析化学等专业课程；教育学、心理学、化学教学论、中学化学学科知识等专业方向课程

续表

模块内容	主要知识和能力	化学专业课程体系
实践教育	掌握化学实验的基本技能和实验设计能力	无机化学实验、有机化学实验及分析化学实验等专业基础课程
	能进行中学化学教学设计、讲课、说课、导课、结课、评课等	化学教学论、化学教学技能训练等课程
	语言表达流畅，板书板画规范	普通话、书法、化学教学论等课程
	能查询资料、检索文献、课件制作	计算机基础和化学教学论等课程
创新创业	有创新创业意识和持续发展潜力	化学教学技能竞赛、大学生创新创业等

表1中可以看出，化学专业课程结构中重视知识、能力和素质的培养，加强了教育实践模块和创新创业模块，强化了教师技能方向和教育实践的课程体系，有利于提高学生的学科知识和教学实践能力。

3. 加强实践教学环节

实践教育体系是应用型大学人才培养的重中之重，突出加强实践教学环节，构建以能力为目标的实践教学体系。实践教学体系可分为基础实践课程、基本技能、综合素养、创新创业等模块。基础实践课程借助无机化学实验、有机化学实验、分析化学实验等课程学习，要求学生了解实验基本原理、掌握实验基本操作和实验探究等。基本技能包括语言表达、三笔书写、媒体技术，采用"分散与集中"的方式进行训练，平时多读多写多练，同时利用实践周对普通话、书法、计算机基础等课程专项集中训练，提高学生语言表达、板书板画、计算机操作等基本技能。综合模块主要通过微格教学和课堂教学实习等训练，进行实际课堂教学，提高学生教学能力和综合素质。创新创业以项目、竞赛为抓手，鼓励学生参加学院、校级、省级各种师范生教学技能竞赛提升学生教学能力和学生创新创业能力。

4. 改进教学质量评价

化学专业教学评价过于笼统，缺乏针对性和实用性。以能力考核为重点，建立课程教学各环节的质量标准，根据不同的课程类型、课程教学目标和教学内容采取灵活多样的评价方式。坚持结果评价和过程评价相结合，注重学习中量的积累过程，注重教学技能的形成过程，如理论课程采取"F+S"的评价方式，F表示期末考试成绩占50%，S表示平时成绩（如出勤、作业、课堂表现、资料查阅等）占50%；实践课程可采取"档案式"教学管理和评价，将学生不同阶段的实践教学资料分装在电子档案盒里，以便教师查阅评价和学生反思改进。

5. 建设校校合作基地

加强实习基地建设，主动走出去，与中学教师交流和合作，与实习基地互通有无，相互促进，解决师范学生教育见习、教育实习难的问题。积极邀请中学优秀教师共同参与制订专业人才培养方案、建设课程体系，精选教学内容，完善教学评价等，探索模块化教学、案例教学、项目教学等教学方式，积极构建先进的、以校校合作为核心的人才培养模式[6]。

6. 加大教学经费投入

增加教学经费的投入，保证能开展常规的教学工作，建立中学化学专业实验室，引入现代分析技术和微型设备；建立化学专业的微格实验室，加强学生的教师技能训练。同时，鼓励化学专业教师外出学习和交流，培养一批应用型教师和双师型教师，提升化学专业教师的应用能力和实践教学能力。

三、结语

化学专业人才培养模式要以满足社会需求为导向，扎实的专业基础知识为依托，以培养学生的能力和综合素质为目的。要切实转变思想观念，坚持应用型人才的培养，构建合适的课程体系，强化实践教学环节，加强专业平台和教师队伍建设，深度推进产教融合、校校合作，完善教学评价制度，突出学生创新创业教育，提高学生的创新精神和实践应用技能。人才培养是学校重要工作之一，化学专业还要根据不同的社会需求和工作任务，进一步思考提高人才培养质量的方法和措施，有效地推进地方高校应用转型发展。

参考文献

[1]刘海兰. 地方本科院校转型的理性思考——基于资源依赖理论的分析[J]. 高教探索，2016(4)：35-42.

[2]张海霞，解晨光. 地方本科院校转型背景下人才培养模式改革研究[J]. 教育探索，2016(4)：35-42.

[3]冯超，赵志航. 地方应用型本科院校人才培养探讨[J]. 教育探索，2016(4)：35-42.

[4]曾造，曾兵芳，李金海，等. 应用型本科院校化学专业模块化课程体系构建[J]. 化学教育，2017(10)：4-9.

[5]雷生姣，龚大春. 以行业需求为导向构建生物工程模块课程体系[J]. 广州化工，2013(18)：184-186.

[6]李立群. 地方本科院校转型职业教育的路径研究[J]. 教育探索，2015(3)：285-289.

基于教师教学哲学的教师专业发展思考

赵维元①

（青海师范大学化学化工学院，青海西宁 810008）

摘 要：教师教学哲学是教师对教学活动形成的相对稳定，并持续指导和影响教学实践的基本观点和看法，是教师自主开展有效教学实践的思想前提，从形成教师个体教学哲学视角探索促进教师专业发展的有效途径，是加速基础教育课改进程和教师自身发展的现实需求。

关键词：教师教学哲学；教师专业；PCK

21世纪初，基于创新人才的培养基础教育实施深刻变革，但相对变革初期预设我国推进历程明显缓慢，这是当下教育需要高度关注的首要问题，也是教育工作者应深刻反思并亟须解决的重大问题。

我国推行"自上而下"和"自下而上"相结合的变革途径，而"穿新鞋，走老路"长期存在是当下不可回避的重要现实。国家层面的资金支持、政策保障和社会舆论导向，学校办学条件、教师师资和学校文化，均成为影响变革的重要因素。其中教师作为最重要保障条件，提升其专业发展是加速课改进程需要解决的首要问题。课改需要教师富有智慧型教学，而当下众多的教师自信于以长期以来形成对教学的经验认识，缺乏对教学的合理性追问和思考而排斥课改，部分教师尽管表面上承认改革的合理性，而行动中因经验惰性而拒斥改革。然而，每位教师在内心深处都希望教学成功，都希望自己的专业得到快速的发展，这种追求恰与课程变革理论存在内在的契合性。所以说，激发教师源自内心的变革需求，基于教学哲学层面的专业引领，搭建促进教师专业发展的可行平台，在研究性教学中形成教师独特的教学哲学是提升教师专业能力的有效举措，帮助教师形成个体教学哲学成为加速课改推进的应然。

一、教师教学哲学的含义和特征

"哲学是人对世界的看法和态度，是指导行为的价值观念体系，包括世界观和方法论。"[1]人类对教育的追求需要回归哲学寻求答案，教育哲学及学科教学哲学的诞生成为应然。教师基于对学科教学价值的肯定，并在长期教学实践中形成对教育理论和教育实践活动的总体认识，最终形成对教学独到的见解和信条，也即教师教学哲学。

教师的教学哲学是"教师对教学这一复杂现象和专业实践活动所具有相对稳定的、能够持续指导和影响教学实践的一系列基本观点和根本看法，是教师系统化、个性化的教学观或教学理念的总和"[2]。它是教师教学观念系统化的体现，是教师教学价值观追求和教学信条，是指导教师教学行为准则，是教师专业发展的有力保障。

教学活动的特殊性决定了个体教学哲学具有以下的特征：

1. 独特性

教师教学哲学的形成基于教师个体在长期教学实践形成的教学观念、教学价值判断和独特的教学行为及方式。"这些特征和价值取向高度个体化，甚至独一无二[3]"。这是教师以个人的教育理想和教育追求为逻辑起点和终点，以个人的教育实践活动为载体，以个人持续不断、循环往复的反思琢磨为基本形成方法，是教师独具个性的有关课程观、学生观、教学观和评价观等一系列观念的系统化梳理

---

① 通信联系人：赵维元，副教授，教学与研究的方向为化学教育，zhaoweiy@126.com。

和凝结。

2. 内隐性

教师教学哲学的形成基于教师对教育理论和教学的理解，并在教学实践中不断审视、反思、批判和总结，以及在直觉与感悟之后对教学形成的"缄默知识"。隐含的"所有的科学知识都必然包含着个人系数[4]"。由于每个个体成长过程、认知方式、认识风格，以及人生观、价值观的不同，作为教师个体渗透到教学环节则表现出对相同教学内容的不同的哲学表达，并以潜在的形式影响和支配教师的教学行为，并具动态性和发展性，所以，教师哲学从形式上具有内隐性。

3. 情境性

教师个人教学哲学的形成源自个人教学实践的体验和反思，不同个体面对不同教学情境（即教学环境、教学对象）形成对教学的不同认识和体验，并用个人的理性分析解释和说明教学现象，最终升华为自己对教学的不同见解和风格，也决定了教师教学哲学源自个体的教学情境。

4. 情感性

教学的情感性表现在教师在长期教学实践中对教学的热爱和对教学体验的不断总结，是发自内心地追求卓越并成为终身信念；还表现在积极获取先进的教学理念并作为实践层面的追求目标，并为之不懈努力，在教学实践中实现知识型向智慧型教师的转变，所以说，职业情感是教师教学哲学形成的动力基础。

二、教师教学哲学价值分析

1. 提升教育教学理论水平

教育理论都是对教育实践的高度概括、抽象和总结，也是更好实践的助推剂。追求有效教学和深度学习更离不开教育理论的有效指导，基于教学哲学层面提升有效教学首先需要教师直面教育理论对实践的指导价值，并在行动上广泛阅读反映先进教育教学理念的读物和其他材料，寻找到与个人经验有契合点的教育理论，并深度学习，及时更新教学观、教师观、学生观及学习观，在教育实践获得观察和审视教学的新视角，掌握从全局上、整体上思考问题的方法，在形成教学哲学的过程中升华对教育理论的理解，并积极内化到教学实践层面。

2. 形成教师 PCK

教师 PCK（Pedagogical Content Knowledge，学科教学知识）是当前教育研究的热点问题，也是提升教师专业发展和有效教学的举措。舒尔曼首次将教师 PCK 界定为"PCK 是指教师将学科内容转化和表征为有教学意义的形式，适合于不同能力和背景学生的能力，是综合了学科知识、教学和教育理论背景的知识而形成的知识，是教师特有的知识"（舒尔曼，1986）。所以说，教师 PCK 的形成是基于学情分析、教材研究和教育理论指导下的有效教学积淀。而教师教学哲学正是对"为什么教""教什么""怎么教"和"教得如何"的动态回答过程，4 个问题的教学回答需要教师对学生的需求与特征、教学的目的与价值、教学内容的整合、教学策略与方法的优化设计、教学评价方式与方法等方面进行反思—构建—实践—再反思—再构建。所以说，教师教学哲学的形成有助于教师 PCK 知识的形成和提升。

三、教师形成教学哲学的途径探索

美国哥伦比亚大学哲学教授索尔蒂斯认为，教育工作者的教育理念、工作思路和工作方法都受一根无形的指挥棒指挥，这根指挥棒就是教学哲学，每个人都应当有自己独特的教学哲学来指导其教育教学工作。

1. 自觉提升理论素养

教育理论源自对大量教学实践的抽象、概括和总结,是更好教学实践的思想依托。教育理论源自实践,也是能更好实践的助推剂。教师应该直面教育理论对教育实践的指导价值,并广泛阅读反映先进的教育教学理念的读物和其他材料,拓展理论视野和新观念,从当下应该具备什么样的课程观、教学观、教师观、学生观及学习观全面反思,并基于教育实践寻找到与个人经验有契合点的教育理论,并深度学习。获得观察和审视教学的新视角,掌握从全局上、整体上思考问题的方法,发挥教育理论对教学实践的指导价值,同时也为形成自己的教学哲学奠定良好的理论基础。

2. 反思性教学常态化

反思性教学是"教师对各种教育观念、言论、教育方法、教育活动、教育事实和教育现象进行自主判别和认真审视,尤其对自己的教学实践进行检视和反省"[2]。教学不是机械式工作的重复,每一次的教学工作都是在新情境下培养"完整的人"的实践活动。随着教学对象、教学情境、教学内容的改变,需要教师重新梳理原有的教学观念,以全新的理念对待每一次教学活动,对教学活动进行科学分析、正确判断和客观评价,从课前的教学设计、课堂的教学实施到课后的教学评价各个环节开展及时的反思、审视和调控,将反思性教学工作常态化,不断更新教育理念、优化教学策略,形成对教学独特的观念和看法,为实现个人教学哲学的优化和提升提供保障条件。

3. 完善自身知识结构

形成个体教学哲学以教师所具备的个体知识为基础。纵观国内外学者的研究成果和教学实践,成功的教师应该具备本体性知识、条件性知识、实践性知识和辅助性知识。本体性知识即"学科专业知识或科目知识,是教师专业知识的核心构成要素,也是教师顺利完成本职工作、保证教学质量的前提、基础和必要条件"[5,6,7]。针对基础教育课程变革中教材内容渗透学科前沿知识的特点,需要教师改变传统教学中对知识的观念,加强专业知识再学习,以适应当下的教学需求。条件性知识是"有关教育学和心理学方面的知识……主要涉及学生身心发展的知识、教与学的知识和学生成绩评价的知识"[5]。该知识是解决"怎么教"的依据,是教师把握教学内容、确定教学方法和策略,灵活处理教学问题的重要保障,也是现代教学设计中为什么要"学情分析"的理论根源。但在现实的教学中条件性知识往往被弱化,被众多教师淡化和遗忘,所以将教学中的学生不理解停留在自身教学方式方法的不断变换,或是迫使学生机械记忆,导致教学低效。为此,切实需要教师加强对条件性知识的重视,以真正发挥学生的主体性地位和教师的主导作用。实践性知识是"教师在开展教学活动中所掌握的课堂情境知识和与之相关的知识"[5],是教师在一定教学情境下对教学的体验、认知和感受,也是为什么开展针对性教学的理由。使教师面对不确定教学情境时,感知和辨别那些难以归属于个别特定教育规则的教育情境,有效抓住教学情境的一切细节,筹划应对该情境应采取的可能行动,预见各种行动可能带来的后果,并作出适合特定情境的教学决策,最终取得良好的教学效果。辅助性知识一般认为是"社会科学和自然科学方面的知识"[5],科技的迅猛发展和课程变革的综合化趋势要求教师不仅要精通本专业的知识,还要涉猎邻近学科知识,加强不同学科知识的融合与渗透,最终提升学生综合应用知识的能力。

4. 构建专业学习共同体

霍德认为专业学习共同体是"由具有共同理念的教师和管理者构成的团队,他们相互协作,共同探究,不断改进教学实践,共同致力于促进学习的事业"[6]。基础教育课改的重要目标就是促进学生学会学习,而就教师个体而言,知识、能力等维度都是有限的,这就需要建成一个以共同目标、协作能力和集体责任为特征的专业共同体,形成一个由学校领导、教师、学生和家长共同组建的学习共同体,这不仅是促进教师专业发展,提升教育教学质量的有效途径,同时也是促进学生学会学习,获得发展,最终实现学校成功变革的重要举措。需要在开放民主、相互依赖、相互支持的环境中,将教学注意力从"教的意图"转向"教学的成果"，最终实现每一位学生不同程度的发展。

5. 开发教学案例

"教学案例是对蕴含一定教学问题及其解决办法，或在一定教育观念指导下实施的教学活动的真实记录与反思。"[7]"教学即研究，教师即研究者"，尽管教学中知识目标的达成是相同的，但由于教学情境的可变性决定了教师必须寻求最佳的教学策略，解决问题的过程本身就是教师教育研究的过程。教师可选择重要的、具代表性的教学事件为研究课题，先对整个事件进行专业梳理，是"教"的问题还是"学"的问题，然后对应寻找合适的教育理论，一方面拓展专业视野，另一方面通过教育理论寻求解决问题的最佳策略，并付诸实践检验，待整个事件结束后进行全面审视和反思，寻找其中不足之处再优化，如此在动态优化设计中提升有效教学。开发教学案例是最基本的校本教研，将教学案例在教研活动中共享交流，寻求更优化设计，最终促进专业共同体的发展。

6. 唤醒哲学表达意识

基于教育理论的学习和指导，以及在教学实践层面的检验、探索和优化，教师个体形成对教学及学习的独特认识、看法和信条。为更好地提升教师专业发展，需要教师将对教学的认识进行哲学表达，目的在于，一方面通过表达过程加强对理论的再次深入研究，另一方面通过经验共享，使个人成功的经验在同领域内得到辐射，更重要的是在同行的交流和批判中得到改进和提升，全面提升教师的专业素养。

总之，促进教师专业发展工作需要常态化，实现个性化教学是教师的终极追求，需要教师具有对自己专业独特的观念和看法，形成教师个体教学哲学就是教师各种教学观的系统化，并在不断教学实践中持续改进和发展，是促进有效教学的应然，也是加快课改进程的有效举措。

参考文献

[1]杜复平. 教学案例开发：教师个人教学哲学建构的有效途径[J]. 教育研究与实验，2012(3)：36-39.

[2]陈晓端，席作宏. 教师个人教学哲学：意义与建构[J]. 教育研究，2011(3)：73-76.

[3]彼得·法林. 教学的乐趣：大学新教师实用指南[M]. 上海：华东师范大学出版社，2009.

[4]高岩，陈晓端. 试论形成个体教学哲学对教师专业发展之意义[J]. 河北师范大学学报(教育科学版)，2006(3)：44-47.

[5]陈晓端，张立昌. 有效教学[M]. 北京：高等教育出版社，2015.

[6]陈晓端，任宝贵. 当代西方教师专业学习的理论与实践[J]. 当代教师教育，2011(3)：19-25.

[7]杜复平. 基于案例开发的学习职后专业发展的有效途径[J]. 开封教育学院学报，2011(12)：94-97.

例析核心素养视阈下化学史的
科学思维教育功能[①]

鲍甜，严文法[②]

（陕西师范大学化学化工学院，陕西西安 710119）

摘　要：核心素养是近年来世界教育领域的热点研究问题，2016 年 9 月 13 日，《中国学生发展核心素养》正式发布。科学思维能力是核心素养的核心，化学史以其内容的独特性在科学思维教育中具有不可忽视的作用。本文结合已有研究，在例析化学史蕴含的科学思维方法的基础上，进一步探讨了利用化学史进行科学思维教育的策略。

关键词：化学史；核心素养；科学思维

一、引言

2016 年 9 月 13 日，历时三年的研究成果《中国学生发展核心素养》发布了，其中提出了包含文化基础、自主发展、社会参与三方面的中国学生发展核心素养，其综合表现为科学精神在内的六大素养，理性思维是科学精神核心素养三个基本构成要点之一。化学史既是化学科学孕育、产生、发展和演变的历史，更是科学思维的发展史，化学史中化学知识的产生和发展过程无不渗透着化学家们的科学思维。在化学课堂教学中穿插化学史的相关知识，能够在提高学生学习兴趣的同时促使学生对科学思维进行更深入的思考，有助于学生核心素养的形成。

二、摭谈核心素养框架中的科学思维

在 21 世纪初经济合作与发展组织（OECD）所提出的核心素养框架体系中，"反思性思维"居于核心素养的中心。这种"反思性思维"不仅是指能够应对当下的状况，反复地展开特定的思维方式与方法，而且也指具备应变的能力、从经验中学习的能力、立足于批判性立场展开思考与行动的能力[1]。欧盟的核心素养框架指出：批判性思维在母语交际、外语交际、数学素养和基础科技素养等八大核心素养中均发挥作用，渗透于学科学习和活动之中[2]。另一个世界知名的核心素养框架——美国的"21 世纪学习框架"（Framework for 21st Century Learning）也指出框架中各"核心学科"所包含的"学科知识"不再像以往一样强调大量知识的积累，而是指学科观念和思维方式，其目的在于让学生像学科专家那样去思考[2]。此外，有研究表明：除以上三个核心素养框架以外，日本、新加坡、新西兰等国家也都将与思维能力有关的素养列入本国的核心素养指标体系之中[3]。《中国学生发展核心素养》中提出了包含科学精神在内的六大核心素养，其中科学精神的基本要点是理性思维、批评质疑和勇于探究，而理性思维的主要表现是"逻辑清晰，能运用科学的思维方式认识事物、解决问题、指导行为等"。

① 项目资助：陕西省教育科学"十二五"规划课题"陕西省农村中小学教师专业能力发展的现状与培养模式研究"（项目编号 SGH130421）和陕西师范大学教师教育研究 2015 年度"陕西省中学教师教学设计能力现状及培养策略研究"（项目编号：JSJY2015J008）资助。

② 通信联系人：严文法，陕西师范大学化学化工学院副教授，主要从事化学教育、教师教育研究，sxnuywf@163.com。

三、化学史的重要地位及科学思维教育功能概述

研究者们对将化学史融入教育教学工作以提高教学质量的探索由来已久。早在 1915 年，一个英国教育家就出版了将化学史融入课堂教学的教材[4]，该教材旨在通过对宏观材料、单质、化合物等化学知识由来的介绍，循序渐进地启发学生思维，使学生通过对化学史的学习更加深刻地理解知识的由来及其内在逻辑，而不仅仅是单纯地了解史实。其后的一系列化学史在化学教学中的应用研究也表明，将化学史的相关内容穿插在课堂教学中，可以促进学生更快地掌握知识、发展学生的科学思维[5-7]。在国内，研究者也发掘和总结出了化学史的科学推理、创造性思维、批判性思维等科学思维的教育功能[8-10]。

对于科学思维的内涵，研究者们也提出了各自不同的见解。有人认为科学思维能力是一种高级思维能力[11]，是个体在归纳和演绎推理中寻求知识并思考答案，对事实进行识别并探究进而进行科学检验的能力。陈吉明[12]提出，科学思维就是以科学知识为基础的科学化、最优化的思维，是科学家适应现代实践活动方式和现代科技革命而创立的方法体系，是科学技术革命的直接产物，是对世界整体性、复杂性和多样性的整体把握。佟秀丽[13]等人提出，科学思维的本质就是理论和证据的协调。综上所述，所谓科学思维，就是具有意识的人脑对自然界中事物（包括对象、过程、现象、事实等）的本质属性、内在规律及自然界中事物间的联系和相互关系的间接的、概括的和能动的反映。也是对科学中的基础理论、理想模型和经验事实之间关系的理解。科学思维能力是基于事实证据和科学推理对不同观点和结论提出质疑批判，进而提出创造性见解的能力[14]，主要包含三方面：科学推理、创造性思维和批判性思维。

四、例析化学史中蕴含的科学思维方法及其在教学中的运用

化学史是人类在长期社会实践活动中关于化学知识的系统的历史的描述，是化学科学发展不可磨灭的印记。如果说火的使用打开了人类文明的大门，那么化学独立学科地位的确立则无疑是人类文明进程中的加速器。17 世纪中期以前，化学的主要特点是以实用为主，从属于医药学和工艺学，并且深深地禁锢在经院哲学之中。1661 年，波义耳匿名发表的《怀疑的化学家》给化学的经院哲学思想以毁灭性的打击，确立了化学独立的科学地位，化学研究中所依赖的传统经院哲学思维方法也开始向科学思维方法转变。自此以后，化学科学进入了迅猛发展期，许多重要的理论得以确立。从历史的角度看，实践上升不到科学的思维方法则不可能很快取得进步。

1. 化学史蕴含的科学推理思维及其在教学中的运用

科学推理是基于已有事实对未知事实的分析，是一个假设的演绎过程，是一个人对困惑现象的观察，从而产生暂定的理论（即"工作假设"），然后推导出具体的预测。科学推理的主要形式有归纳推理、演绎推理和类比推理[15]。

归纳推理是从实验和观测的事实材料及实验数据出发，推导出理论性的一般结论的一种逻辑思维方式或推理形式[16]，门捷列夫发现元素周期律就是归纳推理思维方法的典型运用。在门捷列夫发现元素周期律之前，德贝莱纳、尚古多、迈耶、纽兰兹等都基于已知元素的性质发现或者提出了元素性质的递变规律，但由于他们都没有把所有元素作为整体来概括，并无视了可能存在的未知元素，因此没有真正找到元素性质的周期性递变规律。而门捷列夫对前人所得成果进行归纳，基于已有元素的原子量和性质，并大胆假设推理，最终在 1869 年提出了元素化学性质的规律性——元素周期律。

演绎推理就是从已有的前提出发，通过推导即"演绎"，得出具体陈述或个别结论的过程。换而言之，演绎推理就是根据前提判断的逻辑性质推出必然性结论的推理[17]。化学史中有关演绎推理的案例不胜枚举，借助于这些化学史素材，引导学生体会演绎推理在化学发现过程中的应用，有助于帮助学

生发展其演绎推理的科学思维能力。在科学家发现了放射性元素铀和钍之后，居里夫人又发现有些沥青铀矿的放射性是纯铀的 4 倍，铜铀云母的放射性是纯铀的 2 倍，同时从铀盐和纯铜制取的二硫酸铜铀（与铜铀云母构成相同）放射性却只是纯铀的一半[16]，她并没有将它们看作孤立的科学现象，而是深入分析思考，推理出在天然铀沥青矿中，一定还存在着一种放射性极强的元素，即后来发现的镭。

类比推理是以事物之间存在的共同属性为基础，运用已有的知识、经验将陌生的、不熟悉的问题与已经解决了的熟悉的问题或其他相似事物进行联系，从而解决陌生问题的一种常用策略[18]。化学史中同样也有众多的类比推理案例，教师在教学过程中要善于发掘此类案例来启发学生掌握类比推理的方法。比如 1927 年英国化学家海特勒和伦敦对薛定谔方程进行了深入的思考并将其引入化学领域，用量子力学的理论来解释 2 个氢原子能够形成稳定的氢分子的原因是由于电子密度分布集中在 2 个原子核之间形成化学键，从而使体系的能量降低，他们用这种方法解释了化学键的实质，创立了量子化学。无独有偶，1924 年德布罗意类比光的波粒二象性提出"物质波"假说，认为一切物质都具有波粒二象性，而这一假说于 1928 年被电子衍射实验证实。

以上三种科学推理的形式对中学生来说，无论是在知识的掌握还是在方法的运用方面都可以起到至关重要的作用。研究表明，中学阶段是学生科学推理思维能力发展的关键期。而诸如此类的化学史实又与其所学的基础知识关系密切。在新知识的教授过程当中，可以利用化学史促使学生掌握相关的思维方法。同时，教师应当启发学生运用思维方法来解决学习中遇到的问题，在增加课堂趣味性的同时提高学生的思维能力。

2. 化学史中蕴含的创造性思维方法及其在教学中的运用

科学的发展需要大胆猜想、勇于创造。创造性思维是以感知、记忆、思考、联想、理解等能力为基础，以综合性、探索性和求新性为特征的高级心理活动。广义的创造性思维是指思维主体有创见、有意义的思维活动。狭义的创造性思维是指思维主体发明创造、提出新的假说、创见新的理论，形成新的概念等探索未知领域的思维活动。创造性思维是在抽象思维和形象思维的基础上和相互作用中发展起来的，抽象思维和形象思维是创造性思维的基本形式。除此之外，创造性思维还包括扩散思维、集中思维、逆向思维、分合思维、联想思维等。

我国著名化学家黄鸣龙在访问美国哈佛大学期间对沃尔夫—凯惜纳（Wolff-Kishner）还原反应的改进就是创造性思维运用的一大成果。当时，该反应常用来将醛类或酮类羰基还原为亚甲基。黄鸣龙在一次意外情况下，导致用该反应得到了出乎意料的高产率。他仔细分析原因，又通过一系列反应条件控制实验，终于找到了提高产率的确切方法，从而对羰基还原为亚甲基的方法进行了创造性的改进。该方法在国际上被广泛采用，且被称为"沃尔夫—凯惜纳—黄鸣龙法"并写入各国有机化学教科书。黄鸣龙对该反应的改进就得益于创造性思维方法中的逆向思维法。他从已有的实验事实出发，寻找原因，确定方案，最终取得了成功。该方法对学生思维能力的发展具有重要意义，教师在教学过程中可以从既定的知识出发，启发学生思考，使学生感悟科学家实事求是、一丝不苟的科学态度。以凡事都要以弄清其所以然为目的，以积极的态度努力探索，有不达目的誓不罢休的穷源溯流的探索精神，从而促进学生创新思维能力的提升[19]。

我国化学家侯德榜发明"侯氏制碱法"是创造性思维运用的又一典型案例。1862 年，比利时人索尔维发明氨碱法后，这种方法长期被西方几大公司所垄断，严重阻碍了我国民族工商业的发展。侯德榜带领一批工作者经过长期努力，终于在 1926 年研究出一套具有创造性的氨碱法制碱技术，填补了国内的一大技术空白，结束了氨碱法制碱技术被垄断、封锁的历史。在化学教学中可将化学史中此类案例引入新课教学，使学生懂得创造性思维除了要有新颖的想法，还要有不怕挫折、敢为人先的品质，以此来激发学生的求知欲。此外，以上史实还可以用来作为爱国主义教育的典型案例，提升学生的民族自豪感。

3. 化学史中蕴含的批判性思维方法及其在教学中的运用

化学发展的过程是曲折的，是从后人对前人的不断质疑和批判中发展而来的。批判性思维要求个体能够独立地思考问题，做出判断；能从多个角度认识问题并对他人的错误理解和看法提出质疑。在中学化学的学习中，学生对原子结构的掌握是宏观辨识到微观探析的关键，而科学家们对原子结构的探索就是对已有理论一次又一次的批判。从道尔顿的实心球模型、汤姆生的葡萄干布丁结构，到卢瑟福的原子行星模型，再到玻尔的量子化轨道理论，最终德国科学家波恩用概率分布的理论科学地解释了电子云的图像。科学家们一步步地接近了原子结构的真实面目。教师在课堂中可以将这一系列的故事呈现给学生，让学生学会从发展的角度认识科学，体会到没有永恒不变的真理，任何真理在一定的条件下都会有局限性，并鼓励学生勇于用批判的目光看待问题，从而培养学生的批判性思维能力。

此外，中子的发现过程也是批判性思维的又一例证，虽然卢瑟福早在 1920 年就作出中子存在的理论预言，但是在之后的十多年里，科学家们却始终没有发现中子的踪迹。1932 年，约里奥·居里夫妇在重复博特的铍辐射实验时，发现将质子撞击出石蜡的射线具有很高的能量，事实上该射线即为中子射线。然而他们却没有沿着正确的思路思考这一现象，而是错误地将其解释为光子同质子的康普顿散射，错失了发现中子的机会。英国物理学家查德威克在看到他们的论文时，对他们的解释提出批判和质疑，经过一番验证，他指出该射线的粒子的质量与质子近乎相等，就是卢瑟福在 1920 年就已经预言存在的"中子"。学起于思，思起于疑。如果查德威克没有对约里奥·居里夫妇的理论提出质疑，那他也将与中子失之交臂。借此案例，可以告诉学生，在科学研究的道路上不能盲目接受前人的观点，而应该谨慎思考，提出自己的见解。同时，教师可以引导学生在课余时间搜集并总结相关资料，让学生自行分析与思考，体会到批判质疑是科学发展的不竭动力，使得科学不断向前发展。

五、结束语

化学学科是科学的一个重要分支，化学史是化学科学孕育、产生、发展和演变的历史，更是科学思维的发展史。化学史体现了科学家们的情感、智慧和意志，化学知识是一代又一代科学家们实践和思维的产物。在中学化学基础理论知识的学习过程中，学生会接触到大量的化学史素材，这些素材有显性的，也有隐性的。在化学教学过程中，教师要善于利用化学史中的相关知识来培育学生的科学思维能力。对于显性的化学史素材，教师可以在学生阅读的基础上加以概括总结，对于隐性的素材，可以鼓励学生查阅相关资料，使学生切身体会思维方法的重要作用，进一步掌握科学思维的方法，从而促进科学精神核心素养的养成。

参考文献

[1]钟启泉. 基于核心素养的课程发展：挑战与课题[J]. 全球教育展望，2016，45(1)：3-25.

[2]张华. 论核心素养的内涵[J]. 全球教育展望，2016，45(4)：10-24.

[3]黄四林，左璜，莫雷. 学生发展核心素养研究的国际分析[J]. 中国教育学刊，2016(6)：8-14.

[4]William B. Jensen. History and the Teaching of Chemistry. A Tribute to Thomas Lowry's Textbook "Historical Introduction to Chemistry"[J]. Education Química，2016，27：175-181.

[5]María A. Rodríguez，Mansoor Niaz. How in Spite of the Rhetoric，History of Chemistry has Been Ignored in Presenting Atomic Structure in Textbooks[J]. Science Education，2002(11)：423-441.

[6]Kevin C. de Berg. History and Philosophy of Science Inside Chemistry：Implications for Chemistry Education[J]. Science Education，2016，25：917-922.

[7]Bibbel Erduran. Philosophy of Chemistry：An Emerging Field with Implications for Chemistry Education[J]. Science Education，2001(10)：581-593.

[8]刘霖. 化学史与科学方法教育值[J]. 化学教育，2005，26(11)：62-64.

[9]王飞. 刍议化学史在中学化学教育中的价值[J]. 中学化学教学参考，2016(4)：7-8.

[10]任凌云. 化学史在学生素质教育中的作用[J]. 高教探索，2016(5)：13-15.

[11]Gamlunglert, Thitima, Chaijaroenetal. Scientific thinking of the learners learning with the knowledge construction model enhancing scientific thinking[J]. Procedia Social and Behavioral Sciences，2012，46：3771-3775.

[12]陈吉明. 创新实践课程教学中科学思维能力的培养[J]. 实验室研究与探索，2011，30(2)：85-87+113.

[13]佟秀丽，莫雷，Zhe Chen. 国外儿童科学思维发展的新探索[J]. 心理科学，2005，28(4)：933-936.

[14]胡卫平，林崇德. 青少年的科学思维能力研究[J]. 教育研究，2003(12)：19-23.

[15]Lin Ding，XinWei，Xiufeng Liu. Variations in University Students' Scientific Reasoning Skills Across Majors，Years，and Types of Institutions[J]. Res SciEduc，2016，49：613-632.

[16]邱道骥，孟献华. 化学史中的归纳推理与现代教学启示[J]. 中学化学教学参考，2009(12)：39-41.

[17]杨树森. 演绎推理定义新探[J]. 华南师范大学学报(社会科学版)，1994(3)：28-33.

[18]朱红平. 浅谈化学史中的思维方法[J]. 化学教育，2004，25(5)：63-64+45.

[19]刘霖. 巧用化学史培养创造性[J]. 化学教育，2003，24(10)：54-56.

从生命伦理视角审度化学实验教学

陈庆露，杨承印①

（陕西师范大学化学化工学院，陕西西安 710119）

摘　要：本文对伦理的源流进行梳理，通过对生命伦理基本思想点的解读，从生命伦理的视角出发，对中学化学实验教学中教师的伦理行为进行审视。通过案例分析指出了教师在化学实验教学中的失范行为，呼吁教师在化学实验中：敬畏教师以及学生的生命，保护师生的生命安全，促进生命发展；更好地发挥化学实验教育功能，实现其人文价值。对化学教师在化学实验中未给师生配备防护措施，实验中不顾自身安全，以及危险化学品监管不力等行为进行了伦理审视，指出其不符合生命伦理的基本思想。并且提出了教师在教学中面临伦理困境时应当以"还可以怎么样"的思维模式去寻求解决方案。

关键词：生命伦理；化学实验教学；道德两难；安全

化学实验教学是突出 STSE 教育（STSE 是科学、技术、社会、环境的英文缩写），帮助学生更深刻地认识科学、技术、社会和环境之间的相互关系，促进学生体会和赞赏化学科学提高人类的生活质量、使人与自然和谐相处等方面发挥的重要作用，但是由于在实际教学中部分教师疏于防护，导致教师及学生的安全遭受损失；中学化学实验事故频发。最终化学实验教学的人文价值缺失，化学科学在公众的认知中成为"危险"和"污染"的代名词。如何改变公众对化学的这种偏见，成为每一个化学人应该思考的问题。

一、生命伦理思想的源流

中文"伦理"一词最早见于《礼记·乐记》："乐者，通伦理者也"，其英文为 ethics，源自希腊文。西方人一般认为苏格拉底是伦理学的奠基者，但是最早真正从伦理关系上去研究伦理和道德并建立相应伦理学体系的是黑格尔（Hegel G. W. F.，1770—1831）[1]。在此后的发展中形成了道德情感论伦理学、社会契约论伦理学、功利主义伦理学等多种流派。20 世纪六七十年代，Rachel Carson《寂静的春天》一书发表，人们开始思考自身与生态环境之间的关系，生命伦理的意蕴就此萌芽。生命伦理学是 20 世纪 70 年代先后在美国、欧洲发展起来的一门自然科学与人文社会科学交叉的新兴学科[2]。生命伦理学是根据道德价值和原则对生命领域内的人类行为进行系统研究的学科，即对于某些生命行为的作为或不作为、认同或反对的理由，认为某个行动、规则、做法、目标好坏的价值判断[3]。1952 年的诺贝尔和平奖得主阿尔贝特·施韦泽（Albert Schweitzer，1875—1965）于 1923 年在《文化与伦理》一书中首次公开阐述了他的"敬畏生命伦理思想"，这一新的伦理学的概念来自于施韦泽的创新和灵感[4]。20 世纪 80 年代初期，生命伦理学的概念被引入中国。1980 年，邱仁宗教授在《医学与哲学》创刊号上发表了《死亡概念与安乐死》一文，首开了国内生命伦理学学术讨论的先河。1987 年 5 月出版的专著《生命伦理学》，标志着中国生命伦理学的萌芽[5]。

二、生命伦理思想的基本内涵

生命伦理学的基本思想是："善是保存生命，促进生命，使可发展的生命实现其最高价值。恶则是

---

①　通信联系人：杨承印，yangcy@snnu.edu.cn。

毁灭生命，伤害生命，压制生命的发展。这是必然的、普遍的、绝对的伦理原理"[6]。施韦泽认为，敬畏生命的伦理学是对其他伦理学的一种超越，它不仅仅是倡导对人的生命的尊重，而且还要求对普遍的生命的敬畏。这也是敬畏生命伦理思想的善恶标准。

伦理标准。施韦泽认为的伦理包括三方面：第一，伦理不应只涉及人对人的责任，它还包括对世界上的所有生命的义务和责任，伦理关怀的重心是一切生命；第二，只有当人类把动物、植物和人即世界上的一切生命都看作神圣和无价的时候人才是伦理的；第三，人有责任帮助处于危急中的生命摆脱危险与困境，这种善举一方面使人自身得到自我完善，另一方面实现了人对所有生存着的生命所应担负的责任。

平等观念。这里的平等不是指人与人的平等，而是要求我们人类要对爱人和爱动物、爱植物予以同等重视。由于动物、植物和人一样都是有生命的，生命体与生命体没有区别，人类也不应区别对待生命。

行动指南。施韦泽认为伦理不应当是消极地避免生命伤害，而应该是以积极的入世态度去帮助生命、促进生命发展，要承担对生命的无限责任。爱是我们承担对生命无限责任的出发点。

施韦泽的敬畏生命伦理思想是叔本华和尼采的伦理思想的综合。伦理既不只是否定生命，也不只是肯定生命，而是否定生命和肯定生命的神秘结合，即敬畏生命[7]。敬畏生命伦理适用于人类行为能够促进生命或伤害生命的一切领域，成为世界和平、环境保护、动物解放等运动的重要思想资源，已经普遍地影响人们的心灵和观念，并谦恭地代表一种更高的意志而诉诸我们的行动和认识。

三、敬畏生命伦理与化学实验教学

敬畏生命伦理与教学的关系应当从伦理规范化学实验教学行为以及将敬畏生命伦理作为化学实验教学的内容两方面来进行探讨。我国 2008 年颁布的《中小学职业道德规范（2008 修订版）》规定了教师必须遵守：爱国守法、爱岗敬业、关爱学生、教书育人、为人师表、终身学习六大职业道德规范，然而这与教师专业伦理仍有很大距离，且由于内容理想化，在实践中对教师的行为难以起到明确的规范指导与促进作用。毛少华从生命伦理的视角对教师的生命观（主要指教师对学生的生命观）进行了探讨，指出了教师应当：敬畏、尊重、理解、宽容、平等、尊严、促进生命的可持续发展[8]。

化学实验教学是化学教学的基础，也是检验化学知识真伪的最高法官，它在促进学生发展方面起着重要而独特的作用。实验化学教学可以充分挖掘实验化学提高学生分析和解决实际问题能力的功能，突出 STSE 教育，帮助学生更深刻地认识科学、技术、社会和环境之间的相互关系。通过对有一定应用价值的实验探究和问题解决，促进学生了解化学科学对个人生活及社会发展的贡献，了解在解决人类社会发展过程中面临的有关问题、提高人类的生活质量、促使人与自然和谐相处等方面发挥的重要作用，关注与化学有关的社会热点问题，逐步形成可持续发展的思想[9]。但是在实际的化学实验教学中教师们常常陷入伦理两难，中学化学实验教学常会用到有毒、易燃品（易爆），强酸碱等腐蚀品，因此难免会对师生的安全造成影响，在实验过程中也经常出现药品胡乱丢弃等情况，造成环境的污染。最终导致公众的认知中化学成了危险的代名词，甚至成了现如今环境污染的罪魁祸首，近年来的一则化妆品广告更是打出了"我们恨化学"这样耸人听闻的标语[10]，近年来中学化学实验教学发生危险的案例也屡见于报端，这对于学生学习化学的兴趣也会产生不利影响，最终影响了学生科学素养的发展。这显然既与化学实验教学的价值追求相违背，也不符合敬畏生命伦理思想的要求。

在化学的发展史中，限制性核酸内切酶的发现者——保罗·伯格，也曾因无法确定这一能改变人类生命进程的发现，对于人类社会来说到底是促进还是毁灭，而寻求生命伦理规范帮助的例子[11]。因此从敬畏生命伦理的视角出发，对实际化学实验教学案例的分析，可以帮助化学教师在化学实验教学面临伦理困境时作出伦理抉择，以便更好地促进生命发展，具有较强的实际意义。

四、在化学实验教学中敬畏教师的生命

夏立先老师在一篇文献中记载了发生在他身上的实验事故：他在为杭州西湖区初中教师进行实验培训时，现场做钠与饱和硫酸铜溶液反应的实验，结果发生了意外。实验中发生两次爆炸，夏老师受伤，在其后经过简单处理，坚持上完培训课[12]。

这是一则非常有伦理韵味的案例，通过该老师的记载我们知道：在做这个实验之前他已经对实验的危险性有很明确的认知，清楚地知道实验会发生爆炸，但是他依然选择在"没有任何防护措施"的情况下进行实验。我们不禁要问为什么明知危险还要没有任何防护措施地进行实验呢？同样值得我们深思的是在事故发生后夏老师只是进行了简单的处理就坚持将培训课上完，很多人可能会被老师这种自我牺牲的敬业精神所感动，但是从敬畏生命的视角来看，这样的牺牲行为真的适合吗？化学教师在实际工作中经常面临类似的伦理两难的困境，《中小学教师职业道德规范》规定：教师要有敬业奉献的精神，要求对工作高度负责。如果夏老师不坚持上完这堂课，那么就有可能被认为是对工作不负责任，势必是违背道德规范的；如果他坚持上完这堂课，那么从敬畏生命伦理的视角看来这必然是没有看到个人生命的神圣，那么忽视学生的生命健康也就不足为奇了。只有当人认为所有生命，包括人的生命和一切生物的生命都是神圣的时候，他才是伦理的。显然从敬畏生命的视角看来老师坚持上课的行为并不是伦理的。那么化学老师在面对类似的道德两难困境时究竟该如何选择？

实际上伦理并非非此即彼的，不是应该怎么样、不应该怎么样；而应该是："还可以怎么样？"该老师还可以怎么样？他完全可以在保护措施齐全的情况下进行金属钠与硫酸铜溶液的反应实验！这样即使发生危险也能把对个人的伤害降低到最小。受伤后及时进行医治，如果医生认为确实可以上课，再坚持上完这堂课，这明显无论从什么视角看来都是符合伦理规范的。人们常认为出于无私的考虑而损害生命并不违反伦理。这种如此明显的错误是伦理不知不觉地进入非伦理域的桥梁，必须被拆除。只有人道即对个人生存和幸福的关注才是伦理，教师应当具有奉献精神，但是这种精神应该是教师所内在的，而不应该是外在对教师的要求，教师首先是人，然后才是作为专业人员的教师，他们应当有自己的生命权利，有完善发展自我的需求。发展教师的"健康利己观"，避免教师在化学实验中无谓的牺牲，是我们在化学实验教学中的应有之意。

五、在化学实验教学中敬畏学生的生命

何立琳老师记载了这样一则案例：1985年我第一次教碱金属的化学性质时，演示钠与水反应的实验，两名学生为了验证金属钠与水反应的爆炸现象，偷拿了两块，人为制造了两起爆炸事故[13]。虽然学校认定事故的责任主体是这两名学生，但是作为化学老师仍然要考虑在这起事故中我们是否应该承担因为疏于监管而可能造成生命伤害的伦理责任。

每当化学实验事故发生，我们习惯于认为是学生没有听从老师的安排，没有按照老师的要求行动。但是事实上我们面对的是活生生、充满朝气的生命，他怎么可能如同机器一样事事循规蹈矩？《中小学教师职业道德规范》(简称《规范》)规定：老师要尊重学生人格，平等公正对待学生，要激发学生的创新精神，促进学生全面发展。那么对于学生主动获取知识的探究活动老师就应该予以保障和支持，但是《规范》同样规定老师要保护学生安全，关心学生健康。在明知这个实验很危险的情况下我们如何选择？如果简单地对学生说："不"，必然伤害学生学习的主动性，甚至降低学生学习化学的兴趣，影响学生化学素养的发展。如果说："同意"，我们该怎样面对即将发生的生命伤害？显然这二者都是不符合敬畏生命伦理、促进生命发展的思想的。

我们必须要思考：作为化学教师还可以怎么做？我们完全可以在实验前考虑得足够精细，如果对实验危险品的监管力度足够，呈现到学生手中的金属钠粒本身就只有黄豆粒大小，如何能引起爆炸呢？中学化学实验室涉及的危险化学品不在少数，而学生乱扔实验药品的事情同样经常发生，我们有理由

相信学生今天能拿到金属钠验证爆炸，那么白磷燃烧实验所残余的白磷，就有可能得不到安全的处理而引起火灾。因此发生危险我们老师如何能逃过道义的遣责，伦理的审判？2013 年 4 月，复旦研究生黄洋遭舍友投毒死亡的消息再度让人悲伤，也让人深思这样的主题[14]。敬畏生命！

六、在化学实验中促进学生生命发展

2013 年，安徽郎溪中学一化学教师组织高一学生到实验室做玻璃雕刻实验，在实验过程中多名学生手上被氢氟酸腐蚀，尽管老师已经让学生用自来水冲洗，但在课后仍有 7 名学生手上出现红肿、刺痛等症状。在记者其后对该校校长的采访中，校方领导认为："化学实验是正常教学活动，且此次事故的原因是学生未按老师的要求进行清洗[15]。"氟化氢易溶于水，其水溶液即氢氟酸。在空气中发烟，可燃烧。剧毒，有刺激臭，空气中允许含量为 3ppm[16]。我们无法推测学生在遭受这样的伤害后会对化学科学产生怎样的印象，是否还会勇敢地进行化学实验，我们甚至不愿想象，倘若氢氟酸不小心进入了学生的眼睛又会造成什么样的伤害。从敬畏生命的伦理思想看来，首先学校领导的说法并非出自于对学生的爱与负责任的态度，是与敬畏生命的伦理思想相背离的。明知氢氟酸有腐蚀性却不给学生配备防护措施，这岂非是在给事故的发生创造条件？老师在这起事件中仍然面临着两难的伦理抉择，像玻璃雕刻这样的实验并非化学课本上要求的，但是对于学生认识物质的性质，提高实验操作能力确实很有帮助。如果做这个实验可能面临着上述学生发生危险的情况，如果不做实验又难以让学生直观地了解氢氟酸的性质。作为教师我们该如何抉择？其实给学生配备完善的防护措施不就好了吗？敬畏生命伦理并非简单地告诉我们应该按照怎样的伦理原则进行伦理决策，最重要的是要求我们从敬畏生命的高度，真正对化学实验教学中的安全问题重视起来，只有这样我们才能找到伦理困境的出路。

据吴宗之等统计："在我国危险品事故的各种原因中，因违反操作规程或劳动纪律造成的事故最多，占事故总起数的 35%，导致的人员伤亡最严重，占事故全部死亡人数的 35%；其次是因设备设施工具附件有缺陷，事故起数和死亡人数分别占事故总量的 16% 和 13%。这两种原因导致的事故约占事故总量的一半。"[17]自然灾害人力无法控制，但是对于人为责任事故和设备设施事故我们必须加以避免，因为疏忽而伤害生命的行为是不伦理的，是没有体会到生命至高无上神圣观的。那么是否我们就因噎废食从此放弃了化学探究实验呢？显然在敬畏生命伦理的思想下并不是这样的。敬畏生命伦理要求人们以积极的入世态度，乐观主义的精神对待社会生活，并主动承担起对一切生命的责任和义务，为实现生命的最高价值而努力。

七、结论

施韦泽曾经说过："伟大的奥秘在于，作为充满活力的人度过一生。"他还说过："我的生命不是学术、不是艺术，而是奉献给普通的人，以耶稣的名义为他们做一点点的小事情。"[18]当我们致力于帮助别的生命时，我们有限的生命可体验与宇宙间无数的生命合而为一，这是他的爱的行动伦理思想。施韦泽在非洲行医的过程中为了治愈病人的疾病而不得不杀死病毒，但是他会因为伤害而感到痛苦，而且这样的伤害无可避免。作为化学教师我们必须在化学实验中设法保全学生，避免对学生和教师的个人伤害，以促进他们的发展，以帮助他们实现生命价值为最高追求，这是对善的追求！也应当是每一位化学教师的专业理想。

参考文献

[1]宋希仁. 西方伦理思想史[M]. 北京：中国人民大学出版社，2010：5-9.

[2]滕永直. 生态与环境保护：生命伦理学研究的重要向度[J]. 医学与哲学（A），2014，35（9）：36.

[3]毛少华. 生命伦理视角下的教师生命观[J]. 教学与管理，2014（12）：17.

[4]阿尔贝特·施韦泽. 敬畏生命：五十年来的基本论述[M]. 陈泽环，译. 上海：上海社会科学院出版社，2003：5.

[5]肖述剑. 大学生生命教育简述[J]. 当代经济，2014(9)：94.

[6]阿尔贝特·施韦泽. 对生命的敬畏：阿尔贝特·施韦泽自述[M]. 陈泽环，译. 上海：世纪出版集团/上海人民出版社，2007：128-129.

[7]施韦泽. 文化哲学[M]. 上海：文化出版社，2003：253-354.

[8]毛少华. 生命伦理视角下的教师生命观[J]. 教学与管理，2012(12)：18-19.

[9]陈伟. 论新课程背景下实验化学的化学教育功能[J]. 新课程研究，2012(2)：188.

[10]龙敏飞. "我们恨化学"式广告拷问监管责任[J]. 新闻战线，2016(1)：94.

[11]庞艳. 关于生命伦理的一点思考[J]. 教育教学论坛，2015(18)：74.

[12]夏立先. 由一次实验事故引发的思考[J]. 化学教与学，2012(8)：89.

[13]何立琳. 中学实验事故例析[J]. 化学教育，1994(1)：41-42.

[14]赵瑞娟. 复旦学生投毒案折射当前人格教育缺失[J]. 中国青年研究，2013(8)：1.

[15]苏建青. 实验探究有度安全警钟长鸣——由"一起实验教学安全事故"引起的反思[J]. 教育界，2014(22)：153.

[16]马世昌. 化学物质词典[M]. 西安：陕西科学技术出版社，1994：524.

[17]吴宗之. 2006—2010年我国危险化学品事故统计分析研究[J]. 中国安全生产科学技术，2011，7(7)：8.

[18]阿尔贝特·施韦泽. 敬畏生命：五十年来的基本论述[M]. 陈泽环，译. 上海：上海社会科学院出版社，2003：9.

高三化学复习中学生思维能力的培养

何文梅①

（西安市长安区第一中学，陕西西安 710100）

摘　要：新课程改革强调，在教学过程中要注重学生实践能力与创新能力的培养。优秀的思维品质是创新的基础，是教学中能力培养的核心。高三复习，不应该是知识的重复，而应该是在复习的过程中从基础知识、化学实验、化学计算等各个角度去培养学生的思维能力，在真正意义上提高学生的思维品质和学习能力。

关键词：思维能力；创新思维；发散思维；化学复习

学习的过程，是学生思维活动的过程。思维能力的差异，是学生学习效率质量产生差异的主要因素。新课程改革强调，在教学过程中注重学生实践能力与创新能力的培养。思维能力是创新的基础，是教学中能力培养的核心。考察 2012 年到 2017 年化学高考试题的变化趋势，不难看出试题对学生的思维能力要求越来越高。所以在教学中应强化对学生思维能力的培养。化学教学中学生思维能力可分为五个层次：具有对知识的再现和辨别能力；对知识的运用能力；学生的创新能力；学生在错综复杂的问题中选择解决问题的最佳方案的评价能力；学生将化学问题抽象成数学问题，建立数学模型解决化学问题的能力[1]。学生思维能力的培养是一个循序渐进的过程，高一、高二阶段主要侧重的是前三个层次能力的培养，高三学生进入复习阶段后在全面训练思维能力的基础上，应该注重更高层次能力的培养。

一、注重"双基"，回归教材，夯实思维的基础

一轮复习并不是炒冷饭。在这一过程中，应该帮助学生弄清化学问题的本质，让学生在理解的基础之上熟悉化学知识，而不是帮助学生死记硬背化学知识。在一轮复习中教师要引导学生通过制作思维导图来寻找知识点之间的相互关联，做到对化学知识的融会贯通，形成中学化学知识网络。将烦琐细碎的化学知识有序化、规律化，同时强化"微粒观""元素观""分类观""运动观""物质观""结构观""科学价值观"等化学基本观念，为高层次思维训练扫清障碍。比如物质的量的相关内容复习，高一作为新课学习时，大部分学生受思维能力及基础知识的限制总觉得难以理解。但是通过在后面的学习中对物质的量这一物理量的大量运用，学生会逐渐理解相关概念。在高三复习时，教师应强调的不应是基本计算公式，而应该是这些概念及这些物理量之间的相关联系，使学生深刻理解到物质的量在微观粒子与宏观物质之间的作用。再如，离子反应的复习也应该站在整个高中化学教材的高度之上，让学生去认识离子反应的本质、电解质在不同条件下的存在状态、电荷守恒思想、离子方程式的书写、离子共存问题等，强化微粒观。再比如，元素类的复习，学生通过归纳各物质之间的转化关系，学会运用化学基本理论，提炼化学反应的规律。

二、利用化学计算培养学生思维能力

化学计算的学科本质是对化学问题的数学处理过程，即对物质的组成、结构、性质和变化规律的

---

① 通信联系人：何文梅，243601669@qq.com。

量化过程。中学化学计算的基础是物质微观粒子在化学变化中"质"与"量"的关系，这是化学计算与其他学科的本质区别之处。学生解决化学计算问题除了需要有一般解题的思维表现外，还需具备与化学学科特点相适应的思维特征[2]。化学计算的这一特点使得化学计算成为对学生进行思维能力训练的有效途径。

守恒法是中学化学计算的"灵魂"。应用化学守恒思想解决化学问题，应该从化学反应的基本规律与特征入手。质量守恒，是化学变化定律之一，是化学计算的基础。学生在初中对质量守恒理解得已较为透彻。从宏观上看反应前后物质的总质量不变，元素的种类不变，原子的质量不变；从微观角度看化学反应中原子的种类不变，原子的数目不变，原子的质量不变。从质量守恒很容易就会引申出原子个数守恒、元素种类守恒。所以质量守恒是守恒思想的基础。当然，化学反应的另一定律能量守恒，在守恒思想中是不能被忽略的。能量守恒的典型应用就是盖斯定律。教师通过对盖斯定律的讲解与应用，使学生充分认识到能量守恒的普遍性，构建完整的化学守恒体系，使守恒思想更加完善。一轮复习中采用一题多解，从不同角度运用守恒法，展现师生的思维过程，培养学生分析问题、解决问题的能力，启迪学生的思维，让学生体验守恒规律，逐步建立守恒思想。二轮复习阶段多题一解，认识各种守恒的内在联系。抓住守恒的本质，选择最简洁的思路，提高思维的灵敏性。比如下面这道习题是训练守恒思想的典型的例子。

标准状况下，将 3.36 L 的 CO_2 缓缓通入 200 mL 1.00 mol/L 的 NaOH 溶液中，充分反应后溶液中 CO_3^{2-} 与 HCO_3^- 的物质的量之比为（　　　）

A. 1：1　　　　B. 1：2　　　　C. 2：1　　　　D. 1：3

学生经过思考与讨论，总结出解决这道题的方法有：十字交叉法、平行分析法、分步分析法、书方程式法等多种方法。在交流的过程中，培养了学生的发散思维，从不同角度体会守恒思想，理解守恒思想的理论依据与实际应用之间的关系。铝盐遇碱反应、偏铝酸盐与酸反应、碳酸盐与酸反应等与用量有关的反应都可以这样练习。久而久之学生就会主动应用守恒思想，善于抓住物质变化时某一特定量的固定不变，对化学问题做到微观分析、宏观把握，达到简化解题步骤、既快又准地解决化学问题的效果。很多题型可以用一种方法来解决，比如多步反应、与用量有关的反应、氧化还原反应、离子反应等。有了高一、高二的深入体验，学生会快速找出问题的切入点，选择最佳方法快速解决问题。另外，溶液中的离子浓度关系也是守恒思想的典型应用。学生通过对必修教材中守恒思想的理解与应用，为进一步学习溶液中离子平衡奠定了基础，此时学习物料守恒、电荷守恒、质子守恒就水到渠成了。

三、利用化学实验培养学生的创新思维

实验是化学的特征，化学实验是培养学生思维能力的重要手段。学生通过设计实验方案、动手实验、评价改进实验方案等能有效培养学生的批判思维、发散思维、创新思维。

1. 开展探究，启迪思维

高三复习中教师通过课堂讲实验、学生通过习题"做实验"往往会形成思维定式，学生的能力得不到真正的提高。教师可以将一些相关的实验整合到一起，让学生通过动手探究、设计实验方案去体验过程，通过评价实验方案来提高思维的严密性和深刻性。一个具体化学问题的解决包含有许多可行性方案，学生通过对所设计方案的评价与改进，学会了在这众多方案中选择出一种或几种最有利于实际的操作或最简捷的操作模型，培养了选择解决问题的最佳方案的评价能力。比如，测定碳酸钠中碳酸氢钠杂质含量，引导学生从碳酸钠与碳酸氢钠性质的差异及二者之间的相互转化入手确定实验原理，设计不同的实验方案，选择实验装置，完善实验方案，计算实验结果。通过这一具体的实验方案的设计过程，学生建立起解决化学实验问题的解题模型和思路，提升了其思维的严密性、发散性。

2. 理解实验原理进行改进和创新

在复习非金属元素类知识时，涉及气体（SO_2、NH_3 等）易溶于水的实验，教材中的实验装置如图1所示。

图1 教材中的实验装置

通过对比分析，学生明白了产生实验现象的原因。在此基础上让学生设计其他方案证明气体易溶于水，如图2所示。

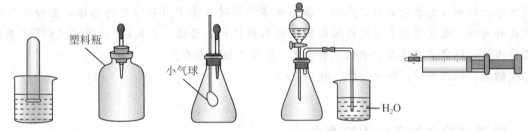

图2 学生设计的实验装置

学生在设计这些实验方案的时候，会将物理知识与化学知识及生活经验相结合，实现各学科间的相互联想，培养思维的严密性、发散性。再比如，关于铁与水蒸气的反应、硝酸与铜的反应、防倒吸装置等都是对学生进行思维训练的好素材。

微型实验也是培养学生创新思维能力的一种有效方法。微型实验取材广、设计灵活、绿色环保。学生在将教材实验微型化的过程中能充分认识到仪器的作用、设计的意图，加深学生对实验原理的理解，同时有利于学生创新思维能力的培养。

四、克服思维定式，培养发散思维

课程改革至今，传统教育带来的一些弊端和缺陷并没有完全消除。比如思维定式，"这在一方面使得学生习惯于沿用自己所熟悉的固定思路去思考问题，表面上看上去似乎驾轻就熟、得心应手；另一方面也在不同程度上妨碍了学生思维的灵活性，将思路束缚在无形的框框内，造成思维狭窄、单一、刻板僵化，最终影响到学生创造力的发挥"[3]。首先，教师在第一轮复习中采用启发式、对话式的教学方法引导学生积极进行分析、探究、总结、归纳，在得出普遍规律的同时关注特殊性。其次，针对某些问题引导学生从不同角度去分析，提出解决问题的方法，突破思维定式提高思维能力。最后，注重实验教学，开展科学探究也是克服思维定式、提高发散思维的主要手段。

在高三化学复习中要改变知识为主导的单调与枯燥，让学生的思维动起来，让思维成为课堂的主旋律，让智慧在思维的碰撞中闪烁出耀眼的光芒。

参考文献

[1]顾建辛. 化学思维能力结构及其培养[J]. 课程·教材·教法，1998(11)：39.

[2]杨玉琴. 化学计算的科学本质及其教学[J]. 化学教学，2013(10)：7.

[3]郅庭瑾. 为思维而教学[M]. 北京：教育科学出版社，2007.

微课在初中化学教学中发展学生核心素养的应用研究

——以"物质的鉴别"微教学设计为例

贺丽①

（西安市第八十五中学，陕西西安 710061）

摘　要：互联网、大数据、人工智能和虚拟现实等技术改变未来教育教学模式，信息技术和教育教学深度融合，微课日趋成熟。新课程标准强调教学应该是一种探究性的教学活动，以提升学生的核心素养为主旨，因而，微课教学的关键应在于引导学生的思维，充分利用初中生的好奇心，激发学生参与实验探究活动的积极性和主动性。本文以"物质的鉴别"的微教学设计为例，探究了微课在初中化学教学中发展学生核心素养。

关键词：微课教学；初中化学；教学设计

一、微课对教育教学模式的改变

微课是信息技术与教育教学深度融合的产物，也是化学教学的有效辅助手段之一。大量教学实践证明，将微课灵活引入化学教学，能够化抽象为形象，化烦琐为简单，促使学生更好地理解化学知识本质，培养学生良好的自主合作与探究能力，全面提升化学教学质量[1]。

新课程标准强调化学教学应该是一种探究性的教学活动，教学的关键应在于引导学生的思维，激发学生参与探究活动的积极性和主动性，提升学生在面对相对复杂的环境时解决问题的能力[2]。化学微课综合利用互联网、大数据、人工智能和虚拟现实等技术，将学生分析问题和解决问题的过程与信息技术相结合，形成了教育教学的新模式。丰富多彩的信息吸引着学生，逼真动态的虚拟现实提升兴趣，形象清晰的动画阐释分析问题的过程，启发学生的思维，使学生在解决问题中获得自信，提升学生的核心素养。

二、微课在教学中应用的案例

下面以初三化学"物质的鉴别"为例，阐释微课在初中化学教学中发展学生核心素养的应用研究。

物质的鉴别是初三学生在学习了酸碱盐知识之后，酸碱盐知识应用的重要知识点。学生具备一定的化学基础知识和解决化学问题的能力，初步了解科学探究的基本方法，但是缺乏对化学知识理性和系统的认识。

1. 这节课的教学目标

知识与技能：通过对创设情境中问题的解决，认识常见酸、碱和盐的知识应用，知道无试剂鉴别的常见思路。

过程与方法：通过对实验视频的观察，能在实验操作中注意观察和思考相结合，学习实验操作技能。

情感·态度·价值观：能体验到物质鉴别的乐趣和学习成功的喜悦，注意细节和逻辑严密。

2. 这节课的教学设计

第一步，课前准备。

用 5 s 清新活泼的小动画将学生的注意力转移到学习中。

---

① 通信联系人：贺丽，helidhd@qq.com。

这种方式要比传统的教学生动形象得多，应用信息技术，将大量有趣的信息在较短的时间呈现在学生面前，提升学生的学习兴趣。

第二步，情境引入。

创设情境：老师在整理化学实验药品，小明来帮忙，老师给他分配了一个任务——贴标签，药品分别是 NaOH 溶液、$MgSO_4$ 溶液、$FeCl_3$ 溶液、$BaCl_2$ 溶液、KNO_3 溶液，可是，老师没有告诉他每个瓶里到底装的是什么，他该怎么贴呢？你能帮帮小明吗？（情境展示如图 1 所示）

图 1 情境展示

布置任务让学生贴标签。学生通过微课的演示，身临其境一般，亲自体验，亲自感悟，从而激发出想继续研究探索的想法，激发出学习兴趣。把抽象问题与真实情境相结合，学生会带着疑问去提出问题，然后围绕问题进行讨论，最后解决问题。创设虚拟现实的情境是为学生创设利用所学知识解决实际问题的机会，使学生加深对知识应用的理解，学生可以通过优异的表现来获得自尊的满足。

第三步，动画演示。

由 Flash 展现动态清晰的思路分析（见图 2）。首先通过观察将黄色的 $FeCl_3$ 溶液鉴别出，然后用 $FeCl_3$ 溶液鉴别出 NaOH 溶液；再用 NaOH 鉴别出 $MgSO_4$ 溶液；用 $MgSO_4$ 鉴别出 $BaCl_2$ 溶液；剩余的就是 KNO_3 溶液。

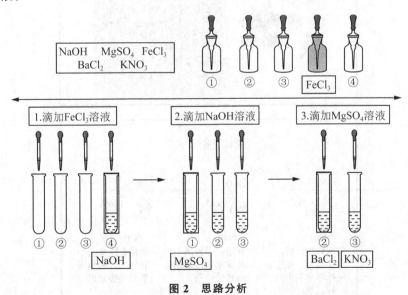

图 2 思路分析

微课中 Flash 软件的运用，能让教师利用微课教学进行生动有趣、直观易懂、有启迪意义的演示，创设出活泼真实的教学情境[3]。清晰的鉴别思路帮助学生的思维进入到条理清晰的理解状态，从而理解物质的鉴别在理论上应该如何完成。

第四步，实验展示。

授课老师出镜演示实验（见图3），验证鉴别思路，学生通过视频仔细观察实验中的基本操作和实验现象。

以知识为中心的教学方式过于抽象，难以形成实际解决问题的能力。而化学是以实验为基础的学科，化学实验也是化学学科的魅力所在。这个方式通过让学生观察实验以及现象，调动学生的学习兴趣，同时学生的思维由抽象一下子就变得形象起来，由实验现象自然而然地得出结论，进一步加深学生对物质鉴别的理解。实验的操作过程也做到井然有序，以期引发学生的思维活动，提升学生的思维能力。

图3　演示实验

第五步，归纳总结（见图4）。

再对"物质鉴别"的定义进行总结：在一组试剂的鉴别中，不用其他的试剂，仅利用本组试剂物理

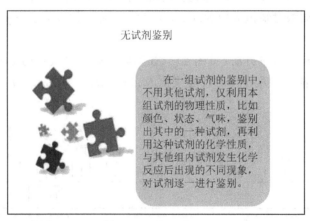

无试剂鉴别

在一组试剂的鉴别中，不用其他试剂，仅利用本组试剂的物理性质，比如颜色、状态、气味，鉴别出其中的一种试剂，再利用这种试剂的化学性质，与其他组内试剂发生化学反应后出现的不同现象，对试剂逐一进行鉴别。

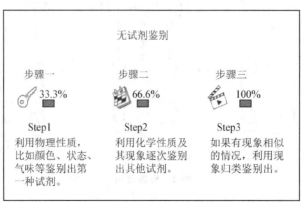

无试剂鉴别

步骤一	步骤二	步骤三
33.3%	66.6%	100%
Step1	Step2	Step3
利用物理性质，比如颜色、状态、气味等鉴别出第一种试剂。	利用化学性质及其现象逐次鉴别出其他试剂。	如果有现象相似的情况，利用现象归类鉴别出。

图4　归纳总结

性质，如颜色、状态、气味或者化学性质，与其他组内试剂反应后的不同现象，对本组试剂逐一进行鉴别。并整理出物质鉴别的三个步骤：步骤一，利用物理性质，比如颜色、状态、气味等鉴别出第一种试剂；步骤二，利用化学性质及其现象逐次鉴别出其他试剂；步骤三，如果有现象相似的情况，利用现象归类鉴别出试剂。

通过归纳总结，学生在知识上产生了共鸣，知识融会贯通，即使换成其他类似的问题也会充满信心地解决。

三、微课在初中化学教学中发展学生核心素养

核心素养着力解决的是提高学生面对复杂情境下问题的解决能力。这节课的教学设计有在学生已有知识的基础上创设自主参与的情境，设置思维台阶，步步激活思维，努力提升学生的核心素养。

微课创设了"人人皆学、处处能学、时时可学"的教学环境，教学方式更为自由、灵活，初中生可依据自身实际情况合理安排学习时间，可运用微课的暂停、回放功能对重难点问题进行反复观看、揣摩和讨论，在学习的过程中提升学生的核心素养。

参考文献

[1]沈玉红.化学教学之"微力量"：浅谈"微课"在化学教学中的应用[J].化学教与学，2015(5)：47-48.

[2]索彦霞，巩璐雲，杨月苹."微课导学"在初中化学实验课堂的应用：以"二氧化碳制取的研究"为例[J].现代中小学教育，2015，31(9)：93-96.

[3]陆亮.因需而"微"：微课在初中化学教学中的实践初探[J].化学教与学，2015(7)：32-35.

新课标下高中化学学困生转化方法初探

江胜①

（西安市西光中学，陕西西安 710043）

摘　要：随着社会的发展和进步，对于学校教育的要求越来越高，学校为了对每个学生家庭负责，就希望每一个学困生经过家长、学校、老师的帮助转化为一名优秀学生，化学学科教师做好学困生测查和转化工作也尤为重要。

关键词：化学学困生；测查分析；转化措施

在我们的教学中总有一些学生跟课困难，考试成绩分值偏低，这些学生我们称之为"学困生"。学困生的存在使班级成绩大打折扣，人数多了甚至会使教师的努力化为乌有。高中化学"学困生"是怎样形成的？如何将其转化？这是我们每位教师一直要面对和思考的问题。以下结合自己的教学实践，以及通过对一些学生观察、谈话、跟踪测查、分析，谈谈几点认识。

一、高中化学学困生产生的原因

所谓化学学困生就是指智力正常，但学习化学存在一定的困难，化学学习成绩差的一部分学生。形成的原因：①有的纪律观念淡薄，学习态度不端正；②有的基础薄弱；③有的学习主动性不强；④个别教师业务水平不高，文化水平有限，不注重钻研业务，教学方法陈旧，教学手段落后等也会使学困生对学习更加不感兴趣，学习成绩越来越差；⑤化学学科的连贯性极强，一环紧扣一环，初中的化学知识没掌握，基础差，如元素符号、化合价、化学式、方程式等没有掌握，同时高中学习课程大幅增加，化学的学习就更困难，基础没学好，后面就学不了，所以一旦形成某个薄弱知识点，后面的学习就困难。

二、转化学困生关键

针对学困生产生的原因及化学学科的特点，要学好化学，理解和记忆缺一不可。理解了但没记住，或死记硬背但不理解，都不可能学好化学，也不可能考出好成绩，时间一长对化学学习失去兴趣，成为化学学困生。在长期教学中发现这些学生并不是自己不想学好，而是缺乏正确指导。所以学困生转化的关键就是找到原因，因材施教使其变为化学成绩优秀或对化学学习感兴趣的学生。

1. 做好学困生的测查工作，通过科学的测查及分析，摸清学生存在的问题关键所在

我们根据不同情况，选定高一5名学生制订基本的转化计划，具体实施转化。让其个人对自己的化学学习能力、学习风格、化学思维模式及思维发展水平的认识以及对化学学习内容、目标、学科特点的认识等有一个充分的认识。具体表现为：学习前对学习结果的预感；学习中监控性地检查自己的学习行为，对思维进程不断进行自我评价，对方向正确的操作支持，对操作中的错误试着从别的角度选择思维方法；学习活动后体验到最终的成功或失败所带来的喜悦或焦虑等[1]。在这方面，教师主要通过课堂教学活动，对学生进行必要的指导、引领，对于出现的问题，找出适合学生的学习方法。

---

①　通信联系人：江胜，西安市西光中学教研室主任，高级教师，陕西省中小学学科带头人，西安市名师工作室主持人，主要研究方向高中化学教学。

2. 努力提高教师自身素质，提高教师管理学生的能力和教学能力

具体而言要做到以下几点：

(1)感情要倾斜。教师一定要充分尊重这些学生，和他们建立融洽的师生关系。苏霍姆林斯基说过："爱学生，这是作为影响他人的精神世界的教育者的灵魂，热爱每个学生是教育者必备的道德情感。"教师对学生的爱能在学习中产生积极的心理效应。教师要以满腔热情去感动学生，以自己的人格魅力吸引学生[2]。把对学生热爱的情感、期待的信念、积极的评价，准确地传递给他们，以提高学生自尊、自强、自重的意识，并由此逐步转化为驱使他们克服化学学习困难，不断进步的动力。比如：成绩差，但我们不歧视，而是更多地关心这些学习上的"贫困"者，平等对待他们。跟他们交朋友，促膝谈心，动之以情，晓之以理。笑脸进课堂，以减少学困生的心理压力。提问、练习多请学困生上来，答好了给予表扬，答错了善言鼓励。认真对待这些学生提出的问题，即使是荒唐幼稚的问题，也要灵活评价，帮助他们找出错误的原因，千万不能训斥、挖苦，而要多多给予鼓励。让他们感受到老师对他们的尊重和期待。

(2)加大兴趣培养。教育家布鲁纳说："学习的最好刺激，乃是对所学材料的兴趣。"不断创设情境去激发学生的学习兴趣，用一些具体的东西形象地比喻或代替一些抽象的事物，突破教学难点，尽量让学生感到不困难。使学生建立并保持学好化学的信心[3]。课堂上尽量使化学结合社会和生活实际，以缩短化学与日常生活的距离。让学生感觉到化学就在我们身边，感受到掌握知识的快乐。

(3)加强学习。准确理解新课标，转变教学观念，落实新理念。许多高中化学老师对初中教材的特点了解不多，往往未处理好初三与高一的衔接，就开快车、抓进度。有的教师对新课标下教材的深广度把握不准，又受教辅参考书的影响，把教材过度深化延伸，对化学知识讲得面面俱到。从新课程设计来看，必修模块的目的是促进全体高中学生形成最基本的科学素养，是所有的高中生都要学的，因此必须强调其基础性；从编排体系来看，必修模块不再以物质结构、元素周期律等理论知识为出发点，采用推理、演绎的方法学习化学，而是改为以物质分类的思想来整合教学内容，通过提供实验事实、科学史话等感性材料，采用分析、归纳的方法获得化学知识。例如：教学中，首先应该保证所有的学生掌握好最基本的东西。在新课标对必修学习内容和必修教学时数规定的指引下，新的高中化学必修教材在化学核心知识的覆盖面上扩展了，但是在相应内容的教学深广度要求上却有适当的降低，教师必须认识到这种变化。在此基础上，为了便于学生对知识的理解和后续知识的学习，可以在时间允许的情况下，对教学内容进行增补，但不要任意添加。增补的前提是有利于教学、不增加学生负担。在正确认识的基础上做出教学抉择，避免用传统课程的要求作为标准，搞"一刀切"。另外教师要改变"不放心"思想，做到突出主体教师主导，体现"普通高中化学课程的基础性"。

总之，我们作为化学教师有责任做好这件事，在这几年的教学工作中，发现对于每一个学生，无论好与差都希望自己学好，但由于学习不是一朝一夕就能完成，而是一个艰苦而漫长的过程，无论你在哪一个过程出现问题都会造成对学习丧失兴趣而成为学困生。作为一名教师，目睹了许多因为化学学习困难而伤心难过的学生，我们每位教师都应不放弃每一个学生，做好学困生测查和学困生转化工作，若肯多花些心血，通过耐心细致的工作，多数学困生是可以转化的，有的甚至可以转化为优等生。

参考文献

[1]翟远杰. 学生学习化学的思维障碍及对策[J]. 中学化学教学参考，2003(11)：23-24.

[2]孙云晓. 教育的秘诀是真爱[M]. 北京：新华出版社，2002.

[3]王后雄. 多元智能理论视野中的化学差生转化策略[J]. 化学教学，2007(8)：21-24.

微课在化学教学中的应用价值探析

李莉[①]

（西安市第八十五中学，陕西西安 710061）

摘　要：本文根据作者应用微课教学的实践经验，从化学学科的特点、STEAM 教育、学生需求、教师专业发展、翻转课堂等方面探讨微课应用于教学的实际意义和价值。

关键词：化学微课；STEAM 教育；翻转课堂

微课是指以国家课程标准为依据，以满足教学需求，帮助学生掌握课堂教学中的单个知识点为目的，以视频为主要媒体形式的数字教学资源。微课的主要形式是教学视频，内容包括某个知识点的讲解、实验操作过程演示以及相关的例题和练习等。微课具有时间短、内容精悍、主题鲜明等特征，学生可以随时随地进行学习，使用非常方便，所以很容易得到师生和家长的认可[1]。

根据自己创作微课以及在教学实践中应用的经验，笔者认为开发中学化学微课资源既能促进学生的化学学习，提升学科素养，又能提高教师的专业素质水平，具有多方面的应用价值和实际意义。

一、化学学科的特点适合微课学习

1. 微课学习有利于化学实验知识的掌握

化学是一门以实验为基础的自然科学，中学化学教学中气体的制备、物质的性质、化学原理等相关实验占据一大部分内容。因教学时间和学校条件所限，不可能将每个实验都安排成学生实验，一些教师演示的实验稍隔一段时间学生就会遗忘。化学微课在资源建设和视觉效果方面占有绝对的优势，可以将实验操作、原理、现象、结论系统化、精细化地展现出来，产生直观的视觉体验和感性认识，加深对实验原理的理解和运用。并且微课视频可以重复使用，随时播放，有助于实验的再现和巩固，对实验的讨论分析可以进一步拓深学生的思索时间和空间。比起有的学校高考前重做实验，不但节约化学药品，同时还节省了学生的宝贵时间。

当然，学生亲自动手实验的学习体验和操作技能的训练是微课无法比拟与替代的，但是作为课堂实验后的再现、知识拓展与思维的延伸，微课却可以通过它独特的功能轻松实现。

2. 化学的知识及结构特点适合微课学习

中学化学的知识点细碎、繁杂，学生在学习过之后往往遗忘很多。各知识点之间存在着一定联系或知识的递进，学生在解决实际问题时，有时会因淡忘基础知识而一筹莫展。例如：碰到新情境下的燃料电池电极反应方程式的书写，经常忘记书写步骤和缺项配平的方法，通过微课不到 10 min 就可以再次回顾相关内容，然后举一反三，将方法应用到新题型中解决问题。微课可以帮助学生非常便捷地复习知识，宛如教师一对一、点对点地给学生重新讲解了一遍，这种问题式学习针对性很强，更能激发学生的自主学习与探究意识，有利于学生清晰建构自己的知识体系，为学生的知识巩固以及在此基础上的创新提供了保障。高中化学微课立足于点、行走于线、覆盖于面，随着微课资源的不断完善，一定会成为学生学习不可或缺的重要的知识辐射源。

---

①　通信联系人：李莉，1564160313@qq.com。

二、微课学习可以通过 STEAM 教育提升化学学科素养

现代教学提倡 STEAM 教育，即科学（Science）、技术（Technology）、工程（Engineering）、艺术（Arts）与数学（Mathematics）教育。如果说新一轮课程改革以核心素养为指导思想，而 STEAM 教育则是化学学科落实核心素养的基石和有效途径。微课给教师和学生提供了进行 STEAM 教育的时间、空间以及完备的教育技术与手段。例如，笔者最近制作了《海水提碘》的微课，总结其亮点有三：其一，从精美的海洋动植物图片引入，先介绍海水中丰富多样的资源，如生物资源、水资源、化学资源和能源资源等，然后介绍碘缺乏引起的甲状腺肿大及加碘食盐的推广使用，培养学生的资源意识、国家意识和社会责任感，形成保护海洋资源与可持续发展的理念；其二，利用流程图介绍海水提碘的工艺，引导学生了解化学工程和每个步骤的反应原理；其三，柔和的背景音乐使学生在轻松愉悦的心情下学习，易产生学习的快乐和获得感，加上精心制作形成的视觉体验，无不渗透着化学之美的教育，有利于学生自发形成纯良、浓厚的学习动机。将 STEAM 教育和核心素养理念渗透于微课制作中，是教师将教育理念与教育技术完美结合的一种尝试与创新。

三、微课学习能够满足不同层次学生的学习需求

新的教育理念提倡尊重每一位学生的个性发展，我国教育的实际情况又只能是整齐划一式的目标达成。不同层次和爱好的学生对知识的理解、掌握程度不同，诉求不同，常规的大班教学很难实现对每一位学生多元智力与品格发展的关注。

化学教师作为化学课程的主要实践者和学生学习的指导者，对化学知识的重点、难点、考查点以及学生常见的易错点和记忆盲区有着精准的把握，制作微课时可以有目的地锁定重难点知识进行开发，而且可以根据学生的不同层次因地制宜地布置微课学习作业。学生也可以自由选择内容观看，查漏补缺，弥补自己的学习盲点。微课指向性强、短小精悍的特点恰好满足了不同学生的心理和知识需求。

四、微课制作有助于教师自身专业水平的发展与提升

信息技术的飞速发展，对原有教学模式是一种冲击，也影响着教师的职业发展。不学习就会落伍，不应用现代教育技术就跟不上时代的发展。当多媒体进入课堂之际，不会做 PPT（PowerPoint）的个别教师煞有介事地品评着用多媒体上课的诸多缺点和手握粉笔的种种好处，但时代的步伐最终让每一位教师都成为鼠标和粉笔的双向熟练驾驭者。现今，当微课再一次冲击教师们的教育理念时，无论你持接受或拒绝态度，它都以迅急之势冲入学生和家长的电脑、手机屏幕，我们教师只有迎头赶上，学会搜集、应用以及自己开发微课，才能赶上时代的快车，不被时代淘汰，不做学生眼中的落伍之师。

教师学习开发和制作微课，是对自己教育教学经验的总结、精练与荟萃。在制作过程中，他人课件的学习与引用，实验视频的拍摄，录屏软件以及视频编辑软件的使用，既提高了教师们的化学专业知识水平和计算机及相关软件的应用能力，也推进了信息化教学的实践，不知不觉中付出的努力就让自己逐渐成长为一名新时代的教师。

五、微课学习有助于翻转课堂教育理念的实现

翻转课堂（Flipped Classroom），亦称翻转学习、易位课堂、颠倒教室等，作为一种新兴的教学模式，翻转课堂本质上强化学生的中心地位，体现了深度学习的思想，具体表现在教学范式的"转型"、教学流程的"逆序"和教育技术的"驱动"等方面[2]。微课为学生的"先学"机制提供了有力的技术支撑和保障。学生的课前预习是翻转课堂进行的基础，过去教材加导学案的预习方式经调研并不能有利于学生的身心发展，反而加重了学业负担。若改为教材阅读加十分钟的微课，学生在直观、清晰、富有美学感的情境下学习微课，可以实现预习工作的华丽转身，通过课前自主学习，课堂上的热烈讨论，教

师进一步指导与归纳总结，学生对知识的体验与掌握会有大幅度提升。进行翻转课堂的实践，不但能提高学生的学习效率，而且可以培养学生的自主学习和探究的能力，引导学生形成科学思维，提高化学学科素养。

总而言之，化学微课尽管不能代替课堂教学，但它是学生学习的良好催化剂与引燃剂，教师应学会合理使用、开发微课教学，将其转化为提高生学习兴趣、灵活掌握知识、帮助学生解决化学问题的工具，发挥其最大的教育教学功效。

参考文献

[1]王英. 系统构建中学化学微课资源[J]. 出版参考，2015(6)：25-26.

[2]吴仁英，王坦. 翻转课堂——教师面临的现实挑战及因应策略[J]. 教育研究，2017(2)：112-122.

基于元素化学知识发展学生化学核心素养①

刘存芳②，豆佳媛，杨凤阳，韩青

（陕西理工大学化学与环境科学学院，陕西汉中 723000）

摘　要：教学目标从双基到三维目标，再到核心素养，体现了从学科本位到以人为本的转变。核心素养是育人目标中的"必选项"，是三维目标、全面发展、综合素质等中间的"关键"少数素养，是各种素养中的"聚焦版"，核心素养是适应个人终身发展和社会发展所必须需要的关键素养。当下相对其他国际组织与国家，我们国家核心素养研究起步较晚，经过对国外核心素养的研究，结合我国国情分析，已初步形成具有中国特色的核心素养体系。基于学生发展的核心素养涵养，不同学科不同分工，不同内容不同价值，这里以案例分析与讨论的方式对高中化学元素与化合物知识落实化学核心素养的观念与策略做初步探索。

关键词：核心素养；高中化学；元素化学知识

面对21世纪信息化、全球化、知识经济的挑战，世界各组织、各国家及各地区都在结合自身的国情或地情提出面向21世纪的核心素养体系。核心素养既是一种结果，又是一种过程，主要是由学校课程教育教学长期累积而养成的。化学作为学校课程教育教学中的重要基础学科之一，是实现学生化学核心素养养成的主要内容。在化学教育教学中，化学元素知识是化学学科知识的实体性知识，也就是没有元素化学的相关知识，化学的概念和理论就变得无依无据，化学语言就枯燥乏味、空洞而抽象，化学也就无所谓化学。因此对于化学核心素养的涵养，化学元素知识必将有着其他内容无法取代的重要价值。

一、从核心素养到化学核心素养的认识

北京师范大学林崇德[1]教授指出："核心素养是学生在接受相应学段的教育过程中，逐步形成的适应个人终身发展和社会发展需要的必备品格与关键能力。它是关于学生知识、技能、情感、态度、价值观等多方面要求的结合体；它指向过程，关注学生在其培养过程中的体悟，而非结果导向；同时，核心素养兼具稳定性与开放性、发展性，是一个伴随终生可持续发展、与时俱进的动态优化过程，是个体能够适应未来社会，促进终生学习，实现全面发展的基本保障。"化学核心素养是发展学生核心素养的重要组成部分，是高中生综合素质的具体体现，反映了社会主义核心价值观下化学学科育人的基本要求，全面展现了学生通过化学课程学习形成的关键能力和必备品格[2]。

化学核心素养包括宏观辨识与微观探析、变化观念与平衡思想、证据推理与模型认知、科学探究与创新意识、科学态度与社会责任五个维度[2]。

素养1：宏观辨识与微观探析。能从不同层次认识物质的多样性，并对物质进行分类；能从元素和原子、分子水平认识物质的组成、结构、性质和变化，形成"结构决定性质"的观念。能从宏观和微观相结合的视角分析与解决实际问题。

素养2：变化观念与平衡思想。能认识物质是运动和变化的，知道化学变化需要一定的条件，并遵

① 基金项目：陕西省教育科学"十三五"规划课题（SGH17H143）；陕西理工大学2016年研究生教育教学改革研究项目（SLGYJG1613）。

② 通信联系人：刘存芳，987253106@qq.com。

循一定规律；认识化学变化的本质是有新物质生成，并伴有能量的转化；认识化学变化有一定限度、速率，是可以调控。能多角度、动态地分析化学反应，运用化学反应原理解决简单的实际问题。

素养3：证据推理与模型认知。具有证据意识，能基于证据对物质组成、结构及其变化提出可能的假设，通过分析推理加以证实或证伪；建立观点、结论和证据之间的逻辑关系。知道可以通过分析、推理等方法认识研究对象的本质特征、构成要素及其相互关系，建立认知模型，能运用模型解释化学现象，揭示现象的本质和规律。

素养4：科学探究与创新意识。认识科学探究是进行科学解释和发现、创造和应用的科学实践活动；能发现和提出有探究价值的问题；能从问题和假设出发，依据探究目的，设计探究方案，运用化学实验、调查等方法进行实验探究；勤于实践，善于合作，敢于质疑，勇于创新。

素养5：科学态度与社会责任。具有安全意识和严谨求实的科学态度，具有探索未知、崇尚真理的意识；深刻认识化学对创造更多物质财富和精神财富、满足人民日益增长的美好生活需要的重大贡献；具有节约资源、保护环境的可持续发展意识，从自身做起，形成简约适度、绿色低碳的生活方式；能对与化学有关的社会热点问题作出正确的价值判断，能参与有关化学问题的社会实践活动。

上述5项素养立足高中生的化学学习过程，各有侧重，相辅相成。"宏观辨识与微观探析""变化观念与平衡思想"和"证据推理与模型认知"体现着有化学学科特质的思想和方法；"科学探究与创新意识"从实践层面激励创新；"科学态度与社会责任"进一步揭示了化学学习更高层面的价值追求。这些素养将化学知识与技能的学习、化学思想观念的建构、科学探究与解决问题能力的发展、创新意识与社会责任感的形成等方面的要求融为一体，形成完整的化学学科核心素养体系[2]。

二、化学元素知识的内涵

化学元素知识是指反映物质的性质、存在、制法和用途等多方面内容的元素知识以及化学与社会、生产和生活实际联系的知识。化学元素知识是学生学习其他化学知识的基础。没有丰富具体的化学元素知识，化学基本概念和原理就会变得空洞、抽象而难以理解，化学用语、化学技能的学习，就会变得枯燥乏味，化学元素知识被人们称为"真正意义上的化学"[3]。

化学元素知识也是与现代人们生活和社会发展联系最紧密的知识，如人类生存不可或缺的空气、水及相关的溶液、酸碱盐的知识，与食品、健康、环境、材料、能源等密切相连的有关化学物质的性质、制备等知识。学生只有了解这些知识，才能对与化学有关的自然和社会问题作出思考和决策。化学元素知识主要包括主族元素、副族元素及其化合物和各类有机物及其代表物，这类知识都是物质及其变化的宏观表现，与科学、技术、社会、生活等有直接的紧密联系，具有生动、具体、形象、直观的特点。这也是学生喜欢的千变万化的、神奇异常的、趣味无限的内容，内容相对繁杂琐碎，形成了易学易忘的现状。但在学生化学素养养成和化学观念形成中起着至关重要的作用。

三、基于元素与化合物知识发展学生化学核心素养

1. 创设教学情境，激起科学探究，体现核心素养

在化学教学中可结合相关教学知识的内容特点对应地创设有全程性特点的教学情境，激发学生学习的兴趣、好奇心，产生相应的疑问或认知矛盾，提出探究问题，引发科学探究。整个过程体现了"科学探究与创新意识""证据推理与模型认知""科学态度与社会责任"。

案例：二氧化硫的教学情境创设。

教学情境1：展示被燃烧着硫黄熏过的馒头、金针菇、干黄花菜、干姜片、银耳等食品的前后对照图。随后播放几则类似的新闻事件。

目的：结合展示的图片和新闻事件，教师绘声绘色、富有感情地讲解不良商家为了食品"卖相"好，

不顾人民健康而过度利用化学处理的方式获得巨额利润,由此激发学生好奇心、社会责任感,激发学生科学探究的欲望。学生在探究过程中形成创新意识,养成严谨求实的科学态度。总之生动真实的情境可以触动学生良知,引导学生乐于学习、自主学习、探究学习,为学生终身学习能力的培养奠基,为后续学习的积极主动展开搭起脚手架。

教学情境2:展示被酸雨腐蚀的雕像、树木和桥梁等图片,之后播放伦敦大雾事件视频。

目的:多媒体展示图片与视频同时,老师讲解关于酸雨对自然生态、社会环境、人类健康等造成的危害,让学生知道酸雨、"大雾"对人类造成的危害,由此引起震惊,引发好奇心,"到底主要是什么物质造成这么大的危害?我们如何预防和减少危害?"由此引出学生的社会责任感,使他们产生探究的强烈渴望。

这样通过情境素材真实性、趣味性、可接受性、认知矛盾性、教育性、全程性等特点激起学生探究的兴趣,产生好奇、提出质疑、引发探究,促使"宏观辨识""微观探析""科学探究"的展开,促使学生"社会责任感"的产生。为此在进行每个知识点教育教学的导入环节,教学之前挖掘、寻找能激起学生乐于学习、自主学习、探究学习的真实、生动或触发心灵的情境内容素材。比如:讲到乙醇时可利用我国酿酒技术与酒文化、酒后驾车的检验、酒精在人体内的转化、不同饮用酒的酒精浓度、乙醇汽油、固体酒精、乙醇钠在药物合成中的应用等情境素材,展示我国古老的酿酒技艺与内涵丰富的酒文化、联系社会生活中酒精的广泛应用,激发学生学习的欲望。在讲到金属及其化合物时可利用补铁剂、故宫红墙、暖宝宝的制作、印刷线路板的制作、打印机墨粉中铁的化合物(利用磁性性质)、菠菜中铁元素的检测等作为情境素材。在讲到硫及其化合物时,火山喷发物中含硫物质的转化、伦敦大雾事件、雾霾的形成、酸雨的成因与防治、食品"化妆品"的应用等可作为情境素材。引用这些知识相关素材创设教学情境,激发学生乐于学习、自主学习、探究学习,以此培养学生"宏观辨析与微观探析""科学探究与创新意识""科学态度与社会责任感"的化学核心素养。

2. 引导发现问题,诱发猜想与假设,锻炼核心素养

根据平时教学经验发现,实施教学过程中单纯的讲授,即使再强调是高考的重点难点,依然引不起学生深度的学习兴趣,调动不起学生发自内心学习的主动性与参与学习的热情。为此我们可以通过不同知识创设不同情境,触动学生社会责任感,激发学生学习兴趣,引发学生好奇,提出问题,激起探究,实施探究。

案例:展示伦敦大雾事件、酸雨、雾霾或者食品"化妆品"等情境。在此基础之上,提出这到底是什么样的物质?为什么会有这样的危害?我们又该如何预防和防治呢?由此引发探究问题,立足于此问题,及时引出二氧化硫,并从物质分类视角利用类比法让学生在原有二氧化碳知识基础上自主探究二氧化硫具有酸性氧化物的通性。但以此并没有解决之前学生产生的疑问(食品"化妆品"、酸雨的形成与危害等),接着由此引出二氧化硫的特性,通过二氧化硫与品红溶液实验探究,发现二氧化硫有漂白性的特性及不稳定性,通过宏观实验现象探析微观反应本质:二氧化硫与有色物质结合形成不稳定化合物,由此可解释二氧化硫对食品(馒头、金针菇、银耳、干姜、干黄花等)的"美容"原理以及为何时间久了,它们又恢复真面目,并及时辩证地让学生认识二氧化硫在食品加工过程中的作用及过量造成的危害,在探究中形成严谨求实的科学精神与义不容辞的社会责任感。学生从二氧化硫化合价特征角度进行理论分析、实验探究、交流讨论、"证据推理与模型认知""科学探究与创新意识""宏观辨识与微观探析",发现二氧化硫既具有氧化性又具有还原性,在一定条件下可被空气中的氧氧化,由此引出环境问题。教师接着根据学生已有的认知,让学生通过观看酸雨形成的视频解说,思考、探究发现本源,明白酸雨形成的微观本质,联系实际进行分析、联想,探究二氧化硫产生的渊源,激发学生的责任感,让学生形成可持续发展的意识和绿色化学的思想。

目的:通过情境创设激发起学生的社会责任感、好奇心、学习兴趣,继而提出疑问、积极探究,在已有认知和心理水平基础上，通过实验探究、讨论探究等，涵养学生"科学探究与创新意识"素养，通过交流讨论，进行"宏观辨识与微观探析"，形成"变化观念与平衡思想"，通过发现结论培养"科学态度与社会责任感"，促使学生化学科学素养养成。

以核心素养为导向的课程标准在继承发扬原有课程标准中知识与技能、过程与方法、情感、态度与价值观目标的基础上，开展多样化的实践活动，促进学生知、情、意、行的统一，学习方式依然支持让学生在创设情境氛围下乐于学习、自主学习、合作学习、探究学习。化学是以实验为基础，与科学、技术、社会、生活、环境密切联系的一门学科，在创设情境的引导、激发作用下，通过实验探究、调查探究、讨论探究等实践培养学生"宏观辨识与微观探析""变化观念与平衡思想""证据推理与模型认知""科学探究与创新意识""科学态度与社会责任"等核心素养。比如：自来水液氯消毒的根源探究、氯水性质及成分的探究、二氧化硫性质及酸雨形成的探究、空气中二氧化硫等污染物含量的测定、实验室模拟海水提取溴和镁、实验室模拟金属的冶炼、补铁剂有效成分分析、抗酸性胃药中有效成分的检测、不同水果中维生素C的含量比较、氧化还原反应本质的探究等均可作为探究素材。在教学中实施设计与规划、学生学习兴趣的培养、创新精神与实践能力的培养，发展学生的核心素养。

3. 拓展学生视野，激发社会责任感，养成核心素养

正如美国化学家布里斯罗(Breslow, R.)概括："化学是一门中心的、实用的和创造性的科学"。它对农业、生物学、电子学、药学、工程学、计算机科学、地质学、物理学、冶金学以及其他诸多领域都有重大贡献，应用极其广泛。又如英国学者纽堡瑞(Newbury, N.F.)曾列述过化学的进展给人类社会带来的益处。化学给人类的物质、精神方面都带来了很大的利益，但如今，随着化学科学技术的普及和广泛应用，因利用不当也给人类带来危害社会的负面影响，以至于曾有电视台广告"我们恨化学"，虽然已经纠正观点，但从中看出化学负面影响的存在，甚至不小。所以在化学教育教学中，这是不可或缺的重要内容。教师在课堂上实施创设情境，提出问题，探究根源，让学生形成可持续性发展的意识与绿色化学的思想，养成良好的社会责任心，再通过课外调研，让学生拓展视野，增强社会责任意识。

案例：课后查阅资料，了解伦敦大雾事件，包括该事件的内容和根源，通过汇报、交流讨论、角色扮演等多种实践活动，结合我国雾霾状况，讨论应如何从我做起预防与治理雾霾。

目的：通过伦敦大雾事件的文献检索，探索该事件的具体内容、造成的危害及根源，通过多种形式的实践活动，让学生认识到当今国内的雾霾也不容忽视，从我做起，形成社会可持续发展意识和强烈的社会责任感，实现学生"科学态度与社会责任"的化学核心素养的培养。

化学教学中，课堂教育教学是重点、是核心、是主阵地，但课外引导学生自主研究学习相关内容，可以拓展学生视野，体验化学对社会发展的重大贡献，发现有关社会热点问题并作出正确的价值判断，对学生实现真正的"化学教育"。比如：酸雨的成因与防治，汽车尾气的处理，食品中适量添加二氧化硫的作用与过量的危害，含氯消毒剂及其合理使用，雾霾的成因、危害与防治，水中重金属污染及富营养化的危害与防治，垃圾焚烧、PX(对二甲苯)事件等社会议题的讨论，家居建材中甲醛和苯的检测和安全使用等，以这些素材为话题，可以拓展学生视野，让学生认识到化学对社会发展的重大贡献，同时也知道合理利用化学原理、适度利用化学规律的必要性，懂得权衡利弊、勇于承担责任、积极参与有关化学问题的社会决策，形成社会可持续发展的意识，养成严谨求实的科学精神与勇于担当的社会责任心。

当下基于学生发展的核心素养已成为全球教育研究的热点。相对其他国际组织与国家，我们国家核心素养研究起步较晚，但经过对国外核心素养的研究，和对我国国情的分析，已初步形成具有中国特色的核心素养体系。基于学生发展的核心素养涵养，不同学科不同分工，这里只从化学视角做浅显探索，化学元素与化合物知识是化学学科的实体性内容，与社会生活、科学技术、环境保护、资源开

发与利用等都有深入联系，教学从学生熟悉的、感兴趣的社会或生活问题入手，创设真实情境，引起学生注意，激发学生兴趣，促成学生自主探究、合作交流、讨论发现、多元化学习、课外探索。在此期间，科学探究与创新意识、宏观辨析与微观探析、变化观念与平衡思想、证据推理与模型认知、科学态度与社会责任蕴含其中，学生核心素养得以培养。核心素养是一个结果也是一个过程，它要长期地教育教学实践涵养，要真正养成核心素养有待日后不断实践与再认识。

参考文献

[1]林崇德. 21世纪学生发展核心素养研究[M]. 北京：北京师范大学出版社，2016：15-36.

[2]中华人民共和国教育部制定. 普通高中化学课程标准(2017年版)[M]. 北京：北京师范大学出版社，2018.

[3]刘知新. 化学教学论[M]. 4版. 北京：高等教育出版社，2009：245-246.

《来自石油和煤的两种基本化工原料——苯》
教学设计[①]

刘艳峰，刘存芳，张娅娅，田光辉[②]

（陕西理工大学化学与环境科学学院，陕西汉中 723000）

摘　要：本文对《来自石油和煤的两种基本化工原料——苯》一节的课堂教学进行设计，通过联系科学史实这一教学情景，渲染课堂的趣味性，激发学生学习的兴趣和主动性，以化学史实为背景让学生认识化学的学习要基于一个基本理念：结构决定性质、性质反映结构，同时从苯的凯库勒式学习中体会科学求真的严谨性，达到培养学生科学素养和创新思维的目的。

关键词：教学设计；苯；课程；目标

本节课选自人教版《高中化学（必修2）》第三章第二节第二课时，主要让学生认识和学习苯的物理性质、分子结构以及化学性质。在此之前，学生学习过烷烃、烯烃的结构与性质，基本掌握了饱和烃与不饱和烃在结构与性质上的差异，能用其特征反应进行鉴别和鉴定。通过该节课学习，学生将运用已学知识探究苯的结构，初步认识苯的性质，为学习选修5中《芳香烃》奠定基础，该节课在教学中有承前启后的作用。

一、教学目标设计

《来自石油和煤的两种基本化工原料——苯》在高一下学期开设，为了提高学生的科学探究意识，加强逻辑推理能力，根据学生已有认知基础与思维水平，结合新课标要求，设置表1所示的三维目标。

表1　三维目标要求

目标类别	目标内容	达成程度
知识目标	(1)苯的物理性质	描述
	(2)苯的分子结构	认识
	(3)苯的分子结构特点	掌握
能力目标	通过对苯环中独特的共价键的探索过程，感受从具体到抽象，由现象到本质，环环相扣，层层剖析，提升推理探究的能力	推理探究能力
情感目标	(1)在对苯的结构充分认知的基础上，深入思考苯的结构与性质之间的关系，领悟并建构"结构与性质的辩证关系"的化学观点	结构与功能相统一的观点
	(2)苯的凯库勒式的发现过程是"做梦"，体会勇于创新的科学精神和勤于思考的科学态度	科学素养

①　基金项目：陕西省教育科学"十三五"规划课题(SGH17H143)；陕西理工大学2016年研究生教育教学改革研究项目(SLGYJG1613)。

②　通信联系人：田光辉，tiangh@snut.edu.cn。

二、教学的重点和难点

(1)教学重点：由于苯的结构比较复杂，需要借助多种直观教具进行直观演示教学，才能化抽象为具体，有助于学生认知同化与知识的意义建构。

(2)教学难点：苯环的较稳定性是苯的结构特性，属于微观知识，比较难以理解，需要学生在深刻理解苯的结构的基础上，进一步拓展思维。

三、教学过程设计及依据

根据本节知识点抽象且不易理解的事实，立足新课标"学生为主体，教师为主导"的教学观，以"倡导探究性学习""提升化学科学素养"的新课程理念为指导[1]，教师在教学过程中充分利用多元化直观演示技能(板书、幻灯片、模型、实验)，采用启发诱导的教学模式。在教学过程中，以科学探究为主线，以直观演示为辅助，调动学生主动参与教学，以便有效组织学生的有意注意、激发内在学习动机、启发引导学生积极思考，实现认知领悟、能力提升与情感升华的学习目标。教学过程设计如表2所示。

【情境创设，导入新课】教师通过视频(投影)展示苯的发现历史，将科学材料形象化、直观化、生动化，集中学生注意力，引出苯的存在，激发学生主动参与课堂学习的热情，引发思考，激发学生对苯的好奇心，调动学习动机。思维定向：苯有什么样的结构？它的结构与性质又有怎样的关系？引出本节课内容《来自石油和煤的两种基本化工原料——苯》。

【借助事例，认知成分】教师通过直观展示科学材料，以问题为引导，转换信息表达方式，化抽象为具体，引导学生分析事例，使学生明确苯的物理性质，逐步达到认知同化，实现知识目标。

【分层探究，建构结构】首先，教师以科学史实为载体，设计教学情境，借助问题引导，为学生搭建思维脚手架。基于科学史实，从具体到抽象，化感性为理性，引导学生认识苯的分子式是 C_6H_6。然后，通过回忆甲烷和乙烯等分子的结构与性质，将内隐思维外显化，启发学生大胆提出假设，师生互动，合作探究，凸显学生主体精神，化被动接受学习为主动进行意义建构，推理探究能力也逐步提升。最后，充分利用凯库勒式以及苯的分子模型展示，在对原有认知结构的基础上，鼓励学生积极思考苯的结构排列方式，认知分化重组，思维不断拓展，形成对苯结构的正确认识，实现知识目标，进一步强化能力目标。

【思维拓展，延伸特点】整个过程通过对苯分子结构的探索，引发学生注意，提出问题，激发学生的学习兴趣，帮助学生积极思考问题，猜测苯环的化学性质。教师借助实验演示，以实践检验为导向，科学探究为手段，逻辑推理为助推，引导学生由猜想到结论，从外在表征到内在本质，思维纵向推进，认知螺旋式上升，最终从感性认识上升到理性认识，实现知识目标。在苯的结构探索的整个过程中，借助科学史实，思维层层推进，不断验证与完善，得出科学答案，提升推理探究能力，实现能力目标。

【情感寄予，升华主题】以苯的结构与性质之间的关系为依托，引导学生深刻理解结构与性质之间的关系，逐步建立起"结构与性质相统一"的化学思想，同时凯库勒发现苯的过程能够促进学生对化学学习的兴趣，培养学生勇于创新的科学精神和勤于思考的科学态度，提升化学科学素养，实现情感目标。

表2 教学过程设计

教师行为	预设学生行为	教学技能要素
【设疑激趣】展示"苯的发现与来源"的科学史实，投影并讲解。19世纪初欧洲国家的城市照明普遍使用煤气。从生产煤气的原料中制备出煤气之后，一种残留油状物长期无人顾及。英国科学家法拉第在1825年分离分析油状物得到一种新的碳氢化合物。1834年德国科学家米希里希将这种碳氢化合物命名为苯。法国化学家热拉尔确定出苯的相对分子质量为78，分子式为 C_6H_6。 【导出课题】引导学生一起探究本节课学习内容。板书：苯	学生观看投影，注意力高度集中，从而对苯产生好奇心和求知欲望	通过投影展示，运用科学史实的科学性、趣味性，结合教师声调与神情的变化，诱引学生的注意，引发学习苯的好奇心，激发学习兴趣，导出教学主题

教师行为	预设学生行为	教学技能要素
1. 苯的物理性质 【链接过渡】苯主要来源于石蜡和煤焦油，它有怎样的物理性质？ 【实物展示】装苯的试剂瓶。 【分析点拨】观察苯的色、态，并小心闻味，比较苯和水的密度大小，考察苯的水溶性。 【简单小结】苯是一种无色、有特殊气味的液体，密度比水小，且不溶于水。 【知识补充】苯除了上述总结的物理性质之外，还有它的特性：有毒。苯易溶于乙醇、四氯化碳等有机溶剂，是良好的有机溶剂和萃取剂。其沸点为 $80.1℃$，熔点为 $5.5℃$	学生积极思考问题，唤醒探究欲望，思维逐步定向主题，明确学习内容。学生观察苯的样品，通过教师引导，分析苯的物理性质	通过直观展示苯，转换信息表征方式，化抽象为具体，引导解析，帮助学生达到认知同化，实现知识目标
2. 苯的结构 【衔接过渡】苯分子式为 C_6H_6，试写出它的结构式。 【投影展示】学生可能写出的结构式，如： A. $CH \equiv C-CH_2-CH_2-C \equiv CH$ B. $CH_3-C \equiv C-C \equiv C-CH_3$ C. $CH_2 = CH-CH=CH-CH \equiv CH$ D. $CH_2 = C = CH-CH=C=CH_2$ 【启发提疑】若苯分子为上述结构之一，则其应该具有什么重要化学性质？可设计怎样的实验来证明	学生在已有的认知基础上，主动思考，试写出其结构式	以学生已有知识（烷烃、烯烃）为载体，设计教学情境，借助问题引导，为学生搭建思维脚手架。基于科学史实，引导学生从具体到抽象，化感性为理性
【实验方案】学生思考	认真思考问题，结合已有知识，积极思考并设计实验方案	设疑，质疑
【实验过程】①向试管中加入少量苯，再加入溴水，震荡后，观察现象；②向试管中加入少量苯，再加入酸性高锰酸钾溶液，震荡后，观察现象。 【实验现象】①上下分层，上层呈橙红色，下层无色；②上下分层，下层呈紫红色，上层无色。 【小结】苯分子的结构中不存在碳碳双键和碳碳三键	学生产生认知冲突，在教师构建的教学情境下合作探究[2]，主动建构并领悟苯的结构	根据实验现象，引导学生学会分析问题并得出结论

教师行为	预设学生行为	教学技能要素
【衔接过渡】通过上面的实验，说明苯不具有类似乙烯等不饱和烃的特点，而从苯的分子组成上看它应该是一种不饱和烃。那么苯分子的结构究竟是什么样子呢？为此化学家提出了许多结构，但都被一一否定，直到凯库勒发现了苯的结构。 【投影展示】凯库勒认为苯分子是一个由 6 个碳原子以单、双键相互交替结合而成的环状式，也就是我们所说的凯库勒式。展示模型： 【得出结论】通过分子模型，苯分子的结构式为： 结构简式为：	改变问题情境，引导学生思维进一步拓展，结合模型教具，构建苯的结构式。 认知不断同化与顺应，达到新认知平衡	借助模型，改变刺激呈现形式，消除学生认知疲劳；基于学生头脑中的认知冲突，由易到难，由简单到复杂，环环相扣，分层递进探究，引导学生思维从感性上升到理性，为知识目标与能力目标的实现奠定基础
【分析点拨】凯库勒的研究成果在当时的条件下是非常了不起的，用这种理论能解释苯的许多化学性质，但仍有部分性质不能解释，那么苯分子究竟具有怎样的结构呢？ 【引导探究1】根据凯库勒式，探究苯分子的空间立体结构。 【模型展示】展示苯分子的球棍模型。 【分析解疑】苯分子的 6 个碳原子与 6 个氢原子在同一个平面上，形成了环状正六边形。 【得出结论】苯分子具有平面正六边形结构，12 个原子在同一平面上，其键角为 $120°$。 【引导探究2】探究苯分子的成键特点。 【投影显示】实验事实1：苯分子的碳碳键长为 $1.4×10^{-10}$ m；乙烷的 C—C 键长为 $1.54×10^{-10}$ m；乙烯的 C＝C 键长为 $1.33×10^{-10}$ m。实验事实2：苯的邻位二溴代物只有一种。 【分析解释】①苯分子的碳碳键长与烷烃、烯烃的碳碳键长都不相同；②苯分子中各个碳原子之间的键是一样的。 【得出结论】苯分子中不存在碳碳单、双键交替情况，其碳碳键是一种特殊的键。 【总结归纳】苯结构特点：①苯分子呈平面正六边形结构，6 个碳原子和 6 个氢原子在同一平面上，彼此之间的键角均为 $120°$；②苯分子中 6 个碳原子之间的键完全相同，是一种介于单键和双键之间的特殊键。 【强调说明】为了纪念凯库勒对苯结构的巨大贡献，至今凯库勒式仍被沿用，但不能理解为单、双键交替，要正确认识凯库勒式	学生积极思考，展开想象，大胆发言，充分利用模型，将抽象内容外显化，对照科学实践，思维活跃，对苯的结构不断修正与拟合，形成科学认识。 学生借助科学数据，科学探究思维纵向迁移，不断加深对苯分子结构的认识	充分利用空间模型展示以及数据分析，化抽象为具体，化微观为宏观[3]，在原有认知结构巩固的基础上，鼓励学生积极思考，认知分化重组，思维不断拓展，形成对苯分子空间结构的正确认识，实现知识目标，推理探究能力得到不断强化

教师行为	预设学生行为	教学技能要素
3. 苯的化学性质 【衔接过渡】学习了苯分子的结构特点，试猜测苯的化学性质。 【分析点拨】苯分子中的碳碳键是一种介于单键和双键之间的特殊的键，其化学性质会不会类似于饱和烃和不饱和烃呢？ 【作出假设】引导学生根据苯分子的特殊结构，推测苯的化学性质。 推测1：苯能发生氧化反应。 推测2：苯能发生取代反应。 推测3：苯能发生加成反应。 【实验探究】 实验1：苯的氧化反应。 实验2：苯的取代反应。 实验3：苯的加成反应	思考苯分子结构有饱和烃及不饱和烃的特点，建立结构与性质的初步逻辑联系。 引导学生，借助于科学事实的理性认识，深入探究，头脑中形成对苯化学性质的认知	创设思考空间，引导学生展开想象，借助于苯分子的结构模型，大胆提出假设，将内隐思维外显化。师生互动，合作探究，突显学生主体精神，化被动接受学习为主动意义建构，认知不断同化与顺应，达到新的认知平衡，推理探究能力逐步提升
【实验1】苯的燃烧反应（播放视频）。 【引导分析】苯燃烧后的产物会是什么呢？试写出其化学方程式。与甲烷、乙烯的燃烧反应对比，我们看到燃烧的现象：火焰更明亮，烟更浓。你能解释原因吗？（含碳量高） 【简单小结】苯具有烃类物质的共性：可燃性。 $$2C_6H_6+15O_2\xrightarrow{\text{点燃}}12CO_2+6H_2O$$ 提醒：苯不能被酸性的高锰酸钾氧化而使其褪色。 【实验2-1】苯与液溴的反应（播放视频、动画演示）。 【引导分析】这里生成的溴苯是一种无色的液体，密度比水大。大家注意这个反应的条件：要有 $FeBr_3$ 做催化剂反应才能发生。试写出其化学方程式。 【简单小结】苯与液溴的反应要有 $FeBr_3$ 做催化剂反应才能发生。 $$C_6H_6+Br_2\xrightarrow{FeBr_3}C_6H_5Br+HBr$$ 【衔接过渡】除了溴原子可以取代苯环上的一个氢，在浓硫酸作用下，温度在 $50\sim60\,℃$ 时苯与硝酸作用，也可以发生取代反应。 【实验2-2】苯与浓硝酸的反应（播放视频、动画演示）。 【引导分析】苯的硝化反应中，浓硫酸的作用是什么？试写出其化学方程式。 【简单小结】①产物硝基苯有毒。苯分子中的一个氢原子被一个硝基取代。这样的取代反应我们又称作"硝化反应"。反应在 $50\sim60\,℃$ 时进行，应用水浴加热。②浓硫酸的作用是催化剂、吸水剂。 $$C_6H_6+HNO_3\xrightarrow{\text{浓硫酸}}C_6H_5NO_2+H_2O$$ 【衔接过渡】苯的取代反应说明苯有类似饱和烃的性质，掌握了苯体现饱和烃性质的一面，我们再来看看它体现不饱和烃性质的一面。看它的加成反应如何发生。 【实验3】苯与氢气的反应（播放视频、动画演示）。 【引导分析】注意反应条件，产物为环己烷，写出其化学方程式。 【简单小结】①反应条件苛刻，既要高温，还要镍做催化剂；②在分析苯的不饱和程度时，可认为苯分子中存在三个碳碳双键，与氢气以 $1:3$ 的比例反应，产物为环己烷。 $$C_6H_6+3H_2\xrightarrow{Ni}C_6H_{12}$$ 【总结归纳】①苯是一种含碳量较高的有机化合物，能燃烧，难发生破坏苯环结构的氧化反应，如：不能使酸性高锰酸钾褪色；②苯可发生取代反应，苯环上的氢原子在一定条件下被卤素、硝基等取代；③苯比较稳定，但苯在一定条件下也可发生加成反应	学生认真观察实验，运用已有知识，从本质上解释化学反应现象，认识苯的化学性质。 思维进一步拓展，理解苯发生化学反应的本质原因，从实验中验证苯的结构	通过动态媒体纵向组合演示，以实践检验为导向，科学探究为手段，逻辑推理为助推，引导学生由猜想到结论，从外在表征到内在本质，思维纵向推进，认知螺旋式上升和提高[3]，最终从感性认识上升到理性认识，实现知识目标与能力目标

续表

教师行为	预设学生行为	教学技能要素
【启发思考】苯独特的结构组成及结构特点，对苯化学性质而言有什么影响？ 【引导分析】苯环结构比较稳定，发生取代反应较容易，而发生苯环结构被破坏的氧化反应和加成反应则较困难。 【建立观点】①苯的这种特殊结构决定了苯的特殊性质。苯，既有不饱和烃的性质——能发生加成反应，又有饱和烃的性质——能发生取代反应。②苯分子结构与其性质之间是相互统一的。结构决定性质，有什么样的结构，就必然有与之相适应的性质，且任何性质都需要一定的结构来完成	积极思考，深刻理解苯分子结构与性质之间的关系，充分认识结构与性质之间的相互适应关系	以苯分子结构与性质之间的关系为基础，引导学生理解结构与性质之间的关系，逐步建立起"结构与性质相统一"的化学思想，提升化学核心素养，实现情感目标[2]

　　苯的课堂教学以化学科学史实为载体，凸显苯结构的特殊性，选择引用内容"苯的来源及发现"作为问题情境，引发学生对苯的结构及性质这一核心知识展开探究，并通过阐述趣味性的科学小故事，鼓励学生踊跃思考，勇于创新。

参考文献

[1]王后雄. 中学化学课程标准与教材分析[M]. 北京：科学出版社，2012：10-28.

[2]刘存芳，庞海霞，史娟，等. 化学实验教学中落实情意目标的现状及对策[J]. 化学教与学，2017(3)：80-82.

[3]姜建文. 化学教学设计与案例分析[M]. 北京：化学工业出版社，2012：22-56.

基于课程的本质浅析 2016 年高考化学全国卷[①]

刘艳峰，张娅娅，刘存芳，田光辉[②]

（陕西理工大学化学与环境科学学院，陕西汉中 723000）

摘　要： 从课程的本质认知出发，结合化学课程内容的设计，着重分析 2016 年三份高考化学全国卷的结构特点并对学好高中化学知识提出建议，希望能够帮助学生更好地学习和复习。

关键词： 课程；高考；化学试卷

课程的本质是什么？不同学者从不同的视角出发，提出不同的看法，归纳起来主要有以下几种观点：课程是知识；课程是经验；课程是活动[1]。不管是哪一种定义，不外乎是从三个角度去认识课程，有的认为课程是一种过程，有的认为它是一种结果，而更有甚者认为课程是两者的有机结合，笔者更倾向于最后一种看法，即课程是一种过程亦是一种结果。俗话说得好，寒窗苦读二十余载，一朝赶考定人生，这说明学习课程重在结果，它是一种预期的有意图的学习；但从另一个角度来看，在这二十年的每一阶段都有其所属课程，假若把每一阶段看作一个点，将其连接起来，就会得到一条线，而直线的特点就是无限长，表明学无止境，这就意味着课程是一个不断学习的过程，也是知识分类传承的载体。随着素质教育的普及，人们追求终身学习的需求在不断地加强，身处人生的不同阶段，学习的课程也不尽相同，每一个人生阶段都该有他既定的目标，也就是说课程的本质体现在每一阶段的学习过程中都有其结果。例如：九年义务教育之后，学生们面临着一个十字路口，是选择中专、职业技术学校，还是继续普通高中的学习。在特定的阶段做自己的选择，正是课程的体现，它不只是一种结果，也是自己人生的一个过程和经历的经验。

一、高中化学课程内容

根据全国卷化学高考大纲，结合普通高中化学课程标准，明确地阐述了高中化学课程内容必考的有《化学必修 1》《化学必修 2》和《化学选修 4》，包括化学实验、基本理论、元素化学、有机化学等知识，虽说《化学选修 4》是选修课，但在这里它是学生必修的，而《化学选修 2》《化学选修 3》和《化学选修 5》在高考中属于选做题，可任选其一。

二、全国卷化学结构特点

高考化学试卷是理综试卷的一部分，占其总分 300 分的 1/3 为 100 分，由卷Ⅰ、卷Ⅱ两部分组成。卷Ⅰ是选择题，题号为 7～13，每题分值为 6 分，卷Ⅱ又分为必做题与选做题，必做题题号为 26～28，其中，26、27 题分值为 14 分，28 题分值为 15 分，选做题题号为 36～38，分值为 15 分。2016 年高考全国卷化学涉及的内容分析见表 1。

---

① 基金项目：陕西省教育科学"十三五"规划课题（SGH17H143）；陕西理工大学 2016 年研究生教育教学改革研究项目（SLGYJG1613）。

② 通信联系人：田光辉，tiangh@snut.edu.cn。

表1　全国卷2016年理综·化学考点分析表

知识类型	理综化学甲卷		理综化学乙卷		理综化学丙卷	
	考查点	题号	考查点	题号	考查点	题号
基本理论	1. 元素周期律	9	1. 阿伏伽德罗常数的计算	8	1. 电解池、原电池原理	11
	2. 原电池原理	11			2. 元素周期律	12
	3. 化学用语、氧化还原反应及反应热、电离平衡常数的计算	26	2. 电解池原理	11	3. 电离平衡、水解平衡、沉淀平衡	13
			3. 元素周期律	13		
	4. 化学反应方向的判断、温度、压强等因素对化学平衡的影响、图像分析及计算	27	4. 化合价、化学方程式的书写及氧化还原反应和计算	28	4. 离子方程式书写、平衡常数及平衡移动原理、转化率、pH、反应速率、盖斯定律	27
			5. 弱电解质的水解、pH计算	12	5. 化学方程式书写、氧化还原反应及离子反应	28
	5. 化学方程式书写、氧化还原反应、离子反应及平衡移动原理	28	6. 化学反应速率、化学方程式书写、平衡移动原理、电解原理及氧化还原反应	36	6. 离子反应方程式书写、氧化剂	36
	6. 物质的量浓度计算	36				
元素化学	1. 燃料的组成及其污染	7	1. 元素推断、物质性质	13	化学物质的性质及应用	7
	2. 物质推断	12	2. 化学物质的性质	27		27
	3. 铁离子的性质	28		28		36
有机化学	1. 有机物的性质及反应类型	8	1. 化学与生活	7	1. 有机物的性质、用途及同分异构体	8
	2. 有机物同分异构体	10	2. 有机物命名及同分异构体	9	2. 异丙苯的结构及性质	10
	3. 有机物结构的推断、命名、官能团名称、有机反应方程式的书写、反应类型及同分异构体数目	38	3. 糖类的性质、有机反应类型、官能团的名称、有机反应方程式的书写、同分异构体及有机合成路线的设计	38	3. 有机物的推断、有机反应方程式的书写、反应类型及有机合成路线的设计	38
	4. 有机反应方程式、离子式的书写	36				
化学实验及化学与技术	1. 物质的制备、分离与提纯等基本实验操作	13	1. 物质的制备、分离与提纯等基本实验操作	10	1. 物质的制备、分离与提纯等基本实验操作	9
	2. 实验探究	28	2. 酸碱中和滴定	12	2. 碳酸钙、过氧化钙的制备与提纯等实验操作以及实验原理	26
	3. 化工流程图的分析、物质分离的基本知识及计算	36	3. 实验装置的选择及流程设计并预测实验现象、解释原因	26	3. 化工流程图的分析、反应条件的控制及计算	36
			4. 化工流程图分析	36		
物质结构与性质	电子排布式、未成对电子数、化学键、分子极性、氢键对沸点的影响、轨道杂化、晶体及晶胞计算	37	电子排布式、未成对电子数、分子间作用力对熔沸点的影响、电负性、轨道杂化、化学键及晶胞计算	37	电子排布式、分子的立体构型、轨道杂化、晶体结构对熔点的影响、晶体类型、晶胞及计算	37

　　通过表1，我们可以发现甲、乙、丙卷的试题特点主要立足于基本理论，考题的内容不局限于课本知识，更是在此基础上的进一步拓展，注重对知识的灵活应用。其中，甲卷试题的综合性较强，在挖掘原理本质的同时还加入了图形分析，图形虽有直观明了的特点，但其包含的隐性内容却是不少，对学生的读图能力也有一定的要求，不光要知道是什么，还要知道为什么。如26、27、28题在试卷中均设有"原因是""理由是""作用是"的问题，在很大程度上要求学生要有过硬的文字表达能力，不能答非所问，是考查学生的综合能力；随着新课标的实施，越来越多的考题贴近生活，重视应用。如甲、乙、

丙卷的选择题7题考察化学与生活，在注重理论联系实际的同时，体现出化学在生活中的重要作用，感悟化学学科与人类社会的紧密联系；对于化学这门学科，化学性质是其核心内容，且性质通过实验来验证。乙卷26题以实验流程的形式考查氮及其化合物的相关性质，有实验装置的选择、操作步骤、实验现象及对现象的解释，在突出实验完整性的基础上体现对元素化合物性质的探究性；丙卷26题涉及的实验问题有实验目的、操作、作用以及分析实验的优缺点等，这同样是一道以实验为主的大题。图表题是近几年高考化学卷中的热门考题类型，在2016年的三份高考化学全国卷中均有出现。如甲、乙卷的27题含有图形，丙卷27题既有表格又有图形，28题则以表格的形式呈现已知信息。上述分析表明2016年的高考化学卷依托于基本理论知识，试题的灵活性、综合性及探究性较强，或是一道题中包含同一知识类型的不同知识点，或是多个知识类型的综合运用。

三、如何学好高中化学

要学好化学，首先要明白化学是什么，它主要包括哪些内容；其次要知其原理而不是片面地知道一些口诀就可以了；最后是综合应用。每一个知识点单独练习，也许你会觉得化学并不难，但考题往往并不是直截了当地告诉学生它考的是哪一个知识点，而是多个知识点的综合应用。考题也许涉及一种陌生的化学物质或是采用一种不常见的提问模式，也许是题干中的已知信息并不足以回答问题，那么难度来了，如若学生不能提炼出试题中的隐藏信息，看不懂它考的是什么，当然无从下手。这就需要学生在平时的学习当中，深入了解每一个知识类型的特点并掌握其常见的考查方式，同时还要求学生学会举一反三、灵活应用。

实验探究题一直是考试的重点，其内容多以化学基本理论与元素化合物的综合运用为主，因此教师在课堂教学中应积极组织实验探究。例如在学习硫及其化合物的时候，提出问题：酸雨是怎样形成的，它有什么危害，又该怎样预防等。教师通过引导学生回忆相关知识，结合实际生活中的事例，如雕像的腐蚀、赤潮的出现等，促使学生思考并设计一个实验方案来解决酸雨的危害。这样贴近生活的问题有助于激发学生的学习兴趣，促进思维发展，培养创新精神并提高其实践能力。教师应该鼓励学生运用已学的知识，从不同方面、不同层次进行思考，设计出不同的方案，创造性地解决问题。教师的教与学生的学相辅相成，教师应不断寻找符合化学学科特点、学生学情并行之有效的教学方法，而学生则需加强学科内综合的训练、强调学习化学的科学方法及应试技巧[2]，要善于总结归纳，准确运用化学用语。

四、展望

随着21世纪全球经济的高速发展，我国对教育十分看重，对人才的需求是极为迫切的，而教育作为一个国家富强的根基，民族振兴的源泉，高素质人才的培养就显得尤为重要。基于对2016年三份高考化学全国卷的内容分析发现，试卷整体难度相差无几，只是在题型上有所不一样，但其考查主旨都是围绕着新课程目标[3]。《普通高中化学课程标准（实验）》明确指出："着眼于提高21世纪公民的科学素养，构建'知识与技能''过程与方法''情感态度与价值观'相融合的高中化学课程标准体系"，"设置多样化的化学课程，这是化学教师进行新课程实践的指导思想"[4]。为此，化学教师应认真研读课程标准，在教学过程中运用新课程理念，注重学生的全面发展，在传授知识的同时，更要培养学生的科学探究能力以及科学素养，使学生爱上化学。

参考文献

[1]丛立新. 知识、经验、活动与课程的本质[J]. 北京师范大学学报（社会科学版），1998（4）：25-30.

[2]丁声. 2008年全国高考化学试题分析与启示[J]. 科技创新导报，2008（30）：180-181.

[3]刘存芳，庞海霞，史娟，等. 化学实验教学中落实情意目标的现状及对策[J]. 化学教与学，2017（3）：80-82.

基于核心素养的支架式微课教学设计
——以"氧化还原反应方程式书写"为例

芦瑾，严文法①

（陕西师范大学化学化工学院，陕西西安 710119）

摘　要：建构主义理论三大教学模式之一的支架式教学，基于学生的最近发展区，给学生提供足够的材料和空间，引导学生自我建构出相应的知识结构。与微课结合，学生可自由控制听课的节奏及次数，拥有足够时间建构出相应的知识结构。这使得微课可以承担多方面的教育目标，从而可以实现基础科学知识技能和学科核心素养的双重提升。本文以"氧化还原反应方程式书写"为例，基于支架式教学进行微课教学设计，有利于学生循序渐进地学习，发展学生的学科核心素养。

关键词：支架式；核心素养；微课；教学设计

教育部于 2014 年 3 月，发布了《关于全面深化课程改革落实立德树人根本任务的意见》，将教育教学目标提炼成培养学生能力和品格的核心素养[1]。在我国基础教育阶段，教学是为了培养学生可以终身受用、适应社会发展的能力与思维。而核心素养的实施最终落实到各学科的教学。所以，在化学教学工作中需要研究把握化学学科核心素养，使学生具备化学学科知识与技能、思想与方法以及对应的观念、能力与品格。在此背景下，基于建构主义学习理论的支架式教学又逐渐受到大家的关注。在实际实施中，支架式教学需要进一步重构整合，使其更好地服务于教育目的。

一、支架式教学的优势与困境

根据原欧共体"远距离教育与训练项目"（DGXⅢ）的有关文件，支架式教学被定义为："支架式教学应当为学习者建构对知识的理解提供一种概念框架。这种框架中的概念是为发展学习者对问题的进一步理解所需要的，为此，事先要把复杂的学习任务加以分解，以便于把学习者的理解逐步引向深入"[2]。支架式教学的理论基础是多样的，较为主要的是皮亚杰的建构主义的思想以及维果斯基的最近发展区理论。其中最近发展区理论强调，在学生的最近发展区内教师提供支架，帮助学生自身主动地建构，跨越最近发展区。它既关注教师在学生发展中的作用，而且也强调学生这一学习主体的建构与发展[3]。

在支架式教学中，教学支架是一个非常重要的概念。其作用类似建筑行业中使用的"脚手架"。而教学支架的实质是学习过程中的脚手架。根据学生智力的"最近发展区"，来建构可把学生的智力从一个水平提升到另一个新的更高水平的脚手架，为学生的自我建构提供基础，真正做到使教学走到发展的前面。

在当前，我们重新研究支架式教学这一古老的命题，其意义在于支架式教学在发展学生的学科核心素养方面具有显著意义。常规的教学方法较为注重传授系统的科学知识，有助于学生在短时间内形成知识结构与体系，却忽视了学生学科核心素养的培养。采用支架式教学，需要引导学生结合已有生活经验观察和实验，并获取感性认识，运用分析与综合、归纳与演绎、抽象与概括、假设与建模等化

---

① 通信联系人：严文法，sxnuywf@163.com。

学学科方法形成理性认识；需要基于实验等方法检验科学结论，结合已有知识进行推理；需要根据物质的组成元素、构成微粒及微粒间作用力的差异对物质进行分类；需要从宏观微观相结合的视角对物质及其变化进行化学符号等形式的表征。高中化学课程是科学教育的重要组成部分，它在提高学生的科学素养、培养学生全面发展中有着不可替代的作用。因此，在高中化学教学中引入支架式教学具有重要意义。

根据分类标准的不同，学习支架的分类也具有多元性。支架式教学的优势体现在发展学生的核心素养。化学学科则结合自身的学科特点，围绕实验发展学生的化学学科核心素养。从不同学习支架发展不同学科核心素养的角度出发，对化学课堂中使用学习支架进行分类，其具体作用如表1所示。

表1　学习支架分类及其作用

支架类型	设计意图	发展的学科核心素养
工具支架设计	为学生提供直接的操作性和情境性的经验，以帮助学习者合理有效地运用工具和资源	宏观辨识与微观探析 证据推理与模型认知
元认知支架设计	为学生提供能够帮助学生自己在学习中评估与反思已知什么与还要做什么	科学探究与创新意识
实验支架设计	利用实验支架在很大程度上解决和突破化学学习上的重难点	证据推理与模型认知 科学探究与创新意识 科学态度与社会责任
图示支架设计	利用概念图、概念地图、思维导图等具有很强的系统性和逻辑性的形式，反映化学学科的思维方式和组织形式	变化观念与平衡思想 科学探究与创新意识

就目前高中化学的内容编排而言，知识量较大，且系统性不明显，对学生的综合能力考查较多。机械地采用传统支架式教学教师可能需要反复搭建支架，这就导致学生需要深入探究时，教师往往无法留给学生充足的建构空间。同时教学内容容量大，常常是多个目标以递进或并列的方式出现，他们没有足够的时间，为了完成教学任务，他们不得不"急"于"告诉"学生本来能够探索的结果[4]。

针对支架式教学存在的问题，教育一线工作者已有一些改进。许美羡和林娟于2015年发表的《重构支架式教学模式，培养学生化学核心素养》中提出，依据"小步子教学"，将每节课切割成若干个教学任务，通过设置不同的学习支架实现具体知识点教学及学生能力培养，以进阶的方式实现课堂整体教学目标。然而在普通课堂教学中，一节课40 min应该是一个完整有结构有层次的教学设计。结合现代技术作用下兴起的微课，则可以很好地综合两者各自的优势。在学生的思考和建构不完全时，学生可随时暂停，结合自身需要来调控学习节奏。当学生的自我检测效果不满意时，学生可以反复多次学习，反复在支架的引导下最终完成建构。这充分体现教育的"以生为本"，将学习的权力还给学生，完成学生的自我发掘、自我提升。基于支架式的微课辅助课堂教学可以培养出具备核心素养的、充满个性的学生。

二、微课教学带来的机遇与挑战

微课之微就来源于视频的时长，时长一般控制到5～10 min。所以设计微课时要简洁明了、直击中心，在规定的时间完成相应的任务。"麻雀虽小五脏俱全"。微课的教学结构是完整的，包括引入、展开、练习、小结这几个完整的教学结构。所以微课的设计就要坚决杜绝节奏拖沓、讲解不精练。

相对于传统课堂教学而言，微课以短为特色，它在广度、深度和复杂度方面容易存在不足。同时因为它是提前录好的，所以也不能支持临时性的问题。根据新课标的要求，教学不仅要落实包括知识与技能的目标，还要培养学生的学科核心素养。教师的任务不只是教会学生书本知识，更重要的是注重学生情感的渗透、学生学习能力的培养、化学素养的形成等。在微课的教学中引入支架式教学，则强调教师给学生提供足够的材料和空间，引导学生自我建构出相应的知识结构，从而实现学科科学知识技能和学科核心素养的双重提升[5]。

三、基于核心素养的支架式微课教学模式

在近年新技术背景下兴起的微课教学中，引入基于建构主义的支架式教学，需要对支架式结合微课的特点作出相应的调整。在以学生为中心的基于核心素养的支架式微课教学模式中，需要为学习困难者提供一系列的支持和帮助，供其更好更快地实现最近发展区的跨越。

支架式微课教学的重点是建构出完善且有效的学习支架框架。学习支架的设计，首先，应基于学生学习的个性化原则进行设计。不同的学习者具有个体差异性，不同的学习者需要不同程度的支架。因此，学习支架的提供要结合学习者的学习特征，符合个性化学习需要，与学习者认知水平保持一致。其次，应从学生已有认知建构新知识。建构主义的理论表明，学生通过回顾自己的已有知识并建立知识之间关联的方式学习效果更好。教学支架的设计也应充分考虑到学生的已有知识，一方面要帮助学习者理解新知识，另一方面也使学习者完成整个知识结构的建构。最后，教学支架的选择应考虑到STSE[科学(Science)，技术(Technology)，社会(Society)，环境(Environment)的英文缩写]理念，结合所学习的化学知识的背景，从技术、环境的角度出发，促进学生科学知识的完善与应用能力的提升[6]。

相对于传统课堂，微课教学要求简洁明了、直击中心。在支架式微课教学模式中，教学活动要直入主题，结合学生的已有认知水平与认知发展特点，搭建元认知支架，通过提供情景支架，通过建构真实情景下的表征，帮助学习者理解掌握。在教师提供充足信息支架的基础上，学生先自我展开意义建构。教师适时提供工具支架来为学生提供直接的操作性和情境性的经验，图示支架设计来反应化学学科的思维方式和组织形式。在微课的最后，学生要通过评价支架来完成本节课学习的评价。学生在评价环节效果不好时，可重新返回独立探索环节，结合上一次学习的初步认识及已有认知基础，运用分析与综合、归纳与演绎、抽象与概括、假设与建模等方法最终形成理性认识，完成本节课内容的学习。

四、"氧化还原反应方程式书写"的微课教学设计

氧化还原反应方程式是高中化学教学中的重点，也是学生学习的难点。对于氧化还原反应方程式书写，在传统教学中，教师往往引导学生对这一部分进行机械性练习。学生为此都很烦恼，且实施效果不好，所以目前鲜有这一方面的教学设计。陈方于2015年在《化学教与学》上发表的《基于生产、生活视角的高三化学复习教学设计——"氧化还原反应方程式书写"复习教学设计案例及其分析》中，选取与生产、生活实际相联系的典型问题，通过相关教学过程，不断强化学生对相关反应原理和思想方法的认识，引导学生运用所学化学知识解释生产、生活中的化学现象，促使学生将有关理论知识与实际问题紧密联系。该教学设计主要是基于知识与技能、过程与方法的理解与掌握，忽视了学生分析、抽象与推理的思维过程，未能充分发挥教学在发展学生学科核心素养中的重要功能与价值[7]。

1. 教学思路分析

基于目前微课的使用现状，本微课教学设计将微课定位为课前学生预习初学，课后复习提升。本节课的教学对象是已学过氧化还原反应相关知识的高一学生。

2. 教材内容分析

对新课程标准下的高中化学3套教材对比研究。人教版这部分内容编写难度相对适中，但是氧化还原反应的书写在必修中没有出现；苏教版则注重锻炼学生观察思考的能力，部分内容较难，对于氧

化还原反应方程式的配平方法在教材上以资料卡栏目体现；鲁科版则突出实验，多个探究实验的设计增加了教材的难度，充分培养学生的能力。本教学设计基于课后巩固提升的目的，参考苏教版中氧化还原反应方程式的配平方法，引导学生初步建构氧化还原反应方程式书写的模型。本教学设计引入探究实验，在结合学生现有发展水平的基础上，调整了苏教版高中化学教材《化学与生活》中检验碘盐真假与含碘量的实验，通过所假设物质的氧化性或还原性，添加不同的试剂，发生氧化还原反应的结果来证明假设，培养学生探究推理、严谨求实的科学精神。

3. 教学目标

对学生总体的素养期望具体化为课时教学目标。在宏观辨识与微观探析方面要求熟练掌握对于氧化还原反应的宏微符三重表征方法；在变化观念与平衡思想方面，能运用守恒观念完成氧化还原反应方程式的配平；在证据推理与模型认知方面，能建构氧化还原反应方程式书写的模型，根据模型完成方程式的书写；在科学探索与创新意识方面，根据实际需求展开有效探索，发展创新意识；在科学态度与社会责任方面，培养实事求是、严谨求实的探究精神。

4. 教学过程（见表2）

表2 "氧化还原反应方程式书写"的微课教学过程

教学环节	教师活动	核心素养
搭脚手架	信息支架1：反应的宏微符三重表征。以熟悉的磷在氧气中燃烧为例。 信息支架2：氧化还原反应的本质。宏观上化合价升降守恒，微观上电子转移守恒。 信息支架3：熟悉常见的氧化剂与还原剂，根据化合价升降推测产物	1. 反应的宏微符三重表征方法。 2. 守恒观念的具体内涵
进入情境	问题支架4：对于氧化还原反应如何进一步满足化合价升降守恒。 建议支架5：我们可以尝试通过最小公倍数法来满足化合价升降守恒。在此基础上，再来考虑元素种类守恒、原子个数守恒	初步了解守恒观念在化学反应方程式中的具体体现
独立探索	范例支架6：完成初中学习过的氧化还原反应方程式高锰酸钾受热分解的书写	自我初步建构氧化还原反应方程式书写的模型
教师引导	建议支架7：教学讲解例题，并引导学生梳理出氧化还原反应方程式书写的步骤。 问题支架8：对于咱们学过的氧化还原反应，离子方程式书写又有什么不同呢？上述式子的离子反应方程式又要如何书写？ 建议支架9：教师引导学生采用将化学方程式转化为离子方程式的方法完成书写	1. 熟练掌握守恒观念在反应方程式中的体现。 2. 自我整合、完善氧化还原反应方程式书写的模型
效果评价	范例支架10：日常生活中我们每天都要摄入一定量的加碘食盐。市售的碘盐中碘的成分有可能是碘、碘化钾或碘酸钾等含碘物质，我们可以采用什么方法来验证一下呢？ 假设一：碘，在蒸发皿上加入少量食盐，滴加淀粉溶液，观察是否变成蓝色。 假设二：碘化钾，取2g食盐放在蒸发皿上，向盐上滴加稀硫酸与高锰酸钾溶液，再滴加淀粉溶液，观察是否变成蓝色。 假设三：碘酸钾，取2g食盐放在蒸发皿上，向盐上滴加稀硫酸与亚硫酸钠溶液，再滴加淀粉溶液，观察是否变成蓝色。 教师引导学生梳理研究实验的思路，并完成氧化还原反应方程式书写	1. 根据实际需求展开有效探索，发展创新意识。 2. 培养实事求是、严谨求实的探究精神。 3. 根据氧化还原反应方程式书写的模型完成方程式的书写

5. 教学反思

(1)本教学设计基于支架式教学，充分体现了以学生为主体的理念。以学生自主学习为主是指在教师的引导下，实现知识的有意义建构，充分体现了学生对知识的主动探索、主动发现和对所学知识意义的主动建构等建构主义理论的一种观念。

(2)本教学设计充分体现了发展学生学科核心素养的教育目标。教师引导学生在基于化学学科知识、观念及方法的基础上，自我建构出氧化还原反应方程式书写的模型，并能根据模型完成方程式的书写，发展了学生宏微辨析、变化与守恒、模型推理等学科核心素养；采用生活的素材情境，组织探究活动，使学生从中体会到探究乐趣，感受化学在生活生产中的价值，体现出科学探究、社会责任等学科核心素养。

(3)本教学设计基于微课的教学形式，选取高中化学重难点，提供微课视频以供学生在课后复习提高。学生在碎片式的空闲时间也可以主动投入课外学习。对于不同成绩水平、思维能力的学生，都可以去找相对应的微课进行学习。充分将学习的权力还给学生，使学生完成自我发掘、自我提升。

参考文献

[1]中华人民共和国教育部. 教育部关于全面深化课程改革落实立德树人根本任务的意见[Z]. 2014[2021-7-20]. http://www.moe.gov.cn/srcsite/A26/jcj_kcjcgh/201404/t20140408_167226.html.

[2]何克抗. 建构主义的教学模式、教学方法与教学设计[J]. 北京师范大学学报(社会科学版)，1997(5)：74-81.

[3]王海珊. 教与学的有效互动——简析支架式教学[J]. 福建师范大学学报(哲学社会科学版)，2005(1)：140-143.

[4]王丹. 支架式教学在高中化学教学中的应用研究[D]. 武汉：华中师范大学，2017.

[5]任琴会. 微课在高中化学教学中的案例设计与应用研究[D]. 贵阳：贵州师范大学，2016.

[6]林永. 知识建构理论支撑下的协作学习活动支架设计与应用[D]. 上海：华东师范大学，2016.

[7]陈方. 基于生产、生活视角的高三化学复习教学设计："氧化还原反应方程式书写"复习教学设计案例及其分析[J]. 化学教与学，2015(6)：53-56.

浅谈新教师成长的途径及方法

——二氧化硫的还原性呈现方式的比较分析

苗晓欢[①]

（石家庄一中实验学校，河北石家庄 050000）

摘 要：本文对比新手型教师、熟手型教师以及专家型教师就二氧化硫的化学性质——还原性这一知识点的教学过程设计，通过检索文献，结合听课评课、经验交流等方式对三种不同类型教师的知识呈现方式、教学策略以及所达到的教学目标进行分析。从新手教师视角观察，自身经验出发，谈谈新教师成长的途径及方法，并提出了几点建议。

关键词：二氧化硫；教师成长；课程打磨

一、亟待解决的问题——新教师成长

教师是人类灵魂的工程师，郑长龙[1]教授提出了"教学行为对"及"教学行为链"等概念，指出在课堂教学中，教的行为和学的行为总是成对发生并存在的，而且它们之间按照一定的联结方式组合起来形成具有特定功能和价值的有序整体。我国新一轮基础教育课程改革要求教师要有效地落实新课程的理念，而教师单凭原有的教学经验显然已不能适应新课程的要求，要实现教育观念、教学行为、教师角色的转变，教师就要重视教学反思，成为一名反思性实践者[2]。教师的快速成长不可能单独依靠个人的努力而实现，也不是单纯的自然成熟的过程，实践共同体恰好为新教师的成长提供了一个这样的学习机会：在实践活动中，新教师通过与同伴教师、专家教师之间不断地社会交往，行走在形式各异的共同体中，形成实践共同体帮助新教师顺利实现由"生存"向"成熟"的过渡，形成有关教学世界的意义，建构起自身的成长[3]。

二、课程内容的选取

硫是高中阶段的一种重要的非金属元素，硫及其相关内容也是近几年高考命题的热点，常考内容有硫及其化合物的性质、SO_4^{2-} 的检验、浓硫酸的特性、硫酸盐的组成、以其为载体的化学实验与化学计算、环境保护等[4]。

三、教学过程对比分析

知识点：SO_2 的还原性。

1. 新手型教师教学过程

师：硫有多种价态，-2、0、$+4$、$+6$，SO_2 中硫的化合价为 $+4$，所以 SO_2 既有氧化性，又有还原性。下面我们一起来学习 SO_2 的还原性（板书）。

师：还原剂具有还原性，所以 SO_2 可以和氧化剂发生氧化还原反应，常见的氧化剂有哪些呢？

生：（一齐回答）O_2、Cl_2、HNO_3、酸性 $KMnO_4$、溴水等。

师：很好，请大家把 SO_2 与 O_2、Cl_2、酸性 $KMnO_4$、溴水反应的化学方程式以及离子方程式写出来，再请两名同学上台板书。

① 通信联系人：苗晓欢，石家庄一中实验学校，1048002882@qq.com。

学生活动，教师巡视。

师：(就学生书写情况进行点评)MnO_4^- 发生氧化还原反应产物是 Mn^{2+}，SO_2 被氧化后在溶液中的产物是 SO_4^{2-}。根据化合价升降相等，进行配平。

……

2. 熟手型教师教学过程

师：[任务三]硫有多种价态，结合 SO_2 中心元素化合价，推测 SO_2 的性质，写出反应物、产物并预测反应现象。(在学生进行按物质类别、中心元素化合价学习 SO_2 化学性质时写出板书。)

板书如下：

SO_2 化学性质

酸性氧化物	$\overset{-2}{S} \longrightarrow \overset{+4}{SO_2} \longrightarrow \overset{+6}{SO_4^{2-}}$
①与碱反应 SO_2 少量时：$SO_2+2NaOH=Na_2SO_3+H_2O$ SO_2 过量时：$SO_2+NaOH=NaHSO_3$ ②与 H_2O 反应 $SO_2+H_2O \rightleftharpoons H_2SO_3$ ③与 CaO 反应 $SO_2+CaO=CaSO_3$	氧化性 与 H_2S 反应 $SO_2+2H_2S=3S\downarrow+2H_2O$ 还原性

学生个人思考 1 min，小组讨论 3 min。

生 1：……(不全的其他学生补充)

师：(根据学生口述板书)在铁三角的学习过程中，三者之间的转化就涉及了很多种氧化剂，想一想都有哪些(经提醒学生们写出了多种氧化剂)，时常回顾旧知识，可以应用到新的学习中。

$$\overset{+4}{SO_2} \xrightarrow[\text{O_2、Cl_2、HNO_3、酸性 $KMnO_4$、溴水、碘水、Fe^{3+}、H_2O_2}]{+氧化剂} \overset{+6}{SO_4^{2-}}$$

生 2：与酸性 $KMnO_4$ 发生反应，使高锰酸钾褪色，产物是 Mn^{2+} 和 SO_4^{2-}……(不全的其他学生补充)

师：(根据学生口述写板书)

①$MnO_4^-+SO_2 \longrightarrow Mn^{2+}+SO_4^{2-}$

②$Fe^{3+}+SO_2 \longrightarrow Fe^{2+}+SO_4^{2-}$

③$Br_2+SO_2 \longrightarrow Br^-+SO_4^{2-}$

……

师：大家同意他们的观点吗？事实是不是这样的呢！在这里有一些试剂(投影给出试剂名称)(见表 1)，请设计实验，并上台演示。

表 1

	酸性 $KMnO_4$(l)	$FeCl_3$(l)	溴水	Cl_2(l)	H_2O_2
H_2SO_3(l)					
现象					

生 3：(上台讲解演示)。

师：很不错(鼓掌)。以上几个演示实验，两剂、两产物都有了，课下作为缺项配平，进行练习。

3. 专家型教师教学过程

师：我们从物质类别角度认识了 SO_2 的化学性质后，发现 SO_2 和 CO_2 性质很相似，区分它们两个必须用特性鉴别，最简单的就是 SO_2 能使品红褪色。那么，我们又如何用化学方法鉴别 Na_2SO_3 和 Na_2CO_3？请尽可能用多种方法。

(学生思考、讨论、相互交流，小组派代表汇报鉴别方法。)

生1：……

生2：分别加入溴水，能使溴水褪色的是 Na_2SO_3，不能褪色的是 Na_2CO_3。

生3：(举手起立反驳)我认为溴水不能用来鉴别两者，Na_2CO_3 也有可能使溴水褪色。

师：(追问)如何证明你的推测？

生3：做一下实验。(学生设计实验)把 Na_2CO_3 溶液滴入溴水中，振荡，发现溴水很快褪色，并生成无色气体。

师：(追问)能否解释一下 Na_2CO_3 使溴水褪色的原因呢？

生3：溴水的性质类似于氯水，存在可逆反应：$Br_2+H_2O \rightleftharpoons HBrO+HBr$，$Na_2CO_3$ 消耗了溴水中的 HBr，上述平衡正向移动，溴水褪色。(大家一致点头)

师：(鼓掌，竖起大拇指)你太棒了！

……

最后师生对各方案评价反思、总结归纳，指导学生写离子方程式，落实考点，完成表2。

表2

	试剂	现象	结论	离子方程式
方案1				
方案2				
方案3				
方案4				
方案5				
……				

师：总结本课所学内容，并谈谈自己的学习体会。

生4：我学会了研究单个物质化学性质可从类别、化合价、特性三个角度分析。我以前大多是死记硬背，现在有一些规律可循了，不但学了物质的性质，还学到了方法。

生5：通过+4价硫元素的转化学习，我加深了对元素氧化性和还原性的理解。

生6：我进一步深刻地认识到实验是研究物质性质的重要方法和手段。

……

师：(概括提升)拓展到其他含硫物质，总结不同价态硫元素间的转化规律。含硫物质转化时，如硫的价态不变，一般从物质类别角度去考虑，找合适的反应物；如硫的价态改变，则一般从氧化还原角度去考虑，找合适的氧化剂、还原剂。有时需要考虑该物质的特性。

教师边总结边在原板书的基础上绘制硫元素的三维结构知识图(见图1)。

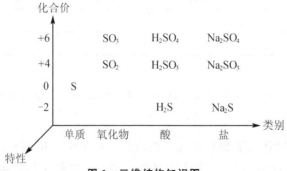

图1　三维结构知识图

拓展应用，课后实践：

1. $NaNO_2$ 可能具有哪些化学性质？

2. 试着做一做 2010 年高考全国课标卷理综第 27 题。

四、不同类型教师教学过程设计对比分析

(1)新手型教师更多采用教学行为链(直授型)直接讲解陈述本节课堂的既定教学目标。学生只能跟在教师屁股后边跑，没有自主思考，也不利于学习兴趣的激发，学习效果差。美国教育心理学家布卢姆提出教学目标分为认知、情感和动作技能。这样的教学过程，知识目标能基本完成，然而技能及情感态度和价值观得不到有效的锻炼和发展。适当次数强调同一知识点可引起学生的注意，新手教师常对遇到的同一重点知识多次强调，甚至可能一节课会重复十次以上，物极必反，这样的教学策略使得学生产生反感，进而引起学生对教师的反感，对这一学科的反感。

(2)熟手型教师以任务驱动的形式，激发学生内部动机，以学生为主体，讲授新知识时会不断地将近期已学的或者高考中常考到的与本节相关的内容融合进来，并且在课堂上利用十几秒的时间就检验了学生对已学的重点知识的掌握情况。一节课中，随时产生小问题，布置小作业，保证"质"的前提下，基础化复习型作业。将 STSE[科学(Science)，技术(Technology)，社会(Society)，环境(Environment)的英文缩写]教育理念引入课堂，从生活中来，到生活中去[5]。教师通过对酸雨等环境污染产生原因的探究和如何保护环境等问题的探讨，让学生以更广阔的视野看待科学的价值，培养学生学以致用的意识和解决问题的能力，养成关心社会的积极态度，增强对社会的责任感。这样的教学模式和知识呈现方式更有利于培养学生学以致用的能力和发散思维。

(3)专家型教师运用"问题解决"的教学模式进行教学，从一定的理论高度俯视本节要讲授的知识，提出问题，通过问题的解决完成教学，融知识建构于问题解决过程中[6]。要明确、要有驱动性、要有层次和思维跨度，以问题为核心来统摄学生思维，引领知识学习。课堂最后的小结提升，"绘制三维结构知识图"起到了很好的画龙点睛作用，这在一定程度上也深化了元素化合物学习的元素观、分类观和转化观。

五、新手教师成长的建议

为顺利完成新手型教师到熟手型教师甚至专家型教师的转变，更为提高教育教学质量，提出以下几点建议。

新手教师更快更好地成长离不开对教学过程的设计、实践、自行反思、同组教师听课、听评课、吸收对自己课程改良有价值的信息，对自己的课程进行修改，再实践、再修改，再实践，直到课程更加完美。在下一次授课中，同样程序再走一遍，力争每节课都认真打磨，琢磨知识如何呈现、教学目标如何达成、学生能力如何提高。当然，将自己的课程录制下来进行观看、自评也是个不错的成长进步的方法。

积极准备每一节课，尝试多种知识呈现形式。教师要交给学生的不只是课本上的内容，更要"让学生学会学习"，保持学习的思想、思考的状态，学会思考如何解决问题，学会运用已有的知识解决现有的问题。经过用心打磨的课程，或者说一种成功的知识呈现形式，会使学生产生化学是一门简单易学有意思的学科的观点，享受学习化学这个过程。这是很好的学习开端。而新教师也就是在这个过程中慢慢走向成熟，由新手型教师向熟手型教师，继而向专家型教师转变。

合理安排课堂各环节时间，进行有效提问，把控课堂。让既定教学目标更好完成是教师教学的重要工作内容。采用高水平的教学行为链(自主型)：提出问题—布置任务—合作研究—汇报交流—评价总结，提高学生的参与度，激发学生内部动机，调动学生的学习积极性。

　　独学而无友，则孤陋而寡闻，多看文献、多读文章，可以给自己的实践行为找到理论依据，充分利用理论指导实践，也能更自信、更有方向地进行实践。

　　教师的专业化发展之路，尤其是新手教师的成长发展任重道远。通过对硫及其氧化物一节知识内容的呈现方式及改进过程的描述和总结，本文提出了对新手老师未来发展的几点看法，希望对新手教师的成长有所帮助。

参考文献

[1]曾晓军. 新视角下化学教师课堂教学行为特征的比较研究[J]. 中学化学，2017(1)：1-5.

[2]徐智. 中小学教师教学反思研究[D]. 桂林：广西师范大学，2005.

[3]田田. 基于实践共同体下英语新教师成长路径的案例研究[D]. 宁波：宁波大学，2014.

[4]卫子波. 非金属及其化合物常见考点分析[J]. 中学化学，2017(1)：45-46.

[5]白雪光. 基于 STSE 教育理念的"硫及其化合物"的教学设计研究[D]. 济南：山东师范大学，2016.

[6]杨玉琴，王祖浩. 知识、过程、方法的巧妙融合：对"亚硫酸氢钠主要化学性质初探"一节课的评析[J]. 化学教育，2011，32(6)：23-24.

基于落实化学核心素养对问题＋微课教学的思考

杨凤阳，刘存芳①

（陕西理工大学化学与环境科学学院，陕西汉中 723000）

摘　要：微课作为教育信息化应运而生的产物，短小精悍却五脏俱全，其制作中，选题要准、设计要简、制作要精、完善要细。问题教学法将知识点以问题的形式呈现出来，引起学生好奇心的同时，引导学生自己探索问题的答案，形成发现问题解决问题的能力。化学核心素养教育旨在教授化学知识的同时，更应培养学生具有化学思维和化学技能来适应未来社会，实现全面发展，而问题＋微课使得落实化学核心素养更具明确性。

关键词：微课；问题教学；核心素养

随着教育信息技术的迅速发展，化学学科的教育方法、教育形式发生了翻天覆地的变化，微课也如微信、微博一样在生活中逐渐盛行起来。"微"有细小、精妙之意，所谓微课，是指运用信息技术按照认知规律，呈现碎片化学习内容、过程及扩展素材的结构化数字资源。它最主要的特点就是时间短，一般为 5～8 min，教学内容少，主题突出，内容明确，但是课程结构完整，一应俱全。而化学学科主要是从微观层面认识物质，通过实验来验证物质的性质、结构，若继续沿用以往的教学方法和教学形式就无法落实化学核心素养，无法打破化学在学生心中是抽象的概念。问题教学法，教材的知识点以问题的形式呈现在学生的面前，让学生在寻求、探索、解决问题的思维活动中，掌握知识、发展智力、培养技能，进而培养学生自己发现问题、解决问题的能力 。而化学核心素养，也就是培养学生的化学思维、化学技能、化学品质来适应未来社会、促进终身学习，实现全面发展。问题教学法＋微课是否对落实化学核心素养有启示呢？

一、微课制作过程与要点

微课之所以称为碎片化，就是因为它只讲授一两个知识点，但微课的结构是具有系统性的，其所述的知识具有全面性，可以说是一节 45 min 课的缩小版。一般微课的制作过程包括选题、教学设计、录制、剪辑完善四个步骤[1]。在这四个步骤中需注意以下几点：

（1）选题要准。选的题目要适合微课的呈现方式，不能选择一个 20 min 都讲不完的题目，这就完全背离了微课时间短这一特点，当然也不能选择一些在课堂上教学效果更明显的课程，比如一些更需要师生互动、学生操作性较强的课程。要选择教学过程中的重难点、易错点，进行 5～8 min 的微课设计，同样也突出了微课的实用性。学生可以根据自己的情况选择适合的视频进行学习，解决难题。

（2）设计要简。学生的注意力在几分钟内完全可以高度集中，微课完全符合学生的这一心理诉求，要使得微课视频时间短就要求教学内容要精简，因此，一个微课视频一般只包括 1～3 个知识点。再者，视频的呈现方式要精简、大方，以免喧宾夺主，可以节省一部分教学时间。

（3）制作要精。微课视频录制过程要精细、谨慎，防止有大量的杂音干扰，同时也要避免不必要的状况发生。视频的整体构造也要精美、舒适，更易于学生接受，突破重难点。

（4）完善要细。最后的剪辑完善步骤也是在查漏补缺，对录制的视频进行加工，检查是否有遗漏，

---

①　通信联系人：刘存芳，987253106@qq.com。

视频画面是否清晰，声音是否响亮、完整，这个过程同样也有利于讲述者对自己能力的认识，并及时改进，创作出更好的作品。

二、微课与化学核心素养

社会是不断发展的，学生学习的内容也在不停地扩充、变换，教学模式自然也不能一成不变，教育部提出《教育信息化十年发展规划(2011—2020 年)》，探索微课在课堂教与学创新应用中的有效模式和方法。随着教育信息化的发展，微课的出现是必然的，无限地扩大了课堂的时间，学生无论是课前还是课后都可以学习，甚至不受地域的限制，随时随地都可以学习，极大地增强了学生的自主学习能力。教师可以根据教材制作微课，适时地设计问题，学生课前通过观看视频和解决问题预习所学知识，而教师则可以根据学生解决问题的情况，了解学生预习新知的能力和掌握知识的情况。当然，教师也可以当作课后任务布置给学生，在及时了解学生对知识掌握程度的同时，避免了学生在做作业过程中的枯燥乏味，也让学生对课后作业有改观。微课也可以成为学生查漏补缺的好工具，学生可以根据自己的喜好选择网上上传的微课视频。而教师可以利用问题＋微课的教学方式来吸引学生，引领学生感悟化学的魅力，体验化学思维，学习化学技能，以便更好地落实化学核心素养。下面从"宏观辨识与微观探析"和"变化观念与平衡思想"两个维度来感受下问题＋微课的教学方式。

1. 宏观辨识与微观探析

电解铜和精炼铜一直是个易混淆的知识点，教师可以就这一知识点制作微课帮助学生区别，同时也是对电解池这一节的巩固。教师用一到两分钟对电解池这一节的主要知识点进行回顾并导入新课，然后教师分别进行两组实验，一组是电解铜实验，另一组为精炼铜实验，实验过程当中教师需对所用试剂或用品逐一介绍，实验结束，教师提出问题，设置任务。

【提问 1】电解铜和精炼铜实验中，各自的实验现象分别是什么？

【提问 2】电解铜和精炼铜实验中，做阴极和阳极的分别是什么材料？

【提问 3】电解铜和精炼铜各自的阴极和阳极反应方程式是什么？总反应方程式是什么？

学生对问题的回答，也是对课程的回顾总结与练习，提问 1 和提问 2 都是宏观的一些现象，学生根据所学知识和观察到的现象都可以分析出答案，通过宏观辨识可以初步了解电解铜和精炼铜表面的区别。有了前两个问题的铺垫，提问 3 也就迎刃而解了，根据电解池原理判断阳极反应方程式，依据金属的放电顺序判断出阴极反应方程式。由阴阳极得失电子解释实验现象，从微观现象探析反应原理。

2. 变化观念与平衡思想

在人教版高中化学选修《化学反应原理》化学平衡当中学习到勒夏特列原理，即在一个已经达到平衡的反应中，如果改变影响平衡的条件之一(如温度、压强及参加反应的化学物质的浓度)，平衡将向着能够减弱这种改变的方向移动[2]。对于学生来说从字面上来理解这一原理有些抽象，于是有教师主张让学生死记硬背下来，比如"在可逆反应中，升高温度，反应向着减少热量的方向进行，即向着吸热反应方向进行；降低温度，反应向着增加热量的方向进行，即向着放热反应方向进行"。学生在背下来之后虽然能快速做题，但正确率往往不是很高，尤其是遇到复杂一些的题型，学生就不能分析出正确答案，这种教学方法适应于应试教育，却不符合化学核心素养，不利于培养学生的化学思维、化学品质和化学技能。那么结合微课学生能否理解这一原理，在遇到难题时，也可以根据自己的理解分析题目，得出答案。

(1)由问题导入新课。以 $N_2(g) + 3H_2(g) \rightleftharpoons 2NH_3(g)$ $\Delta H = -92 \text{ kJ/mol}$ 反应为例，提出问题：

【问题 1】$N_2(g) + 3H_2(g) \rightleftharpoons 2NH_3(g)$ 反应中，当反应达到平衡时，若升高温度，其他反应条件不变，化学反应平衡如何移动？

【问题解决】教师引导学生从反应速率方向来考虑，该反应正反应为放热反应，逆反应为吸热反应，升高温度，正逆反应速率都加快，但由于逆反应为吸热反应，逆反应速率加快得更多，所以升高温度，反应向着逆反应反向移动，即反应向着降低温度方向移动。学生可以独立思考降低温度，化学反应平衡如何移动？

【问题2】若增加 N_2 浓度，则反应平衡如何移动？

【问题解决】制作 Flash 动画，增加 N_2 浓度也就是增加 N_2 气体分子数目，学生可以观察到随着 N_2 气体分子数增多，其与 H_2 碰撞的机会也就增多，也就加快了正反应速率，反应正向移动，即反应向着减少 N_2 浓度的方向移动。

【问题3】若增大压强，该化学反应平衡如何移动？

【问题解决】解决这一问题时，教师完全可以在微课视频中制作模型，模拟压强增大的反应，学生可以明显地观察到，增大压强时，导致气体体积减小，从而使反应物和生成物的气体浓度增加，我们知道浓度改变会引起平衡移动，而改变相同的体积的情况下，气体前系数更大的一边浓度改变越大，从而引起向气体体积缩小方向移动，即向着减弱这种改变的方向移动。因此，$N_2(g)+3H_2(g)\rightleftharpoons 2NH_3(g)$ 反应中，若增大压强，反应向正反应方向移动。

(2)拓展思维。【问题】：密闭容器中，发生 $N_2(g)+3H_2(g)\rightleftharpoons 2NH_3(g)$ 反应，达到平衡后，若加入惰性气体，化学反应平衡如何移动？

【问题解决】学生在这个问题当中容易迷失，认为在密闭容器中，加入惰性气体实际上是增大压强，再根据勒夏特列原理，得出反应平衡向正反应方向移动。事实上，密闭容器中，反应达到平衡后，若不改变温度，通入不参与反应的气体，平衡不发生移动。此问题也可以设计模型来解决。

(3)小结提升。勒夏特列原理只能应用于动态平衡中，且只能应用于已达到平衡的体系，对于未达到平衡的体系是不能应用的。而且该原理在用于维持化学平衡状态的因素改变时才是有效的，若影响因素与化学平衡状态无关则不能用勒夏特列原理，在改变因素超过一种时也不适用。学生可以对这些适用条件进行分析讨论，也是对新知识的进一步思考。勒夏特列原理揭示了复杂的物质变化规律，展示了化学的魅力，反应是变化的，但却是有规可循的，反应不可能一直处于变化状态，总有一个时刻反应会达到平衡状态，而当反应处于平衡状态时，一旦有条件发生改变，平衡便被打破。这也体现了变化观念与平衡思想。

上述微课设计以学生为主体，教师为导向，引导学生们带着问题去学习，将传统课堂中的教学目标转换为学生的学习任务，形成问题式学习，学生在观看视频的同时，也是在对问题进行思考，在解决问题的同时也是在对所学知识进行应用，使得学习效率增强，学生的自主学习能力增强。而微课视频使得实验过程更加清晰明了，Flash 动画和模型让知识变得灵动起来，不再是让学生们头疼的文字、抽象的原理，学生像是玩游戏完成任务般就掌握了知识，掌握了解决问题的能力。即使没有死记硬背，也可以根据自己的理解解决问题。

三、反思与总结

微课可以围绕一个知识点、一个实验录制视频，化解教学重难点，解决实验可实施性难的问题。微课使得化学课堂更加丰富多彩，吸引了学生的目光，有利于培养学生的化学素养。但它毕竟只是一种教学工具，并不能成为教学过程当中的主导，微课的使用成功与否还有赖于教师，如何使用微课是一个难题。有目的、有计划地将微课设计在课堂内外，使得微课视频更好地被利用。可是对于一般学生的自制力来说，微课可能只是教师在课堂上的调味剂，一个转移他注意力的视频，看完可能就忘了，如果在观看微课之前老师就设置相应的问题，或者说在微课视频中创设问题情境，学生带着自己的问题去探索答案，学生在探索答案的过程中，会形成自己的化学思维，自主体会到化学核心素养，比如在上述微课设计中，学生在找到答案的同时也体会到"宏观辨识与微观探析""变化观念与平衡思想"，问题＋微课就是有针对性地学习，学生知道自己要学什么，自己的目标是什么，而对于落实化学核心素养，问题＋微课使得其更具明确性。

参考文献

[1] 程芳婷，赵莉，仲芯颖，等. 有机化学教学中微课的制作及应用[J]. 广州化工，2015，43(17)：236-238.

[2] 李宏春. 基于化学核心素养的微课教学实践和思考[J]. 化学教与学，2016(7)：34-36.

高中化学教材课后习题的使用情况及建议[①]

张娅娅，刘艳峰，刘存芳，田光辉[②]

（陕西理工大学化学与环境科学学院，陕西汉中 723000）

摘　要： 本文通过对高中化学教材中化学习题的概念进行界定，并对目前高中化学教学中化学习题的使用情况进行调查，提出目前高中化学习题所存在的问题，然后将教材《高中化学必修 1》中的几道习题进行改编，最后针对目前化学习题存在的问题，提出几点建议。

关键词： 高中化学；教材习题；习题改编

教材是根据课程标准编写而成的，它具体体现了课程标准的要求。同样的，教材习题也体现了课程标准的要求和目标，随着我国新一轮的课程改革，从教学大纲走向课程标准，教材习题随之也发生了显著的变化[1]。从最初的只在每小节后设置习题，到 2000 年人民教育出版社不仅在每小节后设置习题，在每章后均有章末复习题，教材最后还设置总复习题。而课程改革后的教材中，习题已经不仅限于节后、章后，而是贯穿于教材的正文之中，以各种栏目的形式出现。基于这样的现状，有学者提出，教材习题指的是教材正文前、正文中、正文后所有可供学生思考、回答、交流、总结等各种性质的习题[2]。以人教版高中化学教材为例，编排于正文栏目"思考与讨论""探究与实践"中的习题，编排于正文后"思考与复习""小结与思考"栏目中习题，在笔者看来，都属于化学教材习题，都在笔者所研究的范围之内。

一、目前化学习题使用现状及存在的问题

作为教材内容不可或缺的一部分，其功能也是显而易见的。教材习题可以指导和辅助学生更有效地学习教材内容；此外，习题作为教材内容的有机组成，教材习题能有效促进课程目标的达成[3]。2013 年 10 月，上海市教委教研室开展的"上海市作业设计和实施现状"研究显示，教师使用最多的为教研组统一设计的作业。但通过文本分析发现，所谓备课组统一作业几乎都是原封不动地照搬教辅材料的内容，化学学科的作业文本分析也表明，绝大部分学校在选择好教辅材料以后，基本要求学生按课时做教辅材料，几乎不做任何筛选[4]。所以针对化学教材习题的使用情况，早在 2005 年吴俊明[5]教授就概括了教材习题设计和习题教学的主要问题，并提出了一些建议。然而到目前为止，从笔者所了解到的现状来看，教材习题与实际教学仍然是脱轨的，教材习题仍然没有成为教师教学过程中和学生学习过程中的首选作业。笔者认为出现这一现象的主要原因有以下两方面。第一，在高考指挥棒的指导下，各学科作业明显存在应试化的倾向，学校在教学过程中普遍重视进行试卷测试。从应试的角度出发，教材习题显然不能满足学生和考试的需求。第二，教材习题的设计水平不够，在多样性、选择性、结构性等方面略有欠缺，所以不是教师布置作业的首选。但从有关数据来看，数学学科使用教材习题的比例明显增高，这同时也从另一个角度说明，如果化学学科的教材习题结构性、层次性合理的话，教师就能减少使用教辅材料的频率，学生的作业量也能相应地减少，进而减轻学生的负担。因此教材习题的改革，已经迫在眉睫。正如吴俊明教授指出的，教材习题中存在的问题，也是导致教师不采用

---

①　基金项目：陕西省教育科学"十三五"规划课题（SGH17H143）；陕西理工大学 2016 年研究生教育教学改革研究项目（SLGYJG1613）。

②　通信联系人：田光辉，tiangh@snut.edu.cn。

的原因之一。而为了改变这一现状，需要提高教材习题设计的水平，改善教材习题的质量。

二、教材习题的改编

本文选取了人教版高中化学教材《高中化学必修1》第一章中第一节和第二节后的几道典型习题为例，对其进行了微小的改编。

改编前：

1. 下列各组混合物中，能用分液漏斗进行分离的是（   ）

A. 酒精和水　　　　B. 碘和四氯化碳　　　　C. 水和四氯化碳　　　　D. 汽油和植物油

2. 某混合物中可能含有可溶性硫酸盐、碳酸盐及硝酸盐。为了检验其中是否含有硫酸盐，某学生取少量混合物溶于水后，向其中加入氯化钡溶液，发现有白色沉淀生成，并由此得出该混合物中含有硫酸盐的结论。你认为这一结论可靠吗？为什么？应该怎样检验？（提示：碳酸盐能溶于稀硝酸和稀盐酸。）

3. 在 0.5 mol Na_2SO_4 中含有 Na^+ 的数目是（   ）

A. $3.01×10^{23}$　　　B. $6.02×10^{23}$　　　C. 0.5　　　D. 1

4. 下列行为中符合安全要求的是（   ）

A. 进入煤矿井时，用火把照明

B. 节日期间，在开阔的广场燃放烟花爆竹

C. 用点燃的火柴在液化气钢瓶口检验是否漏气

D. 实验时，将水倒入浓硫酸配制稀硫酸

5. 某工厂的工业废水中含有大量的 $FeSO_4$、较多的 Cu^{2+} 和少量的 Na^+。为了减少污染并变废为宝，工厂计划从该废水中回收硫酸亚铁和金属铜。请根据流程图（见图1），在方框和括号内填写物质名称（或主要化学成分的化学式）或操作方法，完成回收硫酸亚铁和金属铜的简单实验方案。

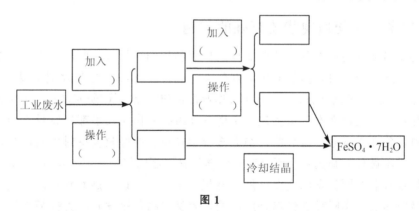

图 1

改编后：

1. 以下各组实验中（见表1），能达到对应实验目的的是（   ）

表 1

选项	实验目的	分离方法	分离原理
A	分离酒精和水的混合物	分液	两者的密度不同
B	除去 KNO_3 固体中含有的少量 NaCl 杂质	重结晶	KNO_3 在水中的溶解度较大
C	除去乙醇中混有的少量乙酸	蒸馏	两者的沸点差别较大
D	用酒精萃取碘水中的碘	萃取	碘在两者中的溶解度不同

2. 某粗盐固体中可能含有硫酸钠、碳酸钠和硝酸钠中的一种或多种，为了检验其中是否含有硫酸钠并得到纯净的氯化钠溶液，请自行设计实验方案，以达到实验目的。

3. 下列有关 Na_2SO_4 的说法正确的是(　　)

A. Na_2SO_4 固体中含有 2 mol Na^+ 和 1 mol SO_4^{2-}

B. 1 mol Na_2SO_4 固体含有的 Na^+ 的数目为 2 mol

C. 含有 6.02×10^{23} 个 Na^+ 的 Na_2SO_4 固体的物质的量是 0.5 mol

D. 14.2 g Na_2SO_4 固体 SO_4^{2-} 的物质的量为 0.2 mol

3. 下列说法正确的是(　　)

A. 孩子们喜欢玩的氢气球遇到明火可能发生爆炸

B. 在通风橱中制备有毒气体时，不会造成环境污染

C. 实验完毕时，将实验中剩余的废液直接倒入下水道中

D. 家中的废旧电池可以直接埋入地下，不会对土壤造成污染

4. 垃圾是放错位置的资源，放错位置也能对人类生活造成影响。工业废弃物中的污染物可随着废水、废气或废渣进入生态环境，进而对生态环境和人体健康造成一定的危害。某工厂的工业废水中含有大量的 $FeSO_4$、较多的 Cu^{2+} 和少量的 Na^+。为了减少废水对环境的污染并将其中的 $FeSO_4$ 和 Cu^{2+} 进行回收，请设计简单的实验，达到回收硫酸亚铁和金属铜的目的。

三、建议

1. 教材习题的编写应注重能力和素质的共同培养

随着素质教育口号的提出，给我国素质教育的实现过程带来了巨大的助推力，但同时也给了教学以巨大的压力，如何利用新课标下的新教材带动起教学的效率，已经成为了现今教育界的一个重要课题。要利用好教材，就要实现教材的全面利用，而教材的质量则是前提保证。所以在习题编写方面，既要兼顾到学生对于所学知识的检验，真正达到课堂学习与课后练习相结合，又要起到培养学生素质教育的功能。

2. 教材习题的编写应该与高考的趋势一致

虽然目前一直提倡的是素质教育，但在高考指挥棒的作用下，学生的课业负担并没有减轻，所以课后习题的存在是必然的。而高质量的课后习题会减少教师对于教辅资料的使用情况。与此同时课后习题的质量应得到保证，课后习题的编写在达到素质教育目的地同时，还应与高考的趋势相一致。

3. 教材习题的类型应多样化

目前高中化学教材课后习题的内容编写太过于简单，而且形式过于单一，为了达到素质教育的要求，以及对学生创新、实践能力的培养，为了充分激发学生的兴趣，调动学生学习的积极性，培养学生的创新和实践能力，教材中的习题除了编排纸笔题以外，还可以编排一些实践类习题。例如，学生课外通过调查访问、查阅书籍、上网搜索等方式获得信息、发现问题、撰写调查报告等，并通过活动与交流激发学生的学习热情、全面提升综合能力。

参考文献

[1]油俊芳. 不同版本化学必修教材中习题设计的比较研究[D]. 济南：山东师范大学，2015.

[2]葛季飞. 人教版高中化学新教材习题系统的分析及教学建议[J]. 高中数理化，2013(24)：53-54.

[3]汪青. 上科版高中化学教材习题研究——与 3 种版本高中化学教材的比较[D]. 上海：华东师范大学，2016.

[4]徐淀芳. 迎着困难前行[J]. 现代教学，2016(Z1)：1.

[5]吴俊明，李艳灵. 关于高中化学新教材练习设计和练习教学的思考[J]. 课程·教材·教法，2005(11)：58-62.

如何让学生"想"起来

——学生问题意识的培养

张贞[①]

（银川市第六中学，宁夏银川 750001）

摘　要： 本文立足于高中化学课堂，通过参考文献以及自身的亲身经验总结出提高学生问题意识的三种教学方法，试图对思维课堂的实施提供一些帮助。

关键词： 问题意识；化学课堂；思维课堂

正所谓兴趣是最好的老师，大家不难发现，包括中学生在内的所有人，只要是对某一领域或者某一课题感兴趣，必然会对此多加思考，思考越多，就会产生越多的问题，随着问题的一个个提出和想方设法对问题的解释，知识就会继续得到升华，哪怕最终通过自己的努力没有能够真正解释这个问题，那么在寻求问题答案的过程中，自己也会获得很多的成长。笔者认为学生能否提出问题，实际上从一个侧面可以反映出学生对这个知识是否感兴趣，或者说愿不愿意继续深入地去探讨。如何让学生愿意提问，其实换一个角度也就是在讨论如何激起学生学习的兴趣。

激发学生学习的兴趣可以说是一个一劳永逸的事情，如果学生对这门学科有兴趣，他就愿意付出更多的时间去探究这门学科中的知识，并且此时他并不会将学习看作一件非常枯燥的事情，反而他会非常愿意去学习。只要学生自己动起来，那么教师还有什么好担心的。为什么这样说？我们可以从课堂中和课堂后两个角度来分析。在课堂中，学生的问题意识促使他们发现问题，发现了问题就会期待这个问题的解决，而解决方式可以有很多种，例如教师的讲解、学生之间的讨论、课本的阅读等。只要这个问题是他自己提出来的，那么他就会非常期待问题的结果，所以在课堂中就更利于他聚精会神地去寻求答案，防止课堂上思想抛锚。除此之外，如果一节课是以学生的问题为主线进行下去的，那么教师在这个过程中就只需要起好一个引导者的作用。这也更靠近新课程所倡导的学生为主体、教师为主导的学习过程。在课堂后，由于课堂时间有限，有些问题可能得不到很好的解释，那么为了解释自己的疑问，学生就会主动通过各种途径去寻求问题的答案，此时不需要教师要求，他们都会主动完成。如果遇到一些问题可以分配给小组去合作解决，那么既锻炼了学生收集信息的能力，又增强了他们的合作意识，何乐而不为呢？课堂上的小组讨论，课后的资料收集，这样的课堂实在是太完美了。

拥有问题意识对学习一门学科起着非常重要的作用，但是如何才能培养学生的问题意识，却是一个不容易解决的问题。而对于化学学科而言，我们可以紧紧抓住本学科所具有的一些特征来提高学生的学习兴趣，进而培养学生的问题意识。通过阅读大量文献以及自身课堂教学的一些体验，笔者将提高学生问题意识的一些措施枚举如下，希望以此抛砖引玉，引起大家对此问题的重视和思考。

一、提高问题意识需要愉快的课堂环境

新课程所倡导的教师不再是知识的传授者，而成了知识的引导者和组织者，这其实也是在强调学生在学习过程中的地位和作用。所以在课堂中教师不再高高在上，而是学生学习的辅助者。在这个思想的引导下，教师要尝试建立起一个愉快的教学环境。洛克曾说过这样一句话："你不能在一个战栗的

---

① 通信联系人：张贞，教育学硕士，中教一级教师，pvpv1087@126.com。

心理上面写上平整的文字，正如你不能在一张震动的纸上写出平整的文字一样[1]。"

通过多次和学生的交流会发现，某些学生之所以不愿意在课堂上提问，而是选择在课下单独请教教师，主要原因是对自己缺乏自信，怕别人说自己水平低或者怕说错了遭到同学们的耻笑，再或者怕提出不同的看法得罪教师[1]。针对这类学生，教师首先应明确自己的态度，真诚欢迎学生提问，无论学生提出的问题是否肤浅或者漫无边际，教师都应该对提问学生的态度进行鼓励，从而营造一个积极的提问环境。在这种氛围中，久而久之，学生提出问题的数量就会增加，质量也会不断提高，问题意识也就得到强化。

二、提高问题意识需要引起认知冲突

正所谓良好的开始就是成功的一半，引课就是一节课的开始。笔者认为在引课部分是引起学生认知冲突的最佳时间，如果在此处设疑设得好，那么学生的学习积极性就会被激发出来，当他所坚持的"真理"被教师推翻后，他就更愿意去知道为什么。并且因为这样获得的知识是建立在已有知识的基础上，所以也不容易遗忘。除了引课环节外，其实课堂上的任何时间，教师都可以尝试去引起学生的认知冲突，对学生的注意力不断地进行集中，步步深入，让学生在一个一个的认知冲突下获得本节课的知识，提高学生学习的主动性。

只有跟原有认知有了冲突他才会更愿意问"为什么"，多次强化这样不自主的问题，在不知不觉间养成一个良好的习惯：遇到问题多问几个"为什么"而不是习惯性地被动接受。

三、提高问题意识需要以化学实验为媒介

化学是一门基于实验的学科，所以实验是化学教师必须要掌握的一个基本技能，正是因为有了这样一个特殊的媒介，我们才应该在此基础上大做文章，通过实验来设疑，通过实验来增强学生的自主思考能力，通过实验来培养学生的合作意识[2]。实验可以给教师特别多的帮助，例如实验有助于学生理解和巩固知识、培养实验能力、学习科学方法等。在化学教学中要充分利用化学实验来创设问题情境，要鼓励学生在实验中自主探究解决问题的方法并自己得出结论。

总之，学生问题意识的产生和发展不是一朝一夕的事情，我们要从实际的课堂做起，发现一点培养一点[6]。在教学过程中如果有学生突然发问，这可能会影响老师的讲解思路，但我们不能随意制止和拒绝学生的提问，否则会抹杀学生发现问题、提出问题的能力，不利于学生学习能力的发展和对化学学习兴趣的培养。学生提出问题时我们应该给予充分肯定并帮助解决，让学生感觉到成功的喜悦，从而转化为学生们进一步提出问题的动力。只有不畏惧提问，他们才会敢于提问，一个人敢于提问，才会带动一组人甚至一班人提问，从而提高全体学生的问题意识，营造浓厚的班级学习氛围。

参考文献

[1]李宜勤. 化学教学中学生问题意识的培养[J]. 化学教育，2002(5)：23-25.

[2]张丙尧. 课堂教学中学生化学问题意识的培养[D]. 武汉：华中师范大学，2006.

[3]张建伟，王润梅. 改进化学教学提高问题意识[J]. 雁北师范学院学报，2006，22(3)：62-63.

推行"生本教育" 促进大学生"三能"培养

钟新仙①

（广西师范大学化学与药学学院，广西 桂林 541004）

摘　要："三性·三能·三课"是高素质人才培养新模式，在大学生"三能"培养过程中，生本教育势在必行。教师应改变教育观念，改变教学方式，提高学生专业基础能力；加强实践训练，提高学生综合实践能力；搭建科研平台，提高学生科研能力；鼓励学生参与和创新，提高学生综合素养。

关键词：三性·三能·三课；生本教育；综合素养

Implementing Student-based Education and Promoting College Students to Train "Three Abilities"

Zhong Xinxian

(School of Chemistry and Pharmaceutical Sciences，Guangxi Normal University，Guilin Guangxi 541004，China)

Abstract："Three Characters, Three Abilities, Three Courses" is a new mode of training high-quality talents. In the process of cultivating college students "Three Abilities", Student-based education is imperative. Teachers should change educational concept，change teaching methods to improve students' professional knowledge；strengthen practical training to improve students' comprehensive practical ability；build a research platform to improve students' scientific research ability；encourage students' participation and innovation to improve students' comprehensive quality.

KeyWords：Three Characters, Three Abilities, Three Courses；Student-based education；Comprehensive quality

近年来，在人才培养质量提升的探索和实践之中，广西师范大学化学与药学学院按照"师范性、学术性、实践性"进行人才培养定位，以"专业基础能力、综合实践能力、科研创新能力"培养为导向，将"课程、课堂、课题"作为实现人才培养目标的主要途径，创新性地构建并践行"三性·三能·三课"高素质化学人才培养的新模式，为西部地区化学高素质人才培养开辟出一条全新的道路[1]。

在大学生"三能"培养过程中，教师们引入了华南师范大学博士生导师郭思乐教授提出的"一切为了学生，高度重视学生，全面依靠学生"和"先做后学，先会后学，先学后做，直至不教而教"等先进理念，凸显了教育的本质：以生为本，以生命为本，激扬生命，促进人自身的成长，即"生本教育"，从"以生活为本""以生动为本""以生成为本"和"以生长为本"等[2,3]途径入手落实"以生为本"，发现、挖掘和发挥学生的潜能，提高学生学习的主动性和积极性，培养学生独立探究、合作学习的学习习惯以及敢于质疑、勇于创新的学习品质，让学生心怀感恩地快乐成长。因此，大力推行"生本教育"是高等院校教学的重要变革，是高素质人才培养的需求，势在必行。

---

① 通信联系人：钟新仙，zhongxx2004@163.com。

一、改变教学方式，做好过程设计，提高专业基础能力

教育家陶行知也说过："好的先生不是教书，不是教学生，乃是教学生学[4]。"教师不是知识的灌输者，而是教学的设计者、引导者，是成果的验收者。教师应根据教材知识点和学生的特点补充内容，精心设计教学活动，让学生主动参与"教"与"学"环节，引导学生质疑、调查、探究与总结，让学生真正成为学习的主体，促进学生学习主动性和独立性的培养。

教师课前要安排预习工作，让学生先学，自主梳理主干知识，构建知识网络，自主归纳方法规律，对知识的难点、重点及模棱两可的内容做到心中有数，重要的是让学生了解新课程内容与生活的联系。然后是学习小组讨论环节，鼓励学生大胆表达，积极发表自己的独特见解，学会倾听，学会分享，不断增强个人的自信心，并提高学生语言表达能力及沟通能力。第三环节是让学生自"教"，课堂上尝试让学生成为一名老师，让学生们走上讲台讲授新内容的某一或多个模块，教师也可以就重点、难点展开课堂的讨论，让小组代表介绍他们是如何理解掌握的，笔者就《精细有机合成化学》中的聚合一章先设计系列问题：举例说明生活中接触到的聚合物有哪些？谈谈你感兴趣的功能聚合物。具体谈谈某类聚合物的研究进展及应用情况。聚合物有什么特性？聚合反应主要有哪几种类型？特点如何？影响因素有哪些？然后，让学生充分运用图书、文献检索系统、网络等多种形式进行自学，学习小组整理归纳各成员的调研结果，准备课堂讨论发言提纲。课堂上，教师依据学生调研的结果随机抽取小组成员讲解他们所学习到的关于聚合的知识。教师这时还要注意知识点的衔接讲解，组织学生介绍知识实际应用情况。教师穿插点评，少讲精讲，引导学生总结规律。学生自"教"的尝试不仅激发了学生的潜能，而且还提高了学生的自主学习能力、文献检索能力、独立思考能力、分析和解决问题能力、归纳总结能力、口头表达能力及合作能力。长此以往，学生逐渐发现，学习并不是那么难，而且自己的学习能力不断提高，越来越乐意去探究学习，考试不再是问题，成绩也不断提高。教师要相信每个学生是有潜能的，精心设计教学过程，将我们的爱心、恒心融入教学中，激发学生的潜能，让学生由被动学习向好学转型[5]。学生亲历探索新知识、获得新知识的过程，不仅学会了学习，而且学会了一些探索新知识的方法。学生的专业基础知识学习能力不断得以提高，基础知识也更为扎实。

二、加强实践训练，强化服务意识，提高综合实践能力

1. 实验能力训练

为了适应素质教育的要求，学院开设了综合化学实验，综合化学实验在一定程度上弥补了传统化学实验的缺点与不足，具有实验技能的综合性、实验操作的独立性、实验过程的可思考性等特点。综合化学实验有利于学生更好地理解课程中所学习到的知识，加深对所学理论的理解，有利于提高学生学习的主动性和创造性，学生独立开展实验，自己解决实验中所遇到的问题，树立了独立设计和完成实验的信心，使学生了解和学习到学科前沿领域的新知识和先进的现代实验技术，提高学生的科学研究兴趣，有利于培养学生严谨的治学态度和实事求是的工作作风[6]。

2. 专业职业训练

我院不仅设有师范类化学专业，还有非师范专业：应用化学、制药工程。根据不同专业，我们在本科阶段有形式多样的实践训练。师范类化学专业的实践训练有普通话学习、书法学习、试讲训练、教育见习、教育实习等。尤其在试讲训练环节，"生本教育"更为凸显。主持老师依据每个学生的能力和特点进行分组，然后分派教学经验丰富的老师作为相应的指导老师；学生则可以选择自己喜欢的知识内容来进行试讲，提前进入角色转换；师生对每位学生的试讲进行评教；在这过程中，师范生的教师技能不断提高。对于非师范专业，我院联系落实了不少的实践实习基地，如柳州化肥厂、广州柳州钢铁集团有限公司、柳州东风化工股份公司、桂林质量技术监督局、桂林南药股份有限公司、桂林莱

茵药业有限公司、桂林市食品药品检验所以及广东深圳等地的锂离子电池公司等。从学校到工厂，学生初期会感到很茫然，通过工厂见习实习，他们会感受到每一个工作岗位对单位及社会的重要性，在提高综合实践能力的同时，学生的社会责任感和社会服务意识也得到了提高，从而促进学生在校学习的主动性和自觉性。

3. 社会服务训练

此外，大学生创业训练及假期社会实践给学生也提供了很好的平台，让大学生走进社会，结合自身专业特点，发掘潜能，更好地服务于社会，增强了大学生的社会责任感。

三、搭建科研平台，激发科研兴趣，提高科研创新能力

党的十八大以来，习近平总书记明确提出"科技是国家强盛之基，创新是民族进步之魂"。学院积极响应号召，利用以国家级人才为代表的师资平台、国家级精品视频课程为代表的课程平台、化学国家级实验教学示范中心为代表的实践教学平台和国家重点实验室为代表的科研平台，通过"四开放—四融合"的科研反哺教学新机制，将科研优势转化为育人优势，提高大学生科研创新能力[7]。老师们科研课题组多年面向本科生开放，为学生自主命题的研究工作给予理论指导及实验平台，或结合学生兴趣给予研究内容安排和指导。学生借助"四开放—四融合"机制，踊跃参与全国、全区的大创项目及校"创新杯"竞赛，在探索研究过程中，学生自己查阅文献资料，设计实验方案，独立开展实验，学会发现问题、解决问题，学生学会各种大中型仪器以及软件的使用，并学会数据的收集、处理及分析。期间，学生通过科学研究更好地理解了理论知识，并体会了创新研究的艰辛与喜悦，他们的科研兴趣越发浓厚，科研创新能力得到不断提高。学院本科生承担省级以上创新创业项目62项，发表学术论文163篇，其中SCI学术期刊论文110篇，授权发明专利56项。2011年起创办化学基础人才独秀实验班（每届20人），学生创新能力突出，在高水平SCI期刊发表第一作者论文30篇。科研平台真正让学生践行着生本教育，提高了学生的创新实践能力。

高等院校通过教学、实践训练及科研等环节推行"生本教育"，充分尊重学生的主体地位，给学生更多的平台和机会，让他们主动地参与探索性、创造性学习；学生在宽松和被尊重的教学环境中得到个性发扬，且综合素养不断提高，学会学习，学会合作，学会分享，学会感恩。只有这样培养出来的具有"专业基础能力、综合实践能力、科研创新能力"的学生才更受社会的欢迎，才能更好地服务于社会。

参考文献

[1]谭彦. 筚路蓝缕探协同创新　砥砺前行育化学英才[N]. 光明日报，2018-04-03(3).

[2]李文送. 剖析生本教育的内涵[J]. 现代教育论丛，2012(3)：76-78.

[3]郭思乐. 生本教育：人的培养模式的根本变革[J]. 人民教育，2012(3)：10-13.

[4]李庆，沈理明. 以"生本教育"理念指导化学课堂教学的策略[J]. 科教文汇，2012(19)：102-103.

[5]钟新仙，彭艳. 推动"生本教育"改革　提前师范生角色转换[J]. 高教论坛，2014(7)：41-42，46.

[6]钟新仙. 师范院校综合化学实验教学改革之初探[J]. 高教论坛，2010(12)：61-62.

[7]沈星灿，邱建华，谭彦. 探索"三性·三能·三课"育人模式：广西师范大学化学与药学学院人才培养创新实践综述[N]. 中国教育报，2018-04-04(11).

校内外协同建设人才培养共同体，培育科研与教学"双能力"创新型师范生

郭长彬①，马占芳，左霞，林雨青，叶能胜，马啸，娄新徽，郑婷婷，吉琳，王勇，李伟

(首都师范大学化学系，北京 100048)

摘　要：针对基础教育教学改革对创新型师资的需求，我们提出培养具有科研创新能力和教育教学能力的"双能力"创新型师范生的理念。高校普遍存在校外优质实践教学资源共享困难、实践教学质量不高、师范生教学与基础教育改革脱节三个问题，通过整合校内外、课内外优质创新实践资源，构建了"多维度、四层次、一体化"的实践创新能力培养体系，实现了资源集成、开放共享。经过六年的探索与实践，解决了上述教育教学问题，形成了系统化经验，取得了显著成效。2017 年获得北京市高等教育教学成果奖一等奖。

Creating a Talent Training Community of Inside and Outside the University to Cultivate Creative Normal Students with "Dual Abilities" in Scientific Research and Teaching

Changbin Guo，Zhanfang Ma，Xia Zuo，Yuqing Lin，Nengsheng Ye，
Xiao Ma，Xinhui Lou，Tingting Zheng，Lin Ji，Yong Wang，Wei Li

(Capital Normal University，Beijing 100048)

Abstract：In view of the demand for innovative teachers in the reform of basic education and teaching，the Department of Chemistry from Capital Normal University has put forward the idea of cultivating innovative normal students with "dual abilities" in scientific research and teaching. The universities are commonly Facing the following three challenges：it is difficult to build and share the high-quality practical teaching resources outside the University；the quality of practice teaching is not high；and the teaching and basic education reform of normal universities is disjointed with fundamental education. To solve these problems，the system of "multi-dimension，four level and integrated" for practice innovation ability training was constructed by integrating the high quality innovation practice resources inside and outside the university and in and out of the class. The integration of resources and open sharing were realized by the training system. After six years of exploration and practice，the above education and teaching problems have been solved，and systematic experience has been formed，and the remarkable results have been achieved. In 2017，our achievement was awarded the first prize of Beijing Higher Education Teaching Achievement Award.

建设创新型国家，人才是基础，教育是保障。高等教育的核心任务是立德树人[1-2]。本成果以培养高素质、专业化、实践能力强的创新型教师为目标，以"资源集成、协同育人"为指导思想，在 2008 年北京高等教育教学成果奖二等奖和 2013 年北京高等教育教学成果奖一等奖两项教学成果实践的基础上，通过集成校内外科研实践和教学实践训练资源，形成人才培养共同体，坚持开放共享、协同育人、

---

① 通信联系人：郭长彬，guocb@cnu.edu.cn。

合作共赢，强化科研创新能力和教育教学能力"双能力"训练，构建四层次、一体化的实践创新能力培养体系。

该体系包含两个维度：一是专业实践创新能力维度，由基础实验、综合实验、研究设计实验、自主创新实验构成从大一到大四贯通培养的四个层次的专业实践创新能力训练体系；二是教育教学实践创新能力维度，构建了微格教学、教学能力综合训练、教育见习、教育实习等环节。我们通过两个维度的递进训练，实现了从厚植基础，到科研创新和教师职业发展的递进式、一体化能力培养体系，实现了"实践创新能力训练贯通四年不断线"，与校外合作单位建立了"互通、互补、互益"的校内外联动机制，整合校内实践创新资源建立了"全方位、全开放、全参与"的人才培养机制，经过六年探索实践，形成了系统化经验，成效显著。

一、本成果主要解决的教学问题

1. 大学与校外优质实践教学资源分割自闭，难以融通

高校、科研院所、中小学校、企事业单位各自目标定位不同，必然导致资源上的分割自闭，难以融通。如何实现资源集成，开放共享，协同育人，合作共赢，如何建立长效机制，保障可持续发展，是高校育人过程中长期存在且亟待解决的难题。

2. 实践环节薄弱，实践教学质量不高

传统教学体系实践环节薄弱，虽然安排了实践教学环节，比如实验课、教育实习、专业实习、毕业设计、课外实践创新活动等。但是，存在实验项目内容陈旧，理论教学与实践教学脱节，学生重视程度不够，缺乏自主思考，课外实践创新活动项目有限等问题，同时往往由于没有做好规划和落实，导致实践教学重形式轻内涵，教学效果不好，成效不够显著。

3. 师范院校的教学与基础教育改革脱节

学校近年来，基础教育教学改革如火如荼，其中特别重视和加强了中小学生实践能力和创新精神的培养，而高等师范院校师范生的教育教学活动反应迟滞，没有及时跟上基础教育教学改革的步伐，高校的专业教师对基础教育教学改革知之甚少。大学教学与基础教育内容脱节势必影响师范生培养质量，导致师范生难以适应和胜任未来基础教育师资重任。

二、校内外人才培养共同体多机制构建"双能力"创新型师范生培养体系

1. 建立了互通、互补、互益的人才培养联动机制

我们共建设了30个校外合作基地，分成教育实践基地（10个）、专业实习基地（4个）、科研创新实践基地（16个）三类，这些签约的校外合作单位与我校共同形成创新型人才培养共同体。综合素质高、专业能力强、教学基本功过硬的本科生成为校外科研单位和中学实习单位的生力军，受到欢迎。建立师范专业负责人与合作中学化学教研组长定期研讨制度和对中学教师进行职后培训制度，为中学拔尖人才配备大学学术导师和开放实验室。

2. 校内科研资源对本科生全面开放

校内基础实验室和科研实验室对全体本科生全方位开放，真正实现了校内实训资源立体多维的开放共享；专任教师全参与的"全方位、全开放、全参与"人才培养机制。引导学生积极申报国家、市、校三级大学生创新创业训练计划、系科研导师计划、实验室开放基金等课外科研项目。本科生通过这些课外科研项目和毕业设计课题进入导师科研室，与导师"一对一"结对子，接受导师的悉心指导。2012年以来，申报包括国家级大学生创新创业训练计划在内的各类课外项目443项，参与本科生950人次，校内指导教师共445人次，校外导师39人次，累计投入经费357.3万元。

3. 加强过程管理，夯实每个环节，实践育人落到实处

系统设计统筹规划各个实践训练活动，制订规范和要求，提前有动员，过程有检查，结束有总结和反思。为基础实验课制作了实验手册，要求学生在网络课堂提前预习并答题，未通过测试者不得做实验。学校在专业实习、教育实习和毕业设计等方面均有规范要求，并严格执行。加强各类课外创新项目的过程管理，严格落实开题报告、中期检查、结题验收等环节，确保学生全程参与，受到系统规范的训练。

4. 加强本科生科研素质培养、塑造良好科研习惯

对于进入科研室的本科生，校内外导师用心指导，文献检索、归纳总结、课题提出、方案设计、完成实验、结果分析与论文撰写等环节要求学生逐步独立完成。对学生在科研过程中遇到的困难和疑惑，导师悉心指导，给予点拨。本科生经过强化科研训练，培养了创新意识和创新精神，形成了良好的科研素质，养成了良好的科研习惯。

5. 紧跟基础教育教学改革步伐，培养"双能力"创新型师资

基础教育改革要求强化中小学生实践创新能力培养。为此，各地出台了多种改革措施，对中小学教师的创新实践活动指导能力和创新实验设计能力提出了更高要求。鉴于此，我们紧跟基础教育教学改革，及时修订师范生的培养方案，致力于培养具有科研创新能力和教育教学能力的"双能力"创新型师范生。

三、培养体系构建的创新点

1. 人才培养观念创新：培养"双能力"创新型师范生

针对基础教育教学改革对创新型师资的需求，定位于培养具有科研创新能力和教育教学能力的"双能力"创新型师范生。通过参加科学研究，培养了创新意识，提高了发现问题、分析问题和解决问题的能力，增强了探究、反思评价和创新实验设计能力，让他们更有信心面对以后的探究性教学和创新实验的设计和指导。

2. 体制机制创新："三互三全"机制

利用北京独有的国家科技创新中心的优势，充分利用高端科研院所和行业优势单位，将校外优质资源汇聚服务于创新人才培养，与校外合作单位建立了"互通、互补、互益"的校内外人才培养联动机制。建立大学与中学优质教育资源的互通共享机制、学术研究合作机制和大学对基础教育的反哺机制。建章立制、定期沟通、研讨总结、推进工作，形成长效合作机制。与校外单位在创新人才培养上找到共同的价值取向，激活其人才培养功能和教育使命。打破高等师范教育与基础教育优质教育资源的壁垒，打破教师教育人才培养的封闭模式，实现大学与中小学优质教学资源的互通共享，构建了合作培养、实践育人的资源平台。

在实践过程中逐渐形成了实践训练平台全方位对本科生全开放，专任教师全参与的"全方位、全开放、全参与"人才培养机制，解决了本科生创新能力培养中存在的校内外资源难以为本科生所用的问题。

3. 实践模式创新：实践创新能力训练贯通四年不断线

培养方案内实践训练包含大一到大三的基础实验，大三的综合实验和教育见习，大四的教育实习、专业实习和毕业设计；课外实践创新活动有从大一开始的化学系科研导师项目，到大二开始的大学生创新创业训练项目、实验室开放基金项目和市教委"实培计划"项目，以及师范生微格教学、师范生风采大赛、教学技能大赛等教学能力训练，实现了"实践创新能力训练贯通四年不断线"。通过实践创新训练，学生的自学能力、科研创新能力、教育教学能力、综合素养得到全面提升。

四、化学系本科生创新能力被显著激发

通过实施本成果，师范生实践创新能力、教育教学能力和综合素养得到显著提升。到中学入职后很快就成为学校的教学骨干，多次获得国家级、市级教学奖项，学生受到用人单位欢迎。

2012年以来，本科生发表学术论文133篇，其中SCI收录论文118篇（一作22篇）；本科生署名申请专利37项，授权14项；获得国家级学科竞赛奖22项，其中特等奖1项、一等奖7项；市学科竞赛奖44项，其中一等奖16项。

本科毕业生就业率和就业质量稳中有进。2012—2017届毕业生就业率保持在100%，签约率平均为88.94%，其中2017届签约率达到90.42%。毕业生就业分布合理，师范专业毕业生主要到基础教育领域就业，近五年师范班学生进入北京基础教育领域就业人数为132人，其中小学22人，中学110人；城六区76人，远郊区县56人。2012年以来，已有20多名学生到北京市示范学校工作。

参考文献

[1]刘宝存. 创新型国家建设与中国高等教育改革[M]. 北京：高等教育出版社，2009.

[2]顾明远，石中英.《国家中长期教育改革和发展规划纲要》解读[M]. 北京：北京师范大学出版社，2010.

本科生创新实践和科研创新能力
培养体系的构建和研究

柴雅琴①，袁若

（西南大学化学化工学院，重庆 400715）

摘　要：我院以培养高素质、高水平，具有创新实践和科研创新能力的本科生为目标，通过对大学生进行科学研究思想的灌输、教授们在教学中的引导、课外导师的指导等多种途径，激发本科生对科学研究的兴趣，从而提高本科生的科研创新能力。

The Construction and Research on the Training System of Capacity of Creative Practice and Scientific Research Innovation toward Undergraduates

Chai Yaqin, Yuan Ruo

（College of Chemistry and Chemical Engineering, Southwest University, Chongqing 400715）

Abstract：Aiming at cultivating excellent undergraduates with high quality and the capacity on creative practice and scientific research, we are trying to stimulate the undergraduate's interests via implanting scientific spirit, leading them during the teaching process and the guidance from after-school teachers, thus improving the scientific research innovation capacity of undergraduates.

科技发展是经济发展的决定性因素之一，是推动社会发展、提升综合国力的核心力量。人才是科技发展的基础，是衡量一个国家综合国力的重要指标。21 世纪是知识经济的新时代，高校作为国家创新体系的重要组成部分，它肩负着科教兴国和人才强国的双重使命。世界一流大学和一流学科的建设对于国家的创新性发展起着至关重要的作用，只有加强"双一流"背景下本科生创新实践和科研创新能力的培养，不断提高创新型人才的素质，才能进一步实现科教兴国和人才强国的战略目标，以适应当前经济及科技发展的需求[1]。由此可见，从本科生教学入手，提高创新能力的培养，对国家的各方面发展至关重要。

一、从本科生入校开始，构建培养创新实践和科研创新能力的培养体系

首先，在大学生入校进行入学教育时，讲述我院的学科发展到各团队的发展现状，使学生对科学研究有一个初步的了解，同时激发本科生对科学研究的兴趣。本院现有千人计划获得者 2 人、教育部世纪优秀人才资助计划获得者 2 人、重庆市百名学术学科领军人才培育计划获得者 1 人；教师近 5 年承担国家科技部"863"项目 1 项、国家自然基金重点项目 1 项、国家自然科学基金级项目 38 项、省部级项目 79 项、科学研究成果获省部级科研奖励 2 项；在国际学术期刊上发表 SCI 收录论文 1105 篇（多年来，SCI 收录论文总数一直排名全校第一），其中影响因子大于 5.0 的论文 140 篇；获重庆市科学进步一等奖 1 项、重庆市自然科学三等奖 1 项。这批高层次人才主动承担本科教学任务，他们在教学过程中不仅能够将本专业经典的基础理论知识深入浅出地传授给学生，同时还能让学生们了解本学科发展前沿。

---

① 通信联系人：柴雅琴，yqchai@swu.edu.cn。

激发了学生的求知欲，并提高了他们的科研思维能力。

二、加强科研平台的建设，提供培养学生创新能力的摇篮

科研平台是培养本科学生创新能力的摇篮。目前我院有分析化学重庆市重点实验室、重庆市物理化学重点学科、重庆市分析化学重点学科，以及市级化学实验教学示范中心。我院还有化学博士后流动站、化学一级学科博士授权点、化学一级学科硕士授权点、学科教学论（化学）硕士点。我们充分利用这些平台及人才和设备资源积极支持本科教学，特别是省部级重点实验室，在本科生的科技创新活动中更是发挥着举足轻重的作用。

定期邀请和组织国内外化学界著名专家教授专门为本科生开展专题学术报告和讲座，学生们从中可以了解最新的学科发展趋势和发展方向以及学习科学家们严谨的治学态度和高尚的人格魅力。教师充分利用科研平台，指导本科学生开展各类科研创新活动[2]。

三、建立导师制度，培养学生的科学创新精神

首先，我院鼓励并支持本科生申请学校及国家相关本科生科研创新及实践创新项目，如大学生"挑战杯"比赛、大学生国家创新项目、学校创新项目等，为本科生进入科研实验室、接触前沿科学研究甚至参与科学创新研究提供了平台。由学生申请，学校指派导师对本科生进行科学的、系统的指导。其次，教师引导本科生从科研论文中进行初步的研究学习，使其掌握自主获取科学研究知识的能力。学生通过阅读中外文献了解自己感兴趣的研究领域及发展热点，跟踪最新科学研究动态。再次，我院将研究生实验室对本科生开放，让其提前感受研究生的科研生活，不仅有利于提高本科生的科研学习兴趣，也能够促进本科生在学习的过程中更好地发挥自身的创新实践能力。最后，在教学思想上，秉持师生共同探索、传授知识与培养能力并重的理念，注重培养学生的创新思想。在利用现有资源、仪器的基础上，鼓励本科生自主设计实验过程，大胆发表自己的想法，并与硕士、博士研究生多交流、多探讨，使其感受到科学创新研究的乐趣所在。

学生的毕业论文设计可以参加科研课题，使学生毕业论文的水平得到保障。教师指导学生申报科研项目。学生对科学研究及创新实践产生浓厚兴趣之后，通过对课题研究的意义、当前研究的现状、要解决的问题、采用的研究方法、解决问题的原理等方面的深入探讨，使本科生掌握发现问题、解决问题、解决问题的角度和思路，并思考如何对自己的设计方案进行进一步提高，从而培养学生的科学创新能力[3]。

四、本科生取得的科研成果

近年来，我院教师指导本科生承担国家级大学生创新创业训练计划项目 21 项，西南大学本科生科技创新基金项目 19 项；指导本科生以第一作者发表学术论文 52 篇；获"挑战杯"全国大学生课外学术科技作品竞赛重庆赛区特等奖 2 项，全国二等奖 1 项、三等奖 1 项。许多科研专用仪器设备和设备也给本科生提供了创新实践的机会，本科生课外进入科研组进行实验研究，这对更新教学内容、提高教学效果、进行创新意识教育都起到了重要作用，科研带动教学的效果十分显著。

参考文献

[1]黄德娟，刘云海，郭伟华，等. 核特色专业本科生创新能力的培养与实践探索[J]. 东华理工大学学报（社会科学版），2017(4)：381-382，397.

[2]孙克辉，钟旭东，吴建好，等. 完善本科生导师制，培养学生创新创业能力[J]. 教育教学论坛，2018(12)：32-34.

[3]熊飞，刘红艳，王安，等. 科研导向式本科生创新能力培养模式探索[J]. 大学教育，2017(11)：154-156.

基于非正式课程的卓越化学师范生
培养模式实践与探讨
——以西南大学"达美"创新实验班为例

王强，陈静蓉，彭敬东，柴雅琴①，申伟

（西南大学化学化工学院，重庆 400715）

摘　要：实施卓越教师培养计划是我国创新教师教育制度的重大举措。西南大学化学化工学院自 2012 年起实施"实践能力培养取向下卓越化学教师教育改革"，历经三届"达美"创新实验班的实践探索，逐渐确立了"高尚的师德、扎实的教育教学实践能力和初步的教育研究能力"三大培养目标，以及全专业选拔、全员和全过程育人，目标管理和学习水平表现性评价的培养模式。

关键词：实践取向；卓越教师；"达美"创新实验班；化学

The Practice and Exploration of the Training Mode of Excellent Chemistry Normal
University Students Based on Informal Courses
—Taking the "Damei" Innovation Experimental Class of Southwest University as an Example

Wang Qiang，Chen Jingrong，Peng Jingdong，Chai Yaqin，Shen Wei

（College of Chemistry and Chemical Engineering，Southwest University，Chongqing 400715，China）

Abstract：The implementation of the outstanding teacher training program is a major measure for the innovation of the teacher education system in China. Since 2012，the School of Chemistry and Chemical Engineering of Southwest University has implemented the "Reform of Chemistry Teacher Education under the Orientation of Practical Ability Cultivation". After three years of practice and exploration of "Damei" innovative experimental class，it has gradually established the three main training goals of "honored teacher ethics，solid education and teaching practice ability，and preliminary education research capabilities"，and the training model of "full-speciality selection，full-staff and whole-process education，and goal management and performance evaluation of learning level".

KeyWords：Practice orientation；Outstanding teachers；"Daimei" innovation experimental class；Chemistry

教师教育是教育事业的工作母机，是提升教育质量的动力源泉。为提升教师教育的质量，2007 年教育部开始在直属师范大学实施"免费师范生培养计划"，2014 年开始实施卓越教师培养计划，并在 2018 年颁布《教师教育振兴行动计划（2018—2022 年）》（以下简称《振兴计划》）。教育部在《振兴计划》中强调"师范生公费教育制度促公平，卓越教师培养计划重示范引领"这一指导思想的同时，明确了振兴教师教育"师德教育为体，教学能力和信息技术应用能力为两翼"的教师教育改革一体两翼新内涵。

根据文献对全国已有卓越师范生培养计划的总结[1,2]来看，已有的大多数卓越教师培养计划普遍存

---

①　通信联系人：柴雅琴，yqchai@swu.edu.cn。

在诸多问题：①目标定位模糊，评价标准不明确；②培养重术轻学，课程改革缺乏力度；③合作单位不积极，学生参与意识不强；④教学与学习评价方式单一，忽视教师和学生主体性。西南大学作为教育部直属师范院校，肩负着面向我国西南地区培养卓越教师的重要使命。因此，我院也必须承担起在免费师范生培养体系的基础上，深化教师教育改革、强化教师教育实践导向、培养卓越化学教师的责任。自2012年起，我院通过在化学(师范)专业设立创新实验班的形式开始探索培养卓越化学教师的模式，为积极践行我院院训"探广、索微、创新，求真、厚德、达美"所倡导的精神，师范专业创新实验班遂以"达美"冠名以示对教师教育的追求。在历经三届师范专业创新实验班的培养之后，我院逐渐建立了一套在免费师范生培养体系基础上的"卓越化学教师培养体系"。

一、培养目标

作为教育部直属重点师范大学，由于国家免费(公费)师范生政策的保障，这决定了我们所确立的卓越教师不能再简单地定位为考研或者求职成功。因此，在免费(公费)师范生培养目标的基础上，"达美班"培养的整体目标是：在毕业后五年左右能成长为省、市级化学骨干教师。具体培养目标是：通过参与区域支教活动，培养高尚的师德情怀；通过广泛参与教育教学实践，强化教师教育技能提升，培养扎实的教师教育核心能力；通过广泛参与各级各类教育研究实践，培养初步的化学教育研究能力。

二、管理模式

1. 基本培养模式

创新班不单独设班，不设班主任，学生管理归原行政班管理(对原班的其余学生有示范和引领作用)，不制订专门的培养方案，全程实行双导师制，培养过程采用目标驱动、成果验收，严格出口管理，经考核合格后，凭成果认定学分和教师的工作量，并给合格学生颁发相应的证书。

2. 职责与分工

学院内部，由学院教学副院长牵头成立创新班指导与考核评价领导小组，通过培养过程的方案制订实施培养过程指导，并根据培养方案监督、考核和评价培养的效果。由学院教师申请、学院选拔和学生意向共同确立的学院导师组，负责"达美班"学生学业规划指导和日常学习指导。

"达美班"双导师组实施协同指导。除校内导师组外，由学院邀请重庆市内一线名师组成校外导师组，成员包括重庆市知名化学教研员、市级重点中学化学教研组主任、化学名师工作室主持人等，校外导师负责校外实践性指导，并为学生提供参与一线教育实践的机会。"达美"创新实验班的管理模式图见图1。

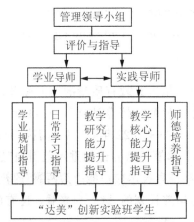

图1 "达美"创新实验班的管理模式图

三、培养流程

1. 学生选拔：入口管理

考虑到创新班的设立目的不是建立校中校、班中班、贵族班和特权班，而是为了通过良好的示范效应带动全体师范专业的自我提升，因此创新班学生从大一下学期开始选拔，实施全专业公开选拔制，创新班学生的培养周期不低于两年。

为激发学生在实现教育教学能力自我提升过程中的主体性，选拔的办法是学院首先设定申请的基本条件，然后由学生根据自身条件提出申请。申请时，学生需根据申报书的要求，提出自我提升的目标和自我训练的可行性计划，最后由学院组织学生答辩决定是否录取。

2. 目标导向下的过程驱动

为了落实教师的责任和提高学生学习的积极性，培养过程实施目标管理制，而不实行课程培养制，以降低学院课程设置、资源建设的压力，同时这样也可以避免教师的责任分散效应。

为保证"公平"与"卓越"的有机融合，创新实验班的培养目标在已有的免费师范生培养体系基础上提出，主要强化师范生面向教育教学的实践能力提升。创新实验班的学生培训过程实行预备培养制度，对没有达到创新班成员选拔标准，但自我提升意愿强烈的学生，根据其职业目标和兴趣，分为"核心教育能力训练组""社会服务实践能力提升组""基于信息技术的教育创新能力训练组""实验创新能力提升组"，由学院选拔优秀的教师进行实践能力提升培训指导。

3. 实践导向的培养环节

师德培养实践计划。学生每年须至少参加一次由学院组织的、5～10天的社区或者农村地区的支教活动。

教育教学核心能力提升计划。①在教育实习之外，学院每学期至少组织两次面向创新班学生参加的区域化学教师教研活动，两次中学名校校本化学教研活动。要求学生在培养周期内至少参加两次区域化学教研活动和两次名校校本化学教研活动，并提交规范的观摩总结报告。②学生在培养周期内，和校外导师建立一对一的跟班见习、研习制度，在实习前后，利用课余时间深入中学一线开展与教育教学相关的实践研习活动，提升班主任工作和教育教学实践能力。③学生在培养周期内，至少需参加两次校级以上的教学比赛（需由学院认定的比赛），并至少获得校级以上二等奖一次。④学生须通过学院组织的教师核心教学能力考核评价标准化考试。

教学研究能力提升计划。学院制订学生项目管理制度，创新班学生需在导师的指导下，于培养周期内完成一个自主研究课题。研究课题需获得院级以上认定或者立项，要求公开发表论文一篇，并通过答辩结题。

4. 学习评价：出口管理

学生的出口管理环节，实施考核评价制。由学院领导和教师教育专家共同制订学习成效考核标准。基本的要求是，在中期考核中不合格的学生，予以动态分流；而对于达到考核标准的学生授予"达美"创新班培训合格证，优先推荐就业。

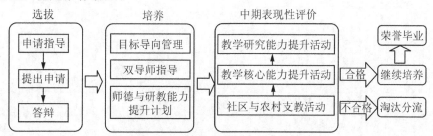

图2 "达美"创新班学生培养的基本流程

四、培养经费

经费的来源主要包括：校内外导师的科研经费；学院的专项支持经费。为落实专项经费对目标实现的支持，避免责任分散效应，开支不实行普惠制，培养经费主要用于以下几方面：支持必要的资源建设；支持学生的活动或课题；支持校内外教师的培训计划，并根据学生取得的成效实行动态调整。

五、特点与展望

我院卓越化学教师培养模式的特点：①以实践能力提升为导向，克服一般师范院校培养师范生过程的实践能力培养普遍较弱的问题；②以学生自我提升的愿望和学习兴趣为基础，可以有效避免学生学习动力不足的问题；③以非正式课程为核心，可以有效避免由于其培养体系与专业培养计划冲突带来的改革障碍，以及校内资源分配不公等一系列问题。

"达美"创新班预计再用三年的时间，可形成校内的特色，在五年后可形成师范教育的区域特色，十年内达到在国内有一定的影响力。

参考文献

[1]范冬清，左兵. 重塑未来精英：地方师范院校卓越师范生培养探析[J]. 高等理科教育，2016(5)：26-30.

[2]王瑛，李福华. 关于"卓越教师计划"实施的思考：基于若干所高等院校"卓越教师计划"实施情况分析研究[J]. 中国大学教学，2013(4)：26-28.

II

化学课程体系与教学方式改革

质子条件式书写中平衡组分的处理方法

郭志慧，郑行望①

（陕西师范大学化学化工学院，陕西西安 710119）

摘　要：质子条件式是化学分析定量处理酸碱平衡的基础。现有教材在一些酸碱平衡体系质子条件式书写过程中存在物理化学意义不明确等问题。对此，本文引入"平衡组分"概念，并给出合理处理平衡组分的方法，提出一种简便、快速、准确书写质子条件式的方法，作为教材中书写质子条件式的补充，且所书写的质子条件式具有明确的物理化学意义，易被学生理解并掌握。

关键词：酸碱平衡；质子条件式；平衡组分

酸碱平衡是溶液中普遍存在的化学平衡，它对溶液中物质的存在形式和反应程度有重要影响，它是讨论其他化学平衡（如络合平衡、氧化还原平衡和沉淀平衡）的基础。学习酸碱平衡的原理并掌握其基本处理方法，不仅是学习酸碱平衡自身，也是学习其他章节所必需的。所以，酸碱平衡问题是分析化学教学中重点和难点内容之一。

酸碱度不仅会影响到酸碱平衡的进行程度和方向，而且也会影响到其他化学平衡。所以，在四大化学平衡中，都需要确定溶液的酸碱度。因此，计算化学反应体系的酸碱度显得非常重要。质子条件式反映了酸碱平衡体系中最严密的数量关系，它是处理酸碱平衡中计算问题的基本关系式。然而，目前很多教材对质子条件式特别是对一些复杂体系的质子条件式的书写过程讨论得不够清楚[1-7]，导致学生不易理解，且书写过程中容易出错。本文旨在给出一个简便、准确且有明确物理化学意义的书写质子条件式的方法。

一、质子条件式及其书写方法

按照酸碱质子理论，酸碱反应的本质是质子的转移。当酸碱反应达到平衡时，酸失去的质子数与碱得到的质子数必相等。这种数量关系的数学表达式称为"质子条件式"或"质子等衡式"（简写为 PBE）。在计算任一酸碱体系的酸碱度时，首先必须列出质子条件式，并把质子条件式中各项用与氢离子浓度有关的项代替，再根据具体条件，分清主次，合理取舍，得到任一酸碱体系溶液中氢离子浓度的计算式。因此，如何使学生很好理解，并能准确又熟练地书写、掌握和应用质子条件式，是酸碱滴定教学中的一个关键问题。

目前，通常采用两种方法求得质子条件式：

（1）由物料平衡式和电荷平衡式联立解方程，导出质子条件式；

（2）选取零水准（参考水准）。其他组分与此相比，质子少了的就是失质子产物，质子多了的就是得质子产物；然后根据得失质子数相等的原则书写等式，即得到质子条件式。

二、书写质子条件式中存在问题

利用电荷平衡和物料平衡联立求解得到质子条件式的方法是最基本的方法，但是不够快捷和简便，

---

① 通信联系人：郑行望，zhengxw@snnu.edu.cn。

在合并求解过程中容易出错；而且它只是数学处理的结果，实际的物理化学意义并不明确，学生难以正确理解及应用。

零水准物质法比前一种方法简单，但我们在多年教学中发现，在参考水准的选择问题上，学生容易出现难选、漏选、多选等错误，特别是此方法对强酸、强碱体系，以及弱酸与其共轭碱、弱碱及其共轭酸体系的处理都不方便，不易被学生掌握。

例如，根据零水准物质法书写酸碱体系的质子条件式时，参考水准物质通常选择原始的酸碱组分或溶液中大量存在的并与质子转移直接相关的酸碱组分。对于溶液为酸碱共轭体系，如 HAc-Ac^- 体系，可选择 HAc、Ac^-、H_2O 作为零水准物质，其中失质子产物为 Ac^- 和 OH^-，得质子产物为 HAc 和 H^+，所以质子条件式可写为：$[HAc]+[H^+]=[Ac^-]+[OH^-]$。显然，这个质子条件式是错误的。为了解决这一问题，武汉大学主编的教材《分析化学》(第五版)中，将共轭酸碱体系视作由弱酸与强碱或强酸与弱碱反应而来，因此将相应的弱酸与强碱或弱碱与强酸选作参考水准[1]。如 HAc-Ac^- 溶液的质子参考水准选为 $NaOH$(强碱)、HAc(弱酸)和 H_2O，或者 HCl(强酸)、Ac^- 与 H_2O，质子条件式为：

$$[Na^+]+[H^+]=[Ac^-]+[OH^-] \text{ 或 } [HAc]+[H^+]=[Cl^-]+[OH^-]$$

这种写法虽然是正确的，但是写起来比较麻烦，而且没有明确的物理化学意义，使学生不容易理解并掌握。因为我们在配制 HAc-Ac^- 缓冲溶液时并不是用 $NaOH$ 和 HAc 或 HCl 与 $NaAc$ 经酸碱反应得到，而是直接用 HAc 和 $NaAc$ 配制。

书写强碱溶液的质子条件式也存在类似问题。如 $NaOH$ 溶液中参与质子转移反应的物质为 OH^- 和 H_2O，OH^- 得质子的产物为 H_2O；H_2O 得质子产物为 H^+，失质子产物为 OH^-。如果直接按照得质子产物浓度之和与失质子产物浓度之和相等来书写，显然是错误的。目前的主流教材中均没有提及强酸强碱体系质子条件式的书写方法。而在武汉大学主编的教材《分析化学》(第二版)中，书写 $NaOH$ 溶液的质子条件式时，将 $NaOH$ 溶液视作 Na_2O 与水反应的产物[2]。因此在 $NaOH$ 溶液中，有两个质子转移反应：$\frac{1}{2}Na_2O+\frac{1}{2}H_2O \longrightarrow OH^-+Na^+$ 和 $2H_2O \rightleftharpoons H_3O^++OH^-$。根据电荷平衡，$c$ mol/L $NaOH$ 溶液质子条件式为：$[H^+]+c=[OH^-]$。这个质子条件式同样难以理解，且物理化学意义不明确，因为 $NaOH$ 溶液是直接将 $NaOH$ 固体溶解在水中而得到，也不是在水中加入 Na_2O 配制得到。由王中慧和张清华主编的教材《分析化学》54 页例 3-9 中，书写 $NaOH$ 质子条件式时以 $NaOH$ 为零水准物质，其得质子产物为 Na^+，从而得到 $NaOH$ 溶液的质子条件式[6]。这种方法学生同样难以理解，因为 Na^+ 并不参与质子转移反应。

三、平衡组分及其在书写质子条件式中的应用

本文在书写强酸、强碱体系及酸碱共轭体系的质子条件式时引入"平衡组分"的概念，通过考虑平衡组分对酸碱反应平衡的影响，可以准确、快速书写质子条件式，而且所书写的质子条件式物理化学意义明确，学生易于理解并掌握。

1. 平衡组分的概念及特点

平衡组分是指在溶液中大量存在，不改变酸碱平衡的方向，但影响体系酸碱进行程度的组分。同时，平衡组分自身为酸或碱。下面我们以 HA-A^- 体系说明酸碱体系中的平衡组分：在 HA-A^- 酸碱体系中，HA 和 A^- 两种组分都大量存在。假设原始溶液中只有 HA 这一组分，其解离平衡为：$HA \rightleftharpoons H^++A^-$，当含有 A^- 时，HA 原有的解离平衡被打破，其解离程度降低。同理，当原始溶液中只有 A^- 时，其水解平衡为：$A^-+H_2O \rightleftharpoons HA+OH^-$。当在此溶液中加入 HA 时，A^- 的水解平衡被打破，其水解程度降低。此外，无论是 HA 还是 A^-，其自身或者可以给出质子或者可以结合质子，即

HA 为酸，A^- 为碱。所以，HA-A^- 酸碱体系中，HA 和 A^- 两种组分都满足平衡组分的定义，都可以作为平衡组分。所以说平衡组分具有以下特点：溶液中存在的酸碱常量组分不决定溶液酸碱反应的方向，但影响酸碱反应发生的程度。

2. 应用举例

下面就分别以 NaOH 溶液和 HAc-NaAc 缓冲溶液为强碱溶液及共轭酸碱对组成的缓冲溶液的代表，说明酸碱体系中的平衡组分以及通过平衡组分书写质子条件式的方法。

(1) c mol/L NaOH 溶液的质子条件式

NaOH 溶液中包含 NaOH 和 H_2O 两种组分。其中，NaOH 符合平衡组分的概念和特点。第一，NaOH 作为强碱，可结合质子，且在此溶液中大量存在；第二，NaOH 可以使水的解离平衡发生移动。所以，NaOH 可看作此溶液的平衡组分。当不存在这种平衡组分时，溶液中只含有 H_2O，所以，只存在 H_2O 的解离平衡：$H_2O \rightleftharpoons H^+ + OH^-$。而当 H_2O 中含有平衡组分 NaOH 时，H_2O 的这种解离平衡被打破，其解离程度降低。当水解离达到平衡时溶液中的 OH^- 有两个来源：水解离得到的 OH^- 和 NaOH 电离提供的 OH^-。水失质子产物浓度为：$[OH^-]-c$。根据得失质子总数相等的原则，水得质子产物的浓度应该等于其失质子产物的浓度，质子条件式为：$[H^+]=[OH^-]-c$。

(2) c_1 mol/L HAc $- c_2$ mol/L NaAc 共轭体系的质子条件式

HAc-Ac^- 共轭体系中存在三种组分：HAc、Ac^- 和 H_2O。其中，HAc 或 Ac^- 可作为此酸碱共轭体系的平衡组分。当 HAc 作为平衡组分时，不含平衡组分的溶液是 NaAc 和 H_2O，Ac^- 的水解平衡可写作：$Ac^- + H_2O \rightleftharpoons HAc + OH^-$。当含有平衡组分 HAc 时，$Ac^-$ 的水解平衡被打破，Ac^- 的水解程度降低。如果用 [HAc] 表示酸碱平衡时，溶液中 HAc 的总浓度，此时，HAc 有两个来源，一部分为 Ac^- 水解产生，另一部分为加入平衡组分 HAc 的量（c_1）。也就是，其中仅有（$[HAc]-c_1$）为 Ac^- 水解产生的 HAc，即 Ac^- 得质子的产物的浓度。根据酸失去的质子数与碱得到的质子数相等原则，质子条件为：$[HAc]-c_1+[H^+]=[OH^-]$。同样，我们也可将 NaAc 看作此溶液的平衡组分，当不存在 NaAc 这种平衡组分时，溶液组成为 HAc 和 H_2O。HAc 的电离平衡可写作：$HAc \rightleftharpoons H^+ + Ac^-$。当含有平衡组分 NaAc 时，HAc 的解离平衡被打破，HAc 的解离程度降低。此时，（$[Ac^-]-c_2$）为 HAc 解离的产物，即 HAc 失质子的产物的浓度。所以质子条件为：$[H^+]=[Ac^-]-c_2+[OH^-]$。

3. 平衡组分的实际意义

作为化学分析定量处理酸碱平衡的基础的质子条件式，可以表明酸碱反应中各组分得失质子情况，也是计算溶液 pH 的数学依据。同时，它也是讨论酸碱滴定终点 pH 及终点误差的依据。所以，质子条件式书写必须方便、准确，具有明确的物理化学意义。在酸碱滴定中，大多数情况下滴定终点时溶液的组成为酸碱共轭体系，所以，快速书写酸碱共轭体系正确的质子条件式显得尤为重要。下面我们以强碱滴定二元弱酸为例，说明用平衡组分法所书写的质子条件式在讨论复杂酸碱滴定体系终点误差中的应用。

设用 NaOH 滴定二元酸 H_2A。滴定至第一终点时，滴定产物为 NaHA。如果滴定终点刚好和化学计量点重合，则此时终点误差为零；而大多数情况下，滴定终点和化学计量点不一致，也就是说滴定终点时 NaOH 过量或不足。为了方便讨论，我们仅以滴定终点在化学计量点之后的情况来说明平衡组分在讨论酸碱滴定体系终点误差中的应用。

若此时溶液中 NaOH 过量，且其过量的浓度为 b，因过量的 NaOH 和滴定产物 NaHA 反应生成 A^{2-}，则溶液中 A^{2-} 的浓度为 b。根据书写质子条件式的方法，可得到 $HA^- - A^{2-}$ 酸碱共轭体系的质子条件式为：$[H^+]+[H_2A]=[A^{2-}]-b+[OH^-]$，由此得到 $b=[A^{2-}]+[OH^-]-[H^+]-[H_2A]$。根据终点误差定义得：

$$E_t = \frac{b}{c_{H_2A}^{ep}} \times 100\% = \frac{([A^{2-}] + [OH^-] - [H^+] - [H_2A])_{ep}}{c_{H_2A}^{ep}} \times 100\%$$

四、结论

由上面这些实例可以看出，这种考虑平衡组分书写的质子条件式方法完全适用于强碱溶液和由共轭酸碱对组成的缓冲溶液，可作为教材中书写强酸、强碱及酸碱共轭体系质子条件式时一种简单、方便的补充方法。更为重要的是，该方法既准确又有明确的物理化学意义，所以学生很容易理解并掌握。

参考文献

[1]武汉大学. 分析化学：上册[M]. 北京：高等教育出版社，2006.

[2]武汉大学. 分析化学[M]. 北京：高等教育出版社，1982.

[3]武汉大学. 分析化学[M]. 北京：高等教育出版社，2000.

[4]华东师范大学. 分析化学：上册[M]. 北京：高等教育出版社，2011.

[5]陕西师范大学. 化学分析[M]. 西安：陕西师范大学出版社，1992.

[6]王中慧，张清华. 分析化学[M]. 北京：化学化工出版社，2013.

[7]刘金龙. 分析化学[M]. 北京：化学化工出版社，2012.

科学教育视域下现实增强(AR)教学应用的研究与展望①

张四方，江家发②

（安徽师范大学化学教育研究所，安徽芜湖 241000）

摘　要： 现实增强（Augmented Reality，AR）具有虚实结合、无缝交互、浸润学习等特点，它填补了虚拟和真实世界的认知桥梁，实现对复杂空间关系和抽象概念的可视化和虚拟现实之间的无缝交互，能更好地发展学生的高阶思维能力。AR 正推动科学教育向深度学习、"学习设计者""最完美的情境学习"转变；在科学教育视域下，AR 教学将遵循应用、技术和认知三个发展层次，并只有在教学论、设计者、学习者三方融合中才能更好发挥其科学教育的价值。

关键词： 现实增强；科学教育；概念理解；科学探究；学科整合

近年来，现实增强技术以其独特的技术优势及教育价值，正迅猛地走进科学教育研究领域。现实增强是指通过在真实的物体上叠加虚拟环境，从而达到一种视觉混合增强效果，具有虚实结合、无缝交互、浸润学习等特点。2017 年《地平线报告》指出：现实增强技术被定位为未来 2～3 年内国际科学教育应用研究的主流[1]。AR 的出现，填补了虚拟和真实世界的认知桥梁，能实现学习者对复杂空间关系和抽象概念的可视化，实现虚拟和现实之间的无缝交互，从而帮助学生更好地发展高阶思维能力[2]。科学教育的学科困境和美好前景，都在现实增强视域下得到了一定关照，也为科学教育指明了新的研究方向，并推动科学教育研究向深度学习、"学习设计者""最完美的情境学习"不断前进。本文拟从以下几方面论述 AR 在科学教育研究领域的应用与展望。

一、科学教育面临的挑战和对策

科学教育正面临着愿景与现实的双重挑战。一方面，社会的进步、技术的发展对未来公民的科学素养提出了更高要求；另一方面，基于科学教育的学科特征，普遍存在着科学学习的动机和志向下降的趋势。长期以来，科学学习一直被蒙上了"抽象、间接、脱离情境"的外衣，这种固有认知深深影响了学生的科学学习。最新的数据表明[3]，科学学习正离学生越来越远。科学在改变世界的同时，其津津乐道的变革力量却并没有改变学生的学习现状。

科学课程之所以难学，是由科学的学科本质、特征和教学方式决定的[4]。科学学科具有几个共同的学科特征，表现在：(1)抽象性。抽象、难懂一直是人们对科学学科的固有认知，其表现在概念的抽象性、原理的复杂性上，尤其对于无法看到的"场""云"等概念，更需要学生发挥充分的理解力和想象力；化学学习中的"宏观-微观-符号"三重表征特征、物理学科中的作用机制以及复杂系统的因果关系、数学学科中的逻辑及空间关系，无不制约着科学学习。(2)微观化。科学中很多奥秘在于现象的表面之下，如"原子""分子""细胞""质子"等，这些物质肉眼无法看到，却是决定物质和机体功能的重要因素。(3)模型化。模型化具有高度抽象性和概括性，物理、化学学科中的很多现象和原理是依托模型而展开的。(4)空间认知。空间认知是科学教育的必备能力，如化学中的轨道、键长与键角等关系都离不

①　项目资助：安徽师范大学博士科研启动金项目(2017XJJ30)。
②　通信联系人：江家发，jjiafa@sina.com。

开空间认知能力的支撑。（5）实验能力。实验是科学的基本研究工具，也是学科的共同特征。不仅如此，生物学科还具有"生命性"，决定了其脱离不了"生命"这一基本前提所带来的伦理等一系列问题。因此，对科学学科特征和本质的理解，不仅关系到学科定位和学科价值的理解和认同，也关系到科学教师对学科目标的定位以及对学科内容的选取和处理。

教育技术被认为是提升科学教育的重要且有效的路径。在科学教育中，教育技术的作用就是帮助营造学习环境、指导科学探究、支持学生反思、提供及时证据、便于教师对学生进步进行评价[5]。在技术变革教育的今天，作为"原住民"的学生和作为"移民"的教师之间，却存在着难以调和的矛盾，教师害怕学生迷失在技术之中无法自拔。因此，在这些多重重压之下，势必要求科学教育发生深刻的变革。科学教育在与技术结合的过程中，只有把握了学科的基本本质才能实现更深层次的整合和应用。"每一个时代的技术，在某种程度上都以自己的形象塑造教育。这不是争论教育的技术决定论，而是技术对文化的主要影响与当代教育理论和实践之间存在着相互有效的融合"[6]。因此，现实增强技术一经出现，即被科学教育寄予了深深的厚望，并推动科学教育研究不断前进。

二、科学教育视域下 AR 的教育价值及研究应用

AR 作为虚拟技术的延伸，通过计算机模拟，可以让学习者在真实环境背景中看到虚拟生成的模型对象，并能与真实物体进行自由交互，如对模型进行操控、旋转、快速意义生成等；AR 与移动技术的结合，又进一步拓展了教学的时空限制。因此，科学教育下的 AR 教学具有可视性、交互性、情境性、移动性、个性化的学习特征，其一经出现就被赋予了教育变革的特征。在 AR 技术的关照下，科学课程的诸多实验特征都能得到良好的关照，也开辟了科学教育新的研究方向，正向着深度学习不断迈进。当前，科学教育研究领域 AR 教学研究仍处于起步状态[7]，主要集中在以下几方面。

1. 基于可视化促进抽象概念理解

概念是科学学习的核心。与一般的知识不同的是，概念具有高度概括性和抽象性，概念理解和概念转变一直是科学教育研究的热点内容。如化学学科中，化学是一门研究物质组成、结构和性质的学科，其学习受制于宏观—微观—符号之间的三重表征。研究表明，只有从分子、原子层面去理解化学，才能深入理解化学概念的本质[8]；同时，只有实现了化学过程的"可视化"，才能突破化学表征的障碍，让学生更好地理解化学概念[9]。AR 通过让学生亲眼所见、亲手感受微观的 3D 模型，从而增强学生的直觉感知能力。学生通过从不同视角来观察 3D 模型，这种视觉冲击能带来直接感知，从而提升科学学习的兴趣。如有人自行开发了初中化学"物质的构成"AR 应用，该应用采用图像识别技术，包括氢原子、氧原子、水分子，以及碳原子的石墨、金刚石结构等 4 个 AR 应用[10]。教学中，学生通过移动、旋转分子及原子结构标记卡片，通过计算机的摄像头进行捕捉，进而转化成微观粒子的 3D 模型，学生能够控制、组合并与这些 3D 模型进行交互，从而建构对微观粒子的认知。结果表明，对于初三学生而言，AR 教学具有显著的促进作用，学生对 AR 的应用持肯定态度，且成绩差的学生能从 AR 中收获更大。

实物模型和计算模型是促进科学学习的重要工具。实物模型一直是化学教学最常见的可视化工具。早在 1996 年，有学者就研究得出：学生通过操作实物模型能帮助学生"看到"分子或原子，促进学生较深入和长期的理解[11]；然而这种"可视"仅仅还停留在宏观层次的放大，无法实现微观层次的"真实再现"。有人通过比较化学《氨基酸》概念教学中真实模型和 AR 模型的作用，提出 AR 能够呈现实物模型无法呈现的动态、复杂结构，AR 通过屏幕营造出来的"可视化"虚拟物体，无须鼠标控制，只要用手转动移动设备或标记（Marker）就能达到实时虚实交互，呈现的同样是一种真实物理对象和真实的操作体验[12]。3D 营造的虚实相济的可视化，能为学生提供认知建模的框架，从而便于学生更好地进行学习。在抽象概念的学习中，可视化工具起着"建构模型和转化表征"[9]的作用，促进学生对科学概念及其表

征更加深入地理解。

不仅如此，AR所营造的虚拟结合的特征，架设了真实和虚拟之间的认知桥梁，能有效降低科学学习的认知负荷，从而提升学生的学习效率和学习负担。概念理解取决于学生的已有概念和科学概念之间是否存在联系。AR将丰富的虚拟数字信息叠加在真实物体上，在真实物理与虚拟对象之间建立内在联系，填补抽象概念和具体情境之间的认知差距，因此被认为"最完美的情境脚手架[13]"。尤其在化学抽象概念与结构的教学中，AR教学的浸润式情境特性，能有效克服学生宏观与微观之间认知的障碍，快速建立联系和建构意义，能大大促进学生对抽象科学概念的理解。

2. 基于可视化促进空间关系认知

科学学科都脱离不了对空间结构的认知和理解，如化学中的键长、键角，生物中的DNA结构等。缺少对空间结构的三维认知，学生常难以理解微观所发生的特定行为。在日常的科学教学中，教师习惯于从二维层面来表征空间关系，因此造成很多学生存在空间结构认知困难。AR通过三维注册，实现了在手中可以对3D模型进行旋转、翻转等各种认知，因而能更好地帮助学生建立对空间关系的认知，发挥空间想象能力，提升空间思维能力。如利用Augmented Chemical Reactions(ACR)应用程序进行教学，则为提升学生的空间认知能力做了有益实践[14]。在研究中，他们借助AR实现化学反应的可视化，能直接控制虚拟原子和分子，通过摄像头识别学习者手中的特殊标记(Marker)来表征空间结构关系(键长、键角等)，并能对空间的位置和方向进行全方位的操作和定位，动态展现分子的化学反应行为，如当分子相互靠近时会产生特定的反应或行为，从而达到对分子空间行为的直觉认知，增强学生对化学结构的空间关系认知。该应用展现了化学教学中空间关系教学的应用前景，它具有新手和专家两种模式，前者主要是程序内置的模型，后者可以自由定制物质结构及化学反应。学生通过移动或旋转真实的标记就能从各个维度观察分子结构及反应过程，甚至能帮助化学教师从分子间的空间关系来推断催化剂的作用是否理想。该研究表明，AR能有效呈现化学的空间关系，促进学生对化学结构的理解，同时减少化学学习的恐惧，学生能在愉悦的氛围中体验到分子、原子之间的奇妙变化。

AR以其三维注册能力，能帮助学生顺利获得视觉线索和3D认知，从而建构其对物质结构的空间知觉能力。如曼纽拉(Manuela)等人在大学一年级有机化学合作性教学活动中，通过借助摄像头和开源AR软件应用，学生快速获得了无机物质结构的视觉线索和3D认知[15]。作者由衷感慨，AR不仅能应用于无机化学学科，数学、物理、有机化学等科学学科的空间认知学习都能有效利用。基于学科开展的AR空间关系认知研究表明，AR不仅仅在化学教学研究中展露了新前景，同时在地理、几何、物理等学科都引起了较高关注；也引发教师开发诸如化学AR魔术书的设想，学生只需下载安装一个App，通过虚拟头盔或移动设备摄像头捕捉图书画面时，AR程序中内置的3D结构、分子结构模型、动画模拟、实时讲解等虚拟学习内容跃然纸上，学生可与虚拟内容进行无缝交互。

3. 基于体验性营造情境学习环境

在AR学习环境中，学生能感受到真实环境下的存在感和临场感，并让他们专注其中。其价值在于能加强学生对环境的直觉认知、提升真实的主观感受和替代性的学习能力培养。科学学习的意义就在于将科学概念与日常生活体验建立联系，在真实的环境中提升学习者的存在感、角色感和参与的真实性[16]。基于AR进行科学实验操作，学习者无须借助鼠标、键盘就能直接操作虚拟的对象，观察不同的实验效果和实验现象，具有直接自然交互、替代补偿的学习特点。如实验是科学学科的基本特性之一，也是科学学习的重要方法和手段之一，它能够增进学生对科学知识的理解与应用能力。然而，在科学实验教学中，也存在着空间、设备、安全设施以及教辅人员等诸多限制。基于此，有人提出建设AR化学实验学习环境(ARIES)的尝试[17]。ARIES系统基于AR图像识别技术建立，由学习内容库、表征系统、AR班级管理、AR物体管理四个功能组成。其中学习内容资源库扮演着中心角色，它存储着构造学习环境的AR班级和AR管理组件；各种3D模型和媒体库则根据不同的实验教学技能要求而整合在 AR 班级、AR 物体中。学生在化学实验学习中，根据 AR 班级的功能要求在 3D 呈现的学习环境中进行虚拟化学实验。通过高二学生进行化学教学实证研究表明，ARIES 对学生的化学学习态度提高和实验技能提高具有显著促进作用，AR 营造的化学实验环境具有真实的实验替代功能，学生在其中能较好地进行训练和探究。

图 1　学生在 AR 学习环境中进行化学实验和分子概念学习

研究表明，AR 通过提供附加和情境化的信息增强学习者现实的体验[18]。传统化学实验室虽然能让学生在可观察到的实验现象之间建立联系，但是却难以从分子层面对实验现象与概念建立联系。有人提出，AR 增强化学实验室能结合传统化学实验室的仪器设备和实验体验，以及结合 AR 技术所提供的可视化，让学生将观察到的真实现象与学生看不见的科学概念之间建立联系，从而帮助学生从微观视角对宏观现象建立直觉观念并发展微观层面的解释能力，以此突破宏观微观之间的认知障碍[19]。有人以气体性质为研究内容，以增强化学实验室程序 Frame Lab 为平台，对 45 名八年级学生进行了实证研究。结果表明，使用 AR 增强实验室比真实的化学实验室更能促进气体定律概念的理解，学生能更好地对相异概念和错误概念进行精炼，并发展成气体的科学概念。实验的体验性、操作性和直观性在 AR 的支撑下都能得到更大程度的发挥，同时抽象性的理解困难也能得到较好的解决。该研究也为 AR 技术应用于实验教学和增强实验室建设提供了参考和借鉴。

拉特（Rutten）等人提出，AR 将数字化学习环境注入真实世界中，能引导学生进入伴随着真实体验的浸润式学习环境，学生可以进行探究、实验数据收集、进行虚实交互、与同伴进行面对面的交流。这种沉浸式学习环境能为学生提供"真实"的操作体验，不仅能促进实验学习效果的提升，更能提高学生的实验操作能力[20]。针对传统化学实验中学生实验操作中存在的不足，有人开发设计了 AR Chemistry 化学实验应用。该 AR 应用具备四个以下功能：通过 AR 实现可视化、显示实验中的相关信息、实验者的识别、实验程序的记录[21]。结合 AR 应用，学生通过设备捕捉真实实验器材，进行虚拟实验操作。较之传统实验，该 AR 应用不仅能实现虚实结合，而且能实现对实验操作中"哪个操作程序""谁""什么操作"上的错误识别，能精准提高学生的实验技能，同时对实验中实验者的实验错误能进行精确的识别和记录。可以说，AR 的应用研究为化学实验技能的培养提供了新思路。

AR 也在远程科学实验室建设上展现了应用前景。在传统实验室增强应用的基础上，开发了一个基于图像识别的 AR 远程化学实验室[22]（Andujar J M，Mejiar A & Marquez M A，2011）。教师可以通过实验仪器异地操作演示，而学生则可以随时随地使用实验器材，结合虚拟情境叠加在网络上，实时交互学习和在线化学实验操作。该 AR 增强远程实验室（ARL）主要包括四个部分：控制管理系统、预约管理和登录控制、实验室的物理可视化、应用生成器。ARL 不仅拓展了化学实验的时空限制，也能让学生对危险、复杂的实验进行实验学习，有效提高学生的实验操作能力；同时 AR 与化学实验室的研究，也为化学 AR 学习环境研究，如建设化学 AR 教室、开发化学 AR 图书、化学 AR 游戏、化学 AR 博物馆等提供了广阔前景和思路。AR 的浸润式学习特征，能让学生感受到一种身临其境的感觉，以真实的自我角色参与学习，因而被誉为"最完美的情境学习脚手架"。真实的学习环境会影响学生对科学的认知，改变学生的学习风格等。

4. 基于体验性促进科学探究学习

探究是科学素养的重要内容，也是一种重要的学习方式。AR 所赋予的技术特征和教育价值为化学探究学习提供了新的载体，也是提升学生科学本质和科学思维的重要工具。

AR 将丰富的情境内容叠加于真实环境之上，情境的真实性、角色的代入性、学习的浸润性更能促进学生对科学本质的理解，于科学议题的学习上表现得尤为显著。有人以真实的校园场所为科学探究场景，通过应用 AR 位置识别技术（GPS）设计科学探究实验，设定了福岛核辐射这一情境。学生通过手持移动设备探测校园各个角落中的辐射量，并在此基础上设计探究环境：情境创设—AR 实境探究—延伸思考（如何防止辐射）—决策活动（哪种辐射处理方式最合适）—AR 视觉化（辐射对生物影响）[23]。通过这五个活动设计，作者发现 AR 组在探究活动中的知识获得和参与态度都比控制组有显著差异，尤其在学生的情感与态度改变上，化学 AR 探究活动具有得天独厚的优势。其原因在于模拟和可视化充当了学生情感改变的认知资源，AR 与学习者的参与、信念和价值观则共同构成了浸润式情境的情感资源。

研究表明（Squire & Klopfer，2007），利用 AR 开展化学探究活动，学生在真实的环境中，将所学知识与真实情境和世界相联系，去解决面对的现实问题，从而让学生更好理解科学活动的实践本质[18]；同时，科学探究活动中，学生需要发展对科学现象的描述和解释能力，AR 的沉浸式学习特征为这种科学思维过程提供了脚手架，为学生的科学思考提供了支撑，而这些脚手架和支撑则在绝大多数科学探究活动中几乎都无法触及。因此，与传统探究活动相比，基于 AR 的化学科学探究活动更能有效提高学生的科学论证能力[18]和科学意识的培养[24]。上述活动中，学生以"角色扮演"的形式融入环境，AR 的这种内在的角色扮演体验会不断增强自信和学习效果。这与虚拟（VR）中角色扮演具有截然不同的作用。在 VR 学习中，学习者参与虚拟活动和通过虚拟角色学习，学生们虽然能学会将自己与负面的自我概念相分离，但这在一定程度上也在妨碍教育[25]。

不仅如此，AR 化学探究活动也变革了学生化学学习表征的方式，它所营造的浸润感使得学生在真实的物理世界中能实现宏观与微观、实景与虚拟的融合，对学生的认知方式产生深远影响[26]。如邓利维（Dunleavy，2009）设计的"联系外星人"（Alien Contact）探究活动中，作者就设计了四个角色，分别是化学家、计算机黑客、FBI 探员和密码学家[26]。要求学生根据不同角色进行合作探究，同时完成对虚拟角色的访谈、收集分析信息、解决数学和化学等谜题等学习任务。又如库尔特·斯夸尔（Kurt Squire）和埃里克·克洛普弗（Eric Klopfer，2007）设计的环境侦探（Environmental Detectives）AR 探究活动，学生要扮演环境工程师，去调查某模拟流域中的化学品泄漏[18]。这些研究都表明，AR 的沉浸感能让学生以现场"参与人"的角色去开展真实的科学探究，以一种全新的方式去影响学生的化学学习风格、强度和喜好，如基于合作性的搜索、筛选、合成经验，而不是以个人形式；基于体验基础上的积极学习，包括频繁的反思、非线性表达等，AR 化学探究活动会深深改变学生的化学学习风格[27]。同时，由于在真实的学习情境中进行探究、合作，面对面进行交流、互动，学生的角色代入感更强，在浸润式学习环境中更能感受到情境的辅助和引导作用。

5. 基于移动性支持泛在情境学习

作为一项新的教育变革技术，"AR 不能仅仅定位于一门技术，而应该从整个教学的层面去理解它，以此来指导教学的设计"[28]。只有这样才能突破 AR 的技术限制，而将合作学习、探究学习、自主学习等多种学习与 AR 进行教学整合。AR 的出现拓展了科学教育的平台，已经由单纯的课堂教学工具拓展到科学游戏、科学电子书、魔术书等；同时拓展了科学学习的时间和空间限制，如 CONNECT（连接）项目就是利用 AR 技术建立的科学主题公园[29]。在这个项目中学生通过对 AR 建构的传统博物馆的参观，利用 AR 技术将科学知识与眼前所见联系起来，以增强的效果达到形象化学习。

有人将 AR 整合到初中自然科学课程教学中，构建了教师讲解—AR 实验—同伴讨论—练习巩固的

AR 综合学习过程[30]。结果表明，这样的教学设计，更有助于学生空间能力的获得和学习内容的理解。与传统教学不同的是，在 AR 学习环境下，知识的传递和建构是多向、分布式的，交流也是多元的，学生在分布式的学习过程中逐渐建构对知识的理解。AR 的应用和发展变革了传统的教学模式，使之必然要发生根本性变革[31]。

在教学方法层面，教学方法和教学目标的缺乏，会使得这项新技术在应用中产生困惑或挫折，甚至会造成认知负荷过高并影响学习动机。有人（Chen C H，Chou Y Y ＆ Huang C Y，2016）首次构建了概念图 AR 教学脚手架（CMAR），以概念图的层次结构整合教学情境和教学内容。结果表明，CMAR 能让学生充分认识到概念之间的层次关系，要比单纯的 AR 教学更能促进学生的概念理解，学生的学习成绩、兴趣、动机都具有显著变化[32]。作者认为，概念图是学生建构意义的有效工具，概念图的结构框架帮助学生更好地组织情境内容，是一种非常适合 AR 教学概念学习的教学方法；在其他学科领域，也有学者提出以故事驱动形式进行教学，这不失为一种教学方法层面的尝试[3]。随着教育技术的普及，技术将推动学生由知识的消费者向生成者转变。随着 AR 应用的推广，门槛也在不断降低，其开放式的建构方式、灵活的表现形式，正使得学习者向"学习设计者"迈进。

三、科学教育视域下 AR 教学应用的展望

作为虚拟现实的延伸，AR 具有的教育学优势在科学教育中展现了较好的应用价值和应用前景。就目前 AR 教学的应用而言，其主要功能立足在给学生提供的交互、可视化层面上，实现了其在概念理解、空间认知、实验提升等方面具有的优势。通过研究，我们认为科学教育视域下的 AR 教学应用，将会在已有的研究上进一步突破，并将遵循以下发展路径，见图 2。

图 2　科学教育视域下 AR 教学应用的层次

1. 应用层次

AR 教学的应用层次将遵循着交互、可视、连接、设计这四个发展阶段，就目前的应用而言，主要定位在 AR 的无缝交互、虚实交互、三维呈现教学应用上，这是 AR 技术的初级应用阶段，表现为技术优势所体现出的教学效果。随着教育应用的发展，连接和设计将成为进一步发展的方向。

连接的含义是指实现 AR 教学元素之间内在功能、外在平台之间的组合和贯通应用。如生物应用中，心脏 AR 识别标志能为我们展现心脏的立体结构，当血液等识别标志同时识别时，自动会实现血液循环等系统性功能呈现；地理中洋流识别标志遇到山脉识别标记时，自动呈现季风等大气变化；同理，在化学中，当不同的实验装置识别标记作用时，则实现化学实验的系统性操作。元素之间的联系与贯通使得 AR 教学应用由单个的功能呈现变成了系统应用。

设计则是实现了学生利用 AR 进行自我学习内容的设计和综合应用等功能，这种设计不仅仅是利用 AR 软件制作一个 AR 识别元素，而是基于 AR 的深层应用。如学习者可以结合 AR 程序进行学生自我设计，但这仅仅是设计的初级形式。设计最终实现的是学生由"知识的消费者"变成"知识的生产者"，开发出具有自主价值和意义的学习内容，使得每个学生都能成为"学习设计者"。如围绕科学探究实验，自行设置 AR 探究元素和探究情境，不仅适合在课堂使用，而且基于移动设备的便利性开展自主学习、个性化学习、合作学习。随着 AR 技术的普及，AR 将成为"设计学习的先行者"。可以看出，由交互、

可视到连接、设计，实现的是 AR 由技术应用到教学深层应用，体现了技术性向教育性的延伸和拓展。

2. 认知层次

在已有的研究中，AR 围绕的是利用技术来提升学生科学学习的兴趣，学生在 AR 学习环境中学习兴趣更高，动机也更为充分，这是当前众多 AR 教育研究所得到的共识。从认知层面来说，这是基于技术新颖性所带来的体验认知，但随着对新颖性兴趣的下降，这种表面性将更多地让位于深层次的认知特性，AR 技术为什么能提高学习效率？它又是如何提高学生的学习效率？只有弄清了这个原理，才能更好地指导今后 AR 科学学习环境的设计。这些研究仍处于探索阶段。"概念混合"理论就认为，AR 具有一种发展学生"概念混合"的能力，"概念混合"能力涵盖多重观念和材料[33]，这种能力已经超出了学生的认知空间。

同时，如何营造高效的 AR 科学课堂也是认知层次不容忽视的课题。与传统课堂不同的是，AR 科学课堂要基于心理学概念框架展开设计（Keith，2013），应该具有物理、认知和情境三个基本特征[34]。AR 科学教学应该围绕这三个特征展开整体设计。也有不少研究是关于科学教育的科学概念理解、错误概念转变、科学态度的认知的。这些研究更多地定位在科学概念的理解层次。随着 AR 技术连接功能的实现，学生可以自主建构学习内容，建构其对学科概念和学科知识的科学认知，并在此基础上，设计开发具有自我学习特征和知识产权的学习内容和学习作品，从而达到学习创造的认知层次。

3. 技术层次

就当前 AR 教学研究的现状而言，AR 教学应用主要是通过两种方式实现的，分别是基于图像交互和基于位置交互，但二者都必须依托专用的 AR 教学软件开展教学。随着移动技术的发展，尤其是 GPS 和摄像头成为移动设备的标配，AR 逐渐从专业走向大众，涌现出一批 AR 学科教育资源中心（如 LearnAR、Zooburst）和相关 AR 应用平台，如 Aurasma、Metaio Creator、Elements 4D 等，这些应用都可以在安卓和 IOS 移动设备上使用，操作简单，从而大大促进了 AR 在教育领域中的应用推广，AR 科学研究正呈现出百花齐放的景象。我们相信，在技术发展的历程中，最终会趋向于标准统一的应用方向发展，继而实现不同的应用程序、应用设备、开发的资源之间实现共通、融合，以达到 AR 教学应用普及。通过上述从技术层面的展望，可以看出，AR 教学仍有很长的道路要走。

4. 价值层次

AR 为学生的科学学习提供了优良的认知心理框架，科学教育的学科特征在 AR 教育技术下能得到较好的学科关照，其教育教学价值也在不断深化。作为科学教学的新工具，AR 在概念转变、空间关系和实验能力培养上、错误概念的转变上、错误概念冲突情境的营造上具有得天独厚的优势。随着研究的深入，AR 技术将引领科学教育走向：（1）设计学习的先行者。实现学生自我设计学习内容，由知识的消费者变成生产者。（2）科学本质的建构者。这是 AR 教学区别于其他技术最本质的特征，即对科学态度的影响。研究表明，AR 技术的独特教育价值并不在于概念，而在于情感领域，如学生的知觉和态度改变[23]。所以，AR 是社会科学发展学生情感的有效资源。当 AR 基于建构主义和可视化学习活动时，AR 同样有效地应用于 ISS 领域中学生的概念学习。（3）学习风格的塑造者。虚拟环境的浸入和增强现实能以一种传统计算机和媒体技术所没有的新形式[26]重塑学生的学习风格、学习强度和喜好程度。（4）科学兴趣和科学学习动机的激发器。通过 AR 充分调动学生的学习兴趣，将科学学习更多地转向与真实世界连接上来。这在当前科学学习兴趣下降的情况下，成为转变学生科学学习的得力工具。

四、结语

在教育学上，科学教育和技术经常作为两个独立的本体来呈现和教授[35]。所以，AR 应用于理科教学也同样存在着理想功能（Intended Affordance）与实际功能（Actual Affordance）的差别。前者是基于工具性特征而派生出来的教育价值，而后者则是从学生使用角度所衍生出来的实际效果。因为设计视角的不同，技术和教育之间常常会存在较大差别，这也是制约众多技术进入教育领域的根本原因。

因此，AR应用于科学教育同样要遵循一定的设计思路，始终无法回避整合过程中的"技术""学习者""教学法"三个层面的要求。"可用性"是决定教育技术应用于教学的决定作用。可用性（Affordance）最早由吉布森（Gibson）提出，在教育上，它被看作一个学习工具的特征，它决定了学习者利用这些特征的可能方式。要发挥AR教育技术的优势，必须认识其功能开发的基本图式，并以此为遵守。因此，我们认为要实现科学视域下AR的教学应用价值，必须建构AR教学整合的方法论模型，即AR技术应用于教学至少应包括四个基本步骤：识别教育目标、提出合适任务、决定任务的功能需求、决定技术的合适功能。同时，更要考虑学习者的因素，只有将学习者纳入到AR教学功能图式中，才能实现教学论的中介支持和关怀，缩小教育技术的理想功能与实际功能之间的落差。我们认为，AR的理论功能与实际功能之间必须以教学论作为中介内容，关注教学内容特征、师生教学风格、教学方法这三大主要中介因素，这样才能达到教育功能的最大作用。

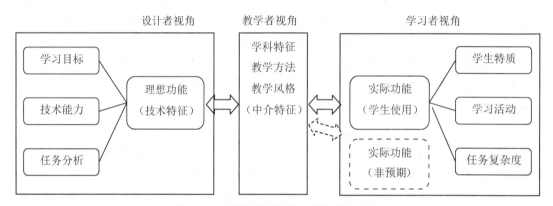

图3 AR科学学习教学功能图式分析图

由图3我们可以看到，AR的理想功能与实际功能在教学论设计作用下的相互作用关系，其目的和功能就在于要实现由"技术"向"教学"功能的转变，由"设计"向"学习者"角色的变迁。在这个图式中，AR的技术设计起始于学习目标的分析，考虑AR技术的呈现能力，最终实现设计者—教学者—学习者三者视野的融合，否则再完美的增强技术最终也成为昙花一现。我们只有站在教、学、技术的层面进行更全面、更深入细致的研究，既要关注看得到的结果，更要关注看不到的学生认知结构、特征和学习过程；要关注显性的技术和方法设计，更要重视教学层面潜隐的方法、模式和内容开发，以及资源整合，只有这样才能充分发挥AR的教育价值。

参考文献

[1]白晓晶，张春华，季瑞芳，等. 新技术驱动教学创新的趋势、挑战与策略：2017地平线报告（基础教育中文版）[J]. 中国现代教育装备，2017(18)：1-20.

[2]张四方，江家发. 现实增强技术在化学教学中的研究现状与启示[J]. 化学教育，2017(21).

[3]Laine T H，Nygren E，Dirin A，et al. Science Spots AR：a platform for science learning games with augmented reality[J]. Educational Technology Research & Development，2016，64(3)：507-531.

[4]Johnstone A H. Why is science difficult to learn? Things are seldom what they seem[J]. Journal of Computer Assisted Learning，2010，7(2)：75-83.

[5]Linn M C，Eylon B. Science learning and instruction：taking advantage of technology to promote knowledge integration[Z]. Portland：Ringgold Inc，2011：26，15.

[6]Chen C H，Chou Y Y，Huang C Y. An Augmented-Reality-Based Concept Map to Support Mobile Learning for Science[J]. The Asia-Pacific Education Researcher，2016，25(4)：567-578.

[7]Martin S，Diaz G，Sancristobal E，et al. New technology trends in education：Seven years of

forecasts and convergence[J]. Computers & Education,2011,57(3):1893-1906.

[8]Kozma R B, Russell J. Multimedia and understanding:Expert and novice responses to different representations of chemical phenomena[J]. Journal of research in science teaching,1997,34(9):949-968.

[9]Wu H K, Krajcik J S, Soloway E. Promoting understanding of chemical representations: Students' use of a visualization tool in the classroom[J]. Journal of research in science teaching,2001, 38(7):821-842.

[10]Cai S,Wang X,Chiang F. A case study of Augmented Reality simulation system application in a chemistry course[J]. Computers in Human Behavior,2014,37:31-40.

[11]Barnea N,Dori Y J. Computerized molecular modeling as a tool to improve chemistry teaching[J]. Journal of Chemical Information and Computer Sciences,1996,36(4):629-636.

[12]Chen Y C. A study of comparing the use of augmented reality and physical models in chemistry education[J]. Proceeding of Acm,2006.

[13]Bower M, Howe C, McCredie N, et al. Augmented Reality in education-cases, places and potentials[J]. Educational Media International,2014,51(1):1-15.

[14]Bimber O,Raskar R. Spatial Augmented Reality Merging Real and Virtual Worlds[J]. Ismar, 2005:306.

[15]Cai S,Wang X,Chiang F K. A case study of Augmented Reality simulation system application in a chemistry course[J]. Computers in Human Behavior,2014,37(37):31-40.

[16]Wu H K. Linking the microscopic view of chemistry to real-life experiences:Intertextuality in a high-school science classroom[J]. Science Education,2010,87(6):868-891.

[17]Cellary W. Evaluation of learners' attitude toward learning in ARIES augmented reality environments[M]. Elsevier Science Ltd,2013(68):570-585.

[18]Squire K,Klopfer E. Augmented reality simulations on handheld computers[J]. The journal of the learning sciences,2007,16(3):371-413.

[19]Chao J, Chiu J L, Dejaegher C J, et al. Sensor-Augmented Virtual Labs:Using Physical Interactions with Science Simulations to Promote Understanding of Gas Behavior[J]. Journal of Science Education & Technology,2015,25(1):1-18.

[20]Rutten N,van Joolingen W R,van der Veen J T. The learning effects of computer simulations in science education[J]. Computers & Education,2012,58(1):136-153.

[21]Nishihama D,Watanabe K,Takeuchi T,et al. AR Chemistry:A System For Supporting To Learn Chemical Experiments With Tabletop Tangible Interface[J]. Ipsj Sig Notes,2009:79-84.

[22]Andujar J M,Mejias A,Marquez M A. Augmented Reality for the Improvement of Remote Laboratories:An Augmented Remote Laboratory[J]. IEEE Transactions on Education,2011,54(3):492-500.

[23]Chang H,Hsu Y,Wu H. A comparison study of augmented reality versus interactive simulation technology to support student learning of a socio-scientific issue[J]. Interactive Learning Environments,2014:1-14.

[24]Lin H K,Hsieh M,Wang C,et al. Establishment and Usability Evaluation of an Interactive AR Learning System on Conservation of Fish. [J]. Turkish Online Journal of Educational Technology-TOJET,2011,10(4):181-187.

[25]Steinkuehler C A,Williams D. Where everybody knows your(screen) name:Online games as "third places"[J]. Journal of Computer - Mediated Communication,2006,11(4):885-909.

［26］Dunleavy M，Dede C，Mitchell R. Affordances and Limitations of Immersive Participatory Augmented Reality Simulations for Teaching and Learning［J］. Journal of Science Education & Technology，2009，18(1)：7-22.

［27］Dede C. Planning for neomillennial learning styles［J］. Educause Quarterly，2005，28(1)：7-12.

［28］Wu H，Lee S W，Chang H，et al. Current status，opportunities and challenges of augmented reality in education［J］. Computers & Education，2013，62：41-49.

［29］Sotiriou S，Bogner F X. Visualizing the Invisible：Augmented Reality as an Innovative Science Education Scheme［J］. Journal of Computational & Theoretical Nanoscience，2008，1(1)：114-122.

［30］Wang C H，Chi P H. Applying Augmented Reality in Teaching Fundamental Earth Science in Junior High Schools［J］. Communications in Computer & Information Science，2012，352：23-30.

［31］胡智标.增强教学效果拓展学习空间——增强现实技术在教育中的应用研究［J］.远程教育杂志，2014(2)：106-112.

［32］Chen C H，Chou Y Y，Huang C Y. An Augmented-Reality-Based Concept Map to Support Mobile Learning for Science［J］. The Asia-Pacific Education Researcher，2016，25(4)：567-578.

［33］Enyedy N，Danish J A，Deliema D. Constructing liminal blends in a collaborative augmented-reality learning environment［J］. International Journal of Computer-Supported Collaborative Learning，2015，10(1)：7-34.

［34］Bujak K R，Radu I，Catrambone R，et al. A psychological perspective on augmented reality in the mathematics classroom［J］. Computers & Education，2013，68(1)：536-544.

［35］Layton D. Technology's Challenge to Science Education［J］. Developing Science and Technology Series. 1993，6(4)：80.

课例选修 5"乙酸"教学的反思

张莹①

（渤海大学教育与体育学院，辽宁省锦州 121000）

　　摘　要：化学新课程改革建构了选修课程与必修课程两种课程体系。教师在教学过程中应该充分发挥每一个模块在培养学生科学素养方面的积极作用。本文以选修 5"乙酸"教学课例为研究对象，反思一个初任教师的教学，发现其教学中存在的不足。

　　关键词：选修；乙酸；反思

　　新课程改革的基本理念践行于中学化学教学的每一次教学活动中。脱离理念的指引，教学行为是盲目的。化学新课程改革打破了以往的直线型课程的设计模式[1]，采用循序渐进、螺旋上升的方式编排课程体系。宏观上来看，必修课程与选修课程的设计充分体现了这一点。

一、问题的提出

　　普通高中化学课程改革以关注学生作为"整体的人"的全面发展作为终极培养目标，积极倡导多样化的学习方式，教学活动立足于学生的学习能力及生存能力等。必修模块与选修模块的开设兼顾了高中课程基础性与选择性的特点，更加有利于提升高中学生的科学素养，为学生终身学习奠定基础。选修模块是必修模块的拓展与升华。如何在必修课程的基础上，巧妙设计选修课程的教学，避免机械重复与盲目拔高，是教师必须考虑的问题。教师在教学设计与实施过程中应以学生的前备知识为抓手，以提高学生的化学思维能力、实践能力为灵魂，这样才能使化学选修课程的教学独具魅力，而不是受困于复习的泥塘。

　　初任高中化学教师是指工作 3 年以内的年轻教师，他们尚未完整地经历高中化学的全部教学，对于课程体系的整体把握、高中学生认知特点的分析以及教学活动的多样化设计等方面都在一定程度上存在"理论很丰满、现实很骨感"的困窘。以选修 5"乙酸"课堂教学为例，分析初任教师教学中遭遇的困境，旨在提升初任高中化学教师的教学素养，提升其教育教学质量。学生在学习选修 5《有机化学基础》之前，已经具备了相关的前备知识，如甲烷、乙烯、乙炔、乙醇、乙酸和基本的营养物质等有机化合物知识(必修 2)。

二、透视课堂 问题的显现

1. 表象内容的相似，促使"复习课"的诞生

　　学生在必修 2 中已经掌握的知识：乙酸的物理性质、酸性、酯化反应，涉及乙酸的分子模型，很多教师在进行教学设计时以这些前备知识为基础，拓展引申出选修内容。选修中相关内容包括：羧酸的分类；乙酸的物理性质；分子比例模型图；乙酸、碳酸和苯酚酸性强弱的科学探究；酯化反应机理的探究；等等。观课发现，教师把两节内容混为一谈，以复习课的角色进入到了本节课的教学中。教师在课堂中经常出现的语言就是"我们在必修中已经学习过了"，言外之意就是这里就不用多讲了，复习一下即可。选修教材中"羧酸"的教学是在学生具备相关知识的基础上的深化学习，选修教材强调学

---

　　① 通信联系人：张莹，1071008469@qq.com。

生学会通过科学探究活动判断乙酸、碳酸和苯酚的酸性，并对酯化反应机理进行深入探究。

2. PPT 的使用弱化了学生对教学资料的解读

由于现代化教学设备在很多学校的普及，所以教师上课使用幻灯片（PPT）已经成为一种习惯。教师在翻阅一张张 PPT 的过程中，学生没有更多的时间去思考、去探究丰富知识表象下的"文化"。学生缺少自己阅读教材中资料卡片等信息的机会，信息的收集与处理能力大大受限。当然，技术手段亦不能仅仅局限于 PPT 的使用，实物模型、绘制图形与表格等亦属于教育技术的开发与使用，教师只有具有现代的教育技术观，才能不受技术手段的束缚，使其更好地为教学服务。

3. 实验探究等活动淹没在教师的讲述中

一些初任教师往往认为这节课内容不难，重点知识学生在必修中就已经学习过了，因此没有必要浪费时间进行科学探究活动，一些新内容只要给学生讲讲，学生就会明白了。学生在教师表述的"实验探究"活动中，弱化了"酯化反应"的机理。

4. 选修课程目标流产于教师的重复教学设计

由于教师在进行这节课的教学设计时，混淆了必修与选修课程的教学目标，致使教学过程始终处于复习状态。虽然在练习环节对于不同类型的酯化反应加大了难度，但是没有针对学生学习兴趣以及学习需要来设计教学活动，重复的教学设计使学生丧失了对化学学习的兴趣。选修课程的培养目标之一是为培养化学特长生奠定坚实的基础，重复的教学设计使该目标流于形式。

在对某位初任教师进行审视、反思的过程中，还发现其在教学过程中过于重视基团教学，而忽视从微粒观的视角分析酸与醇的酯化反应，没有帮助学生积极建立通过酯化反应促使有机物转化的知识体系的架构。

三、结论

选修课程的教学要真正做到符合知识螺旋上升的规律，切不可为了提高教学进度，在必修教学时盲目加大知识的难度，而在选修教学时仅仅作为旧知识的补充。对于"乙酸"这样的教学内容，看似和必修内容没有什么区别，但实际上通过乙酸的教学，能够更加有利于培养学生的微粒观、转化观，在科学探究活动中促使学生掌握归纳、演绎等科学研究方法。

教师除了认真研究选修教材的知识体系，同时还要丰富其学科教学知识，在《普通高中化学课程标准》的引导下，对选修教学内容进行重新解读、编码，构建符合高中生认知特点的知识逻辑结构，同时采用最恰当的活动方式帮助学生形成"有机物观"，进而促进"三维"教学目标的达成。

参考文献

[1]周存军. 对"乙酸"编排的分析及教学建议[J]. 中学化学教学参考，2013(12)：35-36.

基于学生认识模型发展的教学设计
——以选修 4"原电池工作原理"为例

胡婷婷①

（四川省新都一中，四川成都 610500）

摘　要：教师应了解选修 4"化学反应原理"中所涉及的核心知识点，通过分析不同版本教材对核心知识点的呈现方式，根据实际教学情况确定核心知识点的认识模型，并在教学中引导学生逐步建立认识模型，从而拓展学生对该模块的认识角度，提升学生对该模块的认识水平，避免学生在该模块学习中的片面性和盲目性。

关键词：核心知识；教材分析；认识模型

"化学反应原理"模块属于选修内容，在学生学习完必修化学的基础上，主要从"化学反应与能量转化""化学反应的方向、限度与速率""物质在水溶液中的行为"三方面引导学生更加深入地认识化学反应。教材中涉及定量描述、定量测量方法与实验操作、微观粒子的运动与反应。该模块的作用在于促进学生对于化学反应的认识从必修阶段的孤立要素认识发展到系统化的认识，从宏观物质层面认识发展到微观粒子层面认识，从定性静态认识发展到定量动态认识。最终拓展学生对化学反应的认识角度，提升学生对化学反应的认识水平，培养学生应用化学反应的能力。

一、问题的提出

教学实践中，多数教师对该模块的核心知识点讲解很透彻，但是忽略了教会学生从什么角度以何种思维方法去认识核心知识点，以及核心知识点在不同层面、不同角度所承载的内容。当学生面对大量的概念和多变的反应条件，学生的宏观—微观转换比微观—宏观困难。多数学生的理解主要停留在记忆层面，缺乏对微观信息的深刻理解。学生没有形成认识反应原理的模型，只是对一些孤立的知识点的记忆。总不知道怎么学习，掌握不了实用的学习方法，只能进行题海战。

二、构建化学反应认识模型

认识模型既能帮助学生提供认识和研究化学反应的角度，同时也给学生提供认识和研究化学反应的思路方法[1]。教师首先要建立对核心知识点的认识模型；教师可以在了解《高中化学课程标准（2003 实验稿）》（以后简称"课标"）对各核心知识点要求的基础上，对不同版本教材进行对比分析形成认识模型。再不断地在核心知识点教学中有意识引导学生建立起认识化学反应的模型。

构建认识模式包括两个阶段。第一阶段对核心知识点的认识，包括对核心知识点如何认识（认识什么）？从哪些角度认识（认识角度）？以何种思维方式认识（认识方式类别）？第二阶段涉及对核心知识点的应用，包括如何基于认识解决问题（解题思路）。所以认识模式既包括认识对象系统，也包括问题解决任务系统。通过以上两个阶段能给学生提供认识和研究化学反应的角度和思路方法，同时也给学生提供应用化学反应的方法。

---

① 通信联系人：胡婷婷，四川省成都市新都区新都镇如意大道 50 号，420579990@qq.com。

三、如何进行教学设计

了解"课标"对选修4"化学反应原理"模块的总体要求和对各知识点的要求，对比不同版本教材对核心知识点的不同认识角度和认识方式，根据本校的教学条件和学生水平以及教师的自身特点，形成促进学生认识模型建立的教学设计。

1. 对课程标准进行分析

(1)"课标"对化学反应原理的总体要求是："学习化学反应基本原理，认识化学反应中能量转化的基本规律，了解化学原理在生产、生活和科学研究中的应用。"该模块中涉及的核心知识点有28个，如表1所示。

表1 "课标"中涉及的核心知识点

核心知识点	内容
	2个：反应热和焓变；能用盖斯定律进行有关反应热的简单计算
	3个：原电池的工作原理；电解池的工作原理，能写出电极反应和电池反应方程式
	1个：常见化学电源的种类及其工作原理
	1个：金属发生电化学腐蚀的原因与危害
	2个：化学反应速率定量表示；测定化学反应速率
	1个：活化能（含义、对化学反应速率的影响）
	4个：温度、浓度、压强和催化剂的影响
	2个：焓变、熵变对反应进行方向的影响
	1个：化学平衡的建立
	1个：化学平衡常数
	1个：用化学平衡常数计算反应物的转化率
	3个：温度、浓度、压强对化学平衡的影响
	1个：弱电解质的电离平衡
	1个：酸碱电离理论
	4个：水的离子积常数； pH（计算、测定方法、调控）； 盐类水解的原理、主要影响因素； 应用沉淀溶解平衡、沉淀转化

"课标"对电化学的要求："经历化学能与电能的相互转化的探究过程，了解原电池和电解池的工作原理，能书写电极反应和电池反应方程式。"

2. 三版教材中对"原电池工作原理"的不同呈现

人教版、鲁科版、苏教版教材对同一核心知识点的不同呈现方式，体现了不同的认识角度和认识思维，可以全面地展现核心知识的不同层面。教师通过分析教材，提高了教师对核心知识认识，再结合教学实际情况，设计教学过程，促进学生形成对核心知识点的认识模型。

"课标"对电化学部分的要求包括三方面，分别是原电池、电解、电化学腐蚀。现以选修4电化学中"原电池工作原理"知识点为例进行分析，如表2所示。

表 2　对不同版本中"原电池工作原理"呈现的分析

认知模型	人教版[2]	鲁科版[3]	苏教版[4]
认识什么	有盐桥原电池工作原理		
认识角度	能量守恒定律。 化学能与热能之间可以相互转化。 转换效率与装置设计有关。 氧化还原反应得失电子守恒。 锌与硫铜反应（有热量产生，相当于电池发生短路）。 将氧化与还原分开在不同区域进行，再以适当方式连接就可以获得电流。 引入有盐桥原电池，讲解原电池的工作原理	锌与硫酸铜溶液反应中的能量变化与能量转换。 设计实验将该反应所释放的能量转化为电能。 用 3 幅图片从微观分析锌与硫酸铜之间的反应，图 1 直接反应的微观粒子运动与转化，图 2 构成原电池的微观粒子运动与转化。 对比因为装置不同导致能量转化不同，引入有盐桥原电池，讲解原电池的工作原理	实验1：锌粉与硫酸铜反应用温度计测温度。 实验2：有盐桥的锌铜原电池（配有原电池原理示意图）。 书写相关离子反应与化学反应。 两实验中能量变化的主要形式。 归纳：在通常情况下，该反应过程中化学能转化为热能；如果该反应在原电池中进行，化学能将转化为电能。 有盐桥原电池的工作原理。 原电池工作原理分析。 活动：将 $Fe+Cu^{2+}=Fe^{2+}+Cu$ 设计成原电池
	利用能量守恒定律，提出能量之间可以相互转化，化学能与电能的转化分为两种：产生电流的反应和借助电流而发生的反应。（为本章核心知识点进行了分类）。 利用氧化还原反应的实质，为化学能转化为电能提供了理论依据，但是重点在如何通过装置的改进让能量的转化率提高的角度引入有盐桥的原电池，再用文字描述有盐桥的原电池的工作原理	通过将氧化还原反应设计成两个半反应将化学能转化为电能；进而通过微观粒子的图片比较前者和后者微观粒子的运动规律和反应，归纳原电池的工作原理；再介绍有盐桥的原电池的优点	通过两组实验的对比，归纳如何将化学能转化为电能，突出实验装置的不同将化学能转化为不同的能量。在原电池讲解中配有微观粒子的图片，并训练书写电极反应。最后自己设计原电池
认识方式	分类思想： 根据反应产物与电流的关系来分类。 能量守恒的思想。 实验：【有盐桥的原电池】。 文字表述微观反应（学生通过阅读形成微观反应的图像）	实验设计。 观察图片，进行分析。 回答教科书问题	对比实验。 观察图片，进行分析。 书写电极反应。 设计实验
	分类和能量守恒的思想、实验方法、对比方法、形象思维和抽象思维		

四、形成教学设计，建立核心知识点的认识模型

通过以上分析我们可以发现，在一个核心知识点的教学中，除了对知识点本身掌握以外，不同的认识方式、认识角度会呈现出不同的侧重点，也会给学生带来不同的体验，这将是学生形成自己认识模型的基础。

在原电池工作原理的教学设计中应突出以下内容的层次性和角度，见表 3。

表3　原电池的工作原理"认识模型"

认识模型		原电池工作原理的不同层面	教学环节
宏观	规律	能量守恒定律和氧化还原反应原理	在引入环节中强调理论基础
	物质	锌与铜以及其他发生氧化还原反应的物质	物质载体，贯穿整个教学过程
	能量	化学能转化为电能	要解决的问题
微观	微粒	阴阳离子、电子、原子等主要粒子	通过视频和图片让学生感受，并分析归纳
	过程	微观粒子（阴阳离子、电子、原子等）的运动及转化	
		电流产生的原因	
	符号	电极反应方程式和总反应方程式的书写	
应用	条件	原电池构成的条件	将氧化还原反应设计成原电池
	装置	化学能转化为电能的装置	

如果在教学设计中突出以上内容，可以使学生形成对原电池工作原理的认识模型，在实际的应用中也会有意识地分析：涉及的是原电池哪些方面，应该从哪些角度入手，较好地避免了学生认识的片面性和盲目性。在选修4教学中，教师首先应深刻理解认识模型的内涵、特点及其对该模块教学的意义。将这种内在的认识通过不同的表征方式外显，在课堂上充分利用教材、课件和多媒体等给学生完全呈现教师的认识模型，逐步引导学生建立自己的认识模型。

参考文献

[1]王磊. 促进学生认识发展的"化学反应原理"绪言课教学研究：基于化学反应认识模型建构[J]. 化学教育，2012(1)：12-19.

[2]宋心琦. 化学反应原理(选修)[M]. 北京：人民教育出版社，2007：71-72.

[3]王磊. 化学反应原理(选修)[M]. 济南：山东科学技术出版社，2011：19-22.

[4]王祖浩. 化学反应原理(选修)[M]. 南京：江苏教育出版社，2009：13-14.

基于建构主义理论的本科有机化学研讨式教学策略研究①

——说说有机化学教学中的"是真的吗?"

南光明[2],欧阳艳[2],刘伟[2],杜锡光[1,2]②

(1. 东北师范大学化学学院 吉林长春 130024;2. 伊犁师范学院化学与环境学院 新疆伊宁 835000)

摘 要: 本文以建构主义的学习理论为依据,研究了在有机化学教学中采用研讨式教学策略,试图解决:有机化学学科知识快速增加与课程调整使课时数大幅度减少之间的矛盾,学生的学习动力随着教学的进行逐渐减弱的问题,教师的教学投入与学生的知识增长不匹配的问题。这些矛盾和问题与建构主义学习理论的知识观、学习观、教学观相关,用这三方面的理论来指导有机化学教学,有望找到一些有效的教学策略,探索出一些教学方法。

关键词: 建构主义;有机化学;研讨式;教学策略

一、有机化学教材在变厚、课时在减少、教学任务完不成,是真的吗

这个问题包含三项内容:教材、课时、教学目标。其中,教材变厚意味着知识在不断地增长,课时减少是有新的课程进入教学中,这些都是客观存在的。在这种情境下,能否完成教学任务,即达到预定的教学目标就成了一个问题。目前,各所高校在进行课程调整时,要求使用新版教材,完成高于目前的教学目标,学年课时数由 144 调整为 108。解决这一问题的办法有:在规定的时间加大教学密度;保持原有的教学速度,变相增加课时,如把教学计划中规定的习题课内容放到课程之外,用来补充减掉的课时。这种策略的结果是加大了学生的学习强度,随之带来下一个问题,学生越学越没劲。可见,不解决好这个问题,会带来一些新的问题。如何解决这个问题应该值得思考。首先思考一下基础有机化学的知识类型。现代教育学理论——建构主义把知识分为三类:本体类、认识类和现象类。

本体类知识具有陈述性、结构性和概念性的特征;认识类知识具有程序性、情境性和策略性的特征;现象类知识具有隐性、社会文化和经验性的特征。通过上述理论,可以看出有机化学知识大量增加是本体类知识,这种知识增加的速度永远高于课时的增加速度。即使不进行课程调整,不减少教学课时,也无法使两者之间的矛盾消失。但认识类和现象类知识相对稳定,这两类知识对构建本体类知识可以发挥重要作用。调整这三类知识的比例,适当减少本体类,增加认识类和现象类知识,可以成为解决有机化学学科知识快速增加与课程调整使课时数大幅度减少之间矛盾的另一种策略。

邢其毅、裴伟伟等编写的《基础有机化学》是一部很有影响力的教材,如今已出版第四版。东北师范大学化学学院于 2013 年开始在 2012 级化学专业基地班的教学中采用《基础有机化学》(第三版),并延续到 2013 级、2014 级、2015 级的基地班。在教师为同一人的情景下,第一次使用该教材的 2012 级教学效果好于 2013 级、2014 级。这似乎令人费解,教师使用教材方面趋于成熟,按理说学生学习的效果该越来越好。建构主义的知识观认为,知识由本体类、认识类和现象类构成,三者相互联系共同作用

① 项目资助:本文得到 2017 年新疆维吾尔自治区普通高等学校教学改革研究项目、2015 年新疆维吾尔自治区"天山学者"人才计划项目资助。

② 通信联系人:杜锡光,xgdu@nenu.edu.cn。

于知识的建构。当第一次使用高水平教材，教师的本体类知识不够，无意中增加了具有程序性、情境性和策略性的认识类知识和具有隐性、社会文化和经验性的现象类知识，教师与学生在共同建构新的知识。当教师的本体类知识达到一定程度后，也就会降低认识类知识和现象类知识的运用。学生获得了更多的本体类知识，但缺少了认识类、现象类知识，也不能更好地完成知识建构。可见，合理的安排三类知识的比例，是有效建构知识的一种策略。

二、学生越学越没劲，是真的吗

教师们常常感叹，现在的学生不愿意学习，学习的动力不足等。教学中常见的状态是，学生迷迷糊糊来，无精打采听，欢天喜色走。教师是精神饱满来，眉飞色舞讲，疲惫不堪走。这些现象在各所高校普遍出现，应该有些存在的原因。学习的主动性、社会性和情境性是建构主义学习观的重要观点。用建构主义理论分析、解释这种想象，可能会找到问题的症结和解决的策略。

先从学习的主动性分析。学习是学生积极建构知识意义的过程，每个学生要以原有的知识经验为基础，将新的信息进行认识、编码，形成新的知识结构；在学习过程中，因为新知识的进入使原有的知识发生了调整和改变。建构过程是原有的知识与新的知识发生作用，这个过程发生在学生的头脑中，从这个意义上说，知识不能被给予，只能由学生自己来建构。现有的教学模式由于缺少学生参与知识建构的环节，即使有也仅仅是以课后练习的方式呈现。在课堂教学，教师争分夺秒地讲授，全然不顾学生进行知识的调整和重新建构的过程，表面上教师完成了课程教学，实际上学生根本没有参与知识的建构，这必然导致上述现象。找到了问题就该进一步寻找解决问题方法。在教学中增加学生的参与，通过对问题的研讨，让学生主动学习，帮助学生建构知识是非常重要的。如在烃的衍生物命名的教学中，关于羟基被选做官能团时，教材要求按先醇后酚命名[1]。

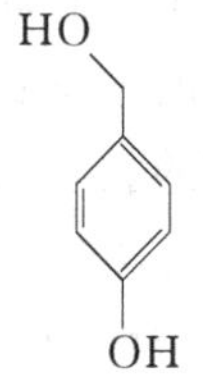

化合物1(见图1)名称为4-羟基苯甲醇(4-hydroxy benzyl alcohol)，然而通过文献搜索，除有4-羟基苯甲醇(4-hydroxy benzyl alcohol)外还有4-羟甲基苯酚[4-(hydroxymethyl) phenol]的命名。发现这个问题，教师让学生参与解决。学生经过调查，中国化学会有机化合物系统命名原则(CCS)采用4-羟甲基苯酚，IUPC命名系统两种命名没有严格规定，但两者的命名都有一个共同的CAS(Chemical Abstracts Service)登记号623-05-2。该号是检索有多个名称的化学物质信息的重要工具，是化合物、高分子材料、生物序列、合金唯一的数字识别号码。这个结果大大出乎教师的预期，感叹学生的潜力。通过这次经历发现，教师只为学生提供完整的知识信息，学生处于被动接受的状态，压抑了学生的主动性。如何给学生提供完成知识建构的机会和环境，值得教学设计者认真思考。

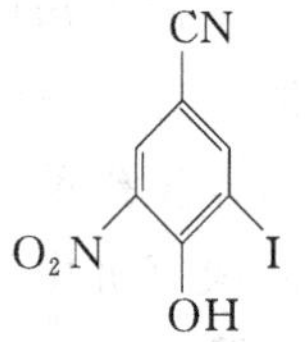

图1 化合物1

为了给学生提供完成知识建构的机会和环境，需要分析学习的社会性。建构主义认为，学习是学生通过与社会生活的相互作用，不断理解世界，不断构造事物的规则，发展思维的过程。只有重视学生的参与，将学习过程与真实生活和社会活动相联系，在做中学，学会用，学生所学的知识和能力才具有迁移力和强大的生存力。在教学中，适当介绍具有应用价值的化合物以呈现学习的社会性，为此，向学生提供一种化合物的信息。化合物2(见图2)是一种有效治疗牛羊肝片吸虫病的药，有重要的开发价值。考虑一下：怎样开始你的研究工作？对比以往的题目，采用规定的原料设计合成化合物2的路线，学生对任务的感受一定不同。

图2 化合物2

再分析学习的情境性。学习情境是从"生活世界"创造一个"知识世界"时情感的变化和所处的环境。创设情境应该以学生具有的知识和经验为基础，提供在"生活世界"中遇到的用现有知识和经验无法理解和解决的学科问题。具有情境特征的问题对发展学生的学习能力很有帮助。土伦1882年发现的土伦试剂被用来鉴别醛酮化合物，被教科书广泛采用并用作实验课教学。有报道土伦试剂也可以与环酮发生银镜反应。这是教科书没有提及，而且在"生活世界"出现却无法理解的问题，具有学习情境的悬疑性、活动性、真实性、社会性的特征。在教学中引入此类问题，可以合理地利用情境原则，设计隐性知识学习的支持环境，使学生在潜移默化中领悟所学的知识，在个体与情境互动的过程中发挥作用，并随着实践经验的增长而扩展隐性知识的复杂性和实际效用。真实的学习情境对学习有很大的影响。一个好的学习环境不仅是由教师丰富的语言材料构成的，还由任务、挑战和反馈等构成。在真实的学习环境中，学生可以按照自己的兴趣，建立事物之间的联系，形成独特的观点和结论。学习是一种个体与知识之间互动、增长个体见识的实践过程。当学生们将所学的知识应用到最贴近现实生活的情境中时，学习就会更进一步得到强化。

因此，在教学中把握好学生参与的环节，认识到学生的主动性、社会性和情境性在教学中的重要作用，反思和改进在教学中缺少的环境和情境，这样就可以理解目前学生学习的现状及原因，进而找到解决问题的策略。

三、教师在努力教，学生收获却不大，是真的吗

现在各所高校都在加大对教学的投入，试图让教师努力开展教学，提高教学质量。教师们无论是否受到外部环境的影响，都有把教学搞好的愿望。调查发现，学生对教学并不会因为教师的努力而满意。用建构主义理论分析这种现象可以得到一些解释。

建构主义的教学观与建构主义的学习观一样，同样主张以学生为中心。好的教学效果不仅仅是教师找到好的讲授方法，还需要教师更好地唤醒、激励学生主动参与建构。建构主义教学观强调学习者要发展独立思考和解决问题的能力。在这种情境中，教师引导学习者以问题为出发点，依托各种学习资源和操作性的材料，最终形成对世界的独特看法。建构主义的教学观强调，教学方法是交流互动、合作式的；教师要关注学习者的学习情况，及时地对学习者的学习进行反馈评价；教师的职责是促使学生在学的过程中将新旧知识有机结合，形成新的知识结构。试想：当学生们缺乏学习积极性，教师不改变教学观念，即使再努力会有好的教学效果吗？遇到这种情况，教师要重视建构主义教学观提倡教学的情境性和教师的指导性在教学中的应用。

教学首先要创设有助于意义建构的学习环境。良好的学习环境能提供给学生适当的认知工具、丰富的学习资源，并且能鼓励学习者通过与环境的互动去建构意义。目前，教师为学生提供的认知工具仅限于幻灯片、板书，学习资源主要是教材，教学是在呈现被认为正确的知识，学生的任务是接受知识。这种环境无法在培养学习者批判性思维、创造性思维和综合思维中起作用。理想的学习环境包括情境、协作、交流和意义建构四部分。学习环境中的情境必须有利于学习者对所学内容的意义建构。在教学设计中，创设有利于学习者建构意义的情境是最重要的环节。在康尼扎罗反应的教学中呈现了反应机理：

化合物1

在机理中化合物1出现 H⁻ 向苯甲醛羰基碳的迁移。传统的方法是按教材的介绍说明原因，化合物1的氧负离子使邻位碳排斥电子的能力大大增强，使碳上的 H 带着一对电子以负离子的形式迁移到另一个苯甲醛的羰基碳上。这种方法略去知识的转化、处理，直接完成了知识的传递。如果在教学中问学生"是否同意这种观点？提出你的观点和依据"。学生查阅资料，发现前期学习的欧芬脑尔反应的机

理也有负氢离子的迁移，原因也是醇羟基氧带有负电荷造成了邻位碳上负氢离子的迁移，认为康尼查罗反应机理有合理的可能。这就呈现出知识的转换、迁移的特征。这样的情境创设对学生建构知识很有帮助。协作贯穿于整个学习活动过程中，包括教师与学生之间、学生与学生之间的协作。继续上述问题的追问："如何证明上述负氢离子存在的合理性?"学生调研后发现没有办法完成，要求教师提供相关知识点。教师提供了乙醛与 HO^- 相互作用，发生亲核加成后，醛羰基上 H 带有负电荷的 Gaussian 09（RB3LYP/6-31G Opt Test)计算结果，清楚显示原羰基 H 带有负电荷，如图 3 所示。

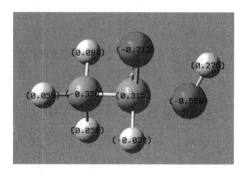

图 3　展示图

交流是协作过程中最基本的方式或环节，协作学习的过程就是交流的过程，在这个过程中，每个学习者的想法都和其他学习者共享。交流是推进每个学习者的学习进程和取得良好的学习效果至关重要的手段。意义的建构是教学活动的最终目标，一切学习活动都是围绕这个最终目标来进行的。学习环境是学习者交流思想、相互讨论问题的场所。建构学习的理想情境是，学习者能决定自己何时需要指导和帮助、何时需要探索的自由。

建构主义强调学习者的主体作用，也重视教师的指导作用。教师的角色从传递知识的权威者转变为学生学习的辅导者，成为学生学习的高级伙伴或合作者。教师是学生知识意义建构的帮助者、促进者，而不是知识的提供者和灌输者；学生是学习信息加工的主体，是意义建构的主动者，而不是知识的被动接收者和被灌输的对象。建构主义把教育教学过程视为知识重新建构和意义重新生成的过程，强调学生的参与是其自身生成的前提条件。教师是学生学习的引导者，学习和探究知识的责任也由教师为主转向学生为主，最终达到让学生独立学习、自由学习的程度。

教师的指导需要具有连续性，这也符合因材施教的原则。教师要对学习者获取和组织信息负责，针对不同学生、不同的教学目标，教师指导的方式是不一样的。教师必须明确地了解学习者的能力——现有水平、知识基础和发展空间：什么是学习者已经掌握的，不需要重新学习；什么是学习者不太熟练的，需要加强巩固；什么是学习者渴求学习的，需要提供帮助。教学不能无视学习者的已有知识经验，简单强硬地从外部对学习者实施知识的灌输，而是应当把学习者原有的知识经验作为新知识的生长点，引导学习者从原有的知识经验中生长新的知识经验。教学不是知识的传递，而是知识的处理和转换。太多和太少的指导都会剥夺学生自我指导和发现的机会。

教学方法的改变要建立在对教师角色的信念和概念的转变之上：教师是学习的推动者；是冲突解决、意义协商和观点交流的创造者；是推动学生达成社会认可意义的问题提出者。建构主义教学方法并非排斥教师的讲解，只是反对一言堂，反对教师从头到尾完全以直接讲授为主的课堂教学；教师要用适合学生理解问题的方式进行提问，与学生交流思想，检测知识点的学习效果。建构主义教学的挑战在于发现能够为学生提供学习机会的有效手段。建构主义教学观主张使用多种类型的教学方法，通过少而精的内容来探究较深的主题，让学生在较高的认知水平上加工信息，促进他们将所学的知识与其实际经验联系起来，以此理解所学的知识。

由此可见，教师对教学投入需要有正确理论的指导，否则不会得到预想的效果。用建构主义的教学观为指导，探索出一个有效的学习情境，发挥出教师的指导作用，可以解决教学有效性问题。

参考文献

[1]杜锡光. 本科有机化学的研讨式教学[J]. 化学教育，2017，38(12)：16-18.

[2]张利荣. 大学研究性学习理念及其实现策略研究[D]. 武汉：华中科技大学，2012：68.

[3]张建林. 大学本科研究性学习的内涵与特征[J]. 湖南师范大学教育科学学报，2005(4)：76-78.

浅谈具有师范院校特色的有机化学
课程教学改革

潘玲[①]

（东北师范大学化学学院，吉林长春 130024）

摘　要：科学技术的不断进步为有机化学课程的发展带来了更多的挑战。师范院校的有机化学课程更要顺应时代的发展不断进行教学改革。本文结合东北师范大学有机化学课程的教学改革，从教学大纲、授课模式、教学方式、教学评价以及结合科研前沿等方面讨论了针对师范院校的教学改革现状和遇到的问题。

关键词：教学改革；师范院校；有机化学

有机化学是高等师范院校重要的专业基础课之一，是一门极具创新性的课程。随着科学技术的不断发展，有机化合物的分离、结构测定以及合成手段等迅猛发展，各类新知识、新理论、新应用层出不穷，为有机化学课程的发展带来更多挑战。我们过去的培养思路已不太适应现在的发展形势。以东北师范大学为例，我们把目标定位为培养具有国际竞争力的基础教育优秀教师和教育家，这就需要有优秀的、适应时代发展的培养方案，因此，近年来东北师范大学开展了大规模的教学改革。有机化学课程作为重要的专业基础课，也进行了大幅度的教学改革。

一、教学大纲的改革

教学改革后，东北师范大学专业基础课程有机化学由第三、第四学期修读（第三学期72学时、4学分；第四学期54学时、3学分）提前至第二、第三学期修读（每学期54学时、3学分）。将课程提前一个学期，不得不增加相关基础知识的讲授，而总学时反而削减了18学时，对于涉及领域广泛、反应众多、反应机理复杂、层次分明、层层递进的有机化学课程而言难度不小。在近两年的探索中，我们围绕有机化合物的结构与性质的密切关系，以化合物的官能团分类为横线，以代表性的物理、化学性质及其合成为纵线，帮助学生理清知识脉络[1,2]。例如，根据官能团的种类与形状，按［烷烃（链状，碳碳单键）、烯烃（链状，碳碳双键）、炔烃（链状，碳碳三键）、脂环烃（环状）、芳烃、卤代烃（碳－杂原子单键）、醇（碳－杂原子单键）]（第二学期修读），[胺（碳－杂原子单键）、醛酮（碳－杂原子双键）、羧酸及衍生物（碳－杂原子双键）等]（第三学期修读）横向顺序排列；按物理性质（熔点、沸点、溶解度等）、化学性质（氧化、还原、一般性质、特殊性质）、合成（一般方法、特殊方法）、概念性知识点等纵向顺序排列。课上讲授关键知识点，帮助学生建立二维平面网格。课外加强学生自主学习与总结的能力，自己勾画三维知识网格，将各知识点的联系与区别连接起来，从而理解电子效应和空间效应等在知识点的联系与区别中发挥的重要作用。通过师生的共同努力，提高课堂效率，做到知识覆盖广而精，杜绝广而浅。

二、授课模式的改革

东北师范大学的培养目标主要有培养具有良好职业道德、宽厚理论素养、较强教书育人实践能力

---

①　通信联系人：潘玲，panl948@nenu.edu.cn。

的"卓越中学教师"、未来教育家以及具有综合性师范大学文化底蕴、研究型大学专业水平、较强实践创新能力的应用型专业人才或学科拔尖创新人才，也就是师范和非师范两类人才。我们曾经把课程分成师范班课程和非师范班课程。师范班课程尽量做到"广而浅"，非师范班尽量做到"深而精"，但效果并不明显。问题主要出现在师范班课程，有机化学是一门系统性很强的学科，重在培养学生分析问题、解决问题的能力。前半部分课程的"浅"导致学生对后半部分课程的反应机理等很难真正理解，只能死记硬背，更无从举一反三，达不到教学效果。"卓越中学教师"同样需要过硬的专业知识，甚至更过硬的专业知识才能"为人师表"。因此，这次教学改革我们取消了师范班课程和非师范班课程的区别，改为同步的三个班级小班授课，提高对"卓越中学教师"的要求，使用与"应用型专业人才"或"学科拔尖创新人才"相同的标准评价，提高教学质量。

三、教学方式的改革

上述教学大纲和授课模式的改革要求教学方式更合理化，力争做到"广而精"。在教学内容方面，发挥有机化学与生产、生活密切相关的优势，结合日常实际。例如，汽油的标号、农药、药物的有效成分、苯并芘、催熟剂、防腐剂、交通检查中酒精的检测等。将目前热议的环境问题、食品安全问题等引入课堂，提高未来"卓越中学教师"的科学素养，启示未来的"应用型专业人才"或"学科拔尖创新人才"寻找科学问题。引发学生的学习兴趣，并增强学生的社会责任感。

在教学手段方面，充分运用多媒体、结构模型、网络资源等将理论性强且抽象的有机化学难点以实物、图片、动画、表格等形式展现给学生(见图1)，激发学生的学习兴趣，提高教学效率，节省更多的时间与学生进行互动。尤其在理解烷烃的构象以及对映异构现象等知识点时，要求学生具有一定的空间想象能力，这对刚刚接触有机化学的学生来讲是很难的。即使进行多媒体动画展示等，也不一定能达到良好的效果，而且费时费力，但使用球棒模型实物可以事半功倍。以学习乙烷的构象为例，运用球棒模型实物，师生共同组建乙烷分子，不仅可以增强学生对碳的四面体结构的理解，更可通过实际"操作"C—C σ单键、C—H σ单键的旋转，体会到有机化合物可以有无穷多个构象。其中，交叉式构象最稳定，重叠式构象能量最高。以此为基础，在对映异构现象的教学中，让学生自己搭建一组对映体，让学生自己得出"对映体互成物体与镜像的关系，不能重叠"的结论。进一步指导学生对照模型画出相应的费歇尔投影式，理解费歇尔投影式中基团的前后关系，学生也就自然理解了"为什么费歇尔投影式只能在纸面上旋转180°而不能是90°"，"固定一个基团，依次将另外三个基团交换位置，不改变化合物的构型"等较难理解的知识点。

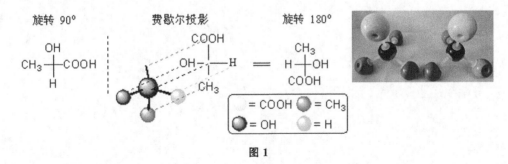

图1

四、教学评价的改革

有机化学课程已实行了两年的教考分离改革。依据教学大纲进行教学和考核，统一命题、集体流水评卷。如前所述，有机化学涉及的领域广泛、反应众多、反应机理复杂，不同教师对于有机化学大纲的理解也是不一样的。因此，形成统一命题具有难度，且仍存在争议。但两年的教考分离改革告诉我们，教考分离的实施确实体现了教学评价的公平性，促使学生树立了端正的学习态度，促进教师严格按照教学大纲组织教学，不断改进教学方法，因而逐渐形成了重教重学的良好氛围。尤其对于部分师范生，在不及格率大幅升高的压力下，意识到"铁饭碗"的时代已经结束，学习积极性有了明显提高。两年的磨合化解了大部分学生在教考分离初期的恐惧与抵触，同时我们还在不断探索适用于师范院校的更有效的教考分离方式。

五、与科研前沿紧密结合

有机化学知识在化学学科各分支中都发挥着重要作用。将有机化学知识应用于科研实践，让学生体会到其"有用"，进而激发学生的学习兴趣，将被动学习转换为自主学习，这对于师范班学生和非师范班学生都是适用的。相比于非师范班学生，更多的师范班学生会选择本科毕业后直接就业，接触科研前沿的机会相对更少。作为未来"卓越中学教师"更要珍惜各种机会，了解时代的发展对现代有机化学的新要求。通过组织专家讲座、实验室观摩、查阅文献、阅读文献、动手解决科研问题等，开阔学生的视野，使学生不读"死书"，促进学生对有机化学知识的深刻理解。

以上从教学大纲、授课模式、教学方式、教学评价以及结合科研前沿等方面浅谈了东北师范大学有机化学课程的教学改革，为师范院校的教学改革提供了实例。通过以上的教学改革，我们重新定位了师范院校中师范生的培养目标，调整了培养方案，充分调动了学生的学习兴趣，并使有机化学课程与科研前沿相结合，使其顺应时代的发展，符合社会的需求。我们的改革刚刚起步，改革中出现的各种问题不容忽视。教学改革发展任重而道远，需要我们不断探索、不断完善。

参考文献

[1]李景宁. 有机化学[M]. 5版. 北京：高等教育出版社，2011.

[2]邢其毅，裴伟伟. 基础有机化学[M]. 4版. 北京：北京大学出版社，2017.

大学化学教育中绿色化学理念的构建

王胜天，王晓红[①]，赵婷婷

（东北师范大学化学学院，吉林长春 130024）

摘　要：本文讨论了大学化学教育渗透绿色化学理念的重要性和必要性，并介绍了国内外各类高校绿色化学教学的发展现状。通过高校绿色化学课程设置和学习，提高学生绿色化学意识，推进绿色化学教育发展。

关键词：高校；绿色化学；绿色文化；理念

随着绿色化学的发展，世界各国逐渐认识到对社会各阶层尤其是对大学生进行绿色化学教育的重要性，因此绿色化学教育也成为 21 世纪化学学习与教学的新挑战，化学教学迎接绿色化学教育新挑战的重要对策之一就是研究如何在化学教学中构建绿色化学教育的理念。

一、大学化学教育渗透绿色化学理念的重要性和必要性

人类对化学的需要，以及化学的发展给人类带来的好处，已经奠定了化学在所有学科中的地位。同样化工业带来的污染及生态破坏也及时敲响了人类的警钟，绿色化学的提出说明了化学工作者对化学的正确认识，也为人们从化学角度来解决环境污染和生态破坏的问题带来了希望。为此在 20 世纪末绿色化学的教育问题也在高校的教育中得到广泛关注。

从社会发展来看，绿色化学教育的产生及发展可以很好地提升学生的社会责任感及创新意识。绿色化学不是一门独立的学科，而是一门有着明确的社会需求和科学目标的交叉型学科。这门课程内涵丰富，与生物学、物理学、计算机科学、材料化学和地理学等学科有密切的联系。绿色化学的实施，需要上述各学科的知识作为基础，并且绿色化学的发展也会带动上述各学科的综合发展。从科学角度看，绿色化学是倡导从源头上消除污染和从源头上杜绝有害的化学药品的使用；从经济角度看，绿色化学是倡导降低生产生活成本，合理利用各种可再生及不可再生的自然资源，积极满足可持续发展战略的要求；从生态保护角度来看，传统的热化学工业已经给环境带来了十分严重的污染。近年来仅化学工业排放到环境中的废弃物总量要比其他行业排放量的总和还要多，可以说全球环境污染的影响因子 80% 来自化学工业。

由此可见，绿色化学的发展已经势不可当，绿色化学已成为整个世界的希望。如何使绿色化学得到更好的发展，这就不仅仅要求各级政府加强对绿色化学的重视，同时也要增强个人绿色化学理念。一个国家和民族屹立不倒的基础是发展教育，同样，生态环境可持续发展的根本还是要落实到教育——绿色化教育，所以大力提高对绿色化学教育的重视程度及投入力度是保护自然环境的必要措施。

二、国内外大学绿色化学教育初探

大学是知识传授和文化创新的基地，理所应当地成为推行绿色教育、构建绿色理念的重要阵地。目前，我国的绿色化学研究和发展属于刚刚起步阶段，把绿色化学理念融合于大学课程教材和课堂教学改革之中，使绿色化学课程成为大学化学教育中的一个重要的、必要的组成部分，这是大学化学教

---

①　通信联系人：王胜天，wangst706@nenu.edu.cn；王晓红，wangxh665@nenu.edu.cn。

育的一个崭新方向。为提高和培养大学生化学素养，很多大学都开始开设绿色化学课程，有的还开始招收该方向的硕士和博士研究生。1998 年 6 月，四川大学在中国科学院院士、中国科技大学校长朱清时的积极倡导下，开设了一门独立的绿色化学新课程。2007 年被列为国家级精品课程。该课程团队以节约使用现有资源、开发利用新资源和消除环境污染为目标。"绿色化学"教学团队隶属于四川大学化学学院和绿色化学与技术教育部重点实验室，是以国家级精品课程教学团队和教育部创新团队为基础组成的教学团队，团队依托于国家基础人才培养基地、四川大学有机化学国家重点学科、绿色化学四川省重点学科、国家"211 工程"建设学科和国家"985 工程"科技创新平台，其面向的本科化学专业是四川省特色专业。此外，清华大学、中国科技大学、中山大学、河北工业大学、华南理工大学、沈阳理工大学、重庆师范大学和山东大学等高校相继开设了绿色化学课程。

可以预见，大学绿色化学教育不仅对环境保护产生重大影响，而且将为我国的企业尽快与国际接轨创造条件。通过对大学绿色化学课程的学习，可以提高学生在化学化工领域的环境友好意识，并初步了解和掌握在化学化工研究开发过程中，如何减少有害物质的使用、产生与排放，为学生将来从事可持续化学化工技术的研究开发打下一定的基础。

国外具有代表性的绿色化学教育有：美国斯克兰顿大学于 1996 年开设了绿色化学原理和实践课程；1997 年美国俄勒冈州立大学在有机化学实验中充分地利用绿色反应物和溶剂来进行实验，改进传统的实验，开展绿色有机实验教学；美国伊利诺伊大学厄巴纳-香槟分校也为研究生开设了绿色化学课程，他们采用网络教学，学生通过联机自学，然后每周参加 1 次 1 小时的讨论课，共 14 次，第 15 次测验；2000 年澳大利亚蒙纳士大学开设了可持续化学（包括绿色化学和能源化学）；2003 年英国约克大学也开设了清洁化学工艺研究，内容包括绿色化学原理、控制化学过程和产品对环境的影响、化学工程和清洁工艺，以及绿色化学中的催化、溶剂替代、能源效率、新技术和清洁合成等；等等。

对比国内高校，显然国外高校的绿色化学教育开展的时间较早，课程内容及课程开展形式等都发展得比较完善，很多方面值得国内高校借鉴学习。

三、高校教育绿色化 培养绿色化学人才

对于任何一所学校而言，如何找到一条符合可持续发展的绿色化教学之路是每一个学校领导所面临的巨大难题。形成适合本学校的绿色教育理念是一所学校长久发展的前提，它是区别于其他学校的特征，是创造高品质和高质量教学质量的学校所必需的独特的学校文化。中国科学院院士杨叔子指出"科学求真，人文求善，现代教育应该是科学教育与人文教育相融合成为一体的绿色教育"。"绿色教育"是符合可持续发展的现代教育观念；绿色教育将素质教育和学校环保教育要求有机地结合到一起，使教育生态化，促进学校和人的可持续发展，解决自然与人、社会与人及人与人之间的和谐发展的教育问题。

高校中最符合现代要求所强调的绿色化教育的改革措施就是化学实验方面的。传统意义上的化学实验给人的印象是危险、浪费、污染环境的一些负面形象。长期以来，化学实验产生的各类废液未经处理就直接排放，对环境造成了严重污染，化学药品存在浪费问题等。针对这些问题国外高校早已提出并实行相应的应对措施，尤其是发达国家，发展时间长，积累经验丰富，在基础化学实验方面早已形成了的一套完备的体系，如日本京都大学的环保中心、美国密执安大学对废弃物和药品的处理有严格的规章制度。然而，国内由于高等教育起步较晚，在实验教学方面仍存在很多问题，如实验操作过于随便化、实验安全强调不到位、药品浪费严重、绿色化意识缺乏等，都需要相应的措施加以改善。应时代要求，关于如何加强高校教育的绿色化，如何培养绿色化的人才成为一个需要广大教育者必须面对的课题。

总之，绿色教育是符合全方位的环境保护与可持续发展的教育，将绿色教育渗透到高等教育的自然科学、人文科学和应用科学中去，使绿色教育理念成为大学教学的指导思想是大学化学教育的发展趋势。

基于翻转课堂理念的问题导向式
化学实验教学研究①

苗慧②，杨松，刘杰，代晓兰

（阜阳师范学院化学与材料工程学院，安徽阜阳 236037）

摘　要：本文探讨了基于翻转课堂理念的问题导向式学习在化学实验教学中的应用，提出了相应的运行程序及教学评价。在实验教学中，基于翻转课堂理念的问题导向式教学模式改变了传统教学方法，以解决问题为任务驱动，发挥问题对学习过程的指导作用，鼓励学生全面参与教学过程，调动了学生学习的主动性和积极性，提高了学生掌握知识并应用于实践的能力，培养了学生的创造精神和创新能力。

关键词：翻转课堂；问题导向；化学实验；教学评价

翻转课堂（flipped classroom）已经发展成为全球最为流行的课堂教学形态之一。在翻转课堂迅猛发展的背后是新教学改革理念的涌动与新生，是教学变革新态势的呈现[1]。问题导向式学习模式集中体现了建构主义教学理念，代表了高校教育科研领域重大的、综合的和广泛流行的改革趋势[2]。翻转课堂教学引入了崭新的助学工具、教改思维，为彻底翻转旧课堂提供了支点，这些新的工具主要有微视频、在线互动、合作研讨、学习展示活动等。新的教学思维主要是先学后教、以学定教、混合学习、学习社区化、基于问题的学习等。在教学实践中，翻转课堂理念与问题导向式学习思维相结合，以学习者的主动学习为主，把学习设置到复杂的、有意义的问题情景中，通过学生自主探究和合作来解决问题，其精髓在于发挥问题对学习过程的指导作用，以解决问题为任务驱动，调动学习者学习的主动性和积极性，鼓励其积极参与教学过程，加强师生、生生之间的信息交流和反馈，提高学习者掌握知识并应用于实践的能力，促进学生养成独立思考、自主学习的习惯，培养学生的创造精神和创新能力。

高等院校化学实验开设的目的是使学生初步了解化学的研究方法，掌握化学的基本实验技术和技能，学会重要的物理化学性能测定，熟悉实验现象的观察和记录、实验条件的判断和选择、实验数据的测量和处理、实验结果的分析和归纳等，从而加深对化学基本理论的理解，增强解决实际化学问题的能力。为达到好的教学效果，很多化学工作者尝试探索多种教学模式和方法[3,4]。我们把翻转课堂理念与问题导向式学习思维相结合进行化学实验设计，通过网络获取相关视听资源，把学习设置于现实要解决的问题情景中，学生在教师的引导下，以小组合作学习或自主学习为主要方式，经过"提出问题—方案设计—收集资料—实验论证—总结交流展示"五阶段的学习，掌握隐含于问题背后的科学知识，有效地提高学生分析问题、解决问题的能力。本文将翻转课堂理念与问题导向式学习思维相结合，提出了化学实验教学运行程序，介绍了该模式下学生学习的流程，进一步分析了基于翻转课堂理念的问题导向学习在化学实验教学中的优势，如图1所示。

① 项目资助：本文为安徽省级质量工程教学研究项目"基于翻转课堂理念的化学分组实验教学设计与实施"阶段性成果，项目编号：2016JYXM0750。

② 通信联系人：苗慧，huimiao@mail.ahnu.edu.cn。

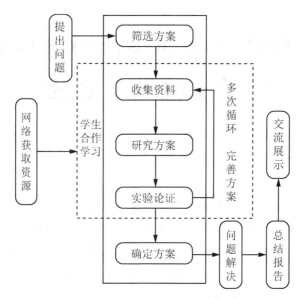

图1　基于翻转课堂理念的问题导向化学实验教学运行程序图

一、基于翻转课堂理念的问题导向式教学的优越性

基于翻转课堂理念的问题导向化学实验教学模式，重新调整了课堂内外的时间，将学习的决定权从教师转移给学生，给学生赋予了更多的自由，把知识传授的过程放在教室外，让学生选择最适合自己的方式接受新知识，而把知识的内化过程放在教室或实验室，以便学生之间、师生之间有更多的沟通和交流，学生和仪器设备也有了更多的接触、操作机会。实验相关理论的学习从课堂主阵地延展到随时随地，实现了学习的自由复制、自我掌控、不断反复。基于翻转课堂理念的问题导向化学实验教学模式适应了学生的天性，将学习进行了有益的延展，学习不再受时间空间的限制，教室及实验室真正成为师生互动、交流、研讨、探究、培养素养的场所。这样极大地调动了学生的学习积极性，点燃了学生上课的激情。翻转课堂的教学理念重新定义了学生的学习方式，让学生学会提问。美国学者布鲁巴克说："最精湛的教学艺术，遵循的最高准则就是让学生提出问题。"孔子曰："不愤不启，不悱不发。"学生对周围的事物有疑问，才有旺盛的求知欲，因此，有必要还给学生"提出问题"的机会。传统实验教学方式通常是老师课堂上按个人意愿进行相关知识内容的讲解，学生重复一下操作步骤。学生在课堂上因为被动"填鸭"，很难发现有疑问的地方，等到课下做题时，问题就来了，很多题目不会做，而此时，作为"传道、授业、解惑"的老师却不在眼前，迫于老师的压力，有的学生就会直接抄袭别人的答案，交差再说。翻转课堂教师可以通过向学生发送配以动画、音乐、图表、PPT、Flash等学生喜闻乐见、富有兴趣的微视频，调动学生观看的积极性。微课视频等学习资源通过网络平台课前推送给学生，学生通过手机等终端可以提前观看，看完之后有相应的进阶练习题，这样学生就可能提前自学知识内容，并发现问题，做练习的过程中也可以找出自己无法解决的疑惑，然后学生将这些问题和疑惑通过网络平台反馈给老师，老师将学生提出的问题进行分类整理，找出重点、难点和解决问题的关键，课堂上可以不用再一味讲解学生已经明白的和不需要浪费时间的知识内容，而是集中精力处理亟待解决的问题，可以说是"对症下药，疗效显著"。经过长期不懈的努力，学生提出问题、发现问题的能力和自己思考问题的能力也会得到极大的发展。教育学家第斯多惠曾说："教学的艺术不在于传授本领，而在善于激励、唤醒和鼓舞。"以往的教学中，课堂气氛比较沉闷，老师默默地讲，学生静静地听，互动不多，积极性不高，不感兴趣的学生强打精神，简直就要昏昏欲睡。如果学生提出问题、发现问题的能力和自己思考问题的能力增强，调动学习积极主动性，自然就能提高课堂教学效率。

二、基于翻转课堂理念的问题导向化学实验教学运行程序

基于翻转课堂理念的问题导向化学实验教学运行程序，其核心是应用网络课程资源，以问题为导向，以解决问题为任务驱动，以"提出问题—分析问题—解决问题"为主线，其结构关系如图 1 所示。首先是提出问题和方案；然后对问题进行分析，在这一过程中学习者进行资料的收集、实验的论证、反复的讨论、多次的修改和完善方案；最后确定方案，问题解决，撰写总结报告，进行交流展示。

教师提出问题前应当对相关知识进行充分的了解，提出的问题可以具有开放性和答案的不确定性，但其教学目标应当是明确的。基于翻转课堂理念的问题导向化学实验教学目标主要通过教学方式的改变，提高学习者的学习技能、调查能力、协作能力、独立思考能力，帮助学生养成自主学习习惯等。当然，基于翻转课堂理念的问题导向化学实验教学，教师在教学实践中应设法引导学生在实验教学过程中达成教学目标。

在基于翻转课堂理念的问题导向化学实验教学环境下，教师可以将专业数据库资源通过网络学习平台推送给学生，从而提高学生实验探究过程中的文献检索能力。基于翻转课堂理念的问题导向化学实验教学程序运行中，学生分组拟订解决问题的初步方案，各组对相关文献进行检索，分析方案的可行性和拟要解决的关键问题，进行实验设计，收集实验所需要的相关材料，做好实验准备。实验小组对拟订的初步问题解决方案进行实验，分析实验结果，收集实验材料，进一步修订和完善实验方案，直至达成实验目标，圆满解决最初提出的问题。最后小组成员根据确定的设计方案和问题解决过程分别撰写出总结报告，进行小组交流展示活动。

三、基于翻转课堂理念的问题导向化学实验教学评价

基于翻转课堂理念的问题导向化学实验教学模式通常以学习小组为基本单位，通过自主探究和合作来解决问题，分组进行化学实验很容易满足要求，因此这种模式应用于化学实验教学具有可行性。在基于翻转课堂理念的问题导向化学实验教学设计与实施过程中，学生学习热情得到了激发，很多学生为了解决问题，能够利用课外时间和网络相关资源，由被动学习转化成了主动学习。基于翻转课堂理念的问题导向化学实验教学模式的化学实验教学运行过程，锻炼了学生的检索信息、动手实践、归纳总结、数据处理等能力；增强了学生学习的主观能动性；培养了其自主学习能力、综合分析能力和创新意识；还提高了学生在团队合作中互相学习和深度反思的能力。

参考文献

[1]郝林晓，折延东．翻转课堂理念及其对我国课堂教学改革的启示[J]．比较教育研究，2015，304(5)：80-86.

[2]刘贻新，李明，张光宇．协同创新视角下联合实验室的 PBL 培养模式探析[J]．实验技术与管理，2014，31(2)：191-194.

[3]丰慧，钱兆生．应用化学专业高分子化学课程多维互动教学模式的探索[J]．化学教育，2014，35(22)：20-23.

[4]苗慧，刘俊龙，张文保，等．基于 PBL 模式的化学实验设计与实施[J]．化学教育，2015，36(24)：35-38.

从近三年高考试题说化学备考
——基于2015—2017全国高考理科综合试题（全国Ⅱ卷）化学试卷

龙世杰[1]，龙彦达[2]①，雷洁[3]

（1. 临夏中学，甘肃临夏 731100；2. 兰州第二中学，甘肃兰州 730030；

3. 兰州市第五十二中学，甘肃兰州 730030）

摘　要：自1977年恢复高考制度以来，经过了从起初主要考查学生对知识掌握的牢固和熟练程度，到后来主要考查学生的知识面和知识深度，到近期考查以知识为载体，以综合能力为目标的变迁，命题思路趋于成熟。本文对2015—2017年全国高考理科综合试题（全国Ⅱ卷）化学部分进行了归类整理，并结合作者多年高三教学实践，将个人心得呈献给各位同仁，旨在抛砖引玉。

关键词：高考；化学教学；试题分析

一、近三年高考化学试题分析

1. 高考试题综述

高考是以国家的教育教学目标为依据，系统收集学生在各门学科教学和自学影响下认知行为上的证据，对学生学习水平进行价值判断的过程[1]。高考全国Ⅱ卷采用"3＋理综/文综"方案，全卷分为选择题和非选择题，又按生物—化学—物理—化学—生物的顺序排列。化学学科试题主要考查考生对中学化学基础知识、基本技能的掌握情况，对学生的观察能力、实验能力、思维能力和自学能力都有所考察。试题还力图反映出考生能够初步运用化学视角，去观察和分析生活、生产以及社会中各类有关的化学问题。2015—2017年，化学试题形式、结构基本保持一致，没有明显生题和偏题，整套试题区分度较好。内容方面，依据《考试大纲》对中学化学的主体内容进行了突出重点的考查，特别注重对核心概念和综合应用能力的考查，体现化学学科知识内在的联系、基本规律。历年高考考查内容相对稳定，如物质结构和元素周期律、物质的量及阿伏伽德罗定律、氧化还原反应、电解质溶液和离子方程式、有机化合物官能团（苯环-羟基-羧基）、化学平衡及简单计算、化学实验基本操作和常见仪器的使用等，连续三年作为考查的重点知识，保持了高考"稳中求变、求新、求改"的原则。

2. 试题结构

从试题结构来看，化学试题保持7＋3＋1形式，即7道选择题、3道必做题和1道选做题，总分100分。知识覆盖了人教版必修1、必修2和三本选修的内容（选修4为必考内容，选修3、选修5为二选一）。整体回归基础，选题源于课本又高于课本。

3. 试题知识点分布

本文对2015—2017年全国高考理科综合试题（全国Ⅱ卷）化学试题知识点分布进行了逐年归类整理，具体如表1、表2、表3所示。

---

①　通信联系人：龙彦达，342566271@qq.com。

表1　2015年化学高考知识点分布统计表

试卷	题号	题型		分值	教材分布	主要知识点
2015年 全国Ⅱ卷	7~13	选择题		6×7=42	必修1	食品化学
					必修2	有机物酯类
					必修2	元素周期表（律）
					必修1	阿伏伽德罗常数
					必修2	同分异构体
					必修1	元素化合物
					必修1	化学实验
	26	非选 择题	必答	14	选修4	原电池
	27			14	选修4	1. 化学平衡；2. 化学反应与能量
	28			15	选修4	电解质溶液
	37		选答	15	选修3	原子结构与晶体
	38			15	选修5	有机物

表2　2016年化学高考知识点分布统计表

试卷	题号	题型		分值	教材分布	主要知识点
2016年 全国Ⅱ卷	7~13	选择题		6×7=42	必修1	燃料
					必修2	有机反应
					必修2	元素周期表（律）
					必修2	同分异构体
					必修2	原电池
					必修1	元素化合物
					必修1	化学实验
	26	非选 择题	必答	14	选修4	1. 化学平衡；2. 化学反应与能量
	27			14	选修4	化学平衡
	28			15	选修4	1. 铁及其化合物实验；2. 氧化还原反应
	37		选答	15	选修3	原子结构与晶体结构
	38			15	选修5	有机物

表3　2017年化学高考知识点分布统计表

试卷	题号	题型		分值	教材分布	主要知识点
2017年 全国Ⅱ卷	7~13	选择题		6×7=42	必修1	合成纤维
					必修1	实验方法
					必修2	同分异构体
					必修2	金属的开发与利用
					选修4	电解
					必修2	元素周期表（律）
					选修4	电离平衡
	26	非选 择题	必答	14	选修4	化学实验
	27			14	选修4	化学平衡
	28			15	选修4	1. 化学反应与能量；2. 氧化还原反应
	37		选答	15	选修3	原子结构与晶体结构
	38			15	选修5	有机物

　　本文对近三年化学全国Ⅱ卷试题所考查的知识点进行统计和整理，得到表4。我们不难发现，三年高考试题中有5处考查相同的知识点，两年交叉的知识点有4处。例如：2015年全国Ⅱ卷第9题、

2016 年全国 Ⅱ 卷第 9 题和 2017 年第 12 题，都考查原子结构和元素周期律知识；2015 年全国 Ⅱ 卷第 26 题、2016 年全国 Ⅱ 卷第 26 题和 2017 年第 12、28 题，都考查反应热概念的理解和热化学方程式；2015 年全国 Ⅱ 卷第 8 题和 2017 年全国 Ⅱ 卷第 9 题，都考查同分异构体。

表 4　2015—2017 年化学高考知识点统计表

出现频次	知识点
3 年	(1)元素周期表(律)　(2)同分异构体　(3)化学实验　(4)化学平衡　(5)化学反应与能量
2 年	(1)元素化合物　(2)原电池　(3)电解质溶液　(4)氧化还原反应
1 年	(1)阿伏加德罗常数　(2)化学与生活常识　(3)铁及其化合物　(4)有机反应　(5)金属的开发与利用　(6)电离平衡　(7)原子结构与晶体

二、化学复习与备考建议

通过对近三年来高考化学全国 Ⅱ 卷试题的分析，结合教科书的特点和对学生的培养目标，未来几年"3＋理综/文综"的高考试题仍将会继续保持"源于教材，高于教材"的原则，在复习备考中应注意以下方面：

1. 重视基础知识和基本技能

随着高考制度的不断深化，化学概念和理论、化学实验、综合应用知识近在近几年高考试题中所占的百分数不断上升，对考生能力的要求越来越高。

这就要求我们在平时的教学中，尤其是课程标准[2]指导下的教学，注重启发学生自主探究化学知识内在的联系和规律，同时，不放松对必要基础知识的理解和记忆，引导学生走上自主学习，走向科学探究的道路。在化学概念、原理的学习中，应注意培养学生通过阅读、质疑、探究、思考获取知识，并运用这些知识去分析解决问题的能力，这就是通常说的"领着走"。引导学生充分认识化学是一门以实验为基础，研究物质结构与性质，解决实际生活生产中问题的一门学科，使学生自主构建知识网络。复习中一定要突出主干知识、重点知识、热点知识、难点知识。

2. 注重理论联系生活、生产、科技、社会，学以致用

学生对其所学不仅要能够重复应用和表达，而且能够举一反三、触类旁通[3]。这就要求学生在对化学理论知识进行学习的同时，还要认识到化学是一门与科技、生活、生产、社会紧密联系的自然学科，并能够引导学生学会应用化学知识解决生活中的问题。这一点在近几年高考题中有所体现。同时社会热点问题的出现能够培养学生绿色化学的意识及对化学的正确认识。从生活走进化学，从化学走向社会[4]。

3. 高三复习以高考题型为载体，强化高考真题训练

近三年真题在出题思路、难度和考试热点等方面比较稳定，自然成了我们高三冲刺时的最佳素材。真题要做到细细品读、研究透彻，以便熟悉高考命题思路和方式，科学真实地检测自己对基础知识的掌握程度和审题解题能力。历年高考试题考查内容相近的平均约 30 分，考查相同知识点的试题约 60 分，在复习时须引起足够的重视。

三、结论

总之，高考试题将会继续遵循由浅入深、循序渐进的原则，这符合学生认知发展特点的一般规律，有利于考生更好地发挥其水平。

近三年高考对 2018 年的复习备考有深刻的指导意义，从高考化学的特点来看，回归课本是始终不变的主题。建议考生在备考时一定要仔细研读课本，不放过任何一个细节，从基本实验、基本原理中发现知识点的内在联系，构建起整张知识网络，切忌死记硬背。

参考文献

[1]袁振国. 当代教育学[M]. 北京：教育科学出版社，1998：249.

[2]中华人民共和国教育部. 普通高中化学课程标准(实验)[S]. 北京：人民教育出版社，2003.

[3]陈琦，刘儒德. 教育心理学[M]. 北京：高等教育出版社，2005：267.

[4]杨承印. 化学课程与教学论[M]. 西安：陕西师范大学出版社，2010：31.

化学史教学在高校结构化学教学中的作用

王俏玲，何军，李永东①

（赣南师范大学化学化工学院，江西赣州 341000）

摘　要：结构化学具有其自身特殊的学科特点，该课程为开展化学史教育提供了许多生动的材料。结构化学教学中充分兼顾化学史的教育，这是提高学习者化学素养所必需的。实践证明，化学史的教育能够很好地激发学习者的学习兴趣，帮助其加深对结构化学抽象理论和概念的理解，培养学习者独立思考和创新思维的能力。

关键词：结构化学；化学史；课堂教学

18 世纪末到 20 世纪，化学史一些力作不断涌现，化学经典文献的系统梳理和研究团队的成立，专门刊物的出版等，标志着化学史成为相对独立的一门学问[1]。化学史是化学学科知识积累发展的历史，反映了化学学科发展演化的基本过程和规律，是化学教育的重要资源[2]。化学史发展过程清晰体现了化学学科发展过程中人类对该学科知识的螺旋式进步，也生动反映了化学学科各分支发展历史的内在逻辑。化学科学发展历史进程中产生了诸多历史人物和重大科学事件，如众多知名的化学家、不同流派之间的争论、典型的科学实验等，甚至有诸多看似矛盾无法调和的实验事实和理论总结。这些化学史知识的教育，可以在追溯化学知识来源及其动态变化过程中避免了静态结论的知识灌输；也有助于学习者接受科学思想和方法等多方面的教育，培养其独立思考和创新思维的能力。

对初学者而言，结构化学是一门理论和概念跨越性特别大的一门课程，教学过程中阐述结构化学发展史脉络不仅是教材本身的需要，而且对于理解结构化学中涉及的量子力学抽象概念和理论，帮助学习者的思维从抽象转化为具体，从而更好地理解知识内容，激发学习者学习兴趣具有重要的作用。经典力学知识积累由量变到质变产生了知识理论上过渡到量子力学的突破，该发展过程中各种理论和流派的争论和多位"天才"科学家的特殊贡献都在结构化学发展历史中为我们展现。这些史实不仅从化学学科发展过程中反映了结构化学产生发展的内在联系和逻辑，也为我们在结构化学教学中开展化学史教育提供了丰富而有趣的素材。

本文拟从这样几方面阐述化学史教育在结构化学教学中的必要性及在教学中应该注意的一些要点：一是化学史在结构化学教学过程中的重要作用；二是如何根据结构化学的学科特点做好化学史的教育；三是分析化学史教学在结构化学教学中一般做法。

一、化学史在结构化学教学过程中的重要作用

1. 有助于培养学习者的科学精神和团队合作精神

弗朗西斯·培根曾经说过："学习历史可以使人明智[3]。"北大傅鹰教授也说过，一门科学的历史是其最宝贵的一部分，历史能给我们智慧。结构化学的发展史恰似一部近现代化学飞速进步跨越发展的浓缩历史剧。从经典力学到量子力学的创立，从参加 1927 年著名的索尔维（Solvay）会议的几十名如雷贯耳的科学家名字中，为量子力学建立作出重要贡献的科学家平均年龄不到 30 岁的现象中，可以看出新生事物蓬勃发展的朝气和年轻科学家活跃的科学创造精神。

---

① 通信联系人：李永东，ydli2011@163.com。

化学发展过程中一个理论的创立，一种物质的制备或者元素的发现，无不凝聚着科学家孜孜以求、不断奋斗努力的心血。没有科学家不断克服困难和对科学精益求精的钻研精神，没有他们甘于奉献甚至付出生命健康攀登科学高峰的追求，科学就不可能向前进步。科学家的精神时时激励后来者为科学的发展而奋斗。

结构化学的发展历史比较短，20 世纪 50 年代后才产生了结构化学。其中量子力学和现代仪器测试分析技术是结构化学的两大基础。量子力学的发展凝结了众多理论科学家的心血，如爱因斯坦、玻尔、德布罗意、泡利、狄拉克、乌仑贝克、薛定谔、波恩等。以 1927 年 Solvay 会议为标志，这些人的成就终于构建成量子力学理论的大厦，也就是结构化学的基础。虽然过程中也发生了一些科学理论上的激烈争论，但从中也可以看出，没有这一拨人的理论交叉融合，就没有该成型理论的出现。在科学发展过程中既争论又合作是常见的现象，合作精神是科学发展重要的推动力量。

2. 帮助学习者理解抽象的概念和理论

结构化学对于学习者最为困难的莫过于一些理论和概念。由于微观粒子的运动特征和宏观物质的巨大差异，必然是由不同于经典力学的理论来解释。而对于量子力学的理解比较抽象，完全不同于牛顿力学和生活中的司空见惯的现象。因此，为了让学习者较为顺利地理解新课程的理论和方法，在化学史的学习过程中比较经典力学和量子力学的由来和适用的对象，在化学发展历程中弄清楚它们产生的时间和逻辑上的关系至关重要。可以看出，由于结构化学量子力学理论的特点，在介绍结构化学发展史中比较新旧理论及其适用范围成为学习者入门和顺利掌握结构化学相关知识和理论的关键因素。

3. 激发学习者的学习兴趣和动力

大家都知道，兴趣最好的老师。科学素养一般包括科学知识、科学方法、科学精神、科学态度与情感等。教学中充分利用丰富的化学史资源，把科学家的探究过程，科学研究方法以及勇于探索和创新的科学精神与生动有趣的历史事件相结合来描绘，是唤起学生探求兴趣的好素材和培养受教育者科学素养的好办法。

结构化学理论性特别强，因而显得内容比较枯燥，不容易让学习者产生学习兴趣。然而我们认为，结构化学最有魅力的地方就在于微观粒子或者说微观领域的神秘感，在于量子力学完全不同于经典的牛顿力学对其的描述，或者说我们生活中的常识在微观领域被彻底颠覆了。这些应该是初学者的关注点，也是他们产生兴奋的兴趣点。怎么在教学中把异于经典力学的理论描述清楚是难点突破的关键。我们认为，在结构化学教学过程中这个教学难点的突破应当充分利用好结构化学理论发展史的巨大作用。在教学中比较宏观和微观的实验现象，讲述经典力学和量子力学发展历史中涉及的重要历史事件，甚至于科学家之间的趣闻逸事，引导学生追寻化学发展的历程，增强其对结构化学的亲切感，这无疑有利于激发学生的求知欲，增强学习的兴趣。

二、结构化学的学科特点及相适应的化学史教育

学习者普遍反映，结构化学是一门比较"难"的课程，这应该是由其课程特点决定的。结构化学首先是一门直接应用多种近代实验手段测定分子静态、动态结构和静态、动态性能的实验科学。然而，结构化学却是建立在一系列抽象理论基础之上的学科，同时，该课程内容由多门学科交叉融合，其内容涉及理论物理的量子力学、各种波谱学和技术手段（如 X 射线衍射）等，计算过程则涉及了大量的高等数学内容。这些对于初学者来说确实是容易产生畏难心理的因素。

怎么跨越这些难点？应当说认真学习，打好物理、数学基础是基本的前提。同时我们注意到，结构化学教学内容中涉及的丰富化学史内容是结构化学教学可以利用的宝贵素材。从结构化学史中我们可以看出，众多科学家建立量子力学的过程中确实需要很多的理论物理和高等数学手段作为工具，然而，从化学的学习角度，我们学习结构化学毕竟不需要从头来进行完整推导，我们需要的是从逻辑上

清晰理解量子力学理论的精髓，数学计算也只是涉及较为简单的基本运用。这样就可以克服学习者内心的畏难心里，用结构化学发展历史来正确认识学习结构化学建立学习的基本方法是达到学习目标的保证。另外，在理解经典力学与量子力学的区别学习中，在势箱模型中怎么理解粒子出现概率的问题上，如果能从德布罗意的学习生涯和博士论文答辩的史实中引导学习者加以理解，就不仅可以让学习者饶有趣味，而且还把抽象的问题简单形象化，提升学习效果。

三、化学史教学在结构化学教学中的一般做法

结构化学教学中化学史教育应当把握的几个关键点或者说一般做法：一是特别注重利用化学史教育、帮助学习者理解一些难以领会的抽象概念、原理的起源；二是在化学史教育过程中教育学习者理解结构化学理论的发展不是偶然的，而是生产和科研发展中对化学工作者提出的问题，是当时科学发展到有成熟条件解决这些问题的时候；三是通过结构化学史教育，学习者应当用正确的哲学思想武装头脑才能有所成就，才能不走弯路，才能有突破进展，这在量子力学理论基础发展中表现得尤为明显。另外，结构化学史告诉我们，中国学者在结构化学发展中作出了重要的贡献，联系结构化学史特别是当今结构化学发展现状，教育学习者在我国结构化学发展中奋发图强作出贡献，使我国成为结构化学发展的中坚和领军力量。

总之，教学与历史相联系是多门课程教学中的常见方法。结构化学教学中历史地分析科学家的贡献与他们所处时代之间的联系，理解他们理论的发展逻辑及其适用范围，总结出一些学术研究的方法是很有意义的。这可以帮助学生在比较中体会各种具有内在联系的理论发展逻辑，理解把握结构化学中抽象的理论和概念，并在历史上著名科学家科研生涯中的争论和逸闻趣事中受到启发，激发学习兴趣。

参考文献

[1]任定成. 化学史：从历史的化学到历史中的化学[J]. 自然辩证法通讯，1996，106(18)：54-62.

[2]饶志明，何锦红. 化学史课程改革初探[J]. 化学教育，2005(4)：58-60.

[3]化学发展简史编写组. 化学发展简史[M]. 北京：科学出版社，1980：23-45.

初中生化学有效提问能力培养的研究

蒋品丽①

（佛山市顺德区容桂容里初级中学，广东佛山 528303）

摘　要：本文从实证的角度对初三学生的问题意识以及他们的有效提问能力进行研究。主要研究内容为：采用问卷调查法，抽取本校初三学生 18 个平行班中的 4 个班(7、8、11、14 班)的 180 位学生作为研究对象，并用笔者从教的一个教学班(8 班)进行对比实践，从而为分析和探讨初中生化学有效提问能力提供实据。

关键词：问题意识；有效提问；化学问题

一、研究背景

我校初三学生总共有 815 人，根据成绩均衡地分成 18 个教学班。需要指出的是本校学生有接近 80％的学生都是外来务工人员的子女，外来务工人员因长期忙于生计而忽略对子女关心与教育，导致大部分学生没有养成良好的生活和学习习惯[1]。在笔者这几年的教学经历中，学生懒得提问、不善于提问的问题比较突出，这是急需要改善和解决的重大问题，因此希望通过化学教学来研究学生有效提问的情况，以期增强学生的提问意识，进而在学习中能够有效提问，这也是与课程标准所提出的让学生"保持和增强对生活和自然界中化学现象的好奇心和探究欲望，发展学习化学的兴趣"是相符合的[2]。

二、中学生问题意识和有效提问能力的探讨

1. 问题意识调查问卷的分析

笔者就自己所教的两个班以及任选的两个班的学生作为研究对象进行问卷调查，在开学初选取 16 个问题，发放问卷总共 184 份，收回有效问卷 180 份。统计结果见表 1。

表 1　16 个选择性问题 4 个选项的人数统计

选项	1	2	3	4	5	6	7	8	9	10	11	12	13	14	15	16
A	17	44	9	80	36	18	6	6	39	9	19	7	20	21	40	58
B	49	93	82	19	79	77	66	66	11	16	121	50	83	89	90	92
C	72	42	84	53	58	72	70	86	128	141	35	88	69	62	17	24
D	42	1	5	28	7	13	38	22	2	14	5	35	8	8	33	6

以下是笔者对每道题的选择情况进行的分析。

问题 1 统计：其实"问题意识"这个词在日常生活中越来越普遍，可以以各种形式存在，比如说对某件事或者某个问题存在"疑惑"等。从调查结果可以看到，只有约 9％(17 人)的学生经常留意到"问题意识"这个词，有约 24％(42 人)的学生从没听说过"问题意识"，另外有约 27％(49 人)和 40％(72 人)的学生表示有时候听说或者偶尔听说过。

问题 2 关于好奇心：调查情况显示，仅有不到 1％(1 人)的学生认为自己在平时的学习和生活中从

①　通信联系人：蒋品丽，504062807@qq.com。

来没有很强的好奇心，而认为自己常常会充满很强的好奇心的约占 24%（44 人），超过一半的学生强烈好奇心不稳定，而约 23%（42 人）的学生偶尔会有很强的好奇心。这说明，在日常生活和学习当中，几乎所有的学生都会存在或强或弱的好奇心。

问题 3 统计：两极分化较严重，接近一半的学生认为自己的问题意识较强，而另外接近一半的学生认为自己的问题意识较弱，另外只有少数认为自己的问题意识很强或者是没有的。

问题 4 统计：不到一半的学生认为自己的问题意识随着时间的推移有增强，而约有 11%（19 人）的学生认为时间将他们的问题意识减弱了，约 29%（53 人）的认为自己的问题意识没变，其余的学生搞不清状况。这是个很值得思考的问题：为什么学生的问题意识会下降呢？

问题 5 统计：在平时的预习或复习功课的过程中，20%（36 人）的学生经常发现问题，约 44%（79 人）的学生有时候发现问题，约 32%（58 人）的学生偶尔会发现问题，而约有 4%（7 人）的学生从没有发现问题。

问题 6 统计：在做某一道习题时，会经常联想到更多相关联的知识，进行多种猜想的学生占 10%（18 人），约 43%（77 人）的学生只能是有时候可以提出猜想，40%（72 人）的学生很少能提出猜想，另外少数学生从不会提出猜想。

问题 7 统计：对书的内容或老师讲授的内容，极少数的学生表示会怀疑，多数集中在有时怀疑或偶尔怀疑，而有接近 1/5 的学生表示从不怀疑。

问题 8 统计：仅有约 3%（6 人）的学生经常有想把老师问住，约 37%（66 人）的学生有过想把老师问倒，约 48%（86 人）的学生没有此类想法，而约 12%（22 人）的同学不清楚自己有没有这种想法。

问题 9 统计：当在解完一道题后，发现自己的答案与书后提供的标准答案不相同时，约 22%（39 人）的学生会觉得一定是自己做错了，少数学生会怀疑书后的答案错了，大部分学生要找同学讨论，极少数选择忽略它。

问题 10 统计：5%（9 人）的学生认为上课提问无关自己，只是老师的事，约 9%（16 人）的学生认为上课提问是学生的事，多数学生意识到上课提问应由师生共同完成，少数学生表示学生不清楚课堂提问。

问题 11 统计：平时在学习的过程中遇到问题时，约 11%（19 人）的学生会问老师，超过一半的学生会选择向同学求助，不到 1/5 的学生（35 人）选择独自钻研，少数学生选择忽视。

问题 12 统计：极少学生学生会经常问老师问题，约 28%（50 人）的学生有时候会向老师提问，而接近一半的学生只是偶尔会向老师提问，将近 1/5 的学生（35 人）表示从不问老师。这或许受到了师生关系的影响。

问题 13 统计：对于是否希望老师在课堂上能留出一部分时间让学生提问，约 11%（20 人）的学生表示非常希望能留提问时间；竟然有约 38%（69 人）的学生持无所谓的态度，可见这部分学生的问题意识真的很弱；接近半数的学生希望老师留有时间问问题，这个比例也较符合我们学校考上普通高中学生的比例。

问题 14 统计：认为自己在上课时最容易提出问题的学生约占 12%（21 人），约 49%（89 人）的学生认为自己在讨论问题时最容易提问问题，约 34%（62 人）的学生在看书或解题时容易提出问题，而不到 5%（8 人）的学生认为自己在玩耍时容易提出问题。说明学生之间的相互探讨更容易激发学生提出问题。

问题 15 统计：对于向老师提问的内容，约 22% 的学生（40 人）仅关心作业中不会做的题目，一半的学生（90 人）是提问课本上不懂的知识，约 9% 的学生（17 人）能够提问与课本相联系又高于课本的问题，而剩余的学生则表示想到什么就问什么。说明半数的学生在基础知识方面需要夯实，而约 9%（17 人）的比例也是少数优生的比例。

问题 16 统计：约 32%（58 人）的学生是因为害羞，怕被嘲笑而不敢问问题，约 51%（92 人）的学生是不知如何去问，而约 13%（24 人）的学生没有问题问，仅有不到 4%（6 人）的学生不屑去问。害羞害怕是阻碍学生学习的一个重要因素，而半数学生是不知道如何表达自己的问题。

综上调查结果所示：大部分学生都存在问题意识，但是具有强烈问题意识的学生较少，而且只有不到一半的学生觉得随着年龄的增长问题意识在增强。

2. 问题意识的实验结果分析

情况说明：让8班学生每人准备一个"化学提问本"，每天提出一个有关化学的问题，这些问题可以是课上不明白的，或者是在日常生活中观察到的一些现象中发现的问题。整理分析如下：

第一类问题：由于课上没听或者没听懂提出来的又或是纯粹为了完成老师的任务。

如学了催化剂之后，还是有学生提问："催化剂是什么东西？""二氧化锰的作用是什么？"有的知识书上明明有文字说明，可是学生还是会提问，这类问题的提出似乎是无效的，但是，如果是基础特别差的学生提出的话，还是有一定的作用。老师只要耐心去给他们讲解，积极去鼓励他们，这部分后进生也会不断进步。

第二类问题：是由新课内容进行简单推理提出的问题。

在讲到 O_2 性质是可以支持燃烧，但自身不能燃烧的时候，易敏就提出这样的问题"除 O_2 外还有什么气体能支持燃烧"。在学习分子的性质时，做了浓氨水使酚酞溶液变红色的实验，该学生又提出"浓氨水还可以使什么溶液变色"，而陈浩提出"酚酞与什么结合也可以变色"。这些提问表明学生能在正在学的一些知识的基础上，尝试去拓展，尝试去了解更多的知识，提出一些在书本上隐藏着的问题，这无疑会使学生的思维得到一些发散式的训练。

第三类问题：是对课堂知识的更深入思考，进而提出水平更高的问题。

我们重点学习 O_2，O_3 的知识点是一带而过，该学生又有思考" O_2 在什么情况下变成 O_3，O_3 可以供给呼吸吗"。有学生意识到 O_2 和 O_3 的组成元素是相同的，猜测或许可以有相同的性质，这是学生的一种重要的思考。学生在知道什么的情况下，还能提问为什么，思维得到训练。在学习了 S 在 O_2 中燃烧，需要在集气瓶中留有少部分的水去吸收有毒的产物 SO_2，但因为当时还没有学到 SO_2 与 H_2O 的反应，所以为什么会吸收就没有多说，而牟清涌就提问"为什么 H_2O 可以吸收有毒气体？除了 H_2O 还有什么物质可以吸收有毒气体"。他不仅能问为什么可以，而且还能发散到或许别的物质也能代替水的作用。这种积极的思考有利于获得更多解决问题的办法。陈欢提问"S 点燃产生 SO_2，那么 SO_2 中是否可以提取 S"。这是一种逆向思维的推理。还有一些问题颇具想象力，比如林伟城提问"世界上不可能有两片相同的叶子？叶子由原子构成，那是否有两个一样的原子"。何卓琳提问"如果将一个原子内的中子从原子里抽离出来后，会发生什么事"。

以上这一类问题的提出，给我带来了巨大的惊喜。在往年的教学中，从没有尝试过让学生提问，也就不可能知道学生脑子里的各种奇妙的想法。要想培养出更多积极提问、勇于提问、善于提问的学生，教师本身需要更努力地提升自我。

第四类问题：是对生活中的现象产生的疑问。

张剑平提问"月饼盒包装里面有一包东西，那个东西上面有一条线，如有氧呈蓝色，无氧则呈红色，这是什么物质""为什么烧煤时会感觉到眼睛不舒服，是因为其产生的物质吗？如果吸多了会对人体有害吗"。唐斌强提问"为什么饼干打开放一会变软"。刘雪娇提问"垃圾燃烧产生什么气体？堆放一堆垃圾，过几天之后为什么会有股难闻的味道"。这些现象都是生活中常见的，在没让学生提问的时候，估计会觉得因为常见而觉得没什么特别，现在学生能够留意并且能够将曾经在心中存在的朦胧的疑问，清楚地写在本子上，这不仅有助于学生将较弱的问题意识强化，更有助于提高学生的语言表达能力。

学习化学最大的意义在于更好地生活，而在初中阶段，对学生的要求比较低，要求学生能够从书本上学到化学知识，去观察身边的化学现象，慢慢地去了解去发现，并有助于更好地生活。笔者会尊重所有学生的提问，会在课堂课后鼓励与表扬，积极地引导，让学生朝着更正确的方向去积极发现问题。因为当教师将学生的提问和自己的提问进行对比分析之后，学生会明白原来谁都可以提出问题，但并不是每一个问题都是好的问题，而有的问题提出来并没有多大的意义，从而使学生心里更清楚问题意识和有效提问的意义，因而会完善自己的问题并积极探索新的问题，促使学生的思维得到锻炼。

3. 有效提问问卷的分析

问题 1 分析：绝大多数的学生是认可化学学习的作用(约 97%，176 人)，只有极少部分学生认为化学无用，平时对学习也毫无兴趣(约 3%，5 人)。可见，化学课程对于大部分的学生来说，还是有一定吸引力的。

问题 2 分析：约 27%(49 人)的学生很想知道化学家是如何研究化学的，说明他们对化学的研究存在比较强烈的好奇心，超过一半的学生对此感兴趣，说明他们对化学的研究也是有一定的兴趣的(约 60%，108 人)，剩余的少部分学生表示不感兴趣，这部分学生缺少一种对化学的探究精神(约 13%，24 人)。

问题 3 分析：在预习新课的时候，约有 20%(36 人)的学生表示对书本上的知识产生了很多疑惑，这部分学生的问题意识较强；约有 68%(123 人)的学生表示有一点点疑惑，也就是超过半数学生是存在对化学的问题意识的，约有 12%(22 人)的学生表示没有疑惑。

问题 4 分析：在化学学习的过程中，发现许多化学现象之间有许多相同点，存在着这样那样的关系的学生约占了 91%(165 人)，而没发现的约占 9%(16 人)。说明绝大多数的学生对所学过的化学知识能够进行或多或少的联系与衔接。

问题 5 分析：学习化学过程中能经常整理笔记、梳理知识点、及时巩固的学生约占了 47%(85 人)，少于一半；而超过半数的学生不会这么做(约 53%，96 人)。说明学生对所学化学知识缺乏复习、整理的意识，而建立知识网络，是对学科知识的归纳与提升，这是一种很好的训练思维的方法，但是，我们的学生不善于运用。

问题 6 分析：对于分子由原子构成这一知识点，约 45%(82 人)的学生表示从书本上获得，约 45%(82 人)的学生表示是由老师口中得知，约 5%(9 人)的学生表示是在电视上看到的，剩下不到 5%(8 人)的学生表示通过其他渠道获得该知识。这表明，绝大多数学生在获得化学知识，尤其是这种微观的化学知识都是通过书本或者老师获得。

问题 7 分析：至于原子为什么会形成分子这一问题，超过一半的学生表示思考过(91 人)，而接近一半的学生表示没思考或不感兴趣(90 人)。

问题 8 分析：约 50%(91 人)的学生曾疑惑过构成分子的原子数目为什么不一样，约 40%(72 人)的学生表示没疑惑，约 10%(18 人)的学生表示不感兴趣。

问题 9 分析：约 43%(78 人)的学生想过分子中原子之间的作用力是什么，约 46%(83 人)的学生没想过该问题，约 11%(20 人)的学生对该问题不感兴趣。

第二份调查问卷的结果显示：绝大多数学生认同化学学习的作用，约 80%(144 人)的学生对化学探究存在欲望与好奇心。对于书中的知识或者身边的化学现象能存在疑惑，能产生相关联系。这跟第一份调查问卷的结果是相吻合的。但是缺乏对化学微观本质的深入思考。在学习了一段时间的化学之后，绝大部分学生都可以提出相应的化学问题，但是，在学生回答这份调查表的过程中发现，8 班学生回答的速度更快。说明前一段时间的提问训练有一定的效果，学生有了一定的知识储备，也有部分学生想象力丰富，给出大胆的猜想。

4. 有效提问实验的结果分析

说明：该实验是要求 8 班的学生继续用化学提问本提问，但是鼓励自己提出的一个问题，自己给出猜想。整理分析如下：

（1）少部分学生直接写不知道，而对多数学生来说，基本能完成提问任务，但是这些提问以及自己的解释仅限于书本知识，或者是课堂上学过的知识。例如：当已经学了CH_4的燃烧以及爆炸极限这一知识点的时候，有同学提问并回答"气体甲烷在什么条件下会爆炸？答：与空气加点燃的条件下"。这一类问题的提出，体现了这部分学生有一定的问题意识，能知道问答，但是问题意识很弱，基本没有自己的思考。

（2）对于另一少部分学生来说，能通过观察身边的现象进行提问并能自己思考为什么。例如：一同学通过观察田螺的爬行而提问"为什么田螺爬过留下的黏液久了会从透明变成绿色？答：我认为是被氧化了"；生活经验焚烧垃圾，有同学提问并回答"点燃塑料后，塑料凝固成固体，这些固体是什么？是它原来的物质吗？答：不是，应该会有其他物质产生"。该同学的回答也是推理合理的，虽然不知道会生成什么，但是学过燃烧是化学变化，肯定知道生成了新的物质。这一类问题的提出，体现了这部分学生对身边化学现象的关注，能根据自己所学的化学知识，对自己所观察到的或者自己感兴趣的现象进行思考解答，而且推理有一定的逻辑，说明这部分学生的化学问题意识较强。

（3）对于少部分的学生来说，能尝试对化学微观的本质来提问并提出猜想。例如：有同学观察到金属铜是红色的，但是铜离子在水中形成溶液又是蓝色的，因此提问并回答"铜不是红色的吗？为什么铜离子是蓝色的？答：铜离子多个合成在一起就变红色"。给出了挺有想法的答案。在学习C的几种游离态，知道石墨可以转变为金刚石时，有学生就提问并回答"石墨可以变成金刚石，C_{60}可以吗？答：可以，碳原子一样，结构不同就可以，把它弄成结构相同"。这种猜想考虑到了微观的原子排列结构，对于理解化学本质有着重要的意义。

印象很深刻的是一位成绩中下的男同学提出这样的一个问题：制取CO_2是用排水法吗？初看这个问题就觉得很一般，因为课堂上讲过，但是他的回答却让我觉得很惊喜。该同学是这样回答的：不能，因为CO_2能溶于水，如果把水换成不与CO_2反应的液体，就可以用排不与CO_2反应的液体法。"排不与CO_2反应的液体法"，这是他自己创造的名称！该同学根据课堂所学"排水法"联想到"排不与CO_2反应的液体法"，这种发现是他认真思考的结果，教师的肯定给其带来了成就感。根据布鲁纳的认知发现理论[3]，这种发现式学习能促进学生学习动机的转化，产生强烈的成就感。成就感的产生有助于培养学生的自主性，帮助学生养成独立学习的好习惯。之后会发现，学生更喜欢独立思考问题，经常把自己的想法提出来与老师探讨。这就促进了知识的真正掌握：学生感到知识是他进行智慧努力的结果，他自己去获取知识，同时找到运用知识的领域。当学生把问题的实质弄明白以后，这就是他顿然领悟的时刻[4]。

5. 问题意识和有效提问影响学习成绩的分析

段考与期末考试成绩对比说明：

由表2和表3排名来看，进行实验的8班由段考时的第11名进步到期末考时的第4名，进步最大；从平均分来看，8班由52.16进步到59.73，进步幅度最大；从及格率来看，8班由37.78%进步到57.78%，进步幅度也是最大；从优秀率来看，8班也有明显的进步。这几个数据反映出，8班的进步幅度最大，这也从侧面反映出实验的有效性。

表2 段考成绩

班级	原有人数	参考人数	总分	平均分	及格人数	及格率	优秀人数	优秀率	综合分	排名	教师
7班	46	46	2492	54.17	23	50.00%	3	6.52%	33.86	4	蒋品丽
8班	45	45	2347	52.16	17	37.78%	2	4.44%	28.76	11	蒋品丽

231

续表

班级	原有人数	参考人数	总分	平均分	及格人数	及格率	优秀人数	优秀率	综合分	排名	教师
11班	46	46	2359	51.28	22	47.83%	1	2.17%	30.6	8	A
14班	46	46	2561	55.67	27	58.70%	4	8.70%	37.79	1	B

表3　期末考试成绩

班级	原有人数	参考人数	总分	平均分	及格人数	及格率	优秀人数	优秀率	综合分	排名	教师
7班	46	46	2765	60.11	24	52.17%	13	28.26%	44.99	3	蒋品丽
8班	45	45	2688	59.73	26	57.78%	10	22.22%	44.14	4	蒋品丽
11班	46	46	2503	54.41	23	50.00%	7	15.22%	37.41	12	A
14班	46	46	2708	58.87	27	58.70%	8	17.39%	42.23	6	B

三、结论

本研究可以得到以下主要结论：

(1)本校初三学生的问题意识普遍存在，但是，只有少数学生具有强烈的问题意识，大部分只存在较弱的问题意识。影响的因素多样，如知识、习惯、思维、课堂等。

(2)本校初三学生普遍认可化学学习的作用，在化学学习的过程中基本上都会产生疑问，对于深入到化学微观的本质，只有少数部分学生有思考，但是欠缺深入探寻的思考。

鉴于以上调查结果，本论文对初三学生的化学问题意识进行了研究。第一次是仅让学生提出自己想要问的化学问题，老师根据情况进行解答；第二次是要求学生提出问题的同时，给出自己的答案与猜想。研究结果表明：

(1)针对生活中的化学，在学了一定的知识之后，学生基本都能提出相应的问题，对于日常所见的现象，部分学生能积极思考为什么并能提出自己的猜想，在一定的表扬与启发之下，有少部分学生能对化学微观的本质进行尝试性的探讨与猜想。

(2)对初三年级一个班的学生经过一个学期的训练之后，他们能更容易、更快地提出相关的化学问题，并能给出自己相应的见解，在课堂上的表现也相比其他班级活跃，成绩进步较明显，由段考第11名进步到期末考的第4名。

另外，在研究的过程中发现，教师对学生的赏识与鼓励，营造良好的学习氛围，会更有利于学生问题的提出，而教师的积极耐心的分析与引导，会让学生的提问更有效、更精准。因此，该研究发现正确引导学生进行有效提问对提高学生学习化学的兴趣和学习成绩具有非常重要的作用。

参考文献

[1]杨冬梅. 初中外来务工人员子女思想品德现状与教育对策研究[D]. 济南：山东师范大学，2013.

[2]中华人民共和国教育部. 义务教育化学课程标准[M]. 北京：北京师范大学出版社，2012.

[3]王振宏，李彩娜. 教育心理学[M]. 北京：高等教育出版社，2011.

[4]B. A. 苏霍姆林斯基. 给教师的建议[M]. 杜殿坤，译. 北京：教育科学出版社，1984.

论化学实验育人功能的教学途径探索

王军①

（广东省广州市从化区第二中学，广东从化 510920）

摘　要：在化学教学中，注意实验异常现象的捕捉、倡导课本实验改进、注重实验设计和强化实验设计评价，能充分展现化学实验丰富和独特的教育教学功能，发展学生的科学探究能力、实验创新能力，提升学生的科学素养和实践能力。

关键词：化学教学；实验探究；育人功能

化学实验是学生感知、学习和探究化学知识的工具，是化学鲜明的学科特色在化学教学中的体现。普通高中化学课程标准（实验）建议，"教师在各课程模块的教学中，都应结合模块的特点强化化学实验[1]。"笔者认为，化学教学中可从以下四方面提升实验的育人功能。

一、注意实验异常现象的捕捉，提升学生探究能力

问题是思考的前提和探究的诱因，实验异常现象往往是诱发引导学生好奇心、探究欲的"导火索"。重视实验异常现象、捕捉异常现象可作为丰富化学探究的素材和切入点。

化学实验异常现象是指在实验教学中出现的一些与实验者预期不相符的现象，如有颜色变化的异常、沉淀异常、沉浮异常、生成物气味的异常等[2]。实验中，教师若对异常现象避而不见，见之不理，势必会造成学生对教师能力的怀疑和对实验信心的影响。找出异常现象的原因，变"异常"为"正常"，不但可以培养学生实事求是、严谨认真、善于观察的科学态度，提高学生对教师的敬佩度，还可以激发学生自主探究的积极性。

案例 1　在利用"乙醇与金属钠的反应实验"探究醇羟基的活泼性时，学生除得出了金属钠取代了醇羟基上的氢外，还发现金属钠在乙醇中不是一直沉在试管底部，而是一个'先沉后浮再消失'的过程。许多学生对此产生了疑问："金属钠为什么会浮起来？"笔者就此现象要求学生重做实验，仔细观察，但结果均相同。在探究中，学生提出了两条假设。

假设：（1）可能是产生的气泡将金属钠托起；（2）乙醇钠的密度大于钠的密度。

笔者：哪个假设正确，怎么验证？（学生出现沉思，课堂一片寂静。）

学生甲：用比重计测定产物的密度。（顿时，课堂变得活跃起来了。）

学生乙：在乙醇钠（液体）中投入金属钠，观察钠是否浮在上面。

同学们经过再次实验得出了结论：乙醇钠的密度大于金属钠的密度。

学生有渴望成功、希望得到教师和同学认可的心理需求。实验成功恰能带给学生愉悦感和成就感，激发出更大的探究热情。实验热情能强化学生对科学知识执着追求的意志品质，也能根植学生的科学态度。

实验中没有"常胜将军"，成功与失败相伴而生。异常现象会带给学生"同样实验为什么我没有成功"的焦虑，期待教师鼓励和帮助的心向。此时，只要教师稍给学生信心和勇气，学生就会产生"不到长城非好汉"的实验毅力。

---

①　通信联系人：王军，中学高级教师，教育硕士，主要从事中学化学教学，763817053@qq.com。

案例 2 在做乙醛与新制 $Cu(OH)_2$ 浊液反应的实验时，有学生得到了砖红色沉淀，有学生却得到了黑色沉淀。

笔者：为什么有些同学没有得到预期的现象？

课堂现状：性质的学习课，却插入了实验条件探究的"小曲"，实验对比、小组讨论、反复实验等研究过程悄然开始。一段时间后，有学生提出了自己的探究结果。

学生："与实验成功者比较，自己滴加的 NaOH 溶液量少，$CuSO_4$ 溶液过量，测定溶液 pH 发现，溶液呈现弱酸性（或中性）。而成功者则滴加 $CuSO_4$ 溶液量少，只有 4～5 滴，测定溶液 pH 发现，溶液呈现碱性。结论：反应需要在碱性条件下进行。"

在再次实验中有学生发现，若在 $Cu(OH)_2$ 浊液刚变黑的热试管中加入 NaOH 溶液，也可立即出现砖红色沉淀。

在后续教学中，学有余力的学生利用实验室开放机会探究出了许多实验异常现象，如 SO_2 气体只能使紫色石蕊溶液变红，而不能使其褪色；向 Na_2O_2 与水反应的产物中滴入少量酚酞溶液，会先变红后迅速褪色等。

教学实践证明，引导学生探究实验异常现象，有助于提高学生发现问题、探究问题、解决问题的能力，有助于落实课标（实验）提出的"通过以化学实验为主的多种探究活动，使学生体验科学研究的过程，激发学习化学的兴趣，强化科学探究的意识，促进学习方式的转变，培养学生的创新精神和实践能力"的基本精神，促进化学教学过程的高效化。

二、倡导课本实验改进，提升学生的实践能力

课本实验在帮助学生理解化学原理、学习化学知识方面有着不可替代的作用。随着时代的变化，课本实验也在与时俱进，现有教材实验也吸纳了原有实验的改进成果。实验改进是指师生对教材呈现的实验，在原有实验基础之上为强化实验的成功率、可见度、环保性、简便易行性，对某个具体实验（或实验方案）所作的不同层次或不同角度的改进（或修改）。当学生对某个实验原理和实验过程集中注意时，就会对原有实验进行反思，萌生出多种新奇的实验方案，有的实验设计（或方法）可能优于课本实验。

普通高中课程标准实验教科书《化学》留有师生活动的较大空间，便于师生智慧的发挥。教师可根据所学内容在课堂教学中用好课本实验，在课后启发学生反思和改进现有实验，用实验改进丰富实验内涵，提升学生的实践能力。

案例 3 在学生学习了 SO_2 的性质后，兴趣小组学生联想到"强酸制取弱酸"的原理，将 SO_2 的制备以及 SO_2 的漂白性和还原性设计成系列实验（见图1），在复习中，此实验在帮助学生掌握 SO_2 的性质方面发挥了重要作用。

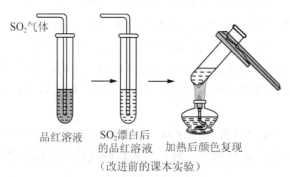

SO_2 气体

品红溶液　　SO_2 漂白后　　加热后颜色复现
　　　　　的品红溶液
　　　　（改进前的课本实验）

图 1　SO_2 性质实验改进前后的装置图

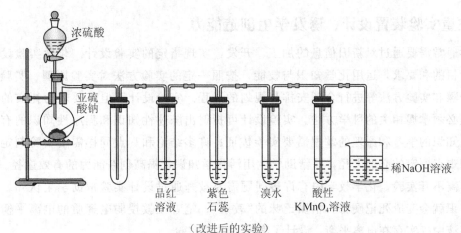

图 1 SO₂ 性质实验改进前后的装置图(续)

评价:改进后的实验既环保,又能验证 SO₂ 的多个性质。

不足之处:需要添加给无色品红溶液加热使颜色复现的实验。

在实验改进的刺激下,学生的主体作用被激发,主动预习的学生人数增加,课前思考成为部分学生的学习习惯;同时,学生课后反思实验,改进实验的热情不断增加,给后续学习奠定了良好基础。

案例 4 在高中学习 NH₃ 的性质时,有学生在初中实验基础上对 NH₃·H₂O 呈碱性的实验提出了下列改进方案(见图 2)。

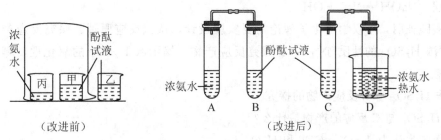

图 2 氨水挥发性和碱性实验改进前后装置图

在学生做"NH₃ 与 HCl 反应的实验"后,有学生在上述实验基础上提出了其改进方案(见图 3)。

图 3 NH₃ 与 HCl 反应的实验改进前后效果图

在课堂评价中学生普遍认为,两个实验经过改进后,有利于学生从多方面认识氨气的性质。

实验改进需要求异思维。所谓求异思维是一种沿着不同的方向去思考和探索新的方法、途径,提出新假设,寻求多样性答案的思维方式。求异思维能使问题的解决方式多样化。改进课本实验,教师既要从自身做起,率先做示范,又要采用激励性评价方式鼓励学生对课本实验大胆质疑,敢于提出自己的观点和看法[3]。

三、注重实验装置设计，诱发学生创造能力

化学教学通常需要通过对新旧信息的加工、开发，实现指定的实验设计。化学实验设计是指师生根据化学实验目的和要求，运用化学知识与技能，按照一定的实验方法对实验原理、实验仪器、实验装置、实验步骤和实验方法等进行合理安排与规划的过程。实验设计不但需要较为扎实的化学知识与实验技能，还必须掌握相关的科学方法。实验设计可折射出陈述性知识和程序性知识的有机融合。中学化学中许多知识的学习和原理的掌握需要实验佐证；许多结论和观点同样需要实验判定。实验设计是原理佐证和观点判定的必经之径，是帮助学生用活化学知识，提高创新能力的有效途径。

化学学习离不开实验。化学教学中有许多问题需要教师通过设计实验帮助学生认知。若没有实验支撑，化学知识就会变成死记硬背、枯燥乏味的"教条"。笔者在教授弱电解质的电离平衡时，为了证实弱电解质溶液中确实存在电离平衡，设计了案例 5 中的实验。

案例 5 "弱电解质电离"的实验设计。

实验设计：分别取 5 mL pH＝12 的氨水和 pH＝12 的 NaOH 溶液于两支试管中，分别滴入无色酚酞溶液，向盛氨水的试管中加入少量 CH_3COONH_4（水溶液呈现中性）粉末，向盛 NaOH 溶液的试管加入少量 NaCl 粉末，观察溶液的颜色变化。

实验现象：向盛氨水的试管中加入 CH_3OONH_4 粉末，红色变浅，向盛 NaOH 溶液的试管中加入 NaCl 粉末，颜色未变。

实验结论：$NH_3 \cdot H_2O$ 的电离过程为可逆过程，$NH_3 \cdot H_2O \rightleftharpoons NH^{4+} + OH^-$；NaOH 的电离过程为不可逆过程，$NaOH = Na^+ + OH^-$。

化学教学实践证明，不仅学习化学理论需要实验设计，认识反应原理、探究反应产物更需要实验设计。在学习"浓 H_2SO_4 的性质"时，为了探究反应产物，揭示浓 H_2SO_4 的氧化性，笔者预设了案例 6 中的教学情境。

案例 6 浓 H_2SO_4 与 C 反应产物的探究。

教师：浓 H_2SO_4 与 C 反应的产物是什么？

学生：少数学生认为是 SO_2、CO_2 和 H_2O。

教师：你是怎么知道的？

学生：通过预习获得的。

由于没有感知觉参与学习，学生对产物是否为 SO_2、CO_2 和 H_2O 无法知晓。

教师：怎样设计实验证实产物为 SO_2、CO_2 和 H_2O？

学生基础分析：

(1)联想到已有的物质鉴别知识：

①H_2O—无水 $CuSO_4$；②SO_2—品红溶液；③CO_2—澄清石灰水。

(2)气体的吸收知识：SO_2—酸性 $KMnO_4$ 溶液。

难点分析：由于 SO_2 对 CO_2 鉴别有干扰，鉴别 CO_2 前需要设法除尽 SO_2 气体。

【实验装置设计】

设计过程经过学生多次尝试和论证，最终达成了目标。在化学教学中，笔者把实验装置设计（见图4）作为实验能力培养的重点，坚持常抓不懈，理科班学生化学学习兴趣和实验技能明显提高，在学校举办的"第三届科技节"中展现出 6 件新颖的实验设计作品，实验装置设计受到参观者好评。

笔者认为，实验设计能力的培养应从早抓起，需要持之以恒。只有抓早抓好，学生的动手能力、思维能力就能得到历练和发展，实践能力和创新能力就能成功根植。

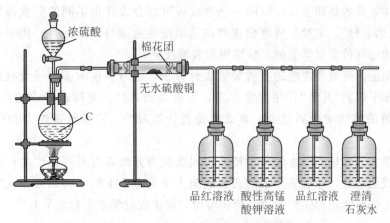

图 4　浓 H_2SO_4 与 C 反应产物检验装置设计

四、强化化学实验装置设计评价，提升学生的鉴赏能力

有教学就有评价，化学实验评价应突出化学实验装置设计评价。一套理想的化学实验装置不仅凝结着化学反应原理和实验知识的灵活运用，更闪烁着设计者智慧的火花。实验装置设计是以实验原理的科学性、实验的安全性、环保性、简约性和直观性为出发点，对实验仪器进行的合理组合和装配。实验设计评价通常依据实验的目的和要求对实验装置和实验过程的合理性作出判断。学生是具有能动性和灵动性的生命主体，他们往往会对实验装置设计和实验方案提出自己的看法，对不合理装置提出修改意见[4]。引导学生参与化学实验装置设计评价，不但有助于集思广益，促成实验能力的发展，还有利于丰富学生的实验知识，提高学生的实验鉴赏水平。

笔者在高二理科班讲授"苯的溴化反应"时，给学生展现了 5 套苯的溴化装置（见图 5），启发学生进行评价。

案例 7　5 套"苯的溴化反应装置"评价。

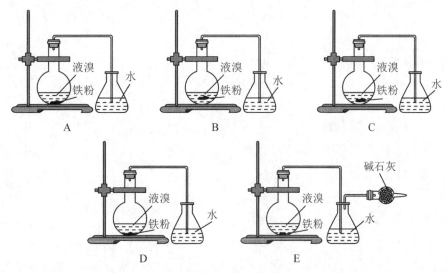

图 5　苯的溴化反应装置图

学生经过分组讨论、反复论证和争论后认为，装置 A 冷凝回流效果不佳；装置 B 不但冷凝效果不佳，还会产生倒吸；装置 C 可以起到冷凝回流作用，但能产生倒吸；装置 D 和 E 合理，装置 E 不但可以防倒吸，起到冷凝回流作用，还有利于环保。

学生是存在个体差异的认知主体，对同一化学反应可能会设计出不同的实验装置，同时也为实验装置评价提供了"天然素材"。实验装置评价素材的选取应注意素材的广泛性、代表性和典型性。评价应突出激励性，应通过评价丰富学生的实验知识和实验技能。

评价具有导向功能。开展经常性的实验装置设计评价，能对学生的实验设计技能、探究能力、分析问题能力、认知水平起到"升级"作用。常言之，习惯形成自然。坚持经常性的实验装置设计评价，学生就会在实验评价的熏陶中受到感染，养成实验设计的习惯，实验鉴赏能力和实验水平就会自然提升[5]。

综上所述，化学实验在培养学生的科学精神和实践能力方面具有不可替代的作用。化学实验教学应注意发挥学生主观能动性，注意从异常的实验现象入手培养学生的探究能力；从实验改进和实验装置设计着眼发展学生创新意识和实践能力，用实验设计评价促进学生实验水平升华。

参考文献

[1]王祖浩，王磊.《化学课程标准（实验）》解读[M]. 武汉：湖北教育出版社，2004：253-255.

[2]马胜利. 中学化学探究性学习教学研究与实践[M]. 北京：北京师范大学出版社，2005：2-3.

[3]张大均. 教育心理学[M]. 北京：人民教育出版社，1999：130-134.

[4]张晖. 新课程的教学改革[M]. 北京：首都师范大学出版社，2001：54-65.

[5]李世海，高兆宏，张晓谊. 创新教育新探[M]. 北京：社会科学文献出版社，2005：90-99.

取材于生活的化学实验在课堂教学中的实践
——以"铜与浓硝酸反应实验的创新"为例

代黎娜①

（广东省深圳市光明新区高级中学，广东深圳 518106）

摘　要：化学是一门以实验为基础的自然学科，新课程理念提出化学实验要体现绿色化、生活化、探究化，要"树立绿色化学思想、形成绿色化学的观念"，教师在课堂教学活动中借助化学实验开展化学教育教学活动不可或缺。本文以"铜与浓硝酸反应实验的创新"为例[1]，在向学生传授新知识的同时，充分运用身边的日常生活用品来进行"生活化"的化学创新实验，培养学生学会学习、实践创新的核心素养。

关键词：化学实验；课堂教学；高中化学

一、引言

　　化学是一门以实验为基础的自然学科，教师采用实验教学法开展化学课堂教学活动必不可少。学生发展核心素养中提出要培养学生学会学习和实践创新的素养，在教育教学过程中通过化学实验来培养学生的核心素养则必不可少。新课改的理念中强调要突出化学实验在教育教学过程中的重要性。《基础教育课程改革纲要（试行）》中倡导学生主动参与、乐于探究、勤于动手，培养学生收集和处理信息的能力、获取新知识的能力、分析和解决问题的能力以及交流与合作的能力，培养学生的社会责任感；教师应创设能引导学生主动参与的教育环境，激发学生的学习积极性，培养学生掌握和运用知识的态度和能力，使每个学生都能得到充分的发展。《高中化学课程标准》[2]中也明确指出要着眼于提高 21 世纪公民的科学素养，构建"知识与技能""过程与方法""情感态度与价值观"相融合的高中化学课程目标体系；从学生已有的经验和生活实际出发，帮助学生认识化学与人类生活的密切关系，关注人类面临的与化学相关的社会问题，培养学生的社会责任感、参与意识和决策能力；通过以化学实验为主的多种探究活动，使学生体验科学研究的过程，激发学习化学的兴趣，强化科学探究的意识，促进学习方式的转变，培养学生的创新精神和实践能力；要"树立绿色化学思想、形成绿色化学的观念"，表明绿色化学思想已成为化学课程与教学的一项重要的目标和内容。

二、研究背景

　　新课程所提倡的化学实验体现出绿色化、生活化、探究化等特点。新课改实施以来，教师在化学课堂教学活动过程中开展化学实验已经常规化，主要目的是吸引学生的课堂注意力、培养学生的化学学习兴趣、激发学生的好奇心、巩固化学实验中所包含的化学知识、培养化学实验的操作技能等。化学实验主要采用的方式为：教师演示实验、实验视频和学生实验三种方式。信息技术的发展和学校教学硬件设施配备的齐全给教师课堂教学活动带来了一定的便利性，因此，教师借助融媒体的方式，在化学课堂教学活动中采用播放实验视频来代替教师的课堂演示实验已经成为一种常见的教学现象。笔者在实际化学课堂教学过程中发现，教师演示实验和学生实验的过程中所需的各种仪器、试剂等均以

---

①　通信联系人：代黎娜，dailina212@163.com。

教材所述为准，即照搬教材中的实验。教师在课堂活动中演示实验或采用播放实验视频的方式的主要目的仅局限于吸引学生课堂注意力、传授新知识；而学生实验过程仅仅是机械地重复教材上所描述的实验步骤。目前的这种课堂教学活动中实施化学实验的现状难以达到新课程理念所提出的目标。

教师在教育教学活动中所采用的各种方式方法的最终目标是提高学生的科学素养，而不仅仅只是知识上的扩充。化学实验同样不仅仅是教师或学生简单、机械地重复操作，也需要思考。教材中所呈现的实验是当前现状下的经典实验，但是也可能有一定的局限性。例如：实验仪器或操作步骤比较复杂，影响教学的效果；在实验的过程中，装置复杂，所需的仪器过多或不常见，容易分散学生的学习注意力；实验现象不明显或者实验现象的持久性差，不利于学生观察实验现象和分析实验现象；实验过程中可能产生污染性物质，此时，有的教师会选择播放相应的视频或者不做实验；教材中的某些知识点没有呈现对应的实验，但知识点又是高中阶段的重点内容，此时，教师仅仅凭借自己的讲解向学生传授知识；等等。基于此，为了实现学生发展核心素养及新课程理念所提出的培养目标，这就需要教师在平时的教育教学活动中善于思考、研究、改进或创新实验，以达到更好的实验教学效果。这个过程不仅有助于教师的专业素养的提升，同时也有助于学生的核心素养的培养，最终实现共赢的效果。

为此，笔者以自己在教学活动中的一个实验创新为案例进行说明。

三、教学案例

题目：Cu 与浓 HNO_3 反应的实验创新。

实验用品：细铜丝、浓 HNO_3、蒸馏水、烧杯、2 支塑料注射器（规格：5 mL 和 20 mL）、塑料输液袋（规格：100 mL）。

实验装置：如图 1 所示。

图 1　Cu 与浓 HNO_3 反应装置

实验步骤及现象：

(1)将细铜丝绕成圈，放于规格为 20 mL 的注射器内，按下压缩柄，排出注射器内空气。

(2)用同样规格的注射器吸取少量浓硝酸(约 2 mL)，注入空的塑料输液袋内。

(3)将盛放细铜丝的注射器插入装有浓硝酸的输液袋，抽提注射器压缩柄使浓硝酸吸入注射器内，铜与浓硝酸接触立即发生化学反应，观察到针筒内产生红棕色气体 NO_2，溶液变为蓝绿色(红棕色 NO_2 溶于蓝色 $[Cu(H_2O)_4]^{2+}$ 溶液之故)；一段时间后，按下注射器压缩柄，使注射器内的气体、液体进入输液袋内，拔出注射器。

(4)用前述注射器向输液袋中注入蒸馏水(约 10 mL)，充分振荡，使前面产生的红棕色气体 NO_2 与 H_2O 充分反应，观察到红棕色气体变为无色气体 NO。

(5)再用注射器向输液袋中注入空气(约 15 mL)(注：此时不振荡)，NO 与 O_2 反应，观察到无色气体又变为红棕色气体 NO_2；充分振荡，观察到红棕色气体又变为无色气体 NO。

(6)可重复步骤(5)。

实验注意事项：本实验用到试剂浓 HNO_3，故在操作过程中应带上防护手套和护目镜，试剂的量不宜取用过多，否则会浪费试剂。

Cu 与浓 HNO_3 的反应，该内容出自人教版《化学》必修 1 第四章第 4 节。实验产物为红棕色气体 NO_2，属于污染气体。教材中没有呈现该实验。但该知识在氮元素的相关元素化合物知识点中具有非常重要的作用，也是高考常考的重要考点。因此，笔者旨在根据学生的认知水平、结合利用生活资源重新设计、创新该实验，使得实验教学不仅仅停留在教材及实验室所提供的实验装置，也要合理利用社会生活中的有效资源，将化学与生活相联系，将课堂教学延伸向课外。

本创新实验取材于生活，实验装置简便，不仅节约了材料和药品，而且操作方便，现象明显，具有趣味性；实验便于控制，可随时停止，操作安全；突出环保意识，虽然实验中产生的 NO 和 NO_2 都是有害气体，但在整个实验中没有泄露，且尾气处理在密闭的体系内进行，不会造成环境污染，实现了实验的绿色化；输液袋还可以作为 NO_2 气体的储存装置，便于取用。该装置具有多功能性，还可以作为以下反应的实验装置：NO_2 和 NaOH 溶液反应；NO、NO_2 混合气体和 NaOH 溶液反应、NO_2 和 N_2O_4 相互转化；等等。实验仪器用到了生活中常见的注射器、输液袋等医疗器材，拉近了化学与学生的距离，激发了学生的学习兴趣，让学生充分体会到化学与医疗、生活等密切相关，也让学生认识到学习化学的重要性。

在整个教学过程中，逐步渗透化学与 STSE 的观念，即教师在传授新知识、学生学习新知识的同时，也让学生充分体验化学与生活和社会的密切联系，培养学生从化学视角去观察生活、生产和社会中的各类有关化学问题的意识，培养学生善于发现问题并积极思考的能力，培养学以致用的能力；此外，教师也可以向学生讲述自己创新该实验的经历，让学生了解从发现问题到解决问题的整个过程要具有问题意识，并运用科学知识大胆尝试进行实证研究，要不畏困难，有坚持不懈的探索精神，这也正体现了学生发展核心素养的思想。教师在日常教育教学活动中的细微变化给学生的成长带来了极大的正面影响，同时也对自己的教师专业成长起到了积极的作用。这就需要我们化学教师在平时的教育教学活动中要不畏困难，善于思考、勇于尝试、善于研究。

参考文献

[1]宋心琦. 普通高中课程标准实验教科书：化学 1[M]. 3 版. 北京：人民教育出版社，2007.

[2]中华人民共和国教育部. 普通高中化学课程标准（实验）[S]. 北京：人民教育出版社，2003：5-6.

《分析化学程序性开放实验指导》教材简介

卢昕[①]，黄勇，叶芳贵，赵书林

（广西师范大学化学与药学学院，广西桂林 541004）

摘　要：本教材基于作者独创的"程序性开放"思想，构建了"程序性开放分析化学实验"课程与教学体系。历经 10 年的教学研究实践，获得了大量的研究数据，取得了显著的培养成效，受到广大师生的欢迎，并在国内同行中引起广泛关注。作者在此基础上进行系统总结、提炼、补充、完善并正式出版发行，使之成为一本可供同行参考借鉴、推广使用的教材。

关键词：程序性开放；分析化学实验；课程与教学体系；教材简介

国务院办公厅在 2015 年 5 月印发的《关于深化高等学校创新创业教育改革的实施意见》（以下简称《意见》）中，对深化高等教育教学改革进行了全部部署，明确指出了"创新创业教育"为现阶段改革工作的核心任务，到 2020 年实现培养规模宏大、富有创新精神、勇于投身实践的创新创业人才队伍的总体目标。对此，《意见》中要求各高校要广泛开展启发式、讨论式、参与式教学，注重培养学生的批判性和创造性思维，激发创新创业灵感。改革考试考核内容和方式，注重考查学生运用知识分析、解决问题的能力，破除"高分低能"积弊。

如何把《意见》精神落到实处，确保改革总体目标的如期实现？这是摆在广大高等教育教学工作者面前的一项艰巨任务。人才成长和人才培养有其特定的规律，充分体现出"过程性"的基本特征，即最终目标的实现不可能在一个时间点或一个有限的时间段内完成，而需要将其分割成多个子目标嵌入在每一个教育阶段和教学环节中，循序渐进、逐渐成形。因此，专业基础课也理应成为创新人才培养全过程中的重要部分，迫切需要一线教师思考"如何作为"并积极行动。

自 2006 年起，本书作者组成了有分析化学、教育学、教育管理学等不同专业背景的教学研究团队，通过追踪分析国内外前沿教育理论，结合学校实际，遵循设计研究的思想方法和研究路径，开展了持续多年的分析化学实验课程与教学改革。改革的初衷就是希望在经典的课程体系中，探索出一条具有实践能力、创新精神的人才培养之路。课题组在长期的摸索中提出了基于"程序性开放"基本思想的"程序性开放实验"课程与教学模式。历经多年的实践验证，获得了大量的研究数据，取得了显著的培养成效，受到广大师生的欢迎，并在国内包括北京大学等众多高等院校的同行中引起广泛关注。一本建立在大量研究实践积淀基础上的教学用书也应运而生，《分析化学程序性开放实验指导》经过多年的反复修改凝练、补充完善，最终得以正式出版。该书的出版恰恰契合了《意见》中党中央提出的高等学校创新创业教育改革的精神实质，凸显其现实意义。同时，该书展示了一种注重科学性、实效性和可操作性的教育教学研究范式，希望能起到抛砖引玉的作用，给同行们带来一些启示。

一、理论基础

实践类基础课程的教育功能主要包括：领域知识与技能体系的建构、领域思维方式的养成、实践能力及创新意识的启蒙。三种培养功能逐级深入，呈递进关系。

领域知识与技能体系实质上是人类已经普遍公认并接受了的间接经验，均来自人类历史上的各种

---

① 通信联系人：卢昕，luxin-chem@163.com。

实践活动，学生要达到对其内在结构与外在价值的深度理解，需要回到类似于发现、创造它们的实践活动中去。因此，大学里的实践类课程与理论课程应相互依存，必须让学生在两者之间反复穿梭，最终才能实现知识与技能体系内在建构[1]。

有关领域思维方式，显然不同学科有着很大的差异。以分析化学为例，作者通过广泛的调查研究，以及对自身实践经验的总结和思考，发现追求数据的高度可靠并依据数据进行问题的分析成为分析化学专家工作的主要内容。可以认为这是本学科的核心概念深度内化，由此形成特定的心理图式并调控着他们的思维和行为，从而充分体现出本学科学者专家的特质。这种特定的思维和行为方式如何养成，理应成为课程与教学活动设计的理论依据[2]。

实践能力和创新意识的养成包括多方面内容。实验操作技能的习得看似简单，但研究发现，即使学生熟知操作要领、反复练习，直到学习结束仍有一些技术被学生认为不能让自己满意[3]。这就需要将枯燥的技能训练融入有意义的实践活动中，以学科价值促成提高操作技能的内在需要，进而转化为自发的行为。实践能力的另一方面即解决实际问题能力，这需要一定的实践积淀以及对理论知识的深度理解，才能将其所学灵活运用于解决实际问题。最后，关于创造力的问题，众多的研究已经证实这是无法教会的，它与生俱来、潜伏在人的生理和心理层面，无关于物质因素。实践活动的复杂性和不确定性，正是发掘人内在潜能的最佳环境之一。因此，学校的教学设计需要避免那些阻碍创新的部分，例如鼓励个人竞争而忽视团队合作，重视知识的箱格化而忽视知识的交叉与内涵，创设经典无误的实践过程而回避有风险并可能失败的探索[4]。

二、基本结构

本书共分为六部分。

第一部分为学习建议与范例：学习建议、信息资源及检索、实验报告样例、全部数据汇总与分析样例。

第二部分为感受性实验：除两个基本操作演练外，重点在于实验三（我们可以怎样补钙——高钙物质钙含量的测定）。

第三部分为形成性实验：共包含十二个，例如：实验四（工业纯碱的总碱度测定及指示剂的选择研究）、实验八（"胃舒平"有效成分含量的测定及样品预处理过程中组分损失的研究）、实验十五（新分析方法的探索与建立——分光光度法测定罗丹明 B）。十二个实验除经典实验部分，局部开放的研究部分呈现可调控的循序渐进的培养方式。

第四部分为拓展性实验：实验十六（城区水体富营养化调查——分光光度法测定水质总磷含量）、实验十七（餐桌风险评估——分光光度法测定水产品中的甲醛含量）。这是两个基于国标方法的实验。

第五部分为终结性评价：实验操作考试和课程小结共同构成本实验课程成绩。

第六部分为附录：除包含三个实验需要参考的国家标准外，最后附有部分指示剂标准色卡。

每个实验包括"实验准备"和"实验报告"两部分。

实验准备：基础实验原理、主要仪器和试剂、实验方法、研究设计的依据及要求。

实验报告：研究思路及实验方案（重点拟订新增研究部分实验方案以及数据分析方案）、实验步骤、实验数据处理与评价、研究结果与讨论、实验小结与展望、评价量表、教师评语。

三、主要特点

本教材不同于经典的实验教材，也区别于实验报告册。它集实验参考方案、学习指导、探究过程记录、自我反思与评价于一体，对学生的理论学习与实践给出指导性建议，促使其自行进行资料收集分析、实验方案实施、分析结果处理、研究结果分析与讨论、反思与自评等工作。随着整个过程的进行，也帮助学生逐步建立新的学习观和知识观。

(1)本书遵循渐进原则，依据学习动机激发—动机维持—动机提升的培养程序，在实验课程的三个阶段中，设计可调控发展进程的开放变量并加以引导，打破技能训练与能力培养疆界，把创新意识和实践能力的培养贯穿在整个教学阶段中，充分体现教育活动"过程性"的基本特征。

(2)创新意识及实践能力的培养，落实在每个实验中局部开放的部分，以难度适当的小研究课题为载体，在理论学习及经典实验操练的基础上，充分发挥潜能，投身于解决具体问题的实践过程。

(3)手册在某实验中提供了一处存有缺陷的实验参考方案，这一特殊的设计旨在带来具体的试错过程体验，达成批判性思维的培养目标。同时，每一项的小课题研究结果，更是体验理论与实际间差距的机会，能够引导学生如何以批判的眼光看待知识本身。

(4)团队精神的培养贯穿始终，借助有一定难度的工作任务，自然促成实验小组成员的团结协作，在过程中提升合作能力。

(5)每个实验最后嵌入的评价量表，考查指标涵盖了从技术到能力、从思维到表达，同时为学生的自我发展起到导向作用。作为课程最终成绩的重要部分，实现了对学生运用知识分析问题、解决问题能力的全面评价。

(6)每次实验完成后的汇总分析报告，是典型的参与式、讨论式、启发式的教学，教学过程中学生是主体——自己的实验结果、实验数据，自行汇总给出数据的分析结论。教师作为参与者，同时也是提供"脚手架"的引导者。

(7)源自于教学研究活动、由实验班本科生原创并研发的发明专利产品《滴定分析终点颜色判断标准比色卡》中的一部分作为彩色插页附于最后，使滴定分析初学者对滴定终点颜色判断的困难得以有效解决，同时亦减轻了实验指导教师的工作负担。更重要的是，该比色卡本身的重要教育意义得以更好地彰显，时刻激励着学习者勇于挑战、勇于突破自我。

本书希望得到同行们的更多建议，以期更加完善，更具有可操作性和推广性。

参考文献

[1]黄都，卢昕，蒋毅民，等. 高校实践类课程改革的理论基础及实践研究之一：基本取向与突破口[J]. 大学化学，2010，25(5)：8.

[2]卢昕，黄都，刘承伟，等. 聚焦于核心概念建构的分析化学实验教学设计：高校实践类课程改革的理论基础及实践研究之三[J]. 大学化学，2011，26(4)：10-14.

[3]黄都，卢昕，赵书林，等. 程序性开放实验课程与教学模式：高校实践类课程改革的理论基础及实践研究之二[J]. 大学化学，2011，26(1)：11-13.

[4]杨东平. 创造力可以培养吗[J]. 基础教育论坛，2015(8)：48.

基于应用型人才培养的化学专业开放实验教学体系的构建[①]

杨敏建[②]，曾兵，林龙利，石谦，杨玉琼

（贵州工程应用技术学院化学工程学院/贵州省化学化工实验教学示范中心，贵州毕节 551700）

摘　要：本文通过对化学专业实验课程内容"模块化"、实验教学方法"灵活化"、实验教学手段"多元化"、实验课程考核"过程化"、实验教学管理"信息化"五方面的建设，构建了基于应用型人才培养的开放实验教学体系。开放实验教学在提高实验室资源利用率的同时，也提高了学生的动手能力、综合分析问题、解决问题的能力以及创新能力。

关键词：开放实验；教学体系；化学专业；应用型人才

2016 年 1 月 26 日，习近平在中央财经领导小组会议首次提出供给侧结构性改革，这是优化国家经济结构的必然选择。随着国家经济结构的不断调整和转型，市场对人才需求的类型发生了悄然变化。作为人才的市场主体企业，愈发渴求应用型人才，所以教育部通过多年的酝酿和调研，于 2014 年 3 月 22 日，在中国发展高层论坛上，教育部副部长鲁昕解读了教育部下一步对应用型人才培养的改革趋势：近 700 所 2000 年后"专升本"的地方本科院校将逐步转型，做现代职业教育，重点培养工程师、高级技工、高素质劳动者等[1]。

贵州工程应用技术学院作为贵州省内率先转型发展的地方本科院校，转型之初就明确了致力于培养具有专业能力、实践能力、应用能力和创新能力的"四能"型高层次应用技术人才的人才培养目标。化学专业是学校的传统专业，如何让化学专业在新的背景下继续保持优势，是必须思考的问题。

为此，我们开始从人才培养环节中具有举足轻重地位的实验教学着手，构建新形势下更加有利于应用型人才培养的开放实验教学体系。

一、开放实验教学体系简介

所谓开放性实验是指以实验过程的开放性和学生参与的自主性为特点的实验教学模式，是化学实验课程的延伸和有益补充，对培养学生的创新能力具有十分重要的意义[2]。化学学科是一门实验性很强的学科，实验教学是实现高素质人才培养和提高教学质量的重要环节。化学专业均开设有化学实验课程，当前国家对应用型人才的需求要求学生必须具备较好的实验素质和创新能力。传统的教学模式过分强调知识的传授，而对学生创新能力的培养重视不足。开放实验是培养学生独立实验能力和创新能力的重要途径[3]。因此，必须要改革传统教学模式，充分提高学生实验活动的自主性，构建转型背景下的开放实验教学体系，提高人才培养质量。

二、构建开放实验教学体系的指导思想与总体思路

立德树人是发展中国特色社会主义教育事业的核心所在，是培养德智体美全面发展的社会主义建设者和接班人的本质要求。开放实验教学体系的构建必须以立德树人为根本，要把立德树人的理念融

① 项目资助：贵州省高等学校教学内容和课程体系改革项目"基于应用型人才培养的大化工实验教学综合改革"；贵州省物理化学系列课程教学团队。

② 通信联系人：杨敏建，副教授，博士，主要研究方向为储氢材料、煤化工，honglinymj@163.com。

入人才培养目标、办学指导思想、实验课程设置、教学方法、手段及其管理模式中，以提高人才培养质量为核心，突出学生探究学习的能力，强化其创新实践的能力，激发其创新创业的潜能。

化学专业开放实验教学体系的设计遵从时间空间开放、实验内容开放、仪器设备开放的"三开放"原则，将基础规范型、综合设计型、研究探索型等三层次实验类型进行整合优化，在具体实验项目的选择上充分考虑理论与实践、基础与前沿的协调，还要注重单个分项与综合设计、学生个体为主还是群体合作等之间的关系，突出开放式实验教学的理念。

三、开放实验教学体系构建

1. 实验课程内容"模块化"

按照学生的认知水平，将化学专业的实验项目分为基础规范型、综合设计型、研究探索型，如表1所示。

表1　化学专业三种类型的实验项目

基本类型	学生认知水平	学生思维活动
基础规范型	了解	记忆事实、概念、术语、基本实验方法
	理解	认知概念、原理，利用实验技术方法
综合设计型	应用	利用概念、原理，解决问题
	综合	应用多课程知识和技术，解决问题
研究探索型	研究	利用所学知识探索，产生新知识

对每种类型的实验项目进行"模块化"设计，进行优化和整合，减少不必要的重复。基础规范型实验为检验课程中某种单一理论或原理的验证性实验，或是练习基本实验方法、基本操作技能的实验。以无机化学基础规范型实验为例，将实验项目按学生需掌握的化学实验基本技术分为加热、冷却、溶解、蒸发、结晶、分离、提纯、测定八个模块，每个模块知识相对独立而又有一定的内在联系，通过实验训练，培养学生的基本认知能力。综合设计型实验是学生利用多门课程或多个原理及概念，通过一种或多种实验方法实现给定的实验目的的实验项目，它能较好地培养学生综合运用知识的能力，以及分析问题、解决问题的能力，初步培养学生的科研能力以及创新能力。研究探索型实验包括对新理论的研究，对实验方法、技术和仪器设备的改进和更新，或者直接参与教师的科研项目等。这类项目能够激发学生的创新欲望，培养学生的科学研究兴趣和研究创新能力。将上述实验分为三个层次以适应不同层次学生的需求，可循序渐进地培养学生的实验技能，提高综合素质，培养科学思维方法和创新意识[4]。

2. 实验教学方法"灵活化"

开放实验的教学应改变传统的"填鸭式"教学方法，在教学方法上更侧重于通过引导、讨论、探究的方式进行教学，缩减讲授、演示等教学方法在授课中的比例，并且更加注重教学方法的综合、灵活运用，做到因材施教、因人施教。例如，我院通过开设引导性实验课，使学生尽早熟悉了自主研学的实验环境，促进了学生学习模式向大学自主研究实验学习的转变。从引导讨论，到学生主动探究，直至独立解决问题，是学生认识问题由现象到本质的一次升华，不仅锻炼了学生的动手能力，而且使学生手脑并用，这一过程极大促进了学生创新能力的培养。因此，开放实验的教学方法要以引导、讨论、探究的方法为主，并要注重综合运用和灵活多样。

3. 实验教学手段"多元化"

开放实验教学手段的"多元化"主要体现在实验教学技术的"多元化"和实验教学载体的"多元化"。在实验教学技术的使用上要与时俱进，将传统的和现代的教学手段相互融合，取长补短，充分利用网络资源和相关的教学软件，借助计算机仿真实验软件、网络流媒体技术、多媒体技术等展现实验过程，使复杂的实验现象和过程变得更加直观形象，从而利于学生接受和理解。另外，学院建有分析测试中心，中心先进的仪器设备用于开放实验，这在一定程度上开阔了学生视野、提升了学生创新的水平。开放实验的教学载体除了化学专业的实验课程内容外，更是结合地方经济，增设了创新型设计型实验项目，学生可根据自己的专业、兴趣自由选择实验项目，实现因材施教和个性化培养，充分发挥学生的积极性和主动性，培养学生的创新意识和创新能力。另外，学院还通过设立大学生科研训练计划让学生自主选题进行科研立项，或鼓励学生直接参与教师的科研项目、参加学科竞赛活动、发表论文、申请专利等，以此为学生提供了灵活自主的"做、学、研"载体。

4. 实验课程考核"过程化"

过去，化学专业实验课程的考核评定主要是通过实验报告，而对学生参与实验的整个过程几乎没有评价，这使得考核成绩的评定不够客观、全面。对于开放实验课程的考核更不能仅以实验报告作为评定依据，而应注重实验课程考核的"过程化"。即从学生参与实验课程的各个环节入手，建立实验教学全过程的跟踪考核体系，对实验课程进行多方位考核，更注重过程，而不是结果，更注重能力，而不是知识，进一步加强学生动手能力的培养，提高学生综合素质[5]。目前，对学生实验课程的考核是通过平时考核和期末考试两部分综合完成的。平时成绩的考核以学生的课前预习(10%)、实验态度(15%)、基本操作(30%)、工作能力(15%)、实验结果(15%)、实验报告(15%)为依据，评定出平时成绩，然后，根据平时成绩(60%)和期末考试(40%)定出总评分。这种全过程的成绩评定方法，整体考查了学生对该实验课程基本实验方法的了解、实验技能的掌握，特别是运用所学实验技能解决实际问题、开展创新工作能力的情况，培养了学生对实验课程的学习兴趣，也使学生更加重视实验课程的各个环节。

5. 实验教学管理"信息化"

目前，学院正逐步推进开放实验教学管理的"信息化"建设。2015年，智能实验室物联网远程控制系统投入使用。该系统支持排课管理，可使现有实验室资源得到充分利用，合理安排实验教学过程；可对实验教学的各个环节进行管控，包括实验预习、考勤管理、实验报告管理、实验成绩管理等，有效提高了实验教学质量，降低了教师的工作强度；还可对实验教学文件、多媒体课件、实验题库、教学视频等实验资源进行管理，为学生在线预习提供了平台。在开放实验管理方面，可实现实验室、仪器设备的预约，并能进行自动审批，提高了实验室与仪器设备的利用率。

四、结语

化学专业开放实验教学体系的构建对我院应用型人才培养质量的提高起到了积极的促进作用。近三年，学生开放实验的参与度明显提高，学生的积极性被调动起来，同时在开放实验教学中也培养了学生之间的团队协作精神。当然，更重要的是，学生的动手能力、综合分析问题、解决问题的能力，以及创新能力都有了较大提高，学生在课程设计、实习、毕业论文(设计)、参加大学生各类竞赛等方面，都取得了不错的成绩，达到了预期目的。另外，实验室资源面向学生开放，使实验室资源不仅在正常实验上课时间被使用，而且也能够在课余时间被使用，大大提高了实验室资源的利用率。

参考文献

[1]王峰. 地方高师院校工科应用型专业转型的问题研究[J]. 阜阳师范学院学报(自然科学版)，2014，31(4)：117-120.

[2]谷祖敏，张杨，李修伟，等. 应用化学专业开放式实验教学的实践与思考[J]. 实验室科学，2017，20(1)：94-96.

[3]王运，钱美珍，文利柏，等. 农林高校化学类开放实验教学体系的构建与实践[J]. 实验技术

与管理，2007，24(12)：139-141.

[4]陈志敏，杨颖群，毛芳芳，等. 基于创新能力培养的地方高校无机化学实验教学体系构建与实践[J]. 湖南科技学院学报，2016，37(3)：114-115.

[5]李琰，吴建强，齐凤艳. 开放与自主学习模式下的实验教学体系[J]. 实验室研究与探索，2012，31(1)：134-137.

应用型人才培养模式下制药工程专业
有机化学实验教改初探

赵高禹[①]

(贵州工程应用技术学院化学工程学院，贵州毕节 551700)

摘　要：有机化学实验是制药工程专业的一门重要的基础课程。针对传统有机化学实验教学中普遍存在的问题，本文从教学理念、教学方式和教学内容等方面提出了一些改革措施和思路，通过这些措施的实施，调动了学生的主动性，提升了学生分析问题和解决问题的能力，培养了学生的实践能力，为应用型人才的培养奠定了良好的基础。

关键词：应用型人才；制药工程；有机化学实验；教学改革

我校作为毕节试验区唯一一所全日制本科高等院校，2005 年从毕节高等师范专科学校升级为毕节学院，2014 年 4 月，加入全国应用技术大学（学院）联盟。2015 年，为实现学校的转型升级，经教育部批准，毕节学院更名为贵州工程应用技术学院。我校秉承"艰苦创业、不断进取"的办学精神，坚持以兴学育人为根本，以培养服务工业化、城镇化建设等需要的一线工程师和服务基础教育需要的一线教师为目标，立足毕节、服务贵州、面向全国，不断深化产教融合、校企合作，深化教学改革、提升教学质量和办学水平，努力建设特色鲜明的高水平应用技术大学。有机化学实验是我校化学、化工、制药工程等相关专业的必修课程之一。为适应应用技术型高校的发展，我校化学工程学院根据不同专业的要求，对原来主要面向师范生的有机化学实验的教学进行了稳健的改革和实践，对实验的教学内容、教学模式和教学方法作了相应调整，初步构建了新的有机化学实验教学体系，取得了良好的教学效果[1,2]。

一、有机化学实验教学中存在的主要问题

1. 对学生的自主实验能力培养不够

目前的有机化学实验教学，传统的教学方法和顺序是由教师先行讲授实验目的、原理、操作步骤以及实验过程中的注意事项等，同时在讲授的过程中配合演示相关仪器的使用和反应装置的安装及使用，然后由学生按照既定步骤自行操作，重复实验过程。要求学生在规定的时间内，使用规定的实验仪器设备，按照讲授的实验方法和步骤，完成规定的实验内容。这样的教学方式往往让学生缺乏独立的思考，不利于学生自主实验能力的培养[3]。

2. 教学理念相对落后

传统的观念往往认为有机化学实验课程是有机化学理论课程的补充，忽视了本课程的独立性，未能有效地形成独立的教学体系。而且实验的形式比较单一，实验时间也比较短，教学过程中往往忽视学生创新精神的培育和创新能力的培养，不利于应用型人才的培养。

3. 实验项目相对陈旧

目前使用的《有机化学实验》教材可谓多如牛毛，但是大同小异，而对于实验中的关键操作却往往

---

①　通信联系人：赵高禹，gansonzhao@163.com。

很少提及。传统的教学方法主要注重基本操作和基本技能的训练，往往导致学生敷衍了事，未能激发学生的学习兴趣。而且实验教材及内容更新较慢，不能及时地反映本学科的最新发展前沿，不能充分满足创新型、复合型和应用型人才培养的需要[4]。

二、教改的主要措施和思路

1. PBL(problem-based learning)教学法

引入 PBL(problem-based learning)教学法用于有机化学实验教学的改革与实践。该方法将问题与学习紧密结合，使学生带着问题去学习，通过学生的自主探究来解决实际问题，从而达到学习的目的，培养解决问题和自主学习的能力[4]。以实验"提取茶叶中的咖啡因"为例，首先要求学生通过网络或图书资料，搞清楚以下问题："咖啡因的结构及性质""咖啡因的用途""常见生物碱的用途及毒品的危害"以及"常见提取天然产物的方法及设备"等，让学生拟订实验方案，再进一步讨论方案的实施，最后再进行实际的操作。学生通过自主学习不但解决了实际问题，而且增强了学习的兴趣和自信心。该方法在有机化学实验教学中的引入，不仅有利于活跃学生的思维，提高学生自主学习和解决实际问题的能力，还可以为学生科研和创新能力的培养奠定坚实的基础。

2. 改进某些实验项目

在一些实验项目中，结合长期以来的实践经验，对某些实验做了一些改进，以提高实验的成功率或产品的收率。比如维生素 B1 催化苯甲醛合成安息香的实验，按照大多数教科书的操作步骤，在加热之前用 $3mol/L$ NaOH 溶液将溶液的 pH 调至 8～9，然后在 65℃下加热 1.5 h 后冷却就可以得到安息香的粗品。但是照此进行实验，往往只能得到少量的产品甚至得不到产品。经过研究，我们发现在反应的过程中，该溶液的 pH 会逐渐降低，因此我们监测反应过程中溶液的 pH，通过加入 NaOH 溶液使之始终保持在 8～9，安息香的产率得到了大大的提高。经过这个实验，不仅让学生明白了现有教材的局限性，也让学生分析问题、解决问题的能力得到了培养。

(1)设置经典药物的合成实验

为最大程度地激发学生的学习兴趣，我们在实验项目的设置上，也做了细心的安排。

我们所设置的实验项目中，除了有机化学实验常用的基本操作训练(萃取、蒸馏、熔点测定、重结晶及熔点测定)以外，我们还精选了安息香、阿司匹林、扑炎痛以及维生素 K$_3$ 等几个经典的药物作为目标产物，对其进行了合成及纯化的实验。其中，我们利用水杨酸合成得到阿司匹林，再用阿司匹林作为原料来合成扑炎痛，是一个多步合成反应，让学生对多步合成有了更深入的理解。该实验操作的综合性比较强，通过本实验的训练，学生的实验技能得到了较大的提升。而且由于实验中涉及阿司匹林、扑热息痛、扑炎痛等几种生活中常见的药物，学生的兴致非常高，实验的结果也比较理想。

(2)增设天然产物提取实验项目

除了教学大纲规定的必做基础实验外，结合毕节市盛产优质中药材的地方特色以及教师的科研课题，我们增设了一些与天然产物提取实际生产联系紧密或与科研课题自成一体的实验项目。比如，学院已建成日处理达 0.5 t 的天然产物提取中试设备一套，学生可以利用开放实验或化工设计的机会到装置现场进行学习和操作。到目前为止，我们已开设竹叶中的黄酮提取、玫瑰精油及玫瑰花中的多糖的提取等科研型实验项目，主要面向高年级学生开放，让部分学生参与到教师的科研项目中，提前熟悉企业或科研院所的工作氛围。这些增设实验项目有力地提升了参与学生的实验操作技能和科研能力，为学生毕业工作和继续深造提供了有效保障。

(3)改革考核方式

学生实验能力的考核是实验教学中的重要环节之一，也是检查实验教学效果、促进学生掌握相关知识、为教学改革提供参考依据的重要措施[5]。传统的有机实验考核主要以学生的实验报告为主要依据，而考核的过程往往偏重于以产品的收率衡量实验的质量，忽视了实验过程对学生实验能力的培养。所以在平时成绩的考核上，我们更注重对学生实验态度和分析问题、解决问题能力的评判。通过制订详细的评分标准，教师在实验过程中对每一个学生的实验情况进行打分，以保证平时成绩的实时性和客观性。实践证明，这样的考核方式更有利于保障实验教学效果，使学生端正学习态度，有效提高学生的实验能力。

三、总结

有机化学实验教学是实现应用型人才培养的重要环节之一，本文针对传统有机化学实验教学中普遍存在的问题，从教学理念、教学方式和教学内容等方面提出了一些改革措施和思路，希望建立一个符合应用型本科院校实际以及应用型人才培养要求的有机化学实验课程教学体系，为我校的转型发展作出应有的贡献。

参考文献

[1]冯建，杨睿宇，熊伟，等. 应用型化学化工类专业人才培养模式的初步研究与实践[J]. 重庆科技学院学报(社会科学版)，2011(14)：183-183.

[2]刘德蓉，熊伟，邱会东，等. 校企合作下的化学化工类人才培养模式探索[J]. 科技信息，2012(33)：55-79.

[3]冯建，熊伟，王金波，等. 应用技术型高校有机化学实验教学改革初探[J]. 广东化工，2016(5)：208-209.

[4]邓祥. 应用型本科院校有机化学实验教学模式改革与实践[J]. 四川文理学院学报，2016(5)：124-127.

[5]钟新仙. 有机化学实验考核方法的改革初探[J]. 广东化工，2009(5)：224-226.

中国大学 MOOC 平台化学师范类
相关慕课课程研究

——以两门中学化学教学设计课为例

刘方舒[①]

（哈尔滨师范大学，黑龙江哈尔滨 150025）

摘　要：本文首先研究了中国大学 MOOC 平台发展和运作模式，通过检索，发现化学师范类相关慕课数量少，基于检索出的两门中学化学教学设计课程，分别从开课情况、课程资料、授课大纲、证书要求四方面进行了比较，对每个方面发现的问题进行分析，最后提出总结和展望。

关键词：中国大学 MOOC；师范类慕课课程；化学教学设计

中国大学 MOOC 是由网易与高等教育出版社联手推出的在线课程教育平台，它负责承接教育部国家精品开放课程，向学习者提供中国知名高校的慕课课程。即使学习者当年没有考上理想中的大学，通过在中国大学 MOOC 平台的学习，也可以接受理想大学的高等教育。

一、中国大学 MOOC 平台发展

在中国大学 MOOC 平台官网，详细介绍了平台的发展历程，2003 年教育部启动了"国家精品课程"项目。2012 年教育部启动"精品视频公开课"项目，2013 年教育部启动了"国家精品资源共享课"项目，2014 年中国大学 MOOC 研发上线，它拥有完整的在线教学模式，支持高等学校在线开放课程建设，实现学习者的个性化学习，每一个有意愿提升自己学习能力的人都可以免费获得更优质的高等教育。这个平台也让一批教学名师通过自己的授课充分展示了各高校讲课的风采。

二、中国大学 MOOC 平台运作模式

在核心部分——课程的制作中，每一门课程都由所在学校的教务处统一管理运作，在中国大学 MOOC 平台上的很多课程都是高校的精品课程，高校指定负责课程讲授的老师，所有老师都必须在高等教育出版社爱课程网上实名认证。老师负责制作并发布课程，制作一门 MOOC 课程的环节要比平时授课复杂，除了基本的课程选题、教学设计之外，还有课程拍摄、录制剪辑等多个环节，课程发布后老师也要参与讨论答疑、批改作业等在线辅导，课程结束后还要在等级证书上署名。

关于考核方式，中国大学 MOOC 平台有一套类似于线下课程的考核方式。每门课程都有老师设置的考核标准，当学生的量化成绩达到老师设置的标准，即可免费获取由主讲教师签名的电子版证书，也可付费一百元申请纸质版认证证书。获取证书，意味着学习者对这门课内容的理解和掌握达到了学习要求，是对学生学习能力的肯定。很多求职网站认可中国大学 MOOC 平台的认证证书，因此学习者可在求职时将这段学习经历和证书写在简历中。

除此之外，中国大学 MOOC 平台还会在开课和发布课程任务时通过学习者的注册邮箱进行提醒，使课程教学更理性，根据不同时间的开课情况，平台还会汇集点击率高的课程制成百课全书栏目，解

---

① 通信联系人：刘方舒，1255457909@qq.com。

析热门课程并按期推出，帮助学习者选择到适合的课程。

三、中国大学 MOOC 平台化学师范类相关慕课课程研究

在高等师范院校的化学师范类教育课程中，中学化学教学设计课程占有重要的地位，它是化学师范类本科和教育硕士的专业必修课程。中学化学教学设计是整个化学课堂教学环节的首要内容，为教学活动制订蓝图，是教学活动得以顺利进行的基本保证。因此，化学师范类相关学习者必须理解并掌握中学化学教学设计课程的相关理论，才能更好地指导以后的教学活动。

笔者在中国大学 MOOC 平台上检索关键词"中学化学教学设计"，发现有两所高校开课，分别是北京师范大学开设的中学化学教学设计与实践以及河南师范大学开设的中学化学教学设计，笔者又检索了学堂在线、好大学在线和果壳网慕课学院三大慕课平台，发现这三大平台没有开设中学化学教学设计相关课程，综上，从数量上来说，中学化学教学设计相关慕课比较少，建设还处于初级阶段，需要更多的高校和教师参与到慕课建设中来。本研究就以检索到的两门课为例，从开课情况、参考资料、授课大纲以及考核方式四方面进行比较研究，希望理清化学师范类慕课的设计与应用前景。

四、两门慕课课程的比较研究

1. 开课情况

表 1 是开课情况对比表，包括：课程名称、任课教师、学校名称、开课次数以及教学时长几方面，从表 1 可以看出，两门课都是第一次开课，再一次证明了化学师范类慕课课程开发处于初级阶段，从授课教师来看，河南师范大学是一位教师，北京师范大学教学团队[1]；从时长来看，河南师范大学的时长比北京师范大学的长，因为两所学校的课程跨度都是三个月，所以河南师范大学的每周课程负载大于北京师范大学[2]。

表 1　开课情况

序　号	课程名称	任课教师	学校名称	开课次数	教学时长
1	中学化学教学设计与实践	王磊教授等 3 名教师	北京师范大学	1	7 周
2	中学化学教学设计	刘玉荣副教授	河南师范大学	1	17 周

2. 课程资料

课程资料对比表，从表 2 可以看出，北京师范大学为学习者列出课程书籍以供参考，河南师范大学暂时没有列出。

表 2　课程资料

学校名称	课程资料
北京师范大学	1. 王磊. 普通高中化学课程分析与实施策略[M]. 北京：北京师范大学出版社，2010 2. 王磊，胡久华. 高中新课程必修课教与学（化学）[M]. 北京：北京大学出版社，2006 3. 王磊，等. 高中新课程选修课教与学（化学）[M]. 北京：北京大学出版社，2006 其他资料： 普通高中化学教科书 义务教育化学课程标准（2011） 普通高中化学课程标准（实验稿）（2003）
河南师范大学	无资料

3. 两门课程授课大纲对比

从表 3 授课大纲对比可以看出，北京师范大学的课程中学化学教学设计与实践面向的是对中学化学教学感兴趣的学生或者从事中学化学教学工作的老师。课程要求学习者较熟悉中学化学教材，并有一定的教育学、教育心理学、课程教学论等课程的基础。

表 3　授课大纲对比

中学化学教学设计与实践大纲	中学化学教学设计大纲
第一讲　化学教学设计概述	第一章　化学教学设计概述
第二讲　化学教学设计的基本方法	第二章　化学教学设计的背景分析
第三讲　元素化合物知识教学设计的基本理论和方法	第三章　化学教学目标设计
第四讲　基于实验探究的元素化合物知识教学设计	第四章　化学教学策略的设计
第五讲　基于实际问题解决的元素化合物知识教学设计	第五章　化学教学情境设计
第六讲　促进概念理解和概念转变的教学设计	第六章　化学实验及其教学设计
第七讲　促进观念建构和促进认识发展的教学设计	第七章　化学教学评价的设计
	第八章　化学教学方案的设计
	第九章　化学教学设计的实施及其反思
	第十章　化学说课

河南师范大学的课程中学化学教学设计对学习者没有特定的能力要求，只要想学习化学教学设计方法，提高中学化学教学设计能力的人都可以参加。课程使用的案例都是初高中化学知识，能够为广大化学专业学生和中学化学教师提供化学教学设计的方法指导与建议，其他学科的师范生和教师也可学习参考。课程涵盖面广，应用面宽[3]。

4. 证书要求比较

从表 4 可以看出，在考核环节，北京师范大学有三方面的评价指标，河南师范大学有四方面的评价指标。在期末考试得分方面，河南师范大学比北京师范大学高；在作业得分方面，北京师范大学比河南师范大学高；在测试得分方面，北京师范大学比河南师范大学高；而河南师范大学还有一项讨论区参与得分，评价标准更全面，注重了平台的讨论功能，也提升了学生的课堂参与度，能更好地完善课程建设[4]。

表 4　评价指标比较

中学化学教学设计与实践	中学化学教学设计
最终成绩由测试得分(40 分)、作业得分(40 分)以及期末考试得分(20 分)累加而成，总分超过 60 分，即可获得合格证书，总分超过 85 分，可以获得优秀证书	最终成绩＝期末考试(30％)＋平时作业成绩(20％)＋线上测验(30％)＋讨论区参与(20％)

五、结语

本次研究通过对中国大学 MOOC 平台在线课程分析，发现化学师范类相关慕课课程数量少，开发出的课程也有一些缺点。对于还处在发展阶段的化学师范类慕课课程，广大教育者需要有耐心有恒心，努力设计开发出一些相关课程来完善慕课体系，我们要相信，任何教育都是一段旅程，在前进道路上的成功与失败应该被教育界视为获得新选择和改善教学方法的机会，希望慕课的明天更美好！

参考文献

[1]北京师范大学. 中国大学 MOOC[EB/OL]. [2017-6-20]. http://www.icourse163.org/course/BNU-1001934009.

[2]河南师范大学. 中国大学 MOOC［EB/OL］. ［2017-6-20］. http://www.icourse163.org/course/HENANNU-1001796020.

[3]梁红妮. MOOC、SPOC 和传统课堂混合教学模式的构建研究——以信息检索课为例[J]. 情报探索，2017(5)：26-31.

[4]杨玫，杜晶，张燕红. 中国大学 MOOC 平台大学计算机基础相关慕课课程研究[J]. 计算机教育，2017(6)：66-69.

源于生活素材的实验室制氧气的化学实验改进[①]

姚如富[②]，扈玉歌

（合肥师范学院化学与化学工程学院，安徽合肥 230601）

摘　要： 实行课程改革以后，化学实验在教学中起着越来越重要的作用，它打破了传统教师灌输式教学的模式，要求学生能够进行自主探究实验。因此，必须优化实验教学设计，改进实验方案，使化学实验更能激发学生探究积极性，让学生获得知识、技能的同时，加强学生科学技能、科学思维、科学精神的培养。本文以 O_2 的制备实验为例，对中学化学实验改进进行探究，从改进实验、简化实验、身边材料、绿色环保等方面对实验进行改进，以期为中学的化学实验教学提供有效参考，使其有效培养学生的发散思维与实验能力。

关键词： 生活素材；实验改进；绿色化学

生活的美好，需要一双发现美的眼睛，化学的美好，归结为对实验的探索，实验课堂对于学生学习化学来说，如飞鸟之羽翼，轻舟之小桨，化学实验是化学课堂基本不可少的情境，化学课加入实验，学生会兴趣大增，学生的能力会提高，如果在化学的实验课堂中，加入生活素材，让学生体会到化学之"美"，会更加理解"生活无处不化学""化学无处不生活"。在新课程标准之下，倡导在实际教学过程中，更多应用探究性实验于教学活动，以现实生活中的化学现象为基础，探究其化学原理。由此，就显示出了中学化学实验改进的必要性。

一、化学实验装置的改进

在初中化学教学过程中，实验室用 H_2O_2 溶液制备 O_2 的原理为：

$$2H_2O_2 \xrightarrow{MnO_2} 2H_2O + O_2 \uparrow$$

实验装置如图1所示。采用排水法收集 O_2，在以往的实验过程中，主要有以下几方面欠佳：

（1）O_2 生成过程中，由于反应较为剧烈，分液漏斗的活塞被打开时，H_2O_2 溶液无法滴下，并形成较多气泡向上溢出。

（2）在反应一段时间之后，H_2O_2 溶液浓度下降，影响反应速度明显减慢，实验效果不再明显。

（3）发生装置的气压平衡问题不能得到妥善解决，也会影响反应速率。

（4）由于缺乏干燥装置，采用排水法制备的 O_2 影响浓度，水蒸气会影响后期燃烧检验时的结果。

对于上述实验装置方面的不足，进行了如图2所示改进。

（1）在发生装置中，引入了一根橡皮条，帮助达到平衡气压的效果。

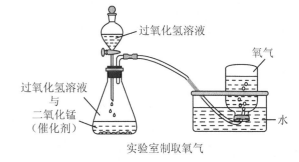

图1　实验室制取 O_2

① 项目资助：合肥师范学院研究生创新基金，项目编号：2018yjs25。

② 通信联系人：姚如富，Yaorufu@sina.com。

（2）在锥形瓶的底部位置，增设放液口，保证反应后的废液能够及时排除，降低对后期反应过程的影响。基于这两种改进办法，能够显著提升实验速率，且能够制备大量的 O_2。

（3）在出气口处，放置干燥剂，有效去除与 O_2 共同排出的水蒸气，达到消除干扰、提升实验准确度的效果。

（4）在集气瓶的底部增设进气口，由于氧气相比于空气密度更大，通过这一进气口能够在上部消耗 O_2 的同时，及时补充实验所需 O_2，进而可以利用同一装置一次性完成 O_2 性质的演示实验，以达到简化实验装置的效果[1]。

另外，在实验室制备 O_2 过程中，部分学生在资源再利用这一环保理念的引导之下，对实验装置进行了更换处理，常规实验当中需要用到的锥形瓶、长颈漏斗等玻璃仪器，用塑料制品代替，包括矿泉水瓶、塑料袋、橡皮塞，饮料吸管等，利用这些材料自己动手设计实验装置，进行了如图 3 所示改进。

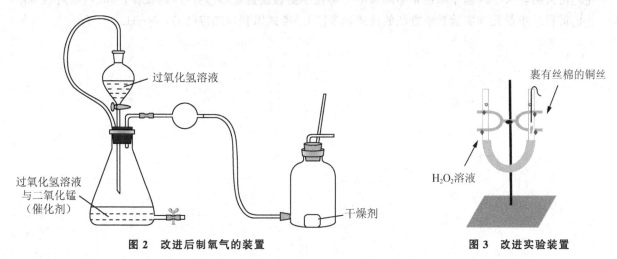

图 2　改进后制氧气的装置　　　　　图 3　改进实验装置

（1）发生装置改为两个玻璃管（也可用奶茶吸管代替）用一根橡皮管连接，用滴定管夹固定在铁架台上。

（2）用丝棉包裹 MnO_2 粉末，绕在铜丝上放进玻璃管内，利用滴定管夹调节倾斜度来实现实验过程中的固液分离，进而节约药品，使实验效果更加显著。

（3）实验反应完后，液体直接从玻璃管口倒掉，包裹 MnO_2 的丝棉可以重复使用，不但体现了绿色化学，而且还能验证催化剂"一变两不变"的性质，这一装置改进方式，在课堂演示以及学生实践操作的过程中都十分适用，应用价值明显提升。学生利用身边素材来改进实验，操作简单，既能激发学生学习化学的兴趣，又培养其自主探究和动手操作的能力。

（4）改进后，实验属于微型实验，操作简便，药品用量少，反复利用，实现了"绿色化学"的理念。

二、化学实验药品的改进

在化学实验当中，对实验药品进行改进，能够显著提升反应速率，进而缩短实验时间，提升课堂整体效率。在实验室制备 O_2 的实验中，涉及的实验药品包括过 H_2O_2 溶液和 MnO_2，其中，H_2O_2 溶液的质量分数在 30% 左右，浓度过高，不仅反应剧烈易喷发，且对皮肤具有十分强烈的腐蚀作用，可能危害操作人员的身体健康，因此，在实际实验过程中，要将 H_2O_2 溶液稀释到 15% 左右，但注意不能使浓度过低，否则会导致反应过慢。在用 H_2O_2 溶液制备 O_2 的过程中，需要用 MnO_2 作为催化剂，控制反应过程。原有的一次性加入 MnO_2 的方式，导致反应速率与 O_2 收集效果不够完善，H_2O_2 溶液的消耗量也过大，对其进行改进后，可将少量的 MnO_2 粉末放到大试管底部，然后将 H_2O_2 溶液放入分液漏斗当中进行滴加，使反应发生。这种滴加的形式，能够有效控制反应速度与药品用量，生成的氧气更易收集，能够有效节约药品。

综上所述，以 H_2O_2 溶液和 MnO_2 制备 O_2 的实验改进，在教师演示实验或学生实践操作过程中，能够直接实现改进过程，进而通过实验观察，提升实验体验感受，便于学生更深入地理解、记忆实验原理与相关性质等。较好地完成教学大纲提出的任务，提高教学效率的同时，使学生视野开阔、思维活跃，激发学生的学习兴趣，达到乐于探究、勇于创新的目的。这对培养学生的创新精神起到积极作用。

参考文献

[1]人民教育出版社化学室. 义务教育教科书九年级上册[M]. 北京：人民教育出版社，2012.

[2]刘知新. 化学教学论[M]. 3版. 北京：高等教育出版社，2004：17-18.

[3]何大明，关宁. 基于绿色化学理念的中学化学实验改进策略[J]. 广西教育，2017(22):34-35.

[4]雷霄. 中学化学实验教学方法的改进思考[J]. 考试周刊，2017(25)：50-51.

启发—互动教学模式在弯曲液面的性质中的应用[①]

杨喜平[②]，曹晓雨，卢明霞

（河南工业大学化学化工与环境学院，河南郑州 450001）

摘　要：教师在物理化学弯曲液面的性质及其应用的讲授中，采用启发—互动探究式的教学法。首先制订启发—互动探究教学目标；精选教学内容，精心设计教学过程，以问题统领教学，在传授知识的同时展示探索学习方法，训练学生自学能力等，采用启发—互动探究式教学能使学生深刻理解基本内容、基本原理等，取得了明显的教学效果。

关键词：启发—互动式教学；弯曲液面的性质；附加压力

启发—互动教学模式就是指教师在课堂教学过程中，充分发挥主导作用，根据教学任务和学习规律，以智慧学习和终身学习为目标，以启发学生的思维为核心，增强学习目的和动机教育，调动学生学习的主动性和积极性，增强学生独立分析问题和解决问题的能力。启发—互动式教学的实施要求教师将教学目的贯穿于教学的始终，深入研究教学内容的逻辑性，运用生动的教学用语和教学实例，循序渐进地引导学生。弯曲液面的性质这一节与生产生活实际联系较多，在教学中充分运用启发—互动教学模式，采取由浅入深、循序渐进的方法，有助于培养学生理论联系实际的能力，收到了较好的教学效果。

一、依启发式教学思想，制订三维教学目标

界面现象是热力学三大定律在特殊的系统——界面层中的应用。本节内容就是将弯曲液面当作特殊的研究对象，应用物理化学的基本原理，对其特殊性质及现象进行讨论和分析。由于本章节内容与生产、生活联系较多，因而教学中充分运用启发—互动教学模式，注重理论联系实际，制订了三维教学目标。

（1）知识与技能：理解弯曲液面下的附加压力概念和拉普拉斯公式；理解开尔文方程及其应用。

（2）过程与方法：采用启发—互动式教学，以问题统筹整个教学内容；鼓励、启发学生积极思考，培养学生的探索能力；通过对比、设问等方法层层深入，学生在积极参与中理解知识、感悟学习方法。

（3）情感态度与价值观：与医学、生产、生活、科研实践等相结合，培养学生对物理化学的兴趣和科学探究精神；将课内与课外相结合，培养学生提出问题、分析问题、解决问题的能力；引导和培养学生用物理化学中的原理去解释其他学科以及生产实践中相关问题的能力。

二、教学方法

在教学中采用以教师主导、学生主体的启发—互动的教学法，启迪学生深层次学习。具体的教法学法：（1）对比法，凸液面和凹液面的反复对比；（2）理论联系生产生活实际，并与匹配的物理化学实验"最大气泡法测定溶液的表面张力"相结合，进行互动—探究式教学；（3）合作讨论，引导学生思考与讨论（具体题目见后面问题①～问题⑥）。（4）举例，精选一道有实际意义的考研真题，加强了知识点之间的关联；（5）随堂小测，提取本节课知识点，精心编写出 20 道单选题，以巩固所学内容，同时检查

① 项目资助：河南工业大学优培工程立项课题（物理化学）；物理化学混合式教学模式研究。

② 通信联系人：杨喜平，yangxiping@haut.edu.cn。

学习效果。

教法和学法的(1)(2)(3)(5)用来攻克本次课的教学重点和易错点，(4)(5)用来巩固所学内容和克服教学难点。

三、启发—互动式教学的具体过程

1. 共同回顾，巧设思考题，导入新课

通过日常生活常识引入思考题，简单回顾上次课内容，这不仅可以巩固上次课所学，又可以巧妙引入本次课的学习。

问题①：大面积的水面看起来总是平坦的，而一些小面积的液面，如毛细管中的液面、气泡、荷叶上露珠的液面等却都是曲面，为什么？问题②：在自然界，为什么气泡、小液滴都呈球形？这种现象在实际生活中有什么应用？由此引入附加压力的概念。用玻璃管吹一肥皂泡，将管口堵住，气泡可以比较长时间存在，若松开管口，气泡很快缩小成一液滴。这一现象说明，肥皂泡液膜内外存在压力差，这种压力差正是由于弯曲液面而引起的。引导学生对凸液面和凹液面进行观察、对比、分析。

2. 层层引导，学习新知

问题③：我们在实验室里，用同一支滴管分别滴取相同体积的纯水、NaCl 溶液、乙醇，每一种液体所需液滴数是否相同？为什么？滴数与哪些因素有关？问题④：用一个三通活塞，在玻璃管的两端吹两个大小不等的肥皂泡，当将两个肥皂泡相通时，两个气泡的大小将会如何变化？

对此问题进行思考、猜测、讨论，引入附加压力与曲率半径的定量研究。第一种方法是采用教材的方法(见图1中弯曲液面的 Δp 与曲率半径的关系图)，从附加压力的本质出发通过力的分解得到拉普拉斯方程。第二种方法是从能量转换、非体积功与表面吉布斯函数间的联系入手。设有一毛细管，管内充满液体(见图2)，管端有球状液滴与之平衡，外压为 p_g，附加压力为 Δp，液滴所受总压为 $p_g + \Delta p$。对活塞稍加压力，改变毛细管中液体的体积，使液滴体积增加 dV，其相应的表面积增加 dA。在此过程中，环境对系统所做的功转变为系统的表面能，即环境所消耗的功和液滴可逆地增加的表面积的吉布斯自由能变化相等，故 $\Delta p\, dV = \gamma dA$，得到拉普拉斯方程。

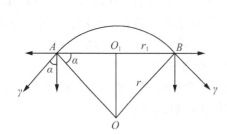

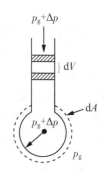

图1　弯曲液面的附加压力与曲率半径的关系　　　　**图2　Δp 与曲率半径的关系**

引导学生进行讨论：(1)附加压力 Δp 与曲率半径 r 成反比；(2)附加压力 Δp 与表面张力 γ 成正比；(3)以液体为准，对于凸液面，$r>0$，$\Delta p>0$，附加压力 Δp 为正值，指向液体，对于凹液面，$r<0$，$\Delta p<0$，附加压力 Δp 为负值，指向液面外部。总之，附加压力的方向总是指向曲面的球心；对于由液膜构成的气泡，如肥皂泡，考虑内、外两个表面。接着引导学生回答前述问题：用同一支滴管取液体所需液滴数与哪些因素有关？提示学生分析受力情况：液体在滴管口即将滴落时，所受到的附加压力和重力相平衡，从而得到液滴半径的四次方与液体的表面张力成正比，而与密度成反比。这个性质可以用来制备小的玻璃珠和球形硅胶微粒。通过辨析、应用对比，巩固新知；教学中采用促进注

意策略、恰当复习的策略，通过抢答等方式实现对知识的理解。

问题⑤：当人们发烧到医院做血常规分析时，会在指尖采血，血液在毛细管中上升，液面到一定高度，会停下来。这又是为什么？由此问题引入毛细现象的讨论。问题⑥：农民锄地是不是仅仅为了松土、除草？除草剂能不能代替锄地的过程？硅胶为什么能够做干燥剂？由此问题引入弯曲液面的饱和蒸气压的分析和讨论，煮开水时为什么不见暴沸现象，而在有机蒸馏时却会发生暴沸？如何防止暴沸的发生？做沉淀分析时为什么要有陈化过程？为什么水温到了 0℃ 以下却不结冰？为什么久旱无雨？这一系列的问题将引领学生讨论亚稳现象。

精选一道具有实际意义的考研真题作为例题，并且梳理本节课的知识点。已知 27℃ 及 100℃ 时，水的饱和蒸气压分别为 3.565 kPa 及 101.325 kPa，密度分别为 997 kg·cm^{-3} 及 958 kg·m^{-3}，表面张力分别为 0.0718 N·m^{-1} 及 0.0589 N·m^{-1}，水的蒸发焓为 $\Delta_{vap}H_m = 40.656$ kJ·mol^{-1}。

(1)27℃ 时，水在半径为 $r = 5.0 \times 10^{-4}$ m 的毛细管内上升 0.028 m，求水与毛细管壁的接触角。

(2)27℃ 时，水蒸气在 $r = 2 \times 10^{-9}$ m 的毛细管内凝结的最低蒸气压为多少？

(3)如以 $r = 2 \times 10^{-6}$ m 的毛细管作为水的助沸物，则使水沸腾需过热多少度？欲提高助沸效果，毛细管半径应加大还是减小？

精选的例题将本次课知识点与克—克方程相结合，加强了知识点之间的关联，体现了运用知识的系统性，并且拓宽了学生的视野。同时例题的求解过程也正是本次课三个主要内容的小结和应用。

3. 随堂小测

提取本节课知识点，精心编写出 20 道单选题（精加工策略），以巩固所学内容，同时检查学习效果。如：一水平放置的毛细管内有少量润湿性液体，若该液体在管内一直向左方移动，说明（ 　　 ）。

A. 左端的内径大 　　　　　　　　B. 右端的内径大

C. 内径均匀无缺陷 　　　　　　　D. 不能说明有无缺陷

四、启发—互动式教学的特色及反思

启发—互动式教学模式突出学生的主体地位，体现主体参与意识和自主发展，以发现问题、分析问题和解决问题为着眼点，注重师生之间、生生之间的互动交流、研讨和探究。本次课通过精心设计教学环节，充分调动学生自学的积极性和能力；内容丰富的随堂小测激发学生学习物化的兴趣，让学生体会合作研究、交流学习的乐趣，让学生感受到物理化学的魅力，体会用物理化学的原理去解释相关的问题的乐趣。

参考文献

[1]天津大学物理化学教研室. 物理化学[M]. 5 版. 北京：高等教育出版社，2009.

[2]沈文霞. 物理化学核心教程[M]. 3 版. 北京：科学出版社，2009：330-334.

化工基础实验教学实践与探索

杨东晓，娄向东①

（河南师范大学化学化工学院，河南新乡 453007）

摘　要： 针对化学专业学生对化工基础实验课程意义认识不足，化工基础理论复杂性，以及化学专业学生对化工基础实验课程重视程度不够的情况，我们采取了以下举措：突出本课程应用背景，提高学生兴趣；加强理论联系实际，运用学生们熟悉的例子帮助理解概念；加强实验教学环节管理。实践经验表明，以上举措有效地提高了化工基础实验课程的教学效果。

关键词： 化工基础实验；教学经验；学习兴趣；教学管理

河南师范大学化学专业的化工基础实验课一直由化学化工学院化学工程研究所（原工业化学教研室）承担。多年来，作为化工基础实验课指导老师，在实践过程中积累了一些经验和感悟，以期与各位同行进行交流，促成化工基础实验教学工作的共同进步。

我校化工基础实验课程是面向化学化工学院化学专业本科生开设。化学专业最早是化学教育专业，主要以化学教育师资培养为主。经过不断发展，目前形成了师资型、研究型、应用型等多种培养方案并行的培养模式。其中师资型、研究型的学生在化学专业中占有较大比重，这类学生对化学工业的应用背景相对比较陌生，对化工基础课程开设的意义不甚明确。加之化工基础课程是化学理论走向实际应用的桥梁，在面对实际工程应用中的复杂技术问题时，常常需要复杂的分析和计算，因此具有一定的难度，这更增加了学生的畏难情绪和枯燥感。而且，对于师资型和研究型学生占主导的化学专业学生来说，化工基础课由于偏重应用而往往受到的重视程度不够。

针对以上情况，本文作者在教学过程中，注意突出化工技术的应用背景，加强理论联系实际，将复杂的理论与生活生产相结合，帮助学生们认识和理解。并在教学实践中进行教学各环节的严格管理。以上举措有效提高了教学效果。下面从以下几方面进行论述。

一、突出应用背景，提高学生兴趣

化工基础是高等师范院校专门为化学专业学生开设的一门联系生产实际的基础课程，同时也是自然科学领域的基础课向工程科学专业课过渡的入门级课程，在基础课与专业课之间起着承前启后、由理及工的桥梁作用，对学生的工程素质和综合素质培养具有重要意义[1]。化工基础课程的理论性和实践性都比较强，公式和计算量都比较大，大部分学生在学习过程中会感觉比较困难和吃力[2,3]。

化工基础实验是化工基础理论课程对应的实验课程。化工基础实验与基础化学实验不同，属于工程实验的范畴。它是研究和发展化学工业的基本手段，不是单纯的技术操作过程，它包含了丰富的认识论和方法论内容。化工基础实验不仅在培养学生的工程观点、提高学生工程能力方面发挥着重要作用，而且对培养学生的科学素养和创新能力方面有着其他实验课程不可替代的作用[4]。

我校化学专业本科生培养实行以师资型、研究型、应用型等多种培养方案并行的培养模式，其中师资型、研究型的学生在化学专业中占有较大比重。因此，在实验教学过程中，突出化工技术的应用

---

① 通信联系人：娄向东，chemenglxd@126.com。

背景，让学生充分认识到化工技术的实际价值，能够提高学生对于化工基础这门课开设意义的认识，达到提高兴趣，提高学习热情和动力的情感教学目的。

实际上，化工产业是国民经济的重要支柱产业之一，我们的衣食住行都与化学工业息息相关。在实验教学中，首先提出化工产业的重要意义，能够有效提高学生对学习本课程理论的意义的认识。学生在日常生活中可以找到很多化工产业的产品。

首先说"衣"。例如，大家身上的衣服，目前单纯棉质的衣服已经很少了，大多数都是化纤制品，属于石油化学工业的下游产品。即使一些纯棉质地的衣服，也少不了要进行染色等化学处理。这些都是化学工业产品参与的结果。脚上的鞋子，鞋底几乎都是以聚氨酯等化工产品为主的。大家用的洗发水也是化工产品，另外一些护肤品、化妆品等更是化工产品。因此，大家从头到脚都是少不了要与化工产业打交道的。

其次说"食"。我们国家十几亿人口，大家之所以能安心在这里学习，化肥功不可没。我们国家幅员辽阔，但是耕地面积有限，特别是优良的耕地是少之又少。但是我们国家早已成功解决了温饱问题，这里面与化肥的作用是分不开的。原先土地地力亩产三四百斤是常见的水平，而现在即使是较为贫瘠的土地，亩产达到一千斤也是司空见惯的事。我们国家是农业大国，对世界粮食安全稳定作出了重要贡献，这与我们国家化肥产业的高速发展有着密切的关系。

再次说"住"。建筑行业需要使用大量的化工产品，包括涂料、保温材料及多种建材等，都与化工产品息息相关。

最后说"行"。2017年，我国汽车保有量达到2亿辆，汽车驾驶人超过3亿。现在我们国家这么多汽车，用的汽油是从哪里来的呢？恐怕离开石油化工产业是万万不行的。汽车的轮胎材质是橡胶，车内座椅大部分要用到塑料、聚氨酯等，车体还要有涂漆，因此可以看出，化工产品的身影比比皆是。

综上所述，不难看出，化工产业与我们的生活息息相关，可以说离开化工产品我们就无法生活，我们的社会就难以持续。随着人口增长、寿命延长、生活水平的提高，人类将对环保、医疗、保健、文体等方面有更高的要求，化工极大地满足了国民经济发展的需要[5]。

以上的例子可以很快抓住学生的注意力，将原本看似遥远的理论知识与我们的生活实际密切联系到了一起，引起学生的兴趣和关注。在教学过程中，作者发现这样能够让学生认识到学习化工技术的意义，有效地提高学生的兴趣，明显提高教学的效果。

二、密切联系实际，用具体实例解释抽象理论

化工基础实验属于工程实验，通过化工基础实验可以让学生对所学的理论知识得以巩固和深化，理论知识通过实验得以验证；可以让学生初步感受工业、工厂气氛，有利于理论联系实际，进一步锻炼科研意识，树立技术经济观点、工程实验安全观点，树立科学的工程观念，了解化工技术发展的方向，促进崭新科学思维的形成，训练学生解决实际问题的能力。因此，实验教学具有直观性、实践性、综合性和创造性。

化工基础实验教学有以下几方面的目的[1]：

(1)验证化工单元过程的基本原理，并在运用理论分析的过程中，使理论知识得到进一步的理解和巩固。

(2)熟悉实验装置的流程、结构以及化工中常用仪表的使用方法。

(3)掌握化工基础实验的方法和技巧，例如，实验装置的流程、操作条件的确定、测控元件及仪表的选择、过程控制和准确数据的获得以及实验操作分析、故障处理等。

(4)增强工程观点，培养科学实验能力，如培养学生进行实验设计、实验组织，并从中获得可靠的结论，提供基础数据，提高化学工程设计的能力。

(5)提高计算和分析问题的能力，运用计算机及软件处理实验数据，以数学方法或图表科学地表达

实验结果，并进行必要的分析讨论，编写完整的实验报告。

在以上目的中，最重要的是达到化工基础课堂教学中学习到的理论与实际装置过程相联系，从而使理论知识得到理解和深化的目的。这也是化工基础实验教学的难点。化工基础与其他化学类课程不同，要用到大量复杂的过程分析和计算，这对学生提出了较高的要求，也容易使学生产生畏难情绪。

本文作者在化工基础实验教学实践过程中，总结了很多具体的实例，通过这些实例，帮助学生理解实验相关的理论和计算步骤。经验表明，这些实例的运用能够有效提高教学效果。

我校化工基础实验主要项目包括：精馏、吸收、流体阻力、雷诺实验、传热综合、离心泵特性曲线、流量计标定、填料塔返混、多釜串联返混、内扩散有效因子测定等。以化工单元操作精馏实验为例。在精馏实验中，精馏塔的相关原理在化工基础理论解释中要结合各塔板气、液相组成 x_n、y_n 来进行描述，还要结合相图才能分析。而在化工基础实验的教学环境中，学生面对的是实实在在的精馏塔设备，不能只是抱着书本听讲。而且那些繁杂的理论分析已经在课堂理论教学环节进行过了。因此，本文作者撇开具体塔板组成，面对精馏塔实验设备，仅仅从整体上分析气、液两相在塔内的流动路线和方式，抓住每一级气相是来自下一塔板，具有较低组成，而液相是来自上一塔板，具有较高组成，气液两相在塔板相遇时不平衡而重新建立平衡这个过程的特点，重点突出热蒸汽对液相逐级汽提、冷液体对气相逐级洗脱这两方面的作用。并与生活中多层屉子蒸笼蒸馒头的例子进行对比，强调相似点和差异，引发学生联想，拉近理论的距离，有效引起兴趣和关注，帮助学生理解。理解精馏塔基本原理是实验顺利进行和实验数据处理的关键。

又如多釜串联返混测定实验中，具体的计算公式推导已经不是实验教学的核心内容，而是理论课堂教学的环节内容。因此，在实验教学过程中，面对实际的实验设备，教师可以引入学生生活中熟悉的例子，如用运动会入场式中方块队伍的例子类比平推流，而比赛跑步类比教师可以非理想流动等，帮助学生理解整个过程的原理。

三、加强实验教学管理，提高实验教学效果

化工基础实验对于化学专业本科生来说不属于基本化学内容，经常会有一些学生对此门课程重视不足。加强实验教学管理，对保证实验教学效果，具有重要意义。实验教学环节加强管理，可以有效提高实验教学效果，加强学生对过程理论的理解，提高学习效果，增强学习获得感和成功感，可以提高学生的兴趣和学习动力，进一步提高学习的主动性和教学效果，从而进入良性循环。

在实践中，主要从以下几个环节加强教学管理：

1. 实验预习

在教学实践过程中，本文作者发现由于大三本科生课程较多，学生对化工基础实验的重视不足。由于平时上课比较忙碌，经常出现有学生下午下课后，紧接着匆忙吃完晚餐就来实验室上实验课的情况。因此部分学生预习情况较差，很多实验内容没有弄清楚就草草进行实验，导致实验效果较差，参与度下降，收获甚微，从而丧失兴趣，进入恶性循环。实际上实验课应该是饶有兴致地，带着好奇心，带着期待而来，收获发现和成功而去的，这样可以进入良性循环。

为此，我们在教学实践中，要求学生认真进行预习，并按照要求完成预习报告，在每次实验课开始前，先将预习报告上交，并作为成绩评定的一部分。实践经验表明，对预习环节加强要求，有效改善了教学效果。

2. 教学出勤

为加强实验教学纪律，我们每次实验课进行签到。而且统一实验服装，胸前要佩戴胸卡，胸卡上配有照片。此项举措有效解决了少部分学生考勤纪律不佳、旷课的情况。否则极少数学生的缺勤行为会严重影响其他学生的学习积极性。

3. 实验报告

实验报告是对实验结果的总结，是对相关理论的运用和分析，是实验教学效果的重要体现。在教学中，我们以实验报告批改成绩作为学生实验课成绩的重要组成部分。在实践中，我们经常可以看到一些优秀的学生，能够充分运用学到的理论知识和方法，对实验结果进行深入的分析，成绩优异，充分达到了实验教学的目的。优异的成绩，使这些优秀的学生成为同学们的榜样，也激发大家学习的热情和积极性。同时，这些表现优异的学生，也给我们实验指导教师以启示，十年树木，百年树人，我们要立足岗位，认真工作，不断提高教学水平，为国家、为社会培养栋梁之材。

参考文献

[1]路洋，刘春艳. 我国高校学生评价现状及问题探析[J]. 当代教育论坛，2011(10)：94-95.

[2]王锦. 高校学生评价问题及教学策略[J]. 沈阳大学学报：社会科学版，2014，16（3）：400-402.

[3]陶海燕，夏娜，赵丽凤，等. 在化工基础课程中进行情感教学的探索与实践[J]. 广州化工，44(22)：150-166.

[4]陈丽萍. 高等师范院校化工基础实验课程改革的探索与实践[D]. 呼和浩特：内蒙古师范大学，2007.

[5]谢荣光. 大众化教育背景下高校学生评价工作的探索与思考[J]. 经济社会与发展，2011，9(4)：122-124.

用红黑笔判断电环化产物构型的方法

武晓霞，李青，李建平，谢明胜[①]

（河南师范大学化学化工学院，河南新乡 453007）

摘　要：本文介绍一种通过红黑笔来判断电环化产物立体构型的方法，该方法具有红色、黑色区分明显，轨道翻转和旋转灵活，立体感强，道具简单易得等特点，且能解放双手，特别适合课堂教学，取得了很好的教学效果。最后，还列举了一些该方法应用的实例。

关键词：红黑笔；电环化反应；构型

在基础有机化学教学中，协同反应包括电环化反应、环加成反应和 σ 迁移反应三部分内容，这一章的内容比较抽象，对于初学者，尤其是立体感较弱的学生来说，学习起来相对困难。教材中一般先介绍电环化反应[1,2]，因此，如果能发展一种简单易学的判断电环化产物构型的方法，帮助学生掌握电环化反应的规律，就有利于进一步学习其他协同反应，从而达到事半功倍的教学效果[3,4]。

一、问题的提出

在光照或加热的作用下，共轭多烯烃末端两个碳原子的 π 电子环合成一个 σ 键（见图 1），从而形成比原来分子少一个双键的环状烯烃或者环状烯烃开环变成共轭多烯烃的反应统称为电环化反应。根据伍德沃德-霍夫曼（Woodward-Hoffmann）规则，电环化反应时反应物按照顺旋或对旋的方式开环或关环。在开环或关环的过程中，两端碳原子上的取代基团，也会进行立体化学的转化，生成具有一定立体构型的电环化产物。例如：

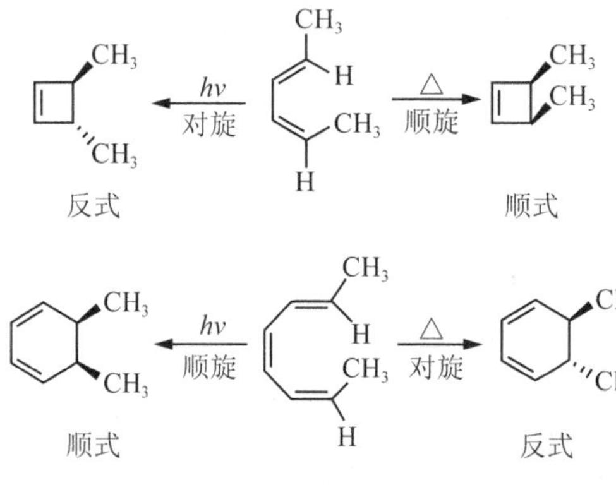

图 1　共轭烯烃的电环化反应

从图 1 我们可以看到，(Z，E)-2，4-己二烯(1，3-丁二烯型化合物)在加热条件下环合，只得到顺-3，4-二甲基环丁烯，在光照时却得到反式异构体。(Z，Z，E)-2，4，6-辛三烯(1，3，5-己三烯型化合物)加热时得到反-5，6-二甲基-1，3-环己二烯，光照则得到顺式异构体。同学们一看，比较困惑，难以理解，怎么有的生成顺式？有的生成反式？这该如何判断？

---

①　通信联系人：谢明胜，xiemingsheng@htu.edu.cn。

二、红黑笔表示法

课堂教学工具：两支红笔、两支黑笔和两个燕尾夹。取两支黑笔，一头戴上黑笔帽，另一头戴上红笔帽，然后将两个燕尾夹分别夹在两支笔的中间，如图 2 所示（可扫描扉页二维码查看彩图）。

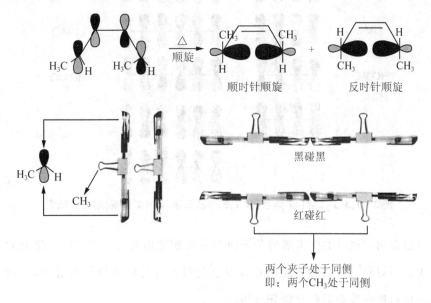

图 2　红黑笔与轨道的对应关系

我们用中性笔表示 p 轨道，黑笔帽表示 p 轨道的正相部分，红笔帽表示 p 轨道的负相部分，如图 2 左。燕尾夹代表烯烃端位上较大取代基，如果燕尾夹代表较小取代基如氢原子，也可以。σ 键是轨道经轴向重叠形成的，因此在发生电环化反应时，末端碳原子的键必须旋转，发生同相位的重叠即红碰红或黑碰黑。电环化反应常用顺旋和对旋来描述不同的立体化学过程。顺旋是指两个键朝同一方向旋转，可分为顺时针顺旋和逆时针顺旋两种。对旋是指两个键朝相反的方向旋转，可分为内向对旋和外向对旋。如图 2 所示，端位上两个大取代基（甲基）均指向左边，只有顺旋才能使位相相同的轨道瓣相互交盖生成 σ键，顺时针顺旋（黑碰黑）后两个燕尾尖方向均为朝上的，表示顺旋后这两个取代基（甲基）均为朝上的。逆时针顺旋（红碰红）后两个燕尾尖方向均为朝下的，表示顺旋后这两个取代基均为朝下的。

此红黑笔法具有以下特点：

(1)红色黑色区别明显，适用于课堂教学。

(2)立体感较强，能更直观地表示原料/产物的立体构型。

(3)学生不需要死记硬背电环化反应的规则，只需记住红碰红、黑碰黑即可，便可轻松判断出加热或光照条件下是顺旋还是对旋。

(4)教学道具简单易得。

(5)红黑笔旋转和翻转灵活，使双手得以解放，可以同时进行板书和使用教鞭。

三、共轭链烯的分子轨道及其对称性规律

我们为什么只采用两支笔来研究电环化反应的立体化学过程呢？学习过前线轨道理论和分子轨道对称守恒原理以后，我们便可以很轻松地理解这个问题[5-6]。

1,3-丁二烯（$4n$ 体系）和 1,3,5-己三烯（$4n+2$ 体系）的分子轨道如图 3 所示。

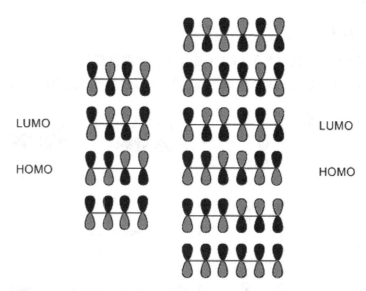

图3 1,3-丁二烯（4n 体系）和 1,3,5-己三烯（4n＋2 体系）的分子轨道

从图 3 我们可以看出，链状共轭多烯的分子轨道是按照镜面对称—反对称—镜面对称交替分布的，能量最低的轨道为镜面对称，且共轭多烯两端碳原子的对称性与整个分子轨道的对称性是一致的，也是按照镜面对称—反对称—镜面对称交替分布的。

在判断电环化产物的立体构型时，仅涉及共轭多烯两端碳原子的 P 轨道，与中间碳原子的 P 轨道无关。因此，我们只需考虑共轭多烯两端碳原子的对称性规律或者只考虑 HOMO（最高占据分子轨道）与 LUMO（最低未占据分子轨道）两端的对称性即可（无论是 4n 体系还是 4n＋2 体系，只要是热反应一定是 HOMO 参与反应，只要是光照，一定是 LUMO 即新的 HOMO 参与反应），这样问题便大为简化。若用两支笔（一头戴黑笔帽，一头戴红笔帽的黑笔）来表示 1，3-丁二烯两端碳原子的 HOMO 和 LUMO 轨道，就是固定左手中的笔黑笔帽朝上不变，右手中的笔红笔帽朝上为 HOMO 轨道，再将右手中的笔翻转 180°黑笔帽朝上即为 LUMO 轨道。

加热反应时，按照分子轨道对称性交替分布规律，学生很容易判断出 4n 体系中 HOMO 为偶数，轨道为反对称，顺旋成键；4n＋2 体系中 HOMO 为奇数，轨道为对称，对旋成键。光照反应时，4n 体系中 LUMO 为奇数，轨道为对称，对旋成键；4n＋2 体系中 LUMO 为偶数，轨道为反对称，顺旋成键。

四、红黑笔法举例

我们以（Z，E）-2,4-己二烯和（Z，Z，E）-2,4,6-辛三烯进行热环化和光照电环化反应为例，介绍电环化产物立体构型的判断办法。

1.1,3-丁二烯型化合物（4n 体系）

具体做法：将两支笔中间的夹子均朝左摆放，夹子代表两个甲基（或两个氢原子），根据顺旋或对旋的要求，两支笔同时旋转 90°，由夹子的朝向，判断产物的立体构型。

加热电环化反应如图 4 所示(可扫描扉页二维码查看彩图)。

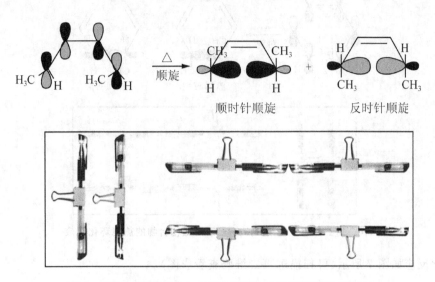

图 4　用红黑笔法表示 1,3-丁二烯型化合物的热电环化反应

光照电环化反应如图 5 所示(可扫描扉页二维码查看彩图)。

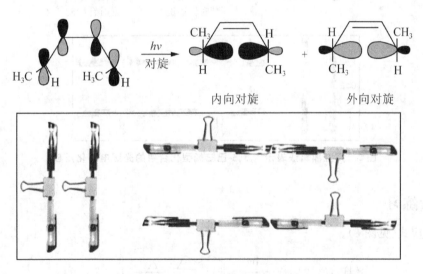

图 5　用红黑笔法表示 1,3-丁二烯型化合物的光照电环化反应

2. 1,3,5-己三烯型化合物($4n+2$ 体系)

具体做法:将两支笔中间的夹子均朝左摆放,夹子代表两个甲基(或两个氢原子),根据顺旋或对旋的要求,两支笔同时旋转 $90°$,由夹子的朝向,判断产物的立体构型。

热电环化反应如图 6 所示(可扫描扉页二维码查看彩图)。

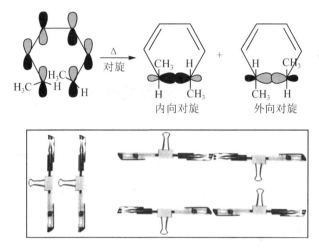

图 6　用红黑笔法表示 1,3,5-己三烯型化合物的热电环化反应

光照电环化反应如图 7 所示(可扫描扉页二维码查看彩图)。

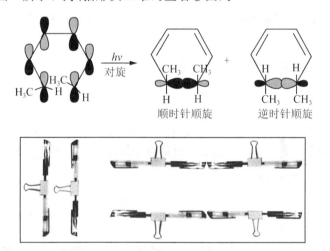

图 7　用红黑笔法表示 1,3,5-己三烯型化合物的光照电环化反应

五、课堂练习

完成下列反应式(见图 8)。

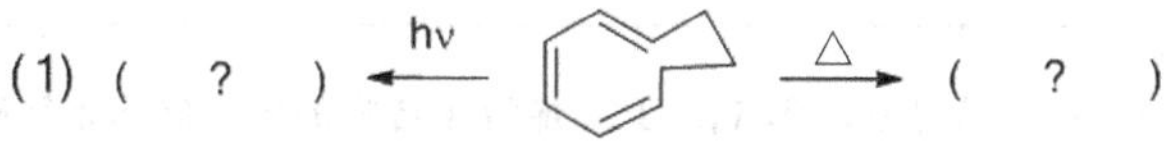

$$(1)\ (\quad?\quad)\ \xleftarrow{\ h\nu\ }\ \ \xrightarrow{\ \triangle\ }\ (\quad?\quad)$$

图 8　课堂练习 1

解题思路

第一步:确定夹子朝向。先将烯烃端基碳上的氢原子补齐,沿着眼睛观察方向,能清晰地看到两个较大的取代基在 C═C 双键的右侧,所以将两支笔中的夹子均朝右摆放(见图 9)。

第二步:数 π 电子数。该底物有三个共轭的 C═C 双键,参与反应的 π 电子数为 6,符合 $4n+2$ 规则。

第三步:根据 HOMO 轨道正确摆放红黑笔的朝向。先看加热条件,此时 HOMO 轨道中:两端的两个轨道中朝上的均为黑色轨道瓣,所以需要将两支笔的黑笔帽部分均朝上摆放,如图 10 所示(可扫描扉页二维码查看彩图)。

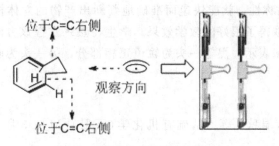

图9 第一步：确定夹子朝向

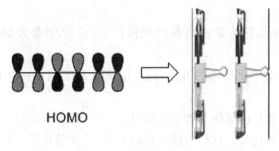

图10 第三步：根据 HOMO 轨道摆放笔

第四步：黑碰黑，红碰红。黑头与黑头相碰，两个 CH_3 一个朝下一个朝上，则两个氢原子也是一个朝上一个朝下，即可画出在加热条件下的电环化关环产物。若红头与红头相碰，得到该产物的对映异构体，如图11所示（可扫描扉页二维码查看彩图）。

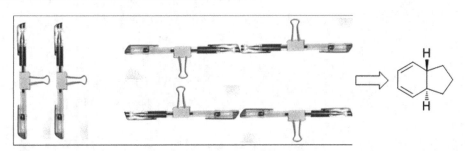

图11 第四步：黑碰黑和红碰红

若为光照条件，重复第一、二步，进行第三步，新的 HOMO 轨道即为原来的 LUMO 轨道，如图12所示（可扫描扉页二维码查看彩图），最左边的黑色轨道瓣朝上，最右边的红色轨道瓣朝上，所以将左侧那支笔黑笔帽朝上，右侧那支笔红笔帽朝上。第四步，黑碰黑得到两个 CH_3 均朝下的电环化产物，红碰红，得到两个 CH_3 均朝上的电环化产物。

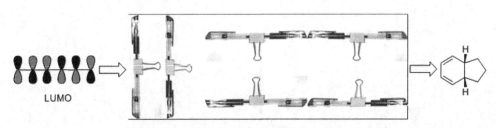

图12 课堂练习(1)的解题步骤(光照条件下)

通过以上分析我们可以清楚地看到，用红黑笔法表示电环化反应，翻转和旋转轨道很灵活，能将轨道和基团所处位置："朝上或朝下，朝左或朝右"直观、清楚地表示出来，学生只要掌握了 $4n$ 和

$4n+2$ 体系 HOMO 轨道的对称性，就能快速而准确地判断出产物的立体构型，该方法适合于课堂教学，也得到了学生的好评，取得了很好的教学效果。学生在熟练掌握该方法后，也可去掉燕尾夹和红笔帽，只用带黑笔帽的黑笔来表示，黑笔一头为轨道正相部分，另一头为轨道负相部分，黑笔帽的夹子为端位上的取代基。

参考文献

[1]邢其毅，裴伟伟，徐瑞秋，等. 基础有机化学（下册）[M]. 3 版. 北京：高等教育出版社，2005：713-719.

[2]王积涛，王永梅，张宝申，等. 有机化学（下册）[M]. 3 版. 北京：高等教育出版社，2006，592-596.

[3]郭文生. 电环化产物几何构型的简易判别法[J]. 辽宁师范大学学报：自然科学版，1992，15(4)：346-352.

[4]罗冬冬. 用手指表示电环化反应的方法[J]. 中南民族学院学报：自然科学版，1996，15(1)：64-67.

[5]杨芬，张永伍. 电环化反应规律与教学实践[J]. 广州化工，2016，44(6)：195-196.

[6]武雪芬，邓小莲. 电环化反应选择性的简化记忆[J]. 大学化学，2006，21(3)：62-64.

运用微视频进行大学分析化学理论及实验教学改革探究

陈超[①]，邓文芳，吴萃艳，谭亮，刘美玲，方正法

（湖南师范大学化学化工学院，湖南长沙 410081）

摘　要：改变传统分析化学理论和实验教学中以单一讲授和简单模仿为特征的学习模式是分析化学理论和实验教学改革的趋势。对教学中关键知识进行微视频的设计和录制，并将其巧妙融入教学当中，可以有效地提高学生学习分析化学的兴趣和效率。与传统教学相比，视频教学资源与传统教学模式的有机结合能够更好地激发学生的兴趣，培养学生解决问题的能力和良好的学习习惯。

关键词：分析化学；微视频；理论及实验；教学改革

一、分析化学课程简介及教学现状分析

分析化学，作为"考质求数之学，乃格物之大端，而为化学之极致也"，是一门极其重要的、应用广泛的、理论和实际紧密结合的基础学科。作为科学的眼睛，分析化学与化学、物理学、生命科学、信息科学、材料科学、环境科学、能源科学、地球与空间科学等都有密切的联系，且相互交叉和渗透，因此分析化学的学习具有信息量大、知识点多等特点，如何有效地培养学生组织和利用分析化学的相关知识解决实际的分析问题的思维和能力是分析化学教学中的重要问题[1]。

目前，在分析化学理论和实验教学中普遍存在以下问题。

第一，在理论课讲授方面，分析化学内容抽象枯燥、公式繁多、知识点零散、系统性和连贯性不强、综合型知识较少，同时知识的实际应用性不强，所学知识与应用热点及企事业项目严重脱节。尤其随着科技的进步，教师们在教学时普遍感觉无所适从，讲少了学生听不懂，讲多了课时不够用且重点不突出，更加不好把握的是如何将诸多知识点系统化并使学生轻松掌握；而从学生的角度来说，普遍感觉分析化学知识点零散且难以整体联系起来，需要记忆的知识太多，造成学习时压力很大，效率不高。同时，学生无法把握学习重点，难以形成完善的学习体系，应试学习过于严重[1]。

第二，从实验课教学设计方面来说，传统的分析化学实验教学主要是对理论课的验证，仅仅锻炼了学生的动手能力。在实验过程中，实验方案由老师确定，所需样品、试剂、仪器等均由实验老师事先准备好，学生在实验过程中全程只需按照教师给定的实验步骤进行即可完成，这样的实验课效果是学生在实验后也无法对实验原理、实验现象、实验细节进行很好地理解，更无法达到训练其运用理论知识解决实际问题的能力和思维的目的[2]。这种传统的教学方式无法提升学生的学习兴趣，扼杀了学生的实验主动性，更无法培养学生的创新思维[3]。

二、微视频促进理论与实验辩证发展

1. 微视频在分析化学理论教学中的应用

如上所述，在分析化学理论教学中，针对分析化学理论内容抽象枯燥、公式繁多、知识点零散等

---

① 通信联系人：陈超，chenchao840103@163.com。

问题，在教学当中教师应该首先向学生充分地灌输分析化学的基本思维方式。分析化学主要内容为四大滴定，而所有滴定分析法的基本思路是相同的，滴定分析在实质上均为利用已知的标准物质与待测物发生定量的化学反应，然后根据滴定剂与被滴定物质的化学计量关系进行计算，从而获得待测物的相关定量信息。因此，只要学生了解并掌握了滴定分析的基本内容和思维模式，即可在学习各种具体的滴定分析法中实现举一反三、一通百通，这样大大减小了学生的学习盲点，并帮助学生构建了正确的知识体系。我们若将微视频应用于分析化学理论教学中，则可通过对各种滴定分析实例的微视频展示对这种统一的思维进行反复地强化，从而让学生深刻、直观地认识到教师所强调的统一思维方式，达到让学生真正理解的目的。另外，指示剂的变色原理也是分析化学理论教学的重点。如果完全依靠字面的描述，学生对各种指示剂变色原理及变色过程的记忆非常吃力，而且容易遗忘。但是，如果借助微视频进行直观展示，通过设计对比性实验的微视频，让学生亲眼看到指示剂颜色突变这一重要过程并受到强烈的视觉冲击，即可实现对这一重要知识点的轻松理解和掌握。另外，滴定原理及滴定曲线的绘制对于滴定分析的理解至关重要，是理论教学中的重点，但也是学生学习的难点。但是，如果我们利用多媒体动画形式使整个滴定曲线的绘制动态进行，并且将整个过程与滴定分析过程的微视频联系起来，同时微视频中可以清晰地看到滴定过程中指示剂颜色的变化，这样学生就可以从曲线的绘制过程及滴定实验微视频中直观看到滴定曲线与滴定过程一一对应的关系，从而对整个滴定过程形成更加直观的认识和理解。

2. 微视频在分析化学实验教学中的应用

分析化学实验教学要培养学生分析问题、解决问题的能力，使学生了解掌握更多的理论知识及其应用[4]。在实验教学中，教师总是希望学生能够提前做好实验预习工作，学习并理解相关理论知识，才能在有限的实验课时内真正实现通过实验过程更好地理解和掌握所利用到的理论知识的目标。但是，面对枯燥的学习资料和深奥的知识点，学生很难独立保质保量地完成实验预习工作，从而使得实验课堂效果大大降低。但是，如果我们根据实验所要用到的重要知识点及实验现象等录制相关微视频，凭借微视频篇幅短小、内容明确、进度可控的特征有望大大提高学生的预习兴趣和预习效果。利用微视频提高预习效率对于分析化学实验教学改革具有重要意义。理想中的实验教学应以学生为中心，让学生全程参与，独立设计实验，充分激发和调动学生的学习积极性。而实验教学中充分发挥学生主观能动性的前提是学生需要提前复习相关理论知识点及注意事项，研讨可能可行的实验方案，而微视频教学资源的运用可很好地促进这一过程。充分利用最新的教辅手段，制作与实验相关的多媒体课件、模拟实验、教学录像、演示动画等，激发学生的学习积极性和学习兴趣。

三、微视频在分析化学理论与实验教学中应用的具体实施方案

在分析化学理论教学中，针对理论知识点零散和繁杂的特点，我们在传统的教学模式中引入根据理论教学中的关键知识点以及相应的验证性实验制作的微视频，微视频的加入可以使教师的课堂变得生动有趣，更加吸引学生。在分析化学理论课教学的过程中播放微视频，既可以让学生结合实验现象对理论知识形成更加直观的理解，又可以让学生通过即时的理论课学习，更好地理解知识的运用，同时有利于教师用极简的语言帮助学生理解和消化。以分析化学实验的视频作为引入去引发学生进行思考，能够深化对抽象知识点的掌握以及理解；同时，针对有些时间过长、操作烦琐、场地要求苛刻等不宜在课堂中展示的实验，可以通过录像、剪辑等方法录制微视频后再展示给学生；同理，反应速率过慢的实验，可以通过视频录制实验，后期通过视频编辑软件加快播放速度，也可达到良好的教学目的；具有危险性和实验中涉及有毒物质的实验也可以通过视频录制，做成微课，可让学生结合实验现象更加直观地理解知识。同时，这样的微视频资源可以上传到相应的网络平台供学生预习和复习，将大大提高教学效率，促进学生对知识的理解和掌握，有望收获理想的教学效果。

在分析化学实验教学中,我们将关键实验现象、关键操作要点及相关理论知识点的拓展等重要内容以微视频的形式展现。将这些视频提前传到学习网站,要求学生在进入实验室做实验前提前预习,有利于帮助学生提前了解实验原理、过程及预期结果。学生通过这种短小精悍但又具有强烈视觉效果的预习资料更容易提前对即将完成的实验中的颜色变化以及会出现的现象有较为直观和具体的了解,帮助学生在实验过程中更容易判断滴定变色的终点,更容易掌握实验的要领。另外,教师可以提供多种微视频资源,便于学生根据自身情况选择性地进行知识的查漏补缺,提高学习效率。同时,微视频在实验教学中的引入可以真正实现通过实验培养学生分析问题、解决问题的能力。具体实施方案如下:通过微视频的提前学习,教师可以引导学生思考实验设计思路及实验注意事项,从而充分地在实验前发挥学生的主观能动性,让学生全程参与进实验的设计及安排当中,这样可以充分激发和调动学生的学习积极性。这样,学生有望在有限的实验课时间内根据自己设计的方案完成实验,从而充分理解解决一个具体问题时需要考虑的问题。比如对硫酸铜中铜含量的测定实验中,教师可以通过微视频引导学生思考多种测定原理:络合滴定法测定和碘量法测定。在络合滴定法测定中,EDTA(乙二胺四乙酸)的标定可在不同缓冲溶液中选择不同指示剂完成,而如何根据实际分析样品的特点选择合适的指示剂及相关缓冲溶液都是学生需要考虑的内容,这些内容如果没有进行有效的预习,对学生来说难度很大,但是微视频对相关知识的介绍将极大地激发学生的综合思维,真正达到培养学生的目的。同时,通过视频在化学实验中的教学,能提高学生的创新思维和创造能力,同时可以改善教学过程中乏味、枯燥的问题。在实验教学的过程中,可以用实验的视频对与该实验有关的习题或理论知识进行回顾,提高学生对于实验原理的理解能力;以实验视频间的关系,增强实验综合能力;以实验视频培养学生的表达能力;以实验视频为切入点,拓展知识面,鼓励学生对实验视频找茬,增强学生的学习热情和自信心。

四、结语

通过对分析化学教学中关键知识点、关键实验现象及注意事项等进行微视频录制,可以广泛应用于分析化学理论教学和实验教学当中。微视频的引入可以激活理论课堂,显著改进学生实验课程预习效果进而提高理论和实验教学的效率,调动学生学习积极性,激发学生创新思维和自主学习能力,教师也可从繁重的教学任务中解脱出来,有更多的时间和精力更好地钻研教学法、设计理论和实验课堂。微视频的使用将有力推动教师教学工作的高效开展并有利于进一步教学改革的实施,同时也能切实调动学生学习的主观能动性和激发学生潜能。同时,微视频将成为分析化学理论和实验教学的桥梁,能够使理论和实验教学互促互进,更好地相互融合和贯通,使学生真正通过学习达到学以致用的目的。在分析化学教学中,理论和实验良性互促,将极大地促进分析化学教学改革的探索与实践,是传统教学模式的有益补充,将为培养综合型、研究型人才奠定坚实的基础。

参考文献

[1]李健军,许昭,白艳红,等. 微视频化学实验教学模式的探索与实践[J]. 实验室研究与探索,2017,36(1):189.

[2]葛淑萍. 分析化学实验视频化辅助教学的探索与实践[J]. 科学咨询(科技管理),2016(1):172.

[3]邓德华. 分析化学实验教学模式的探索与实践[J]. 安阳师范学院学报,2008(5):141.

[4]刘苏莉. 翻转课堂的教学设计与应用:基于大学分析化学实验的案例分析[J]. 大学教育,2016(5):113.

信息化背景下基础化学实验教学改革与探讨

胡瑞祥①，张漫波，余丽萍，李承志，尹鹏，邱忠贤

（湖南师范大学化学化工学院/湖南师范大学化学化工国家级实验教学示范中心，湖南长沙 410081）

摘　要：在基础化学实验教学中培养本科生创新能力是时代的要求，也是现代实验教学必然趋势。本文介绍在信息化背景下进行基础化学实验教学改革的部分工作，对目前基础化学实验教学如何利用信息化提升学生创新能力以及探索过程中存在的问题进行探讨。

关键词：基础化学实验；在线开放课程；教学改革；创新能力

当前，使用信息技术进行教学改革受到广泛的关注[1]。2001 年，教育部颁布的《基础教育课程改革纲要（试行）》（教基〔2001〕17 号）中明确指出："大力推进信息技术在教学过程中的普遍应用，促进信息技术与学科课程的整合，逐步实现教学内容的呈现方式、学生的学习方式、教师的教学方式和师生的互动方式的变革……"MIT（麻省理工学院）在 2001 年宣布启动网上免费公开课程项目，有效地提升了教育教学并提高了其影响力。2003 年，教育部发布《教育部关于启动高等学校教学质量与教学改革工程精品课程建设工作的通知》（教高〔2003〕1 号），正式启动精品课程建设工作。2011—2013 年，教育部三次发文，批准高等教育出版社组织实施国家精品开放课程建设与共享项目；至 2010 年累计评选出国家精品课程 3800 多门，省级和校级的精品课程上万门。2012 年，MOOC 风暴掀起之后，国内诸多高校纷纷跟进。2015 年 4 月，《教育部关于加强高等学校在线开放课程建设应用与管理的意见》（教高〔2015〕3 号）的发布在加快推进适合我国国情的在线开放课程和平台建设、促进课程应用、加强组织管理等方面起到重要作用[2]。

湖南师范大学化学实验中心是自 1938 年成立国立师范学院理化系就开始了化学实验教学；2002 年成立湖南师范大学化学实验中心；2006 年被列入湖南省高等学校实验教学示范中心建设基地；2012 年整合化学实验中心和化工原理与制药工程专业实验室，成立湖南师范大学化学化工实验教学中心；2013 年被教育部批准为国家级实验教学示范中心。目前设有化学基础实验、化学专业实验、未来化学家实验（中小学生和本科生开放实验与创新实验）三大教学模块。面向湖南师范大学 4 个学院 11 个专业，每年培养学生 3500 余人，每年教学工作量超过 25 万人时。化学实验中心被列为湖南省中学生化学奥林匹克竞赛培训基地；何红运教授主持的"高师本科化学实验课程体系及教学内容的研究与实践"，获得国家级教学成果二等奖；姚守拙院士领衔的化学实验教学团队 2010 年被认定为国家级教学团队；基础化学实验为省级精品课程。在实验教学信息化工作方面，中心基础化学实验基本都实现有关精品课程的要求，在实验中心网上有教学课件和教学录像可供学生下载或观看；分析化学实验等课程还设立了网上实验数据提交系统和实验报告批改等平台。为解决传统理论课教学与实验课教学之间时间不同步、内容不同步而引起学生知识掌握不连贯的矛盾，针对某些理论知识高度概括抽象或者所涉及的领域属于宏观和微观，现实世界难以找到具体的案例进行演示的缺点，充分利用学院一批教师在分子模拟上的扎实科研基础，开发出一系列针对理论课教学的分子模拟小实验项目，实现了课堂教学的实验仿真应用，大大改善了一些理论课中高度概括抽象理论知识的教学效果。利用专业的仿真软件，采用多媒体技术以及网络通信平台，在课堂基础理论教学中引入具有高度真实感、直观性的虚拟仿真助学实验，

---

① 通信联系人：胡瑞祥，hurx@hunnu.edu.cn。

同时也拓展实验教学的理论深度和广度,提高了教学实效。同时针对工科类专业的实验教学中消耗大、成本高、实验条件苛刻、难以在真实实验平台开展的实验项目进行了虚拟仿真实验项目的开发,如化学工程与工艺、应用化学专业实验依赖昂贵大型设备,制药工程专业实验室要求超净无菌,资源循环科学与技术专业需要处理实验环境废水、废气等污染的设备。同时,鼓励科研与实验教学的紧密结合,将中心人员的科研成果转化为教学实验项目。通过"外引内培、校企合作"等方式解决中心在项目软件开发、教学管理平台建设、网络资源共享等方面的技术困难,建设了一个功能齐全、全面开放的虚拟仿真实验教学的管理与共享平台。在化学化工学院化工原理与制药工程仿真实验室的基础上,依托湖南师范大学化学化工实验教学示范中心(国家级)成立了湖南师范大学化学化工虚拟仿真实验教学中心并获批为省级虚拟仿真实验中心。2016 年,学校正式启动在线开放课程建设,无机化学实验和分析化学实验入选首批建设课程。

随着大学信息化建设的逐步推进,对于技术的关注由重视硬软件及资源建设,转为关注技术在教学中应用的效果。鲍浩波就对在线开放课程的建设、应用和未来发展等方面提出思考[3];吴曙光也提出应处理好学习者思维与技术的同步,处理好学习者时间和空间的有效性,有效连通在线开放课程和传统课堂教学[4]。在信息化教学取得较好教学效果的同时,我院实验中心与兄弟院校一样也存在人员和经费支持不到位;视频和课件质量不高,课程设计缺失;学习时间和效果难以评价和教材编写困难等众多问题。在探索解决上述问题中,实验中心建立助理实验员队伍协助老师录像和平台维护,学生参与预备实验以确保在课堂教学中取得较好效果,重新编写实验教程和讲义,将原有验证性实验重新设计成探究实验和创新实验提高学生兴趣等,这一系列措施较好地保证了教学活动的开展,有效提高了教学质量。

在信息化背景下,教学不应该仅仅是新技术在教学中的简单应用,教师应创新思维,加强教学设计,树立以学为本的观念,不断创新教学思想,更新教学方式,引导学生积极参与。管理部门应创新教师考核机制,合理评价教师的教学成效,促使更多教师投身到教学事业中。各高校之间应将公共所需教学资源系统化、规范化和共享化,避免不必要的重复建设,更有效地提高教学质量。

参考文献

[1]张鹏高,冯骐,罗兰. 中国高等在线教育发展现状探究[J]. 中国教育信息化,2016(1):18.

[2]王友富. 从"3号文件"看我国在线开放课程发展趋势[J]. 中国大学教学,2015(7):56.

[3]鲍浩波. 化学类在线开放课程的认识与思考[J]. 大学化学,2016,31(5):15.

[4]吴曙光. 在线开放课程的审视与反思[J]. 成人教育,2017(1):35.

高师"化学教学论实验"课程教学现状与改革[①]

景一丹[1][②]，谢祥林[1]，耿淑玲[1]，唐敏[1]，匡婷[2]

(1. 湖南师范大学化学化工学院，湖南长沙 410081;

2. 湖南师大附中博才实验中学，湖南长沙 410205)

摘　要：对高师"化学教学论实验"课程教学现状进行了调研，针对实验教学中出现的师范生操作不规范、教学内容缺乏新颖性、教学组织管理不到位、实验报告形式化等问题，采取了引入创新实验内容、落实操作规范、进行小组合作、改革实验报告栏目等措施，取得了良好的教学效果。

关键词：化学教学论；小组合作；创新实验；学习能力

"化学教学论实验"课程是化学专业师范生的专业限选课程，是一门体现理论与实践相结合的职前教师教育综合性课程，课程的开设目的不仅要规范这些准教师的实验操作技能，还要训练他们的实验教学技能，更要使他们掌握化学实验在教学中的教育价值。那么，课程实施中是否达到了教学目的？又存在哪些问题呢？我们在实际教学中对教学效果进行了调查分析，并进行了相应的改革。

一、课程实施效果调查

1. 对课程的认识

我们首先调查了学生对实验教学的认识与课程教学效果，总体上来看，所有学生基本都认为实验教学在中学化学教学中非常重要，对实验教学课程的重视度较高(见表 1)。

表 1　本课程是否锻炼提高了你的实验教学能力

选项	人数（总 129）/人	比例/%
提高非常大，实验教学基本没问题	26	20.2
有明显提高，初步掌握了演示实验教学方法	88	68.2
没有明显感觉	11	8.5
没有提高	4	3.1

从课程的教学效果来看，约 88.4% 的学生都有明显提高，初步提高了实验教学能力，初步掌握了实验教学方法。

2. 课程教学中存在的问题

(1)教学形式与效果问题

这门实践性课程学生参与度应该比较高，但学生普遍反映实验参与度不均衡：当轮到自己主讲时，参与度高，对自己的教学能力有较大帮助和提高，非主讲时则主要为看，做得不认真；除了轮到自己讲课和评课的时候，其余时间大家似乎都不太重视，别人讲课时参与度不高；每个人都要做的实验，

①　项目资助：湖南师范大学教改课题，编号 121-0736。

②　通信联系人：景一丹，12303799@qq.com。

有些学生会投机取巧。同时，较多学生反映课堂不安静、需要加强监督、无法调动学生积极性、容易开小差等。

（2）实验内容新颖性需求

目前的实验内容开设较重视基础实验内容，对创新和趣味的关注不太多。调查中发现95.3％的学生认为创新实验和探究实验内容非常必要或比较重要；89.1％的学生认为趣味实验内容非常必要或比较重要；对于传统操作性实验如玻璃仪器加工实验，82.9％的学生认为有必要开设。

（3）规范性操作不到位

中学实验仪器和实验操作虽然简单，但是作为准教师，要非常重视实验操作的规范性、演示性，实验操作要规范、流畅、美观。在教学中我们可以发现，很多学生在这一方面是做得很不到位的，虽然能够观察到实验现象，但是实验操作的规范度、美观度都很欠缺，这需要我们在实验教学中特别针对性地重视。

（4）实验报告形式化

传统理科实验报告形式："实验名称—实验目的—实验原理—实验仪器/药品—实验步骤—实验结果—讨论"。但由于教学论实验针对中学化学教学实验来说，不仅要规范学生的实验操作技能，更要训练他们的实验教学技能，实验内容基本为中学内容，难度不大（或者说未将其"难度"开发出来），实验成功率较高，或者不需要做实验就清楚知道结果，所以实验报告仅仅为表面形式，仅能反映学生的卷面习惯等浅层内容，与课堂实验教学过程关系不大。

二、采取的教学改革措施

我们首先选取了一个班作为实验班，进行局部教学改革，取得较好效果后再进行推广。针对出现的问题，我们在实验班采取了以下的改革措施。

1. 创新实验内容适当引入

考虑新颖性和时代性，我们开始引入一些新出现的实验仪器和实验内容，比如：开设简单的玻璃仪器加工实验，可以拉近学生与玻璃仪器的距离，而且能充分反映师生自制或改进实验仪器的新课改理念；引入DIS传感器数字化实验手段，体现最新的实验技术；引入井穴板和多用滴管等微型实验仪器在具体实验中应用，体现节约、环保的理念等；在基本实验教学内容充分融入改进实验、趣味实验、创新实验，并提供探究性课题供选择。

2. 对于常规实验仪器和基本操作的规范性要求

针对实验教学中出现的常规实验仪器，制作操作规范要点列表。比如规范操作练习，提供实验操作规范要点和对应的详细的评分表供练习时参照，演示实验教学练习时同样提供实验教学引入、观察指引（实验前、实验中）、实验现象分析引导等要点及对应的详细的评分表供练习时参照。让学生实验练习时有标准可依，首先要了解基本的实验教学环节、掌握基本的操作规范，然后才能实验创新和机智应变。

3. 适当采用小组合作形式

调查中发现79.8％的学生赞同引入其他分组模式：2人一组，方便互相督促评议改进；3人一组，方便合作学习；4人一组，方便分工集思广益提高效率。21.2％的学生希望实验分组是1人一组，充分锻炼。所以我们试着采取分组合作形式。可以每组人数少些，使每个学生都有时间和机会操作实验，适当进行小组探究性合作实验，分小组上课，每人有多次讲课机会较好；创新、探究和改进类实验，分小组上课可以集思广益。可以2人一组，方便交流；分组要合理，控制好现场气氛；可增加合作性。

4. 改革实验实验报告栏目内容

结合教学论实验特色，针对化学教学论论实验来说，不仅要规范学生的实验操作技能，更要训练他们的实验教学技能，我们在实验报告的栏目设计上，改革传统理科实验报告形式，设计"听评课记录""实验操作""实验要点分析""教学要点分析""问题思考"等栏目，重视学生在教学论实验课程学习的过程。

三、实验班局部教学改革效果

学期课程结束后我们对一个实验班和两个对照班进行了教学效果调查，调查结果显示如下：

1. 创新实验内容效果

实验班首先开设了玻璃管拉制实验，在学期末特设了创新实验和趣味实验小组合作展示板块。学生调查结果反映出教学效果不错，两项的认同度都较高（见表2）。

表2　关于玻璃管拉制的实验

选项	对照班（43人）		实验班（41人）		对照班（45人）	
	人数/人	比例/%	人数/人	比例/%	人数/人	比例/%
有益于动手能力的提高，有必要开设	17	39.5	28	68.3	18	40
有益于了解仪器制作方法，拉近与生硬玻璃仪器的距离，有必要开设	18	41.9	9	22.0	17	37.8
今后基本不用，掌握仪器用法就够了，把实验教学技能练好就够了，没有必要开设	5	11.6	0	0	8	17.8
开不开都无所谓	3	7.0	4	9.7	2	4.4

关于玻璃管拉制实验，实验班的认同度为90.3%，高于两个对照班。关于创新实验内容，认为创新实验内容非常必要或比较重要的比例，两个对照班分别是90.7%、95.6%，认为趣味实验内容非常必要或比较重要的比例，两个对照班分别是81.4%、88.9%，而实验班对创新实验和趣味实验认为非常必要和比较重要的均为100%。

2. 仪器操作规范性（见表3）

表3　中学化学实验仪器操作规范性调查

选项	对照班（43人）		实验班（41人）		对照班（45人）	
	人数/人	比例/%	人数/人	比例/%	人数/人	比例/%
基本会用，但规范性程度欠缺	24	55.8	26	63.4	21	46.7
基本会用，规范性较强	15	41.9	14	36.6	18	51.1
熟练应用，非常规范	3		1		5	
熟练应用，非常规范，能进行一定的仪器改进或改装	1	2.3	0	0	1	2.2

实验班在实验教学过程中教师比较注重基本操作规范和动手能力，并进行个别基本操作过关考核。从调查数据上看，由于教师强调，实验班操作规范意识较强，较多学生意识到自己操作规范性有欠缺。从实际教学效果来看，期末实验考核时实验班学生的实验操作规范程度明显优于另外两个对照班级。

3. 小组合作形式（见表4）

表4　全班自主实验分组形式

选项	对照班（43人）		实验班（41人）		对照班（45人）	
	人数/人	比例/%	人数/人	比例/%	人数/人	比例/%
1人一组，充分锻炼	12	27.9	6	14.6	8	17.8

选项	对照班(43人)		实验班(41人)		对照班(45人)	
	人数/人	比例/%	人数/人	比例/%	人数/人	比例/%
2人一组,方便互相督促评议改进	15	34.9	15	36.6	19	42.2
3人一组,方便合作学习	10	23.3	7	17.1	7	15.6
4人一组,方便分工提高效率	6	13.9	13	31.7	11	24.4

实验班期末进行了趣味实验、创新实验分组汇报的改革,调查结果显示实验班班对2～4人的小组合作模式认同度最高,约85.4%的学生赞同2～4人小组合作,侧面反应分组合作的教学效果比较好。三个班级均对2人一组认同度最高,其中4人小组实验班认同度也较高。

4. 实验报告改革效果

实验报告不仅反映了学习的认真程度,更有效督促了学生在实验教学课堂上的各个环节。实验班实验报告改变栏目后学生认同度较高,从教学观察来看,在演示实验教学过程中,学生们基本都会认真听课,并做好自己的听课记录。在集体评课时,学生们基本都会参与评课或认真倾听,并做好自己的评课记录,后面极少出现开小差的学生。

此外,在实验动手时,根据内容适当分组,组内互相协作,每个学生都必须认真参与实验,个别学生还会针对异常现象进一步探究。从调查反馈来看,实验教学练习的效果较理想,学生基本都认同通过教学论实验课程提高了自己的实验教学能力、实验设计能力、操作的规范性等。整体上来说,我们的化学教学论实验教学改革取得了较好的反响和效果,有待进一步落实和推广。不过实际教学中还存在评价形式不够多元、教学内容中基础与新颖的平衡把握、优秀教学案例示范不足等其他问题,同样需要在理论和实践层面进一步研究落实。

参考文献

[1]杨承印,代黎娜,薛东. 对化学教学论实验课程的实践及思考[J]. 大学化学,2013(2):16-19.

[2]加德纳. 多元智能[M]. 沈致隆,译. 北京:新华出版社,1999:16-18.

[3]徐楠,肖小明,谢祥林,等. 三版本九年级《化学》第一单元教材比较及建议[J]. 化学教与学,2011(7):2-4.

[4]景一丹,肖小明. 化学竞赛对高中生思维开发和能力培养影响的调查研究[J]. 化学教育,2007(11):58-61.

大学化学实验中金属电极制备方法的改进[①]

李承志[②]，雷春华，胡瑞祥，余丽萍

（湖南师范大学化学化工学院，湖南长沙 410081）

摘　要：对大学化学实验中常用 4 种金属电极(Pt、Ni、Cu 和 Zn)的制作分别进行了特殊处理与改进。对铂电极采用先将部分铂丝固定于玻璃套管中，后向玻璃管中放入焊锡利用余温将其熔于铂丝与铜丝的接连处以达到连接更加牢固的目的，再向玻璃套管中注入胶黏剂(UV 光固化剂)填充玻璃管稳定铜丝；对镍电极的制作是采用实验室常用的塑料滴管与镍丝通过胶黏剂来组合成方便使用的实验电极；对铜、锌电极的制作采用玻璃套管将铜丝与锌棒包裹，再向管内注入胶黏剂达到保护的作用。

关键词：金属电极；制备；大学化学实验

一、引言

大学化学实验中常用的 Pt、Ni、Cu、Zn 等金属电极通常用其金属丝或棒制作，在实验过程中虽然原理可行，测试数据也较可靠，但却存在以下弊端：① 整个金属电极浸泡在溶液中，极易发生腐蚀，电极的使用寿命较短；② 由于每次测试时电极与溶液的接触面积不一致，会导致测试数据出现误差；③ 由于腐蚀，电极与橡皮塞之间易产生间隙，对密闭体系测试不适用。因而需要从以上几点出发，制作出能改善这些问题的电极。

对于 Ni、Cu、Zn 等金属电极，经过特殊制作后要能在满足测试要求的前提下每次测试能腐蚀轻微，电极使用寿命能够延长，金属电极每次与溶液接触面积能基本一致[1-3]，电极与橡皮塞等可以连接紧密，以满足各种测试要求。对于 Pt 电极，主要解决其价格昂贵的问题[4]。实验用 Pt、Ni 电极常用铂丝与镍丝，以方便弯曲。而 Cu、Zn 电极通常使用铜棒和锌棒。为此，本文根据这 4 种电极在大学化学实验中的使用要求，有针对性地进行制作，以期达到节约实验成本，提高实验数据准确性等目的。

二、实验部分

1. 铂电极的制作

将直径为 1 mm 的铂丝截取 2 cm 长，同时准备一根长度为 10 cm 直径为 2.5 mm 的铜丝和 8 cm 长的玻璃管。玻璃管内径稍大于铜丝外径，将铜丝用砂纸打磨后与铂丝连接，插入玻璃套管中，在酒精喷灯上将玻璃套管一端熔融使铂丝与铜丝连接处熔于管内，目的是将铜丝封固在玻璃管中；然后立即向玻璃管中放入多粒焊锡，利用玻璃套管余温将焊锡熔融。冷却后向套管内缓慢注入 UV 光固化剂，当玻璃套管内充满 UV 光固化剂且无气泡时，在紫外灯下固化 10 min 即可。制作的铂电极结构如图 1 所示。

---

① 项目资助：湖南师范大学 2016 年教改立项。

② 通信联系人：李承志，czli8865345@126.com。

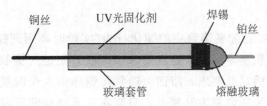

图 1 铂电极结构示意图

2. 镍电极的制作

截取 8 cm 长的镍丝，同时截取塑料套管 5 cm，将镍丝插入滴管中向其中注入 UV 光固化剂，如果固化剂中混有气泡，则用细针将其刺破，务必不要有气泡存在。同样在紫外灯下固化 10 min 即可。由于每次测试时要求镍丝断面必须是新鲜的，且与溶液接触面积要尽量一致。所以需要将固化的镍电极在金相砂纸上磨出镍断面，制作的镍电极结构如图 2 所示。

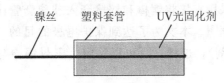

图 2 镍电极结构示意图

3. 铜、锌电极的制备

将铜棒或锌棒分别截取 10 cm，同时准备两根长度为 8 cm 的玻璃套管，其内径稍大于金属棒外径，向玻璃套管内注入 UV 光固化剂，将制好的电极在紫外灯下固化 10 min 即可。使用时上部裸露的铜棒方便与导线连接，中间部分被玻璃和 UV 光固化剂胶包覆，便于密封防腐，只有下部铜棒能与溶液接触，制作的铜电极结构如图 3 所示。

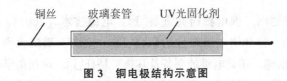

图 3 铜电极结构示意图

三、讨论

1. 铂电极制作要点

实验室如果用纯铂丝做电极成本太高，为了降低实验成本，通常只是与溶液直接接触的地方用铂丝，其他地方用铜丝连接。按此要求制作的铂电极在使用时通常会出现铜丝与铂丝连接处接触不良、易脱落等问题。为解决这些问题，本文在制作铂电极时做了如下处理：(1)将干净、干燥的铜丝与铂丝扭结牢固后放入玻璃套管中，用酒精喷灯加热玻璃套管下部，转动玻璃套管直至其下部熔融，铂丝嵌入其中；(2)冷却退火至 500 ℃ 左右时从玻璃套管上部加入准备好的焊锡粒至熔融焊锡将铜丝与铂丝连接处全包裹为止；(3)继续冷却到室温后用大号长针管将 UV 光固化剂注满玻璃套管，然后用紫外灯照射至玻璃套管内的胶黏剂全部固化为止。电极制作时有如下几点需注意：(1)将铂丝嵌入熔融玻璃中是为了避免测试溶液与铜丝或焊锡接触，故玻璃要熔透，与铂丝之间不能有间隙；(2)铂丝与铜丝连接处用焊锡包裹，既增强了两者的连接，也起固定作用，但高温时焊锡容易氧化而脱焊，故需冷却到 500 ℃ 左右时再加入；(3)玻璃套管中注入胶黏剂的目的主要是填充套管与铜丝之间的缝隙，避免因铜丝摇动而造成铜丝与铂丝连接处接触不良、脱落等问题。

2. 镍电极制作要点

大学化学实验室在研究"Ni 在硫酸溶液中的钝化行为"实验时常用到镍电极[5-7]，该实验要求镍电极要有新鲜表面且其新鲜表面积基本一致，这就要求镍电极只能是其横截面与溶液接触，且其横截面需经常能用金相砂纸打磨。为满足此要求，市面上通常将镍丝熔入聚四氟乙烯棒，这样处理的镍电极售价较贵(上百元一只)。本文采用简易方法制备，只需花几元成本即可满足使用要求。其制作方法如下：准备一块橡皮泥底座，取一节直径 1cm、长 5cm 的透明塑料套管插入橡皮泥中竖起来，取 10cm 长的镍丝插入塑料套管中间，用大号长针管将胶黏剂注满塑料套管，然后用紫外灯照射至塑料套管内的胶黏剂全部固化为止。在对胶黏剂的选择上，本文先后尝试了用 AB 胶、502 胶和实验室里常用的环氧树脂胶。发现在实际操作中存在困难而且不能达到很好的填充效果。而 UV 光固化剂其黏稠度低且可以满足填充塑料滴管的需要。于是在制作中选择 UV 光固化剂。

3. 铜、锌电极的制作要点

实验室内的铜、锌电极大多采用直接将铜棒和锌棒套入玻璃套管内进行实验，这样长期进行实验会造成电极的腐蚀而影响测量数据[3]。本文为了达到保护电极的目的，将铜棒或锌棒套入玻璃管后向管内同样注入胶黏剂(UV 光固化剂)，这样，既可以稳定、密封铜棒与锌棒，又保护大部分电极免遭腐蚀。

四、结论

在对 4 种金属电极的制备过程中，根据其使用要求，分别采用了不同的制备方法。其自制的电极在本校化学实验中长期使用，效果良好。

参考文献

[1]刘有芹，颜芸，沈含熙. 化学修饰电极的研究及其分析应用[J]. 化学研究与应用，2006(4)：337-343.

[2]袁安保，张鉴清，曹楚南. 镍电极研究进展[J]. 电源技术，2001(1)：53-59.

[3]张胜涛. 铅、镍、铝、锌和铜电极改性的研究[D]. 重庆：重庆大学，2003.

[4]赵贤美，庄乾坤，陈洪渊. 铂微电极的制备及其典型特征[J]. 徐州医学院学报，1993(1)：38-41.

[5]原鲜霞，王荫东，詹锋. MH-Ni 电池镍电极的研究[J]. 电源技术，2000(6)：315-318.

[6]李瑛，林海潮，曹楚南. 腐蚀金属电极行为与其界面性能关系研究方法及发展趋势[J]. 中国腐蚀与防护学报，1999(2)：100-104.

[7]巴晓微，柳翱，李默，等. 镍在硫酸溶液中钝化行为线性电位扫描法描述[J]. 长春工业大学学报，2015(5)：562-565.

"研讨—试讲—实验—探究"四位一体式教学法在高师"中学化学实验教学研究"课程中的实践研究

唐敏[①]，肖小明[1]，耿淑玲[1]，景一丹[1]，王治斌[2]

(1. 湖南师范大学化学化工学院，湖南长沙 410081；2. 长沙市第一中学，湖南长沙 410005)

摘　要：通过"研讨—试讲—实验—探究"四位一体式教学法在高师《中学化学实验教学研究》课程中的实践研究，从教学内容的选择、课程内容的编排方式、教学环节的组织、课程评价方式等方面进行改革，对师范生的教学设计能力、教学能力、实验能力和创新能力实施"四位一体"培养。

关键词：高师教育；教学方法；实验教学；化学教学

化学实验不仅是化学学科的重要特征，也是中学化学教学的核心内容和基本方式。新课程改革提出"通过以化学实验为主的多种探究活动，使学生体验科学研究的过程，激发学习化学的兴趣，强化科学探究的意识，促进学习方式的转变，培养学生的创新精神和实践能力"。作为未来的中学化学教师，化学专业师范生不仅需要具备化学实验的实验操作和课堂教学的能力，还需要具备实验教学的设计能力和实验探究的创新能力。传统的教学论实验课堂以"教师讲解—学生实验"为主要模式，难以满足新课程改革对中学教师的提出的实验教学能力要求。因此，课题组在对《中学化学实验教学研究》课程进行理论探讨和教学实践的基础上，提出"研讨—试讲—实验—探究"四位一体式教学法。

一、"研讨—试讲—实验—探究"四位一体式教学法的设计理念

"研讨—试讲—实验—探究"四位一体式教学法是指教师提出课题，学生课前进行教学研讨与设计，课内上台试讲以及小班评课，自主实验和小组探究的教学方式。即通过研讨中进行知识建构和价值认同、试讲与评课中提升实验教学能力、学生自主实验规范演示与操作技能，探究活动中体验方法创新的一种学习过程。设计思路如图1所示。

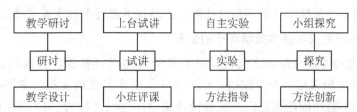

图1　"研讨—试讲—实验—探究"四位一体式教学法的设计理念

该教学方式不单纯追求学生的学习结果，而是更加注重学生的学习和实践过程；不纯粹要求学生给出问题的答案，而是注重思维方式训练和学生主动探寻解答思路；让学生对给定的实验项目原理、方法和实验现象和实验结果进行分析、研究、讨论，从而相互得到启发，提高认识，进而自己去设计、验证、探索有关问题，并且得出结论，使学生从被动学习变为主动学习。采用这种教学方式的目的是

---

①　通信联系人：唐敏，tangmin@hunnu.edu.cn。

对师范生的教学设计能力、教学能力、实验能力和创新能力实施"四位一体"培养。课题组从教学内容的选择、课程内容的编排方式、教学环节的组织、课程评价方式等方面对以往教学论实验课进行了较大的改革，并初步取得一定效果。

二、"研讨—试讲—实验—探究"四位一体式教学法的实施方案

1. 对教学内容的变革

传统的师范生化学教学论实验课，以教师讲解与学生实验的形式为主，实验内容多来自于中学化学教材，侧重于传统实验与验证性实验。在新的教学理念指导下，依据新课程标准对师范生实验教学能力提高的要求，课题组精选中学化学实验并将其改编整理为四大类型：综合性实验、探究性实验、设计类实验和技术创新实验。

"氯气的制取及其性质"这一传统实验，在实践教学中被设计改编为氯气的制取与收集、氯气的性质微型实验、几种不同的方式实现氯气与氢气的反应、比较几种不同的金属在氯气中燃烧等几个子课题组成的综合性实验。

第二种类型——探究性实验，如课题"硫酸亚铁制备条件的探究"就包含有"探究铁粉用量的影响""探究酸浓度的影响""探究反应温度的影响""探究空气对反应的影响"等几个子课题。此外，课题"水的组成探究"是来自初中化学教材的一个实验，实验简单，现象明显，对于师范生培养来说过于简单。通过改编，将其设置为由"利用霍夫曼水电解器电解水""探究水电解的产物""自制电解水简易装置""电解饱和食盐水"等组成的综合性课题，既包含探究性实验设计的思考，又与电解原理联系起来，学生不仅学会了熟练使用霍夫曼水电解器，还学会探究式教学的教学设计，同时，与后续教学内容有机地联系起来，有助于培养学生初高中教材衔接的思维方式。

设计类实验具备较大的开放性，对师范生的教学组织能力培养更有利。在课程内容设置上精选少量的设计类实验，比如"设计实验制备氢氧化铝"以"设计实验制备 $Al(OH)_3$"和"探究实验室制备 $Al(OH)_3$的最优条件"为主要教学内容，由于原料和反应路径的不同，原料可能要进行预处理，最终产物需要提纯，应分别根据其性质选用合适的分离提纯方法。学生自行设计实验方案所需用品，教师主要在方法上指导学生学习利用实验室或自然界易得的原料设计实验。

技术创新实验主要指利用信息技术、传感技术等新型实验技术改进一些传统的常规实验，引领学生走在教学研究的前沿。比如"中和热的测定"通过对比传统的自制中和热测定仪和利用温度传感器定量测定反应中和热；"酸碱中和滴定"实验中，学生比较酸碱中和滴定原理与滴定曲线的绘制与利用 pH传感器进行酸碱中和滴定。鼓励学生采用信息技术、传感技术进行手持实验并通过多媒体演示出来。

2. 对课程内容的编排方式与基本教学环节的变革

在《中学化学实验教学研究》开课之前，根据教学计划和课时安排，将这门课程教学内容确定为12 个实验主课题，每次实验采用一个主课题，作为每一位学生必做的实验，主要提高学生实验操作能力。与此同时，通过对实验中问题探究以及实验设计培养学生创新能力。12 个主课题每年会进行修改与增删，以适应学生人数的变化。

每次实验课除了采用一个主课题，任课教师还需设计与主课题相关的 4～5 个子课题，供学生研讨与试讲，从而提高学生实验教学设计能力，并对学生师范技能进行训练。从验证性实验逐步过渡到设计性实验，实验课题开放度逐渐加大。

基于"研讨—试讲—实验—探究"四位一体式教学法的设计，课程开课前将一个班级学生分为12组，每组 4～5 名学生；按照课时计划，将本学期课程教学内容确定为12 个实验主课题，每个实验主课题设 4 个试讲课题，确保学期课程结束时每位学生有一个试讲课题，每位学生有一次担任"准教师"上讲台试讲的机会。每次实验课前，由 4 位学生设计实验教学并与任课教师共同研讨教学设计；课内，

这 4 位学生担任"准教师"分别为本班学生讲解一个小实验，试讲评课环节，4 位"准教师"依次试讲完后全班学生进行实验和探究。"准教师"在全班学生实验过程中须协助任课教师对学生实验进行指导。课堂教学由以前的教师主讲和学生实验改为"研讨—试讲—实验—探究"四个环节组成的较为完整的体系，如图 2 所示。

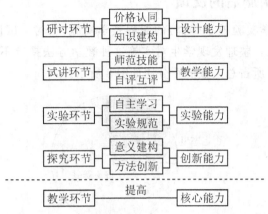

图 2 "研讨—试讲—实验—探究"四个环节对应提高学生能力

(1)研讨环节：任课教师于前两周提出课题；"准教师"独立查阅资料并进行教学设计；任课教师组织同组学生对教学设计的目标、方法、手段、过程进行研讨；1 周后，经任课教师对教学的每个环节审阅通过，"准教师"即可准备实验教学。

(2)试讲环节：每次实验课都按照课前的约定，模拟中学课堂教学环境，由 4 位"准教师"根据课前准备好的实验教学设计进行试讲。每位"准教师"讲授完毕，先对自己的讲课进行自我评价。然后主讲教师组织全体学生讨论和评价：原理的讲解如何做到明白无误，是否易于学生接受；讲解实验操作是否规范；装置如何设置便于观察；如何引导学生观察实验现象等。最后由任课教师对每一位"准教师"课堂教学情况进行总结评价。时间控制在 90 min 以内。

(3)实验环节：精选高中实验中启发性较强、有助于学生实验技能提高的重要实验，要求全体学生在规定的时间内自主完成。在这一环节中，4 位"准教师"协助任课教师对学生实验进行指导。此环节强调学生实验技能的训练。

(4)探究环节：任课教师提出实验课题有关的问题，经过小组集体讨论，大家相互得到启发，进而分小组探究。此处既可以是实验探究，也可以是讨论探究。

3. 教学法对课程学习的评价方式的变革

"研讨—试讲—实验—探究"四位一体式教学法对课程学习的评价方式进行变革，由以往实验操作考试变革为诊断性评价、形成性评价、终结性评价相结合的综合评价。

首先，对每一位"准教师"化学实验教学进行评价。依据课程开设之前的总体设计，每一位学生有一次担任"准教师"的机会，在此过程中，"准教师"体验"研讨—试讲—实验—探究"这一新的学习方法的每个环节。从对课题的研讨学习、自主查找资料，到实验教学设计，任课教师对"准教师"整个过程的表现进行诊断性评价；从实验前的准备到正式上课的试讲以及试讲之后的评课环节，包括协助任课教师指导学生实验的过程中，任课教师对"准教师"进行形成性评价。

其次，对学生探究性实验进行评价。设计有利于考查学生实验探究和实验设计能力的实验报告，学生填写的实验报告清晰地反映学生的探究、设计思路和实验结果。依据学生填写的实验报告，任课教师可以从自主性、协作性以及探究性三方面考查学生的实验探究和实验设计的能力。

最后，对学生师范操作技能进行评价。学期期末课程结束，对学生的师范技能以及实验操作技能进行一次终结性考试。考试的方式为在给定的时间内，学生完成某个实验的片段教学。在考试前一周，老师公布考试的范围，提供仪器、药品和场地供学生练习。考试当天，学生在公布的考试范围内随机抽取选题，在规定的时间内完成教学设计，并完成实验课的片段教学。教师依据评分标准对学生的表现进行评分。

三、教学方法改革实施后的反馈

通过对两届学生《中学化学实验教学研究》的课程教学实施"研讨—试讲—实验—探究"四位一体式教学法，搜集学生的反馈意见，整理发现学生对实施这种教学方法持有不同的意见，归结起来主要有肯定、否定和辩证三种观点。所占总人数的百分比如图3所示。

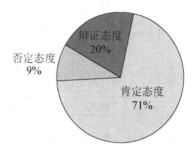

图3 "研讨—试讲—实验—探究"四位一体式教学法实施后学生的反馈

其中持有肯定态度的学生占总人数的百分比为71%，占学生人数的大多数。主要理由整理如下：有效提高学生基础实验的操作能力、教学能力，培养学生的自主思考能力和实际动手能力；能及时地收到老师和同学们的建议和意见，每一位学生都能够自由地发挥个性，营造了一种师生民主的课堂气氛；通过评价和比较，促进学生以更积极的心态去准备授课，在交流和评价中促进学生成长进步；了解实验过程中可能发生的各种情况，提高学生的应变能力；提高作为一名教师所必须具备的素质，有利于提高学生的发散性思维。

当然，也有持否定态度的学生，虽然总人数的百分比不多——仅占9%，他们的问题集中在反映讲课机会太少，练习量不够，一两次训练不足以明显提高教学能力，模拟授课反映不出教学过程中所遇到的实际问题。

还有20%学生持辩证观点，比如：这种教学方法让学生都初步掌握师范生必备的师范技能，但是在具备了初步技能之后提高并不显著；希望邀请一些一线的教学工作者参与进来，效果会更好；希望学校增加教学的课时数，给学生更多的锻炼机会；多找一些观摩真实课堂的机会，感受中学的氛围；希望指导老师多一点，以小组为单位合作式学习。他们既肯定这种教学方式的改革，也指出存在的问题，为今后的教学改革提供更多的参考意见。

参考文献

[1]杨承印，刘喜盈，张羽. 化学教学论实验课对准教师教学能力的培养[J]. 高等理科教育，2007(2)：50-53.

[2]杨承印，李海刚，常勇. 化学教学论实验课程的改革与实践[J]. 高等理科教育，2011(4)：140-142.

仪器分析实验在线教学平台建设与实践初探[①]

楚清脆[②]

（华东师范大学化学与分子工程学院，上海闵行 200241）

摘　要： 改变传统实验教学中以讲授和简单模仿为特征的教学模式是仪器分析实验教学改革的趋势。在仪器分析实验在线教学平台的辅助下，以建构主义理论为指导，践行"课前强化预习，课上以问题为导向"的立体化、个性化的实验教学模式，将更好地激发学生的学习兴趣，培养学生解决问题的能力，对提升实验教学效果具有重要意义。

关键词： 在线教学平台；仪器分析实验；提问式教学；主动学习

仪器分析实验是高校化学类及相关专业开设的主要基础课程之一，是学生理论联系实践的重要途径。仪器分析实验教学不仅要使学生加深对基本理论和概念的理解，训练学生熟练掌握实验技能，更重要的是培养学生的创新素质和创新能力，培养学生严谨的科学态度和认真细致地进行科学实验的良好习惯。

一、传统实验教学现状及存在的问题

传统的实验教学模式以课堂教学为主，手段单一，受课堂时空限制，师生交流少、效率低，已越来越不适应现代教育突出学生的个性化需求及创新意识培养的时代要求。另外，现代化大型仪器设备通常结构复杂，而仪器设计几乎全是封闭式，学生无法观测到仪器的内部构造。同时，大型分析仪器的操作流程和条件较烦琐，学生难以在短时间内快速全面地掌握分析仪器的操作要领。因而，仪器分析实验教学模式亟待改进，以满足人才培养的需求[1,2]。

二、在线教学平台建设的重要性

《国家中长期教育改革和发展规划纲要（2010—2020 年）》中提出，要"加强网络教学资源体系建设，开发网络学习课程，创新网络教学模式"。在线教学平台能充分发挥计算机网络和多媒体的优势，使教学活动的时间、形式及范围呈现出多样性和灵活性的特点，将文字、图像、声音、动画、视频等信息有机地结合起来，使学生置身界面友好、操作简单、内容丰富的交互式学习环境中，不受时间和空间的限制，充分满足学生的个性化需求，弥补课堂教学中的不足。因此，在线教学平台是实现教育教学方法创新，促进优质教育资源普及共享的重要途径和基础保障[3]。

三、在线教学平台的构建

为了适应形势发展，我们依托校园网络，设计构建了"仪器分析实验在线教学平台"（https://elearning.ecnu.edu.cn/），作为实验课程教学的一个重要辅助手段，以期实现以学生为主体、教师为主导、全面开放的实验课教学模式。仪器分析实验在线教学平台的初步架构主要包含课程介绍、实验课件与视频、讨论区三个模块。

课程简介主要向学生展示教学计划、课程安排以及考核方法，可使学生明确本课程的课程性质、

---

①　项目资助：2016 年度第二批华东师范大学在线教学平台课程建设项目。
②　通信联系人：楚清脆，博士，副教授，主要从事分析化学教学与科研工作，qcchu@chem.ecnu.edu.cn。

目的和任务，了解课程内容和教学要求，有助于指导学生学习，制订个人学习计划。

实验课件与视频是在线教学平台的主体模块。本课程共开设了电化学分析、光谱分析、色谱分析、色质联用以及核磁等 13 个独立实验，具体包括：盐酸与醋酸混合液的电导滴定、电位法测定自来水中氯离子的含量、氟离子选择性电极测定水中微量氟、阳极溶出伏安法测定水中微量镉、荧光法测定维生素 B2 的含量、ICP-AES 测定矿泉水中的微量金属元素、未知样品的紫外分光光度法定性及定量分析、高效液相色谱基本参数测定及定量分析、气相色谱基本参数测定及定量分析、原子吸收法(石墨炉法)测定废水中的铜、阿司匹林红外吸收光谱的测绘、气质联用仪解析石油醚成分以及核磁共振测定化学位移及自旋耦合常数。针对每个实验，我们分别制作了两个 PPT 教学课件：一是分析仪器及其测定原理简介，二是实验内容简介，以方便学生巩固实验原理知识，熟悉实验内容。同时，根据每个实验所用分析仪器的特点，对实验仪器的基本构造进行视频录制，着重介绍了关键部件的构造特点，并对重要操作环节进行演示，便于学生学习操作要领。每个视频播放时间控制在 5～10 min，充分发挥微视频的短小精悍的特点，便于浏览与下载。实验课件与视频的应用使实验预习过程中枯燥、抽象、复杂的教学内容变得生动形象、直观具体、简单明了，实验结束以后学生也可以通过反复观看来强化自己的实验技能及相关知识。智能手机、移动数码产品等在高校学生中普及程度越来越高，这也无形中改变着他们的阅读和学习方式。

讨论区则是为师生提供了一个进行交流和互动的平台。学生可以在此寻求教师答疑解惑，或写下自己的实验心得与其他同学分享，也可对实验课教学提出建议和意见。实验教师可真实地了解学生的学习体验与教学中存在的不足，与学生共同探讨实验以及学术问题，从而培养学生的创新意识，不断完善实验课教学。

在线教学平台的应用方便学生在课余时间能利用终端移动设备浏览有关仪器分析实验教学内容，这将成为一种与课堂教学有机对接的学习方式；作为课堂教学的一种延伸，自然也将成为一种新型的辅助课堂实验教学的教学模式[4]。在线教学平台的应用，有助于实现教学资源共享，促进教学方法、手段、内容、课程体系的改革和教育思想的改变；有助于规范教学管理，实施教学质量监控，提高教学质量；有助于激发学生自主学习的兴趣及探索精神和创新意识，培养创造型人才；有助于学生与教师的在线及时沟通交流，从而使所学知识得以巩固提高、迁移发展；平台教学资料与互动信息利于保存，有助于后续反思与改进(见图 1)。

图 1　仪器分析实验在线教学平台主页截图

四、实验课堂教学初步实践

要真正激发学生自主学习的积极性，提高教学质量，还需要进一步转变实验课堂教学模式。我们借助实验在线教学平台，注重引导学生课前预习，课上尝试采用以解决问题为导向的提问式教学模式，促进师生互动,加强学生的参与度,从而促进学生有效地掌握分析化学实验技能,培养其良好的实验习惯和创新能力。

实验预习是学生顺利独立完成实验的重要前提[5]。在实验课前,我们引导学生利用课余空闲时间(不受限于时间和地点)浏览仪器分析实验在线教学平台上的实验讲义、课件和相关实验视频,使其通过预习了解实验目的、实验原理、实验内容以及实验需要解决的问题,引导其多思多问。在线教学平台的跟踪统计功能可以帮助实验教师监控课件和视频内容的使用情况,并通过增加实验预习的考核比例,来督促学生做好课前预习。学生理论知识的储备和课前实验预习为课堂提问式教学奠定了基础。

在实验课堂教学中,教师不必再赘述实验目的、实验要求等内容,而是采用提问的形式对实验中的重点与难点内容以及操作注意事项进行强化。建构主义理论突出学生的主体地位,视教师与学生为并列角色,强调师生、学生之间的交流与互动,从而共同完成知识的新构建。创设问题情境是提问式教学设计的中心环节,问题的提出可以通过多种途径实现[6]。

五、结语

在线教学平台辅助实验教学的实践活动尚处于初步应用与探索阶段。在后续教学过程中,我们将进一步完善在线平台的资源,例如补充实验室与仪器介绍、预习考核模块和学习指导模块等,引导学生撰写日志,根据课程要求上传有关学习资料等。仪器分析实验在线教学平台将实验课堂教学的时间与空间加以延伸和推广,开辟了一个师生学习与交流的新园地。通过强化实验课前预习,提高学生学习的积极主动性,同时也使教师在课堂上能就实验的重点、难点问题有的放矢进行讲授。在线教学平台的建设与实践将有助于提高学生预习效果,全面推动提问式课堂教学模式的开展,从而进一步提升实验教学水平。

致谢:

在此,特别感谢华东师范大学化学与分子工程学院仪器分析实验的各位主讲教师(张帆、徐志爱、张翠玲、张中海、朱安伟、张闽、张立敏、郑婷婷、裴昊、耿萍、顾君琳、赵秋华)的大力支持与积极配合。

参考文献

[1]赵瑛祁,王馨瑶,丁洪生,等.分析化学实验教学现状及改革发展新思路[J].实验室科学,2016,19(6):149.

[2]刘德芳,刘蓉.基于创新人才培养的分析化学教学改革研究[J].西南师范大学学报,2014,39(10):166.

[3]徐旭松.ActRes互动式网络教学平台的开发与应用:江苏理工学院"工程制图"教学改革实践[J].江苏理工学院学报,2015,21(2):82.

[4]杨柳,余邦良,吴良,等.微课在仪器分析实验教学中应用与探讨[J].广东化工,2016,43(18):208.

[5]杨桂珍,李志果,陈伟珍.强化课前预习,提高分析化学实验课程效果[J].广东化工,2015,42(24):180.

[6]胡乐乾,尹春玲.大学分析化学实验提问式教学改革探索[J].广州化工,2016,44(17):224.

现代有机化学实验教学

刘路[①]

（华东师范大学化学与分子工程学院，上海闵行 200241）

摘　要：有机化学实验是高等院校化学及相关学科的重要实验基础课程，在大学生的基本技能训练和科学素养的培养中显得尤为重要。在"双一流"建设的背景下，如何让学生尽快掌握安全、正确、规范的现代有机化学实验操作技能是当前教学面临的主要难题。本文主要从教学内容和教学方式两方面对该实验教学进行了改革。

关键词：有机化学实验；实验内容；教学方式

化学是一门不断发展和创新的研究物质结构、组成、转化的科学，与人类的衣、食、住、行和医药健康密切相关。有机化学是化学领域最具活力的分支之一。新反应、新合成方法和新化合物不断涌现，不仅对化学的其他二级学科发展起到了重要的促进作用，同时也推动了诸如材料、环境、能源、生物等学科的发展，产生了像"化学生物学"这样的交叉学科。有机化学实验则是重要的实验基础课程，在大学生的专业基本技能训练和科学素养的培养中不可或缺。该课程的教学目的主要是训练学生有机化学实验的基本技能，培养学生正确选择有机化合物合成的路线、反应的设置、后处理、分离、化合物鉴定等一系列技能。同时也是培养学生理论联系实际的作风、实事求是和严格认真的科研态度与良好的工作习惯的一个重要环节。这些素质的培养对学生走上工作岗位或者进一步深造都有重要的意义。

自 2015 年国务院推出"双一流"建设以来，许多师范院校的发展战略都由师范大学在向研究型大学转变，化学专业的本科生培养目标也由中学化学教师向具有科研能力的复合型人才转变。为了实现这样的目标，加强本科生的有机化学实验教学也是极其重要的一环。因此，如何让学生尽快掌握安全、正确、规范的现代有机化学实验操作技能是当前教学面临的主要难题。我校主要从教学内容和教学方式两方面对有机化学实验教学进行了改革。

一、教学内容

我校目前使用的教材为 10 多年前编写，由于化学的发展日新月异，很多内容显得陈旧，已经不符合现代实验教学的要求了。例如，使用煤气灯明火加热，这样的操作存在着明显的安全隐患。随着我们对实验室投入的加大，目前已经实现了有机化学实验室的通风橱和磁力搅拌器的配置，因此，采用规范的实验操作及实验规则来进行训练，对本科生以后做科研或进行教学工作，都是非常重要的。

1. 实验基本操作

经常会听到高校、研究所的实验室或化工企业发生火灾、爆炸等事故，造成财产和人员伤亡。这些事故绝大多数都是由于实验人员错误的、不规范的操作引起。因此从进入实验室的第一天就进行安全知识的培训是非常有必要的。我们要让学生了解每一种实验基本操作存在的风险，了解这些风险应该如何去避免。例如，我们把明火加热换成油浴加热，就能很好地避免火灾的发生；由于普遍采用了熔点仪，因此测熔点也不需要使用提勒（Thiele）管；由于玻璃工、折光率测定、水蒸气蒸馏、分馏等操作在现代有机化学实验中应用很少，因此也可以不讲；而薄层色谱、柱色谱是现代有机化学实验的最

---

① 通信联系人：刘路，lliu@chem.ecnu.edu.cn。

重要的操作，因此应该重点强调；还有旋转蒸发仪等仪器在以前的教学内容中也没做要求，现在应该重点介绍。

2. 反应进程的监测与产物的纯化

传统的实验内容通常让学生在反应进行一段时间后停止反应，但是由于每位学生操作的差别，这期间究竟有没有完全反应谁也不知道。产物的纯化也多采用蒸馏的方法，这在现代有机合成中使用得比较少。我们近年来着重在反应中引入 TLC 监测，以此来判断反应是否进行完全；另外在纯化过程中多应用柱层析的方式进行分离，让整个实验操作更加规范。另外，由于柱层析的使用，反应起始原料的量也不用蒸馏纯化那么多，有利于节能环保。

3. 产物的鉴定

传统的有机化学实验由于条件的限制，对产物的结构及纯度的鉴定比较困难，多数是采用测熔点的方法，这样的结果很不准确。由于现在多数高校都配备了 NMR、IR、质谱等大型仪器，利用现代仪器测试产物成了可能。我们可以选择几个实验要求学生完成以后去测一下 NMR，这样与标准谱图一对比，就知道该产物正确与否。

4. 现代有机合成实验

由于传统的实验教材内容比较陈旧，很多实验已经发生了根本性的改变，不再应用于当前的科研及生产中了。另外还有很多新有机反应没有在教材中展现出来。我们正在编写一本新教材，删除一部分内容过于古老、现在基本不用的反应，另外单独增加一章"现代有机合成"，挑选一些比较适合设计为教学的有机反应包括过渡金属催化、不对称催化等当前热点实验内容，例如有我们课题组发展的金催化碳氢键官能化反应以及新型基于亚磺酰胺配体的合成、我校其他老师发展的一些反应，以及当前国内一些著名有机化学家发展的反应。这样供学有余力的学生选做，不仅提高了学生的实验操作能力，也增强了他们对我国科研成果的自信心。

二、教学方式

在传统的有机化学实验教学中，通常是学生课前预习课本，课堂上教师进行实验讲解和演示，接下来由学生进行实验。但是由于学生在实验预习的时候仅仅是局限于书本上的字面的操作步骤，没有对整个操作过程的系统认识；在课堂上，很多学生仅仅看过一遍演示，没有多余的时间去思考理解这些操作过程，在自己动手过程中经常会忘记步骤，搞得手忙脚乱，容易打破仪器，造成危险；师生间的互动也比较少，学生对于实验理论及操作中存在的一些问题也不大理解。多媒体技术以其信息量大、表现能力丰富、能显示动态的内容及灵活的人机交互能力，成为当前主流的教学手段，运用到有机化学实验的教学中能有效地解决上述问题。

1. 制作有机化学实验操作视频

传统的有机化学教材仅仅通过文字和图片对实验装置和过程进行介绍，对于从未接触到有机化学实验的本科学生来说实在是很难去掌握。例如：玻璃仪器就有几十种规格和型号，冷凝管就分为空气冷凝管、直型冷凝管、球形冷凝管等，图片和实物本来也存在一定的差异，通过图片很难掌握。如果我们通过视频，拍下各种仪器的真实画面，同时在视频中对如何使用它们进行演示和讲解，相信学生能更加有效地认识并掌握这些仪器，对他们的后续的实验课程有极大的帮助。另外，传统的教学方式通过教师在课堂上演示搭建装置向学生展示讲解，但是通常由于空间的限制，很难让排在后面的学生看清楚，尤其是一些细节；通过把教师的操作录制成视频，尤其是利用多镜头的播放，让学生能够从不同角度去观察老师的操作，对整个操作过程的学习会非常清晰，对细节的观察也会非常到位。由于课堂时间的限制，教师的演示一般仅限于搭建装置，对整个实验的进行无法全程演示；而通过视频的拍摄，可以把整个实验完全展现出来，对每一个环节遇到的关键点都可以进行讲解，这样让学生在实验时才能够做到心中有数。

2. 在线课堂的运用

在线教学平台在国外已经应用得非常广泛了，近年来在我国也开始得到推广普及。在线教学平台在有机化学实验中也是非常重要的一种教学方式。在实验开始之前，教师可以把每次实验教学课件和录制的视频放在在线平台上，学生在预习的时候可以通过课件和视频来了解整个实验。另外，可以针对性地提出几个相关的问题，让学生思考。在实验课程结束后，可以通过在线教学平台提供的贴吧等方式和学生就实验中存在的问题互动，帮助学生巩固对实验的理解。尤其是在一些基础操作实验中，如重结晶、蒸馏、萃取、TLC 等，这些操作都是后面进行有机合成实验的基础。利用这些方式能有效地让学生对这些操作的记忆更牢靠，在后续实验中应用到这些操作的时候能迅速回忆起来。

3. 课堂教学方式的改变

有了上述两项，教师在课堂教学的方式也应该改变。由于提供了课件和视频给学生预习，那讲解演示环节就可以省掉。这部分时间可以用来抽取 1～2 名学生来进行装置的搭建展示，完成以后让其他学生来进行点评改正，最后由老师进行归纳总结。通过这样的过程，让大部分学生都能够参与到对整个实验的操作和思考中来，提高学生对有机化学实验的积极性。

参考文献

[1]麦禄根. 有机化学实验[M]. 上海：华东师范大学出版社，2001.

[2]郑小琦，查正根，汪智勇. 研究型大学有机化学实验教学体系改革与创新[J]. 大学化学，2010，25(6)：12.

[3]任玉杰，吴海霞，胡方，等. 有机化学实验教学内容及教学模式的改革与实践[J]. 大学化学，2007，22(5)：11.

[4]冯喜兰，田孟魁，马孟摸. 有机化学实验多媒体课件的制作[J]. 大学化学，2004，19(6)：31.

[5]林敏，阮永红，周金梅，等. "有机化学实验"精品课程建设的探索与实践[J]. 中国大学教学，2009(8)：23.

[6]陈鸢. 多媒体技术运用于有机化学实验的思考[J]. 太原大学教育学院学报，2015，33(2)：82.

高师"化学课件制作技术"课程的设计和实践^①

肖　信^②，孙艳辉，罗秀玲

（华南师范大学化学与环境学院，广东广州 510006）

摘　要：化学课件制作技术是高师化学专业的一门必修课，是师范生掌握现代教育技术成为合格化学教师的必备课程。然而，如何紧贴教育信息技术的快速发展且有别于教育技术基础课，是当前急需解决的问题。针对以上问题，提出了聚焦于化学专业学科特色，即以"化学图符"为主线的教学内容体系，以及采用"翻转课堂"模式，以实现课程教学的优化。

关键词：化学课件制作技术；化学图符；翻转课堂

现代教育技术将文本、图形、动画、视频和声音等多媒体以及计算机的人机交互系统和网络通信系统进行集成，可使教学内容直观易懂、表现形式丰富，充分调动学生的感官，提高学生的学习积极性和主动性，帮助学生更好地理解教学内容，掌握现代教育技术已成为师范生的基本需要[1]。除了掌握教育技术，每个专业均有自己的学科特点，例如在化学学科中，微观模拟、化学实验、反应机理、物质性质和转化等是其重要的特征。因此，如何运用现代教育技术来增强化学教学效果也具有其特殊性，不少师范院校为此专门开设了化学课件制作技术相关课程。然而，这门课教些什么内容，如何才能有别于基础教育技术课程，以及如何开展实践教学，有必要进行讨论。

一、以"化学图符"为主线构建教学内容框架

相对于其他学科，化学在其信息化过程中遇到了更多的障碍，具体体现在化学的图形和符号（简称化学图符）的数字化方面。化学是在原子、分子水平上研究物质的组成、结构、性质及其应用的一门基础自然科学，描述和呈现微观粒子、微观结构及其相互关系是"化学语言"的基础[2]。而不能够熟练识别和运用化学语言正是中学生学习化学的主要障碍，也是在化学教学中运用课件的关键价值所在。因此，要制作化学课件，除了常规的教育教学原则，在内容上应该把焦点集中在化学图符的设计、制作和展现上，以加强学生对教学内容的理解、解决学生学习的困难，这是化学学科本身所决定的。此外，聚焦于化学图符主线意味着将更多的精力放在化学专业图形的设计和处理上，在有限的时间里掌握最为核心的关键内容，避免了无休止地对新的教育技术的追逐。

典型的化学符号和化学式包括原子、离子、电子、分子、化学方程式、离子反应式、原子结构示意图、分子原子轨道图、有机物结构简式、投影式、二维结构式、三维分子模型、晶体结构模型、聚合物结构式、生物大分子结构模型等，如图1所示。随着技术的发展，化学符号的呈现形式逐渐从传统的平面结构发展到以三维立体结构为主，并趋向于发展为实时可交互立体结构[3]。

"一图胜于千言万语"，图形本质上是一种视觉表征（representation）。如果将化学符号比作"化学语言"的"单词"，那么化学图形就是"句子"和"篇章"，因为图形要表达的就是各种要素之间的相互关系。当前，已经有不少研究者关注了图形的功能、分类、设计及其意义。例如，莱文（Levin）根据研究提出教材中的图形具有表征、解释、组织、转换和装饰等功能[4]；亨特（Hunter）等将图形的功能分为5类，即装饰、强化、扩展、概括和比较[5]；基于双重编码理论、工作记忆模型、认知负荷理论和有意义学

---

① 项目资助：2015年华南师范大学质量工程项目：基于翻转课堂的《化学课件制作技术》课程改革与实践。

② 通信联系人：肖信，33027675@163.com。

习模型，迈耶（Mayer）先后提出了视觉学习理论和多媒体学习理论[6]。计算机在教学中的应用在很大价值上在于各类学科图形图像的展示，而这一特征在化学教学中尤其重要。因为很多化学知识要么涉及肉眼不可见的微观、要么因反应速度太快不易理解其过程和机理、要么体系过大不可窥其全貌。鉴于教材中提供的具有教学价值的图形数量有限，化学教师有必要熟练掌握化学图形的设计和制作，以提高教学效果。化学中的常见图形包括各类实验现象相片、实验装置图、宏观实物图、微观机理示意图、工作原理图、反应过程示意图、物质相互转换图、概念图等，如图2～图4所示。

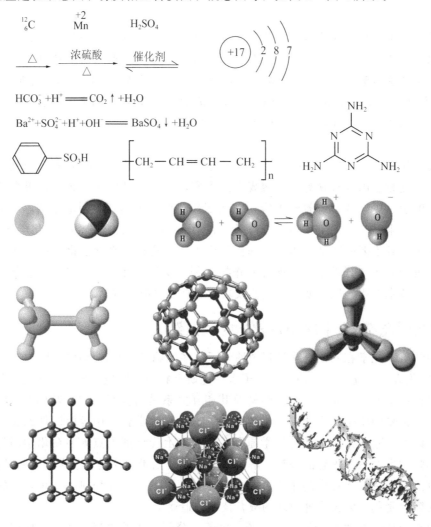

图 1　常见化学符号及其呈现形式

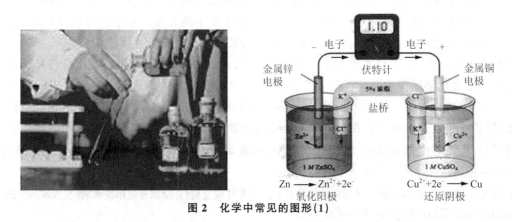

图 2　化学中常见的图形（1）

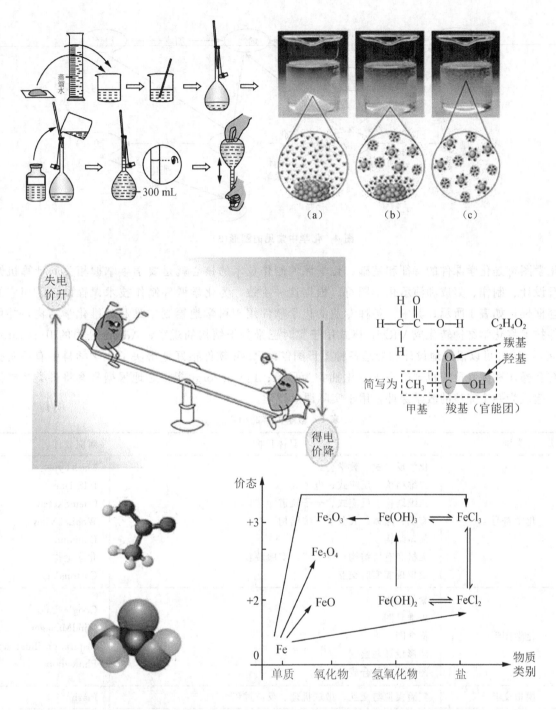

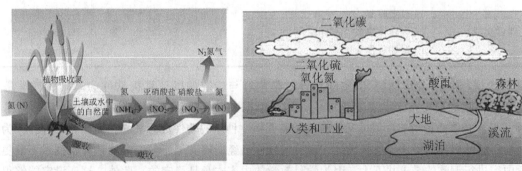

图3 化学中常见的图形(2)

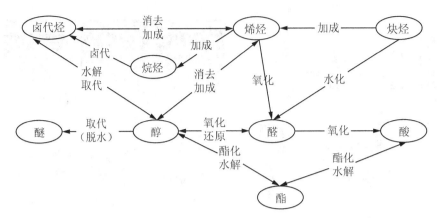

图4　化学中常见的图形(3)

化学图符是化学课件的特征和基础，化学课件制作技术的核心就是要学生掌握相关的计算机知识来进行设计、制作、集成和演示化学图符。根据这一主线，为化学课件制作技术课程设计了相应的教学内容框架，如表1所示。其中，各种专业的化学软件用于科学地绘制二维和三维化学结构，并可使用插件技术将化学结构转化成VRML格式用于实时三维分子结构的观察；Adobe公司的Illustrator和Photoshop结合可以很好地设计和处理各种图形图像；Flash软件很好地解决了化学学科中有关实验模拟、交互操作和微观反应机理的需求，化抽象为形象；PowerPoint能很好地根据教案将各类多媒体集成到一起成为一个完整的教学课件，用于实际课堂教学。

表1　教学内容的构建

类别	具体目标	对应软件
化学符号	化学反应式、数学公式 二维结构、反应式、电子式 三维结构、反应式、分子轨道 有机、晶体、大分子三维结构 晶体结构 无机和有机结构、反应式、实验装置 虚拟现实实时交互	MathType ISIS-Draw ChemSketch WebLabView Diamond 化学金排 CortonaVrml
化学图形	素材收集 思维导图 概念图 图形设计与绘制 图像处理与合成	Google/Baidu MindManager Inspiration Illustrator Photoshop
模拟交互	实验模拟与交互、微观机理、反应过程	Flash
课件集成	教案收集 多媒体集成、课件制作 课件制作	Google/Baidu PowerPoint Authorware

要说明的是，根据"化学图符"为主线构建教学内容与传统的以计算机软件为基础的教学是完全不同的，由于计算机和信息技术发展变化极快，如果根据某种具体课件制作软件进行教学，则需要不断追逐各种新平台新软件新功能，每过几年就可能需要换一种新的软件进行教学。而以"化学图符"为主线是根据化学学科教学内容的需求来进行设计，现有的软件已经能够满足所需，即使计算机技术不断更新，对学科教学内容进行调整的需求并不大，因为学科教学的内容本身是稳定的。此外，这一设定能够很好地将本课程与学校开设的各类计算机应用基础、现代教育技术课程加以区别，以免重复开课。

二、"翻转课堂"与教学实践

虽然已经设计了相应的教学内容，但实际教学中仍然存在两个矛盾：一个是教学内容容量与学时的矛盾；另一个是学生计算机基础参差不齐造成的对学习内容期望不同的矛盾。为了解决这两个难题，在近年的教学中，笔者受新兴的"翻转课堂"(Flipped Classroom)模式的启发，对课程的教学方式进行了改变和尝试。"翻转课堂"之所以引起这么大的关注，主要是其彻底地改变了教师和学生的角色，真正地做到以学生为中心的自我建构和个性化教育。当前，"翻转课堂"这一教学方式主要应用在中小学教育中[7]。但笔者认为大学才是这一模式最适合的舞台，原因是大学生的独立学习和获取信息的能力更强，学习时间更机动且有长时间上网的条件，大学生对个性化学习的需求更强烈，而且大学教师更适合扮演学习指导者和促进者的角色。

"翻转课堂"的教学环节通常包括在课前观看教学视频自学，学生在课堂中进行实践，教师在课堂中指导和解决学生的学习疑问，帮助学生对所学知识进行梳理和总结。可见，采用"翻转课堂"模式进行教学对大学老师和学生来说非常合适。"翻转课堂"的主要困难在于教师必须事先录制教学视频并分享给学生。这一点对于化学课件制作技术课程来说其实是有优势的，因为除了化学专业软件外，其他在教学中使用到的软件例如 PowerPoint、Flash、Photoshop 等都是大众应用软件，在网络上已经存在大量的适合大学生自学的教学视频。因此老师只需将预先选择的适合学生水平和教学目标的视频网址提前发给学生，或者直接发布在 Panopto 视频教育平台上，并布置相关练习，学生就可以根据自己的基础选择合适的时间和地点进行预习。然后在正式上课时教师对该软件在制作化学课件中的特色进行点拨，并进行上机操作和答疑即可。

通过近几年的教学实践，化学课件制作技术教学体系从模糊到逐渐清晰。现在无论教师还是学生都更加关注学科教学内容而非计算机技术本身；激发了学生学习化学基础知识和教材教法的积极性，真正将"课"和"件"结合起来，将"讲"和"解"结合起来，极大地提高了学生制作化学课件的创造力。而这一内容和教学方式的重构也取得了较好的教学效果，所指导本科生已获得全国多媒体课件大赛一等奖 5 项和二等奖 4 项。

三、结语

化学课件制作技术是化学师范生的一门基础必修课，笔者结合自己的教学经验和近年来教育信息技术的发展变化，对其教学内容和教学方式进行了设计和重构。建立了以化学图符为主线的软件教学框架，以及运用"翻转课堂"为基础的教学模式，解决了本课程的定位、核心内容和有限课时等问题，在未来的教学实践中，我们还将根据学生的学习反馈进行调整，对教学效果进行反思，以期不断完善和优化。

参考文献

[1]何克抗，李文光. 教育技术学[M]. 北京：北京师范大学出版社，2003.

[2]中华人民共和国教育部制定. 普通高中化学课程标准（实验）[M]. 北京：人民教育出版社，2003.

[3]袁中直，肖信. 化学多媒体素材制作和应用[M]. 北京：化学工业出版社，2004.

[4]Levie W H. Research on pictures：A guide to the literature[J]. The psychology of illustration，1987(1)：1-50.

[5] Hunter B，Crismore A，Pearson P D. Visual displays in basal readers and social studies

textbooks[M]. Springer，1987：116-135.

［6］Mayer R E. Multimedia learning：Are we asking the right questions? ［J］. Educational psychologist. 1997，32(1)：1-19.

［7］张金磊，王颖，张宝辉. 翻转课堂教学模式研究[J]. 远程教育杂志，2012，4(15).

基于 Moodle 教学平台的物理化学
在线开放课程建设与教学实践①

孙艳辉②，何广平，马国正，林晓明，左晓希

（华南师范大学化学与环境学院，广东广州 510006）

摘　要： 介绍了基于 Moodle 教学平台（又称砺儒云平台）的物理化学在线开放课程的建设过程、板块设置与教学实践模式，总结了开放在线课程所带来的教学效果和存在的问题，可为同类课程的建设与实践提供参考。

关键词： Moodle 平台；物理化学；在线开放课程

华南师范大学自 2016 年 6 月起，全面启动基于 Moodle 平台的在线课程建设，物理化学获第一批资助。经过 1 年的课程建设，物理化学开放在线课程已初具规模，并且在不同专业教学中进行了线上、线下混合教学实践。本文围绕开放课程建设和教学实践中的一些收获和遇到的一些实际问题，探讨在线开放课程在提高教师教学能力和培养学生自主学习能力方面的具体应用。

一、基于 Moodle 教学平台的物理化学在线开放课程建设

在"互联网＋教育"大背景下，根据学生发展需要和学习习惯，开发在线开放课程已成为一种趋势[1]。Moodle（Modular Object-Oriented Dynamic Learning Environment）教学平台，即模块化面向对象的动态学习环境，主要包括以下模块：课程管理、资源、作业、论坛、测验、聊天、投票、问卷调查和互动评价等[2]。我们的物理化学开放在线课程正是以 Moodle 教学平台为载体，结合教师的教学经验和学生的专业特点，对该平台的版块进行合理化取舍而构建的，如图 1 所示。同时，按照物理化学主要脉络，突出基本原理贯穿整个在线课程、兼顾知识的应用性和前沿性，重新编制在线课程教学大纲[3]。并以此大纲为依据，进行在线课程的建设。

1. 视频资源建设

视频资源的建设基于以下两个原则：一是选择简单易懂、应用性较强的知识点；二是抽象难懂、理论性较强的知识点录制 5～20 min 小而精的课程视频。目前已录制完成物理化学上册所选知识点的 41 个微视频并上传 Moodle 平台。

2. 非视频资源建设

为使学习者更系统地进行课程学习，将课程内容按章节划分，每章包括如图 2 所示板块：

（1）课程 PPT：全部课程的传统授课课件，已上传完成；

（2）课程视频：指微视频，已上传 41 个。

（3）拓展资源：包括与本章理论知识相关联的科研、生产、生活方面的拓展；包括与材料、环境、

①　项目资助：（1）2016 年华南师范大学教育质量工程项目，基于 Moodle 教学平台的物理化学在线课程资源建设；（2）2016 年华南师范大学"互联网＋资源建设"开放在线课程"物理化学"建设项目；（3）基于 Moodle 平台的物理化学 SPOC 混合学习模式的研究；（4）2014 年度广东教育教学成果奖（高等教育）培育项目，基于多学科人才培养目标的多层次、多维度、物理化学课程体系的建设与教学实践。

②　通信联系人：孙艳辉，sunyanhui0102@163.com。

能源相联系的知识介绍；和化学教育专业自身特点有关的物理化学知识与中学化学课程的关联性分析等；另外个别章节还上传了综合性大学知名教授的课程PPT。

(4)问题空间：包括本章学习要求、若干易混淆概念的辨析，帮助学生进一步理清一些概念。

(5)题解展板：该版块主要呈现有代表性题目的解题思路、作业答案、小测验答案等。

(6)问题讨论区：该版块为师生、生生互动讨论区域，内容涉及和物理化学相关的一切问题。

(7)试题库：该板块正在建设中，预计平均每章设计100道题目，供线上测试时随机抽取题目。

图1 课程主界面

图2 课程主要板块设置（以前两章为例）

二、教学实践

自课程建设伊始，即开展了同步教学应用实践。截至目前，已经分别在2014级化学教育专业(1～4班的114位学生选课)的物理化学(上、下册，两学期)、2015级环境科学、环境工程专业(96位学生选课)的物理化学(1学期)开展了基于Moodle平台的线上、线下混合教学。其中，线下教学活动和传统教学类似，采用教师课堂讲授的模式，占教学时数的 3/4。

因课程视频剪辑滞后，导致所录制的视频上线也滞后。因此，目前完成的线上教学活动主要以问卷调查、线上讨论、线上拓展资源、线上作业或小测的形式开展[4]。

(1)问卷调查：开展了基于 SPOC 混合学习模式的物理化学课程教学问卷调查；"每周进入砺儒云课堂学习与讨论的时间"的调查(见图 3)；每章学习难点的调查等。

(2)线上讨论：代替了原来的 QQ 课程讨论群，教师及时或定时回答学生问题，学生之间也互相讨论(见图 4)。

(3)线上作业：每章布置 1～2 次作业，学生线上完成提交，教师或助教线上批改作业，给出成绩。

(4)线上测试：部分单元小测和期中测试。学生线上限时完成，教师线上评卷(见图 5)。

一些具体实践活动的展示如图 3、图 4、图 5 所示。

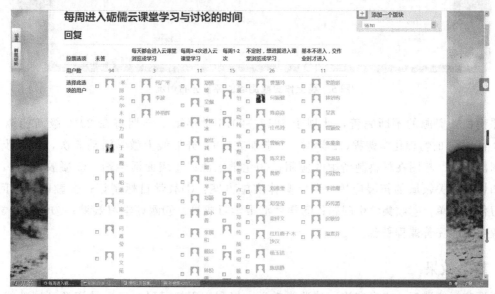

图 3 问卷调查统计情况

图 4 问题讨论区展示

图 5　线上作业或测验的评价分布情况

随着课程视频资源的不断完善，计划于 2017—2018 学年第 1 学期将在 2016 级新能源与器件专业（25 位学生选课）的物理化学课程（72 学时，1 学期完成），开展线上教学活动 5 次，内容涉及：①卡诺热机和制冷机；②相图在材料制备中的应用；③化学电源；④表面活性剂；⑤凝胶材料。主要涉及物理化学知识在相关领域的拓展应用。课堂具体实施方案：①教学目标制订；②教师进行问题设计；③布置学习任务清单；④收集学生问题；⑤学生汇报学习成果；⑥测评学习效果；⑦教师和学生反思。在教学过程中继续完善课程平台。

三、教学效果

虽然因课程视频滞后，尚未实施翻转课堂教学，但利用砺儒云平台已有的资源开展的线上教学活动，已经比传统的教学模式取得了较好的教学效果。具体如下：

1. 实现教学目标多元化

传统的课堂教学为班级授课制和考核制，"一刀切"的教学与考核制度，学生没有选择的权利，也很难达到因材施教的目的，以满足学生个性化的要求。利用砺儒云课程平台的拓展资源，学生可以选择性地学习自己需要的知识。如考研的学生，可以多关注综合性大学的一些课程内容；从事中学化学教育的学生，可以多关注大学化学与中学化学相关联的一些知识；环境专业的学生可以在拓展资源中了解和学习物理化学课程与本专业知识的相关性等。将传统教学方式和网络化教学的优势相结合，实现了教学目标的多元化。

2. 培养了学生自主学习的能力

学生的学习过程通常由两个阶段组成，第一阶段是"信息的传递"，第二阶段是"知识的内化"。其中"授课录像、授课 PPT"为课程教学内容的呈现，满足"信息传递"的作用，"问题空间""题解展板"和"讨论区"等，有利于启发学生思维，增加学生学习的参与感，充分发挥学生学习的自主性。

3. 实现了教学跟踪与反馈功能，利于教师调整课堂教学过程

对于在线开放课程这种具有开放性质的学习过程，教师对教学过程和效果的追踪是学习顺利实施的基本保障。在线平台具有"投票"和"问卷调查"两个选项，可以适时追踪学生的学习情况，以利于教师调整课堂教学过程。

4. 实现了教学评价多元化

传统教学过程的评价几乎一刀切，一张试卷定成败。开放在线课程改变了这种弊端。学生参与学习的情况、线上作业完成的情况、线上测试的成绩，都作为课程成绩的一部分，鼓励学生通过信息技术的使用，获取更多的知识，通过自主学习，达到"知识的深度内化"。

四、遇到的问题与挑战

尽管课程建设取得了一些进展，应用过程中也表现出了若干优势，但不容置疑，在线开放课程以及混合教学模式的开展还都存在一些问题[5]：

1. 教师方面

(1)无论是制作教学视频还是习题库建设，都比传统的教学工作量大很多，但又难以定量，因而教师积极性往往不高。

(2)教师对翻转课堂的把控需要非常娴熟的课堂技巧，这也是对教师教学技能的考验。

(3)Moodle平台的一些板块设置更适合于文科专业，如习题设置、测验题型等，要想熟练地使用该平台，需要教师有一定的信息技术基础。

2. 学生方面

(1)大部分学生已习惯于传统学习模式，缺乏积极主动性和自主性的学习习惯，需要教师强制性地要求自主学习才勉强应付，这样的翻转课堂其实收不到应有的效果。

(2)对在线课程的评价依赖于学生的诚信。平台上的测验、作业的完成得不到监控，有时难免会有失公平。

参考文献

[1]瞿怡，胡涛. MOOC与我国高校化学类课程教学改革[J]. 中国大学教育，2015(6)：44-47.

[2]Susan Smith Nash. Moodle Course Design Best Practices[M]. Birmingham：Packt Publishing，2014.

[3]孙艳辉，何广平，马国正，等. 基于Moodle教学平台的物理化学在线课程设计[C]//高校化学化工课程教学系列报告会论文集，2016.

[4]何广平，孙艳辉，马国正，等. 基于SPOC混合学习模式的物理化学课程教学的探讨[C]//高校化学化工课程教学系列报告会论文集，2016.

[5]沈文霞. "翻转课堂"是对教师的挑战[C]//第六届全国高等学校物理化学(含实验)课程教学研讨会，2016.

基于 Moodle 平台的"无机化学"在线课程开发与教学实践①

万霞②，陈慧珊

（华南师范大学化学与环境学院，广东广州 510006）

摘　要： Moodle 平台是完全免费的开放源代码软件平台，具有操作界面简单、功能强大、提供多种在线互动和评价方式等优点。在此平台上开发"无机化学"在线课程是进行"互联网＋教育"环境下教学模式的改革的依托和保证。针对学习的三个阶段：课前—课中—课后，设计出每章的基本内容框架，即本章概要、课前预习、教学资源、拓展资源、课后提升和在线讨论六个板块，并且将各类资源进行整合，为学生的自主学习提供全方位的资讯内容和多元化的交互学习平台。结合线下教学，我院在 2016 级学生第 1 学期的"无机化学"课程中引入在线课程，收到良好的效果。通过线上线下相融合的教学模式的尝试，学生学习的积极性和主动性明显提高，学习氛围大幅改善。同时，学习的有效性也明显提高。

关键词： Moodle 平台；在线课程；无机化学；课程设计；教学实践

一、引言

2008 年，加拿大学者最早提出了基于"连通主义"的"大规模开放在线课程"（Massive Open Online Course，MOOC，慕课），强调知识的生成重于知识的吸收，不断产生的新知识就构建起支撑和发展 MOOC 的生态系统[1]。随后，慕课在全球迅速流行开来。2012 年，几个投资商与国际上著名大学合作，建立了三大网络学习平台，即 Coursera、Udacity 和 edX，提供近百门的慕课，因此，2012 年又被称为慕课元年。在国内，北京邮电大学的李青、王涛[2]和北京航空航天大学的樊文强[3]最先开始研究"大规模公开在线课程"。随后，北京大学、清华大学、复旦大学、上海交通大学等高校相继加入，利用不同的 MOOC 网络学习平台，开发出各类在线课程，从而将中国教学信息化改革引入到新的层次。随着国家"互联网＋教育"战略的推出和深化，许多老师加入到了各种 MOOC、SOOC（Small Open Online Course）和 SPOC（Small Private Online Course）课程的建设中[4,5]。而在线课程是网络课程的一种，是指绝大部分课程内容通过在线方式发布，绝大部分教学活动通过在线方式进行，表明其对在线这一网络状态的依赖程度更高[6]。也就是说将课程的各种学习资源，以及以既定目标和计划设计的教育活动和学习互动通过网络来进行，以满足学员的个性化学习需求，并且为学员参与各种互动活动创造方便的条件。

在众多在线课程学习平台中，Moodle 以其独有的优势被广泛运用到教育领域。Moodle，英文全称为 Modular Object Oriented Dynamic Learning Environment，即"面向对象的模块化动态学习环境"的首字母缩写。它是完全免费的开放源代码软件，也是目前世界上最流行的学习管理系统之一[7]。

"无机化学"课程是面向大学一年级学生开设的一门与化学有关的专业基础必修课，涉及我校的三个学院约 10 个专业，不同专业其课时和内容深度差异较大。如何满足不同学生的个性需求，是摆在我们面前的急切问题。利用 Moodle 平台开发和建设"无机化学"在线课程具有必要性和紧迫性。

---

①　项目资助：华南师范大学第一批开放在线课程建设项目（2016，07）。

②　通信联系人：万霞，副教授，wanxia@scnu.edu.cn。

二、Moodle 平台的课程设计原则和特点

Moodle 在线课程以建构主义学习理论为指导，强调实施多样化和个性化教学，为使用者创造一个易于理解的学习环境，以自己的方式实现对知识的建构。它需兼顾协作性、开放性、交互性、情境性等一般性原则[8]。Moodle 环境下在线课程开发遵循的流程为[9]：（1）确定教育目标；（2）分析学习者及学习环境；（3）确定课程结构与框架；（4）设计课程风格—界面—导航；（5）设计课程介绍；（6）设计课程单元内容；（7）课程的实施和管理；（8）反馈与修改。

Moodle 平台支持各种格式文件的上传，并且可以在线显示 PDF、Flash、视频（MP4）、网页和图片等多种格式，但不能在线显示 Word 文档和 PPT，必须下载才能打开。在 Moodle 平台的任意处可方便地添加一个活动或资源，且提供多种互动模式，如讨论区、聊天室等。此外，每位课程参与者还可以订阅指定论坛，帖子会以 E-mail 方式发送至个人邮箱。平台可提供多元评价方式，不仅老师可对学生进行评价，学员间也可互评，这样大大增加了学员间的互动。Moodle 内置报表功能，可即时查看学员的所有活动情况、学员完成作业情况、参与学习的时间、测试成绩统计等信息，使老师能更好地了解学生学习的情况以及对个别学生进行特殊需求的关注。

三、"无机化学"在线课程的开发建设与实施

1. 课程的教学目标设计

"无机化学"课程是大学一年级新生刚进入大学遇到的第一门专业基础必修课，是后续进行更多专业课程学习的基础保证。学生通过对课程的学习，需掌握与化学专业有关的一些基本概念、一般规律和化学原理。鉴于学生仍然习惯于中学时的"教和学"的模式，对大学的学习环境和要求很难立即适应，容易出现跟不上教学进度，从而失去学习兴趣的情况。针对新生特点，我们对学习的三个阶段：课前—课中—课后制订不同的教学目标。加强课前预习环节，要求学生完成课前预习板块中的内容，达到了解学习内容和清楚难点的目的。课中阶段，学生需要充分理解和掌握所学知识。课后阶段学生需要巩固所学知识，达到真正融会贯通。总之，充分利用在线课程的特点，实现多样化和个性化的教学，提高学生学习的积极性和主动性。

2. 课程的内容

"无机化学"在线课程分为上下两学期，其教学内容被分为化学原理部分（上学期）和元素化学部分（下学期）。化学原理部分共有六章内容，包括第一章绪论、第二章原子结构、第三章分子结构与化学键理论、第四章化学反应基本原理、第五章固体结构、第六章溶液化学。"无机化学（上）"课程共3.5学分，周学时为4。元素化学部分包括第七章元素通论、第八章非金属元素、第九章非过渡金属元素、第十章过渡金属元素、第十一章镧系锕系元素和第十二章化学新进展，共6章，2.5学分，周学时为3。在线课程按同样的内容和顺序来设计，以满足线上线下相融合的教学目标需求。

3. 在线课程每章组成框架的设计

"无机化学"在线课程的每章包括 6 个板块，分别是内容概要、课前预习、教学资源、拓展资源、课后提升和在线讨论区，每个板块下面还有分类。内容概要介绍每章主要包含的内容以及建议学时数。课前预习板块会提供预习内容，要求学生必须阅读给出的资源，有时还需完成达标要求，如小测试等，以检验学生是否预习，以及预习是否到位。教学资源板块有教师本章授课的完整 PPT，学生可以下载到本地位置，随时学习。因一章 PPT 内容太多，不利于学生快速地查找所需内容，也提供每一节教学PPT 的 PDF 文档，可在线直接阅览。另外，还提供每章的教师授课视频，学生可以反复收看上课时没有听懂的部分，进一步巩固所学知识。拓展资源部分包括扩展知识点、化学小百科和趣味视频三个部分，是为提高学生的学习兴趣和开阔视野专门设计。扩展知识点提供教材以外的一些知识点，感兴趣

的学生可以自学，实现知识的扩展。化学小百科包括如科学家简介、各种与化学有关的趣事、现象等，开阔学生视野和提高学习兴趣。趣味视频既可以是与本章内容相关的一些有趣实验，也可以是与化学有关的现象视频。课后提升板块包括网上作业、每章测验、自测练习和各种答案等资料。在线讨论区通过设置一个专题或本章难点等问题与学生进行互动讨论，一般在预先约定的时间进行。依据这样的框架设计出的每章页面如图 1 所示(以第二章为例)。

图 1　第二章内容页面

4. 课程的实施与管理

"无机化学"在线课程搭建在"砺儒云"学习平台上(http://moodle.scnu.edu.cn)，进入平台，通过华南师范大学的统一身份认证登录后，点击"无机化学(2016—2017)"课程名称，输入选课密码，学生就选课成功了。该课程首先对化学与环境学院 2016 级化学教育专业的学生开放选课，共 157 位学生。后来，也有包括非化学专业的 70 位和理综 2 班的 20 位学生加入，但他们没有被要求参与网上教学活动，如网上测试、网上作业等。"无机化学(上)"开课时间从 9 月 26 日开始，已经于 2017 年 1 月 20 日结束。在该学期结合线下教学(每周 4 学时)，开展了线上线下相融合的混合教学模式的尝试，通过"学习资源""每章测试""网上作业""问卷调查"等网上活动，明显提高了学生学习的积极性和主动性。"无机化学(下)"(第 2 学期)只对 2016 级化学教育专业学生开设，从 2017 年 2 月 20 日开始，目前还在进行中，共有 142 人选课。

5. 本课程的特色

(1)课程架构完整，页面简洁，容易使用

根据 Moodle 平台的特点，我们首先设计了首页，如图 2 所示。内容包括"无机化学课程教学大纲""无机化学(上)教学日历"。为使学生获得更多资讯，我们还提供了"无机化学精品课程网站"和"化学与环境学院网站"链接。在新闻讨论区可发布各类信息，该信息也会同时以邮件形式发送到每个选课学生的邮箱，保证信息能及时准确地送达每个选课学生。

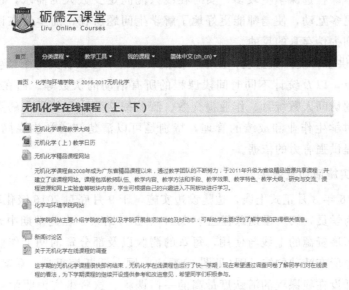

图 2 无机化学在线课程首页

在每章页面的设计上，为了将六个板块内容清晰明了地表现出来，我们设计了如图 1 所示的页面。由于理科课程内容非常多，而 Moodle 平台的版面形式单一。如果将一章的所有内容一字竖排，篇幅拉得很长，学生难以快速找到所需内容。最初尝试用文件夹把内容进行分类，但又出现另一问题，所有文件夹中的文件无法在线阅读，必须下载，这样大量文件被下载到用户电脑或手机上，占据大量空间，只会导致学生放弃阅读，特别是有 1/3 左右学生用手机进行网上课程的学习，而手机的容量是有限的。由此，我们修改为除每章的完整教师授课 PPT 提供本地下载，其他文件基本上满足在线观看。为方便学生及时查找到 PPT 中的内容，同时提供每一节 PPT 内容的 PDF 格式课件供直接阅读（不足之处是里面的动画无法显示）。因每一个大板块中还有子板块，子板块下还有各分点。以拓展资源板块为例，分为三个子板块，分别是扩展知识点、化学小百科、趣味视频。扩展知识点下又有几个文件，如果每一个单独插入会使页面大幅拉长，我们采取插入网页的形式，将几个知识点整合到一个网页，直接点击网页即可，也可以点击下面显示的知识点名称直接打开网页。这样的设计思路和方法均使用在子板块的版面设计中，如每章的教师授课视频有时可能高达 20～30 个，如何让学生快速找到所需内容是首要解决的问题。我们选择设计成几个网页，每个网页最多 7～8 个视频，这样可以实现版面清晰、容易查找，也符合传统网页的设计习惯，学生很容易找到自己的所需，用户使用体验会更佳。

（2）各类资源实现最佳整合

本课程将各类不同资源整合在课程以及每一章的学习中。对于课程，我们已将"无机化学精品课程"网站整合进来，接下来还会将"精品资源共享课"（正在建设中）整合进来，提供学生更多的资讯。在每章中包含各种资源，即学习资源（教师授课 PPT、授课视频）、拓展资源（扩展知识点、化学小百科、趣味视频）和辅助学习资源（课前预习、课后作业、每章测验、自测练习等）。这些资源涵盖了学生学习的三个不同阶段，即课前—课中—课后，全方位地为学生学习提供帮助，使学生能够充分享受"互联网＋"带来的实质性的改变，也使我们的传统教育跟上时代发展的步伐。为了学生能方便地进行自测练习，我们进行了试题库的建设，每章题型有是否判断题、选择题、填空题、简答题和计算题。建成后就可以供学生进行每章的自测练习，帮助学生进一步地掌握所需知识。

（3）多元的交互方式和全面的后台数据监控

在与学生互动方面，每章提供在线讨论区，就每章的某些知识点开展在线讨论，采取两种方式相结合的方法。一是与学生提前约定好时间，进行实时在线讨论，甚至可以采取直播方式扩大影响。二是非实时，考虑到本课程选课学生较多，实时在线只能满足少数人的需求，也提供离线的提问和解答。通过师生之间的更多互动，使老师能更好地了解学生问题所在，而学生在讨论中对概念的理解会进一步深化，最终达到去伪存真的目的。

Moodle 平台可提供多种统计数据表，例如，在报表栏目中可以看到每个学生的实时在线日志、课程活动情况、课程成员，以及统计不同时间段课程的所有活动的次数等。而在统计栏目的分析图中，可以获得成绩表、主题访问人数统计、作业提交数、测验提交数、每位学生的点击分布等信息。这些数据大大方便了老师对学生作业和成绩的管理，特别是可以清楚知道学生在网的时长、浏览的内容，为老师给出平时成绩提供强有力的依据。

6. 本课程的教学实施活动及效果

本课程最先在 2016 年 8 月正式上线，边建设边实施，于 9 月底对 2016 级化环学院化学教育专业正式开课，学生注册成为学员，第一学期课程已于 2017 年 2 月结束。在此学期中开展的网上教学活动有各章学习资源和一些拓展资源的上线与使用，每章的测验以及部分章的网上作业，最后进行了在线课程的问卷调查。从网上所有活动的统计图（见图 3）看出，网上活跃度很高，最高达到 8000 多次，成为我校理科学院中所有开设在线课程的活跃度最高的一门课程。这些事实说明学生积极参与到了网上的学习活动中，证明在线课程在教学活动中起到了积极的作用。从学生最后的期末考试可以看出，优秀学生（90 分以上）的比例明显增加，而低于 60 分的比例也明显下降，平均分有所提高（与上一届本人教授的相同专业的学生比较），并且学生反馈也很正面，认为为他们的学习提供了更多的资源和更方便的条件（手机可随时加入课程进行学习）。

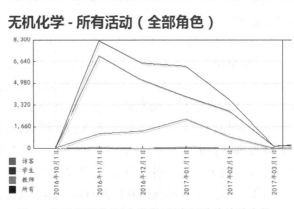

图 3   开设课程期间(上学期)所有活动的统计次数

7. 在线课程实施的反馈情况

在课程即将结束时，对学生进行了有关在线课程的调查问卷，结果如表 1 所示。

表 1   关于在线课程的问卷调查和结果统计

问题	选项 A/百分比	选项 B/百分比	选项 C/百分比	选项 D/百分比
1. 你认为无机化学在线课程有开设的必要吗	有/81%	没有/7%	无所谓/12%	—
2. 下学期还需要继续开设在线课程吗	需要/78%	不需要/11%	无所谓/11%	—

续表

问题	选项 A/百分比	选项 B/百分比	选项 C/百分比	选项 D/百分比
3. 你主要通过什么设备进入在线课程	智能手机/35%	台式电脑/41%	平板电脑/24%	—
4. 你每天大约在在线课程中停留的时间有多少	5 min 以内/24%	10 min 以内/24%	20 min 以内/24%	30 min 以内/28%
5. 你使用在线课程时,什么资源是你最感兴趣和使用最多的	授课PPT/37%	各章测试题/24%	各类学习资源/29%	拓展知识点/10%
6. 你对网上的测试题或网上作业的态度是	每次都提交/48%	大多数情况下参与(>70%)/30%	偶尔参与一下/19%	从不参与/3%
7. 关于是提交网上作业还是线下纸质作业,你的态度是	我更喜欢网上作业/7%	我更喜欢纸质作业/85%	无所谓/8%	
8. 你对以后增加网上作业或测试题的态度是	赞成/46%	反对/25%	无所谓/29%	

从表中结果看出,学生的整体反应是正面的,但也反映出一些问题。由于是第一次开设,老师经验不足,再加上时间紧迫,课程边建设边进行,各类的学习资源还不够丰富,对学生的吸引力还不是很够。另外,有的学生的电脑操作水平也不是很高,表现在作业的提交方式上,有高达85%的学生选择纸质作业,从学生回答的原因看,主要有几个方面。(1)对平台的使用方法不熟悉;(2)不会选择通过提交附件的方式提交作业;(3)在网上无法输入许多的化学符号,以及上下标无法输入等,学生反映网上直接输入时间消耗过多,远超过手写。当然,这也与 Moodle 平台自身的缺陷有关,它比较适合于文科,对理科,特别是化学这样的学科,不时有英文、特殊符号等出现,电脑输入确实会花费更多的时间。

根据问卷调查反馈的意见,未来在线课程的开设需加强几方面的建设:

(1)加强对学生的培训,使其了解平台的功能和学会正确使用;

(2)尽量多地开展在线讨论活动,使学生积极参加到师—生和生—生互动的活动中来;

(3)增加教师授课视频的录制和上线工作;

(4)适当增加一些课本以外的研究性知识,提高学生对化学科学研究的兴趣。

四、结语

基于 Moodle 平台设计的"无机化学"在线课程具有课程架构完整、页面简洁、容易使用等优点,同时提供各类资源,涵盖课前—课中—课后三个阶段,内容丰富,可以满足不同学生的需求。平台具有多元的交互方式和全面的后台数据监控,使教师能随时掌控学生的学习情况以及学习过程中出现的问题,从而制订目标更准确的教学内容。通过在线课程的开设,为学生提供了方便获取各种学习资讯的途径,同时加强了师生之间的接触和沟通,使得学生学习的积极性和主动性得到提高,同时,学习的有效性也明显提高。

参考文献

[1]李红霞,曾英姿."OCs在线课程时代"高校图书馆的角色定位:基于 MOOC、SOOC 及 SPOC 的探索[J]. 现代教育技术,2015,25(5):59-64.

[2]李青,王涛. MOOC:一种基于连通主义的巨型开放课程模式[J]. 中国远程教育,2012(3):32-38.

[3]樊文强. 基于关联主义的大规模网络开放课程(MOOC)及其学习支持[J]. 远程教育杂志,2012(3):31-36.

[4]刘丽珍,尚媛园,宋巍,等. 基于SPOC的"数理逻辑"在线课程教学改革探究[J]. 计算机教育,2016(10):30-33.

[5]姜丽,卫春芳,陈志雄. 基于MOOC的三位一体高校实验教学模式的研究[J]. 实验技术与管理,2017,34(4):182-188.

[6]周晓华. 美国高校开放在线课程的发展过程研究[D]. 广州:华南理工大学,2013.

[7]吴玉娟,基于Moodle平台的网络课程设计:以《多媒体素材采集与制作》为例[J]. 软件导刊(教育技术),2012(5):65-66.

[8]徐国辉. Moodle环境下多元智能早期教育在线课程开发与实施[J]. 北京教育学院学报,2013,27(2):77-80.

[9]刘贯南,刘荣光,刘晓琴. 基于Moodle网络课程的设计与实施探索[J]. 现代教育技术,2008(6):66-69.

基于培养创新型人才的有机化学实验教学改革的探索与思考①

付拯江[1]②，蔡琥[1]，徐巧丽[2]

（1. 南昌大学化学学院，江西南昌 330031；2. 泰豪动漫学院，江西南昌 330200）

摘　要：有机化学实验能够培养学生分析问题与解决问题的能力，增强他们的科学素养和创新能力。通过对有机实验教材内容、教学方式、考核评价方法等组成要素的改革，有效调动学生的学习积极性，提高他们动手能力和独立思考能力，强化教学质量。

关键词：有机化学实验；教学改革；教材内容；教学方式；考核评价方法

化学从字面上理解为"变化的科学"，本质上是在原子层面研究物质的组成、结构、性质及变化规律的自然科学。化学之所以是以实验为基础，原因在于化学需要通过实验手段来验证理论或模拟实践。因此，有机化学实验是高校（应用）化学、化工、食品、生物、医药等专业的必修课程。高校开设有机化学实验课程的目的在于促使学生通过对有机化学基本实验技能的掌握、实验现象的观察与思考来掌握有机化合物的组成、结构和性质，从而激发他们的学习兴趣，增强他们观察、分析以及解决实际问题的能力，巩固加深他们对有机化学理论知识的认识理解，培养学生实事求是的科学素养和创新能力。

尽管有机化学实验作为一门独立的课程在培养学生的动手能力、创新能力、科研能力，以及在实现素质教育方面有如此大的作用，然而，有机化学实验课程在高校存在一些较为普遍的问题。教学内容过于陈旧与简单，即以"照方抓药"的验证性实验居多，缺乏综合性和设计性实验，导致学生对实验课的学习积极性不高，实验前不预习或缺少预习、实验中存在玩手机或聊天行为而疏于观察实验细节；老师教学方法单一，即灌输式讲授实验目的、原理、装置、操作步骤及注意事项，导致学生对实验课缺少参与性、体验性与思考性；实验成绩考核评定缺乏细节性与科学性[1,2]。上述这些弊端使得有机实验课教学效果普遍较差，学生在有机实验过程中也难以发挥自身的思维能力与创造性。因此，从着眼于培养高素质创新人才的角度出发，高校有机化学实验教学，包括教学内容、方式、细节、结果评定等的改革就显得尤为必要。

针对有机化学实验教学的不足之处以及所导致的问题，拟从有机化学实验教学前、教学过程中和教学后结果考核三方面的改革进行论述，具体措施如下。

一、有机化学实验教学前的改革

首先是教材内容的改革。不同专业有机化学实验教学大纲与培养目标的区别决定了不同专业对有机化学实验知识需求的深度和广度也有所不同。因此，有机化学实验教学改革的首要问题是根据不同专业的特点来开设不同深度和广度的有机化学实验教学，即"因材施教"。

基于不同专业的有机化学实验教学大纲，通过对有机化学实验内容进行重组和统筹安排，由易到难地设置实用性教学内容。通过构建"以学生为主体，重在培养其实践技能和创新能力"的实验教学体系[3]，形成梯度性、系统性的基础性实验—综合性实验—设计性实验教学体系，减少重复性实验，按

①　项目资助：江西省学位与研究生教育教学改革研究项目（基于创新型化学专业研究生培养的实验安全与危险应急策略探索和实践）；南昌大学学位与研究生教育教学改革研究项目（YJG2016012）。

②　通信联系人：付拯江，江西省南昌市红谷滩新区学府大道 999 号，fuzhengjiang@ncu.edu.cn。

比例设置基础性实验、综合性实验、设计性实验，加大综合性、设计性实验在总学时中的比例，实现对化学实践能力和创新能力的训练。

基础性实验的目的在于培养学生的实验基本操作技能。它通常包括常用仪器操作、简单合成和化合物性质测定实验，如简单玻璃工操作、过滤、萃取、蒸馏、重结晶等基本实验操作，熔点、折光率及旋光度等物理性质测试实验。通过这些实验训练，一方面锻炼学生的基本操作能力，另一方面使学生获得验证和巩固有机化学理论知识的机会。由于上述实验训练是合成实验的前提，频繁使用于综合性实验和设计性实验，因此，有关基础性实验的基本技能实验内容可适当减少，通过多次重复练习合成实验来促使学生更好地掌握基本操作技能。

综合性实验的目的在于培养学生灵活运用所学理论知识和实验基本操作技能的能力。根据有机化学实验教学大纲和专业特点，选取与相关专业对应的综合性有机化学实验内容，学生通过预习实验内容并在老师讲解示范的基础上，完成诸如乙酸异戊酯的合成、肉桂酸的制备、苯甲醇和苯甲酸的制备等较复杂的综合性实验；也可选取与本专业老师科研方向相近或类似的实验作为综合性实验，使学生获得较全面锻炼实验技能的机会，同时也获得近距离的科研启蒙。

设计性实验的目的在于培养学生自主研究的意识，学生在老师指导下自己查阅文献、制订实验方法、规划实验步骤、搭建实验装置，从而提高学生独立思考、分析解决问题以及与人协作的能力。由于该类型实验需耗费师生大量精力于学生的自主设计实验方案与产物纯化与表征以及老师的审核优化实验方案，因此设计性实验往往在有机实验教学中不受重视，通常在学期末安排一个此类实验以作学生的期末考试[2]。学生在设计实验方案步骤—化合物合成—产物分离与表征等一系列过程中，必然会意识到这些过程的每一步正确与否都关系到下一步实验能否顺利进行，从而精心对待每一步反应及操作，故以学生为主导的设计性实验对他们综合能力的培养有着关键作用。作为设计性实验的审核把关者，老师应当引导学生在设计实验时要从绿色化学角度考虑合成方案的成本与毒性（如，试剂的价格高低与毒性大小、反应时间长短、反应压力大小等），培养他们在绿色化学角度下的环保精神和节约意识，提高他们掌握理论知识与创新的能力，因此设计性实验在有机化学实验教学中的地位须得到加强。

此外是师生双方对预实验内容的改革，即学生对实验内容的预习和老师对实验内容的备课。对于学生来说，预习实验内容的目的在于使自己对将操作的实验有一个整体把握，包括对仪器、试剂、装置、操作细节等有较为全面的了解，在此过程的"看、查、写"体现在预习实验报告上，即除了浏览实验教材所记录的实验目的、原理、步骤、装置图之外，还应包含查阅相关资料所记录的实验化学试剂物理常数与性质、实验细节注意事项与思考等；对于老师来说，除了充分备课以"胸有成竹"地向学生讲解实验原理、方案、重难点外，还应将老师的预实验制成视频，让学生在课前观摩实验操作细节以发现实验可能出现的问题，从而激发学生的求知兴趣，进一步培养他们认真预习、细心操作的良好实验习惯。

二、有机化学实验教学过程中的改革

长期以来，高校有机化学实验教学的传统是以教师为主的填鸭式教学。教师在课堂把实验原理、步骤、装置、注意事项等提出来，让学生在随后的实验操作中执行和体会实验原理、步骤、装置、注意事项等。这种灌输式教学使得学生很难真正参与实验的过程，体会不到有机实验的乐趣，激发不了他们的学习兴趣。因此，有机实验教学过程中的改革应体现在教学方式的改革。

首先，改变教师讲、学生听的单一灌输式教学方式。在学生做好预习实验内容后，有机化学实验成败在于细节问题的把握，因此，采用以问题为基础的教学方式，如启发式、提问式、讨论式等教学方法，并用板书对实验原理及一些应特别注意的问题等进行讲解。辨别教学过程中的"授人以渔"与"授人以鱼"，确保教师为主导、学生为主体，提高学生的积极参与度，使他们通过独立思考和查阅文献来回答问题，实现学生由知识的被动接受者变成知识主动的发现者。

其次，采用传统方式与信息化相结合的教学模式，适当以多媒体手段代替传统教学中的大量板书，从而增加学生对实验教学的精力集中度，达到较佳的教学效果。利用多媒体模拟实验的各个阶段过程，使学生对有机化学实验课的热情得到了进一步激发，形象生动地认识了实验仪器与装置、操作步骤与注意事项，强化了预习效果和提高了实验预期成功率[4,5]。

最后，压缩讲解时间，加强实验过程辅导。在完成对实验原理、步骤、装置、注意事项等的讲解后，教师的主导变为对学生实验过程的巡视与辅导，纠正他们操作中的不当之处，解决他们在实验过程中的疑惑，引导他们观察思考实验现象及每步操作的目的，避免有些学生在实验过程中不专心（聊天、玩手机等），提高实验效率和质量。

三、有机化学实验教学后考核的改革

高校对课程的传统评价模式是学完一门课程即以考试的形式来决定是否给予学分，这种驱动力让学生普遍认为学习为分数而考试，为学分而考试[6]。这种不端正的学习取向造成了学生对有机化学实验课程只注重实验结果，而轻视实验过程操作。因此，通过改革有机实验课程的考核评价方法，端正学生的学习态度，提高学习效果。

对该课程的评价以整个学期有机化学实验的过程考核为主（如占70%），期末实验考核为辅（如占30%）。过程考核包括每个实验的预实验报告、方案制订、装置搭配、操作细节、实验结果、卫生保持、实验报告等，按照各环节所占比例给出每个实验的成绩，提高学生对平时实验的重视度；期末实验考核立足于学生以查阅资料方式，实现独立设计实验方案、完成实验操作并给出实验结果。这种考核方式避免了以一次考试来评价整个学期，培养了学生查阅资料、操作观察、表达与分析结果的能力，使他们在实验前—实验中—实验后的收获得以完整体现出来。

此外，教师在批阅学生实验报告基础上，应及时指正学生在理论与具体操作的不妥之处，总结上一次实验出现的问题，避免在下一次实验犯同样的错误，从而提高实验成功率与优化操作技能。

总之，教材内容、师生对实验内容的预习准备、教学方式、考核评价方法等构成了有机化学实验教学的组成要素。围绕于这些要素的教学改革，目的是调动学生学习有机化学实验的积极性，提高他们的动手能力，让学生在"做中学"与在"学中做"，培养他们的学科素质与创新能力，造就适应社会经济发展的高素质人才。

参考文献

[1]金彪，李承范. 基础有机化学实验教学改革的一些思路[J]. 广东化工，2016，43(2)：125.

[2]苗少斌，兰红红. 大学有机化学实验教学改革的一些思考[J]. 广东化工，2016，43(12)：279.

[3]陈华絮，赖小玲. 改革生物化学实验教学 培养学生创新能力[J]. 实验科学与技术，2012，10(4)：89.

[4]郑婷婷，武沛，刘佳奇，等. 师范专业有机化学实验教学模式探索与实践[J]. 实验技术与管理，2015，32(1)：188.

[5]陈莓. 多媒体技术运用于有机化学实验的思考[J]. 太原大学教育学院学报，2015，33(2)：82.

[6]周先云. 高职教药学专业《有机化学》课程实验考核体系改革的探讨[J]. 中国民族民间医药，2013(18)：33.

"宏微结合"视角下的化学教学设计研究

——以"$NaHCO_3$ 与 $Ba(OH)_2$ 反应离子方程式的书写探究"为例[①]

姜正毅[1]，吴晓红[2②]

(1. 贵阳市第一中学，贵州贵阳 550081；2. 宁夏大学化学化工学院，宁夏银川 750021)

摘　要："宏微结合"作为化学认知物质及其变化的视角，是化学学科不同于其他学科的最有特征的认知方式。本文以"$NaHCO_3$ 与 $Ba(OH)_2$ 反应离子方程式的书写探究"为例，按照"宏观切入—微观推演—宏观实证—微观解释"的认知主线进行教学设计，以帮助学生理解与掌握有关知识并学会从宏微结合的视角运用有关知识解决与分析问题。

关键词：宏微结合；$NaHCO_3$；$Ba(OH)_2$；离子方程式的书写；教学设计

与"量"有关的离子方程式的书写尤其是 $NaHCO_3$ 与 $Ba(OH)_2$ 反应离子方程式的书写一直是中学阶段的一个重要的知识点，并且在高考中出现的频率也很高，同时也是学生感到很头疼的问题，通常学生书写此反应离子方程式时，出错的概率也较大。在开展实践教学时，教师通常直接将书写方法"少定多变法"教授给学生，忽视了 $NaHCO_3$ 与 $Ba(OH)_2$ 反应微观本质的分析，学生由于不能深刻理解 $NaHCO_3$ 与 $Ba(OH)_2$ 反应的微观本质，无法准确而又快速地完成该反应离子方程式的书写。因此，从"宏微结合"的视角出发开展"$NaHCO_3$ 与 $Ba(OH)_2$ 反应离子方程式的书写探究"的教学有助于学生理解与掌握 $NaHCO_3$ 与 $Ba(OH)_2$ 反应的微观本质，并学会从宏微结合的视角运用有关知识解决与分析问题。

一、"宏微结合"视角概述

化学可以说是应用宏观与微观结合、思维与实验结合的方法研究实物材料(化学物质)的组成、结构、性质和变化以及它们的相互联系，为人类利用自然、改造自然、保护自然、提高生活质量和生存安全服务，满足人类的实际需要以及有关的好奇心和兴趣的科学[1]。因此，化学学科的研究与学习通常是在宏观和微观间的交互作用，即在"宏微结合"的视角下来研究物质的组成、结构、性质和变化规律的。

化学中的"宏观"与"微观"存在着对立而又统一的辩证关系，二者既是化学学科中两个不同的研究与学习的视角，也存在着如图 1 所示的相互作用。"宏微结合"视角即为通过宏观与微观之间的交互来认识物质及其变化的认知视角，结合有关文献，笔者认为"宏微结合"视角应包含宏观辨识、分类表征、微观解释、微观推测和宏观假设五大要素。其中宏观辨识具体表现为能够辨识物质的颜色、物质的状态、物质的气味、物质的形状、物质的组成材料与物质变化现象等宏观属性，学生能够通过辨识物质的宏观属性对物质及其变化进行宏观感知；分类表征具体表现为通过观察、辨识一定条件下物质的形态及变化的宏观现象对物质及其变化进行分类，并运用或借助符号表达与认知物质及其变化；微观解释具体表现为基于微观模型的层面理解与解释物质的组成、性质与用途；微观推测具体表现为根据物质的微观结构与微粒间的相互作用预测物质在特定条件下可能具有的性质和可能发生的变化；宏观假设具体表现为从物质的性质、组成、用途等宏观属性推测构成物质的基本微粒、微粒的运动与间隙、微粒间的作用与微粒间的构型。

---

①　项目资助：宁夏回族自治区普通高等学校"吴晓红教学名师工作室"阶段性成果。

②　通信联系人：吴晓红，1290695109@qq.com。

作为化学学科特有的认识物质及其变化的视角，教师在实践教学过程中应建立宏观与微观的交互，实现以符号为中介的从宏观现象、组成、性质和用途到微观粒子、微观粒子的运动、微观结构与微粒间作用的想象与认知以及从微观粒子、微观粒子的运动、微观结构与微粒间作用到宏观性质、现象、组成与用途的解释与推理(见图1)。

$$宏观 \xleftrightarrow[\text{解释、预测、指导}]{\text{认知、观察、验证}} 微观$$

图1 宏观与微观交互关系示意图

二、教学设计思想

$NaHCO_3$ 与 $Ba(OH)_2$ 反应离子方程式的书写是与"量"有关的离子方程式的书写中比较重要的内容。本节课以"$NaHCO_3$ 与 $Ba(OH)_2$ 反应离子方程式的书写探究"为主题，借助化学虚拟实验软件按照如图2所示的教学流程开展教学活动。

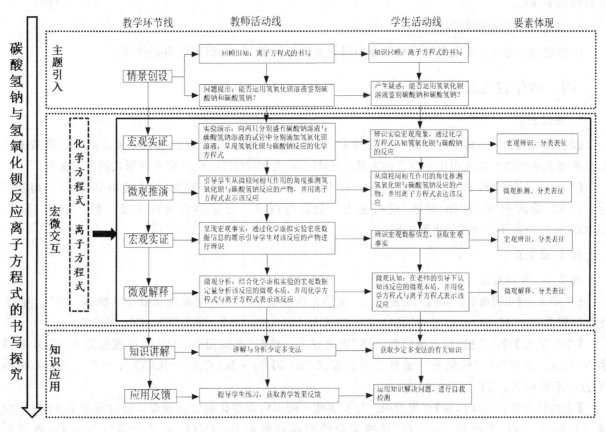

图2 教学流程示意图

本节课以宏观真实实验与化学虚拟实验为载体，充分发挥实验在化学教学中的重要作用，从定性与定量、宏观与微观相结合的角度使学生在宏观与微观的交互中理解与掌握 $NaHCO_3$ 与 $Ba(OH)_2$ 反应的微观本质，并能够意识到该反应的产物种类以及产物的量会随着反应物配比的不同而不同，而且能够运用化学方程式与离子方程式准确表示不同配比下该反应的情况。为优化教学过程，设计了以下三个阶段：主题引入阶段、宏微交互阶段与知识应用阶段。其中，"宏微交互"阶段是教学重点，此阶段中，引导学生在辨识宏观现象与数据和从微观粒子相互作用角度推演、解释反应产物的过程中理解与认知 $NaHCO_3$ 与 $Ba(OH)_2$ 反应的微观本质，并能够准确运用化学方程式与离子方程式表示该反应，最后通过"知识讲解"环节的学习掌握不同配比下酸式盐与强碱反应离子方程式的书写方法"少定多变法"，达成本课时的教学目标。

三、教学目标设计

根据《普通高中化学课程标准》中的要求"通过实验事实认识离子反应"[2]、教学内容与学生实际，确定了如下教学目标：

1. 知识与技能目标

通过实验，认识 $NaHCO_3$ 与 $Ba(OH)_2$ 的反应，理解该反应的微观本质，能够准确运用离子方程式和化学方程式表示不同配比下该反应的情况；理解与掌握"酸式盐与强碱反应"离子方程式的书写方法。

2. 过程与方法目标

通过合作探究了解不同配比条件下 $NaHCO_3$ 与 $Ba(OH)_2$ 的反应过程，提高分析与解决问题的能力、观察能力以及微观想象能力，学会从定性与定量、宏观与微观相结合的角度学习化学知识与分析和解决化学问题。

3. 情感态度与价值观目标

体会定性与定量、宏观与微观相结合的研究方法对化学学习与研究的重要作用。

四、教学过程设计

1. 主题引入

【教师活动】回顾与离子方程式有关的知识，提出核心问题：能否运用氢氧化钡溶液鉴定碳酸钠溶液和碳酸氢钠溶液？以此引出本节课的主题：$NaHCO_3$ 与 $Ba(OH)_2$ 反应离子方程式的书写探究。

【学生活动】在教师的引导下回忆离子方程式的有关知识，对核心问题"能否运用 $Ba(OH)_2$ 溶液鉴定 Na_2CO_3 溶液和 $NaHCO_3$ 溶液"进行思考、分析与假设，明确本节课的学习主题：$NaHCO_3$ 与 $Ba(OH)_2$ 反应离子方程式的书写探究。

2. 宏微交互

环节 1　宏观实证

【教师活动】实验演示：向两只分别装有 Na_2CO_3 溶液和 $NaHCO_3$ 溶液的试管中滴加 $Ba(OH)_2$ 溶液。化学方程式 $Ba(OH)_2+Na_2CO_3=BaCO_3\downarrow+2NaOH$，表示 $Ba(OH)_2$ 溶液和 Na_2CO_3 溶液的反应。

【学生活动】辨识实验"均产生白色沉淀"宏观现象，获取"不能用 $Ba(OH)_2$ 溶液鉴定 Na_2CO_3 溶液和 $NaHCO_3$ 溶液"的实验结论，透过化学方程式 $Ba(OH)_2+Na_2CO_3=BaCO_3\downarrow+2NaOH$ 认知 $Ba(OH)_2$ 溶液和 Na_2CO_3 溶液的反应。

【宏微结合要素具体体现】宏观辨识、分类表征：辨识物质变化的宏观现象，通过辨识 $Ba(OH)_2$ 溶液分别与 Na_2CO_3 溶液和 $NaHCO_3$ 溶液混合的宏观现象对 $Ba(OH)_2$ 溶液分别与 Na_2CO_3 溶液和 $NaHCO_3$ 溶液发生的反应进行宏观感知并运用化学方程式表达 $Ba(OH)_2$ 溶液和 Na_2CO_3 溶液的反应。

环节 2　微观推演

【教师活动】引导学生从 $Ba(OH)_2$ 溶液与 $NaHCO_3$ 溶液中所含微粒的种类以及微粒间相互作用的角度进行小组讨论，分析推测 $Ba(OH)_2$ 与 $NaHCO_3$ 的反应产物，并要求学生用离子方程式表示该反应。

【学生活动】小组讨论，从微观的视角推测 $Ba(OH)_2$ 与 $NaHCO_3$ 的反应产物，并用离子方程式表示该反应。

【宏微结合要素具体体现】微观推测、分类表征：根据物质微粒间的相互作用预测 $Ba(OH)_2$ 与 $NaHCO_3$ 混合后可能产生的物质种类的变化，并运用离子方程式表达二者混合后物质种类的变化。

环节3　宏观实证

【教师活动】通过如图 3 所示的化学虚拟实验界面分别演示 $Ba(OH)_2$ 与 $NaHCO_3$ 按物质的量之比分别为 1∶1、2∶3 和 1∶2 的配比进行混合的实验，引导学生通过辨识离子浓度宏观数据的变化来分析不同配比下的反应产物。

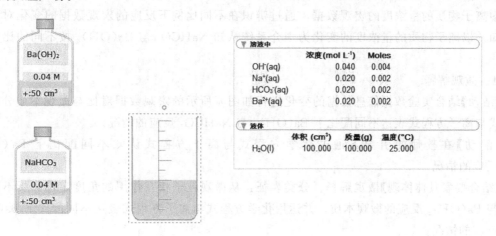

$$n[Ba(OH)_2]∶n(NaHCO_3)=1∶1$$

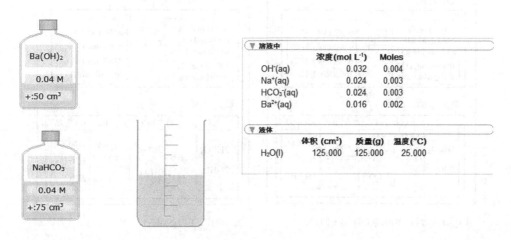

$$n[Ba(OH)_2]∶n(NaHCO_3)=2∶3$$

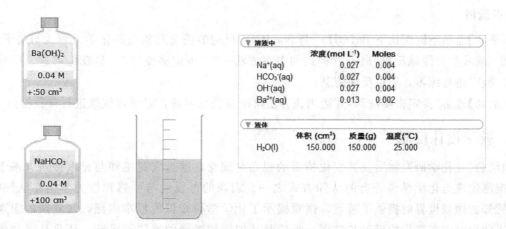

$$n[Ba(OH)_2]∶n(NaHCO_3)=1∶2$$

图 3　化学虚拟实验演示示意图

【学生活动】观看虚拟实验演示，辨识实验数据信息的变化，结合实验数据信息的变化分析不同配比下的反应产物，获取"$Ba(OH)_2$ 与 $NaHCO_3$ 反应的产物种类以及产物的量会随着反应物配比的不同而不同"的宏观事实。

【宏微结合要素具体体现】宏观辨识、分类表征：辨识 $NaHCO_3$ 与 $Ba(OH)_2$ 按不同的比例进行反应的过程中离子物质的量浓度的宏观数据，通过辨识在不同比例下反应的宏观数据的变化对该反应进行宏观感知并以离子物质的量浓度的变化为中介系统认知 $NaHCO_3$ 与 $Ba(OH)_2$ 按不同的比例进行反应的情况。

环节 4　微观解释

【教师活动】结合实验数据信息数据的变化进行如图 4 所示的宏观数据对比与微观本质分析，运用化学方程式与离子方程式表达不同配比下 $Ba(OH)_2$ 与 $NaHCO_3$ 反应的情况。

【学生活动】在教师的引导下通过化学方程式与离子方程式认知不同配比下 $Ba(OH)_2$ 与 $NaHCO_3$ 反应的情况。

【宏微结合要素具体体现】微观解释、分类表征：从微观粒子相互作用的角度定量分析不同配比下 $NaHCO_3$ 与 $Ba(OH)_2$ 反应的微观本质，并运用化学方程式与离子方程式表达不同配比下 $Ba(OH)_2$ 与 $NaHCO_3$ 反应的情况。

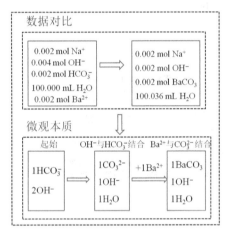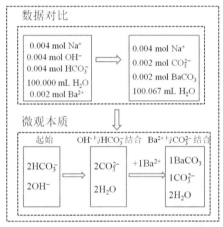

图 4　宏观数据对比与微观本质分析示意图

3. 知识运用

【教师活动】总结不同配比下 $Ba(OH)_2$ 与 $NaHCO_3$ 反应的情况及相应的化学方程式与离子方程式，讲解与分析"酸式盐与强碱反应"离子方程式的书写方法——"少定多变法"。呈现练习题，指导学生运用"少定多变法"进行练习，获取反馈信息。

【学生活动】理解"少定多变法"，并运用该方法解决有关练习题，对学习效果进行自我检测。

五、教学设计反思

"宏微结合"是化学研究物质及其变化特有的视角与观念，透过宏观感知与推演微观、基于微观模型解释与推测宏观是化学学科特有的认知方式之一，宏观的可视性与可感知性为学生在认知抽象的、不可直接感知的微观世界时提供了基点，微观揭示了化学学科知识的根本内涵，使复杂的宏观知识系统化，易于学生对宏观知识的理解与掌握，无论是从宏观到微观的感知与推演，还是从微观到宏观的认知、实证与推测，均能帮助学生们在今后的学习生活中具备独立思考的能力、准确的判断力和积极的行动力，形成"透过现象看本质"与"两点论"的辩证唯物主义思想。

　　在宏微结合视角下开展 $NaHCO_3$ 与 $Ba(OH)_2$ 反应离子方程式的书写探究的教学活动能够有效帮助学生在宏观与微观的交互中理解与掌握 $NaHCO_3$ 与 $Ba(OH)_2$ 反应的微观本质，以进一步掌握"酸式盐与强碱反应"离子方程式的书写方法——"少定多变法"，从而准确而又快速地完成该类反应离子方程式的书写；同时借助化学虚拟实验中科学数据的描摹[3]，给学生提供了观察微观世界的"眼睛"，能够直观感知微观世界发生的奇妙变化，从而培养学生从宏观到微观想象的能力。

参考文献

[1]吴俊明. 关于核心素养及化学学科核心素养的思考与疑问[J]. 化学教学，2016(11)：3-9，23.

[2]中华人民共和国教育部. 普通高中化学课程标准（实验）[M]. 北京：人民教育出版社 2003：11.

[3]周迎勤. 化学教学中从宏观到微观想象力的培养[J]. 黑龙江教育（中学版），2003(12)：44.

空气中氧气含量测定实验综述

张贞[①]

（银川市第六中学，宁夏银川 750001）

摘　要：本文对国内流行的五个版本初中化学教科书空气中 O_2 含量测定实验进行了讨论，又对人教版数十年化学教材版本进行了追踪，以及对国外文献的检索，发现对空气中 O_2 含量的测定，国内外流行 3 种实验方法：燃烧法、金属氧化法、NO 氧化法。其中燃磷法既快又简单，还现象明显，如果精确测定，该法还存在一定的误差。

关键词：空气；氧气测定；化学实验；初中化学

空气中 O_2 含量测定是九年义务教育中的一个传统实验，也是一个非常重要的定量实验。此实验在培养学生科学严谨的实验态度、实验过程数据的记录分析等方面起着重要的作用。这也是几十年来中外初中化学一直至今仍然保留这个实验的原因。但是就是这个传统实验如今仍然存在着一些分歧和争论。

目前国内外测定空气中 O_2 含量方法主要有三种：燃烧法、金属氧化法和 NO 氧化法。而其中被国内普遍接受的主要是第一种。我国九年级化学教材由 5 家出版社分别编写出版了 5 套化学教材。分别为人教版（王晶、郑长龙，2012），沪教版（王祖浩、王磊，2012），鲁教版（毕华林、卢巍，2012），科粤版（江琳才，2012）、京版（沈怡文、陈德余，2012）。在这五个版本的教材中都设计了空气中 O_2 含量测定的这个实验，其中除了鲁教版使用金属氧化法外，其余四个版本的教材均采用燃烧法来测定空气中的 O_2 含量。不仅仅是课本，国内的期刊文献也比较青睐燃烧法。通过国内外文献的查找，笔者发现，空气中 O_2 含量测定的三大方法有各自的特点，针对其不同的特点也有他们各自适用的范围，下文中笔者就将对这三种方法做系统的分析。

一、燃烧法

燃烧法是国内最熟悉的测定空气中 O_2 含量的方法，我国义务教育课本也一直采用该种方法，只不过在实验装置的设计方面，新教材在老教材的基础上有些许的改动。例如 1956 年至 2001 年出版的人教版初中教材一直使用的是钟罩实验，实验装置如图 1 所示。而 2001 年 6 月以后出版的人教版初中教材对实验装置进行了调整，装置如图 2 所示。该实验是利用红磷燃烧消耗空气中的 O_2 来测定出空气中 O_2 的体积。

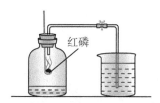

图 1　燃烧法测定 O_2 含量法装置　　　　**图 2　燃烧法测定 O_2 含量法装置**

---

①　通信联系人：张贞，教育学硕士，中教一级教师，pvpv1087@126.com。

除了燃烧红磷、白磷以外，其实燃烧法还可以燃烧其他物质，例如有文献提到了燃烧蜡烛、乙醇、钠等[1-6]。以下笔者就以最常见的燃烧红磷法为例对燃烧法做系统的分析。

燃烧法对于初接触化学的中学生来说是一个理论联系实际的好例子，毕竟在日常生活中燃烧是一个非常常见的化学现象。而红磷在燃烧过程中的特殊之处就在于不会释放气体，所以从理论上来讲，燃烧完毕消耗的气体体积必然是空气中氧气的体积。无论是图1还是图2所示装置的设计，从理论上讲都能测定出空气中氧气的体积。并且燃烧是一个非常迅速的反应，所以也不会浪费课堂过多的宝贵时间就可以使学生看到实验现象，所以作为课堂演示实验来说，这是一个效率极高、现象较明显的成功例子。

但是，细说起来，这个实验装置，还是有些经不起推敲的地方。首先这两个实验装置在反应时都是将燃着的红磷迅速插入瓶中，即红磷先燃烧，容器后密闭，而橡胶塞与导气管连接着，这就使得燃烧匙从伸入容器内到塞紧塞子前会有部分空气因热膨胀而逸出。而这部分溢出的氮气也被误认为氧气计算在内，最终使得实验结果有可能大于21%。

其次，整个实验装置在实验的过程中处于静置状态，也就是说在反应的过程中，两个反应物接触的面积也就是燃烧匙的面积，对于一整瓶的空气来说，这样一点的接触面积实在是有些不足。而燃烧又是一个非常剧烈且速度很快的反应，在反应的过程中也许会出现远处 O_2 没有来得及补充而使红磷熄灭的情况。所以说，这就给红磷和瓶中的气体充分反应造成了一定的障碍，也就影响了反应进行的完全程度。退一步讲，燃烧法的最大问题就是不可能将密闭容器内残存的 O_2 消耗完全，即 P 过量也无济于事，这已被精密实验所证实[7]。

最后，这两个实验装置中的刻度都是教师自己凭经验借助简单度量工具刻画上的。无论钟罩还是集气瓶，其内部的容积并不是均匀分布的，所以，仅仅按照高度来划分也是不够科学的。所以，作为一个定量实验，这样的操作有欠客观；而作为一个演示实验，对培养学生科学严谨的实验态度也不够到位。

综上所述，燃烧法在效率方面较其他方法具有很大优势的，虽然细节上会有一些不尽如人意的地方，但是通过实验装置的不断改进，相信这些问题必然会迎刃而解。故该方法还是比较适合作为课堂演示实验而存在的。

二、金属氧化法

我国五个版本的九年级化学教材中鲁教版使用金属氧化法来测定空气中的 O_2 含量，实验装置如图3所示。该实验是利用铜丝在加热状态下消耗掉空气中的 O_2 从而测定空气中 O_2 的体积。

除了铜和 O_2 反应以外，Fe 同样也可以消耗空气中的 O_2，达到测定空气中 O_2 含量的目的。*Journal Chemical Education* 杂志也多次发表过用铁丝消耗空气中的 O_2 来测定空气中的 O_2 含量的文章[8-12]，实验装置如图4所示。同样国内也有关于利用铁丝和 O_2 反应测定空气中 O_2 含量的例子，实验装置图与国外文献中的基本一致[13,14]。以下笔者就以我国课本中出现的铜氧化法为例对金属氧化法测定空气的 O_2 含量做系统的论述。

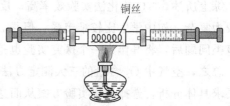

图3 金属氧化法测定 O_2 含量装置

图4 金属氧化法测定 O_2 含量装置

铜氧化法测定空气中 O_2 含量的装置其优点在于反应进行的会比较完全。由于在反应的过程中实验者不断地推动注射器活塞，促使反应物之一的铜丝能和空气充分的接触。此外，该装置是利用注射器的刻度来定量，在科学性和严谨程度来说要优于燃烧法的实验装置。

但是众所周知，金属氧化反应和燃烧反应比起来速度是比较缓慢的，所以会占用课堂较多的时间，并且该反应装置较燃烧法来说也稍显复杂，所以对学校实验设备要求也较高。

综上所述，金属氧化法的主要弊端就是耗时较多，故不适合作为课堂演示实验进行。但是作为课后的家庭小实验却未尝不可。虽然课本中设计的铜氧化法由于实验仪器或实验条件的要求稍高，不容易达到，但是铁氧化法不论是从试剂、仪器还是实验条件方面，都非常适合作为一个家庭小实验来进行。

三、NO 氧化法

NO 氧化法虽然在国内中学化学教学实验中尚未普及，但是不得不承认这也是测定空气中 O_2 含量的方法之一。该方法是利用 NO 和 O_2 在常温下反应生成 NO_2，NO_2 又进一步与水反应生成 HNO_3，从而消耗空气中的 O_2 来测定空气中 O_2 含量。此方法在国内外的文献中也均有介绍[15-16]，实验装置如图 5 所示。

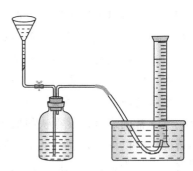

图 5　NO 氧化法测定 O_2 含量装置

由于 NO 与 O_2 反应速度很快，所以这个实验的效率也是很高的，并且该反应是气体和气体反应，所以反应物在一定的体积内能够充分地接触。

但是这个实验也存在一些不容易克服的弊端。首先，最大的问题就是，空气中 O_2 含量测定是九年级上学期的一个实验，在这个实验之前，学生的化学专业知识是比较单薄的。所以这个实验的原理对初中的学生来说还是比较难掌握的。故在对于这个阶段学生来说，这个实验无论是作为课堂演示实验还是家庭实验来说都不是特别的合适。

此外，该反应对实验装置的要求较高，无论是之前制备反应气体 NO 还是之后 NO 与空气中的 O_2 反应，实验装置都会比燃烧法和金属氧化法稍显复杂。这也对学校的实验仪器提出了一个小小的挑战。

综上所述，NO 氧化法实验效率高，反应灵敏，实验现象也比较明显。但是主要弊端就在于实验原理较为复杂，初中学生比较难接受。但是，如果在实验条件允许的情况下，待学生的知识储备足以驾驭该类问题后，将其作为一个探究实验也是不错的选择。

总之，空气中 O_2 含量的三大测定方法各有所长，教师在实际的课堂教学过程中，应根据教学的具体要求具体分析，选择最优实验方案从而达到最好的教学效果。

参考文献

[1]Birk J P, Lawson A E. The Persistence of the Candle and Cylinder Misconception[J]. Journal Chemical Education，1999，76：914.

[2]Fang C H. A Simplified Determination of Percent Oxygen in Air[J]. Journal Chemical Education，1998，75：58-59.

[3]农恒东. 空气中氧气含量测定实验的改进[J]. 中学教学参考，2010(41)：119-120.

[4]黄芳，刘晨明. 测定空气中氧气含量的两个常规实验和几个改进实验[J]. 丹东纺专学报，2000，7(4)：41-42.

[5]赵静. 空气中氧气含量的测定[J]. 湖北中小学实验室，2002，12(62)：10.

[6]林兆瑞. 测定空气中氧气含量实验的改进[J]. 实验教学与仪器，2002(9)：14.

[7]Fan Yang，Zhen Zhang，Chengyin Yang. A Laboratory Demonstration for the Estimation of the

Percentage of Oxygen in Air[J]. Journal of Laboratory Chemical Education, 2017, 5(5)：116-119.

[8] Braathen P C. Determination of the Oxygen Content of Air[J]. Journal Chemical Education, 2000, 77：1410.

[9] Martins G F. Percent Oxygen in Air[J]. Journal Chemical Education, 1987, 64：809.

[10]Birk J P, McGrath L & Gunter S K. A General Chemistry Experiment for the Determination of the Oxygen Content of Air[J]. Journal Chemical Education, 1981, 58：804.

[11]Gettys N S, Jacobsen E K. Just Breathe：The Oxygen Content of Air[J]. Journal Chemical Education, 2001, 78：512A.

[12]Gordon J, Chancey K. The Determination of the Percent of Oxygen in Air Using a Gas Pressure Sensor[J]. Journal Chemical Education, 2005, 82(2)：286-287.

[13]郭立娟. 巧用家中物品测空气中氧气的含量[J]. 农村青少年科学探究, 2009(9)：21.

[14]周海花, 王礼祥, 吕琳. 空气中氧气含量测定的一种新方法[J]. 中学化学教学参考, 2004(3)：35.

[15]Najdoski M, Petrusevski V M. A Novel Experiment for Fast and Simple Determination of the Oxygen Content in Air[J]. Journal Chemical Education, 2000, 77：1447-1448.

[16]杨帆, 杨承印, 计迎春. 空气中氧气含量实验方法改进[J]. 教学仪器与实验, 2005, 21(7)：22-23.

引进云教学平台，打造信息化的高效课堂

开有珍[①]

（宁夏育才中学，宁夏银川 750021）

摘　要： 云教学平台的引进，撬动了传统教学的硬壳，实现了课堂教学改革的真正突破。提升了备课效率；课前预习分解了重难点，能促进学生自主学习；课中能激发学生的学习兴趣，唤起学生的探究欲望，学生在主动探究下的知识得到了升华，教学效果又能快速反馈，优化了课堂教学；课后实现了一对一个性化指导，打破了时间和空间的限制；多样化的作业，拓展了学生的知识面。

关键词： 云教学平台；高效课堂；翻转课堂

信息技术的快速发展，将会给教育带来前所未有的改变，这种改变进而影响着教育对人才的培养方式，而人才培养的主要场所是课堂。为了打造高效课堂，我校引进了宁波睿易公司的云教学平台。两年来，带来了可喜的变化。本文结合高中化学必修 2《原电池的工作原理》的教学实践，从课前、课中、课后三方面阐述引进云教学平台给教师的教学方式、学生的学习方式、教学资源的利用方式等方面带来的变革，进而打造高效课堂的做法。

一、教师备课提升效率，减轻负担共享资源

教师备课质量的高低是打造高效课堂关键环节之一。特别是在信息化条件下的备课尤为重要。信息技术的发展，促进了教育教学方式不断更新，对教师的备课工作也带来了挑战。云教学平台的引进，为教师提供了丰富的备课资源，教师可整合平台上相关的视频、图文、音频、PPT 等，形成自己的个性化教案，同时也支持个性化编辑。

《原电池的工作原理》备课时，备课组长可对组员进行分工，每位教师承担一定的备课任务，如录制微课、制作课件、导学案、设计课堂讨论问题、作业选取等。此时，教师可选择利用云教学平台中的教学资源，也可自己编辑整理。将自己的备课成果传送到云教学平台的备课组栏目中，供同行使用，达到资源共享。教师也可根据自己的学情进行再修改整理，形成自己的授课包，存放于云端，可随时调用。教师授课时，不再需要 U 盘，可直接从云端调出，既方便又快捷。基于这种环境下的备课方式，教师省时、省力，提升了备课效率。

二、课前预习分解难点，促进学生自主学习

著名教育家叶圣陶先生认为"好的先生不是教书，不是教学生，乃是教学生学"。也就是说"授之以渔"，而非"授之以鱼"的道理，强调了学生自主学习的重要性。课前让学生了解将要学习的知识，是翻转课堂的前提[1]。课前，教师将导学案、微课、预习提纲等发布到云教学平台的预习栏内。学生即时可接收到学习任务，通过查阅书籍、浏览网页寻找答案。若有疑难问题，也可在云教学平台上与同学交流、探讨，并提交预习结果。教师对学生的预习情况一目了然。这种基于问题的项目学习，激发了学生的学习兴趣。

---

①　通信联系人：开有珍，宁夏育才中学教务处主任，高级教师，1065968720@qq.com。

如在《原电池的工作原理》一课学习前，教师可制作导学案和微课。为了让学生了解丹尼尔电池、蓄电池、干电池到锂电池的发展历程。课前将制作的《电池的发展历程》微课通过云教学平台栏目推送给学生。并让学生思考这些电池有何缺点？如何改进？学生利用手机、平板学习终端，自主学习老师推送的微课。规定时间内学生会以文本、图片、音频、视频等形式提交作业。更重要的是，利用云教学平台可形成数据统计，形成班级学生报表。教师可及时了解学生的预习情况，可查看每位学生学习微课的时长、同学间互动交流的次数、提交作业的时间、提交问题的质量。课前教师掌握了学情，进而确定教学策略。云教学平台下的课前预习，比传统教学中只靠提问和考试方式，更具有及时性和有效性。

三、课中师生互动积极，合作探究思维活跃

课中是知识的内化过程，是翻转课堂的保障。为了便于学生合作，将学生按照"组间同质，组内异质"的原则分组，每组6~8人，并选出一名学生担任组长[2]。课堂上，根据小组成员的表现，及时对小组进行评价。对于知识点的处理，运用"创设情境—提出问题—合作探究—评价反馈"四环节教学模式。

1. 创设情境

古训道："学起于思，思源于疑"，学贵在疑。创设问题情境是激发学生学习兴趣、培养学生思维能力、激发学生求知欲的最佳方式。

在《原电池的工作原理》上课时，教师可用这种方式创设教学情境：课堂上展示音乐贺卡（铜、锌）电池，贺卡发出美妙的声音。取下电池，与铜锌原电池相连，贺卡又发出了动人的声音。在惊叹之余，激起学生对原电池原理强烈的探究欲望[3]。此时，教师抓住契机及时设问：原电池形成条件是什么？学生结合预习情况，利用云教学平台的抢答功能推送答案。在教学中。通过这种趣味实验创设情境，激发了学生学习化学的兴趣。更重要的是，在云教学平台上，教师能立刻看到上传答案的学生人数、先后顺序、答题情况等，瞬时生成报表，对学情一目了然。

2. 提出问题

爱因斯坦说过："提出一个问题比解决一个问题更重要。"问题不仅是探究学习的开端，而且是教学活动的主线。它能激发学生的求知欲和创造力，是学生吸收知识、锻炼思维能力的前提[4]。

在讲授《原电池的工作原理》一节课时，为了培养学生提出问题的能力，教师可安排这样的教学活动。让学生根据提供的仪器和药品，自己动手设计原电池（Cu—H_2SO_4—Zn）装置。当学生观察到电流表的指针发生偏转时，都觉得有电流产生。此时，鼓励学生大胆质疑。学生根据课前教师推送的导学案、微课等，结合自习的课前预习，会产生这样的疑问，原电池中内电路中离子如何移动的？外电路如何导电的？两个电极材料相同时，能不能形成原电池？学生会将这些问题利用自己的学习终端推送给教师。这时教师应抓住契机，及时鼓励能提出问题的学生。

教师将问题归类整合，利用云教学云台推送至学生的学习终端。分小组讨论。为了使答案明晰，组内可选派一名成员上传答案。借助云教学平台，学生会通过拍照或直接在学习终端上做答等方式传送，各小组答题情况会显示到主屏幕上，其他小组可进行补充，不全面之处，教师再讲解。鼓励学生提出问题，利用云教学平台展示问题及相应答案，小组讨论后再解决问题，效果更好。

3. 合作探究

建构主义的创始人，瑞士心理学家皮亚杰指出，"学习不是教师把知识简单地传授给学生，而是由学生自己建构知识的过程。"课堂上让学生进行合作探究，提出问题，得出结论，主动构建知识。

在讲授《原电池的工作原理》时，学生提出"若两个电极材料相同，能否构成原电池?"教师不正面回答，让学生根据提供的药品和仪器，以小组为单位设计实验进行验证。在组长带领下，小组成员会进行分工，有准备药品的，有准备仪器的，有动手安装的，有记录的，边组装边讨论。学生虽然忙碌，

但很兴奋。当发现电流表的指针不发生偏转时，又会讨论。利用云教学平台，学生会将自己小组动手得出的实验结论提交给教师。教师及时反馈评价，激励学生。这种学习方式，不仅构建了新的知识，更重要的是培养了学生的协作能力以及自主探究能力。

4. 评价反馈

苏霍姆林斯基认为，在人的心灵深处都有一种根深蒂固的需要，那就是希望感到自己是一个发现者、研究者、探索者。作为教师，应充分利用这种心理特点及时评价学生，给予学生鼓励，让学生感受到自行思考是有价值的，会感到无比的喜悦，课堂肯定会生机勃勃。

如《原电池的工作原理》一节教学中，教师根据学生预习情况、课堂讨论情况、小组成员合作情况、提出问题情况、回答问题情况、云教学终端使用熟练情况等及时给予正面评价。也许教师一个充满希望的眼神、一个赞许的点头、一个鼓励的微笑、拍一拍学生的肩膀，甚至充满善意的沉默，都不仅仅传达了一份关爱，还表达了一种尊重、信任和激励，这种润物细无声的评价方式更具亲和力，更能产生心与心的互动，无疑会为课堂注入一股新鲜的血液，使课堂成为学生流连忘返的殿堂。

四、课后作业类型丰富，拓展知识提升能力

泰戈尔说："不能把河水限制在一些规定好的河道里。"如果教师每次布置的作业都是一成不变的，时间长了学生就会对作业失去兴趣。

教师布置作业时，利用云教学平台，可以设置时间限制，规定在一时间段内完成，否则系统关闭。这种做法不但提高了学生的做题速度，节约了时间，也提升了学生的学习能力。同时，利用云教学平台还能推送一些课件、微课、提高类试题、阅读材料、视频或音频材料等，供学生学习，拓宽学生的知识面。更重要的是，学生在学习中遇到的问题，用自己的学习终端可随时发送至教师，与教师进行互动交流，打破了时间与空间上的限制。

云教学平台的引进，不仅提升了教师的备课效率。改进了教师的教学方式，改变了学生的学习方式。更重要的是将课堂化静为动，拓展了学生思维，拓宽了学习知识面，激发了学生的学习兴趣，实现了一对一的个性化指导，为学生全面发展奠定了基础。

参考文献

[1] 何克抗. 从"翻转课堂"的本质，看"翻转课堂"在我国的未来发展[J]. 电化教育研究：2014(7)：5-15

[2] 张增田，勒玉乐. 论新课程背景下的对话教学[J]. 西南师范大学学报，2004(5)：77-80.

[3] 王延芳. 高中化学高效课堂构建策略初探[J]. 延边教育学院学报，2012(2)：117-120.

混合式教学改革设计与实施

赵莉①

（山东师范大学化学化工与材料科学学院，山东济南 250014）

摘　要：互联网环境下，采用线上课程与线下教学相结合的改革教学模式，线上课程在教学平台上提供教学视频，线下教学实行翻转课堂模式。实际使用两个学期后，获得了相关的体会。

关键词：化学教学；混合式教学改革；教学视频；翻转课堂

一、引言

在"互联网＋"的环境下，各种各样的教学过程都在突破以往固有的模式进行改革，以便充分开发利用新的教学资源，寻求更好的教学效果，更大地激发学生的自主学习能力，更好地完成教学任务。我们采取混合式教学模式，以达到我们期待的教学目标。

二、混合式教学改革设计

混合式教学改革的模式为：线上课程与线下教学相混合。

一方面，通过录制教学视频，使用学校提供的教学平台，为学生提供线上教学资源。这是已经广泛开展的慕课模式。根据教材内容，教师提前将所要讲授的内容碎片化，录制成每集不超过 15 min 的视频若干个，以方便学生线上学习。线上课程的优点是，学生可以根据自己的学习情况，自行决定线上学习时间，便于实现差异化学习，避免了传统课堂教师上完课就离开，学生有问题却不方便和教师沟通的缺点。缺点是，线上课程学习要占据学生更多的业余时间。对学生而言，学习一门课，已经不只是几十个教学学时的时间了。

另一方面，正常课堂授课仍正常进行，即线下教学。也就是课堂教学仍继续，虽然采取了慕课模式，但课堂教学仍然保留。这样做的优点是，教师课堂授课可以更有针对性，通过与线上学习学生的沟通，可以在课堂教学中解决普遍存在的问题，将教学内容进一步优化与深化，节省了一部分学生通过自学完全能解决的问题占据的课堂时间，使课堂教学内容更为精练。缺点是，此时的课堂授课若只是教师讲授，则会再次回到学生被动学习的状态。

所以，仅仅线上教学与线下教学相混合，不足以充分调动学生学习的主动性。因此实际教学改革中，我们在正常课堂授课这个环节采用了翻转课堂的方式。

1. 实现翻转课堂，首先要有线上教学资源

（1）录制好教学视频。

（2）先对学生进行动员，说明这种模式的优势及具体实行方法，给学生分学习小组，每组不超过 6 人。

（3）考虑翻转课堂学习内容，要有条理、有层次；然后把学习内容划分到每个小组，每组既要学习全部内容，又要重点准备课堂讲解内容。

---

① 通信联系人：赵莉，山东师范大学化学化工与材料科学学院，zhaoli@sdnu.edu.cn。

翻转课堂虽然是以学生讲授为主，但教师课前准备工作做得更多。在给每个学习小组划分学习内容时，要脉络清晰，以提问题的方法引导学生准备要讲解的内容，而不只是简单地给出标题。

通过使用学校提供的教学平台，在教学平台中对每个学习小组给出学习内容。

2. 为保证翻转课堂教学质量，需要教师配合

课堂上，每小组完成讲解任务后，教师要对他们的讲授进行概括与总结。强调重点内容，对学生讲解不到位的内容要进一步讲解；学生理解错误的内容要说明错在哪里，并正确讲解一遍。

这样做的结果是：一些基本概念和简单的内容学生就能讲清楚，教师所讲内容是重要知识点和容易出错的部分。

3. 课前课后，要保持给学生线上答疑

教学平台设有讨论区，可以方便学生之间互相讨论，也方便教师加入讨论。教师每天不定时登录平台浏览学生的讨论内容，发现有问题时，及时在讨论区答疑，避免了因没有及时答疑，而不得已积累问题的情况发生。

作业中存在的共性问题也可以在平台上发布讲解视频，弥补因为教学学时有限，没有时间上习题课的缺点。

4. 为学生提供足够的学习资源

任何一次教学过程中，都会有一些学生不满足于书本的内容，他们会问一些书本以外的问题，或者教材上经常提到但没有进一步解释的一些行业术语。

针对这个问题，教学平台上的资料库为学生提供了足够的辅助材料，可以随时在线观看，既解决了一些理解上的困难，又为感兴趣的学生提供了进一步学习的资料。

需要说明的是，学生在自主学习过程中，一些附带的学习工具常常会使他们的学习更具条理性。思维导图就是这样一个工具，在自主学习的基础上，每个小组应定期对所学内容以思维导图的形式进行总结，养成勤分析、勤总结的好习惯。

三、实施

2015—2016学年第二学期，我们试行过混合式教学模式。具体做法是：

要求学生提前看教材或视频，根据在平台上给小组发布的任务，按组准备相关内容，课堂上由学生分组上台讲课，实行翻转课堂。

实施过程不太顺利。在这种模式实行两个月后，出现了问题，不得已中止了这种教学模式，并发布了调查问卷，要求每个学生匿名完成，对不足的地方进行了总结。

问题一

实行改革的班级为两个班合堂上课，96人，每周两次，共4节课。因为人多，我把学生分为了两部分，一班周二到课堂翻转，二班在宿舍线上学习；二班周四到课堂翻转，一班在宿舍线上学习。我的本意是，这样可以让每个小组都有上讲台的机会。但是由于这一周的两次课讲的是相同的内容，所以教学进度大大滞后。

问题二

这两个班同时还有其他老师也在开展着化工原理课程的混合式教学，学生线上学习占用的精力太多，有怨言，完成的效果不太好。

问题三

我的课程，作业要画图、有计算式推导、有函数式，教学平台这方面的工具不全，学生线上完成作业困难。教师线上批改作业也不方便。部分相关的线上讨论难以进行，因为有些问题不是只用文字就能描述清楚的，存在着线上交流的不便。

问题四

部分学生能接受翻转课堂的教学模式，但自己却不愿意上讲台，我本意给每个学生上讲台的机会，却成了这部分学生的负担，因此翻转课堂也需要差异化进行。

总结之后，2016—2017 学年第二学期，再次实行了翻转课堂。

第一，基本条件改善了。这学期实行小班化教学，我教的班只有 33 名学生了。

第二，教学的方式更加灵活了一些。为避免教学进度受影响，对于一些简单的内容，只要求学生线上学习，不在课堂上进行了。为保证学习的效果，采取了不定期线上发布试题，限时完成的考试方法，对学生的学习效果进行考核。

这学期，我发现只要给学生机会并加以正确的引导，他们会做得很好。他们做的思维导图，他们做的 PPT，他们自己在网上找的图片、资料、视频，无不展示出了他们的学习激情和能力。

四、学习评价

教学模式改了，评价机制也需要相应地变动。学生很关心评价机制的变化。实际改革过程中，学习评价分为学生互评和教师点评、平时作业、考试几部分。其中学生互评环节，依据的是平台上各学习小组讨论问题的情况、问题解答情况及翻转课堂时的具体表现，由小组之间互相评分构成的。学生互评有效形成了小组之间的竞争机制，各小组互不相让，都力求做到最好。这个环节中，教师要起到监督的作用，确保公平公正，以使这种机制能顺利进行。

五、体会

1. 与传统教学模式相比，混合式教学更具优势

传统教学过程中的重点和难点内容，有时仅凭一次课堂讲解是不够的，50 min 很快过去，学生却不一定完全理解。采用混合式教学，学生课下可以反复观看视频，直到彻底明白为止，便于学生差异化学习。

2. 混合式教学更适合学生差异化学习

教学是一个循序渐进的过程，学生对一门课程的入门过程也会有一个时间差，很多学生都是期末复习时才将课程内容理解到位。混合式教学提供了一个反复学习的机会，可以将这个时间缩短和提前，更有利于学生进一步地学习。

3. 混合式教学针对性更强

一些学习能力比较强的学生，完全可以通过线上学习提前完成学习任务，而便于他们更好地安排时间学习其他内容或做感兴趣的事。学校相关的考核方法也应该有所变化，使我们的教学过程更有针对性，也更加灵活。

4. 混合式教学更适合小班制教学

小班制中，每个学习小组的人数少，可以让每个学生都有参与的机会。教师可以让学生提前观看视频，然后组织课堂讨论或翻转。

5. 混合式教学对教师的挑战更大

除去视频制作工作的繁重，平时与学生线上的交流、沟通占据教师的时间无疑比传统教学模式要多很多，对于教师而言，实行混合式教学后，讲授一门课比之前投入的精力更多了。

对于有心学习的学生来说，获得知识的方式更加灵活。他们在视频中提前学习书本知识之后，还可以从教师提供的资料中进行拓展学习，随时会提出课本以外的问题，并在课堂上随时提出来。翻转课堂环节要求教师有更多的知识准备。

参考文献

[1]梁林梅，李逢庆. 中外大学教师网络教学研究[M]. 南京：南京大学出版社，2015.

[2]林质彬. 高等教育中的混合学习：机构实施的视角[R]. 北京：第30届"清华教育信息化论坛"，2015.

[3]董传民. 基于混合式教学模式的现代职教课程开发与实施[EB/OL]. [2017-07-08]. http://www. docin. com/p-1465634932. html.

[4]Allen E，Seaman J，Lederman D，et al. Digital Faculty：Professors，Teaching and Technology，2012[EB/OL]. [2017-07-08]. http://files. eric. ed. gov/fulltext/ED535215. pdf.

化学教学中有效问题的设置与
学生思维能力的培养

王丽①

（陕西省西安市长安区第一中学，陕西西安 710100）

摘　要：高中化学课堂应注重学生思维能力的培养，而设置有效课堂问题是培养思维能力的重要途径。通过有效课堂问题，学生不仅掌握了知识，还学会了积极思考。有效课堂问题应具有开放性、启发性、针对性和层次性等特点。课堂教学中可以通过化学实验、生活实际、化学史料、化学知识的认知矛盾等方面设置有效课堂问题，达到培养学生思维能力的目的。

关键词：有效问题；思维能力；化学教学

什么是教育？爱因斯坦说："在你离开学校后忘记了学到的一切，最后剩下的就是教育。"作为自然科学的化学教学来说，教育应该通过特有的思维方式来培养学生的思维能力。在高中化学课堂中，如何培养学生的化学思维能力呢？"思维永远是从问题开始的"，问题是思维的起点，也是思维的动力。在化学教学中，可以通过创设问题情境，提出有效问题，培养学生的问题意识，激发学生思维，促进学生思维能力的发展。

一、有效课堂问题的含义

有效课堂问题是教师根据课程标准、教学目标、教学内容和学生的认识水平层次，精心设计课堂问题，通过创设问题情境，在教学中生成适当的问题，唤起学生深层次的思考，促进其思维能力的发展，最终实现教学目标的过程。

有效课堂问题的目标是通过激发学生的思考，促进学生思维能力的发展，使学生能更好地自主学习和探索学习，逐步形成发现问题、思考问题和解决问题的能力，最终使学生不仅能学会知识，更重要的是学会学习、学会思考。因此，有效问题的核心是学生的积极思考。

二、有效课堂问题的特点

1. 有效问题应具开放性

问题的开放性要求教师反复阅读教材后，根据学生的认知水平、学习状态和心智结构，提出有导向作用的精辟问题，要求学生朝不同方向思考，且答案是不固定的，注重培养学生的发散思维能力，指引和激励学生去学习和理解教材，培养全体学生积极并且高质量的思维[1]。

案例 1. 演示实验：铜分别与稀硝酸、浓硝酸反应，前者溶液显蓝色，后者溶液显绿色。教师提出问题：为什么均为硝酸铜溶液，颜色怎么会有不同呢？学生经过讨论，得出可能的两个原因：一是铜离子浓度差异；二是后者溶液中溶解了 NO_2。教师继续提出问题：如何设计实验进行验证呢？学生经过思考讨论提出了三个假设性方案：一是向稀硝酸铜溶液中加入硝酸铜晶体；二是加热浓硝酸铜溶液赶走溶解的 NO_2 气体；三是向浓硝酸溶液中通入氧气，与溶液中的 NO_2 反应。这个开放性问题激起了

① 通信联系人：王丽，147536377@qq.com。

学生思维的浪花，提高了思维的积极性和创造性，激发了学生的学习兴趣，活跃了学生思维，发展了学生智力。

2. 有效问题应具有启发性

化学教学中很多问题源于课本而高于课本，需要学生"跳一跳才能摘到桃子"。因此教师在提问、追问和设疑的过程中，要使问题的陈述隐含着启发、暗藏着诱导，促进学生积极思考、不断收获，同时体现教师是意义建构的帮助者与促进者。

案例 2. 在人教版选修模块《化学反应原理》中《原电池》的学习时，可以设计 3 种不同的原电池：$Mg-Al-盐酸$、$Mg-Al-NaOH$ 溶液、$Cu-Fe-浓硝酸$，让学生判断电池的正负极？在收集学生的不同答案后，归纳总结原电池正负极的判断方法：原电池的正负极与电极材料和电解质溶液均有关。

3. 有效问题应具有针对性

有效问题一定要有针对性。针对教学内容的重点和难点，针对学生的易混淆和易疏忽点，设计小而具体的问题[2]。

案例 3. "银镜反应"实验成功的关键因素之一是溶液必须为弱碱性，学生易忽视这一知识点。因此课堂演示实验：取淀粉在硫酸催化作用下的水解产物，直接加银氨溶液，观察实验现象，结果没有银镜生成，提问：为什么没有银镜产生？然后引导学生分析实验失败的原因。再如，氧化还原反应价态变化规律为：相靠近，不交叉。但是学生很难理解这一规律，设置问题：判断反应 $KClO_3+6HCl=KCl+3Cl_2+3H_2O$ 转移电子个数？这样学生通过思考有针对性的问题，不仅牢固地掌握了知识，更提升了思维能力。

4. 有效问题应具有层次性

化学课堂的提问设计应该从全局角度出发，所设计问题的内容要有梯度和层次，即所提问题的难易程度要与全体学生认知发展水平相匹配，同时关注课堂上各个问题之间的相互联系，使课堂教学构成一个彼此环环相扣的有机整体。

案例 4. 在讲解离子反应时，学生探究了 4 个离子反应的实验：

实验 1：$NaCl$ 溶液和 $AgNO_3$ 溶液反应；

实验 2：盐酸和 Na_2CO_3 溶液反应；

实验 3：盐酸和 $CaCO_3$ 固体反应；

实验 4：$NaOH$ 溶液和 H_2SO_4 溶液。

为了让学生更好地理解离子反应的实质，设置以下问题：

(1)反应物各溶液中存在哪些离子？这些离子是怎样产生的？

(2)混合后哪些离子结合成沉淀、气体或者水？

(3)溶液中还有哪些离子？

(4)反应前后各离子数目是怎样变化的？为什么会有这些变化？

(5)如何证明"实验 4"中 SO_4^{2-}、Na^+ 没有参加反应呢？

学生通过这 5 个层层递进、环环相扣的问题的思考，深刻理解了离子反应的概念和实质。

三、有效问题的设置方法

1. 通过化学实验设置有效问题

化学是一门以实验为基础的科学，因此教师在进行有效问题的设置时可以通过某些化学现象来进行，通过化学实验现象能够很好地吸引学生的注意力，教师可以设置一些和实验现象相关的有效问题，学生对发生的实验现象会很感兴趣，就会激发学生的求知欲，为了解决这些问题，学生往往会根据自身所学到的知识对其进行思考，开拓了学生的思维能力。例如，提出问题：向硫酸铜溶液中插入打磨过的镁条，有什么现象呢？学生会不假思索地回答，镁条表面析出紫红色固体。教师让学生操作完成该实验，结果学生发现异常的实验现象：镁条表面有气泡生产，为什么呢？该实验已经凿开了学生思维的大门，这样问题才是有效的问题。

2. 通过联系生活实际设置有效问题

教师在进行化学教学的过程中，只有激发了学生的学习积极性才能保证学生的学习效果，因此在进行有效问题设置时，教师应该将问题和生活实际进行有效的联系。例如碱面（Na_2CO_3）和小苏打（$NaHCO_3$）在厨房中的用途不同，提出问题：这两种钠盐的化学性质有何不同呢？再如，银器变黑了如何处理呢？通过这些联系生活实际的问题，能够有效地激发学生的学习热情，开拓学生的化学思维能力。

3. 利用化学史料设置有效问题

"化学可以给人以知识，化学史更可以给人以智慧。"在化学教学过程中利用化学史料设置有效问题，不仅可以使教学不再局限于现成知识本身的静态结果，而且可以追溯到它的来源和动态演变过程，揭示出反映在认识过程中的科学态度和科学思想，使学生学到形成知识和运用知识的科学方法，发展了学生的思维。例如，苯分子结构的发现就是一个很好的例子。

4. 利用化学知识的认知矛盾设置有效问题

在高中化学中有很多规律，若学生能够很好地把握这些规律，那么对学生学习化学会有意想不到的效果。同时，在化学中还存在着不少例外情况和局限，这需要学生可以对具体问题进行具体分析，不但关注事物变化着的规律，还注意化学学习中的特殊性，使学生掌握基本的化学思想与方法。在教学中，教师可有意识、有目的地设计一些学生根据已有知识而很难获得正确结论或答案的问题，使学生通过对自己学习中的错误的发现，激发他们的认知冲突，产生探究欲望，提升学生思维能力。例如：学生在学习了化学平衡之后，教师可以提出一个问题：在恒温恒容密闭容器中，发生反应 $CaCO_3 \rightleftharpoons CaO + CO_2$ 达到平衡后，充入 CO_2 气体后再次达到平衡，则 $CaCO_3$ 质量_____，CaO 质量_____，CO_2 质量_____（填"增大""减小"或"不变"）。学生从勒夏特列原理角度分析，通入 CO_2 后，平衡向逆反应方向移动，故 $CaCO_3$ 质量增大，CaO 质量减小，CO_2 质量增大。教师可以引导学生从平衡常数角度计算 CO_2 质量不变。两者结论互相矛盾，让学生思考正确答案是哪一个。学生就可以发现勒夏特列原理的局限性，更有助于理解勒夏特列原理和平衡常数。

总之，在教学中，教师应该深入地分析教材，利用实验、生活经验、化学史料等，结合学生的认知心理特点，设置具有开放性、启发性、针对性和层次性问题，以激发学生的学习欲望，激活学生的思维活动，让学生主动学习，认真探究，能动思维，打造一个生动而精彩的高效课堂，实现学生学习能力和化学素养的有效提升。

参考文献

[1]杨承印，张宁. 化学课堂教学中问题情境的有效创设[J]. 教育理论与实践·B，2007(10)：42-44.

[2]龚胜强. 化学教学中问题情境的创设策略[J]. 化学教与学，2014(12)：19-21.

浅谈高中化学"元素化合物"版块复习策略

崔文瑜[①]

（陕西省西安中学，陕西西安 710014）

摘　要：化学知识的考查均集中在四大模块，即：化学基础理论、元素化合物的性质、化学反应原理及有机化学。本文对近年陕西省高考理综化学试题中元素化合物考点分布与考试大纲的契合程度等特点进行粗略的分析，以期为新课程背景下高中化学的教学和高考应试提供实践策略，以起到抛砖引玉的作用。

关键词：元素化合物；一轮复习；复习策略；高考

关于如何处理高考试题的导向与引领、继承与创新、改革与稳定的关系，对深化新课程改革有着不言而喻的意义。化学知识的考查主要集中在四大模块，即：化学基本理论、元素化合物的性质、化学反应原理及有机化学。

本文对近年陕西省高考理综化学试题中元素化合物考点分布与考试大纲的契合程度（alignment）等特点进行粗略的分析，以期为新课程背景下高中化学的教学和高考应试起到抛砖引玉的作用[1]。

一、考试大纲中对元素化合物知识的要求及试题分析

考试大纲对元素化合物知识要求简洁明了，突出核心知识的运用，重在性质应用和生产、生活紧密联系，不再追求知识的系统性和连贯性，更加注重知识的实用性、有效性。

化学考试的题量只有 11 个左右，往往是考查化学基本概念和理论、化学计算、化学实验知识。纵观近年的高考试题，元素化合物部分呈现出"三个融合"，即元素化合物与基本理论的融合、元素化合物与化学实验的融合、元素化合物与化学计算的融合。

二、元素化合物知识的疑难分析

元素化合物知识覆盖整个中学化学内容，虽然知识本身的难度不大，但学生普遍感到繁杂、零碎、分散、难于记忆。课堂上往往是教师罗列化学反应事实，学生死记硬背化学反应方程式，上课能听懂，课后解题难。由此造成很多学生在高考中面对无机推断等综合性题目时感到束手无策。

1. 教师在复习备考中存在的问题

(1)缺少对《考试大纲》中的考试范围及要求和高考元素化合物试题的研究，因而有些教师在复习备课过程中"心中无纲"，随意性较强，缺乏针对性，在非重点或考纲上不作要求的内容上投入大量的精力，给学生增加了学习负担。

(2)第一轮按教材章节顺序复习过慢，知识点讲解过细，不愿摒弃旧的知识脉络，随意拓宽教学内容，造成学生在复习中感觉跟上新课一样，理不清知识之间的联系。

(3)布置练习的题量过多，难度过高，不加选择的"题海战术"，大量重复的机械训练，使学生感觉练习的重点不突出，收获不大，学习枯燥无味。

(4)沿用旧的复习理念和模式，教师"包办"得太多，"教"多"学"少，缺乏对学情的了解和研究，缺

---

①　通信联系人：崔文瑜，8644317@qq.com。

少对学生学习热情的激发，无形中增加了学生学习的惰性。

2. 学生在复习备考中存在的问题

（1）在复习过程中轻视教科书，遇到不会做的题目，自己不会主动去翻书查阅，随意写一个答案应付了事。对学与问、思考与交流、科学视野、课后习题等不屑一顾，不注意挖掘问题背后的隐含知识。

（2）表达能力存在缺陷。非选择题的答题方式主要是填空，但化学语言表达能力与化学学科基本素养较差，具体表现为表述错误或不规范等。

（3）不注意挖掘隐含条件，对问题情境与考查的知识点联结不够，造成目标和背景混乱不清，难以找到解题的关键点，答非所问等。

三、元素化合物知识的复习策略

1. 建立"宏观—微观"的思维方式，挖掘核心知识的迁移价值

抽象的化学理论、概念与生动直观的元素化合物知识紧密相连，以元素化合物知识为载体，将理论、概念具体化，不断地进行知识点的联结、组块和结构化[2]，使每一个知识在结点上处于活化状态，形成知识间的融会贯通，从而得到有序的、清晰合理的化学认知立体网络结构。

2. 围绕考纲，挖掘教材，师生共建知识网络

高考复习必须坚持以考试大纲为纲，以教科书为本，避免因超纲复习而枉费时间和精力，坚决、果断、彻底地抛弃教材里没有的、《考试大纲》不要求的内容[3]。在构建知识网络时，教师应该让学生依据教材内容的编写次序、对各部分进行关系梳理，自己寻找组织线索，从不同的视角对知识进行总结和归纳，绘制概念图，理清思路；然后让同学之间进行交流、修正和补充；再选取较为典型的进行展示，其他同学参与评价；最后还可以将部分学生的知识网络图改编成无机推断题，让学生进行自我创作，互相考查，在交流和讨论中碰撞出思维的火花。

3. 改变传统复习模式，关注情感因素，激发学生的复习热情

在高三复习备考中更应该贯彻"三维目标"，还原复习过程中学生的主体地位，给学生自我建构知识结构的权利、时间和空间。打破死气沉沉的复习氛围，改变学生厌学、教师厌教的局面，让旧知识也能上出新花样，复习课也要上出新精彩。例如，教师要求学生在归纳元素化合物的性质时，可以在课本实验的基础上改编或设计探索性实验和综合性实验，或让学生设计简单的实验验证物质的性质；还可以尽可能补充与实际生活相联系的内容，有意识地引导学生从各种媒体去关注社会热点问题、最新科研成果等。

综上所述，在复习元素化合物知识时，若教师能根据教学实际将教材、课标、考纲三者有效地整合在一起，抓好各板块知识的相互渗透和融合，掌握科学的复习方法，就能起到事半功倍的效果。而高考试题的分析对反思我们的教学、改进教学策略、更新教学理念、让高考改革与新课程改革实现真正意义上的和谐与统一有着重要的导向作用。就让我们在实践中"溶解"，在反思中"结晶"，在交流中"升华"，为基础教育改革贡献自己的力量。

参考文献

[1]高双军，何颖，杨帆，等. 高考化学试题与新课程标准的一致性分析：以2014年高考化学全国新课标卷Ⅰ为例[J]. 中学化学教学参考，2014(9)：58-63.

[2]姜言霞，王磊，支瑶. 元素化合物知识的教学价值分析及教学策略研究[J]. 课程·教材·教法，2012(9)：106-112.

[3]唐红珍. 科学认识论视角下的高考无机元素化合物复习[J]. 化学教学，2016(2)：83-86.

基于"互联网＋大数据"背景下的教育教学改革与实践

吕铎①

（陕西省西安中学，陕西西安 710018）

摘　要： 全球互联网大变革、大发展、大融合日益加深，移动互联网、云计算、大数据等技术日渐成熟，新的教学模式蓬勃发展，正在重塑人们的学习行为和对教育的理解。结合教育教学实际，整合教学资源和数据，笔者对于"互联网＋微课"的教学模式、"大数据＋教学分析"的评价模式进行了探索和实践。

关键词： 微课；大数据分析；教学模式

当前，全球互联网大变革、大发展、大融合日益加深，世界范围内教育信息化飞速发展，以信息化推动教育变革的机遇不容错失。信息技术日新月异，移动互联网、云计算、大数据等技术日渐成熟，信息化对人类的生产、生活乃至思维、学习方式等都已产生巨大影响，微课、慕课（MOOC）、翻转课堂风行全球，新的教学模式蓬勃发展，正在重塑人们的学习行为和对教育的理解。

我校作为陕西省教育厅唯一直属的中学、陕西省首批示范高中，一直致力于智慧型校园建设和教育信息化改革。在学校强大硬件和信息技术平台的支持下，结合教育教学实际，整合教学资源和数据，现将个人在教学设计、微课探索、教学评价等方面的一些做法和体会与大家分享。

一、基于数字化实验平台的课堂教学设计

化学是一门以实验为基础的学科。随着科学技术不断发展，传统瓶瓶罐罐已经不能满足化学实验要求，新型的数字化实验已深入到社会生产和生活的各个领域。数字化实验平台一方面弥补了传统实验工具的缺陷，使实验的方法更加先进，实验的数据更加准确，实验的步骤更加清晰；另一方面革新了化学实验仪器与方法，拓展了化学实验的内容[1]。

如在人教版高中化学选修 4 §4.1《原电池》一节，笔者将数字化实验与课堂教学结合，因其教学理念新颖、教学设计巧妙、教学技术先进，曾被评为全国优质课一等奖。本节课最大的亮点就是引入了数字化传感器，帮助学生在发现问题、解决问题的过程中提供精确、直观的数据依据。首先在教学思维的设计上，紧密围绕原电池，从"回顾—体验—改进—应用—畅想"入手，线路清晰，环环入扣；然后从传感器的使用上，电流传感器直观体现出电流的微弱变化和整体趋势，温度传感器直观证明了能量转换中热量的损失，从而完成了实验设备上的升级，引发思维的突破；最后实验的创新环节，"橘子瓣"点亮了学生的灵感，利用电流传感器捕捉到细微灵敏的数据，成功地化解了"离子交换膜"这一难点。

数字化实验平台主要是由传感器、计算机、数据采集器以及系统软件等模块构成，在教学当中应用数字化实验能够将传统模式下实验的不足之处加以弥补，能够将化学反应的现象及本质转化成可监测的信号。只要教师充分发挥自己的聪明才智，数字化实验平台可以应用于创新实验开发、化学试题研究、科研论文撰写等领域。我们相信，在未来的化学教学中，数字传感器一定会"器为我用"，大有可为，大有可观。

---

①　通信联系人：吕铎，32457744@qq.com。

二、基于"互联网＋"的微课教学初探

心理学研究表明，大部分学生在课堂上，大约只有 10 min 能保持高度专注的精神状态。而"微课程"正是时间在 10 min 以内，有明确的教学目标，内容短小，集中说明一个问题的小课程。因此，微课的流行，与注意力"10 min 法则"分不开，也和"互联网＋"时代的来临密切相关。人们更乐于尝试网络化的学习方式，移动互联网的发展也让大家开始习惯利用身边的"碎片化"时间。

对教师而言，微课将革新传统的教学与教研方式，突破教师传统的听评课模式，是教师专业成长的重要途径之一。对于学生而言，微课能更好地满足学生对不同学科知识点的个性化学习、按需选择学习，既可查缺补漏又能强化巩固，是传统课堂学习的一种重要补充和拓展资源。比如，笔者利用 PPT 录制的《科学发现的历程——原电池》，讲述了人类探索发现电池的研究历史，拓展了课堂的宽度和长度；利用摄像机录制的《影响电离平衡的因素》，邀请学生设计实验方案、参与实验过程、突破仪器限制，最终获得满意的实验结果；利用微信"扫一扫"教辅资料里的微课资源《物质的量》二维码，尝试课外布置作业、自主学习、课内分享交流、总结提升，体验"翻转课堂"，大大提高了教学效率。

微课的制作一般要经历选题、备课、撰写脚本、制作课件、审核、录制、再次审核等多个步骤。一节好的微课并不只是把一个知识点讲清楚，还要抓住学科实质、达成过程性目标，体现交互性、艺术性和趣味性。微课制作的方式多样，教师们既可以根据自身的兴趣和特长独立制作，也可以小组合作制作，还可以将优质的微课资源在各种网络平台进行分享和下载。

"小块头"有大智慧。微课程让学生有了更大的自主权和拥有感，微课程的开放性及后续补充与开发的潜力也为教学应用带来了巨大的灵活性。微课所带来的对传统教学模式的冲击究竟是好是坏，也有待进一步实践的检验。

三、基于大数据平台的教学质量分析

在大数据时代，当文字、方位、沟通，甚至表情、体重、情绪等一切都在被数据化，数据就从最基本的用途转化为未来的潜在用途，成为最大的生产资料，成为像水、电、石油一样的公共资源。互联网带来的数据积累，即将成为一种新资产。

合理规划储存、利用大数据已经成为教育发展变革的必备要素，利用信息技术改进教学质量的评价方式，一方面能够减轻工作负担，另一方面可以提升评价的准确性。通过对考试数据的有效分析和充分挖掘，可以为广大师生提供针对性教与学服务的智能化辅助平台[2]。

例如我校使用的大数据精确化教学系统，不仅是阅卷系统，更重要的是教学质量评价和学生自主学习的系统。对教师而言，可以轻松查询班级各科平均分、各层级人数分布、各题得分率、各知识点掌握情况，也可以随时查看学生试卷、典型错误、优秀作答等内容，还可以长期跟踪监测学生的学习情况。对学生而言，除了最基本的查成绩看试卷，还具有在线刷题、直播课程、微课讲解、错题解析、纠错练习、考试诊断等功能，是初高中学习必备的提分软件。对家长而言，通过信息交互全面了解孩子在校日常，通过考试报告真正看懂学生学情，通过提分建议解决沟通障碍。同时还具有大数据标注题库、试题分析评价、海量优质多媒体学习资源，甚至对作文、翻译、问答等主观程度较高题型的自动化识别和评分，从而减轻大规模考试人工阅卷的工作量。

"互联网＋教育""大数据＋教学"是国家战略布局的重要组成部分，是教育改革发展的先锋和新锐，是加快教育现代化进程的有力引擎。顺应时代潮流和发展趋势，掌握教育信息化的领先权和主动权，我们"一线"教师任重道远，我们一直"在线"上。

参考文献

[1]周艳芳. 数字化探究实验在中学化学教学中的应用探析[J]. 课程教材教学研究（中教研究），2013(Z4)：48-49.

[2]柳春光. 高中物理习题教学过程的优化策略[J]. 中学物理教学参考，2016(1/2)：30-33.

基于化学核心素养的校本教材开发

吕铎①

（陕西省西安中学，陕西西安 710018）

摘　要：关于核心素养的研究在全球范围的兴起，代表了未来课程改革的风向标。我校结合化学核心素养要求和内涵，开发了竞赛拓展类课程、实践创新类课程、化学史实类校本课程。同时力求做优校本特色，提升课程开发力；做好过程管理，提升课程实施力。

关键词：核心素养；校本课程

关于核心素养的研究在全球范围的兴起，代表了未来课程改革的风向标。传统以学科知识为本的高中课程目标已经不能满足新时代的需要，亟须重新界定兼顾高考与核心素养的双重功能的高中校本课程[1]。

高中化学学科核心素养不但反映了社会主义核心价值观下化学学科育人的基本要求，也全面展现了学生通过化学课程学习形成的关键能力和必备品格。现将我校基于化学核心素养的校本课程开发归类如下：

一、基于"化学学科思想和方法"的竞赛拓展类课程

学科思想是一个学科的核心和灵魂，它与知识、能力一起构成了学科体系的三个方面。不同学科它所包含的学科思想也必然不同。化学作为一门自然学科，它既抽象又具体，其学科思想的内容丰富多彩。化学学科思想和方法主要包括"宏观辨识与微观探析""变化观念与平衡思想""证据推理与模型认知"等。

例如，我校开发的化学竞赛辅导类校本课程，以发展学生的个性特长，为高校培养、选拔和输送拔尖创新学生为目标。以适合学生学情的自编学案、省级竞赛初赛试题、名校自主招生试题为载体，采取分层教学的模式，让学有余力的学生走进高中化学竞赛课堂，拓展延伸、了解学科前沿，掌握化学学科的核心思想和研究方法。同时竞赛辅导也是转变学生学习方式，提高科学素养的重要途径和有效手段。

二、基于"科学探究与创新意识"的实践创新类课程

所谓科学探究，就是让学生去模拟科学家的工作过程，按照一定的科学思维程序去探索学习的过程，从中学习科学方法，发展科学探究所需要的能力，增进对科学探究的理解，体验探究过程的心理感受。创新是一个民族的灵魂，创新教育是以培养创新精神和能力为基本价值取向的教育，是培养学生学习解决问题的方式方法，而不仅仅是知识的本身。

为了将数字实验与教学实践更好地结合，我们将课本中典型的中学化学实验进行研究与改进，将传统的实验操作方法改为数字化操作（见表1），定位于可广为推广的学生实验，应用于日常教学与学生的研究型学习。

---

①　通信联系人：吕铎，32457744@qq.com。

表 1　数字化实验校本课程案例

序号	数字化实验案例	相关化学理论	传感器
1	溶质在溶解过程中的能量变化现象	化学变化中的能量变化	温度传感器
2	中和反应中的热效应		温度传感器
3	溶液酸碱度测定	电解质溶液、强弱电解质、盐类水解	pH 传感器
4	各种溶液导电性的测定		电导率传感器
5	强弱电解质的鉴别		pH 传感器、电导率传感器
6	酸碱中和滴定		pH 传感器、滴数传感器
7	温度对弱电解质电离的影响		pH 传感器、温度传感器
8	活泼金属与酸反应的速率	化学反应速率、化学平衡理论	气压传感器
9	固体表面积对化学反应速率的影响		气压传感器

此外，将若干传感器很好地组合，更可实现大型的、户外或与实际生活相关的学生探究性实验，比如水质测定、饮料成分测定、碘盐中含碘量的测定等。

三、基于"科学态度和社会责任"的化学史实类课程

进行化学史教育可以使化学教学不只局限于现成知识的静态结论，还可追溯到它的来源和动态演变；不只局限于书本知识，还可揭示出其中的科学思想和科学方法[2]。

我校开发的《门捷列夫的密码——化学发展简史》课程"从兴趣是最好的老师"入手，介绍了化学学科从古至今的发展历程，让学生感受化学对人们生产生活的重要性以及它对社会发展的推动作用。尤其是书中化学前辈们的努力与成就、拼搏与奋斗一次次推动、改变了人类社会的发展。读来让人荡气回肠、感人至深，有利于学生形成可持续发展意识和绿色化学理念，对与化学有关的社会热点问题作出正确的价值判断。

结合我校化学校本课程开发的经验，有效提升学生的化学核心素养，我们认为：一要做优校本特色，提升课程开发力，鼓励教师开发优质乃至精品的校本课程，围绕学科核心素养，科学制订课程目标，设计有逻辑的课程框架，并能精心选择课程资源，开展课程教学，实施课程评价；二要做好过程管理，提升课程实施力。关注教师实施基础型课程、拓展型课程、探究型课程的整个过程，既要体现指导和服务，又要有监督与评价、反馈与跟进，确保教师科学实施三类课程，全面发展学科核心素养。

参考文献

[1]钟启泉. 基于核心素养的课程发展：挑战与课题[J]. 全球教育展望，2016(1)：3-25.

[2]化学发展简史编写组. 化学发展简史[M]. 北京：科学出版社，1980：23-45.

化学专业系列选修课程教学状况调查和改进
——以某师范大学为例

周仕东，彭军[①]

（东北师范大学化学学院，吉林长春 130024）

摘　要：本文简要介绍了东北师大化学学院对教改新形势下的专业系列选修课程教学状况的调查，探索对教师课堂教学效果的量化考核方式，为加强教育教学管理提供更客观的依据。

Investigation and improvement on the teaching status of chemical elective courses in Northeast Normal University

Zhou Shi Dong，Peng Jun

(Faculty of Chemistry，Northeast Normal University，Changchun)

Abstract：This paper briefly introduces a teaching situation survey of chemical elective courses under the new educational reform in the Northeast Normal University，exploring teachers' classroom teaching effect in a quantitatively appraisal way，in order to provide more objective basis for strength of education teaching management.

"发达国家选修课程的比例一般都在总课程学习的 1/3 以上，而且近年来都有增加的趋势，甚至有些国家的大学课程中的选修课程已达到总课程的 1/2"[1]。近年来，为了适应因材施教、发挥专长和培养学生终身学习的能力，许多高校都增加了选修课在专业教学计划中的比例，选修课学分占总学分的比值也自然地增加。随之而来的问题是，高校的大部分学生对选修课关心更多的是其得分高不高，而欠缺对选修课认真学习的态度。教师方面，由于科研压力大，一些教师设课、选课是为了凑教学工作量。这种学生不爱学、教师不爱教的状况，使选修课教学面临着新的挑战。设立什么选修课程？选修课教学如何进行？选修课怎么考核更好，一系列问题考验着我们的教学管理智慧。

2015 年，东北师范大学修订的课程计划大幅增加包括专业系列选修课程（20 学分）和由学生自由选择的非限制性选修课程（21 学分）。选修课程中，一些是为介绍先进科学技术和最新科学成果；一些是为扩大学生知识面；还有一些是为满足学生的兴趣爱好，发展他们某一方面的才能。如果这些选修课流于形式，违背了设课的初衷，这对学生和教师将是时间和精力上的极大浪费。在这些课程开设三年之后的 2017 年春季学期，我们对选修课进行了调研，本文简要介绍这次调研的方式和调查结果，对发现的问题给予分析和讨论，以期提供一些经验给大家参考。

1. 学生视角下的专业系列选修课满意度调查

为深入了解专业选修课程的教学效果，我们设计了调查问卷。该问卷从教学内容的难易度、教学方式的接受度以及对课程整体满意度等 8 个维度（见表 1），对新版的课程计划中的专业系列选修课程实施情况进行了调查。

在表中，进行了五级（1，2，3，4，5）程度划分，1 为最低，5 为最高。要求学生根据自己的理解

---

①　通信联系人：彭军，jpeng@nenu.edu.cn。

情况如实填写。调查对象是 2015 级的 16 门专业系列选修课，发放了 150 张调查问卷，由该年级辅导员负责组织本次调查和回收调查问卷。

表 1　选修课程教学效果调查表

评价内容	教学内容难易程度	教学方式接受程度	遵守课堂纪律程度	课程兴趣程度	教师备课认真程度	课外阅读程度	学生课堂参与程度	对该课程整体满意度	对该课程的其他意见和建议
《＊＊》课程									
《＊＊》课程									

2. 调查问卷评分统计结果

我们对调查问卷中每门课程的 8 个维度的满意度和整体满意度进行了统计，发现学生对课程的总体满意度的最低分值达到了 3 分（如图 1 所示，纵坐标是课程整体满意度分数、横坐标是每门课程，此处省略了课程名称），说明大部分学生对专业系列选修课程的教学总体上是满意的，与 8 项评价指标的平均得分≥3 的结果是一致的（如图 2 所示，纵坐标是 8 项评价指标的平均得分、横坐标是每门课程，此处省略了课程名称）。

对该课程整体满意度

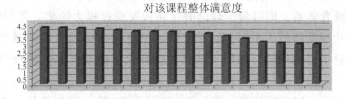

图 1　学生对专业系列选修课整体满意度情况

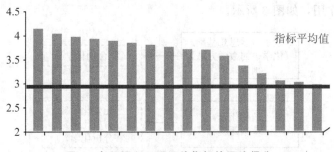

图 2　各门课程 8 项评价指标的平均得分

我们还注意到，这 16 门课的总体满意度和 8 项评价指标平均得分的排序基本吻合，特别是前三名和后三名分别有两个科目是相同的，说明我们设计的评价项目和指标是合理的。

学生视角调查的统计结果，与学院教师同行的认可度是一致的。

3. 学生访谈

结合调查问卷中学生反馈的意见和访谈，学生也提出了一些建议。在选修课的课程设置方面，学生们反映的问题包括课业太重、学分太多，很多学生为了凑学分不得不选自己不喜欢的课，自己感兴趣的课又没法选；选修课难度大，是变相的专业课；选修课课时太少，老师会略过一些东西，导致后面学习中会感到莫名的困惑，知识点有些地方断层；一些选修课重合度太高，这类重复的科普课程可以融合，增加一些化学在科技、生活中的高级应用科普课程；建议多开一些提升能力的实践课，例如学习查找文献的课程、提高教师技能的课程等。

在教师授课方面，学生们希望将各学科知识联系到生活实际，以提高学生兴趣；不照 PPT 念，多写板书；多与学生互动，增加学生的课堂参与度；多些小班授课等。

在成绩考核方面，希望选修课严格考试纪律，拒绝不公平考试等。

对个别课程的老师的教学也表达了不满（如备课不认真等）。

4. 加强教学管理

为提升选修课程的教学质量，学院进行了一系列常规和教学改革工作。

（1）召开专题研讨会

学院领导非常认真地对待这次调研，召开了全院教师参加的教学研讨会议，介绍了调研结果，这种"亮剑式"教学考核在教师中引起了很大的反响，学生的评分和意见反馈对于教课效果好的和欠佳的教师都有所触动。本次调研是对教师课堂教学效果考核的一次尝试，为加强教育教学管理提供更客观的依据，有利于促进教师自我认识、提高教育教学能力。然而，如何施行对教师课堂教学效果的量化考核，还需要更多的探索。加强对教师教风和教学能力的评价，提高教师课堂教学质量，是对学习者的尊重、对学习者学习积极性的保护。

（2）加强课程群建设，增强课程意识

每门课程并非独立存在。为有效实现培养目标，必须统筹课程计划中所有课程之间的内容关系。目前，学院以课程群的方式整体推进教学内容的协调性。以《结构化学》课程群为例，开设《量子力学思想基础》和《化学中的数学方法》作为前选课，同时开设《基础量子化学》和《结晶化学》作为拓展课程，由此构筑结构化学课程群教育体系。即以量子理论的建立和发展过程为铺垫，带领学生"穿越"至 20 世纪关于微观世界理论波澜壮阔发展的历史时期，了解新、旧思想在微观领域的激烈碰撞，理解和接受阐释微观粒子运动规律的量子力学思想，并用于观察和解释化学微观世界，实现学科知识和学科思想的双进阶。

同时，为体现化学学科一级的整体性，要加强《结构化学》课程群与无机、有机及分析化学等具象知识的融合，引导学生自觉运用量子理论观察和解释化学微观世界，发挥《结构化学》课程群体系在化学一级学科中的工具课作用，如图 3 所示。

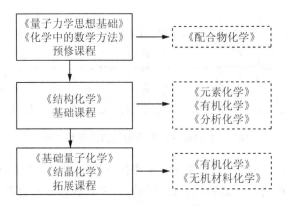

图 3 《结构化学》课程群及与其他专业课程之间的联系

（3）加强选修课程考核的管理

在选修课程考核中，要凸显过程性考核与结果性考核相结合的原则。每门选修课程期末必须提交占课程考核比重最大的纸质文本（考试、作业等形式）。学院每学期初把上学期期末成绩统计公布，与那些成绩偏高的选修课程的任课教师谈话，要使得成绩分布趋于正态分布。经过 2 年多的教学管理，选修课教学质量大幅度提升，学生上课听课积极性有了很大提高，教师上课认真程度大幅度提高，作业、考试、期末文件归档更加规范。当然，如何在课程群设计下加强选修课程与必修课程的内容统整、加强课程设计与人才培养的适切性，仍是一个漫长的过程。

(4)课程选择性与多样性的挑战

大学校园是信息丰富的场所，是大师云集之地，学生应该在此获得更多的机会来开阔视野、训练思维，为其个性化发展奠定基础。在课程设置上，应给学生更多的自我选择机会，来决定未来发展的方向。在政策上，为学生跨院系、跨专业选课提供保障。随着信息技术的发展，应积极认定慕课(MOOC)学分，实施获得国际、国家等级证书或者实践活动顶替学分等措施。一般而言，MOOC 多是国内外知名的大学、专业或知名教师开设，鼓励学生学习 MOOC 并认定学分，对学生开阔视野、训练思维是有意义的。这些新情况对大学课程设置均提出了严峻的挑战，应对此挑战需要时间。

改变我国大学化学专业课程体系从新中国成立以来一直沿用的模式，根据学科发展融合的趋势来重构高等学校专业课程设置，缩小我国大学化学专业课程体系与国际高水平大学课程设置的差距，认清学科发展的趋势，厘清人才培养的方向，是稳步提升人才培养质量的必然选择[2]。

参考文献

[1]张忠华. 关于大学课程设置的三个问题[J]. 中国高等教育，2011(11)：33.

[2]周仕东，张景萍. 化学专业本科课程设置现状探查[J]. 化学教育，2016(16)：8.

翻转课堂在大学分析化学中的应用

胡丹青，王霖，王广[①]

（东北师范大学化学学院，吉林长春 130024）

摘　要：在信息化时代的大背景下，翻转课堂是一种新兴教学模式，受国内外学者的热捧。翻转课堂已被应用于课堂进行实践研究，与传统教学相比，翻转课堂能提高学生自主学习、团队协作、问题探究能力，培养创造性思维，激发学生学习兴趣，实现课堂高效化。基于大学分析化学教学现状，可以将翻转课堂应用于分析化学课堂中进行教学改革。本文以分析化学中酸碱滴定法这一章的《酸碱滴定原理》这一节为例，开展翻转课堂在分析化学教学中的教学设计。

关键词：翻转课堂；分析化学；教学设计

Application of Flipping Classroom in Analytical Chemistry

Danqing Hu，Lin Wang，Guang Wang

(Faculty of Chemistry，Northeast Normal University)

Abstract：On the background of information age，flipped classroom is a new kind of teaching mode and is popular among scholars at home and abroad. Flipped classroom has been applied in the classroom for practical research. Compared with traditional teaching，flipped classroom can improve students' abilities including independent learning，teamwork and problem exploration. In addition，flipped classroom also can help students to cultivate creative thinking and stimulate students' interest in learning，and achieve high efficiency of the class. Because of present situation of the analytical chemistry teaching in university，it is necessary to apply the flipped classroom in the analytical chemistry class. The paper selects the chapter "The principle of acid-base titration" of the analytical chemistry as an example to study the application of flipped classroom method in the teaching design of analytical chemistry.

Keywords：Flipped classroom；Analytical chemistry；Teaching design

一、分析化学课程的现状

分析化学，是用相应的方法和技术测定物质的"质"和"量"的一门学科，是化学专业的一个重要分支。分析化学的应用广泛且重要，一方面，它能够对化学学科本身的发展起到推动作用，有机化学、高分子化学、无机化学等都需要依靠精密的分析技术；另一方面，分析化学在国民经济、生存环境、人民身体健康等方面也发挥着重要作用。

然而，国内分析化学课堂往往不尽如人意，由于此课程内容多、学时少，教师只能按照考纲内容选择部分章节进行讲解，但仍旧知识点多、信息量大。教师运用传统教学模式，即"教师讲，学生听"，进行"满堂灌"，讲课速度快。学生一旦在一个环节上跟不上教师思维，后面的课也全部听不懂了，如

---

①　通信联系人：王广，wangg923@nenu.edu.cn。

果学生在课后又没有及时复习，巩固上课知识，久而久之，落下的知识点越来越多，最终失去对课程的兴趣。从而出现考前进行突击，将知识点死记硬背，形成短期记忆，考试考完后便彻底忘记的现象。

随着计算机、多媒体、互联网为核心的现代信息技术迅速发展，我们的生活、工作、学习的方式不断被改变，当代的教学也进入了信息化时代。不久前的 MOOC、网上公开课、教学直播等使传统教学模式受到了很大的冲击，但是由于网上的教学视频比较杂乱导致学生不能完全地通过网络教学视频进行自学，而且，传统教学模式仍有可取之处。所以，我们需要将传统教学模式进行改革，顺应这个信息化时代的潮流，于是从国外引进了一个更科学、更有效的教学模式——翻转课堂。

二、翻转课堂教学模式

翻转课堂译自"Flipped Classroom"或"Inverted Classroom"，也可译为"颠倒课堂"，是指将师生角色、学习方式、学习环境进行翻转。翻转课堂教育模式最初出现在美国迈阿密大学教授的论文中，后来随着互联网的发展和普及，不断在一线教学中被应用，逐渐在美国教育界流行起来，并且传到了国内。在翻转课堂中，知识传授是通过信息技术的辅助在课前完成的，知识内化则是通过在课堂中学生和教师面对面交流探讨，解决深层问题而完成的。教师提前上传微视频提供学习资料，让学生自己提前对教学内容进行预习，通过各种资料的辅助自主学习。然后学生将预习过程中一些难以掌握的知识点以及预习过程产生的一些问题放在下一节的课堂中与同学、教师讨论进行解决。在翻转教学中，教师只是引导学生对某些重要知识点以及问题进行讨论，并且最后进行总结以及对学生学习成果进行检测。所以翻转课堂翻转了教师和学生的角色，使学生成为学习过程的主角，使教师成为指导者和促进者。

翻转课堂的优势在于：

(1)帮助学生缩短学习时间，通过观看短视频尽快掌握基础知识；

(2)课前小视频将使每位学生吃透知识点，缩小同班学习成绩差距；

(3)增加教师与学生间的课堂互动；

(4)学生可以根据自身情况，设立自己的学习步调，实现个性化学习；

(5)鼓励学生发散思维、大胆提出问题并解决，提升学生的科学思维能力；

(6)高效利用课堂时间，高效学习；

(7)通过学生的自主探究和合作探究培养学生自学能力、探究能力、创造能力，关注学生个体的全面发展。

以美国学者 Robert Talbert 的翻转课堂教学结构为框架，翻转课堂教学结构模型中，课堂主要分为了课前和课中两个阶段。课前教学活动主要包括制作课前短视频，设计自主学习任务单和建立课前交流平台。课中教学活动包括：成果汇报，提出问题；合作学习，问题探究；进阶作业，深化问题；教师总结，自我提升。依照此框架，笔者建构了自己的翻转课堂教学流程(见图1)。

三、分析化学翻转课堂教学设计

酸碱滴定法是学生学习分析化学接触的第一个滴定分析法，是四大滴定最基础的内容，其中渗透了多种方法与能力，掌握酸碱滴定这一章的学习方法将有助于后面其他滴定法的学习，可谓分析化学的"入门章节"。此章节滴定原理与无机化学联系较紧密，但基本理论抽象，专业术语多，教学内容复杂，涉及许多复杂的计算和公式推导，学生学习时容易感觉比较枯燥，难以深入理解。因此选取高等教育出版社出版的第四版《分析化学》中的酸碱滴定法这一教学章节进行翻转课堂的教学设计。根据课程标准和教材内容安排，分析知识点之后，笔者将这一教学章节分成六个课时，如表1所示。笔者选取第四课时酸碱滴定原理进行教学设计。

表1 酸碱滴定课时划分

课时	教学内容
第一课时	溶液中的酸碱反应与平衡以及酸碱组分的平衡浓度与分布分数
第二课时	溶液中 H^+ 浓度的计算
第三课时	酸碱缓冲溶液
第四课时	酸碱指示剂
第五课时	酸碱滴定原理
第六课时	终点误差以及酸碱滴定的应用

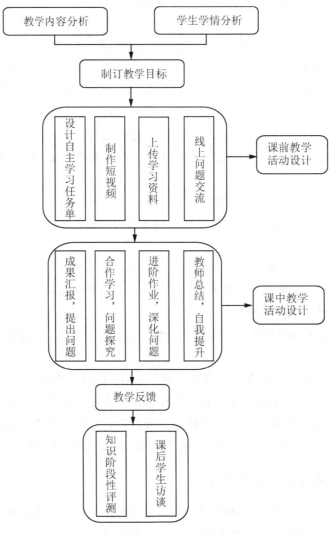

图1 分析化学翻转课堂教学流程

1. 课前知识的获取

（1）教学内容分析

酸碱滴定原理在这一章中是最核心的部分，前面的几个课时都为这一课时打基础。这一课时包含图像、分类、计算等部分，对于学生来说比较抽象难懂。

（2）学生学情分析

学生在前几节课已掌握了溶液中 pH 的计算以及酸碱指示剂种类和变色范围。本节课涉及一个新化学术语滴定突跃，对于刚接触滴定法的学生来说比较抽象，需借助一些可视化直观的方法来让学生有一感性认识。

（3）设计自主学习任务单（见表 2）

自主学习任务单中包括自主学习目标、自主学习任务、自主学习知识整理、问题与疑惑。先通过自主学习任务中的安排完成各项任务，用短视频进行辅助学习。

表 2　酸碱滴定的自主学习任务单

环节		内容
自主学习目标		a. 理解化学计量点、酸碱滴定曲线、滴定突跃等概念。 b. 学会计算酸碱滴定过程中的 pH 计算。 c. 学会分析酸碱滴定曲线、滴定突跃范围。 d. 能够选择恰当的酸碱指示剂
自主学习任务	任务一	实验一：0.1000 mol/L NaOH 溶液滴定 20.00 mL(V_0)等浓度的 HCl 溶液
	任务二	实验二：0.1000 mol/L NaOH 溶液滴定 20.00 mL(V_0)等浓度的 HAc 溶液
	任务三	推理思考强酸滴定一元弱碱的滴定曲线和突跃范围是怎么样的？是否与强碱滴定一元弱酸相同
	任务四	拓展思考题：影响强碱（酸）滴定一元弱酸（碱）的滴定突跃范围的因素有哪些？如何影响
自主学习知识整理		
问题与疑惑		

（4）课前知识的创建

教师根据课程标准和教学目标，录制教学短视频，并对强酸碱滴定和强碱滴定弱酸两个实验滴定曲线、突跃范围、指示剂选择进行分析比较。在上课的前三天将短视频、自主学习任务单以及学习资料提前上传到本校的 BB 平台以及本班的 QQ 群上，供学生提前自主学习。

（5）学生课前自主学习

学生通过自己的分析以及对视频的概括，总结出两个滴定的相同与不同之处。最后再对课前学习的知识进行精炼总结，完成自主学习的任务。在 BB 平台上以及 QQ 群上，进行学习成果分享以及问题交流，教师可以对学生们的问题进行总结。

2. 课中教学活动设计

课程内容的讲解已经在课前传授给学生，所以在课堂上学生有大量的时间去操作和探索，教师可以跟学生进行互动交流，还可以进行个别辅导，利用课堂时间帮助学生领会、吸收、应用、提升。

（1）成果汇报，提出问题

在上课的开始 10 分钟，让学生进行分组并且小组内对自己的课前自主学习成果相互汇报、相互补充，记录总结知识点同时也集结本组学生的疑惑。10 分钟后，每个小组派出一位代表分别上台分享本小组的自主学习成果以及提出小组成员存在的疑惑。

（2）合作学习，问题探究

将每个小组提出的问题写在黑板上进行整理，根据学习目标删除一些重复问题以及无意义问题，然后各小组对于剩余的问题进行讨论交流。最后教师挑选出一些有代表性的自主学习遗留问题通过问题层次性引导，逐一解决。然后进入本堂课的探究活动，在探究活动中，让学生自己参与到课堂中，自己进行探究，自行解决问题，成为课堂的小主人，如此才能让学生真正地理解，不容易遗忘。而教师在课堂中只是扮演一个主持人的角色，听取学生的发言，适时引导、总结。

（3）进阶作业，深化问题

学习完本节课的内容，教师需要设计几个基础性、进阶性、综合性的问题，从而使本节课学习到的知识内化。

（4）教师总结，自我提升

教师进行最后的知识精炼，强化本节课知识之间的联系。最后让学生谈谈本节课的心得。

3. 考核方式

为了保证学生的课前自主学习效果，提高学生的课堂参与积极性，我们增加了平时成绩的比重（50%）以及使考核方式多样化。平时成绩（50%）由网上提问活跃度（10%）、自主学习任务单完成度（10%）、小组汇报成果（10%）、作业完成度（5%）、课上表现（10%）、出勤（5%）组成，如此便能提高学生的语言表达、自主学习、团队协作、沟通交流、自主创新等综合能力，而不只是仅仅拘泥于书面知识。

四、结语

本文将翻转课堂应用到分析化学授课当中，使学生成为学习过程的主角，使教师成为指导者和促进者。旨在督促学生学习的同时，更为全面地培养学生能力。微课支撑的翻转课堂这一新型模式为高校课堂教学提供了一个可借鉴的改革方向，尽管对翻转课堂的教学模式进行了简单的分析和设计，但仍然存在很多不足，对翻转课堂教学模式在分析化学教学中的应用仍需不断地进行实践和探索。

参考文献

[1]马心英，薛守庆，陈美凤. 上好分析化学第一课唤醒大学生责任感[J]. 山东化工，2017，46(3)：112-114.

[2]李鹤，赵海双，杨亚提. 翻转课堂在物理化学教学中的应用[J]. 广州化工，2016，44(6)：202-203.

[3]吴硕，刘志广. 分析化学"翻转课堂"的尝试与探讨[J]. 中国大学教学，2015(1)：53-56.

[4]邓海山. 基于真实情境下问题探究的分析化学教学设计[C]//中国化学会. 中国化学会第28届学术会论文集，2012.

基于大夏学堂的"配位化学"自主学习研究[①]

赛依努尔·买买提，孔爱国，单永奎，杨帆[②]

（华东师范大学化学与分子工程学院，上海 200241）

摘　要：利用大夏学堂学习模块，建立了以知识的难易及学科特点划分的分层次、分类别的学生自主学习的模式。基于知识性学习的自主学习策略和基于问题式学习的自主学习策略，探讨了学生自主学习过程和效果。研究结果表明，多元化的自主学习方式有助于提高学生学习主动性，拓展教师教学空间，提升教学深度。

关键词：自主学习；大夏学堂

Study of the Autonomic Learning of Coordination Chemistry Based on Daxia School

Sayinur Maimaiti, Aiguo Kong, Yongkui Shan, Fan Yang

（East China Normal University, Department of Chemistry and Chemical Engineering, 500 Dongchuan Road, Shanghai）

Abstract：Based on Daxia School, the autonomic learning patterns have been established according to the character of the learning contents and difficulties of the subjects. The research practices reveal that students' learning initiatives have been improved with the autonomic learning strategies either the knowledge based or the question based.

Keywords：Autonomic learning pattern；Daxia School

由于高等学校不断扩招，高等教育已经步入大众化教育阶段，如何保证当前的高等教育质量，培养学生良好的学习习惯和学习能力，实施有效可行的教学设计和策略尤为重要。高等教育中学习的参与者由于各种不同的专业目标和学习动机，对学习内容和结果要求有着不同的期望，因此学习过程中会呈现不同需求。如何在满足不同学习目的的同时还能达到教学大纲预期的教学结果，是教育者必须面对的。建构主义认为，人的知识是由学习者自身合理化的结果，也是个人经验的合理化，学习不是单向的累积，而是一个主动的知识网络构建的过程。传统教学过程以知识的灌输为主要途径，学生在课堂学习之后，完成作业，参加考试。在形式上学习过程得以完成，但在本质上学习者的收获与预想会有差异。因此，如何提高学习者在学习过程中的主动参与度是教育工作者必须思考并探索的。很多因素影响学生的自主学习。除了学习动机和学习目标外，越来越个性化的学习者对学习过程中的体验要求也更高[1]。因此，如何设计以学生为中心的教学模式在促进学生自主学习过程中将起到重要作用。

随着多媒体技术的发展，教师越来越多地利用现代教育技术。网上教育平台和课堂教学的混合式教学有效地促进教学模式的转变，提供多种教学和学习的选择，对学习有较大的促进作用。利用网络平台与课堂环境的融合，强调学生为主体与教师为主导的教与学的混合[2,3]。因此，这种混合式学习的载体除了传统课堂中的师生面对面授课之外，更需要网络教学平台的支撑。

大夏学堂是华东师范大学校以 Blackboard 平台为载体，为师生搭建的学习交流平台。利用大夏学堂，目标课程可在平台上设计出具有课程特点和具有针对性的模块及课程活动[4,5]。针对课程所涉及的各种因素而进行的课程教学及活动设计把学生自主学习体验作为主要度量，提升学生学习兴趣并获得

---

①　项目资助：2017 年华东师范大学的教改项目资助。

②　通信联系人：杨帆，fyang1@chem.ecnu.edu.cn。

理想的成绩。从具体课程的教学实践出发，针对不同的教学内容，不同的学习者特点，分析教学过程中教育者和学习者的行为数据，设计具有针对性的教学活动方案，将大大提升教学效果。

本论文研究是基于《配位化学》课程知识结构的特点，利用大夏学堂这一网络平台提供的多样化学习方式，从课程设计出发，建立符合以学生自主学习和教师教学相结合的教学策略。通过以学生为主的自主学习模式，考察教学策略对学生自主学习过程的支持，并通过课程实践建立有效的交互式学习模式。在这个目标下，通过多方面多维度地分析和甄别教学内容，利用大夏学堂设计具有课程特色的自主学习模块的，及时分析学生学习反馈数据是本研究的几个主要方面。

一、自主学习内容与课堂教学的内容界定

自主学习内容与课堂教学内容的界定是根据配位化学教学大纲，按照知识内容的特点、知识的层次和知识的难易程度区分的。通过前期对课程知识的全面梳理和分类，制订新的由学生参与、自主学习的课程进度安排及教师教学等三个模块。以翻转课堂形式学习的教学设计以[A]自主学习模块的内容为基础。这部分内容与先期课程部分重复，仅在知识应用部分有拓展。[B]课堂教学模块则是配位化学课程的重点和难点内容，一方面是化学基础理论在配位化学领域的深入与提高，另一方面则是具有针对性的配位化学专业内容。通过教师教学使学生掌握配位化学的学科特点和重点。而[C]学生课程活动与拓展则更关注学生对专业知识的应用，以及拓宽学生视野。图1的教学实践表明，自主学习模块和课堂教学模块都得到了学生的高度关注。这表明，我们的模块区分原则符合课程知识体系的特征。

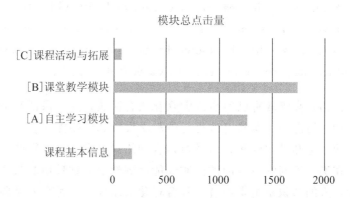

图1　各个课程模块学生点击量统计

二、基于大夏学堂的自主学习框架的建构

学生自主学习的完整流程通过大夏学堂的自主学习模块实现。对每一个单元内容，首先明确学习目标，制订具体学习计划，对学习过程通过限时的方式进行监控。借助于大夏学堂的优势，制订了学生自主学习活动日程表。对每一项活动的时间起始点都有明确的标识，学生能够及时获得来自大夏学堂的提示。

1. 基于知识性学习的自主学习策略

基于知识性学习的自主学习是通过学生从学习者到教育者身份的翻转实现的，是学生从被动接受知识到向他人解释知识的转变。在自主学习过程中，学生和教师身份的转换使学生在知识的理解过程中能转变立场，这个转变是通过让学生录制知识点讲解视频而实现的。分组进行的视频作业是本项目翻转课堂学习设计的一个特色项目。我们把学生分成了对照学习小组。通过两组的学习效果对比，考查自主学习者身份变化（自我学习和向他人解释）对学习效果的影响。表1是A、B两组学生通过变换学习者和教育者身份而学习知识的效果。

表1 基于知识性学习的自主学习效果比较

自主学习项目一			自主学习项目二		
组别	作业形式	测验平均值	组别	作业形式	测验平均值
A组	作业以授课视频形式提交	12.47	A组	无视频作业	11.40
B组	无视频作业	10.80	B组	作业以授课视频形式提交	14.47

当学生以教师的身份，利用视频解释学习内容，他们从被动接受知识变为主动向他人解释（教师身份的解释策略）。以教师身份展示知识的小组，在相应测验中展现了较为优异的效果，表明解释策略对于不同成绩的学生均有一定效果，对学生理解知识产生促进作用。

2. 基于问题式学习的自主学习策略

在自主学习模块中，还有一部分内容属于知识介绍型内容。这部分内容本身没有特别高的专业难度，但却是后续学习的基础。若进行课堂教学，耗费课时较多。这一部分内容的翻转学习方式是以问题引导展开。每一部分提出问题，作为学习探究线索，然后学生完成作业或测试。学习计划对每个人都一样，并且利用大夏学堂的功能，采用强制执行顺序（过关式学习模式）以保障学习环节的完整性。

图2的过关式自主学习过程设计实践结果表明，对知识体系进行具有层次的、合理的区分，有助于学生高效学习。过关式自主学习策略能让自主学习过程有序，而教师在此过程中，利用大夏学堂的跟踪功能可及时了解学生学习动态。利用这个模式，变相增加了教学时长，教与学的过程可以更加深入。

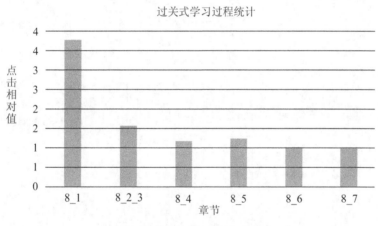

图2 过关式自主学习过程统计

3. 基于知识拓展自主学习的策略

内容模块[C]为课程活动拓展内容。配位化学及其原理在当今科学研究的多个交叉领域得到了广泛的应用。由于课时限制和课程性质决定了在现有的时间范围内无法完全涉猎。利用大夏学堂，根据修习学生人数，开展个人或小组形式的课外拓展。学生们一方面展示自己的学习结果，另一方面通过大夏学堂的互评功能，对他人展示进行评价，进而获得多方面的知识拓展。

三、自主学习教学设计活动效果分析

利用大夏学堂进行的自主式学习，对师生双方都有较大的促进作用。对学生而言，学生的主动性提高。统计 ABC 三个模块的访问量表明，学生在自主学习区投入了较多的时间完成设定任务，与课堂教学模块相当。并且，解释策略使学生能从教师的角度看待问题，获得新的知识体验。对教师而言，学习内容分类为重点难点知识的深度教学提供了空间。由于学生自学内容的学习和考察均是在线上进行，增加了课堂的时空宽度，使教师能针对难点知识从原理到应用进行循序渐进的讲解，对学生掌握知识有明显帮助。同时，学生课堂实践机会增加，与教师的交流时间更充裕，有利于学生对知识的理解和掌握。丰富的学习模式促进教学双方的提高，在课程进行过程中，学生们表现出很高的参与度。

定量表述自主学习的效果的影响因素很多，并且还有一些交叉影响的因素，更对教育者提出要求，分析数字背后的成因。我们观察到大多数学生的作业成绩与大夏学堂浏览量呈正相关，当然也有点击量很高，但成绩不佳的学生。这需要任课教师及时关注并解决问题。

通过利用大夏学堂自主学习和课堂教学的互动，建立了以知识的难易及学科特点划分的自主学习和课堂教学交互的学习模式。学生自主学习过程的反馈为同类型课程的教学改革提供了有效的借鉴。

参考文献

[1]程世禄，龚由志. 影响自主学习的因素分析 [J]. 广州大学学报（社会科学版），2005，4（5）：81-84.

[2]程云翔. 基于高职生源现状的翻转课堂教学模式探索和对策[J]. 商丘职业技术学院学报，2016，15（1）：125-126.

[3]宋朝霞，俞启定. 基于翻转课堂的项目式教学模式研究[J]. 远程教育杂志，2014（1）：96-104.

[4]王磊，王晨晨，林炜斌，等. Blackboard 网络平台支持下混合教学模式探索[J]. 实验技术与管理，2014，31（11）：196-197.

[5]宋诚英. 基于 Blackboard 平台网络教学设计存在的问题与对策[J]. 广州城市职业学院学报，2009，3（1）：81-83.

基于在线教学互动平台的化学实验教学改革探索[①]

李德增[②]，刘莉月，左琴，王媛媛，楚清脆

（华东师范大学化学与分子工程学院，上海 200241）

摘 要：化学实验教学不仅是学生掌握化学基本理论和实验基础技能的课程，更是培养学生良好的实验习惯、科学思维和创新意识的有效途径。目前国内高校的基础化学实验教学以验证性实验为主，教学模式单一，教学手段不够直观有效，师生交流少，效率低，无法调动学生的主观能动性，大大限制了创新型人才的培养。为满足不同知识和能力层次的学生的需求，我们采取分层教学的模式，并在此基础上，将分层式教学与自主探究相结合，强调师生、生生之间的交流与互动。在线教学互动平台是辅助化学实验教学最有效的途径之一。我们利用新型在线教学互动平台，更好地保证分层教学模式和自主探究过程顺利进行，弥补实验教学中的不足，提高学生的学习兴趣和学习主动性，培养学生的科学思维以及自主创新能力，从而进一步推动化学实验教学改革，以满足创新型人才培养的需要。

关键词：化学实验；分层教学；自主探究；在线教学互动平台

Exploration and Reformation of Chemical Experiment Teaching Based on Online Teaching Interactive Platform

Li De-zeng, Liu Li-yue, Zuo Qin, Wang Yuan-yuan, Chu Qing-cui

（School of Chemistry and Molecular Engineering, East China Normal University, Shanghai 200241, P. R. China）

Abstract：Chemical experiment teaching is not only a course for students to master basic chemistry theory and basic experimental skills, but also an effective way for students to cultivate good experiment habits, scientific thinking and innovation. At present, the basic chemistry experiment teaching in domestic universities is mainly based on verified experiments. However, there are still some deficiencies in current chemical experiment teaching：the teaching model is monotonous；teaching methods are not intuitive and effective；the communication between teachers and students is not enough, and the efficiency is low. Subjective initiative of the students cannot be mobilized, and the cultivation of innovative talents is restricted. In order to meet the needs of students with different knowledge and abilities, we adopt the model of level-teaching. On this basis, we combine the level-teaching with the independent inquiry, and emphasize the communication and interaction between the teachers and students. Online teaching interaction platform is one of the most effective way to assist chemistry experiment teaching. Through the use of online teaching interactive platforms, the level-teaching model and independent inquiry can proceed smoothly, so as to make up the deficiencies in the chemistry experimental teaching, improve the students' interest in learning, promote the initiative of the study, cultivate the students' scientific

---

① 项目资助：2018年上海高校本科重点教学改革项目。

② 通信联系人：李德增，lidz@chem.ecnu.edu.cn(D. Li)。

thinking and independent innovation ability, and further promote the reformation of the chemistry experiment teaching to cultivate creative talents.

Keywords：Chemistry experiments；Level-teaching；Independent inquiry；Online teaching interactive platform

一、前言

2017 年 1 月，《国家教育事业发展"十三五"规划》为教育指出了更加明确的发展方向，把坚持改革创新作为基本原则之一。要加快完善学校教育信息化基础设施，加强"无线校园"建设；鼓励教师利用信息技术提升教学水平、创新教学模式；支持各级各类学校建设智慧校园，综合利用互联网、大数据、人工智能和虚拟现实技术探索未来教育教学新模式。

在化学教学领域，化学实验具有非常重要的地位和作用，是学生将理论联系实践的重要途径。在互联网时代的背景下，化学实验教学仍然存在一些不足的地方。(1)教学资源零散，形式单一，不利于整合优化。在传统的化学实验教学模式下，学生可能会花费大量的时间和精力去收集资源，但收集到的往往并不是优质资源，且形式单一。同时，由于受时间和空间的限制，学生对获得的资源无法进行有效地评论、表达看法以及交换意见[1]，也很难参与到教师对教学资源的整合和优化过程中，使得教学资源在内容和结构上往往背离了提升教学效果的初衷。(2)实验教学模式单一，教学手段与方法不够直观。传统实验教学模式以课堂教学为主，手段较单一，受课堂时空限制，师生交流少、效率低。单一的教学模式不能很好地满足不同知识和能力层次的学生的学习需求，也越来越不能适应现代教育对学生创新意识和实践能力培养的要求。(3)反馈不够及时有效，实验考核体系不完善。教学过程其实是一个教与学的双方利用反馈的信息，不断地对自己的行为做出调整，以实现教学目标的过程[1]。因此，需要建立一种科学的评价体系，将过程性评价与长期实践评价相结合，形成多维度的评价体系，培养学生形成严谨的科学态度、科学思维和科学素养，提高创新能力。

随着信息和网络技术的发展，高等院校依托校园网开设在线教学互动平台的教育教学模式成为高校发展网络在线教学的主要形式，是"互联网＋教育"产业融合时代背景下，高等院校网络化教学改革的主体和主要解决方案。据不完全统计，全国约有一半以上的高校开设了不同程度的在线教学互动功能[1]。对于传统化学实验教学中存在的不足，可以充分利用在线教学互动平台对化学实验课程进行改进，利用其多样性、个性化和互动性等特点[2]，辅助化学实验课程，优化整合教学资源，创新教学模式，丰富教学手段，完善实验考核体系。

二、在线教学互动平台基本构成和功能

大夏学堂是华东师范大学构建的辅助课堂教学的在线课程教学与互动平台，平台功能支持教学过程中的各个环节，集课程创建、资源建设、交流互动、统计评测为一体。大夏学堂采用的是美国 Blackboard 公司开发的平台。Blackboard 目前服务于 100 多个国家的 19000 个机构和 35000000 个客户，根据泰晤士世界大学综合排名，72％全球排行前 200 的高校都在使用 Blackboard[1]。

Blackboard 是基于建构主义学习理论开发的课程管理系统[1]。因此，Blackboard 支持小组讨论、成果展示、在线测试、互动评价、学习反思、协作学习和自主学习等功能，满足建构主义理论学习环境的四大要素：情境、协作、会话和意义建构[3]。

利用现代化的信息技术，依托校园网络和大夏学堂互动平台，2016 年华东师范大学化学与分子工程学院建立了无机化学实验、分析化学实验、有机化学实验和物理化学实验等多门实验课程的在线课程。利用在线教学互动平台辅助教与学的各个环节，教师和助教可以通过平台进行在线课程维护和管理，学生可以利用平台提供的各个板块进行自主学习以及交流互动。目前平台的主要板块分为课程内

容、课程互动以及评估体系，而课程内容又分为课程信息、课程资源两个副板块，课程互动分为通知公告、Wiki、讨论版、博客、日志，评估体系分为作业布置、网上测试、问卷调查。

三、在线教学互动平台对化学实验教学的辅助与支持

1. 在线教学互动平台有利于教学资源建设

教学资源系统结构包括数字图书馆资源、视频教学资源、精品课程、网络课程资源和课程教学资源等[4]。教师可以利用平台上传一些课堂相关的以及延伸课堂的资源，平台支持多种多样的形式，如文字、图像、音频、视频等。学生也可以将有用的资源放至平台与其他同学分享，形成一个资源共享的氛围，提高资源利用率，提升资源价值。此外，学生在利用资源的同时，还可以不受时间和空间的限制发表自己的看法和意见，教师也可以及时得到反馈，了解学生近期学习中对资源的需求情况，从而建设学生需要的教学资源，使教学资源整合成为一个有机整体，符合学生的认知规律，而不是简单地合并、排列或堆积[5]。

2. 在线教学互动平台使交流互动突破限制

利用在线教学互动平台辅助化学实验课时，教师要注意及时提供网络学习辅导和支持[6,7]。教师和学生的互动不受时间、空间限制，学生只要有疑问就可以在平台上提问，教师只需利用互联网就可以在平台上进行答疑，充分地帮助和引导学生进行自主学习以及自主探究。利用在线教学互动平台提供的讨论版、博客和日志等交流工具，学生之间也可以在线交流互动，实现学生与老师、学生与学生、学生与教学内容的充分互动。

3. 在线教学互动平台帮助完善考核评价体系

关于化学实验课的评价体系，Blackboard 提供了丰富的评价方式组合，教师可以采用不同的评价方式组合可以形成多维度的评价体系，将诊断性评价、过程性评价以及总结性评价三者结合起来，有利于从多维度对学生学习效果进行评价，使评价更加科学合理。

在线教学互动平台会对每个学生的学习情况进行数据统计，比如参与讨论的情况、作业的完成情况或是小组学习的情况，并建立学生的个人学习档案。教师可以将这些纳入平时的成绩，充分保障过程性评价。教师还可以将综合设计实验的方案作为最后考核的一项内容，将诊断性评价、过程性评价以及总结性评价三者充分结合。

4. 在线教学互动平台充分保障后续的探究创新顺利进行

在分层教学的模式下，学生可以依据自身研究兴趣去选择实践，进行更高层次的实验自主探究。在实验课程教学之外，对于专业基础扎实、思维活跃、学有余力的学生，可以鼓励他们把教师的课题组作为依托，进行更高层次的自主探究式实验训练。学生可以根据自己的兴趣自主选择导师提供的不同研究方向的探究型课题，进入老师实验室进行课题的探究尝试。而教师再结合本科生创新创业训练培育项目，进行科学创新项目的后续申请与实施，实现化学实验教学向科创训练的进一步延伸。

四、总结

"互联网＋"对教育的方方面面产生了深刻的影响：使教育突破时空限制，进一步个性化，教育模式呈现多元化发展等，最主要的是带来了教育理念的转变。在线教学互动平台是"互联网＋教育"产业融合时代背景下，高等院校网络化教学改革的主体和主要解决方案。在互联网时代的背景下，化学实验教学仍然存在一些不足的地方：教学资源零散，形式单一；实验教学模式单一，教学手段与方法不够直观、有效；反馈不够及时有效，实验考核体系不完善。充分利用在线教学互动平台提供的工具，不但方便教师进行教学资源的整合和优化，方便学生在实验课前进行高效的预习。教师还可以充分利

用问卷、测试以及讨论版等工具，在课前或是教学过程中进行诊断性评价，及时调整教学进度，利用平台的交流互动工具，对学生学习的各个过程提供辅助和支持，充分保证化学实验课分层教学和探究教学模式的顺利进行。

参考文献

[1]孙宁，孙晨. 基于教学资源建设的新媒体环境解析[J]. 中国电化教育，2013(7)：91-95.

[2]赵瑛祁，王馨瑶，丁洪生，等. 分析化学实验教学现状及改革发展新思路[J]. 实验室科学，2016，19(6)：149-151.

[3]彭豪祥. 有效教学反馈的主要特征[J]. 中国教育学刊，2009(4)：54-57.

[4]赵慧. 基于校园网平台的在线教育质量保障体系研究[J]. 中国管理信息化，2017，20(11)：218-220.

[5]李楠楠. 基于计算机网络的大学英语教学平台：以多元智能理论和建构主义理论为视角[J]. 湘南学院学报，2012，33(6)：86-90.

[6]蒋玉峰. 关于网络教学平台运行管理问题的思考：以 Blackboard 电子教育平台为例[J]. 中国教育信息化，2015(10)：18-20.

[7]黄德群. 基于高校网络教学平台的混合学习模式应用研究[J]. 远程教育杂志，2013，31(3)：64-70.

改革基础物理化学实验教学
加强素质教育与创新能力培养①

李武客，原弘②，王俊，龙光斗，郭能

（华中师范大学化学学院，国家级化学实验教学示范中心（华中师范大学），湖北武汉 430079）

摘　要：学生创新能力培养是高等教育的任务之一，实验教学在学生创新能力培养中具有重要地位。本文强调实验教学应以学生为主体、充分调动积极性、以创新能力培养为核心；探讨了如何从教学方法与课程考核办法等主要环节入手，深化基础物理化学实验教学改革，促进学生实践能力、创新能力培养，提升基础物理化学实验教学质量。

关键词：基础物理化学实验；实验教学；创新能力培养

Strengthening Quality Education and Training Innovation
Ability in Basic Physical Chemistry Experimental Teaching

Li Wuke, Yuan Hong*, Wang Jun, Long Guangdou, Guo Neng

(Chemical Experiment Teaching Center, Central China Normal University, Wuhan 430079, China)

Abstract：As one of the roles of higher education, experimental teaching is very important in cultivation of students' innovation ability. In this paper, we emphasize the student-centered teaching mode and the importance of teaching centering on cultivation of students' innovation ability and interests. We explore how to deepen the reform of basic experimental teaching of physical chemistry including teaching methods, curriculum assessment methods in order to promote the students' practical and innovation ability and enhance the teaching quality of basic experiments of physical chemistry.

Keywords：Basic experiments of physical chemistry; Experimental teaching; Innovation ability training

21世纪的竞争是人才的竞争，而创新能力是人才的核心竞争力。在党的十九大报告中，"创新"一词出现50余次，习近平总书记多次强调"创新是引领发展的第一动力"。培养大学生的创新意识、提高他们的素质是新时期我国高等教育教学改革的重要议题。素质的提高、创新能力的培养离不开各种实践教学环节。实践教学所具有的直观性、综合性、创新性等特点，能使学生的动手能力、分析探索能力及创新能力等得到提升。当今世界上诸多诺贝尔奖获得者的理论创新无不是通过实验得到验证的[1]。基础化学实验融知识、能力、素质教育于一体，是培养学生创新意识、创新能力最有效的手段之一[2]。

基础物理化学实验是一门理论性、技术性和实践性极强的实验课程，在化学专业实验课程中占有重要的地位。因此如何在基础物理化学实验教学中提高大学生的能力，主动适应新时代创新型、高素质人才培养的需求，是至关重要的课题。

---

①　项目资助：湖北省教学改革研究项目（2017095）和物理化学在线开放课程群建设的创新与实践项目（16ZG004－14）。

②　通信联系人：原弘，yuanhong@mail.ccnu.edu.cn。

为适应 21 世纪国家经济建设和社会发展的需要，培养创新型高素质人才，树立以学生为本，知识传授、能力培养、素质提高协调发展的教育理念和以能力培养为核心的实验教学观念，我们对基础物理化学实验从实验仪器、教学内容及方法和实验考核方式等方面进行了改革尝试。

一、重视实验室硬件建设

实验教学质量的提高，离不开实验条件的改善。基础物理化学实验是使用仪器比较多的实验课程，为学生掌握各种仪器的使用方法提供了良好的基础。为了使实验内容与现代科学技术和科研成果相结合，我校每年都会投入实验经费[3]，逐步更新陈旧的实验仪器。教学过程中，通过新旧仪器比较，使学生充分感受到了科学技术的进步。

实验设备的更新，特别关注"绿色化"——仪器设备的绿色化。在诸多基础物理化学实验项目中，原有的测温、测压传统仪器都是大量含汞的仪器，如在测定燃烧热时使用的贝克曼温度计、测定液体饱和蒸汽压时使用的 U 形管水银压力计、测量大气压时使用的水银气压计等。水银是有毒有害的物质，实验过程中一旦操作不慎，发生泄露，将造成污染，危害学生和教师的健康。为此，我们购进了新型的测温测压仪器。用数字式精密温差测量仪取代了原有的贝克曼温度计；用数字式测压仪取代了原有的 U 形管水银压力计；用数字式气压计取代了水银气压计。它们的特点是采用新型传感技术，精度高、稳定性好、无污染。这些仪器的使用不仅消除了实验室的汞污染问题，而且操作简单、读数清晰、测量精度高，使得整个基础物理化学实验的测温测压手段更方便、更安全。

二、改革实验项目

精心编排经典验证性实验，增加系统性、综合性，教学内容主要体现培养学生实验技能、提高综合分析能力的要求。

实验项目的改革体现在实验内容的复合性、实验方法的多元性、实验手段的多样性和实验药品的绿色化。

1. 增加系统性，突出复合性

我们以现有的基础物理化学实验项目为基础，对实验内容进行了相应修改和调整，使它们有机地联系起来。以乙醇为研究对象，将过去相对独立的三个实验——表面张力的测定、饱和蒸汽压的测定、双液体系气液平衡相图——串联起来。实验内容涵盖了沸点、黏度、折射率、表面张力等与物理化学有关的基本物理量和参数的测定，以及分析天平、黏度计、沸点仪、阿贝折射仪、微压差测量仪、真空泵等仪器设备的使用等。对乙醇这个熟悉的物质分析研究，使学生在较全面了解乙醇物理化学性能的同时掌握物理化学的实验方法，巩固课堂教学内容，掌握基础物理化学实验的基本操作和技术，掌握基本物理量及参数的测定方法，掌握常用仪器设备的正确使用方法，培养学生运用物理化学手段及方法分析问题和解决问题的综合实验能力。

燃烧热的测定实验，它的基本原理运用了热力学第一定律、等压热效应与等容热效应的相互关系、温度测定的平衡原理及温差校正的雷诺图法等。实验手段上：采用传感器测温探头测温差；采用通电瞬间点火法，使用了高压充氧和单向气阀；采用标准物质法对量热计水当量进行标定；采用化学滴定方法对杂质燃烧物的含量进行标定。实验技能上：使用压片机制样；使用分析天平准确称量；弹式量热计的装样、密封技术等；高压气体钢瓶的使用方法及注意事项；计算机采集数据，并进行在线分析、绘图等。本实验还与"测量凝固点下降实验"和"液体平均汽化热测定"等量热方法形成对比，使学生能较为综合地了解量热实验方法的原理和应用条件。

2. 实验方法多元手段多样

对同一个实验项目采用不同的实验方法，同一种仪器用于不同的实验项目。在基本技能训练的基础上强化综合技能训练，培养学生综合运用所学知识、解决实验问题能力的过程，也是培养学生创新思维的途径。例如，测定弱电解质醋酸电离平衡数，既用电导法，又用 pH 法实验，对两种方法进行比较；阿贝折射仪既用于热力学实验，又用于结构化学实验，还可用于表面化学实验。

3. 关注实验药品的绿色化

根据"绿色化学"从源头消除污染的原则，我们采用无毒或低毒的药品代替有毒药品。"杜绝污染源"，防治污染的最佳途径就是从源头消除污染，一开始就不要使用有毒、有害物质。虽然基础物理化学实验中使用的化学药品不多，但有些实验中，所用的药品还是会污染环境，对人有害。因此，用无毒或低毒的药品替代有毒的药品是基础物理化学实验改革的一个重要方面。例如，"黏度法测高聚物的相对分子质量"中，采用水溶性聚乙二醇系统替代以前使用的有机玻璃（PMMA）和苯体系；"凝固点降低法测定分子量"中，用"蔗糖的水溶液"代替"萘的环己烷溶液"；"最大泡压法测溶液的表面张力"实验中，用乙醇代替气味难闻的正丁醇，正丁醇作用于头部，有对神经有抑制的副作用；"饱和蒸汽压的测定"实验中，用乙醇代替苯。

三、实验教学方法的改革

以培养"动手与探究"能力为目标，按照学生的认知规律，根据实验内容的不同，采用不同的实验教学方法，建立"以学生为主体、教师为主导"的实验教学模式。

1. 基本操作强调规范化

对实验中所用到的仪器，教师应要求学生在实验操作前仔细阅读实验室已准备好的使用说明书，然后观看关于规范实验基本操作的演示视频，认真学习本次实验操作的难点及技巧、实验中可能会出现的问题以及如何排除仪器故障等，达到培养学生仔细阅读、认真听讲、排除故障和困难的好习惯，规范学生的操作，使学生养成严格的科学工作作风，在实验过程中加强个别指导。

2. 实验预习强调启发式

教师在讲解时以提问的方式检查学生的预习情况，启发学生的思维，明确实验关键，做到以学生为主体，使学生自己动脑和动手做实验。采取"对比教学法"，即对同一个实验采用不同的实验方法，让学生在比较中了解多种方法的原理和要求，例如乙酸乙酯皂化反应速率常数的测定实验，分别采用电导法、pH 法及紫外光度法三种方法测定。进行对比实验，使学生在对比中拓展知识和思维。

应用翻转课堂教学模式，转变学生的学习态度，促进创新能力的培育。我们将一些实验项目的视频、仿真虚拟实验或者课件等资料通过网络提供给学生，进实验室前，学生观看共享资料，完成实验课前预习。进实验室后，教师在实验室有针对性地辅导和答疑、梳理总结并进行巩固深化。在教与被教中纠错，提升知识和思维，学生成为主动的学习者。

3. 实验过程强调巡视辅导

学生在进行实验操作时，教师加强巡视，发现学生实验中出现的问题与错误，及时纠正。鼓励学生主动去探索实验中出现的现象，启发学生自主解决在实验中遇到的疑难问题。培养学生创新能力的前提就是需要学生积极思考，引导学生根据所学实验课程和实践活动提出问题，并通过思考和讨论，提出解决问题的方法。耶鲁大学前校长理查德·雷文[4]曾强调指出："要培养大学生的好奇心、严密的逻辑思维和独立的思考、实际解决问题的能力。"

在"界面法测定 H^+ 离子迁移数"的实验中，学生发现同一次实验，从 0.00 mL 到 0.10 mL 与 0.10 mL 到 0.20 mL，界面移动的时间并不相同。我们就鼓励学生们共同讨论碰撞思想，大胆质疑小心求证，把沉默单向的实验课堂变成启迪智慧的互动场所；培养学生严谨求实的科学态度，培养学生认真细致进行科学实验的良好习惯和积极探索的科学精神[5]。

4. 实验结果强调总结评述

总结点评是实验的最后阶段，也是实践认识过程的高级阶段。学生做完实验后，教师都对实验情况进行点评（包括课堂纪律、卫生状况等），并给每个学生评出实验预习成绩、实验操作成绩。学生的实验原始数据，教师检查确认后，签上教师的姓名，杜绝了马虎了事、抄袭数据等不良风气。通过采取"指正式""启发式""讨论式""问题探究式"等多种教学方法，因材施教，贯彻"教师为主导，学生为主体"的教学理念，使学生逐步形成以自主式、合作式、研究式为主的学习方式，有效地提高了学生的学习积极性和学习质量，加强了学生的综合能力和创新意识的培养。

四、实验考核方法的改革

实验考核的目的是提高实验课的实际效果，给学生一定的学习动力，促使他们能认真对待实验课，独立思考每个实验问题，培养他们的创新能力。为适应 21 世纪人才培养的要求，引导学生自主学习，我们采取了平时考查与期末考试相结合的考核方式，平时考查占 60%，期末考试占 40%。

1. 实验平时考查

平时考查主要包括 5 个环节：课前预习情况、课间实验操作表现、原始记录与数据结果、纪律卫生情况及课后的实验报告。批阅实验报告时特别注重对学生发现和提出问题、分析和解决问题能力的考查，若实验报告抄袭，则无成绩。

(1)翻转教学的实验：预习(25 分)＋操作(30 分)＋数据结果(10 分)＋纪律清洁(5 分)＋实验报告(30 分)＝学生每次实验成绩。

(2)非翻转教学实验：预习(10 分)＋操作(35 分)＋数据结果(15 分)＋纪律清洁(5 分)＋实验报告(35 分)＝学生每次实验成绩。

每位学生全部基础物理化学实验所得成绩的平均值，即为平时总评成绩。平时总评成绩处于后面 1/3 的学生，需要参加实验操作考试。

2. 实验期末考试

期末考试形式有两种——笔试、实地操作考试。考核的内容不仅包含基本知识和基本技能，更注重对学生综合科学素质和能力的考查。

这样的实验考核方法避免了以往只凭实验报告评定成绩的弊端，激发了学生的实验兴趣，促进学生内生动力，使其积极进取、自觉学习，提高了实验教学效果，使实验教学的考核趋向科学化，有利于规范实验教学的管理。

五、结语

基础物理化学实验是培养学生动手能力和科学研究能力的重要实践环节，在培养学生创新能力、综合能力上发挥着重要的作用。

基础物理化学实验的改革涉及方方面面，不是在短时间内就能够完成的，还需要做大量的工作。只有不懈努力、不断探索，把注重学生的能力培养作为实验教学的重要任务，不断挖掘蕴藏在实验中的创新因素，才能达到培养学生创新能力的素质教育目标。

参考文献

[1]李琰，刘学元，刘越. 关于目前我国高校实验教学改革的几点思考[J]. 实验室科学，2012，15(5)：30-32.

[2]王春玲，孙尔康. 大学化学实验培养学生创新能力的探索[J]. 实验技术与管理，2011，28(10)：27-30.

[3]黄晓玫，李鸿飞，黄涛. 强化培养学生实践能力和创新能力的探索与实践[J]. 实验技术与管理，2014，31(2)：1-4.

[4]张萍. 创新人才培养视域下大学生逻辑思维能力培养路径探究[J]. 黑龙江高教研究，2016(1)：134-136.

[5]万坚，宋丹丹，涂海洋，等. 在基础化学实验教学实践中培养学生综合素质[J]. 实验技术与管理，2012，29(5)：166-167.

化学教学的综合性评价探索与实践[①]

苗秀秀，陈亚芍[②]，王长号，张颖

（陕西师范大学化学化工学院，西安 710119）

摘　要：基于我校引入的 Blackboard(Bb) 和超星尔雅两大网络教学平台，借助问卷星 APP、XMind 思维导图软件，我们对物理化学和魅力科学两门课程，进行了信息化教学和评价探索，进一步完善了考评内容和方式，综合评价学生，对培养学生多方位和个性化发展有明显的促进作用。

关键词：化学教学；综合性评价；混合式教学

Research and Practice on Comprehensive Assessment of Chemistry Teaching

Xiuxiu Miao，Yashao Chen*，Changhao Wang，Ying Zhang

（School of Chemistry and Chemical Engineering，Shaanxi Normal University，Xi'an 710119）

Abstract：Based on the Blackboard(Bb) and Chaoxingerya teaching platform，which have been introduced by our university，and with the help of the Questionnaire Star APP and XMind mind mapping software，this paper carried out the exploration of informational teaching and evaluation for the two courses of physical chemistry and charm science．It further improves the content and methods of the evaluation，and comprehensively evaluates students，which has obvious promoting effect on cultivating students' multi-orientation and individualized development．

一、前言

为了进一步提升我院化学专业本科生的教育教学质量，适应信息技术和互联网迅猛发展环境下现代化教学改革的总体趋势。我们有效地结合课内和课外丰富、优质的网络教学资源，尝试构建一种适应高校化学专业理论课程教学的综合性评价体系。为此，通过充分利用我校已引入的 Blackboard (Bb) 和超星尔雅两大互联网教学平台，以 SPOC(Small Private Online Course) 混合教学模式，翻转课堂教学方式，对我校物理化学和魅力科学两门课程进行了教学改革，以期为高校的课程教学改革提供可参考的实践依据。

二、化学教学的综合性评价概述

综合性评价是指在课程教学的全过程中，为了更加全面、详尽地促进学生的学习和发展而进行的多方面评价，是基于对学生学习全过程的持续观察、记录、反思而做出的具有发展性的评价。主要通过课堂与课外结合的途径对学生的学习态度、学习习惯、学习能力等多方面进行综合性评价[1,2]，以评促教，以评促学，用更客观的方式评价学生综合素质的发展，对提高课堂教学效率，培养学生的兴趣、能力、学习策略等方面起着积极的推动作用。

①　项目资助：校级课堂教学改革创新研究项目(16KG23)；校级教师教育课题(JSJY2017013)。

②　通信联系人：陈亚芍，yschen@snnu.edu.cn。

为了改善传统教学模式中存在的课堂时间利用率不高、互动效果差、评价方式相对片面等不可避免的问题[3]。本文以综合地评价学生发展为主线，研究化学教学改革探索的目的：①通过形式丰富的信息化教学手段，在多样化的讨论交流中，提高学生主动参与互动和学习的积极性与热情，培养学生学习化学的兴趣[4]；②充分利用线上线下、课内课外、校内校外的海量优质教学资源，拓展学生学习化学的视野，增强学生的核心竞争力；③基于 Bb 平台和超星尔雅平台，整合教学资源，提高课堂教学效率；④进一步完善考评方式，对学生的评价渗透教学的整个过程，实行线上评价、线下自评与互评等多途径、信息化的考评方式，既包含对学生的学习行为和态度的过程性评价，也包含对学生能力提升和认知发展的结果性评价，进一步提升课程评价的客观性、全面性、公正性。

三、综合性评价的实践应用

1. 基于 Bb 平台的物理化学课程的综合性评价教学

物理化学是化学专业本科生必修的主干基础课程之一，在学生的专业发展中占据重要的地位。但是在实际教学过程中，往往因为繁杂的计算、枯燥而抽象的概念、变化多样的条件，使很多学生产生畏难情绪，导致教学效果不尽如人意。

Bb 网络教学平台具有加强网络教学、辅助课堂教学以及提供互动交流的功能，通过教师或管理员的账号可以轻松实现资源管理。以 Bb 平台为现代化教学支撑手段，物理化学课程综合性评价取得的应用效果有：

(1)教师通过发布课程公告，及时通知和提醒学生参加相关活动，还可以随时在平台上传教学内容和相关的课外辅导材料，促进学生理解知识点和拓宽学生的知识面。为了更加及时高效地交流，我们还充分利用问卷星 APP 辅助综合性评价教学，针对课程进度安排、知识理解情况、测验试题的质量和数量(见图 1)等方面设置问卷调查，从学生问答的情况，有针对性地掌握课堂教学。

(2)在线答疑打破了课堂时间和空间的限制，让学生和教师问答时间更加自由，最大程度地帮助学生解决问题，达到相互学习的目的。Bb 平台讨论板模块(见图 2)的讨论和答疑环节，促进了师生、学生之间相互学习，对转变学生的学习态度、提升学生的思维能力、培养学生的理科素养起到了重要作用。

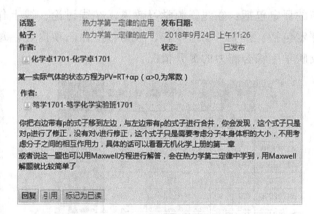

图 1　使用问卷星 APP 进行问卷调查界面图　　　　图 2　Bb 平台讨论板问题讨论界面

(3)XMind 思维导图软件作为辅助教学工具，可以很好地帮助学生梳理知识脉络、建构知识框架体系。将绘制思维导图作为综合考评学生发展的一部分，不仅可以让学生在制作过程中将知识进一步结构化、条理化、系统化，同时培养了学生发现美和欣赏美的能力[5]。教师在 Bb 平台中展示优秀思维导图作品(见图 3)，通过分享交流和相互学习，学生绘制思维导图的整体质量不断提高。

(4)Bb 平台相对完善的试题库系统，具有题型丰富、容量大、便于编辑等特点。测验系统也具有比较成熟的数据统计和跟踪机制，利用题库进行系统随机组卷测验(见图4)，既节约教师时间成本，又可以利用形式丰富的评价手段(如学生自评、师生互评、生生互评等)，优化测验评价形式，及时对学生进行过程性评价与分析。

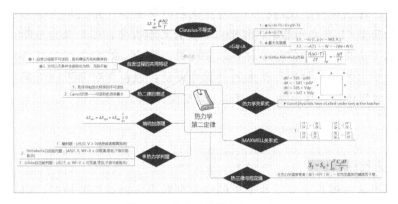

用户	笃学1701-笃学化学实验班1701
课程	物理化学上(2018秋·雁塔)
测试	第一章试题
已开始	18-10-16 下午8:24
已提交	18-10-16 下午9:03
截止日期	18-11-17 下午11:00
状态	已完成
尝试分数	得44分，满分50分
已用时间	39分钟，共1小时
显示的结果	所有答案，已提交的答案，正确答案

图3 学生章节思维导图作品　　　　　　图4 Bb平台中章节测验反馈界面

2. 基于超星尔雅平台的魅力科学课程的综合性评价教学

与Bb教学平台主要侧重辅助课堂教学不同的是，超星尔雅平台具有自己开发的优质通识教育课程资源，学校无需把更多精力花费在开发课程上，只需通过引进平台中相关的优质课程资源就可以组织课堂教学。

魅力科学作为我校的通识教育选修课，是一门涉及化学、物理学、自然灾害、月球探索等多类知识的综合性课程，对拓宽学生的知识范围、培养学生的科学探究精神具有重要作用。

我们采用翻转课堂的授课形式，引用超星尔雅平台开设的魅力科学网络课程相关教学资源，结合多样化的教学和评价手段，进行了教学的综合性评价探索与实践。我校魅力科学课程教学的综合性评价取得的应用效果有：

(1)魅力科学课程的综合性评价教学体系包含线上成绩(占比70%)、线下平时成绩(占比30%)两大方面，按相应比例构成最终总成绩，图5所示是部分选课学生的综合成绩评分汇总表。其中，线上成绩的评定包括：在线资源学习效果、在线讨论、线上作业、线上期末考试四项内容；线下平时成绩的评定包括：作业、小组报告、考勤(点名)三项内容。每一项评价有特定的考评内容，最终的评价结果反映学生综合能力的提升情况。

学号	作业	报告	点名	线下成绩	线上成绩	学总成绩
41717146	11	9	5	25	69	94
41702004	11	9	5	25	68	93
41702003	13	9	5	27	64	91
41716248	13.5	9.5	5	28	60	88
41712075	12.5	9.5	5	27	58	85
41702005	10	9	5	24	59	83
41716139	10.5	8.5	5	24	58	82
41707137	12.5	9.5	5	27	53	80
41709159	14	10	5	29	50	79
41712095	13	10	5	28	48	76

学号/账号	课程名称	任务完成数	讨论数	访问数	任务点完成百分比
41702003	魅力科学	61/61	26	133	100%
41702004	魅力科学	61/61	24	111	100%
41702005	魅力科学	61/61	4	121	100%
41716248	魅力科学	61/61	5	216	100%
41717146	魅力科学	61/61	20	166	100%
41702028	魅力科学	61/61	3	358	100%
41712025	魅力科学	61/61	20	243	100%
41702132	魅力科学	61/61	3	79	100%
41705137	魅力科学	61/61	1	97	100%
41705166	魅力科学	61/61	3	140	100%

图5 魅力科学课程综合成绩评分汇总表　　　　图6 学生完成任务情况统计表

(2)超星尔雅平台具有即时性的信息统计功能，例如，图6是由平台导出的学生完成任务情况的统计表，图7是平台对学生线上浏览教学资源情况的统计界面，图8是由平台系统生成的学生综合成绩分布图(注：图8中60分以下部分均属于二次调课且已退出本课程学习的学生成绩)。结合平台提供的教学视频资源和信息统计功能，采用翻转课堂的教学方法进行混合模式教学，这种教学模式打破了课堂时间和空间的限制，方便了教师及时检查学生的任务完成进度情况，为及时督促学生学习、调整教师教学计划提供了可靠依据，保证了课堂教学的进度，锻炼了学生的自学能力。

图 7　学生线上浏览教学资源情况统计界面

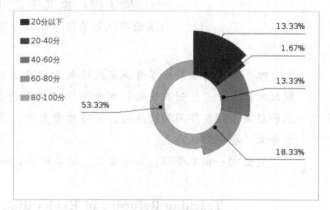

图 8　学生综合成绩统计分布图

四、总结

基于 Bb 和超星尔雅两大互联网教学平台，对我校物理化学和魅力科学两门课程进行了评价性教学的改革探索。通过网络教学，如线上发布公告和教学资源、答疑、测验、发布问卷、实时统计等方式，解决了传统课堂交流质量不高的瓶颈问题，既加强了师生之间的情感联系，激发学生的学习兴趣，又能及时了解学生学习进度的安排，提升教学效果；通过建设线上与线下相结合的综合性评价体系，改变了传统教学只注重测验成绩的评价方式，将学生的协作能力、学习能力、沟通能力、学习态度等多方面纳入考评系统中，对学生的专业素养、情感态度、社会交往、思维逻辑等综合能力的发展有重要的推动作用。

参考文献

[1]何迪，张翌，叶正旺. 创新呈现，多维评价：地方高校 MOOC 建设的问题及对策[J]. 通化师范学院学报，2018，39(5)：75-78.

[2]苏丹. 高等教育多维管理评价指标的构建[J]. 中国成人教育，2017，24：52-54.

[3]徐春荧. 关于普通高校化学教育改革的若干思考[J]. 高等教育，2015，36(7)：104.

[4]王锶. 基于学习为中心的高校教学评价分析[J]. 当代教育实践与教学研究，2018：129-130.

[5]陈亚芍，宁清茹. 思维导图在物理化学教学中的应用[J]. 大学化学，2017，32(3)：24-29.

应用化学专业实践性教学改革与探索

杨荣榛，董文生，刘春玲，张国防

（陕西师范大学化学化工学院，陕西 西安 710119）

摘　要：对应用化学专业实践性教学环节进行改革和探索，构筑了先进且切实可行的实践教学体系，开展创新实验和探索产学研结合的新模式，培养学生动手操作的能力、创新意识和解决工程实际问题的能力。经过教学实践，学生的动手能力、创新和科研意识显著增强，综合素质也得到提高。

关键词：化工课程；教学实践；改革能力；培养

Teaching Reform and Exploration of Applied Chemistry Major

Yang Rongzhen，Dong Wensheng，Liu Chunling，Zhang Guofang

（College of Chemistry and Chemical Engineering，Shaanxi Normal University，Xi'an Shaanxi 710119）

Abstract：An advanced and practical teaching system can be established based on the reform in the teaching process，and the operating ability，innovating awareness and problem-solving capability of the students can be improved through innovative experiments opening and the industry-university-research cooperation mode exploration. The students' scientific potential，innovation and operation abilities have been improved significantly and their comprehensive has also been advanced by the teaching reform.

Keywords：Chemical engineering course；Teaching practice；Reform；Ability improvement

实践性教学对提高学生动手操作技能、创新意识和运用知识的能力，以及培养严谨、细致、求实的工作作风是不可替代的。如何让学生在掌握相关知识的基础上，掌握化工研究方法、化工过程开发，分析并解决工程问题，将基础理论知识应用到生产实际中，是一线教师面临的难题[1-5]。我校应用化学专业课时少、工程知识欠缺和实践性教学环节不足，在动手操作技能和新产品开发等方面显得力不从心。因此，面对学生实际情况，对实践性教学环节进行大刀阔斧地改革，构建全新实践性教学体系，探索产学研结合模式，培养学生动手操作、创新意识、解决问题和新工艺开发等方面的能力。

一、开展多层次基础实验，提高动手操作能力

实验是培养学生动手操作和创新能力的重要一环。因实验教学而忽视化工学科在人才培养上的特殊性，局限于配合课堂理论教学、验证理论等，教学内容与理科化学专业基本相同，无法突出该应用专业特色，达不到提高操作技能的目的。我校为增强学生的创新意识，培养其观察、分析和解决问题的能力，结合课程特点，在组织、教学方法和动手能力上，构建以应用为主的具有我校教学特色的实践体系。将实验分为基础实验、综合实验和创新实验三个层次，涵盖原理验证、产物合成、组分分析、化工单元操作及工艺条件筛选优化等。把部分基础实验中单一的原理操作验证变为现场操作、动态模拟和验证结合的技能训练，融入现代教学手段，既节省时间，又增加实验内涵，紧跟教育技术的发展。综合实验是为提高动手、分析和解决问题的能力而设，旨在增强创新意识，向较深层次实验过渡。创新实验紧贴教师科研和科技前沿，选择有应用开发价值且易于实现的研究课题，学生利用课余时间，带着问题走进实验室，能拓宽视野，既培养创新思维意识，又强化了理论应用及开发研制化工产品的

能力。

根据教学大纲中对基础实验和综合实验的要求，日常教学中已经达到，除了实验前的教师讲解实验原理、操作及数据处理等，指导学生结合课堂理论深入了解设备的工作原理、工艺流程外，运用仿真实验教学软件，展示设备内外结构、工作原理、物料流动状态及过程，学生能更好地了解实验过程，掌握操作方法，如验证雷诺实验流型变化，板式精馏塔实验的正常操作和非正常操作下的漏液、雾沫夹带、液泛及淹塔等现象。学生对实验装置和过程有完整认识，避免出现误操作现象发生，也激发了学生学习化工课程的浓厚兴趣。同时我们也十分重视培养学生实事求是的态度、相互协作的团队精神。整理实验报告时，要求同组学生用不同数据计算，组合后获得真实结果，教师批改时供参考对照，杜绝拼凑数据、改写数据、抄袭数据的现象，避免只注重报告书写而不重视操作和观察现象问题的发生，学生也会根据遇到的问题，有针对性地去思考，寻求解决问题及操作技巧。

二、强化技能，提高素质，增强创新意识

由于应用化学方向教师研究领域涉及面广，对创新实验选择就相对困难一些。基于利于教学且易于实现的指导原则，筛选一些与工业生产实际联系紧密的研究内容，做到有的放矢。根据教师的横向科研课题和学生的兴趣爱好，学生在教师指导下完成实验方案的确定，展开实验研究工作；或根据所拟订题目，在教师引导下完成查阅文献、制订实验方案等工作。此类实验相对开放，理论涉及面广，形式多样，学生可利用课余时间或专门的创新实验时间主动参与实验，了解实验流程，可较快地熟悉实验研究内容，会考虑涉及的理论，运用其他相关专业知识渐进地解决实验中存在的问题，充分感受到科学研究的乐趣。学生经过参与科研工作，基本操作技能提高了，探究求实的进取精神也得到强化。

学生在做创新实验时，教师十分重视对新技术和新软件的开发应用，根据实际需要调节装置内置参数，建立流程模拟模型，优化、改善装置操作，使实验参数更为稳定、可靠，满足操作和开发需要，数据记录更为简捷。通过预习了解实验目的和装置，熟悉实验操作，将实验与模拟软件应用融为一体，学生进入实验室不会出现不会操作和不敢操作的现象发生，这样既改善实验条件，渗透了现代教育技术，提高实验效率和学生的计算机应用能力。如用 LabVIEW 软件开发的雷诺动态模拟流程和硫酸生产工艺流程、浙江中控的管路阻力测定实验等，很好地指导了教学，提高了学生的操作技能、分析问题和解决问题能力。

在引入计算机控制系统后，方便操作和监控，实验过程安全可靠，学生能更全面地掌握操作过程和数据采集方法，加深对理论的理解应用，将这些基本技能应用到实验中，较快地弄清原理和流程，及时发现存在的问题并加以解决。实验结束再对比分析仿真实验结果和实际结果，新实验教学以多种形式呈现，学生会深刻领会实验的精髓，仿真模拟实验软件的开发为实验教学开创了一个全新的平台。我们紧紧抓住这个契机，结合与洛阳石化合作的重质沥青制活性炭的中试实验等项目，让学生感受到计算机控制技术的应用，看到自己生产出来的产品，无比欣慰。使实验教学改革的设想在教学中得到实现。极大地调动学生投身科技创新的积极性，他们的努力工作得到回报，参与意识更强，开阔了视野。

三、加强教材建设，夯实基础，提高应用能力

应用化学专业的化工类课程有综合性和实践性强、涉及面广的特点，在培养学生动手操作、观察、分析和解决问题方面必不可少，要提高学生综合素质，离不开好教材的指导。本着便于实现实验设计、操作简便、测量直观和易获取数据的原则，让学生学有所用、学有所长的目标，深入研究教学内容，从操作和测量手段上入手，让学生更好地了解实验装置、实验测量仪器和控制过程，满足教学需要，将先进教学理念渗透到教学中，提出编写有本校特色的课程教材，优化实践教学，提高综合素质和操作应用技能。

新实验教材的编写，在突出工程理论的前提下，按学科知识体系和认知规律组材，强化基本原理和工程思想的渗透，将工科研究方法和技术经济观点作为能力培养的一环，内容涵盖实验安全、实验内容、实验常见仪器仪表、实验设计和数据处理等。编写的《化工基础》和配套的《化工基础与应用化学实验》教材在高等教育出版社出版，很好地满足了学生需要。教材有主线突出、层次分明、内容详略得当、文字简明扼要、教学容易实现的特点，在培养学生独立思考、自我获取知识和应用技能方面提供了有力的保障。好教材并不意味提高了教学质量，如何运用好、发挥好教材的再创造性，使学生真正学到真谛？在此我们进行了有益探索，大胆改革并实践，组织教师制作相应的配套实验教学辅导课件、视频，解决教学对象与课程特点、教学课时少与教学内容多等矛盾，学生熟悉了实验研究方法，学会针对具体情况，选择正确的研究方法，提高处理和解决问题能力，达到增强素质和驾驭知识的目的。

四、建好实习基地，加强校企合作，培养优秀人才

实习是实践教学不可缺少的环节，是对学生在校所学知识的检验，也是对人才必备条件的基本要求。稳定的实习基地是教学有序、健康发展的前提和保障。为做好实习工作，通过学校和企业的技术合作，相继在北京燕山、兰州石化、洛阳石化和西安的研究院所等地建立实习基地，很好地解决了学生实习难的问题。在安排上，采取点面结合、突出重点的原则，选择主要车间，了解主要产品生产过程，掌握生产原理、工艺路线、技术指标及控制方法，了解生产全貌。在面上参观上游和下游相关生产单元，关联相互之间的生产流程。同时，参观企业三废处理装置，对其工作原理、处理工艺和处理后水质达到的指标详细了解，产生爱护环境意识，把环保观念渗透到日常工作中，由点及面，构成完整的实习过程，达到深化知识的目的。

为做好该项工作，坚持"教学、科研、生产实践"相结合原则，以教学带动科研，以科研促进教学，逐步形成产学研一体的特色。根据实习单位特点，利用我校科研优势，加强与企业合作，把企业的技改作为毕业设计题目，让学生走出课堂，借助企业资源，展开合作攻关，解决企业难题，将毕业实习和毕业设计合并为一个阶段，既拓宽毕业论文内容，缓解实习经费紧张的压力，又为企业解决难题，这种校企合作、共同受益，融产学研为一体的实习和毕业论文模式，得到企业的认同。学生直接参与解决实际问题，展示了自己的才能，培养了重应用、重实践的热情。同时聘请有实践经验的一线技师作为导师，潜移默化地影响和培养学生的人文素养与企业文化精神，实现"校企联合培养"，学生在企业导师指导下"学中做"，边参与解决企业难题，使学生成为基础扎实、能理论联系实际、有创新精神、综合素质高、技术能力过硬、适应社会需求的人才，也使实践性课程改革得以深化。

校企合作对促进应用型成果转化提供了新思路，强有力地推动我校与企业需求相结合，也为实践基地建设及人才培养提供保障。在校企联合人才培养、科研创新平台建设、产学研协同攻关方面，借助学校重点实验室等，实施科教融合的创新人才培养方法，依托现有校外基地共建联合实验室，建立稳定的校企联合培养机制，学生参与企业项目改革，企业的难题也得到解决，对工程实际问题解决能力达到增强。如我教学研究团队与洛阳石化合作的重质沥青制活性炭的中试等项目，让学生看到科技的巨大力量，同时了解新技术、新工艺及新设备发挥的巨大作用，在节能减排、环境保护及产品质量提升与控制水平上，学生开阔视野，增强了专业自信心和社会责任感，也为校企深度合作奠定基础，对全面提升我校人才培养质量具有重要的意义。

五、结论

随着实践教学改革的不断深入，培养和造就大批基础扎实、善于观察、善于思考、勇于挑战、富有创新精神和能力的人才，既是历史赋予的重任，也是应对科技发展的必然选择。因此，为适应现代教育发展，必须不断更新教学观念和教学内容，吸收先进的经验，培养学生动手能力和创新意识，把知识传授与能力培养融为一体，拓宽学生知识面，掌握更多技能，成为具有良好修养、厚实基础的人才。

参考文献

[1]朱慧琴，赵春梅，王婷. 应用型本科院校化工原理实验课程教学改革探索[J]. 广东化工. 2017(12)：314.

[2]叶长燊，邱挺，李玲，等. 化工原理课程体系中工程素质与能力的培养[J]. 化工高等教育，2016(3)：57-63.

[3]周爱东，周政，李磊. 以高水平教材建设为基础推进化工基础实验课程建设[J]. 实验科学与技术，2016(7)：11-13.

[4]张浩，张伟，彭敬东，等. 用于化工专业生产实习教学的虚拟实训系统[J]. 西南师范大学学报，2018(3)：156-160.

[5]侯秋飞，汪万强，占丹，等. 虚实结合、多元一体的化工专业实习教学模式[J]. 山东化工，2018(8)：157-159.

教学中运用物理化学知识探讨生活、科研实例的本质

——以单组分体系相图的教学为例[①]

权正军[②]，王喜存

（西北师范大学化学化工学院，甘肃兰州 730070）

摘　要：本文以滑冰、恐怖电影中的烟雾等日常生活中司空见惯的现象及三相点测量的科学史为例，通过物理化学方法探讨其本质，既解释了常见现象的本质，又不失物理化学知识体系的连贯性、一致性，能够使学生在解决问题中理解、掌握单组分体系相图和克拉贝龙方程的相关知识。

关键词：单组分相图；克拉贝龙方程；物理化学教学

Exploring the Nature of Real-World Phenomenon and Scientific Research Examples by Using Physical Chemistry Knowledge in Teaching:
Taking the Single-Component System Phase Diagram Teaching as an Example

Quan Zhengjun　Wang Xicun

(College of Chemistry and Chemical Engineering, Northwest Normal University, Lanzhou, Gansu730070, China)

Abstract: This paper describes three examples on how to use the physical chemistry knowledge to understand specific real-world phenomenon in physical chemistry course. These discussions such as "Why is ice so slippery", "How is the smoke in horror films made" and "The triple point measurement" help students to mast the knowledge of single-component system and Clapeyron equation in the phase equilibria.

Keywords: Single-component system; Clapeyron equation; Physical chemistry teaching

　　物理化学在化工生产、生物、医药、材料、石油化工等多个领域都有着成功的应用，然而这些应用不可能都体现在物理化学教科书中，目前国内大多数教材中体现应用的实例较少。为了说明物理化学抽象的概念、公式的应用条件，仅仅采用文字解释、数学及物理的方法是不够的，学生也不可能很好地理解和欣赏到物理化学这门课程的精华和真正的魅力所在。要进一步提高教学质量，学生对课程的学习兴趣很重要，教师如何培养兴趣、激发兴趣，从而提高学生学习过程中的求职兴趣和创新精神是兴趣教学的关键。[1-3]

　　在教学过程中利用物理化学知识去解释常见的日常生活现象，给学生提供足够的机会将所学知识运用到生活实际，从而理解世界之所以如此的基本规律。这既有利于激发学生的学习兴趣，也有助于学生观察事物能力和创新能力的提高。虽然有些日常生活实例可能太过于简单而有失严谨，但如若作为一个精彩的例子时有助于学生对知识的理解和掌握，也未尝不可。本文结合单组分相图和克拉贝龙方程，以水和 CO_2 的两相平衡时温度与压力的依赖关系为例，对联系日常生活实例激发学习兴趣、提

① 项目资助：西北师范大学教学研究项目（Nos. 2011032B，2011002A）。
② 通信联系人：权正军，quanzj@nwnu.edu.cn。

高课堂教学效率做一简单介绍。

在组织《物理化学》"单组分系统的相平衡"一节的教学时，克拉贝龙方程是此部分和后续相关内容教学的重要基础。此式是由法国化学家克拉贝龙于 1834 年分析了包含气液平衡的卡诺循环后首先得出，克劳修斯于 1850 年对此方程进行了严格的热力学推导，得出了克劳修斯-克拉贝龙方程。该方程可用于任何纯物质的两相平衡系统，它定量地表达了两相平衡时温度与压力的依赖关系，$\mathrm{d}p/\mathrm{d}T$ 就是系统相图中曲线的斜率。

$$\frac{\mathrm{d}p}{\mathrm{d}T} = \frac{\Delta H}{T\Delta V}$$

这就是克拉贝龙-克劳修斯方程通式。

以下三式分别为发生气化、熔化和升华相变化时的克拉贝龙-克劳修斯方程

$$\frac{\mathrm{d}p}{\mathrm{d}T} = \frac{\Delta_{\mathrm{vap}}H_{\mathrm{m}}}{T\Delta_{\mathrm{vap}}V_{\mathrm{m}}}, \quad \frac{\mathrm{d}p}{\mathrm{d}T} = \frac{\Delta_{\mathrm{fus}}H_{\mathrm{m}}}{T\Delta_{\mathrm{fus}}V_{\mathrm{m}}}, \quad \frac{\mathrm{d}p}{\mathrm{d}T} = \frac{\Delta_{\mathrm{sub}}H_{\mathrm{m}}}{T\Delta_{\mathrm{sub}}V_{\mathrm{m}}}$$

例 1 为什么冰如此滑溜？为什么细铁丝可以穿过冰块而冰块不破裂？——压力与温度对固—液平衡位置的影响。

当身体滑过冰面时需要付出很大的力气，即做很多的功。然而，在冰面上滑行是件非常容易的事，其原因有三：(1)冰—铁界面的摩擦系数小[4]；(2)摩擦产生的热量可以使冰融化；(3)高压强导致的冰点降低，从而在冰和冰刀之间形成一层非常滑溜的水膜。与滑冰者需要滑溜相反，汽车驾驶员却不想这样，这就是"黑冰"，黑冰通常是指那些在深色路面上结冻的冰，这些冰对驾驶员是很大的威胁，因为他们通常看不到这些冰。即使没有雨、雪，有时也会出现黑冰，因为露水湿气或是雾凝结在路面上的水也可能会出现黑冰。这些由水冻结而成的黑冰由于封在冰里的气泡较少是透明的。

几个世纪以来，人们一直对黑冰或是任何形式的冰为何是滑的感到十分好奇。早在 1850 年，法拉第就指出冰之所以会滑，是因为冰的表面有一层看不见的液态水。如图 1 所示，以冰刀下面的冰为研究对象，我们会发现冰刀刀尖是如此之薄，以至于会在冰面产生巨大的压力，冰的熔点降低。汽车的车轮碾过固态冰面时，也会使车轮下的部分冰融化，从而形成一层水膜，导致汽车打滑，并且通常会失控造成事故。这只是很长一段时间以来教科书上的一种答案。冰刀（或汽车）与冰之间的摩擦可能会产生热，短暂地产生一些液态的水。较新的解释是，位于表面的水分子，因为上方的水分子很少，受到空气侧的作用力较小，因此震动较为剧烈，造成即使温度在冰点以下，表面的部分冰仍然融化生成一层非常薄的液态水。1996 年，化学家绍莫尔尧伊[5]利用低能电子绕射法证明，在冰的表面的确存在着一层薄薄的液态水。然而，科学家还不是非常确定，究竟是这层冰本身就有的液态水，还是摩擦所形成的液态水，造成了冰面滑溜溜的特点。近几年，这个问题的庐山真面目逐渐被揭开。冰中的每个水分子通过与四个或者多个水分子形成氢键彼此结合，稳定地排列在一起，形成晶体结构。而表面上的每个分子只与两到三个水分子形成氢键，与下层冰分子的作用减弱，容易形成更好流动性的水分子，从而形成一层过冷液体"水膜"。从 $-70 \sim 0℃$，这层"水膜"一直存在[6,7]。

虽然解决这个问题还有争议，但通过这些科学问题的提出和引导，激起了学生强烈的求知欲。抛却其他致使冰融化的因素，压力的增加导致冰熔点降低这一因素是可以量化计算的。计算依据就是克劳修斯-克拉贝龙方程（具体例子可参见教材习题[3]）。同理，细铁丝可以穿过冰块而冰块不破裂也是由于压力增加熔点降低所致。

从水的相图（见图 2）可知，在压力为 p_1（此时 $p_1 = p^{\theta}$）时冰的熔点为 0℃（图中为 p_1 和 T_1），当作用于冰的压力增加至 p_2 时，其熔点则降至 T_2。如果 T_2 低于冰点（通常如此），部分冰将融化变成液体。而冰刀由于与冰的接触面积很小，可以将人的体重化为很大的压强。因而，舞者冰刀下非常滑溜的水—冰层使得滑行轻而易举。

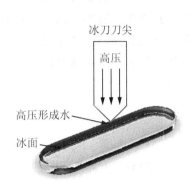

**图 1   冰刀尖端施加于冰面的巨
大压力使得冰融化成水**

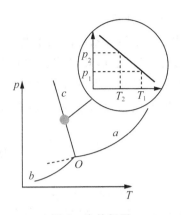

图 2   水的相图

注：放大图表示压力增加（p_1 到 p_2）
导致冰的熔点降低（T_1(0℃)到 T_2）。

内容扩展：水的相图上，绝大多数物质的固−液线斜率（dp/dT）为正值，而水则是例外，为负值（图 2 中 c 线段）。

内容延伸：正如水的高压相图所示（见图 3）（图中 Ⅰ 为通常的冰，Ⅱ-Ⅵ 为高压下的冰），冰的熔点与压力存在着一种奇妙的关系：在 2200 大气压以下，冰的熔点随压力的增大而降低，大约每升高 130 个大气压降低 1 摄氏度；超过 2200 大气压后，冰的熔点随压力增加而升高：3530 大气压下冰的熔点为 −17℃，6380 大气压下为 0℃，16500 大气压下为 60℃，而 20670 大气压下水在 76℃ 时才结冰，这就是名副其实的"热冰"。

进一步延伸：压力—相态—体积之间的关如图 4 所示[8]。常压下，冰的密度小于水的密度（见图 4，1 h 所示区域）；然而，随着压力的增加，冰的晶型发生了改变，同时冰的密度也逐渐增加，这主要是由于水分子之间形成更紧密的环形或螺旋网状结构所致。

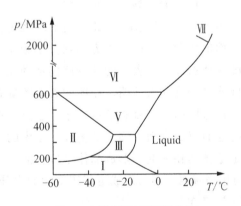

图 3   水的相图（高压部分）

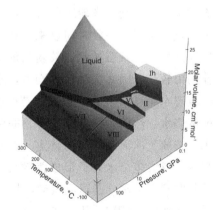

图 4   水的体积—压力关系图

同前，也可对压力与温度对气—液平衡位置的影响做类似的讨论。例如，为什么高原地区煮熟食物比平原地区困难得多？计算实例：已知水在 101.325 kPa 下，沸点为 100℃，摩尔蒸发焓为 40.64 kJ/mol。计算在高原地区压力为 70 kPa 时，水的沸点。由克劳修斯-克拉贝龙方程计算得，该地区水的沸点为 351.65 K，即 78.5℃。

上述例子说明了相变温度随压力的变化情况，通常增加压力可以使冰的熔点降低，进一步引申出克劳修斯-克拉贝龙方程的含义：定量地表达了两相平衡时温度与压力的依赖关系，dp/dT 就是单元系统相图中曲线的斜率。该方程表明，斜率与相变焓、体积变化以及温度有关。

例2 恐怖电影中的烟雾是如何生成的？

恐怖片通常通过浓烟或浓雾翻滚来表示幽灵显现。与之类似的情境常见于流行表演中，或许是用浓烟来掩饰某些歌迷不能看见的事物。其实，两者都是将干冰加入水中产生烟雾。我们称固态的二氧化碳（CO_2）为干冰，之所以叫干冰，是因为它看起来和普通的冰没有区别，虽然有时候会发烟。在常压下，将二氧化碳冷却至$-78\ ℃$或更低的温度以下就能制得干冰。之所以叫"干"冰，还因为干冰不像水制得的冰，当温度高于其熔点时，几乎是没有液体形式的CO_2存在，而是直接转变为气体，我们称之为升华。干冰的密度（$1.4\sim1.6\ g/cm^3$）大于水的，所以会在水中下沉。常压下，水温大都在$20℃$或室温左右，而干冰的温度则在$-78\ ℃$（195 K）左右，干冰又具有较高的蒸气压，因此，干冰在常温常压下不稳定，在水中极易发生从固体到气体的相变化。具体到刚才的烟雾中，大量的CO_2气体包裹着水颗粒形成常被称作烟雾的水凝胶，而该凝胶则是不透明的，因此，水桶中的水是产生戏剧性烟雾效果的必要物质。

对于干冰易升华的原因，能够从相图中得到很好的解释。回到CO_2的相图（见图5），虽然与水的相图很相似，但也有一些不同：其一，其固—液线斜率（dp/dT）与水的刚好相反，为正值，说明增加压力，CO_2的熔点升高；其二，CO_2的三相点压力是5.1个大气压，因此，在常压下无论温度如何CO_2始终是气体，不会形成液体。故而，敞口时，干冰发生升华现象（即"干冰"的由来）。要得到液体CO_2，压力必须高于5.1个大气压。在101.325 kPa，298 K的条件下，其相点落在气—固区而非固—液区。通过$p=p^{\theta}$作一水平线段，在$-78.2℃$处与气固线相交，温度低于$-78.2℃$时，CO_2的稳定形式是干冰，而高于该温度则是气体。在标准压力下，液体CO_2是不稳定的，只有压力很大时（5.1个大气压以上）液体才会稳定存在；事实上，从图5可知，在压力低于5.1个大气压时，不可能形成液体CO_2。换句话说，常压下，我们看到液体CO_2的概率是非常小的，这就解释了干冰在标准条件下为什么会升华而不是融化的原因。

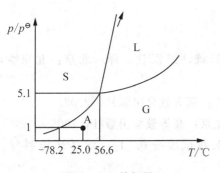

图5　CO_2的相图

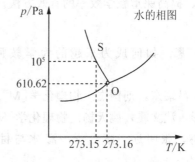

图6　水的冰点与三相点的比较

例3 水的三相点温度的测定及其与冰点的区别。

在单组分相图的教学中，另一个很重要的概念是三相点。学生容易将三相点与冰点相互混淆。自从1854年Kelvin提出用一个热力学温度值定义热力学温标后，人们几乎经过一个世纪的不懈努力，才幸运地找到了水的三相点温度值是定义热力学温标的最理想值，因为可由热力学证明，这个温度极为稳定。然而，准确测定这个温度是极其困难的，因为实验设计的难度是难以想象的。

1927年以前，零点的定义是在一个大气压下，水和冰平衡时的温度，而假设水和冰体系里完全没有空气。根据这样的定义，水的三相点（冰和水在水的蒸气压下的平衡温度）是0.0075℃。实际上，在一个大气压的空气下，冰和水的体系里不可能没有空气，而空气在水中的存在就会降低零点。这就会使零点随溶入水中的空气的多寡而变化。因此，1927年国际度量衡会议拟出一个新的零点定义："冰点是纯水和在一个大气压下被空气所饱和的纯水成平衡时的温度。"这个零点是确定值，和实验准确度无关，没有1927年以前的零点的不足之处[9,10]。根据这个定义，黄子卿等直接测出了水的三相点的温度。

1934 年，我国著名物理化学家黄子卿教授精妙地设计了实验装置并且准确测定了水的三相点温度为 0.00981℃±0.00005℃（见图 6），被国际上普遍接受。这项工作是黄子卿博士论文的一部分。经美国标准局组织人力重复验证，结果完全一致。以此为标准，1948 年国际温标会议正式确认绝对零度为 −273.15 ℃。

水的三相点是指纯水系统中三个相平衡共存的状态，三相点是物质自身的特性，不能加以改变。冰点是在大气压力下，水的气、液、固三相共存，大气压力为 101325 Pa 时，冰点温度为 273.15 K。空气会少量溶解于水，从而使冰点下降。计算表明，在 0 ℃ 和 101325 Pa 的空气压力下凝固点的下降值为 0.0024 K（见图 6）。而外压改变时，冰点就要随之而变。而水的三相点的温度和压力皆由体系自定，不受外界条件的影响。

内容延伸：如前所述，水的高压相图是非常复杂的。如图 3 所示，高压下水的相图中有多个三相点（至少有 5 个）和多种冰的形态，并且，每一个三相点都对应着特定的温度和压力，这些温度和压力不可改变。课堂上可以给学生简单介绍黄子卿先生的生平[11,12]。从而激发学生的爱国情操，培养科学精神和科学态度。

在课堂教学和课后习题中，通过生活实例的讲解和自学相结合的方式，可以激励学生有"强烈设法解决，愿意探索、质疑和寻找原因，并建立连贯的概念框架"的意愿[1]；有"足够的机会将所学运用到有意义的问题上"[1]，从而重新审视他们的思维，激发学习兴趣和求知欲。大学物理化学教学中，把化学史渗透于知识教学中，对提高学生学习物理化学的兴趣、培养科学精神与科学态度、训练科学方法以及加强爱国主义教育等都是十分必要并且具有深远意义的。

总之，本文以滑冰、恐怖电影中的烟雾等日常生活中司空见惯的现象及三相点测量的科学史为例，通过物理化学方法探讨其本质，既解释了学生在日常生活中常见现象的本质，又不失物理化学知识体系的连贯性、一致性，能够使学生在解决问题中理解、掌握单组分相图和克拉贝龙方程，不失为一种激发学习兴趣、提高课堂教学效率的有效方法。

参考文献

[1]肯·贝恩. 如何成为卓越的大学教师[M]. 明廷雄，彭汉良，译. 北京：北京大学出版社，2007.

[2]胡英，吕瑞东，刘国杰. 物理化学[M]. 5 版. 北京：高等教育出版社，2007.

[3]傅献彩，沈文霞，姚天扬. 物理化学[M]. 5 版. 北京：高等教育出版社，2005.

[4]孟广琳，张明远，隋吉学. 海冰与材料的摩擦系数试验分析[J]. 海洋环境科学，1995，1：74-80.

[5]D. H. Fairbrother，H. Johnston，G. Somorjai. Electron Spectroscopy Studies of the Surface Composition in the H_2SO_4/H_2O Binary System[J]. J. Phys. Chem，1996，100(32)：13696-13700.

[6]W. J. Smit，H. J. Bakker. The Surface of Ice is Like Supercooled Liquid Water[J]. Angew. Chem. Int. Ed.，2017，56(49)：15540-15544.

[7]B. Weber，Y. Nagata，S. Ketzetzi，et al. Molecular Insight into the Slipperiness of Ice[J]. J. Phys. Chem. Lett.，2018，9(11)：2838-2842.

[8]O. Mishima. Volume of supercooled water under pressure and the liquid-liquid critical point[J]. J. Chem. Phys. 2010，133：144503-144507.

[9]刘国杰，黑恩成. 物理化学导读[M]. 北京：科学出版社，2008.

[10]黄子卿. 关于"零点和三相点"的一个说明[J]. 化学通报，1960(1)：47-47.

[11]刘瑞麟，阮慎康. 我国著名的物理化学家黄子卿教授[J]. 化学通报，1980(6)：695-699.

[12]傅鹰，蔡馏生. 黄子卿教授(1900—1982)[J]. 物理化学学报，1986，2(4)：289-290.

基于教育大数据和智能化虚拟仿真教学的个性化实验能力培养①

张浩¹，刘志广²，刘宇³，龚成斌¹，彭敬东②¹

(1. 西南大学化学化工学院，重庆 400715；2. 大连理工大学化学学院，辽宁大连 116024；

3. 北京微瑞集智科技有限公司，北京 100080)

摘　要：随着大数据与人工智能技术的快速发展，互联网＋教育模式已成为当前教育改革的主流方向。基于现代信息技术与实验教学相结合的虚拟仿真实验教学资源因为其互联网属性，为实验教学大数据的采集和应用提供了合适的平台。作为与教育领域交叉的研究热点，本文对人工智能和大数据技术助力虚拟仿真实验教学资源开发、实验教学新模式探索、教学效果的实时评价、自适应学习和个性化实验能力培养做了简单探讨。最后，针对实验教学数据特点对大数据和人工智能在该领域应用所面临的挑战做了分析。

关键词：教育大数据；个性化培养；实验教学；虚拟仿真；人工智能

Personalized Cultivation of Experimental Ability Based on Big Data in Education and Smart Virtually Experimental Teaching Pattern

Zhang Hao¹, Liu Zhiguang², Liu Yu³, Gong Chengbin¹, Peng Jingdong¹

(1. School of Chemistry and Chemical Engineering, Southwest University, Beibei 400715, Chongqing, China;

2. School of Chemistry, Dalian University of Technology, Dalian 116024, Liaoning Province, China;

3. Beijing VR Technology, Beijing, 100080, China)

Abstract：As the rapid development of big data technique and artificial intelligence, developmental pattern of internet plus education has been the mainstream of educational reform. Big data in experimental education can be collected and applied on the online platform, due to the Internet gene of virtual simulation experimental resources which is developed by the combination of modern information techniques and successes achieved in experimental teaching. As the research hot pots of crossing domain between education and information, development of virtual simulation experimental teaching resources, new pattern of experimental education, real-time evaluation of teaching effects, self-adaptive learning and personalized cultivation of experimental ability are discussed in this paper. In the end, challenge of the application of big data and artificial intelligence on educational reform is analyzed according to the data characteristics in experimental education.

Keywords：Big data in education; Personalized cultivation; Experimental teaching; Virtual simulation; Artificial intelligence

---

① 项目资助：国家自然科学基金(21806131)；西南大学科研基金资助项目(2017WJ091)。

② 通信联系人：彭敬东，hxpengjd@swu.edu.cn。

引言

方便的数据采集过程、低廉的数据保存硬件、以社交媒体为代表的交互性互联网结构带来的数据爆炸以及基于人工智能手段的大数据挖掘算法的发展，将人类社会从抽样数据时代进化至大数据时代[1]。相对抽样数据单一的采集方式、迟滞的数据时效以及昂贵的数据采集成本，全面、完整、系统的大数据可实现对人类自身行为和社会行为的显微镜级别的描述，从即时、多源、分散、碎片化、全貌性的数据中发掘大众行为背后的心理机制，通过个人对社会服务与产品全生命周期的充分参与，实现个性化、实时化、经济化的消费模式[2]。随着用于大数据挖掘的智能算法的快速发展，大数据时代国家、企业之间的竞争关键和发展瓶颈已经变成了大数据的产生和解读。为了占领时代竞争的制高点，美国和欧洲一些发达国家政府都从国家科技战略层面提出了一系列的大数据技术研发计划，以推动政府机构、重大行业、学术界和工业界对大数据技术的探索研究和应用[3-5]。2015 年 8 月，国务院出台的《促进大数据发展行动纲要的通知》指出大数据已经成为我国基础性和前瞻性的技术，是国家实施创新驱动发展战略的内在需要和必然选择[6]。《国家中长期教育改革和发展规划纲要（2010—2020 年）》提出"到 2020 年基本实现教育现代化"的战略目标，其中大数据技术是助力教育现代化的重要引擎。相对于互联网企业大数据，教育大数据采集过程更加复杂、应用模式更具挑战性、更加注重因果关系、需要更复杂的内部逻辑结构，主要由教学活动数据、教育管理数据、智慧校园数据和人类学基础数据组成。受限于教学活动数据采集设备的巨大成本，国内外教育大数据应用研究多集中于在线教育平台，几乎不涉及实验和实践教学[1,7]。然而，作为一门以实验技术为基础的学科，化学理论知识学习和实践创新能力的培养，都离不开实验与实践教学[8]。因此，利用人工智能和大数据技术助力化学实验与实践教学，开发智能型虚拟仿真化学实验教学资源与教学管理平台，实现从工业化时代的班级授课制向大数据时代的个性化教学模型的转变，培养具有核心科学素养和创新能力的化学新型人才具有巨大的社会意义。

一、教育大数据研究与应用现状

1. 教育大数据的定义

作为一个具有极大应用潜力的新领域，大数据技术仍在快速发展，对大数据的定义也在不断更新。一般来讲，大数据应该具备海量的数据规模、实时的数据反馈、多样的数据来源和巨大的数据价值。其中，数据容量为大数据的表象，通过全貌性数据整合、分析和开放获取的巨大价值才是大数据的本质[9]。其中，教育大数据不仅为教育相关领域产生的大数据，也包括大数据挖掘技术在教育领域的应用。狭义定义下的教育大数据仅指学生的学习行为数据，广义教育大数据则包含日常教育活动中产生的所有数据，即教育过程中多源时空数据的全样本集合。教育大数据的解释涵盖了教育学、心理学、计算机科学、统计学和社会学等知识，最终通过数据可视化形式呈现教学数据分析和评价结果[6]。

2. 教育大数据应用现状

由于大数据技术自身的深度描述和精准预测优势，教育大数据的应用多集中于自适应学习、学习分析和教育评价与管理领域：通过完整的学习过程记录数据、学生学习特征与学习路径，结合自适应教学系统对学生当期知识体系进行实时诊断；在此基础上推荐适合学习者的教学内容并签订学习合同，开展有针对性的教学，代表系统包括 Knewton 和可汗学院等在线教育平台[10,11]。学习行为分析是在教育大数据的基础上，利用人工智能技术研究学生教学过程参与度、学习表现和学习趋势，进而对课程、教学和评价进行实时修正，其核心为从教育大数据向教育知识的有效转化。基于 Blackboard 在线学习平台上的学生学习行为数据建立的学生中断学习的先兆判断系统对学习者学习失败的判断准确率高于80%[12]。在教育评价领域，大数据的广泛运用实现了个体评价、综合评价和精细评价。《面向明日之学校教育：使教育个性化》报告指出，基于教育大数据的教学评价可从学生的个人特征、学习兴趣、学习广度和深度出发，对学生学习过程的背景、过程、效果和发展等指标进行综合评价，实现学生的个性化培养[13]。在教学管理领域，美国普渡大学的 Course Signals 系统采用主要知识点、作业情况、测验评分以及与该课程相衔接的先修课程完成情况和成绩预测学生的最终评分[14]；金义富[15] 等利用预警信息发现与生成模型建立了学业预警与反馈系统；邓逢光等采用主流的 Hadoop 开源平台架构，建构了学生校园行为大数据分析预警管理平台系统，对学生行为进行预警安全管控[16]。总体来讲，我国教育大数据研究多集中于大数据技术对于理论课程在线教学的定性分析和挖掘算法领域。由于在线实验教学实施难度较大，目前尚未发现大数据技术在实验教学领域的应有案例。

二、大数据背景下的化学虚拟仿真实验资源开发

由于在线教育平台的开放性、便捷性和规模性等特点，在线化学实验教学数据规模和采集成本远远低于传统实验教学。国家教育事业发展"十三五"规划指出，在未来十年我国将全力推动信息技术与实验教学深度融合的发展模式，形成线上线下有机结合的网络化泛在学习模式。2018 年发布的《教育信息化 2.0 行动计划》提出到 2022 年建成"互联网＋教育"大平台，构建"网络化、智能化、个性化和终身化"的教学体系，显著提高高校信息化应用水平和师生信息技术素养。目前为止，我国已经建成 300 家国家级虚拟仿真实验教学中心，并计划到 2020 年建设 1000 项示范性虚拟仿真实验教学项目，其中包括化学、化工与制药类项目 40 项。相对于传统化学化工实验教学，虚拟仿真实验教学项目多来源于高水平科研成果和重大工程项目的转化、高精尖分析仪器和学生综合创新项目成果，通过模拟高危或极端实验条件实现真实实验教学难以完成的教学功能，培养学生的研究探索精神。自 20 世纪 90 年代末，化学虚拟仿真实验资源先后经历过：基于 VB 程序的多媒体虚拟实验、基于 Flash 技术的简单交互虚拟实验、基于 3D 建模的强交互性虚拟仿真实验和融合 VR/AR 技术的沉浸式虚拟仿真实验项目三个发展阶段。按照运行模式可区分为：单机版、网络版、基于网络平台数据库的互动版。按照数据提取保存模式可分为：早期的无数据版；中期乏数据版；现代的大数据版。按照建构方式的区别可分为对实验步骤、现象和操作流程的简单触发式实验，基于化学反应、化学动力学、化学热力学、传热和传质过程对应严格数学模型的求解的仿真型实验以及将化学机理模型与由教育大数据支持的随机过程结合的新型个性化化学化工仿真实验资源。随着显示和渲染技术的发展，新的虚拟仿真实验教学将以虚拟环境下的协同操作形式呈现，通过自然人机交互技术实现与实际教学相媲美的效果。

虚拟仿真教学资源的开发与一般教学软件不同。只有将合理的教学设计、丰富的教学经验、精深的专业知识、科学的自动评价体系和适合的信息技术呈现手段相结合才能开发出理念先进、技术领先的化学虚拟仿真实验教学资源。在大数据时代，在线实验教学资源是课程教育大数据产生的核心和源头。教学资源建设的选题、构建模式、关键知识点的考查方式、评分系统对知识掌握程度的敏感性和教学资源使用方式在很大程度上影响了教育大数据的产生方式与其信息含金量，这也是当前教育大数据应用的最大瓶颈。可以预见的是，数据正在逐渐成为新形势下个性化教学和自适应学习管理的关键。随着数据量的不断增加，学习时间、学习方法、学习内容、目标完成度、复习情况、习题回答、师生互动等数据中体现的学生学习模式、学习兴趣和自主性等知识均可用于虚拟仿真实验资源的更新、设计和使用模式的再设计，形成数据采集和数据分析的良性循环。在当前形势下，通过开放虚拟仿真实验教学资源扩大数据采集规模，通过优质教学资源控制数据生成质量为大数据助力实验资源开发的重中之重。

三、智能化实验教学模式

实验教学作为高校教学的一个重要组成部分，是实现人才培养目标的保证。化学学科对未知世界探索的本质也决定了应当进一步改革实验教学，让学生在实践中学会创新，从而提高学生自身的实践

与创新能力。然而，实验教学过程较长、学生分散，教学过程中既要求实验指导教师的集中讲解，又需要对学生特定问题的单独指导。目前实验教学效果评价多基于实验报告和教师对学生课堂纪律、操作过程的直观印象，评价依据既缺乏客观的系统标准，又缺乏完备的数据支持。在基于大数据的教学管理和评价体系中，决策者不但可以通过对教育大数据的分析，获得广泛的教学信息，更可以通过数据深度挖掘技术，暴露教学过程中存在问题与管理模式的系统联系，突破教育决策"头痛医头，脚痛医脚"的被动局面。

1. 精准化实验教学管理

传统教学评价和监控体系依赖于抽样数据，数据获取滞后、信息含量小、利用方式落后，导致了较为粗放和直观化的教育决策。在大数据的驱动下，实验指导教师可以将学习过程进行量化处理，通过数据挖掘找到学习状态的有效表征变量，监控决策变量对学习状态的影响响应，最后找到有效的干预策略。与抽样数据采用统计指标描述样本共性不同，大数据的巨大体量使得每一个研究对象都成为一个有统计学意义的物理实体数据。在实验教学管理方面，大数据聚类结果可以感知并响应学生的个性化学习需求，从而实现个性化能力培养与班级授课制之间的平衡。作为大数据科学中最具意义的一方面，基于大数据的教学管理可以做到实时性和预警线的有机统一，保证学生按质按量完成实验教学既定目标。除此外，基于大数据的离群点判断机制也可以实时监测实验教学中产生的突发状况，对教师和学生分别提供及时干预，防患于未然。

2. 个性化实验教学模式

实验教学大数据中包括大量的细粒度学习行为数据，例如虚拟实验学习时间、操作步骤时间分布、操作步骤错误次数、引领模式回看次数、实验结果数据和实验过程中产生的各种中间变量数据、操作成绩、操作时间序列等。标记分类的学习行为数据是个性化实验教学的基础；虚拟实验学习时间分布、理论课成绩以及课外科研活动数据可反映学生学习的兴趣点和学科优势；操作时间分布、易错步骤、回看次数以及错误序列、实验结果数据和实验过程中产生的各种中间变量数据可以有效诊断学生的知识缺陷；师生互动时长、交流模式和实验学习日间分布曲线可以推断学生的学习风格。在针对学生学习模式画像的基础上，可设计更加灵活多样、更具备针对性的学习活动，以学生为单位定制开发实验教学资源。运用知识点标记系统，收集学生不规范操作和实验数据分析中的易犯错误，通过智能化诊断程序，标明实验过程中的知识点和操作难度。学生实验完成后可得到实时技能缺陷图，指出该生今后努力的方向并通过智能实验操作数据库推送个性化学习计划。

3. 实时化教学效果评价

大数据的实时预测功能是实时实验教学评价系统的基础。美国亚利桑那州的奥斯汀皮耶州立大学使用"学位指南针"软件，采用预测分析技术帮助学生确定他们要获得学位所需完成的课程以及选择哪些课程更容易成功[17]。美国奥兰治县的马鞍峰社区学院应用他们"高等教育个性化服务助理(SHERPA系统)"，利用学生数据实施个性化教育[18]，该软件为每个学生建立了详细档案，记录其整个在校期间的日程信息、跟随导师学习的经历以及其他个人信息，然后对这些信息进行分析，提出对时间管理、课程选择的建议及其他有助于学生取得学习成功的因素。美国里约萨拉多学院采用的学生学习进展及参与度系统(PACE)，通过自动生成的学习进展报告判断学生学习进度，进而提前帮助学生解决其所面临的学习问题[19]。著名的个性化教育服务公司 Desire2Learn 利用其分析平台"学生成功系统"(Student Success System)，可以提前几个月将学生期末考试成绩精确预测到小数点后两位数字[20]。西南大学化学化工虚拟仿真实验教学中心通过关联学生的虚拟仿真实验教学活动数据、理论课成绩以及考试题目难度系数，使用深度学习预测学生期末考试成绩误差不超过 7%[8]。通过对学生学习状况的精准预测，指导教师可以及时介入教育辅导，有效提高学生学习成功率。除此之外，大数据系统也可用于对教师进行全面考核，跟踪教师成长过程，还可以运用回归分析、关联规则挖掘等方法帮助教师分析教学方法和手段的有效性，使教师及时调整教学方案，优化教学方法，提高教学质量。

四、实验教学大数据的应用挑战

虽然基于实验教学大数据的自适应学习和个性化能力培养系统具有强大的功能和应用潜力，然而系统的落地还面临着非常大的困难。

(1)数据孤岛问题：实验教学过程中并非没有数据，然而大部分数据分属不同系统，数据通用性差。有相当多的数据是以实验报告形式存储，转换为易于利用的网络数据需要巨大的人力、物力。各式各样的设备和实验过程，造就了实验管理部门和实验指导教师之间的数据孤岛，难以看到实验教学运行的全貌和发展趋势。

(2)数据采集问题：从技术层面看，实验教学大数据的采集是其成功运用的主要挑战。除了虚拟仿真实验教学数据，其余教学过程数据也是对自适应学习和个性化教学的重要补充。一般来讲，基于可穿戴设备的物联感知技术适用于采集个体生理与学习行为数据；视频监控技术、智能录播技术与情感识别技术适用于采集教学过程中的师生情感投入数据，主要以非结构化数据为主；图像识别技术适用于采集作业、练习数据，有效服务于教师的教学决策和学生的自我诊断。然而，由于缺乏规划，实验教学大数据采集系统长时间缺位，硬件改造势必会影响到教学过程。

(3)数据安全问题：教育数据既是一笔宝贵的教育资产，同时也涉及教育者和受教育者的隐私，保护不当则会带来严重的安全事故。由于技术储备不足，校园网安全问题始终难以解决。在推动大数据应用的过程中，同时应高度重视教育数据的隐私保护与安全管理，不断努力采取更先进、安全系数更高的措施来保障教育数据安全，保护教育隐私数据不外泄、不被恶意使用。

在当前教学环境中，在确保数据安全的前提下，打通虚拟仿真实验资源平台，规范教学过程数据标准，建设具有良好扩展功能的大数据采集网络，是推进大数据技术用于实验教学改革创新的必然之路。

参考文献

[1]孙洪涛，郑勤华. 教育大数据的核心技术，应用现状与发展趋势[J]. 远程教育杂志，2016，34(5)：41-49.

[2]祝智庭，孙妍妍，彭红超. 解读教育大数据的文化意蕴[J]. 电化教育研究，2017，38(1)：28-36.

[3]McAfee A，Brynjolfsson E，Davenport T H，et al. Big data：the management revolution[J]. Harvard business review，2012，90(10)：60-68.

[4]Lynch C. Big data：How do your data grow？[J]. Nature，2008，455(7209)：28.

[5]Xiaofeng M，Xiang C. Big data management：concepts，techniques and challenges[J]. Journal of computer research and development，2013，1(98)：146-169.

[6]张海，孙帙，李哲，等. 日本教育大数据的应用现状、特点及启示[J]. 现代教育技术，2017，27(7)：5-11.

[7]李秀霞，宋凯，赵思喆，等. 国内外教育大数据研究现状对比分析[J]. 现代情报，2017，37(11)：125-129.

[8]张浩，雷洪，龚成斌，等. 基于数据挖掘的虚拟仿真实验教学量化分析[J]. 实验室研究与探索，2017，36(9)：129-131＋144.

[9]段辉霞. 大数据时代：个性化教育发展的时代[J]. 中国教育信息化，2015(5)：18-20.

[10]Oxman S，Wong W，Innovations D V X. White paper：Adaptive learning systems[J]. Integrated Education Solutions，2014.

[11]Thompson C. How Khan Academy is changing the rules of education[J]. Wired Magazine，

2011，126：1-5.

[12]Mouakket S，Bettayeb A M. Investigating the factors influencing continuance usage intention of Learning management systems by university instructors：The Blackboard system case［J］. International Journal of Web Information Systems，2015，11(4)：491-509.

[13]Jones M，McLean K. Personalising Learning in Teacher Education[M]. Springer，2018：9-23.

[14]Gasevic D，Dawson S，Siemens G. Let's not forget：Learning analytics are about learning[J]. Tech Trends，2015，59(1)：64-71.

[15]金义富，吴涛，张子石，等. 大数据环境下学业预警系统设计与分析[J]. 中国电化教育，2016(2)：69-73.

[16]邓逢光，张子石. 基于大数据的学生校园行为分析预警管理平台建构研究[J]. 中国电化教育，2017(11)：60-64.

[17]孙洪涛. 共生与演进：地平线报告中技术的教育应用趋势解析[J]. 开放学习研究，2017，2：21-26.

[18]Kaur A，Mullins C，Slimp M. Technology review：personalizing the online enterprise of college learning through synchronous activity[J]. The Community College Enterprise，2015，21(2)：103.

[19]Rubel A，Jones K M L. Student privacy in learning analytics：An information ethics perspective[J]. The Information Society，2016，32(2)：143-159.

[20]Maxwell N L，Person A E. Comprehensive Reform for Student Success[J]. New Directions for Community Colleges，2016，176：7-10.

Ⅲ

化学实验教学与实验室管理改革

基于 Blackboard 平台物理化学试题库的构建与应用①

雒婷雯，罗娜，胡旭亮，陈亚芍②

（陕西师范大学化学化工学院，陕西西安 710119）

摘　要：以体现 Blackboard 教学平台（简称 Bb 平台）物理化学课程在混合式教学方面的作用为目的，探索了在 Bb 平台上构建物理化学试题库，用于学生网上在线练习和在线考试，利用 Bb 平台评价系统可提高学生网上复习、巩固知识的兴趣，使评价系统与混合式教学紧密承接，更好地推进混合式教学改革进程。

关键词：Blackboard 平台；物理化学；试题库构建

近年来，随着信息技术在教育领域的应用，教学信息化、网络化的进程不断深入，各个高校通过加入 MOOCs 项目、建设精品资源共享课程、引进网络教学平台等方式开设网络在线课程进行混合式教学，以发挥学生的主体性，加强师生之间的交流，推进教学改革。

物理化学是理工科一门十分重要的基础课程，在理工类课程中占有显著的地位[1]。因此学好物理化学对理工类专业学生而言极为重要。但物理化学课程本身公式多、内容抽象、逻辑性强，学生普遍反映难学、难记、难理解。随着教学改革不断深入，为解决这一问题，本院物理化学课程借助于 Blackboard 平台（简称 Bb 平台）建设网络在线课程，在教学模式和考核方式方面进行了改革，试行混合式教学，充分发挥教师主导、学生主体的作用，提高教学质量。

教学质量的高低直接反映在学生的学习效果上，对学生学习效果的评价方法主要采用考试与平时考核结合的模式[2]。现有的中国大学 MOOC 课程强调过程性评价，综合运用课堂练习、随堂检测、单元作业以及期末考试等多种评价形式，其评价方式和理念值得借鉴。由于 MOOCs 是社会人和学生参与的大班制，参与人数较多，为教师对在校生的教学和管理带来不便。而借助于 Bb 平台的网络课程可以实现小规模限制性在线课程（Small Private Online Course，SPOC）混合学习模式，使教师可以集中精力实施有针对性的教学。教学与评价紧密相连、不可分割，通过评价改善教学。因而，如何在混合式教学中对学生进行有效评价是完善一门在线课程的关键一环。Bb 平台在设计之初就为课程的作业、测验、讨论版、题库、自我测验和同级测验以及访问课程的次数和时间等评估模块开启了跟踪统计，后台可自动统计至课程报告中。其中题库是进行考试和平时考核的必要条件，基于 Bb 平台构建网络试题库可充分发挥其强大的评估功能。目前，基于 Bb 平台构建的试题库多集中在医学、药学、病理学等实践性较强的学科，而物理化学几乎没有涉及。笔者尝试基于 Bb 平台探索构建物理化学试题库及其应用模式，以期增强混合式教学的评估方式，为 Bb 平台上其他课程试题库的建设和应用提供一定的参考和范式。

一、Bb 教学平台

Bb 平台是专门用于加强网络教学、辅助课堂教学并提供互动、交流的网络教学平台，其能创建并利用多种形式的学习资源，支持多种学习评价方式，支持课前预习、课堂施教、课后复习，适应学生

① 项目资助：校级课堂教学改革创新研究项目（16KG23）；大学生创新训练计划项目（CX17042）。
② 通信联系人：陈亚芍，yschen@snnu.edu.cn。

自主学习、探究学习和协作学习等多种需求。借助于 Bb 平台的网络课程，通过将学生分组实现在线课程混合学习模式，方便教师管理，增强师生互动，调动学生学习主动性，适应大学教学改革需求。Bb 平台强大的题库管理、测试管理及成绩统计功能，使得其应用最为广泛。不需要另外进行软件设计与开发，操作简单易学，任何教师均可轻松创建多媒体题库并组织测试，方便学生练习和在线考试，满足信息化教学要求，同时结合课堂教学中的教师评价，使混合式教学的环节更为客观、合理[3]。

二、已有物理化学试题库

题库(problem bank)是以一定的教育测量理论为依据，按照一定测试目标编制、收集的有相当数量和较高质量、附有试题性能参数(属性)、并经过分类编码的考题的有序集合[4]。目前物理化学试题库有山东大学、安庆师范学院、天津大学物理化学教研室等命制的几个试题库。中国大学 MOOC 下的物理化学课程测试题为客观题，有三次答题机会，以最高分作为测试成绩。课程作业为主观题，需学习者在有限时间段内分析、讨论以及查阅相关文献资料来解答，评价方式主要采取互评和自评，一般无教师评阅的环节。本校 Bb 平台上的物理化学课程借助于本校物理化学精品资源共享课中的单元测试和练习试题，无跟踪统计功能，只能作为学生平时的练习，而作为学生成绩考核具有一定的盲目性。通常的试题库都具有学生练习和组合试题的功能，但由于借助专门的软件系统，独立于教学之外，无法与网络教学评价系统连接。Bb 平台汲取了以上评价系统的优势，其试题库及在线考试系统具有试题录入、生成、自测、考试及成绩管理等功能，支持多种题型创建的同时，平台自身具有的分组和教师评分功能，更符合混合式教学下的评价模式。

三、基于 Bb 平台物理化学试题库的构建

1. 确定考点、编选试题

由于不同类型院校的办学理念、培养模式以及生源的不同，基于 Bb 平台构建的题库应具有针对性。本校物理化学试题库内容根据《高等学校化学类专业物理化学相关教学内容与教学要求建议》(以下简称《物化建议》)[5]和傅献彩、沈文霞、姚天扬编的第五版《物理化学》教材，试题来自于陕西师范大学历届本科生和研究生的物理化学考试试题以及自行设计试题。依据物理化学逻辑性强、注重应用的特点，试题类型分为：单项选择题、判断题、填空题、计算题、证明题、作图题，按章节知识点(又称考点)顺次排列。根据《物化建议》将知识点难度级别标记为了解、理解、运用、分析、综合和评价六个层次，使试题库中试题难度合理分布，满足不同层次学生的需求。

2. 构建题库

进入平台课程首页，在控制版面中的课程工具中找到测试、调查和题库，按上下册、章节、难度分别构建题库，然后在试题库下添加相应试题(见图 1)。添加试题有手动录入和批量上传两种方式。手动录入时，可对问题、选项、答案、反馈进行编辑，对试题类别、主题、难度级别、关键字(考点)进行标注，对综合性较强的试题在关键字处可备注多个考点，方便在后期按不同的需求进行查找、组卷[以第十章化学动力学(一)的一道选择题为例，见图 2]。为提高试题库的上传效率，Bb 平台提供的"上载问题"选项，可将不同类型试题按导入格式进行大批量的题目添加。

3. 抽题组卷

通过设置好的章节、考点和难度级别等参数进行随机组卷，也可以根据需要手工组卷。在 Bb 平台测试管理器中添加测试，进入测试添加题目，选择添加随机问题单元，然后选择对应的题库，再选择难度级别、问题数目及分值，即可自动随机抽题，完成测试试卷题目的组织(见图 3)。教师还可对试卷进行修改完善。

图1　编辑试题

图2　完成编辑的试题视图

图3　创建测试页面

4. 发布测试

与中国大学MOOC上的试题管理类似，Bb平台的测试管理器也可设置测试可用性、反馈类型等属性，同时自我评估结果直接反映到成绩中心。客观题平台自动评分并统计分析得分情况，主观题采用自评、互评和老师评阅的方式，便于教师了解学生对知识的掌握情况，及时调整授课方式和内容，更好地推进混合式教学，如图4所示。

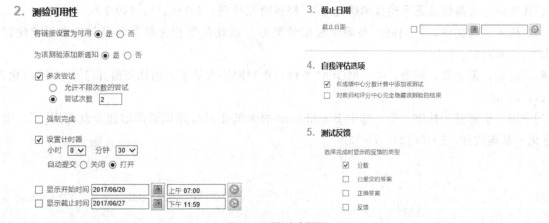

图4　设置测试页面

四、试题库的应用

通过批量上传的试题主要用于学生的平时练习，帮助学生加深对知识的理解，增强学生的逻辑思维能力，促进学生应用物理化学知识解决实际问题。手动录入的试题由于对章节、难度、知识点等进行了详细的分类，主要用于组卷进行在线考试。为了使学生能够多考多练，及时复习章节知识，教师在章节课程结束后可进行在线限时小考，评分采用平台自动评分和学生自评互评相结合，评分结果自动链接至成绩中心。学生可利用 Bb 平台的试题反馈功能，发现自己的疏漏。例如，当选择了错误选项时，反馈出现相应的提示性内容，指出学生的疏漏并提醒其掌握相关知识点，教师可将解析过程制成微课视频，通过扫描二维码或点击视频链接的方式，加深学生对知识的理解和迁移；当选择了正确选项时，出现肯定、赞扬的反馈，并给出解析过程。试题库的随机出题形式确保了期末大考的客观性和公正性，同时完整的成绩中心可以对考试结果进行系统的分析，使教师清晰直观地掌握某阶段的教学效果。

五、结论

本文借助 Bb 平台试题测验模块中的试题库管理、人机交互式答题、随机出题、自动组试卷、答题时间限制、成绩自动评改等功能，构建物理化学试题库，减轻了教师的命题负担，提高了物理化学命题的效率，增加了教师对学生学习效果检测的客观性。在一定程度上完善了混合式学习模式的评价体系，使网络课程更有益于学生的学习。Bb 平台相对于中国大学 MOOC，不仅能跟踪学习者的学习频率、时间、进度，而且能统计学生的作业和学习情况（Bb 提供学习履历统计工具，可以及时发现学习者的学习进度，利用 E-mail 推送提醒学习者），教师评阅功能使教师直观了解学生的学习情况，更为公平客观地评分[6]。总之，Bb 平台迎合了信息化教学，对促进教学改革、推进混合式教学、培养高素质、应用型理工科人才起到积极作用，具有较好的应用价值。而如何更好地利用 Bb 平台物理化学试题库进行有效的在线考试，有待进一步地教学研究和实践[7]。

参考文献

[1]吴华涛，冯云晓. 物理化学教学改革与探究[J]. 牡丹江大学学报，2010(7)：134-135.

[2]刘伟娜，梁景峰，谢云芳. 高等院校理工类课程试题库系统的设计与开发[J]. 教育教学论坛，2016(9)：117-118.

[3]王换超，张庆秀. 绩效技术视角下的高校网络教学平台应用研究：Blackboard 网络教学平台为例[J]. 中国远程教育，2014(19)：88-94.

[4]陈建萍. 对高校试题库建设的研究[J]. 经济研究导刊，2014(11)：249-250.

[5]张树永，侯文华，刁国旺. 高等学校化学类专业物理化学相关教学内容与教学要求建议[J]. 大学化学，2017(2)：9-18.

[6]韩锡斌，葛文双，周潜，等. MOOC平台与典型网络教学平台的比较研究[J]. 中国电化教育，2014(1)：61-68.

[7]李颖，李海湛，林琳，等. 基于 Blackboard 的无纸化多媒体试题库的建设及应用[J]. 中国教育信息化·基础教育，2015(12)：76-78.

基于教材插图的中考化学复习策略研究

高乐观[1]，徐玲[2①]，任永军[1]

(1. 榆林市第八中学，陕西榆林 719000；2. 陕西师范大学，陕西西安 710119)

摘　要：了解化学教材中插图的类型及功能，明确图表类试题在近年陕西省中考化学中的考查情况，在中考复习阶段充分挖掘教材插图并进行归纳整合，可以实现高效复习。基于教材插图的中考化学复习策略有：同词汇的插图集中复习；同物质的插图归纳复习；同功能的插图整合复习；同类型的插图并列复习；同原理的插图延伸复习。

关键词：教材插图；中考化学；复习策略

教材中的插图是指教材中具有直观、形象特点的图标、图表、图片、照片及绘画等，是储存和传递信息的一种直观图像，习惯上把它们看作教材文字系统的补充[1]。插图增强了教材的趣味性、可读性和可视性，使教学内容更直观、更具条理性，能更好地培养学生的观察能力、思维能力、想象能力及语言表达能力[2]。近年来陕西省中考化学试题中图表类试题众多，因此，在中考化学复习过程中充分发挥教材中插图的价值，可以实现高效的复习。本文以人教版初中化学教材(2012 版)为例，阐述基于教材插图的中考化学复习策略。

一、人教版初中化学教材中插图的类型及功能

根据学生年龄特征和认知规律，初中化学教材中呈现了浅显易懂的文字内容，并编入了 287 幅插图，为学生初步理解化学知识提供了形象、趣味和富有启发性的素材。依据插图的类型和功能，我们可以将初中化学教材中的插图分为表 1 所示的类别。

表 1　初中化学教材中插图的类型与功能分析

插图类型	插图功能	实例
图像类	传递信息、情感教育	常用危险化学药品标志、张青莲肖像、化学式 H_2O 的意义
实验操作类	强化单一实验功能	液体的倾倒、检验 H_2 的纯度、红磷燃烧前后质量的测定
微观示意类	化抽象为直观	几种分子模型、HgO 分子分解示意图、原子的构成示意图
坐标曲线类	量化数据处理	几种固体物质的溶解度曲线、1949—1985 年化肥施用量及粮食单位面积产量
操作流程类 (实验操作流程和简要工艺流程)	展示变化过程	自来水厂净水过程示意图、配制一定溶质质量分数的氯化钠溶液

二、图表类试题在陕西省中考化学试题中的考查情况

考查学生的读图能力是近年陕西省中考化学试题的特点之一，特别是实验插图为中考考查的主流。这些图表类试题素材大部分来源于教材插图，又有别于教材插图，注重教材插图的拆分、整合、拓展和延伸[3]。下面我们从三方面分析图表类试题在陕西省中考化学试题中的考查情况。

---

①　通信联系人：徐玲，xuling@snnu.edu.cn。

陕西省中考化学总分为 50 分。从图 1 可以看出，近 5 年来陕西省图表类试题考查 9 道左右，分数则在 34 分左右，占化学总分的 86%。

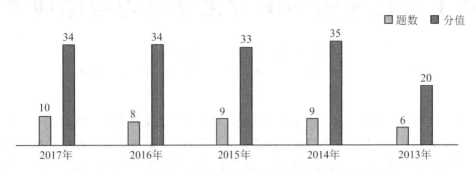

图 1　近 5 年陕西省中考化学图表类试题量和分值统计图

从图 2 可以看出，除了 2015 年和 2013 年的计算与分析题，近 5 年来陕西省图表类试题遍及所有题型；从图 3 可以看出其中填空及简答题中涉及的分值最高。

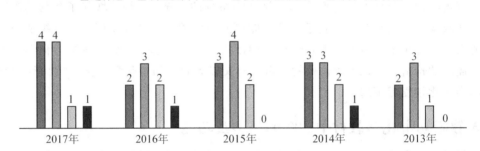

图 2　近 5 年陕西省中考化学图表类试题在不用题型中题数分布统计图

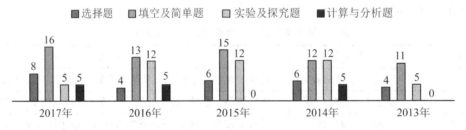

图 3　近 5 年陕西省中考化学图表类试题在不用题型中分值分布统计图

从表 2 可以看出近 5 年来，图像类试题考查较少，且都以填空及简答题的形式出现；单一的实验操作类试题每年都有涉及，题数有递减的趋势；微观示意类试题 5 年三考，考查内容难度较低；坐标曲线类试题每年都有涉及，近两年来考查内容难度增大；操作流程类试题每年都有考查，题数有递增的趋势，说明综合的实验操作流程和简要的工艺流程将成为中考化学的主流考查方式。

表 2　近 5 年陕西省中考化学图表类试题题号统计表

类型	2017 年	2016 年	2015 年	2014 年	2013 年
图像类	17	—	—	16	—
实验操作类	10、14、21	10、21	10、15、17、19、21	10、14、20、21、22	9、15、18、21
微观示意类	12	—	17	11	—
坐标曲线类	15	15、18、23	24	18	17

类型	2017 年	2016 年	2015 年	2014 年	2013 年
操作流程类	18、19、20、23	19、20、21、22	18、20、22	23	20

注：9~15 题为选择题，16~20 题为填空及简单题，21~22 题为实验及探究题，23 题为计算与分析题。一般 14、15、19、20、22 题难度较大。

三、基于教材插图的中考化学复习策略

陕西省中考化学试题只有 15 小题，为了多覆盖考查内容，试题的综合性较高。因此，在命制试题时，采取"密切联系学生学习、生活实践，横有主题，纵有主轴"的命题策略，加强考点的整合和覆盖率，将多个考点整合在学生熟悉的学习生活情境中[4]。依据以上命题特点，结合图表类试题的考查情况，教师在中考复习中从多角度、多层次出发，对教材插图进行分类、整合，使知识之间以插图为载体呈现一定的逻辑性、条理性和整体性，在插图的基础上拓展、延伸，可以加强学生获取信息、加工信息、表达信息的能力，从而有效落实"过程与方法"的课程目标，提高学生的复习效率。

1. 同词汇的插图集中复习

（1）四个"作用"如图 4 所示。

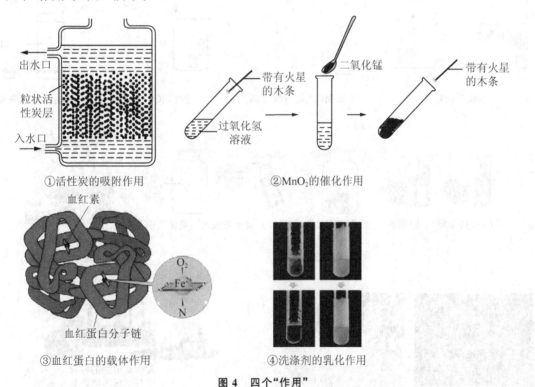

①活性炭的吸附作用   ②MnO₂的催化作用

③血红蛋白的载体作用   ④洗涤剂的乳化作用

图 4 四个"作用"

（2）三种"冰"如图 5 所示。

①冰   ②干冰   ③可燃冰

图 5 三种"冰"

初中化学体系具有知识点分散、内容相对独立的特点，学生理解记忆时经常出现"顾此失彼"的状况。巧妙地寻找零碎知识点的"共同"之处，可以把如散沙的知识整合。上述插图中通过词汇"作用""冰"，巧妙地将七个没有关联的小知识点整合，便于学生集中理解记忆。

2. 同物质的插图归纳复习

(1)涉及 CO_2 的教材插图如图 6 所示。

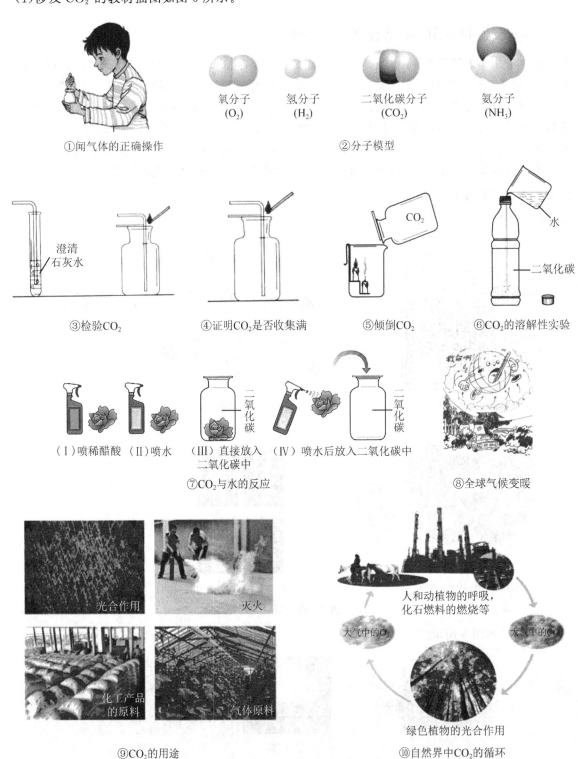

图 6　教材中涉及 CO_2 的插图

（2）以磷为试剂的实验插图如图 7 所示。

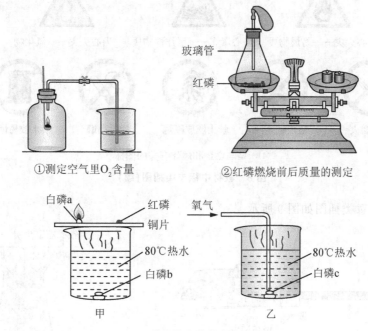

①测定空气里O₂含量

②红磷燃烧前后质量的测定

③燃烧条件的实验

图 7　教材中涉及磷的实验插图

以教材插图为载体，围绕 CO_2 可以归纳出一个知识体系，借鉴该复习方式可以归纳出以 H_2O、O_2、金属、酸、碱、盐等为中心的知识体系。以磷为中心可以将上述三个实验归纳起来集中突破。归纳建立知识体系，深入理解教材插图所承载、传递的关键信息，运用联想、类比、推理等方法可以处理来源于教材的图表类试题。

3. 同功能的插图整合复习

（1）教材中标志类插图如图 8 所示。

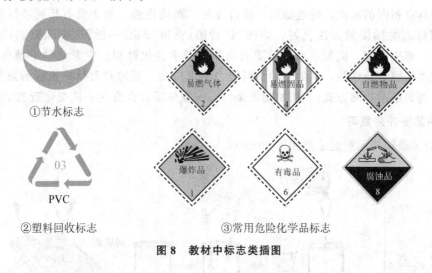

①节水标志

②塑料回收标志

③常用危险化学品标志

图 8　教材中标志类插图

当心火灾——易燃物质　　当心爆炸——爆炸性物质　　当心火灾——氧化物

禁止烟火　　禁止带火种　　禁止燃放鞭炮　　禁止吸烟　　禁止放易燃物

④一些与燃烧和爆炸有关的图标

图8　教材中标志类插图(续)

(2)教材中流程示意类插图如图9所示。

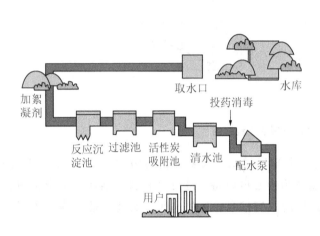
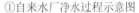
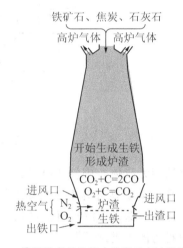

①自来水厂净水过程示意图　　　　　　②炼铁高炉及炉内化学反应过程示意图

图9　教材中流程示意类插图

标志类插图具有相同的功能：传递信息、整合复习、系统性强。对于具有相同功能的图像类试题，学生都可以按照标志类插图的方法复习，即按照"看图(获取知识)—析图(推理知识)—释图(内化知识)"的流程分析、解决问题。流程示意类插图的功能为展示变化过程。中考化学中操作流程类是主流的考查方式，此类试题综合性强，对学生的学科能力要求较高。通过对教材中流程示意类插图的学习，可以养成学生解题的基本思维方式："初始物质是什么—发生了什么变化—该变化造成了什么后果"。

4. 同类型的插图并列复习

(1)教材中有关酸碱指示剂的插图如图10所示。

①分子运动现象的实验　　　　②酸碱中和滴定　　　　③酸与指示剂作用

图10　教材中有关酸碱指示剂的插图

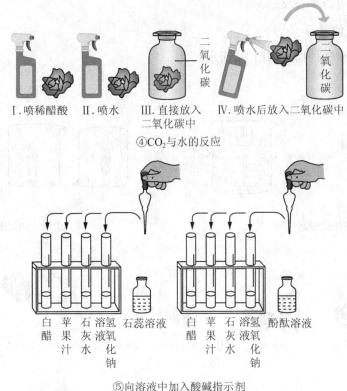

Ⅰ.喷稀醋酸　Ⅱ.喷水　Ⅲ.直接放入　Ⅳ.喷水后放入二氧化碳中
二氧化碳中

④CO₂与水的反应

白苹石溶　石蕊溶液　　白苹石溶　酚酞溶液
醋果灰氢　　　　　　　醋果灰氢
汁水氧　　　　　　　　汁水氧
化　　　　　　　　　　化
钠　　　　　　　　　　钠

⑤向溶液中加入酸碱指示剂

图 10　教材中有关酸碱指示剂的插图(续)

(2)教材中有关制取气体的 3 幅插图如图 11 所示。

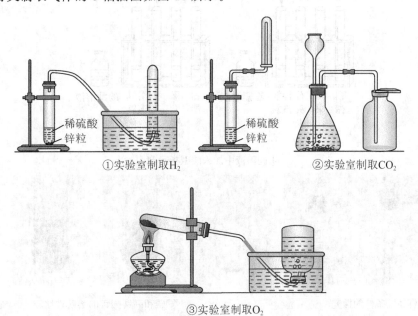

①实验室制取H₂　　　　　　②实验室制取CO₂

③实验室制取O₂

图 11　教材中制取气体的插图

　　酸碱指示剂虽然不是重要的考点,但从酸碱指示剂出发可以将重要考点分子的运动、酸碱中和滴定等并列复习,解题思路围绕"颜色变化—溶液酸碱性变化—引起酸碱性变化的原因"展开。中考中以制取 O₂ 和 CO₂ 的装置为基础,延伸出一系列改进实验反复考查,同时,还涉及拓展知识,如除杂装置和药品的选择。无论考查教材中的原装置,还是改编自教材的改进装置,万变不离其宗,只要掌握好经典的原型装置，就可以举一反三。

5. 同原理的插图延伸复习

教材中涉及控制变量法的插图如图 12 所示。

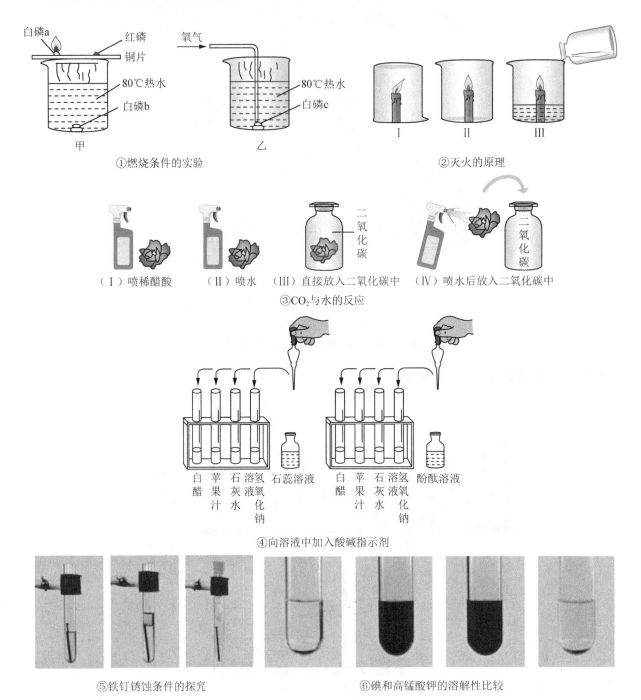

①燃烧条件的实验 ②灭火的原理

③CO₂与水的反应

（Ⅰ）喷稀醋酸 （Ⅱ）喷水 （Ⅲ）直接放入二氧化碳中 （Ⅳ）喷水后放入二氧化碳中

④向溶液中加入酸碱指示剂

⑤铁钉锈蚀条件的探究 ⑥碘和高锰酸钾的溶解性比较

图 12　教材中涉及控制变量法的插图

控制变量法是科学探究中的重要思想方法，广泛地应用在科学探究和实验研究之中。教材中涉及控制变量法的实验多是中考重点考查的对象，控制变量法更是解决实验及探究题的重要化学方法。利用其解决化学问题的一般思路为"明确探究问题—锁定影响因素—控制其他因素—研究改变因素"。

四、结束语

实践证明，在中考复习阶段了解中考命题走向，"适用"教材、回归教材，重视并充分挖掘教材插图这一"特殊的第二语言"，捕捉其所隐含的丰富的化学信息并进行整合归纳，能促进学生形成化学思维，对培养学生分析问题、解决问题的能力能起到事半功倍的效果。

参考文献

[1]徐良绣．义务教育化学课程标准实验教科书插图的功能及使用策略研究[D]．长春：东北师范大学，2006．

[2]王荣桥．解读中考化学识图题[J]．化学教学，2015(1)：87-91．

[3]荣凤贤．基于初中化学教材插图的有效复习策略研究[J]．理综中考研究，2014(12)：36-39．

[4]辛梅．2016年陕西省初中毕业学业考试化学学科评价报告[J]．陕西教育科研，2017(1)：67-85．

对化学课程标准中行为动词的认识

耿晨曦，杨承印[①]

（陕西师范大学化学化工学院，陕西西安 710119）

摘　要：初高中两个学段的国家化学课程标准没有对学习性行为动词和层级水平作出界定和说明，层级水平与教学行为之间如何转化无从得知。本文通过工具书检索、化学教师问卷调查、理科不同课程标准比较等方法，对学习性行为动词的层级水平作出一个较为合理的说明，以提高化学教师的教学设计与教学活动之间的有效性。

关键词：化学课程标准；行为动词；层级水平

化学课程标准是化学教材编写、教学、评估和考试命题的依据。研读初高中两个学段的化学课程标准发现，两者均未对学习性行为动词的内涵和层级水平作出过程性与活动性界定和说明，使得学习层级水平与教学之间的转化因人而异，没有约定的标准。如何将层级水平转化为具体的教学活动，就显得极为重要。

有文献提出厘清行为动词的确切含义以及一线教师如何在教学实践中把握某一课程内容的学习水平等问题，但未给出合适的解决办法[1]。本文通过工具书检索、问卷调查、横向与纵向比较等方法，从理论和实践两方面界定化学课程标准中学习性行为动词的活动强度，以期对学习层级水平作出说明，将学习层级水平与具体的教学行为联系起来，促进教学行为与课程标准的一致性。

一、工具书对行为动词的诠释

检索《现代汉语词典(第 6 版)》(商务印书馆，2012 年)对化学课程标准中行为动词的释义(见表 1)。

表 1　化学课程标准行为动词释义

		义务教育化学课程标准(2011 年版)	普通高中化学课程标准(2003 年版)
认知性学习目标水平	第一层级	知道：对于事实或道理有认识，懂得； 记住：想得起来，没有忘掉； 说出：用语言表达出来； 列举：一个一个地举出来； 找到：为了要见到或得到所需求的人或事物而努力寻找	知道、说出、列举(参照初中段)； 识别(参照初中段)； 描述：形象地叙述，描写叙述； 举例：提出例子来
	第二层级	认识：能够确定某一人或事物是这个人或事物而不是别的； 了解：知道得清楚； 看懂：通过视线接触了解人或物； 识别：辨别，辨认； 能表示：能够用言语行为显出某种思想、情感、态度等； 懂得：知道	了解、认识、区分、能表示(参照初中段)； 辨认：根据特点辨别，做出判断，以便找出或认定某一对象； 比较：就两种或两种以上同类的事物辨别异同或高下

---

①　通信联系人：杨承印，yangcy@snnu.edu.cn。

续表

		义务教育化学课程标准(2011 年版)	普通高中化学课程标准(2003 年版)
认知性学习目标水平	第三层级	理解：懂，了解； 解释：分析阐明，说明含义、原因、理由等； 说明：解释明白，证明； 区分：区别； 判断：肯定或否定某种事物的存在； 简单计算：根据已知数通过简单的数学方法求得未知数	理解、解释、说明、判断(参照初中段)； 预期：预先期待； 分类：根据事物的特点分别归类； 归纳：由一系列具体的事实概括出一般原理； 概述：大略地叙述
	第四层级		应用：使用； 设计：在正式做某项工作之前，根据一定的目的要求，预先制订方法、图样等； 评价：评定价值高低； 优选：选择出好的； 使用：使人员、器物、资金等为某种目的服务； 解决：处理问题使有结果； 检验：检查验证； 证明：用可靠的材料来表明或断定人或事物的真实性
技能性学习目标水平	第一层级	模仿操作：照某种现成的样子，按照一定的程序和技术要求进行活动或工作； 初步学习：开始从阅读、听讲、研究、实践中获得知识或技能	初步学习(参照初中段)； 模仿：照某种现成的样子学着做
	第二层级	独立操作：不依靠他人，按照一定的程序和技术要求进行活动或工作； 初步学会：开始掌握某一项技能或某类知识	初步学会、独立操作(参照初中段)； 完成：按照预期的目的结束，做成； 测量：用仪器确定空间、时间、温度、速度、功能等的有关数值
	第三层级		学会：通过学习掌握某一项技能或某类知识； 掌握：了解事物，因而能充分支配或运用； 迁移：离开原来的所在地而另换地点； 灵活运用：敏捷得根据事物的特性加以利用
体验性学习目标水平	第一层级	经历：亲身见过、做过或遭受过； 体验：通过实践来认识周围的事物，亲身经历； 感受：受到(影响)，接受	感受、经历、体验(参照初中段)； 参与：参加； 交流：彼此把自己有的供给对方； 讨论：就某一问题交换意见或进行辩论； 合作：互相配合做某事或共同完成某项任务； 参观：实地观察
	第二层级	认同：认为跟自己有共同之处而感到亲切，承认、认可； 意识：觉察，人的头脑对于客观物质世界的反映； 体会：体验领会； 认识：通过实践了解、掌握客观事物； 关注：关心重视； 遵守：依照规定行动	认同、体会、认识、关注、遵守(参照初中段)； 赞赏：赞美赏识； 重视：认为人的德才优良或事物的作用重要而认真对待；看重； 珍惜：珍重爱惜

义务教育化学课程标准(2011年版)			普通高中化学课程标准(2003年版)
体验性学习目标水平	第三层级	内化：自己所认同的新的思想和自己原有的观点信念结合在一起； 初步形成：开始通过发展变化而成为具有某种特点的事物； 树立：建立； 保持：维持(原状)，使不消失或减弱； 发展：事物由小到大、由简单到复杂、由低级到高级的变化； 增强：增进，加强	树立、建立、保持、发展、增强(参照初中段)； 形成：通过发展变化而成为具有某种特点的事物； 养成：按一定目的长期地教育和训练使成长； 具有：有

　　通过工具书检索发现，某些行为动词的释义和其他层级行为动词相互解释(如认知性学习目标第一层级的"知道"用第二层级的"认识"来解释)，这样实施者就无法辨析各自的学习行为强度(如体验性学习目标第三层级中行为动词"树立"的释义为"建立"，而"建立"本身也是该层级的行为动词)。这样，化学教师在实际教学活动中如何把握学习行为动词的强度，教到什么程度合适，这些问题汉语词典诠释无法解决，并且其中的解释相互交错，追寻的结果使得行为更加混乱。

二、问卷调查对行为动词的理解

　　既然依靠词典无法解决问题，那么我们通过问卷和访谈中学化学教师，期待教学实践是否有良策。问卷分为义务教育段和高中段。调查对象分别为47名"置换脱产研修"初中化学教师和45名"国培计划"高中化学教师。其中，47名初中化学置换脱产研修教师分别执教于陕西省各个初中，45名"国培计划"高中化学教师分别执教于全国各地的高中。

1. 对课程标准的认识

　　大多数初中化学教师无法确定2001年和2011年课标的区别；在进行教学设计时，这两个学段的化学教师相较于课程标准，会更多地参考与化学教科书相配套的教师用书和相信自己的教学经验；尽管他们中的多数比较清楚地认为课程标准可以帮助自己进行教学设计活动，但因为在实践中仍有较大困难而束之高阁。

2. 对行为动词的认识

　　大多数初高中化学教师不清楚课标中学习性行为动词的内涵；对于行为动词的理解基本依据自身教学经验；不确定行为动词与其在生活中使用的差别；在教学活动中，不清楚学习性行为动词所要达到的教学程度，不确定层级水平与教学活动强度之间的关系；初中化学教师比较认同认知性学习目标三个层级的认知强度依次为"是什么、为什么、怎么做"。

3. 对行为动词的使用

　　两个学段的化学教师多数在进行教学设计时，不确定自己是否能够正确使用三维目标中的学习性行为动词；在化学课堂教学过程中，不确定是否能够达到行为动词所要求的教学程度，不会将层级水平意味转化为具体的教学活动，不能灵活地根据行为动词调整教学活动。

　　根据以上分析，可以发现化学教师对行为动词的认识基本停留在较浅的层面，大多数教师不清楚行为动词的内涵，不确定行为动词与具体的教学行为之间的关系，在教学活动过程中，主要依靠自己的主观意志和教学经验选择和使用行为动词，不能将行为动词转化为具体的教学活动，没有做到科学合理地使用行为动词。

三、不同学科课程标准的表述比较

1. 不同学段化学课程标准中行为动词的比较分析

初中和高中两个学段的化学课程标准均未对学习性行为动词及其层级水平作出界定和说明，各层级代言词不确定。这给教师解读课程内容、制订教学目标和实施教学目标带来了困惑。化学课程标准中对于某些行为动词的使用比较随意。例如：行为动词"认识"既出现在认知性目标的第二个层级中，也出现在体验性目标的第二个层级中，反映了两种不同类型的学习目标水平，课标对于二者的区别没有作出说明。另外，还有一些行为动词没有出现在行为动词表中，却出现在内容标准中，令实施者无所适从。例如："表述"没有出现在义务教育段的行为动词表中，却出现在内容标准中。这些都是化学课程标准有待厘清的问题。

纵向比较《义务教育化学课程标准（2011 年版）》和《全日制义务教育化学课程标准（实验稿）》（2001 年）发现，前者比后者语言表述更加准确、规范、明了、全面；学习情境材料和探究实验可操作性更强，更适合于教材编写、教师教学和学习评价[2]。前者将后者前置的行为动词量表放于"附录"中，表达形式仍同《实验稿》，设立了不同水平的行为动词并对其进行分类，使其与描述课程目标、课程内容所使用的行为动词相统一。修订后的结构呈现方式未变，但部分内容的学习要求有所变化。2011 年修订后的课程标准仍未对行为动词的内涵及其代表的层级水平做出界定和说明，使得这种理解处于研究与实施者个人之言，没有统一的测量与评价标准[3]。

纵向比较《普通高中化学课程标准（实验）》（2003 年版）和《全日制普通高级中学化学教学大纲》（2002 年）发现，大纲对知识的教学要求由低到高划分为 ABCD 四个层级，每一级目标有明确教学要求。对于每个"教学内容"都有与之对应的"教学要求"[4]。而高中化学课程标准使用了若干行为动词来表征同一级目标要求，这一做法客观上有利于课标使用者更好地理解某一级"目标要求"所具体涵盖的学习水平，但是高中化学课程标准缺乏对易混淆行为动词的明确区分与例析[1]。在这一点上，高中化学课程标准似乎有些倒退。

2. 同一学段理科课程标准中行为动词的比较分析

横向比较两个学段的理科课程标准（化学、物理、生物）发现，它们均未对行为动词的内涵作出界定。其中，初中物理课程标准划分了层级水平，规定了层级代言词，但是未说明层级含义；高中物理和生物课程标准划分了层级水平，规定了层级代言词，并且说明了层级含义，使层级水平与具体的教学行为能够联系起来。

比较高中物理课程标准和高中生物课程标准发现，两者对相同层级水平的说明比较相似。高中物理课程标准将认知性目标动词分为了解、认识、理解、应用四个水平，其中"了解"水平的含义为"再认或回忆知识；识别、辨认事实或证据；举出例子；描述对象的基本特征"；认识水平的含义为位于"了解"与"理解"之间；理解水平的含义为"把握内在逻辑联系；与已有知识建立联系；进行解释、推断、区分、扩展；提供证据；收集、整理信息等"；应用水平的含义为"在新的情境中使用抽象的概念、原则；进行总结、推广；建立不同情境下的合理联系等"[5]。高中生物课程标准将知识性目标动词分为了解、理解、应用三个水平，三个水平的含义同于高中物理课程标准[6]。虽然两者分的层级不同，但是对于相同层级水平的说明基本一致。

四、对不同学段课程标准中学习行为动词的认识

1. 初中与高中课程标准中学习行为动词的界定建议

化学课程标准未能对行为动词和层级水平作出界定和说明，使得行为动词与教学行为之间无法联系。调查表明，化学教师对于行为动词的认识较浅，在实际教学活动中，主要依靠自己的主观意见和

教学经验选择和使用行为动词，不清楚如何将行为动词转化为具体的教学活动，说明这一问题已经给教师解读课标，制订教学目标带来了困惑。为了解决这一问题，从理论和实践两个方面对层级水平作出说明，建议化学课程标准规定层级代言词，可以选择各层级第一个行为动词作为层级代言词，对层级水平作出说明。具体规定如表2所示。

表 2　化学课程标准中层级水平的说明

		义务教育化学课程标准(2011年版)	普通高中化学课程标准(2003年版)
认知性学习目标水平	第一层级	代言词：知道	同左
		含义：再认或回忆知识；识别、辨认事实或证据；举出例子；描述对象的基本特征等	
	第二层级	代言词：认识	同左
		含义：位于"知道"与"理解"之间	
	第三层级	代言词：理解	同左
		含义：把握认识对象的内在逻辑联系；与已有知识建立联系；进行解释、推断、区分、扩展；提供证据；收集、整理信息等	
	第四层级		代言词：应用
			含义：在新的情境中使用抽象的概念、原则；进行总结、推广；建立不同情境下的合理联系等
技能性学习目标水平	第一层级	代言词：模仿操作	代言词：初步学习
		含义：在原型示范和具体指导下完成操作	含义：同左
	第二层级	代言词：独立操作	代言词：初步学会
		含义：独立完成操作；进行调整与改进；与已有技能建立联系等	含义：介于初步学习与学会之间
	第三层级		代言词：学会
			含义：独立完成操作。进行调整与改进；与已有技能建立联系等
体验性学习目标水平	第一层级	代言词：经历	代言词：感受
		含义：从事相关活动，建立感性认识等	含义：同左
	第二层级	代言词：认同	代言词：认同
		含义：在经历基础上表达感受、态度和价值判断；做出相应反应等	含义：同左
	第三层级	代言词：内化	代言词：形成
		含义：具有稳定态度、一致行为和个性化的价值观念等	含义：同左

2. 两个案例

案例 1：根据初中化学课程标准主题二中"我们周围的空气"标准1"说出空气的主要成分"，如何设计教学活动？

解答：阅读课程标准这一部分的另外两点：活动与探究建议，学习情境素材，把握其中关于"空气"的学习要求。

然后以人教版教科书为例，"空气"编排在上册第二单元的课题1中，由三个一级主题组成：空气是由什么组成的；空气是一种宝贵的资源；保护空气。

调研学生学习这个内容的现状：他们在小学科学课中已经知道空气的主要成分是氮气和氧气，但是定量成分是多少，依据什么方法来测量还不知道。

依据教科书提供的化学史素材，实验操作过程素材，隐含的方法论素材以及探究活动方式，设计第一课时的教学目标。

知识与技能：依据化学史实和定量实验数据，知道空气是由氮气、氧气和其他气体组成的混合气体，能够说出空气中氮气的体积分数约为78％，氧气约为21％，其他气体约为1％。初步学习用文字式表示的化学反应方程式。

过程与方法：通过化学史实描述，体验金属在空气中煅烧前后的质量变化规律，转而意识到测定空气中氮气含量的方法原理，树立化学科学的定量思想，认识化学物质的性质离不开逻辑思维。

情感态度与价值观：通过追忆化学家拉瓦锡的活动，感受化学科学认识自然的历程，更加确信思维、量化、实证对个人科学素养形成的价值。

教学活动策略：根据以上教学目标，设计教学活动。教师通过化学史实描述人类对空气的认识，特别是拉瓦锡用定量实验来认识空气，据此要求学生设计测定空气中氧气的定量实验。教师操作实验，引导学生描述实验现象，会用初级化学语言——文字方程式表示实验的本质。达到：人人都能知道空气是由各种气体组成的混合物，氮气、氧气是纯净物。由实验现象联想到氧气在空气中约占总体积的21％，氮气约占78％，其他气体约占1％。由具体的现象归纳出混合物、纯净物的概念。

测量与评价：见人教版化学上册第32页练习与应用1～2题。

案例2：根据高中化学课程标准，选修1《化学与生活》中主题二的"生活中的材料"标准6"评价高分子材料的使用对人类生活质量和环境质量的影响"，如何设计教学活动？

解答：阅读课程标准把握其中关于"高分子材料"的学习要求。以人教版教科书为例，"高分子材料"编排在第三章"探索生活材料"的第四节"塑料、纤维和橡胶"中。

学情分析：学生在本章前三节课的学习中，已经了解无机材料的性质和用途，在生活中接触过塑料、纤维和橡胶等高分子材料，但是并未系统地学习高分子材料，还不清楚高分子材料的性质和用途。

教学目标涉及知识与技能、过程与方法、情感态度与价值观三方面。

知识与技能：了解高分子材料包括合成材料和复合材料；知道三大合成材料塑料、纤维和橡胶的主要化学成分和用途。

过程与方法：通过查阅资料了解高分子材料在生活中的应用，体验高分子材料对生活的重要影响，举例说明生活中常用合成高分子材料的化学成分及其性能。

情感态度与价值观：通过认识高分子材料的性质和用途，认识其对人类生活和环境的重要影响，意识到化学在发展生活用材料中的重要作用。

教学活动组织：根据以上教学目标，设计教学活动。教师通过讲述和幻灯片演示，引导学生了解三大合成材料，包括塑料、纤维和橡胶。教师操作实验，引导学生描述实验现象，了解高分子材料的热塑性和热固性。达到：每个学生都能知道高分子材料包括合成材料和复合材料，高分子材料具有热塑性和热固性，三大合成材料包括塑料、纤维和橡胶，三大合成材料在生活中的具体应用，由高分子材料的应用意识到它对人类生活质量和环境质量的重要性。

测量与评价：见人教版高中化学选修1《化学与生活》第69页归纳与整理4～5题。

通过以上描述，使我们看到了基于课程标准的教学不能付诸现实的原因。从教学设计开始，化学教师就无法选择合适的学习性行为动词于自己的教学设计中，无法把握教学设计中的行为动词与教学行为之间的一一对应关系，这样的后果导致了学科教学更依赖个人经验而不是科学原理。如果对行为动词作严格的界定，则教学目标、教学过程、教学测量与评价之间的关系会更加紧密。

参考文献

[1]张雨强.《普通高中化学课程标准(实验)》目标要求维度的问题与修订建议[J]. 基础教育课程，2013(7)：50-54.

[2]王世存，王后雄.《义务教育化学课程标准(2011年版)》解析[J]. 中小学管理，2012(4)：23-28.

[3]杨承印，杨辉. 对2011版义务教育化学课程标准中行为动词的认识[J]. 中学化学教学参考，2012(10)：38-40。

[4]中华人民共和国教育部制定. 全日制普通高级中学化学教学大纲[S]. 北京：人民教育出版社，2002.

[5]中华人民共和国教育部制定. 普通高中物理课程标准(实验)[S]. 北京：人民教育出版社，2003.

[6]中华人民共和国教育部制定. 普通高中生物课程标准(实验)[S]. 北京：人民教育出版社，2003.

借助 XMind 软件的操作探究思维导图
在初中化学教学中的应用

郭静，徐林琳，薛亮[①]

（陕西师范大学化学化工学院，西安 170000）

摘　要：思维导图（Mind Mapping）可以将人的发散性思维可视化，近年来在学习、工作和生活等多个方面的应用越来越广泛。本研究选取了初中化学教材中具有代表性的内容，从单元复习总结、知识点的精加工、习题解析这三方面入手，利用 XMind 软件绘制思维导图并将其应用于初中化学教学中来探讨思维导图应用于教学中的可行性。

关键词：思维导图；XMind；单元复习；精加工；初中化学

思维导图可以将大脑的放射性思维和过程变得显现和具体，把大脑中原本杂乱无章的信息联系起来。思维导图的特点是先确定一个中心主题，由中心主题向外发散出相关联的分支，每个分支又变成新的中心主题，再发散出许多相关联的下一级分支，一级一级向下发散，由此便可以建立起知识点之间的立体网络结构。运用思维导图的发散性，能够很好地构建起立体的知识网络，在学习时使用思维导图，对掌握知识非常有效，有利于理解记忆所学知识，提高学习的效率[1]。

一、研究背景及意义

初中化学知识涉及概念、原理、计算、实验等很多内容，知识点比较多，学生需要正确的学习方法和一定的学习能力，尤其要有一定的逻辑思维和发散思维能力。思维导图的绘制过程，可以不断地激发学生的思维，便于学生将零碎的知识点串联起来，在大脑中形成富有层次的立体网络体系，开发创新思维，提高分析解决问题的能力。

很多国家的教育机构都对思维导图有所研讨和探究。国外思维导图研究内容集中于本体的研究、绘制软件的研究和应用的研究，研究方法上有定性研究、定量研究。我国研究和应用思维导图较晚，近 10 年国内对思维导图的研究主要集中在三大类：思维导图本体研究、应用研究和制作研究。在思维导图应用研究方面主要集中在教师的"教"上，而对教师如何利用思维导图帮助自我专业成长，学生如何利用思维导图培养高效自学能力，思维导图对化学教学的整个过程如何起到促进作用，不够深入和全面。本研究的重点为思维导图作为一种有效的工具，如何应用到初中化学教学中，以期补充相关研究的不足，为教师教学实践提供借鉴。

本研究的意义在于借助 XMind 软件在初中化学教学中应用思维导图，对教师而言，可以优化备课，提高效率，创新课堂模式，改善师生关系，对学生而言，可以促进自主学习，帮助整合知识，提高分析问题、解决问题的能力。

二、研究工具

随着思维导图的应用范围越来越广，制作思维导图的软件也越来越多，如 MindManager、MindMapper、FreeMind、XMind 等。虽然这些软件在使用方式、绘图格式、风格等方面不同，但都可

---

①　通信联系人：薛亮，xueliang@snnu.edu.cn。

以将大脑的思维可视化，给学习工作提供方便。与手工绘制相比，软件绘制体现了信息化的要求，可以将思维导图复制、方便编辑、利于传播、便于互相交流共享[2]。

本研究借助 XMind 软件来制作思维导图。XMind 是一款国产的跨平台软件，具有扩展性好、稳定性高等优点。具体如下：

模板多样化。XMind 自带多种风格的模板。

附件很强大。在 XMind 中，可以在关键词处插入文本和图片或者音频、视频等附件，来补充相关内容。

具有可伸缩性。方便了阅读者将主要精力放在重要的内容上。

多页打印很方便。方便学习者使用。

共享功能利于共同进步。共享可以很好地激发思维，教学相长。

三、借助 XMind 软件操作的探究思维导图在初中化学教学中应用

本研究选取了山东教育出版社九年级化学教材中具有代表性的几个内容：常见的酸和碱、化学方程式、化学计算，从单元复习总结、知识点的精加工、习题解析这三方面来探讨将思维导图运用于初中化学教学中的可行性。

1. 应用于单元复习总结

酸和碱是初中化学的难点和重点，占据了大部分知识点，中考的考查也比较多，因此研究选用这一单元内容作为典型案例分析。这一单元分为 4 节，分别是酸及其性质、碱及其性质、溶液的酸碱性、酸碱中和反应。在学习时，学生每学完一节就绘制本节课的思维导图，在整个单元学习结束后，总结为单元复习思维导图。

第一节酸及其性质中主要讲解了常见的酸和酸的共同化学性质，所以以常见的酸和化学性质作为两个主分支。常见的酸讲解了两种，HCl 和 H_2SO_4，关于 HCl 要学会的知识有颜色、状态、气味、挥发性、腐蚀性、用途等几方面，所以下一分支从这几方面展开讲解。关于 H_2SO_4 要学会的知识有：颜色、状态、吸水性、腐蚀性、稀释操作、用途等几方面，下一分支就从这几方面展开，并在后面注明具体的应用知识。另一主分支，化学性质主要有五点，下一分支就分为五部分：与指示剂反应、与碱反应、与某些金属氧化物反应、与某些金属反应、与某些盐反应，并在其后注明具体的反应现象或生成物。图 1 所示为第一节"酸及其性质"的思维导图。

在第二节碱及其性质中主要讲解了常见的碱及其化学性质，所以以常见的碱和化学性质作为两个主分支。常见的碱讲解了两种，$NaOH$ 和 $Ca(OH)_2$，关于 $NaOH$ 要学会的知识有颜色、状态、俗名、腐蚀性、吸水性、溶解性、用途等几方面，所以下一分支从这几方面展开讲解。关于 $Ca(OH)_2$ 要学会的知识有颜色、状态、俗名、腐蚀性、溶解性、制取、用途等几方面，下一分支就从这几方面展开，并在后面注明具体的应用知识。另一主分支，化学性质主要有四点，下一分支就分为四部分：与指示剂反应、与酸反应、与某些非金属氧化物反应、与某些盐反应，并在其后注明具体的反应现象或生成物。图 2 所示为第二节"碱及其性质"的思维导图。

第三节溶液的酸碱性，主要从检验溶液的酸碱性、判断溶液酸碱性强弱和酸碱性意义这三方面讲解，所以以这三方面作为三个主分支。检验溶液的酸碱性用到了指示剂，指示剂有两种，紫色石蕊和无色酚酞，这两种指示剂遇到酸和碱的现象不同。判断溶液酸碱性强弱可以使用 pH 试纸测溶液的 pH，不同 pH 体现出不同的酸碱度。最后一个分支酸碱性的意义，人体生命活动和植物体生长都需要一定的 pH。图 3 所示为第三节"溶液的酸碱性"的思维导图。

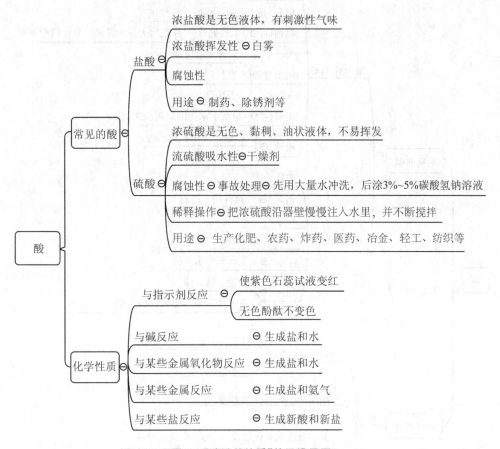

图1 "酸及其性质"的思维导图

第四节酸碱中和反应，主要从定义、实质和应用这三方面讲解，所以以这三方面作为三个主分支。中和反应的定义是酸与碱作用生成盐和水的反应。实质是氢离子和氢氧根离子结合生成水分子。应用主要介绍了医药卫生、改变土壤酸碱性、处理工业废水、调节溶液酸碱性这四方面。图4所示为第四节"酸碱中和反应"的思维导图。

在这一单元学习结束后，将四节课的思维导图合并整理，汇总为本单元复习总结思维导图，如图5所示。其中，酸的化学性质和碱的化学性质是本单元的重点和难点，可在思维导图上插入重点标记，还可以将这两部分内容纵向拓展，加大深度和难度。另外有些经常考察的知识也可以做上标记，如浓 H_2SO_4 吸水性做干燥剂、浓 H_2SO_4 稀释操作、NaOH吸水性及其拓展、CO_2 的检验方法、指示剂变色情况、pH试纸数值代表的意义、中和反应的实质和应用。有联系的内容可以用"⇌"（联系）符号将两者关联起来，如中和反应可以与酸和碱的反应关联，指示剂变色情况可以与酸碱与指示剂反应关联。学生在复习时，可以先点击闭合详细知识，只看前面的关键词，自主思考，回顾知识，检测学习效果。

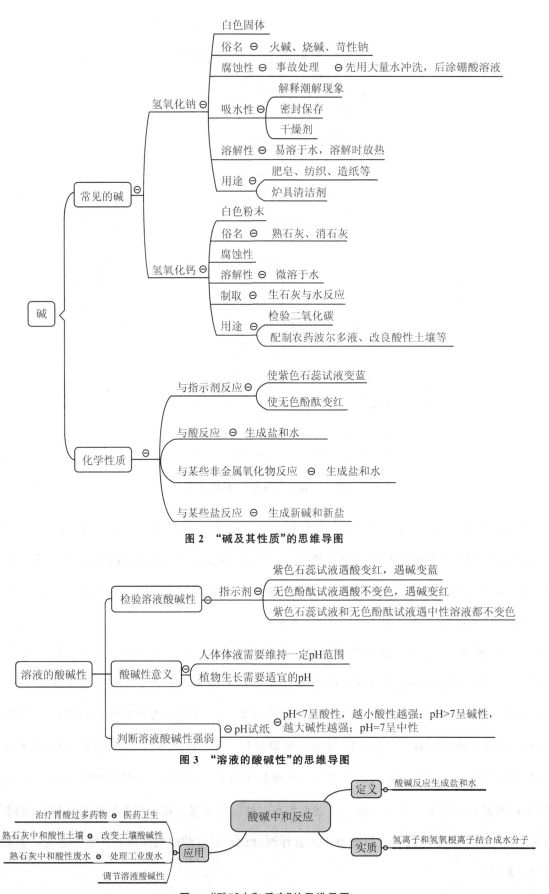

图2 "碱及其性质"的思维导图

图3 "溶液的酸碱性"的思维导图

图4 "酸碱中和反应"的思维导图

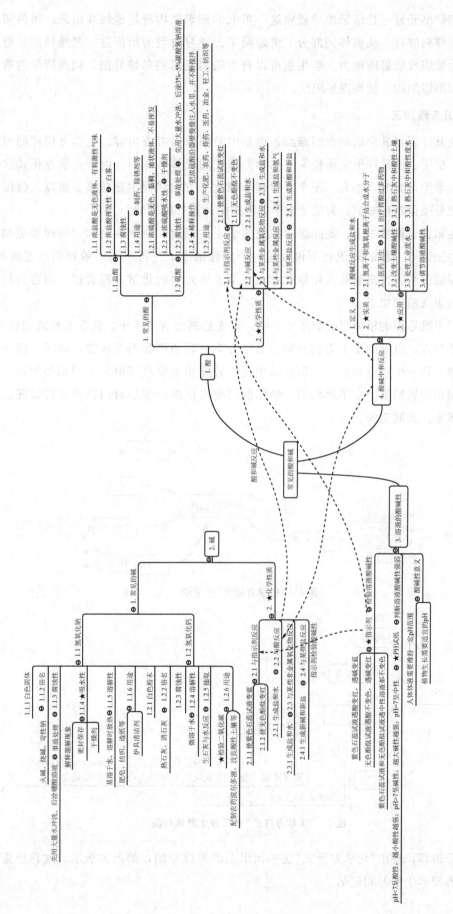

图5 "常见的酸和碱" 单元复习总结的思维导图

"常见的酸和碱"单元复习总结思维导图将这一单元的知识结构清楚地展现出来，相关知识按与中心主题的密切关系排列展开，从整体到部分，清楚明了。复习时教师给出这一思维导图，指导学生回顾复习，帮助学生发展发散思维能力。学生也可以自主绘制复习的思维导图，梳理所学内容，关联知识点，建立起知识网络结构，加深理解记忆。

2. 应用于知识点精加工

化学方程式及其计算是教学的重点和难点，也是中考的重点考查内容。化学方程式的内容涉及概念、意义、书写、配平、质量守恒定律和关于化学方程式的计算等方面。由于化学方程式这部分内容的知识点比较多，学生计算时在书写、配平、解题步骤这几方面错误率比较高。所以，教师在讲解化学方程式时，要充分强化基础知识，为关于化学方程式的计算打好基础。

思维导图用在知识点精加工上，既能纵向探究知识点的深度，使学生对知识的理解更加深入，又能横向关联相关的知识点。新的知识点不仅仅是一个单独的点，更可以与旧的知识点连成网络结构，利于学生学习。现以山东教育出版社九年级化学上，第五单元中的化学方程式这一内容为例，探究将思维导图应用于知识点精细加工。

"化学方程式"思维导图的整体框架如图6所示，首先绘制出五个主干，化学方程式的概念、意义、配平、书写和简单计算，以第四主干为例介绍。书写分为书写原则和书写步骤，如图7所示，书写原则里质量守恒定律又是一个重点知识，可以让学生自主补充拓展质量守恒定律的相关知识。每个学生的思维不同，绘制出的思维导图也不尽相同，绘图的情况也反映出学生对知识的掌握情况，学生可相互补充，扩展知识面，共同完善。

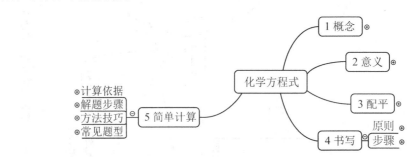

图6 "化学方程式"主干图

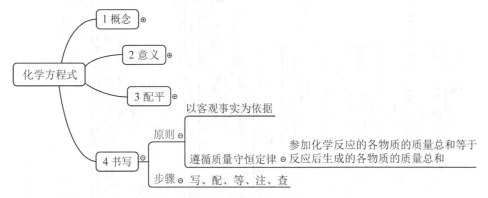

图7 "化学方程式"第四分支思维导图

汇总这五部分内容，得出"化学方程式"这一知识点的思维导图，如图8所示。这样使重点知识清晰地呈现出来，方便学生学习和记忆。

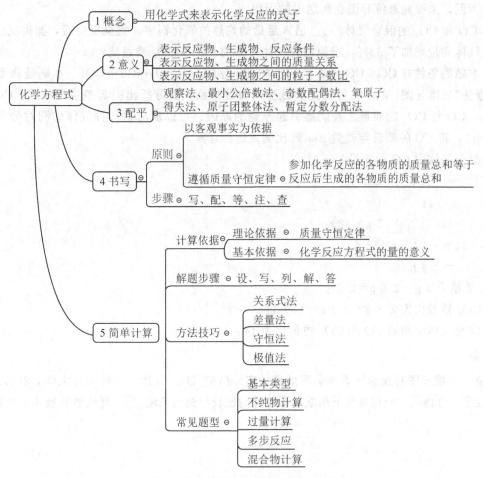

图8 "化学方程式"知识点思维导图

图9所示为"差量法"思维导图。

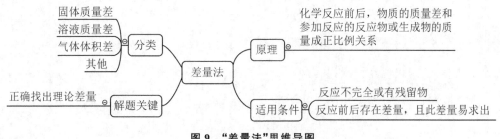

图9 "差量法"思维导图

3. 应用于解题

化学中考是对化学概念、物质的性质和用途、化学反应及规律等知识的考查。很多学生没有真正理解基本概念，对相关的习题类型和解题技巧不会归纳总结，对物质间的反应规律和定律不能灵活运用，所以在解题时倍感吃力。尤其综合性强的题目，要求学生的大脑中有一张系统的思维导图，能把相关知识建立起关联。教师传统教学只是就题论题，教授解题方法和解题思路，学生只是在大量练习的基础上，模仿套用相关解题模式。这种教学方法并不合理，不但教师的备课任务繁重，而且课堂上学生缺乏兴趣，听课时容易注意力不集中，学生的学习效率和复习效果都较差。

思维导图可以帮助学生理解化学概念，将化学反应的原理、规律和应用统一整理化为一体，将考查相似知识的习题归纳总结，联系起重要的关键词，掌握解题技巧，巩固知识，实现高效教学效果。

现以差量法为例，来探究思维导图在解题中的运用。

例：取 CO 和 CO_2 的混合气体 5 g，通入足量的灼热的氧化铜中，完全反应后，测得反应后气体质量比反应前气体质量增加了 32%，求原混合气体中和的 CO 和 CO_2 质量比?

分析：本题的条件有 $CO+CO_2=5$ g，化学反应是 $CO+CuO \xlongequal{} Cu+CO_2$。本题是典型的差量计算，由"差量法"思维导图(见图 9)可知此类题型的解题思路。先分析出引起差量的原因，CO 与 Cu 反应生成 CO_2，CO 与 CO_2 的质量之差就是引起差量的原因。可以求出这两种气体的相对分子质量的差为 $44-28=16$，将 CO 的质量与差量 Δm 列比例式进行计算。

解：设混合气体中 CO 的质量为 x

$$
\begin{array}{ccc}
CO & \sim & CO_2 & \Delta m \\
28 & & 44 & 16 \\
x & & & 5\text{ g}\times 32\% \\
\end{array}
$$

$28:16=x:(5\text{ g}\times 32\%)$

$x=2.8$ g

则 CO_2 质量为 5 g$-$2.8 g$=$2.2 g

CO 和 CO_2 质量比为 2.8 g：2.2 g$=$14：11

答：原混合气体中和的 CO 和 CO_2 质量比为 14：11。

参考文献

[1]杨蒙. 思维导图对遗忘知识再学习效果的实验研究[D]. 天津：天津师范大学，2017.

[2]华晓宇，陈国明. 应用视角下思维导图软件的比较与选用策略[J]. 现代教育技术，2016，26(1)：107-112.

初高中化学教材的衔接与使用

郭静，薛亮①

（陕西师范大学化学化工学院，陕西西安 710119）

摘　要：目前，我国部分地区使用的化学教材是人教版初中教材和苏教版高中教材，二者衔接不顺畅会给学生的学习带来消极的影响。文章针对人教版初中化学教材与苏教版高中化学教材的衔接问题，首先分析了各自的内容和设计特点，其次列举了它们之间衔接不合理的知识点并提出相应的教学建议，最后提出教师在新课程标准下的中学化学教材的使用策略。

关键词：化学教材；苏教版；人教版；衔接性

新课改至今成效显著，新编教科书出现在各个学校，但同时新编教材也有很多问题，其中初高中化学教材的衔接与过渡不顺畅对学生的学习产生了消极的影响。很多教育专家调查研究了初高中化学衔接教学亟待解决的问题[1~6]，但是关于人教版初中化学教材与苏教版高中化学教材衔接的研究较少。

一、人教版初中化学教材和苏教版高中化学教材的内容及设计

现行人教版初中化学教材内容采用的是"单元—课题"的结构。内容方面，以"绪言—空气—物质的组成—自然界中的水—化学方程式—碳和碳的化合物—溶液—金属—酸碱盐"为知识主线。教材内容设计以"实验—活动与探究—讨论—资料—化学·技术·社会—学完本课你应该知道—家庭小实验—调查与研究—拓展性课题"的模式呈现。

苏教版《化学1》是学生步入高中学习化学的起步课程，采用的是"专题—单元"式结构。内容方面，有化学家眼中的物质世界、从海水中获得的化学物质、从矿物到基础原料以及硫、氮和可持续发展共4个专题。教材内容设计多数都是由学生已学知识、生活经验出发设置合理的情境导入，一步步引导学生发现和提出问题。

人教版初中化学教材或苏教版高中化学必修教材在内容和教学环节设计上均十分优秀且有各自的特点，但以初高中化学教材的衔接性标准来考量的话，尚存在不足之处。初中化学知识简单，且教师在备课前，对中考考纲把握到位，只要中考不考的内容绝不讲，教材也没有深入涉及和拓展，初中知识零、散、乱，导致刚升入高中的学生学习困难。下面笔者按照不同章节内容，总结了两者在内容衔接上出现的问题，并提出了相应的教学建议。

二、缺乏衔接性的知识及其教学建议

1. 氧化还原反应

初中教材中的氧化还原反应是分开出现，分别从得氧、失氧的角度分开讲解氧化反应和还原反应，导致学生误解这是两个不同类型的反应。苏教版高中教材先由化学反应过程中元素化合价改变来定义氧化还原反应，把氧化和还原反应融为一体，然后引入电子转移，探究氧化还原反应的实质。从上述分析可以看出，探究氧化还原反应的特征和实质是初高中对该知识的重要衔接点。

---

① 通信联系人：薛亮，xueliang@snnu.edu.cn。

在教学中的建议：先写几个具有代表性的化学方程式，让学生判断基本类型，对初中知识进行复习和巩固，然后与学过的氧化反应和还原反应概念相衔接，引导学生用失氧和得氧的角度分析。教师引导学生对方程式进一步分析讨论，得出氧化和还原反应是同时存在的，过渡到本节氧化还原反应内容的学习。这样从复习的知识点引入，符合学生的认知规律，自然将初高中知识衔接起来。

2. 物质的量

初中阶段教材中的计算主要以质量为主。在高中教材中，物质的量是一个基本的物理量，是化学中一个很重要的基本概念，贯穿于整个高中的学习。物质的量是一个整体的名词，高一学生对抽象的、微观的理论知识学习能力差，理解物质的量的概念十分困难，还易与物质的质量混淆，所以应该引导学生正确地理解其概念。

在教学中的建议：首先教师应该让学生知道物质的量在高中阶段的重要性，其次在教学中可以通过打比方、对比的方法，比如联系质量、长度、时间等物理量加以对比和区别，让抽象知识具体化，同时再利用一定量的练习使学生对概念知识进行巩固。

3. 原子核外电子排布

人教版初中教材中仅讲解原子结构示意图的画法，要求学生记住 1～18 号元素原子结构的规律，掌握的知识层次浅。在高中阶段该知识是比较重要，元素周期律就是由原子核外电子排布开始讨论，还有微粒之间的相互作用、金属或者非金属元素及其化合物的知识等。苏教版高中教材先讲关于原子结构模型的演变知识，再导出原子结构的基本知识，形成核外电子排布的内容，重点掌握原子核外最外层电子与化合价的关系，使学生将微观结构与宏观知识相连接，使初高中在知识的重视程度和难度衔接上存在问题。

在教学中的建议：利用原子核外电子排布的结构模型，生动形象地将抽象的知识具体化，便于学生理解和记忆；引导学生用比较归纳等方法对知识进行加工、处理，得出元素周期律的内容，再联系实际生活，并补充元素化合物在这一方面的知识，使学生真正掌握同族、同周期的元素核外电子排布的递变规律以及对元素性质的理解。

4. 酸碱盐的电离

人教版初中教材学习酸碱盐知识时，利用导电实验，得出酸溶液和碱溶液中解离出的离子，没有进一步关于电离的概念，学生对电离过程是模糊的。高中教材在学习电离时与初中出现了断层，使学生难以在微观上理解导电的本质，同时还要掌握电解质和非电解质、强电解质和弱电解质的概念及区别，知识加深，难度加大，导致学生难以接受。

在教学中建议：教师可将初中导电实验进行改进，然后进一步探讨导电的原因，让学生对该实验由感知上升到感性认识。此外，可以在课堂上注意多给学生动手做实验的机会，比如在理解电离的概念后，书写几组物质的电离方程式，然后分析各组物质在水溶液中的电离，归纳酸碱盐的定义。

5. 离子反应

人教版初中教材中只要求学生掌握发生复分解反应的条件以及碳酸根的检验方法。高中学习离子反应是从电解质的概念开始，通过强弱电解质的知识来理解和掌握离子反应及其发生的条件，同时掌握离子方程式的书写，同时引入离子共存问题，如果学生缺乏一些基础性知识，就很难理解和接受新知识。

在教学中的建议：教师在教学设计的过程中，应考虑初中学过知识，利用探究实验的方法，采用实验、观察、思考、讨论的方式，引导学生自己总结归纳得出结论，使学生更好地掌握本节的内容。这样不仅激发学生学习的兴趣，还突出以学生为主体，教师引导的新课程理念，同时利用实验使学生由感性上升到理性的认识，增强了学生的实验意识。

6. 燃烧

初中教材中燃烧的三个条件之一是必须有 O_2 或者空气参与，缩小了燃烧的定义范围。苏教版高中《化学1》教材中通过设计燃烧实验，探究 Cl_2 的性质。金属（Na、Fe、Cu）以及 H_2 在 Cl_2 中都能燃烧，这就导致学生认为初中燃烧的定义是不准确的，重新认识燃烧不一定要 O_2 参与，还可以是其他物质。除此之外，高中在介绍燃料燃烧放出的能量这节内容时，对燃料充分燃烧的条件进行了探讨，加深了初中关于燃烧条件的知识，提高学生对化石燃料合理利用的重要性的认识。

在教学中的建议：高中教师通过实验事实，让学生在实验中感知，在理论上一步一步引导学生进行初高中概念的补充和转变，使学生知道知识是逐渐加深的，由易到难的，教材的编排具有一定合理性和可行性，符合学生的认知规律。

三、初高中化学教师使用教材的优化策略

学生要学好化学，除了需要衔接性良好的初高中化学教材，还需要初高中化学老师能进行有衔接性的化学教学。

1. 明确初高中化学教材的全部内容

在使用教材前，教师应该对化学教材做全面了解：哪些知识该讲及讲解的深度，哪些知识点需要在原有基础上进行深化等，做好记录，避免浪费精力、时间或者出现知识点的疏漏。此外，新课程要求教师成为教育的探究者，所以应该加强初中化学老师和高中化学老师的教学研究和交流沟通，初中和高中教师要相互了解不同阶段的教材。

2. 明确初高中化学教材中的教学目标

新课程改革的出发点是"以学生的发展为本"，所以初中老师在授课过程中要格外注意概念的本质和扩展，不需要过分强调定义的严谨性，不能绝对化概念，需综合考虑概念形成的阶段，有助于学生的发展和可接受性，要留给学生空间以便之后的高中化学学习，与此同时还需要好好把握初中教材的深度和广度。高一化学教师在授课过程中要重点突破化学核心概念和基本原理，帮助学生理解记忆课本知识并运用到实际生活中以达到学以致用的效果。

综上所述，只有解决好初高中化学教材中知识点的衔接问题，教师在实际教学过程中运用好教材，才能使教师教学效率和学生学习效率达到最优化。

参考文献

[1]沈益波. 初高中化学概念教学衔接的分析及策略研究[D]. 金华：浙江师范大学，2011.

[2]张荣，许志勤. 初高中化学教学衔接的调查和研究[J]. 化学教与学，2013(2)：69-70.

[3]胡耐玲. 初高中化学教学衔接研究[D]. 济南：山东师范大学，2003.

[4]高明. 初高中化学衔接亟待解决的问题及其对策[J]. 化学教育，2010，31(7)：28-29.

[5]黄亚婷. 初高中化学知识衔接教学问题初探[J]. 上海教育科研，2009(3)：83-84.

[6]侯连峰. 高一与初中化学课程教学衔接的探讨[D]. 武汉：华中师范大学，2008.

关于一个无机化学实验
——氧化型石墨烯制备方法的探析

何地平[2][①]，焦桓[1]，白云山[1]，刘环环[2]，徐玲[1]，王科旺[2]

（1. 陕西师范大学化学化工学院，陕西西安 710119；

2. 陕西师范大学基础实验教学中心，陕西西安 710062）

摘　要：本文探析了石墨烯制备在本科实验教学过程中存在的问题和解决的方案。该实验可拓展学生的视野，使学生认识到绿色环保是大学无机化学实验课的重要内容。

关键词：石墨烯；氧化；洗涤；分离；超声

石墨烯是单电子层的石墨，有史以来被证实是强度最大的材料，透明、优良的导电性能使其在材料学、计算机、医学等领域具有广泛的应用前景[1-2]。

氧化型石墨烯的制备在本科实验教学过程中存在下列问题[3-4]。首先，由于制备过程采用浓 H_2SO_4、$KMnO_4$ 和 30％的 H_2O_2，操作稍有不慎将可能发生爆炸危险，造成不安全事故。其次，石墨烯的洗涤和分离是实验成败的关键点之一，通常用减压抽滤进行洗涤和分离，费时费力且分离洗涤效果差。最后，减少废液排放、实验微型化、绿色环保是实验的重要内容。针对上述存在的问题，对实验进行改进，探析新的实验方法，取得了比较满意的实验效果。

一、实验步骤

本实验采取低温反应、中温反应和高温反应，并要求实验必须在通风橱中进行。（1）低温反应：将反应器放入冰水浴中，待反应器温度降到 4℃ 以下时才可以依次加入浓 H_2SO_4、石墨粉、$NaNO_3$ 和 $KMnO_4$。$KMnO_4$ 必须分数次加入反应物中，并不断地进行搅拌。每一种反应物的加入都必须有时间间隔，以确保反应器中反应物的温度控制在 10℃ 以下。（2）中温反应：将反应器中的冰水浴换成温水浴，保持水温 40℃，反应时间约 30 min。（3）高温反应：缓慢地向反应器中加入 30 mL 去离子水。应特别注意用滴管滴加去离子水，防止反应剧烈溶液溅出，保持水温 75℃，再滴加 30％ H_2O_2，反应约 20 min。

高速离心分离石墨和石墨烯，并用去离子水进行洗涤。（1）利用石墨和石墨烯密度的差异（石墨密度为 2.25/cm^3，石墨烯密度为 1.06/cm^3），在 1500 r/min 的速度下离心使石墨和石墨烯分离，石墨在离心试管下部，石墨烯飞散在离心试管上部，用倾析法将石墨和石墨烯分离。（2）分离后的石墨烯在 10000 r/min 离心，用倾析法倒掉上层溶液，并反复用去离子水洗涤石墨烯至无 SO_4^{2-}。可用 $BaCl_2$ 溶液检验 SO_4^{2-} 是否存在。用同样的方法在 1500 r/min 的速度下离心洗涤石墨，并将洗涤干净的石墨进行烘干。

二、实验改进

1. 实验微型化，重复利用石墨，减少废液排放

（1）本实验在 50 mL 烧杯中进行，分别加入浓 H_2SO_4 6.0 mL、石墨粉 0.25 g、$NaNO_3$ 0.13 g、$KMnO_4$ 0.75 g、H_2O_2 2.0 mL。试剂用量少，实现了制备实验的微型化。

（2）石墨回收重复使用，节约了实验成本，使实验绿色环保。

---

① 通信联系人：何地平，hediping@snnu.edu.cn。

2. 超声分散石墨烯并利用显微镜观察石墨烯构型

(1)取少量石墨烯于 50 mL 烧杯中,加去离子水约 30 mL,超声分散 20 min。

(2)取分散好的石墨烯滴于载玻片上,烘干(或烤干),通过显微镜可见淡黄色石墨烯晶体,透光好,纯度较高。

三、实验仪器及试剂

定时磁力搅拌器(JB-3 型);电子天平(SE602FZH);离心机(H1850);数控超声波清洗器(KQ5200D);显微镜(ECLIPSE E100)。

浓 H_2SO_4(98%,AR,国药);$KMnO_4$(AR,国药);$NaNO_3$(AR,国药);H_2O_2(30%,AR,国药);石墨(99.99%,粒度 0.20~0.35 mm,新疆哈密)。

四、结论

通过实验得出:改变实验反应时间、氧化剂用量、实验温度、离心分离速度及超声条件,将会提高石墨烯的纯度和产率。

参考文献

[1]张文毓. 石墨烯应用研究进展综述[J]. 新材料产业,2011(7):57-59.

[2]黄毅,陈永胜. 石墨烯的功能化及其相关应用[J]. 中国科学:化学,2009(9):887-896.

[3]刘志宏. 无机化学实验[M]. 北京:高等教育出版社,2016:146-148.

[4]中国科学技术大学无机化学实验课程组. 无机化学实验[M]. 合肥:中国科学技术大学出版社,2012:204-207.

师范类化学专业高分子化学课程
教与学的思考与实践

刘江涛[1]，雷忠利[2]①

（1. 陕西中医药大学药学院，陕西咸阳 712046；2. 陕西师范大学化学化工学院，陕西西安 710062）

摘　要：以培养师范类化学专业应用型人才为目标，结合高分子化学学科及化学专业特点，从高分子化学理论"教"与"学"两个层面探讨高分子化学的教学实践过程。

关键词：师范类；化学专业；教与学

高分子化学课程以有机化学、物理化学为基础，它主要研究高分子化合物的合成原理和化学反应机理，依据高分子化合物的合成原理及控制方法组织教学内容，培养学生初步具有控制聚合反应及选择聚合方法的能力，为学生以后从事高分子的合成、设计、成型和加工应用等方面的工作奠定基础。高分子化学是师范类化学专业的主干课之一，作者针对高分子化学教学现状进行分析，结合自己多年的教学经验，从"如何教"和"如何学"两个层面提出一些见解。

一、高分子化学课程教学现状及存在的主要问题

第一，高分子化学理论性强，概念复杂、抽象，许多聚合反应机理难以观测。再加上现有理论学时的不断减少，教学内容与学时矛盾突出，因此许多学生反映这门课程较难掌握，一定程度上影响了学生的学习兴趣。

第二，虽然学生初次接触本课程时感觉不如数学或物理化学等课程那样抽象，而且叙述性的内容也比较多，但是学完后又会觉得好像不知道学了什么，不能用书本所描述的知识去解释一些现象。

第三，与高分子专业不同，非本专业高分子化学教学更侧重于为学生提供一个通往高分子科学的通道，引导学生了解高分子化学在化学学科中的地位，通晓课程的研究对象和研究内容，掌握高分子化学的基本框架、基本概念和基本原理，拓宽学生的专业知识面，为以后工作及进一步深造提供新的思路与方向。由于缺少相关方面的知识积累，导致学生对一些问题难以充分理解和把握，容易出现厌倦情绪[1]。

针对高分子化学教学过程中出现的以上问题，结合自身多年的在高分子化学教学上经验与思考，分别从"如何教"和"如何学"两个方面提出一些见解。

二、如何"教"

1. 立足高分子化学学科教学，突出师范类化学专业特色

潘祖仁主编的《高分子化学》以聚合反应和聚合物化学反应的机理及动力学为主线，对各种聚合反应进行详尽的讲解。该教材内容丰富、全面，叙述条理清晰、简洁，实用性强，另外书中涉及一些新理论、新产品，体现了高分子的发展方向与动态，比较适合工科专业的需求。对于师范类专业的本科生，课程学时少，难以做到面面俱到。因此，依据师范类化学专业学生的专业特点，精选教学内容，处理好主次关系，突出学科重点[2]。这样，既可满足师范类化学专业大多数学生的学习需要，也能照

---

①　通信联系人：雷忠利，zhllei@snnu.edu.cn。

顾到学有余力学生的要求，有利于培养学生的自学能力及独立思考问题、分析问题和解决问题的能力。在教学内容上，可以侧重于讲解高分子的基本概念以及理论较为成熟的逐步聚合、自由基共聚合、自由基聚合、聚合方法、聚合物的化学反应等，对尚在发展中的离子聚合、配位聚合、开环聚合仅做介绍性讲解，并且缩减一些纯理论数学推导。例如，讲解缩聚和逐步聚合时，着重抓好线形缩聚的机理及动力学、体形缩聚与凝胶点的预测两方面重点内容，渐次展开，具体的缩聚物及其他逐步聚合物则予以简单介绍；在讲解自由基聚合时，主要围绕聚合机理和热力学、聚合速率及动力学、聚合度及分布三个重点开展教学，阻聚、缓聚、各种速率常数的测定等内容则相对简化处理[3]。

2. 理论联系实际，贴近日常生活

对大多数人来说，只有某项工作有意义才会去做，否则，就毫无兴趣。学习也一样，那些与生活毫无关联的知识使学生厌倦，所以在教学过程中，可以将课堂内容与生活实际相联系。如果平铺直叙、内容枯燥，难以引起学生关注，教学效果不理想。教师可以将高分子化学与我们日常生活的衣、食、住、行的方方面面联系，让学生体会到学有所用，从而提高其学习的主动性与积极性。例如，绪论部分的讲解，针对我们日常生活的衣、食、住、行中常见的材料进行提问。如我们穿的衣服是什么材料制成的？我们喝水的杯子、吃饭的饭盒是什么材料？我们建造房屋外墙粉刷的涂料是什么材料？汽车的轮胎、保险杠又是什么材料？以此引起学生的讨论，从而引出衣服使用的材料有涤纶、聚酯纤维、氨纶、莱卡、尼龙、锦纶、粘胶等，水杯、饭盒是 PP 材料，外墙常用的涂料有聚氨酯等，汽车轮胎使用的顺丁橡胶、丁苯橡胶，保险杠使用的 ABS 等。接着还可以引入问题，如这几种材料究竟是什么化学组成？它们是由哪些小分子聚合而成？以这样的问题作为切入点，高分子化学的教学内容就会变得有趣。以此来提高学生的学习兴趣，达到良好的教学效果。

3. 互动教学与多媒体辅助教学

由于高分子化学课程信息量大、应用性强，可以运用图片、声音、动画等多种表现形式制作多媒体教案和多媒体网络课件等，将枯燥生涩的理论知识形象生动地展现出来。例如，在自由基聚合的方法中，悬浮聚合与乳液聚合是两个比较重要的内容，借助动画演示，可以形象生动地表现出悬浮剂、乳化剂及两种聚合方法中单体的分散情况、聚合过程的机理以及聚合反应的场所。尤其对于乳液聚合的成核机理、聚合过程的三个阶段，都可以通过动画生动地表现出来；又如，讲解高分子的构象时，可以运用 Chem 3D 对高分子链的构象进行模拟，并制作成小影片，让学生清楚、直观地看到大分子的正面、侧面等多个角度的构象[4-5]。

另外，在互动的教学过程中，教师可以和学生进行角色互换，由学生走上讲台进行授课。例如，聚合方法的讲解，该部分教学内容难点较少，可以将学生分为 3～5 人的小组，安排学生集体备课、组内讨论，然后每组推举同学依次上台进行讲解，其他同学对其讲解内容进行补充，而教师只对学生教学内容中的疏漏予以补充，错误和不够清楚的地方予纠正。这种方式深受学生的欢迎，既能加深了学生对课程的理解，又培养了其观察力、注意力、记忆力和组织能力等，同时，学生们在备课过程中也能充分理解教师在每一节课上付出的辛劳，加深了学生和教师的相互理解。

三、如何"学"

1. 以辩证思维为主链，发散思维为支链，形成超支化的知识体系

大学化学教育中学习的无机化学、有机化学、分析化学、物理化学所涉及的有关物质往往都有明确的结构，都能精确定量，而高分子不是单纯的化合物，而是分子量各异的分子的混合物。第一，学生要从思想上知道高分子与小分子之间的根本区别是分子量不同，小分子的分子量是绝对的、没有机械性能并且有气态、液态和固态，而高分子的分子量是相对的、有机械性能并且只有液态和固态。因此，学生在学习过程中必须改变传统的思维方式。第二，学生在学习高分子知识的同时，应该联想到

有机化学、物理化学、分析化学等课程中的知识，以达到高分子、小分子从设计、合成、结构表征、性能测试以及实际应用等方面之间的结合以及区别，只有实现这样思维上的转变，才能够真正地对待高分子化学的这门课程。

2. 以主线为核，枝节为壳，形成核壳结构的知识体系

高分子合成及改性一般是多步骤的反应，过程中还涉及多种因素的变化。因此，学习的关键就在于将这些反应过程的本质抓住。例如，在学习高分子的自由基聚合反应时，关键是抓住三个基元反应，并理解每个基元反应的特点，同时，也要清楚除了三个基元反应之外，反应体系中还会发生链转移反应，因为，高分子聚合体系相对比较复杂，很有可能发生向单体、溶剂、聚合物等链转移。而评价一个高分子合成反应成功与否，聚合物分子量是很重要的参数之一，那么，问题是，链转移反应的发生将会直接影响聚合物分子量的大小及其分布。在这个问题上，就要让学生知道，并不是分子量越大越好，要根据聚合物的用途等来决定，对于一些高分子，我们要尽可能避免链转移反应的发生以确保高分子量及分子量为窄的分布，但是，对于另一些高分子，我们还要进行特殊设计，有意识地让链转移反应发生，以降低分子量或使分子量分布变宽。虽然这些内容不可能同时讲，但在整章内容学习完后，学生要能从整体上认识反应过程。

四、结语

教学实际上是教师和学生的双边互动，教师虽然主导课堂教学，但学生才是教学的主体。在"教"与"学"的过程中，引导学生建立新的思维方式，将所学各个知识点与已知的知识串联起来，做到理论联系实际，教会学生运用知识去分析问题、解决问题，使得学生学有所用，激发学生的学习积极性，达到教学的高效率，实现教学相长。

参考文献

[1]郝智，伍玉娇，罗筑，等. 高分子化学课程教学改革与实践初探[J]. 高分子通报，2012(5)：116-118.

[2]高建纲，宋庆平，丁玉洁，等. 工科非本专业《高分子化学》课程的教学探讨[J]. 高分子通报，2009(5)：63-66.

[3]孟志芬. 提高非高分子专业高分子化学教学效果的探讨[J]. 高分子通报，2012(5)：111-115.

[4]徐晓冬. 非高分子专业《高分子化学与物理》教学中的几点体会[J]. 高分子通报，2010(5)：74-78.

[5]喻湘华，鄢国平，李亮，等. 高分子化学与高分子物理课程教学改革与探索[J]. 化工时刊，2011，25(3)：68-70.

中医药专业分析化学及实验课程教学方法的探讨与实践

刘江涛[1①]，雷忠利[2]

（1. 陕西中医药大学药学院，陕西咸阳712046；2. 陕西师范大学化学化工学院，陕西西安710119）

摘　要：以培养中医药专业应用型人才为目标，结合分析化学学科及中医药学专业的特点，从分析化学理论教学内容、教学方法几方面探讨分析化学理论、实验教学与专业需求的结合。

关键词：中医药专业；分析化学；教学方法

分析化学是中医药院校开展的一门基础课程，旨在培养学生了解和掌握仪器分析的基础知识和相关实验技能，培养学生发现问题、分析问题和解决问题的能力。随着现代科学技术的快速发展，特别是一些重大的科学发现，促使各个学科与分析化学之间相互渗透。如今，分析化学现已发展为内容丰富、化学物理基础理论和相关实验技术水平较深的一门综合性学科，成为高等中医药院校中医药类专业的学生必须掌握的一门重要课程。

一、中医药专业分析化学教学现状及存在的问题

随着屠呦呦获得诺贝尔生理医学奖的事件的不断发酵，中医药产业的发展逐渐成为国家发展的又一战略目标，中医药类专业种类以及学生人数逐年增加。在高等教育人才培养模式和专业结构设置的改革不断深化的背景下，分析化学课程的理论、实验教学课时数设置较以往有所缩减。对于教师来说，就面临如何在学生人数增多、课时减少、学科内容不断丰富发展的复杂条件下，使学生可以在有限的时间内能更高效地获取知识的问题。

此外，中医药专业学生学习分析化学的目的是为了实际的医学检验、药物分析服务，而书中的编排多与他们的实际应用脱节，使学生在运用时还需要重新整合才能与实践相结合。这样既浪费了学生的学习时间，又使学生感到学习烦琐，降低了学生学习的积极性，严重影响教学质量[1]。

面对这些问题，要求教师在分析化学的教学过程中灵活调整教学思路、改进教学方法，做到因材施教。下面结合中医药专业的特点，对分析化学及实验课程的教学方法进行探讨。

二、理论教学紧随时代发展，优化教学内容，完善课程体系

1. 保持学科与时俱进，强化经典理论教学

科学技术之间的融合与渗透，促使各种高灵敏度、高选择性的分析仪器及分析方法不断涌现，而教材由于编写时间的限制，内容往往滞后于科学的发展，这为中医药院校的分析化学教学内容提出了挑战。因此，我们在教学过程中不但要注重基本原理、经典方法的讲授，还要针对中医药专业的学科特点，从实际应用出发，及时完善与更新教学内容，在讲授过程中增加最新的分析方法在生活、科研中的实际应用，帮助学生了解分析化学的前沿领域与发展动态，培养学生的创新思维。例如，在色谱

---

① 通信联系人：刘江涛，oneljt@126.com。

分析的章节中，教师可以适当扩充药物分析与药物开发中应用越来越多的毛细管电泳、气－质联用、高效液相色谱－核磁共振联用技术等最新研究热点，拓展学生的知识面，为他们的后续学习打下良好的基础。教师还可以适时将自己的相关科研成果介绍给学生，不仅能激发学生的学习兴趣，使他们感到学有所用，更重要的是培养学生综合分析问题的能力和科学思维，消除了学生对科研的神秘感，增强了学生从事医学检验、药物分析、新药开发方面的信心，使其具备初步的科研素质[2]。

另外，继续强化分析化学经典理论。经典分析化学中的各种分析方法的基本理论、基本知识以及基本技能，是分析化学学科理论体系中的基础。如滴定分析、重量分析这些经典分析方法，是做好分析工作的前提，因此，在教学中需要花更多的精力去完成。通过经典理论与发展前沿二者的统一，实现了更新教学内容和扩充教学信息量的目的，使教学内容紧随时代发展，与时俱进。

2. 立足分析化学学科教学，突出中医药专业特色

理论脱离实践，就如同空中楼阁。在分析化学理论教学中，应符合专业特色，与专业需求接轨，将知识点渗透到中医药专业的实际应用中，以此吸引学生注意力，避免学生盲目学习，让学生学有所悟，学有所用，提高学习的积极性和主动性。分析化学课程编排内容通常包含了概述、基本原理、影响因素等，学生学习过程中对于各种方法在中药专业中的作用认识不深刻，再加上中药类专业课程的特殊性，在学习时主动运用分析化学原理的能力常显不足。例如，药物分析中一些基本术语如"供试品""量瓶"等与分析化学中的称谓不同；药物分析中应用较多的一些方法在分析化学理论体系上并非是教学重点，如非水滴定法等；药物分析中有一些特殊方法的应用在分析化学上并未涉及，如差示分光光度法等。因此，为了突出中药专业的特色，注重把中药学科术语、方法融合到分析化学的教学中，时刻强调分析化学与药学分析的紧密联系，适当缩减与中药类专业关联较少的纯粹化学理论，并适时引入应用实例，使学生感到学有所用，激发他们的学习兴趣，从而达到提高教学效果的目的[3]。

3. 多种教学方法的有机结合，相辅相成

结合课程内容及性质特点，采取现代先进的教学方法和多媒体教学手段相结合的教学方式。

以问题为基础、学生为主体、教师为导向的启发式 PBL（problem-based learning）教学法，是围绕教学内容提出问题，并以问题为线索，引导学生解决问题的教学过程。对于中药专业的学生而言，在紫外可见分光光度法章节，教师可以以茶碱的含量测定为例引出问题，将学生分成 5～6 人的小组，查阅文献资料，进行组内交流。接着在教师的指导下，学生从分析茶碱的结构入手，对有机化合物存在的 4 种电子跃迁类型和茶碱产生紫外吸收的物质基础进行小组发言、课堂讨论，教师就课堂讨论过程中学生难以理解和把握的难点问题进行讲解，并由此引入物质对光的选择性吸收和吸收曲线等基本概念和基本原理，最后归纳总结。PBL 教学法较传统教学方法更着重培养学生的自学能力、创新能力、发现问题和处理问题的能力等。

案例教学法是教师在备课过程中收集与中药有关的案例，在引入新知识前，先给学生介绍与所学内容相关的实际案例，引起授课对象的注意力，最后引入相关知识的讲解。例如，在学习离子电极时，教师可以引入电化学传感器在医学、生物、临床诊断上的相关应用等。在讲解酸碱平衡时，可以联系到人体会发生酸碱中毒的现象，通过把理论与实际应用联系起来，增强学生对于分析化学的学习兴趣，同时也可以显著提高教学效果。

分析化学课程内容多、原理多、公式多、知识点琐碎，采用归纳比较的教学方法，有助于学生建立起知识框架，对教学内容一目了然，便于理解记忆。例如，对于"四大滴定"，酸碱滴定分析的原理、特点和指示剂的选择原则可采用归纳比较法，这样学生对知识统一梳理、归类，找出异同点，理解起来就比较简便、省时，也有利于学生对比记忆。通过这样的对比讲解，让学生建立起以滴定原理、滴定曲线、准确滴定条件、指示剂选择、典型应用实例为主线的知识框架，提高"四大滴定"有关知识点的学习效率。

分析化学有许多概念、原理比较抽象，对于理工基础薄弱的中医药专业学生来说难以理解，如滴定分析中的滴定曲线、指示剂范围，色谱分析理论中的塔板理论等，仅通过文字描述和教师讲解，学生往往难以理解、掌握。如果能够采用直观生动的图像、动画和声音等辅助方式讲解较为抽象的理论知识，学生能较快、准确地把握教学的重点，理解教学中的难点。例如，利用相关动画模拟酸碱滴定曲线在滴定过程中的变化，将滴定过程通过多媒体生动地展现出来，帮助学生理解化学计量点附近滴定剂体积的细微变化所引起的溶液 pH 值的显著变化，所产生的滴定突跃现象以及指示剂颜色的改变，以此提高学生的学习兴趣，增强相关知识点的教学效果和学习效率。

适当地将多种教学方式和教学手段结合使用，将理论知识和实际应用有效联系起来，避免了知识的烦琐、枯燥。再结合多媒体系统的辅助讲解和分析，既有效利用了课时，又防止了满堂灌，充分调动学生的积极性与主动性。

三、实验教学与理论教学紧密结合，改革实验课程体系

实验课是仪器分析化学课程教学中的重要环节。实验课的开设不仅可以加深巩固学生对所学的基础理论和知识的理解，还可以培养其独立操作与思考、观察与记录、分析与归纳等科学的工作方法。在实际教学中，多以验证性实验为主，学生机械地按书本的实验步骤操作，依葫芦画瓢，结果做完实验后很快就忘记。对于一些实用性强的分析仪器，由于仪器相对昂贵，存在设备配备数量较少的问题，如红外光谱仪、液相色谱分析仪、气液质联用仪等。这些分析仪器在实验教学中大多以老师操作、学生观摩为主，学生对仪器只能表面上简单地了解，遇到实际问题时，还是难以解决[4]。

针对经典分析化学与仪器分析化学的特点，实验课可以在经典分析化学的实验内容上适当增加了反映新技术、新方法、新知识的实验，并在原有的验证性实验的基础上，增设综合性实验和设计性实验，开设一些与医学检验、药物分析化学密切相关的应用性实验。通过综合性、设计性实验的开设，学生依据老师给出的实验题目或自拟题目，查阅资料，设计实验方案，包括实验原理、所用试剂和仪器、实验步骤、分析结果的计算等，经老师批阅后，学生动手实验。一方面加深其对理论课程的理解，另一方面提高其查阅文献资料的能力，扩展了知识面。学生能够体验到从设计方案、自己着手准备直至完成工作的全部过程，更能调动其学习的积极性与主动性。综合性、设计性实验的开展能够培养了学生独立思考、灵活运用的能力，同时也提高了学生研究创新的能力。

在仪器分析的实验教学中，将学生分成 2～4 人的小组，同时开放各个仪器平台。学生实验前进行预习并提出问题，任课教师进行解答，然后学生预约自主上机进行实验，这样既避免了设备短缺所造成的学生无法实际操作的情况，同时，又提高了学生学习的主观能动性，培养其动手能力、思考问题与解决问题的能力。另外，仪器分析的实验内容尽量地涉及多种仪器的综合应用，让学生充分地掌握分析仪器的使用方法，体会到分析化学在其以后的工作、科研过程中的实际应用价值。

四、结语

通过教学内容的优化，教学方法、教学手段的改革，提高教与学过程中的活力，使学生对理论课和实验课正确认识，提高学习的主动性、创造性。当然，随着分析化学教学改革不断深入，只要教师和学生密切配合，理论与实践相结合，与时俱进，不断创新，就可以在教学过程中不断寻求到更加切实可行的途径，取得更好的成绩。

参考文献

[1]韩毅丽，张朔生. 中药学专业仪器分析理论教学改革探讨[J]. 中国中医药信息杂志，2011，

18(7)：97-97.

[2]钮松召，屈爱桃，卢菲. 药学类《分析化学》新形势下教学改革与实践[J]. 西北医学教育，2014(1)：123-125.

[3]黄荣增，苏明武，郑国华. 中药学专业仪器分析理论教学与专业需求的结合[J]. 卫生职业教育，2012，30(7)：49-50.

[4]胡锴，龚海燕，崔永霞，等. 医学院校分析化学教学方法探析[J]. 科技创新导报，2016，13(7)：148-149.

初高中化学知识衔接的研究

——以元素化学为例

李俊杰，薛亮[①]，任程，周泓林

（陕西师范大学化学化工学院，陕西西安 710119）

摘　要：新课程标准中，对化学教学提出了与以往不同的要求。高中比初中对化学教学的要求更高。如何有效衔接初高中化学知识点断层这一问题，自新课标开展以来就受到了广大化学教师的研究。本文以元素化学这一知识模块为支撑，为初高中化学教学衔接提出一些具体有效的方法。

关键词：新课程；化学；衔接；元素化学

做好初高中化学课程教学与内容的顺利过渡是进行新课改所必须要面对的问题，做好此项工作可为后续教学工作打下坚实的基础，使学生能较快地适应初高中学习方式等方面的转换。由于化学教科书内容是化学课程内容的具体反映，因而化学课程结构的衔接应包括化学课程类型的衔接和化学教科书内容的衔接两方面[1]。在我国，很少有学者关注并着手解决这一问题，即使有研究也是关于教学方式的衔接过渡问题，虽有一线教师总结自己的教学实践撰写的教学心得、课程专家撰写的论文以及硕博学位论文，但是却难以发现关于教科书内容方面的衔接过渡。

一、教科书分析

1. 内容分析

此处的"教科书内容"主要是指编写初高中教科书时的知识内容、编写体例和指导思想。知识内容是一级主题，其中包括元素化学有关知识，以及一些基本的概念理论，还会配合一些与化学知识有关的计算题目和实验项目；编写体例主要包括插图和表格设置、栏目设置等。

针对 2006 年第二版的人教版九年级化学、2012 年第一版人教版九年级化学教科书和 2007 年第 3 版人教版高中化学必修教科书中的内容采取了垂直衔接的分析方式将这两类教材中所涉及的知识点进行了透彻的分析以及研究，表 1～表 3 所示为关于以上三本教科书中的相关知识点。

表 1　"人教版"九年级化学教科书（2006 年版）目录

九年级化学·上	九年级化学·下
绪言 化学使世界变得更加绚丽多彩	—
第一单元　走进化学世界 （物质的变化和性质，化学是一门以实验为基础的科学，走进化学实验室）	第八单元　金属和金属材料 （金属材料，金属的化学性质，金属资源的利用和保护）
第二单元　我们周围的空气 （空气，氧气，制取氧气）	第九单元　溶液 （溶液的形成，溶解度，溶质的质量分数，溶液，乳浊液和悬浊液*）

---

①　通信联系人：薛亮，xueliang@snnu.edu.cn。

九年级化学·上	九年级化学·下
第三单元　自然界的水 （水的组成，分子和原子，水的净化，爱护水资源，最轻的气体*）	第十单元　酸和碱（常见的酸和碱，酸和碱之间会发生什么反应）
第四单元　物质构成的奥妙 （原子的构成，元素，离子，化学式与化合价）	第十一单元　盐 化肥 （生活中常见的盐，化学化肥，物质的分类*）
第五单元　化学方程式 （质量守恒定律，如何正确书写化学方程式，利用化学方程式的简单计算）	第十二单元　化学与生活 （人类重要的营养物质，化学元素与人体健康，有机合成材料）
第六单元　碳和碳的氧化物 （金刚石、石墨和C_{60}，二氧化碳制取的研究，二氧化碳和一氧化碳）	—
第七单元　燃料及其利用 （燃烧和灭火，燃料和热量，使用燃料对环境的影响，石油和煤的综合利用*）	—

表2　"人教版"九年级化学教科书（2012年版）目录

九年级化学·上	九年级化学·下
绪言　化学使世界变得更加绚丽多彩	—
第一单元　走进化学世界 （物质的变化和性质，化学是一门以实验为基础的科学，走进化学实验室）	第八单元　金属和金属材料 （金属材料，金属的化学性质，金属资源的利用和保护） 实验活动4　金属的物理性质和某些化学性质
第二单元　我们周围的空气 （空气，氧气，制取氧气） 实验活动1　氧气的实验室制取与性质	第九单元　溶液 （溶液的形成，溶解度，溶质的浓度） 实验活动5　一定溶质质量分数的氯化钠溶液的配置
第三单元　物质构成的奥妙 （分子和原子，原子的结构，元素）	第十单元　酸和碱 （常见的酸和碱，酸和碱之间会发生什么反应） 实验活动6　酸、碱的化学性质 实验活动7　溶液酸碱性的检验
第四单元　自然界的水 （爱护水资源，水的净化，水的组成，化学式与化合价）	第十一单元　盐 化肥 （生活中常见的盐，化学化肥） 实验活动8　粗盐中难溶性杂质的去除
第五单元　化学方程式 （质量守恒定律，如何正确书写化学方程式，利用化学方程式的简单计算）	第十二单元　化学与生活 （人类重要的营养物质，化学元素与人体健康，有机合成材料）
第六单元　碳和碳的氧化物 （金刚石、石墨和C_{60}，二氧化碳制取的研究，二氧化碳和一氧化碳） 实验活动2　二氧化碳的实验室制取与性质	—
第七单元　燃料及其利用 （燃烧和灭火，燃料的合理利用与开发） 实验活动3　燃烧的条件	

表3 "人教版"高中化学必修一(2007年版)目录

章	节	类型
引言		
第一章 从实验学化学	第一节 化学实验基本方法	归纳与整理
	第二节 化学计量在实验中的应用	
第二章 化学物质及其变化	第一节 物质的分类	归纳与整理
	第二节 离子反应	
	第三节 氧化还原反应	
第三章 金属及其化合物	第一节 金属的化学性质	归纳与整理
	第二节 几种重要的金属化合物	
	第三节 用途广泛的金属材料	
第四章 非金属及其化合物	第一节 无机非金属材料的主角——硅	归纳与整理
	第二节 富集在海水中的元素——氯	
	第三节 硫和氮的氧化物	
	第四节 氨 硝酸 硫酸	

通过表中数据,进行分析可以发现2006版和2012版的九年级的化学教科书中所含的目录差别不大,但仍存在一些实验活动上的差别,并且有一些章节上的变动。

2. 化学课程标准的特点

课程标准是对课程的编制、实施、检查、评价、管理等的指导性文件。"为了每一位学生的发展"是课程改革的基本理念,课程标准是课程改革理念的具体体现。在课改理念下搞好初高中化学的衔接教学,教师必须认真学习课程标准,分析初高中化学教学的差异性[2](见表4)。

表4 初高中化学课程标准的对比

项目	初中化学	高中化学
化学课程标准要求	根据学生已学的知识和思维特点,将学科中的重点内容明确指出,注重科学技术与生活实际的联系。在这一过程中,学生可充分认识到一些过去自己常见的物质,通过学习还能掌握与其相关的物质变化规律,探究过程中还要讲求科学	方式多样化、目标多元化、重在对过程的探索以及与社会发展相适应。在开展实际教学活动的过程中,还要根据不同的教学模块和内容,对教学方式做出适当的调整

高一化学教学有别于具有基础性、启蒙性、理论松散等特点的初中化学教学,它是为化学实验、基本概念、基础理论提供具体、感性认识的教学过程;是培养学生注重宏观与微观、形象与抽象、共性与个性之间联系的重要过程;是培养学生掌握科学探究一般方法的重要教学过程。因此,高一化学是义务基础教育后高一层次的学习[3]。

二、初高中化学元素化学知识点的分析与教学衔接方法

1. 初高中化学元素化学知识点的分析

高中化学教学中元素化学这一知识点是一个重点内容,但在初中并不重视这方面的内容,找出这个模块内容与初中之间的联系,针对相关的基础知识做好复习工作,使初高中化学教学关于元素化学的知识能够产生联系,使教学能够有效地衔接。

2. 初高中化学元素化学知识的衔接点的分析

高一化学教学重点是元素化学知识,教学难点是贯穿其中的氧化还原反应理论、电离理论、物质

结构理论等化学理论的应用[3]。

下面在相同教学模式下以元素化学为例，进行整理分析并提出相关衔接意见。

（1）原子结构

初中阶段学习的原子结构知识比较浅显，主要是对原子核外电子的分布进行了解，高中则有更高的要求，即了解核外电子排布的规律；知道 1～18 号元素原子核外电子排布情况；能将主要元素的原子结构示意图画出来；掌握原子质量数的概念；并能够熟悉与相对质量有关的计算方式，了解相对原子质量基本概念。

（2）元素周期表

初中阶段，对于元素周期表的学习不作要求。而在高中阶段，需要学生掌握的内容增加了很多，除了元素结构以外，还要从"构—位—性—体"多方面进行了解；要能够从原子的结构和周期表位置来对元素性质进行推测。这一知识点衔接需要对前 20 号元素深入学习，步步引入。

（3）氧化物的分类

初中无需对氧化物进行分类，在高中阶段才提出这一要求，明确酸性氧化物和碱性氧化物、金属氧化物和非金属氧化物之间的定义和联系。对这个知识点的衔接也可采用复习法，指导学习者对氧化物进行分类，再通过举例子的方法来探究其性质。

（4）酸碱盐的分类

初中只要求掌握酸、碱、盐的概念，高中则要求对酸碱盐分类且了解其联系。对这个知识点的衔接可以列举尽可能多的酸碱盐，教学生分类的方式方法，并对相关定义进行了解。

（5）化合价

初中对化合价没有过多的阐述，只是将一些常用的化合价给出。而在高中阶段，需要研究化合价对元素的影响，因此我们给出的建议是在介绍化合价时，要结合元素周期表结构、原子结构和元素位置分析其特点。

（6）化合物的结构

初中对于化合物只需简单了解，在高中，就需要理解各种化合物的性质特点，所以可以结合元素周期律中金属性和非金属性的递变规律以及酸碱盐和氧化物的分类，共同探讨这些化合物形成原因，以及其中包含的规律和特点。

3. 做好教学衔接的基本方法

（1）教学时间安排应分散不宜集中

在教师教学中，普遍存在这样的误区，他们将对初中化学的复习时间集中在高一刚开学的前两周，以此来完成初高中的衔接。但是他们没有意识到的是对于刚升高中的新生来说，对新知识是极度渴望、满怀期待的，结果接触到的却是初中阶段学过的知识，过度的复习会让学生轻视这门课程甚至丧失学习兴趣。我们可以把复习内容分散开来，在高中化学涉及初中某些知识时再进行复习。举几个例子：在学习氧化还原反应或者溶液、晶体时，对物质的分类提前复习；在学习元素周期表时，对原子结构提前复习。这样的做法可以使学生清楚地了解高中化学与初中化学的联系，同时还能刺激学生的学习兴趣。

采用这种教学方式，在复习初中化学知识的同时，还能将这些知识与高中知识进行自然过渡，在巩固原有知识的基础上还增强了学生的学习兴趣，学生在自身具有学习基础的前提下更有信心学好这门课程。

（2）教学内容要有取舍

在进行初高中化学衔接时，不需要把初中的所有知识点都复习一个遍，这样突不出重点，教学效果自然也不会好。进行衔接是针对那些学生难以掌握容易忘记的部分内容。例如：化合价是一个比较难理解的概念，初中只对其有简单的了解，因此在学习原子结构时，要对化合价的知识进行合理引导、重点复习。

（3）教学衔接时知识的深广度要准确把握

教学衔接要特别注意元素化学这一方面的知识点，这是初高中内容衔接时的重点。这一知识点衔接好可以使学生的高中化学基础更加牢固且科学素养得到提高。在学习的时候要注意由简单到复杂、由具体到抽象的过程，将教学与学生的心理联系起来。初中化学表现为"浅、少、易"，内容相对比较简单，以识记为主。高中化学则更为抽象，对知识系统化和理论化的要求也高得多。而且，高中化学有相当一部分知识要求学生不但要"知其然"更要"知其以然"[4]。内容上不仅要考虑知识体系构建，还要考虑是否体现重难点、是否关注内容之间的联系、是否符合学生的认知能力。所以教学衔接要做到得体有效、点到为止。重要的是学习方法与思维的训练，在解决问题的过程中，一步步将自己的思考过程进行展示，使学生掌握基本方法、形成逻辑思维。

三、结论

表5为本人所教年级学生高一两个学期的期末考试成绩质量分析表，其中4，5，6，7班为平行班，学生生源情况较平均，4班为采用上述方法进行初高中衔接教学的班级，5班为未刻意强调初高中衔接内容的班级。

表5 高一两个学期的期末考试成绩质量分析表

2015—2016	学年度	上学期	高一年级	期末	考试质量分析表					
科目	命题教师	班级	任课教师	参加考试人数	总分	及格人数	优秀人数	低分人数	平均分	及格率	优秀率	低分率
化学	朱明智	1	朱明智	46	2492	28	2	3	54.17	43.48%	4.35%	6.52%
		2	邹月娥	46	2655	23	3	2	57.72	50.00%	6.52%	4.35%
		3	朱明智	46	2457	13	0	2	53.41	28.26%	0.00%	4.35%
		4	朱明智	44	2319	16	0	4	52.70	36.36%	0.00%	9.09%
		5	朱明智	43	1896	8	2	12	44.09	18.60%	4.65%	27.91%
		6	邹月娥	45	2258	13	3	6	50.18	28.89%	6.67%	13.33%
		7	邹月娥	43	1894	7	0	9	44.05	16.28%	0.00%	20.93%
		8	朱明智	41	2565	25	5	1	62.56	60.98%	12.20%	2.44%
	合计			354	18556	133	15	39	52.36	35.31%	4.24%	11.12%

2015—2016	学年度	下学期	高一年级	期末	考试质量分析表					
科目	命题教师	班级	任课教师	参加考试人数	总分	及格人数	优秀人数	低分人数	平均分	及格率	优秀率	低分率
化学	朱明智	1	朱明智	46	2213	10	0	4	48.11	21.74%	0.00%	8.70%
		2	邹月娥	45	2269	11	0	3	50.42	24.44%	0.00%	6.67%
		3	朱明智	47	2050	5	0	11	43.62	10.64%	0.00%	23.40%
		4	朱明智	43	1665	6	2	20	38.72	13.95%	4.65%	46.51%
		5	朱明智	43	1448	2	0	21	34.37	4.65%	0.00%	48.84%
		6	邹月娥	43	1451	1	0	20	33.74	2.33%	0.00%	46.51%
		7	邹月娥	45	1645	3	0	20	36.53	6.67%	0.00%	44.44%
		8	朱明智	40	2524	24	7	1	63.10	60.00%	17.50%	2.50%
	合计			354	15265	62	9	100	43.37	17.61%	2.56%	28.41%

通过不断改善教学方式，并依据最终的考试成绩，对此次教学实践的结果进行分析，可以看出，教材衔接工作对教师而言提升了其教学能力，受到了老师们的广泛支持，通过大家的讨论与分析，教材衔接的工作可以作为教课的重点内容，它是合理并且有效的。对初高中化学进行教材衔接工作，对教师来说是一项大的突破，对自己的能力有了明显的提高，对学生来说，让他们在学习的过程中也变得更加灵活，也会更愿意去思考与讨论，形成一种良好的学习氛围，同时也使得学生对化学的兴趣有很大的提高，促进其科学思维方式的形成。

为了使初高中化学知识得到更好的衔接，我们还可以从以下几方面入手：（1）强调教科书编写要注重学生的认知和心理特点。为了体现以学生为主体的教学观念，要结合初高中学生的心理特点和认知特点，对教科书的内容进行改进。（2）教科书栏目的设置尽量统一，并注重可行性。在今后的教材编写中，可以将初高中联系起来，不再像以前那样各编各的，而是把它们看成一个整体，考虑全局，可以有名称一致的教学栏目。（3）加强教师的衔接意识，完善教学方法。老师在讲课的时候要重视衔接知识这一项内容，通过自己教学，弥补教科书内容上存在的缺陷，将教科书对学生的不利影响降到最低。

参考文献

[1]李玉珍，王喜贵．化学课程结构的横向衔接性与创新思维[J]．化学教育，2006(5)：16-18.

[2]陈新．论课程改革中的初高中化学衔接教学[J]．化学教育，2006(10)：10-12.

[3]丁樱．基于认知发展理论构建"物质的量"单元教学策略[J]．化学教育，2016，37(5)：5-8.

[4]刘羽中．初高中化学衔接教学策略初探[J]．中学教学参考，2012(2)：69-70.

电解饱和食盐水实验的科学探究教学过程设计

李亚琳，杨承印①

（陕西师范大学化学化工学院，陕西西安 710119）

摘　要：化学实验的鲜明特点就是通过物质的宏观现象来揭示其组成、结构、性质以及化学反应中内在变化的微观本质。电解饱和食盐水实验是中学化学的一个重要实验，为了促进学生思维的完整性，对氧化还原反应、电极反应、化学的基本观念以及"宏—微—符"三重表征有更深层次的理解和认识，在原有实验的基础上增加了两个探究性实验，并对实验中出现的一些问题作进一步的解释和探讨。

关键词：实验探究；化学观念；三重表征；现象解释

一、问题的提出

两千多年前，古希腊数学家阿基米德在发现了杠杆原理之后曾说："给我一个支点，我就能撬动地球。"由此，"阿基米德支点"常被用来比喻成功解决问题、能够把理论与事实统筹起来的关键点和最佳切入点。在化学教育领域，化学科学承载着丰富的教育价值，将化学教育植根于化学科学，化学基本观念、化学三重表征、化学实验探究正是化学科学与化学教育有机结合的"阿基米德支点"[1]。对于化学基本观念和化学教育结果而言，已学过的东西忘记后所剩下来的就是学生通过化学知识的学习，所形成的从化学的视角认识事物和解决问题的思想、方法和观点，即植根于学生头脑中的化学基本观念。化学基本观念是指学生通过化学学习，在深入理解化学学科特征的基础上所获得的对化学的总观性认识，其中包括元素观、微粒观、变化观、实验观、分类观、化学价值观[2]。化学作为研究物质的组成、结构、性质以及变化规律的学科，既研究物质宏观上的性质及其变化，也研究物质微观上的组成及结构，并通过化学符号语言进行研究和交流。化学学科的内容特点决定了化学学习中，学生必然要从宏观、微观和符号等方面对物质及其变化进行多种感知，从而在学生心理上形成化学学习独特的三重表征：宏观表征、微观表征和符号表征。化学实验的鲜明特点就是通过物质的宏观现象来揭示物质的组成、结构、性质以及化学反应中内在变化的微观本质。化学是一门以实验为基础的科学，化学实验对全面提高学生的科学素养有着极为重要的作用。要促使每个学生都得到全面发展，探究式教学则是一种最好、最有效的教学方式，而探究式教学学科化是必经之路[3]。化学学科的探究价值在于，作为化学学科，探究学习是学生学习化学的一种重要方式，化学知识的本质特征是"行动"与"反思"的整合，即"探究"，无论是在新知识的产生过程，还是在知识的传播过程，都需要通过"探究"来进行。探究必须要有科学的探究方法，使学生不仅"能探究"，而且"会探究"。探究方法的选择依赖于具体的探究任务。依据化学实验的特点，选择的探究方法一般为探索知识的方法，具体来说就是教师引导下的学生自主探究法。对于学生而言，学生科学探究能力的培养应紧密结合化学知识的教学来进行，在具体的实验教学活动中（如电解饱和食盐水的实验），帮助学生掌握知识、技能与方法，体验科学探究的过程，在态度情感与价值观方面得到良好的发展。

本次设计的实验教学为电解饱和食盐水，在苏教版普通高中课程标准教科书《化学1》中作为一个重

---

①　通信联系人：杨承印，yangcy@snnu.edu.cn。

要演示实验而出现，课本中有如图1所示的装置图。该实验是在电解水的基础上进行的。以电解饱和食盐水为基础制取氯气等产品的工业成为"氯碱工业"，是化学工业的重要支柱之一。

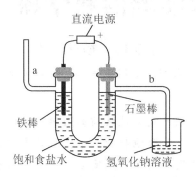

图1　电解饱和食盐水装置

为了防止学生误认为电解饱和食盐水的产物一定是 H_2、Cl_2 和 NaOH，促成其思维的完整性，在原本设计实验的基础上，增加两个探究性实验：一是此实验完成后，在不更换溶液的基础上从电源上反接阴极和阳极；二是直接反接电源（铁电极做阳极，石墨电极做阴极）。在教师的指导下，学生在体验科学探究的过程中，深化对化学基本观念的理解，并且形成三重表征的意义建构。除此之外，还需要对实验过程中出现的一些问题作进一步的解释和探讨。

二、实验设计

本次针对饱和食盐水的电解设计了三组实验：第(1)组是按图示装置所连接的实验；第(2)组是在实验(1)完成后，在不更换溶液的基础上从电源上反接阴极和阳极；第(3)组是更换一新的饱和食盐水溶液，直接反接阴极和阳极。

1. 教学目标

知识与技能：

①知道电解饱和食盐水的产物以及产物的检验方法。

②了解电解饱和食盐水的用途，知道"氯碱工业"是4种最基本的化学工业之一。

③在了解电解过程的实质的基础上，学会书写电解反应的化学方程式，初步学会通过设计实验来探究电解饱和食盐水的本质特征。

过程与方法：

①通过探究电解饱和食盐水的实验过程，讨论、归纳电解过程的实质，体会运用以实验为基础的科学研究和验证方法，提高科学探究能力。

②小组实验设计并交流讨论，形成独立思考和归纳总结的能力，善于与他人合作，具有团队精神。

③体会运用三重表征（宏观、微观、化学符号）的思维方式对实验进行合理的分析解释。

情感态度和价值观：

①以电解饱和食盐水这一具体的知识为主线，学会以具体的知识抽象出化学观念的过程，形成有关化学的基本观念。

②通过电解饱和食盐水实验在化学工业上的重要应用，赞赏化学科学对个人生活和社会发展的贡献，逐步形成可持续发展的思想。

③通过电解饱和食盐水及其探究实验，构建思维的完整性，形成有关化学实验的基本素养，建立科学的实验观。

2. 提出问题

(1)三组实验的现象是否相同？

（2）怎样对实验现象进行合理解释？

3. 电极的选择

实验中用到的电极分别为碳（石墨）电极和铁电极，两电极在使用时，要先进行预处理，用砂纸打磨铁电极，除去铁锈，用水清洗碳电极。但有的情况下，即使进行上述处理，连接电路后仍然没有电流产生，检查后铁电极没有问题，那么就需要再次对石墨电极进行处理。

解决的方法是，用砂纸或者小刀刮掉石墨电极的外层部分。这是因为石墨是一种相对比较疏松的物质，用于电解饱和食盐水的电极是普通材质、普通功率（电流小于 7A）的石墨电极，长时间使用，表面可能吸附有一些其他杂质，影响电极的导电性能。除此之外，在有条件的基础上，可更换一个新的石墨电极。

4. 实验过程

【原实验】教师进行演示实验，按图 1 所示连好实验装置，往 U 形管中注入饱和食盐水，并分别在两管口处各滴加数滴酚酞试液，如果局部出现乳白色胶体，证明酚酞试液浓度过大，再用蒸馏水兑稀酚酞试液，直至不出现上述现象为止。

实验现象：通电前，电解质在溶液中发生电离，离解为自由移动的离子。通电后，和电源正极相连的石墨阳极上有气泡冒出，和电源负极相连的铁阴电极上同样也有气泡冒出，用试管收集铁阴电极产生的气体并靠近酒精灯火焰处，听到轻微的爆鸣声；湿润的淀粉碘化钾试纸放在石墨阳极处，发现试纸变蓝色，如果检验的时间过长，又发现蓝色慢慢褪去；在铁阴电极中的溶液颜色先变为红色后又逐渐变浅，最后变为无色。详细变化见表 1。

教师引导学生来总结此实验隐含的化学基本观念：元素观、微粒观、化学变化观、实验观、化学价值观。

微粒观即分析电解前后溶液中存在的微粒的变化，以及电解过程中微观粒子的运动，从微观的角度对微粒观进行阐述。

教师引导学生分析、构建三重表征的思维方式：宏观表征、微观表征和符号表征。电解饱和食盐水实验中，学生通过观察实验可感知到产生的氯气的颜色、气味，氢气的颜色、气味，通电前后两电极的变化、电极附近溶液颜色的变化等。一系列的直观感知，形成对物质宏观表征的认识。微观表征，指向学生对通电之前饱和氯化钠溶液中微观粒子的组成以及电离的方式，通电过程中微观粒子的运动及其相互作用，通电之后溶液中物质的微观成分的理解，其中还包括微粒水平的电子的偏移和得失，这是氧化还原反应的本质。微观表征是不能被直接观察到的，学生微观表征的形成需要学生通过想象在头脑中进行反映。符号表征主要是根据实验中发生反应的物质的化学式和化学反应方程式来表征，也即以铁电极为阴极、石墨电极为阳极电解饱和食盐水的化学方程式。符号作为中介，能有效地增进学习者对微观与宏观世界的理解。

【探究实验 1】在不更换溶液的基础上，反接电源。

教师提出疑问，学生设想实验可能会出现的现象，分小组进行实验的操作。

实验现象：石墨阴极上有气泡冒出，用试管收集阴极产生的气体并靠近酒精灯火焰处，听到轻微的爆鸣声；铁阳极逐渐溶解，电解一段时间后，在铁阳极处出现白色絮状沉淀，并且沉淀向下移动，在具支 U 形管的底部慢慢变为灰绿色。

教师引导下学生自己总结实验中隐含化学的基本观念，用三重表征的思维方式从宏微符三重表征上对化学反应进行理解。

【探究实验 2】更换一新的饱和 NaCl 溶液，直接反接电源。

同实验 1，教师提出疑问，学生设想实验可能会出现的现象，分小组进行实验的操作。

实验现象：石墨阴极上有气泡冒出，用试管收集阴极产生的气体并靠近酒精灯火焰处，听到轻微的爆鸣声；铁阳极逐渐溶解，在铁电极的一侧并没有白色沉淀产生，但电解一段时间后将具支 U 形管摇动，在具支 U 形管的底部生成白色絮状沉淀，白色絮状沉淀逐渐变为灰绿色沉淀；在石墨电极溶液颜色先变红色后又逐渐变浅，最后变为无色。

同探究实验 1，学生自己总结实验中隐含的化学基本观念，用三重表征的思维方式从宏微符三重表征上对化学反应进行理解。

但是在进行实验的过程中，有一组学生的实验出现了这样一种反常现象：通电一小会儿，铁阳极溶液变为黄色，并随着电解的进行，颜色逐渐加深。这是为什么呢？

5. 现象解释

(1)Cl_2 的检验

在检验生成的 Cl_2 时，用湿润的淀粉 KI 试纸，原因则是在水溶液中，Cl_2 和 KI 发生氧化还原反应生成 I_2，笼统的说法是，"淀粉溶液遇 I_2 变蓝色"，但实际上，淀粉有两种，即直链淀粉和支链淀粉。直链淀粉和支链淀粉所占的比例随植物的种类以及淀粉在植物中的部位不同而有所不同，一般前者占 $10\% \sim 20\%$，后者占 $80\% \sim 90\%$[4]。只有直链淀粉遇 I_2 呈蓝色，支链淀粉遇 I_2 则呈红紫色，所以笼统地用"淀粉溶液遇 I_2 变蓝色"来检验是否有碘是不确切的，考虑到实验室用的湿润的淀粉 KI 试纸遇淀粉变蓝色，推断其所用淀粉是直链淀粉，所以也可以这样来表达。实验中，如果检验的时间过长，蓝色褪去。对此现象的解释是，电解刚开始时有少量的 Cl_2 产生，Cl_2 先与湿润的淀粉 KI 试纸中的 KI 发生置换反应，生成 I_2，淀粉遇 I_2 变蓝。

$$Cl_2 + KI = I_2 + 2KCl$$

随着 Cl_2 的不断产生，变蓝色的淀粉 KI 试纸又重新变为无色，其原因解释为：能与淀粉结合成蓝色物质的碘因参加反应被消耗了[5]。

$$5Cl_2 + I_2 + 6H_2O = 2HIO_3 + 10HCl$$

(2)阴极处颜色变化的分析

在原实验和探究实验(2)中，电解滴有酚酞试液的饱和食盐水溶液，接通电源后，分别发现原实验靠近铁阴极和探究实验(2)靠近石墨阴极的溶液迅速变为粉红色，随着电解的进行，溶液颜色先加深后又由红色慢慢变浅，最终变为无色。在实验的过程中用 pH 试纸随时测定溶液的 pH，测定结果如表 1 所示。

表 1　溶液颜色及 pH 随时间的变化

时间/min	颜色	pH
0	无色	7
≤1	粉红色—红色	9
2～5	玫红色	11
5～10	红色	9～10
10～15	粉红色	9
≥15	无色	13～14

对产生该现象的合理解释是：酚酞指示剂存在一个变色范围。酚酞是一种弱的有机酸，在 pH < 8.2 时，溶液不显色，当 8.2 < pH < 10 时，溶液呈红色。但是很少有人知道，当碱性过大时，酚酞会慢慢褪色，直至呈无色。而使溶液显红色的最佳 pH 范围是 9～13[6]。酚酞是 4,4-二羟基三苯甲醇-2-羧酸的内酯，是一种无色二元弱酸，当溶液的 pH 逐渐升高时，酚酞给出一个质子 H^+，形成无色的离子；然后再给出第二个质子 H^+ 并发生结构的改变，形成具有共轭体系的醌式结构，呈红色。当碱性进一步加强时，醌式结构变为无色羧酸盐式结构。所以随着电解反应的不断进行，溶液中会有"无色—红

色—无色"的颜色变化,如图 2[7] 所示。

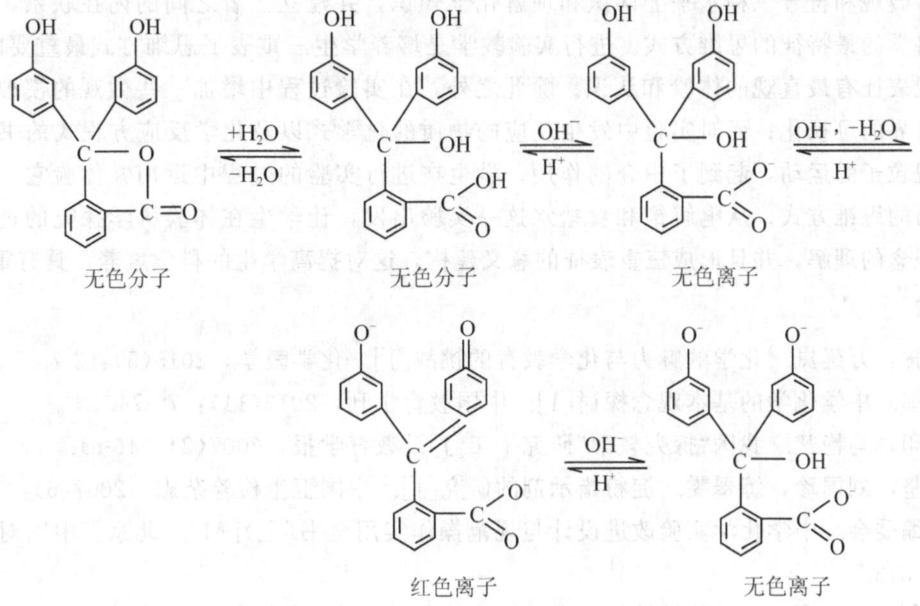

图 2　酚酞溶液中存在的平衡

(3)探究实验 1 中 $Fe(OH)_2$ 的分析

探究实验 1 在不更换溶液的基础上反接阴极和阳极,在铁阳电极出现白色絮状沉淀,对此的解释是,在原实验中,铁作为阴极,该区产生 H_2 和 NaOH,使该区呈现碱性和还原性。反接电源后,铁作阳极,电极参与反应:$Fe-2e^-=Fe^{2+}$,亚铁离子与原来产生的 OH^- 结合生成白色絮状的 $Fe(OH)_2$,由于该区上中部呈还原环境,$Fe(OH)_2$ 絮状物可保持较长时间不变色。而该区下半部食盐水中,仍含有极少量 O_2,$Fe(OH)_2$ 和 O_2 反应慢慢生成灰绿色物质。

(4)探究实验 2 反常现象的解释

在 Fe 电极作为阳极、碳电极作为阴极的直接反接实验中,出现了这种反常情况:通电一段时间后,阳极溶液变为黄色,并随着电解的进行,颜色逐渐加深。为了检测此时溶液中的成分是否含有 Fe^{3+},采取下列检验方法:首先用胶头滴管吸取 2ml 溶液于小试管中,然后滴加 3~5 滴 0.1mol/L 的盐酸,保证溶液为酸性条件,最后滴入少量 0.3mol/L 的 KSCN 溶液。此时观察到溶液的颜色变为红色,证明溶液中含有 Fe^{3+}。

对出现这种情况的可能解释有:①在进行电解之前,没有把铁电极打磨干净;②饱和 NaCl 溶液中溶解有 O_2,将反应生成的 Fe^{2+} 氧化为 Fe^{3+}。应采取的措施是,将要使用的饱和 NaCl 溶液煮沸处理。

三、理论升华

高中化学课程标准的基本理念中强调:"立足于学生适应现代生活和未来发展的需要,着眼于提高 21 世纪公民的科学素养",构建体现"科学认识与观念""科学思维和方法""科学探究与实践""科学态度与价值观"相融合的高中课程目标体系,为高中生终身学习打下基础。

化学是一门以实验为基础的科学,化学实验对全面提高学生的科学素养有着极为重要的作用。本次电解饱和食盐水的实验,在立足原有实验的基础上,增加了两个探究性实验,不仅拓展了学生的思维,并且让学生运用科学的方法进行实验探究。为了避免造成"科学探究形式化"的倾向,使学生按照既定的步骤来完成技能训练,教师通过创设问题情境,让学生通过对问题的体验、对问题的探究,去体验和感受知识的发生和发展过程,在整个教学过程中内化与问题有关的知识,提取出所含的化学基本观念，同时培养学生的思维能力和探索精神。

从宏观、微观和符号三种水平上认识和理解化学知识，并建立三者之间的内在联系，是化学科学不同于其他科学的最特征的思维方式。进行实验教学是培养学生三重表征思维方式最重要的教学策略，让学生对宏观表征有最直观的体验和认识。除此之外，在实验过程中增加一些微观的模拟，可以增强学生对微观世界的可视化；而对实验中发生反应的物质的化学式以及化学反应方程式的书写连接了宏观现象和微观粒子的运动，起到了中介的作用。学生在进行实验的过程中运用并体验它，使其逐步内化为学生自己的思维方式。从电解饱和食盐水这一实验出发，让学生在体验科学探究的过程中，深化对化学基本观念的理解，并且形成三重表征的意义建构，这对提高学生的科学素养，具有重要的意义。

参考文献

[1]毕华林，万延岚．化学的魅力与化学教育的挑战[J]．化学教学，2015(5)：3-7．

[2]朱玉军．中学化学的基本观念探讨[J]．中国教育学刊，2013(11)：70-74．

[3]杨承印，马艳芝．我国"探究教学"研究十年[J]．教育学报，2007(2)：46-61．

[4]黎碧坚，刘国珍，练翠雯．淀粉指示剂的研究[J]．中国卫生检验杂志，2007(6)：1129-1130．

[5]本书编委会．中学化学实验改进设计与规范操作实用全书(上)[M]．北京：中国对外翻译出版公司，1999：818．

[6]杨承印，王立刚．过氧化钠使红色酚酞溶液褪色的实验分析[J]．化学教育，1997(2)：31-32．

[7]司学芝，刘捷．分析化学[M]．北京：化学工业出版社，2010：59-60．

皂泡法测量水的硬度
——介绍一个针对非化学专业学生的科普实验

刘环环[1①]，何地平[1]，马艺[2]，申海霞[1]

(1. 陕西师范大学基础实验教学中心，陕西西安 710062；

2. 陕西师范大学化学化工学院，陕西西安 710119)

摘　要：针对非化学专业学生的特点，设计了一个测量水硬度的科普实验。利用肥皂所含的硬脂酸根离子与镁离子、钙离子生成不溶于水的硬脂酸镁和硬脂酸钙沉淀，根据消耗的肥皂泡滴数，测量水的硬度。消耗的肥皂泡滴数越大，水的硬度越高。该方法结果可靠，步骤简单，操作方便、快速，药品廉价。

关键词：皂泡法；水的硬度；标准工作曲线

水的硬度与人类的生产、生活息息相关。长期饮用高硬度的水，会使人的胃肠功能发生紊乱，出现肠胃不适、腹胀、排气、腹泻等症状，严重时可引起肾结石等疾病[1]。水的硬度过高可使锅炉产生镏垢[2]，印染中使织物变脆，洗衣消耗大量的肥皂等[3]。所以，让学生了解水的硬度及掌握测量方法很有意义。目前，水的硬度的测量方法主要有 EDTA 滴定法[4]、分光光度法[5]、离子色谱法[6]、原子吸收法[7]及自动电位滴定法[8]等。这些方法虽然准确可靠、灵敏度高，但是需要昂贵的仪器或试剂，主要是针对化学专业学生设计的。考虑到非化学专业学生的化学知识背景，本文设计一个现象明显、操作简便的实验：皂泡法测量水的硬度。

一、实验原理

肥皂的主要成分是硬脂酸钠($C_{17}H_{35}COONa$)，其与 Mg^{2+}、Ca^{2+} 结合生成不溶于水的硬脂酸镁$[Mg(C_{17}H_{35}COO)_2]$和硬脂酸钙沉淀$[Mg(C_{17}H_{35}COO)_2]$。因此，将肥皂水滴入水中，钙镁离子含量越高，越不容易产生皂泡，水的硬度越大；钙镁离子含量越低，越容易产生皂泡，水的硬度越小。

$$2C_{17}H_{35}COO^- + Mg^{2+} = Mg(C_{17}H_{35}COO)_2 \downarrow$$
$$2C_{17}H_{35}COO^- + Ca^{2+} = Ca(C_{17}H_{35}COO)_2 \downarrow$$

二、主要材料及试剂

比色管(50 mL)，量筒(10 mL，100 mL)，烧杯(250 mL)，洗瓶，电子天平(SE602FZH)；肥皂，蒸馏水，自来水，矿泉水，$CaCO_3$，$CaCl_2$ 标准溶液(2.0 g/L)，C_2H_5OH(95%)。

三、实验内容

1. 肥皂液的制备

称取 1.0 g 肥皂加入到 250 mL 烧杯中，再加入 100 mL 95%的 C_2H_5OH、10 mL 蒸馏水，加热溶解。

---

① 通信联系人：刘环环，hhliu@snnu.edu.cn。

2. 水硬度测量标准工作曲线的制作

向第一组 6 支 50 mL 比色管中，分别用量筒加入 0.0、1.0、2.0、3.0、5.0、10.0 mL 钙标准溶液（2.0 g/L），用蒸馏水稀释至刻度，摇匀。

向第二组 6 支 50 mL 比色管中，分别用量筒加入第一组对应编号比色管中的钙溶液 5 mL。向其中一支比色管中，加入 1 滴肥皂液，盖上塞子，用力振荡。若没有出现皂泡，再加入 1 滴肥皂液并振荡，直到有皂泡产生。记录产生皂泡所需的肥皂液的滴数。其余比色管按同样的方法操作。

将第二组比色管中钙溶液的浓度换算成水的硬度（1°，即每升水中含 10 mg CaO），以水的硬度对肥皂滴数作图，即得水的硬度的标准工作曲线。

3. 水的硬度的检测

在 3 支比色管中，分别用量筒加入 5 mL 自来水、矿泉水、钙试样。每支比色管分别按下列步骤操作：加入 1 滴肥皂液，用塞子塞住比色管口，用力振荡比色管。若没有出现皂泡，再加入 1 滴肥皂溶液并振荡，直到有皂泡产生。记录产生皂泡所消耗肥皂液的滴数。

根据水样品消耗的肥皂液滴数，在水的硬度的标准工作曲线上查出水样水的硬度，并完成表 1。

表 1　水样品所需肥皂液滴数及硬度

试剂	肥皂液滴数	水的硬度/(°)
蒸馏水		
自来水		
矿泉水		
钙试样		

四、结论

皂泡法测定水的硬度具有操作简便、药品廉价等特点。通过该实验，学生不仅了解了水的硬度相关知识及其测试方法，同时提高了动手能力，培养了科学素养。

参考文献

[1]李颖梅，周向辉. 水的硬度引起的危害及其软化[J]. 魅力中国，2009(10)：54.

[2]庞松韬，罗碧峰，罗飞. 水垢对造纸车间生产的影响及其处理方法[J]. 中国造纸，2007，26(3)：42-45.

[3]陈忠. 浅谈水的硬度测定的几种方法[J]. 中国科技信息，2007(8)：21-22.

[4]修景会，权迎春，关丽萍. 配位滴定法测定不同来源水的硬度[J]. 时珍国医国药，2007，18(9)：2323-2324.

[5]龙建林. 分光光度法测定工业用水总硬度[J]. 四川师范大学学报（自然科学版），1994(1)：86-89.

[6]黄海. 离子色谱法测定水的硬度[J]. 工业用水与废水，2004，35(2)：64-65.

[7]高风光. 原子吸收法测定水的硬度[J]. 计量与测试技术，2003，30(5)：54.

[8]田渭花，王舒婷，窦蓓蕾，等. 自动电位滴定法测定水中总硬度的应用研究[J]. 安徽农学通报，2015，21(22)：25-26.

络合滴定和配位滴定概念的探索

杨诗意，吴雪华，陈超越，李金爱，石新羽，韩卫娟，漆红兰①

（陕西省生命分析化学重点实验室/陕西师范大学化学化工学院，陕西西安 710119）

摘 要：通过梳理络合物和配合物概念的发展历史，明确络合物和配合物的概念，探究络合滴定法和配位滴定法概念上的细微差别，以期为分析化学的学习提供思路。

关键词：络合物；配合物；络合滴定法；配位滴定法

滴定分析是分析化学教学中的主要内容，包括酸碱滴定、络合滴定、氧化还原滴定和沉淀滴定。其中络合（配位）滴定法是以络合（配位）反应为基础的滴定分析方法，是分析化学的重要内容。现有的教材中关于配位滴定法和络合滴定法的概念使用没有统一的标准。例如，华中师范大学等6所师范院校合编的《分析化学》第四版上册中使用络合滴定法（complexometric titration），指出以络合反应为基础的滴定分析方法称为络合滴定法[1]；李克安主编的《分析化学教程》中指出络合滴定法（complexometry）是在金属离子与络合剂之间发生络合反应的基础上建立起来的滴定分析方法[2]；贺浪冲主编的《分析化学》中使用配位滴定法（complexometry），并指出配位滴定法是以配位反应为基础的滴定分析方法[3]；武汉大学主编的《分析化学》第六版上册中使用配位滴定法（complex titration），并在其章节开始时指出配位滴定又称络合滴定[4]。查阅现在使用的分析化学教材，发现同一出版社不同教材中络合滴定和配位滴定的概念都在使用，且大部分教材中没有两者概念的明确辨析。这导致教师在教学中难以明确概念，学生在学习的过程中产生迷惑。如何让学生理解配位滴定法和络合滴定法概念的细微差别，对学习滴定分析法具有非常重要的意义。本文从络合物和配位化合物（配合物）的概念以及发展历史角度出发，梳理络合物和配合物的定义，明确配位滴定法和络合滴定法的细微区别，期望能为理解和掌握配位滴定法和络合滴定法提供参考。

一、络合物和配位化合物

要了解络合滴定法和配位滴定法，首先需要了解什么是络合物（complex compound），什么是配位化合物（coordination compound，简称配合物）。络合物的原意为复杂的化合物，1958年戴安邦等编著的《无机化学教程》中指出"可以单独存在的电性中和的简单化合物的分子，按照一定化学数量的比率结合而成的化合物，总称为分子间化合物，或称加成化合物"[5]。简单化合物就是一般由两种元素化合而成的二元化合物。分子间化合物范围很广，大部分在其组分的加合作用中生成带阳电荷或者阴电荷的复杂离子（或电性中和的分子），这些复杂离子既能存在于晶体中，也能存在于溶液中，这样的分子间化合物，可以称为络合物。在其教材中也指出，实际上络合物的范围没有一个明确的界限。

以路易斯和西奇维克的电子对理论为基础的配位键理论的形成，使人们对络合物和配合物有了较为明确的认识。1980年中国化学会无机化学专业小组在《无机化学命名原则》中，将旧称的络合物定名为配位化合物，并指出配合物是由可以给出孤对电子或多个不定域电子的一定数目的离子或者分子（统称为配体）和具有接受孤对电子或不定域电子的空位的原子或离子（统称为中心原子），按一定的组成和空间构型所形成的化合物[6-7]。为了适应近代配位化学发展的需要，便于配合物的统一命名，1980年

---

① 通信联系人：漆红兰，honglanqi@snnu.edu.cn。

国际纯粹及应用化学联合会(International Union of pure and Applied Chemistry，IUPAC)在拟订的无机化合物命名法中提出了配合物的广义定义：对配合物的定义为"A coordination complex consists of a central atom or ion，which is usually metallic and is called the coordination centre，and a surrounding array of bound molecules or ions，that are in turn known as ligands or complexing agents"[8]。在原子 B 或原子团 C 与原子 A 结合而形成的分子或离子称为配合物。根据这一定义，可以认为凡是由一个或者几个离子(分子)与另外一些离子(分子)结合的化合物均可称为配合物。随后的不同教材中引用该定义，并进一步延伸，例如，1980 年有人将络合物定义为"一个 A 离子(或原子)同几个 B 离子(或分子)或几个 B 离子和 C 离子(或分子)以配位键的方式结合起来，形成具有一定特性的复杂化学质点，一般称为络合离子(简称络离子)或络合分子。在任何状态中，凡是由络离子或络分子所组成的化合物，称为络合物"[9]。1987 年杨昆山主编的《配位化学》中支持"配位化学又名络合物化学，配位化合物(coordination compound)简称配合物，又名络合物(complex compound)"[10]。

2012 年西北工业大学出版社出版的《大学化学》中指出，配位化合物简称配合物，过去称为络合物，原意为复杂的化合物。配合物指由金属正离子(或中性原子)作为中心，有若干个负离子或中性分子按一定的空间位置排列在中心离子的周围，形成的一种复杂的新型化合物[11]；2014 年浙江大学出版社出版的《新编大学化学》中指出"把由一个简单正离子(或原子)和一定数目的阴离子或中性分子以配位键相结合形成复杂离子(或分子)称为配位单元，含有配位单元的复杂化合物称为配位化合物，简称配合物"[12]。

随着科学的不断发展，新型化合物以及纳米材料的合成和发现，能与金属离子结合的物质种类不断更新，例如金属纳米簇、无机(有机)框架材料等的合成，金属离子与新物质之间形成新的复合物。该类物质既不是通过离子键、也不是通过共价键、配位键结合，因此，络合物的概念进一步得到人们的认可。早期对络合物的定义更能清楚地描述新的复杂化合物。因此目前关于络合物和配合物的区别，笔者认为络合物是复杂化合物，配合物是以配位键形式结合的化合物。配合物是络合物的一种类别。

二、络合滴定法和配位滴定法

一般教材上均认为络合滴定法(compleximetry titration)是以形成络合物的化学反应为基础的滴定分析法[13-15]。配位滴定法是以配位反应为基础的滴定分析方法[16-19]。在一些教材中也明确指出，络合滴定法又称为配位滴定法[20-22]。

分析化学滴定分析中，用到的滴定剂主要有两类，分别为无机络合剂和有机络合剂。无机络合剂，如 NH_3、Cl^-、F^-、CN^- 等，分子中仅含一个配位原子，与金属离子逐级络合，逐级稳定常数相差较小，总稳定常数也不够大，因此不适合做滴定剂。有机络合剂，常含有 2 个以上配位原子，与金属离子配位时形成低配位比的具有环状结构的螯合物，稳定性较好。在滴定分析法中，现在广泛使用的滴定剂主要是含有氨羧基团的一类有机化合物，该类化合物含有氨氮和羧氧两种配位原子。氨氮易与 Co、Ni、Zn、Cu、Cd、Hg 等金属离子络合，羧氧几乎能与一切高价金属离子络合。其中最常见的有机氨羧类滴定剂为乙二胺四乙酸(EDTA)。

乙二胺四乙酸分子中含有 6 个可配位的原子(两个氨基氮，四个羧基氧)，可作为四基配位体或六基配位体，易与金属离子形成多基络合的络合物(又称螯合物，chelate compound)，EDTA 与大多数金属离子通过配位键形成 1∶1 型的具有五元环的螯合物。目前在本科教学中提到的络合(滴定)滴定分析法全部是以乙二胺四乙酸(EDTA)为滴定剂的滴定分析方法。因此，络合滴定和配位滴定均能正确描述以乙二胺四乙酸(EDTA)为滴定剂的滴定分析方法，两者定义均可使用。笔者认为广义的滴定分析法以络合滴定法更为全面。

本文从络合物和配合物概念出发，明确了络合物和配合物在定义上的细微差别，进一步提出了络合滴定法和配位滴定法的细微区别。

参考文献

[1]华中师范大学，东北师范大学，陕西师范大学，等. 分析化学（上册）[M]. 4 版. 北京：高等教育出版社，2011.

[2]李克安. 分析化学教程[M]. 北京：北京大学出版社，2005.

[3]贺浪冲. 分析化学[M]. 北京：高等教育出版社，2009.

[4]武汉大学. 分析化学（上册）[M]. 6 版. 北京：高等教育出版社，2016.

[5]戴安邦，尹敬执，严志弦，等. 无机化学教程（下）[M]. 北京：高等教育出版社，1958.

[6]冯辉霞. 无机与分析化学[M]. 武汉：华中科技大学出版社，2008.

[7]朱龙观. 高等配位化学[M]. 上海：华东理工大学出版社，2009.

[8] Harris D, Bertolucci M. Symmetry and Spectroscopy [M]. New York：Dover Publications，1989.

[9]无机化学编写组. 无机化学下册[M]. 北京：人民教育出版社，1978.

[10]杨昆山. 配位化学[M]. 成都：四川大学出版社，1987.

[11]贾瑛，王煊军，许国根，等. 大学化学[M]. 西安：西北工业大学出版社，2012.

[12]倪哲明. 新编大学化学[M]. 杭州：浙江大学出版社，2014.

[13]林树昌，胡乃非. 化学分析（化学分析部分）[M]. 2 版. 北京：高等教育出版社，1993.

[14]林树昌，胡乃非，曾泳淮. 分析化学（化学分析部分）[M]. 2 版. 北京：高等教育出版社，2004.

[15]李克安. 分析化学教程[M]. 北京：北京大学出版社，2005.

[16]华东理工大学化学系，四川大学化工学院. 分析化学[M]. 5 版. 北京：高等教育出版社，2003.

[17]任健敏. 分析化学[M]. 北京：中国农业出版社，2003.

[18]葛兴. 分析化学[M]. 北京：中国农业大学出版社，2003.

[19]范跃. 分析化学[M]. 北京：中国计量出版社，2006.

[20]孙毓庆，胡育筑. 分析化学[M]. 北京：科学出版社，2003.

[21]翁德会，操燕明. 分析化学[M]. 北京：北京大学出版社，2013.

[22]戴大模，何英，王桂英. 分析化学[M]. 2 版. 上海：华东师范大学出版社，2014.

有意义学习理论在教学设计中的应用

——以《氧化还原反应》第一课时为例

任程，薛亮①，李俊杰，郭静

（陕西师范大学化学化工学院，陕西西安 710119）

摘　要：氧化还原反应是日常生活、工农业生产和现代科技中经常遇到的一类重要的化学反应。它贯穿于中学化学学习的全过程，是学习化学的主线和关键之一。奥苏伯尔提出的有意义学习理论为氧化还原反应教学提供了理论基础。化学教师可根据学生已有知识和新知识之间的联系进行教学。基于有意义学习理论的化学教学模式的流程具体包括：教学前，分析知识的有意义学习条件；教学时，合理运用有意义学习策略；教学后，构建知识网络，提升知识迁移能力。

关键词：有意义学习理论；氧化还原反应；教学设计

一、有意义学习理论

美国当代著名教育心理学家奥苏伯尔提出有意义学习理论。他曾根据学习进行的方式，把学习分为接受学习和发现学习，又根据学习材料和学习者原有认知结构的关系把学习分为机械学习和有意义学习，并认为学生的学习主要是有意义地接受学习。奥苏伯尔的有意义学习理论系统地介绍了有意义学习的条件、动机、心理机制、组织原则及策略等[1]。

1. 有意义学习的条件

奥伯贝尔提出的有意义学习理论认为一种学习是机械的还是有意义的，主要取决于学习材料的性质和学习是如何进行的，也就是说，有意义学习的产生受（客观条件）学习材料性质的影响，也受（主观条件）学生自身因素的影响。从客观条件看，有意义学习的材料本身必须能够与学生认知结构中的有关知识建立实质性和非人为性联系。具体而言，材料必须具有逻辑意义，使学生可以从心理上理解；材料应该是在学生学习能力范围之内的，符合学生的心理年龄特征和知识水平。从主观条件判断学习者是否进行有意义学习，主要包括三方面：第一，学习者要具备有意义学习的心向或倾向性；第二，学习者认知结构中必须具有适当的知识基础；第三，学习者必须积极主动地使具有潜在意义的新知识与认知结构中有关的旧知识发生相互作用，加强对新知识的理解，使认知结构或旧知识得到改善，使新知识获得实际意义。

2. 有意义学习的实质

所谓有意义学习就是将符号所代表的新知识和学生认知结构中已有的适当观念建立非人为的和实质性的联系，否则就只是机械学习。实质性联系指新旧知识之间的联系是非字面的，是建立在具有逻辑关系基础上的联系，是一种内在的联系；非人为的联系指这种联系不是任意的或人为强加的，是新知识和原有认知结构中的有关概念建立的某种合理的或逻辑基础上的联系。例如，要想让学生掌握氧化还原反应的概念，学生的认知结构中必须具有和氧化反应以及还原反应方面的知识，只有使新旧知识之间建立具有逻辑意义的、自然的联系，学生才能够真正掌握和获得氧化还原这一知识的意义。如

---

①　通信联系人：薛亮，xueliang@snnu.edu.cn。

果没有建立这种联系，学生只能通过死记硬背住它的含义，这种学习就更多地属于机械学习。

二、基于有意义学习的教学设计案例

1."氧化还原反应"的有意义学习条件分析

知识自身的逻辑意义："氧化还原反应"选自人教版化学必修1第2章化学物质及其变化第三节氧化还原反应。氧化还原反应是中学化学教学中一个十分重要的知识点，它贯穿于整个中学化学教材。对于发展学生的科学素养，引导学生有效进行整个高中阶段的化学学习，具有承前启后的作用[2]。在高中阶段氧化还原反应深入到电子转移的角度来认识，这对以后学习元素的知识可以起到指导作用[3]。

在知识与技能方面，根据化合价的变化和电子转移的观点认识氧化还原反应，会用化合价的变化和电子转移的观点判断氧化还原反应，理解氧化还原反应的本质；在过程与方法方面，体验氧化还原反应从得氧失氧的原始特征到化合价升降的表面现象再到电子转移的本质原因层层推进，逐步深入的发展过程；在情感态度与价值观方面，培养学习化学的乐趣，探究化学还原反应的奥秘，体会到科学研究的迂回曲折，感受到化学世界的美妙之处，养成一种勇于担当、敢于创新的唯物主义世界观和求真务实的科学态度。

2. 有意义学习策略的运用

(1)激发兴趣与动机，形成有意义学习的心向

化学学科的特殊性就是它建立在实验的基础之上，在教学中，教师应该结合学科特点激发学生的学习兴趣。在进行教学设计时，教师要创设与生活相关联的情境，让学生感受到我们的化学学科与真实生活之间密切的关系。这样学生才能在现实生活之中体会和学习化学知识。

(2)先行组织者策略，明确学习目的与任务

先行组织者按作用不同可分为陈述性组织者和比较性组织者；先行组织者按表现形式不同可分为叙述式组织者、图形式组织者、实验式组织者、动画式组织者等。在使用先行者组织策略时，应该注意以下几点：恰当选择先行组织者；合理安排先行组织者的次序；多种先行者综合呈现。

(3)构建知识网络，提升知识迁移能力

①构建化学知识网络

初步接触时，化学学科的知识显得零碎，在进行学习时，学生可能感到没有系统性，记忆的时候感觉到材料庞杂、无从下手。这时候教师就需要帮助学生构建知识网络。构建知识网络一般有三个主要方法：列知识提纲；绘制化学概念图；列表格。

②精选习题，提升知识迁移能力

在进行了新知识的教学以后，应该选一些经典的知识点习题让学生练习，这样能提升学生的知识迁移能力。随着科技的进步，我们学生的练习题也发生了相应的改变，新的情境结合固有的知识点，这样比较新颖的习题更能锻炼学生解决问题的能力。

(4)"氧化还原反应"的教学设计过程(见表1)

表1 "氧化还原反应"的教学设计过程

教师活动	学生活动	设计意图
导入：将泡好的茶水放置一段时间后颜色有何变化	茶水久置后颜色变深	从生活中的例子引入氧化还原反应
提问：回顾初中所学的知识，请大家列举几个氧化反应和还原反应的实例，讨论并交流这类反应的分类标准	列举氧化反应和还原反应的例子；讨论分类的标准——得氧失氧	巩固初中所学的知识

教师活动	学生活动	设计意图
过渡：请大家再思考一下：在 $CuO + H_2 = Cu + H_2O$ 反应中是否只发生了氧化反应或还原反应	Cu 失去氧，发生了还原反应；H_2 得到氧，发生了氧化反应	巩固氧化反应和还原反应的知识，引出氧化还原反应的概念
小结：可见有得必有失，有物质得到氧，必定有另一个物质失去氧。也就是说氧化反应和还原反应是同时发生的，我们就把这样的反应称为氧化还原反应		巩固氧化反应和还原反应的知识，引出氧化还原反应的概念
过渡：氧化还原反应还有什么特点呢？在课本 33 页《思考与交流》有 3 个方程式，请大家讨论氧化还原反应与元素化合价升降的关系	思考与交流：元素的化合价在反应前后发生了变化。有元素化合价升高的反应时发生氧化反应，有元素化合价降低的反应时发生还原反应	巩固刚才所学的氧化还原反应的有关概念。通过课本的思考与交流探讨氧化还原反应与元素化合价升降情况的关系
板书：特征：元素化合价升降（判断依据）		
过渡：Zn 和盐酸的反应 $Zn + 2HCl = ZnCl_2 + H_2\uparrow$。在这个反应中有得氧失氧吗？元素的化合价有发生变化吗	没有得氧失氧。锌元素的化合价由反应前的 0 价变为 +2 价；氢元素的化合价有反应前的 +1 价变为 0 价	
小结：并非只有得氧失氧的反应才是氧化还原反应。以后我们判断一个反应是不是氧化还原反应应该从化合价有没有发生升降来判断，而不要再用得氧失氧来判断		
随堂练习，巩固所学知识点		
在氧化还原反应中，为什么元素的化合价会发生升降呢？要想揭示这个问题，需要从微观的原子来分析一下。我们以 $2Na + Cl_2 = 2NaCl$ 为例一起来分析一下	分析引起化合价变化的因素	
提问：观察钠和氯的原子结构示意图，钠最外层只有 1 个电子，因此钠有失去最外层电子的愿望，而氯最外层有 7 个电子，它有得到 1 个电子形成 8 电子稳定结构的愿望，两者相见恨晚，钠把最外层一个电子给了氯，变成钠离子，显 +1 价，化合价升高了，发生的是什么反应？而氯得到 1 个电子，变成氯离子，显 -1 价，化合价降低，发生的是还原反应。阴阳离子相吸，从而形成了氯化钠。从氯化钠的形成我们可以得到，化合价升降的本质是因为发生了电子的得失	化合价升高了，发生氧化反应	由于涉及微观结构，学生在知识的建构上有一定的难度，采用多媒体辅助教学，微观模拟演示 NaCl 和 HCl 形成过程，帮助学生理解氧化还原反应中电子转移与化合价升降的关系，从而更易理解氧化还原反应的实质就是发生了电子转移，理解氧化还原的相互依存和对立统一的辩证关系，得到知识与技能和情感态度与价值观的提升

续表

教师活动	学生活动	设计意图
【讲解】电子的得失或偏移用"电子转移"来概括。电子转移分成两种情况，如果是金属与非金属进行反应，就发生电子得失，如果是非金属与非金属进行反应，发生的是共用电子对的偏移	电子的得失或偏移	

三、有意义学习理论对化学教学的启示

1. 促进有意义学习的形成条件

奥苏伯尔认为有意义学习有两个先决条件：(1)学生表现出一定的学习心向，即表现出一种在学习新内容与原有知识之间的联系倾向；(2)学习内容对学习具有潜在意义，即能够与学生已有知识结构联系起来[4]。教师的教学就应该帮助学生具有学习的心向，根据学生的最近发展区以及认知结构，将教学目标与教学内容很好地融合在一起。

2. 根据学科特点激发学生学习兴趣

学生的学习兴趣影响中，外因是变化条件，内因是变化的依据。有意义学习理论强调有潜在意义的新观念必须在学习者的认知结构中找到适当的同化点，强调学习者的积极主动精神[5]。化学学科的特殊性之一在于它是一门实验性学科，在教学过程中，应该利用化学实验的现象、实验仪器等吸引学生，激发学生的学习兴趣。

3. 促进学生认知结构的完善

认知结构是指学生现有知识的数量、清晰度和组织方式，它是由学生当下能回想出的事实、概念、命题、理论等构成的[6]。学生在先前的学习中已经具备了一定的知识网络，在教学中我们应该在学生先前的认知结构基础之上进行科学的教学。奥苏伯尔提出在教学中要使用三种模式(上位学习、下位学习、组合学习)、两种原则(不断分化、综合贯通)、一种策略(先行组织者策略)。

4. 营造融洽的课堂气氛，给予学生充分表达的机会

有意义学习理论认为掌握意义的一个标准是学生能够清楚表达，它是获得概念及规则的一个有利途径。因此，教学过程需要有一个轻松活跃的学习氛围，我们要与学生建立民主的师生关系。在课堂上，我们要给学生充分的发言机会，让学生表达自己的想法观点，从而很好地进入学习状态。

参考文献

[1]张一鸣. 有意义学习理论在《化学反应原理》模块的教学设计研究[D]. 长沙：湖南师范大学，2014.

[2]胡海燕. "氧化还原反应"教学设计[J]. 化学教育，2010 增刊Ⅱ：146-150.

[3]肖雪明. 高中化学氧化还原反应教学设计与应用探讨[J]. 成才之路，2016(16)：85.

[4]杨文斌. 有意义学习理论对中学化学教学的启示[J]. 化学教育，2003(4)：16-21.

[5]顾宏伟. 奥苏伯尔有意义学习理论对中学化学教学的启示[J]. 现代教育科学，2008(6)：115-116.

[6]王慧来. 奥苏伯尔的有意义学习理论对教学的指导意义[J]. 天津师范大学学报(社会科学版)，2011(2)：60-70.

试析 2016 年高考化学新课标卷 Ⅱ 试题与课程标准的一致性

苏环，焦桓①

（陕西师范大学化学化工学院，陕西西安 710119）

摘　要： 采取韦伯一致性分析工具分析 2016 年高考化学全国新课标卷 Ⅱ 必做部分题目与高中化学课程标准之间的一致性程度，分别从知识种类、深度、广度以及分布平衡性四个维度进行总结。

关键词： 课程标准；高考化学题目；一致性

自从"课程标准"颁布以来，教育相关工作者以及一线教师深知对于学校所用教材内容的编写、一线教师如何进行课堂教学以及各类国家相关测试评价的内容制订都要以课标为根据。"高考"作为最重要的一项大型国家级考试，每年高考会考什么内容？高考内容和化学课标之间存在着怎样的关系？这些都是社会及相关教育人员关注的焦点和热点。本文以 2016 年陕西省化学高考必做部分所考题目为例，试着分析其与化学课标之间的一致性水平。

一、研究方法及过程

介于我们国家对试题与课标之间的一致程度研究起步相对较迟，关于一致性研究工具的范畴并没有新的建树，但是其他国家已经研发出并且较为完善的相关分析工具，例如成功分析工具、"SEC"工具、韦伯工具，将这三种分析方式进行阅读、对照后，本论文选取使用较为广泛的韦伯一致性分析方式，分析 2016 年全国理综卷 Ⅱ 必做部分的化学题目与课标之间的一致性程度。主要研究过程如下：(1)根据研究实际，研读韦伯分析工具的具体分析方法，使其更加符合本研究的真实性；(2)编码知识目标层次，按照课标当中对于目标具体的说明部分将所有知识的目标进行分层级，共为四个水平；(3)编码课标，对课标当中针对化学教材的每一模块的知识点要求逐条进行拆分并且按照步骤(2)的四个层级对每一知识点内容进行编码；(4)编码高考试卷当中的每一题目，对试卷当中每一个题目或者每一个空进行编码，编码完成之后将其结果与步骤(3)的编码结果进行对比，确定该题目的最终水平；(5)根据韦伯一致性分析工具的标准，分别从四个维度统计步骤(4)各个题目的编码结果，进行统一并总结。

1. 知识目标水平编码

我国高中化学课程标准(实验)中对化学学习水平的界定如表1所示[1]。由于笔试测验的局限性只能考查知识性的学习目标，因此该文不讨论有关技能性和体验性知识的相关内容。

表 1　课程标准中认知性学习目标水平的行为动词

目标水平	表达词
从低到高	知道、说出、识别、描述、举例、列举
	了解、认识、能表示、辨认、区分、比较
	理解、解释、说明、判断、预期、分类、归纳、概述
	应用、设计、评价、优选、使用、解决、检验、证明

---

① 通信联系人：焦桓，jiaohuan@snnu.edu.cn。

根据课标中对知识目标水平的划分编码时分别用 A、B、C、D 表示。

2. 课程标准中内容目标分析及编码

(1)课程标准中内容目标分析

本文着重分析的是必做部分的题目，其中知识点主要涉及必修 1、必修 2 和选修 4 三个模块，基于此，本文需要深入分析化学课程标准当中该三个模块的每一内容条目所包含的化学知识内容以及课程标准对其认知水平的要求。对化学课程标准进行研读之后总结出该三个模块的内容标准及条目数，如表 2 所示。

表 2　化学课程标准中各个模块的内容标准及其条目数

模块	主题	内容条目数
必修 1	认识化学科学	5
	化学实验基础	5
	常见无机物及其应用	6
必修 2	物质结构基础	7
	化学反应与能量	5
	化学与可持续发展	6
选修 4	化学反应与能量	6
	化学反应速率和化学平衡	8
	溶液中的离子平衡	5

(2)内容目标编码

一级主题，即三个模块，分别用阿拉伯数字 1、2、3 进行编码，如"必修 1"用"1"来编码；二级主题用 1.1、1.2、1.3 等进行编码，如"认识化学科学"用 1.1 编码，三级主题用 1.1.1、1.1.2 等进行编码，如"知道化学科学的主要研究对象"用 1.1.1 编码。需要强调课程标准中每一个具体的标准可能包含多个不同水平的行为动词，基于此在编码时要将此类标准进行更加细致的拆分。

(3)试题编码

本研究要编码的试题是 2016 年陕西省所使用的高考化学试卷必做部分，对于其中的每一个题目，主要探讨该题目对应考查的知识点，根据所考查知识点确定对应课标中的条目。在每道题目后面标出对应的具体标准编号；然后分析题目考查知识点与课标当中要求该知识点达到的评价深度是否一致，如果该题目所考查的知识点的水平与课标对该知识点的要求应该达到的水平相一致，那么就在编号后面标注"Y"；如果该题目所考查的知识点的水平要高于课标对该知识点的要求水平，用"G"来标注；相反则用"D"标注。

二、试题与高中课程标准的一致性分析

1. 知识种类一致性

由韦伯工具判断标准知，若模块内的考试题数不低于 6，该模块在这一维度就达到标准要求。统计结果显示，必修 1、必修 2 和选修 4 这三个模块"其中模块目标数"均大于 6，因此这三个模块的知识种类一致性达到规定水平。

2. 知识深度一致性

由韦伯工具判断标准知，某一模块与课标当中所给的知识点深度水平相一致的百分数高于 50%，该模块在这一维度就达到标准要求。统计结果显示，必修 1、必修 2 和选修 4 三个模块试题符合具体目

标深度水平的题目百分比分别为：91％、78％、59％，均大于50％，因此这三个模块均达到知识深度水平的要求，

3. 知识广度一致性

由韦伯工具判断标准知，如果某一模块下的试题数，其中具体目标数占总目标数的百分比不低于50％，该模块在这一维度就达到标准要求。统计结果显示，在该维度上只有必修1这一模块勉强达到课标要求水平，数值略高于50％，其余两个模块一致性水平均比较差。

4. 知识分布平衡性

韦伯一致性分析模式中提出测试题目当中知识点的分布平衡性指数值计算出的结果，如果不小于0.7，由此显示该试卷中的题目分布还是比较均衡的。统计结果显示，必修1、必修2和选修4这三个模块的知识分布平衡性指数均大于0.7，因此这三个模块都达到知识分布平衡一致性的要求。

综上所述，2016年新课标卷Ⅱ必做部分题目关于知识种类、深度和平衡性分布均达到课标要求，试卷中命制的试题与课标之间具有良好的一致性，在知识广度这一维度上只有必修1勉强达到要求，其余模块的一致性都比较差，但是我们都知道高考对于化学科目的考试，不是自成一卷，而是理化生三科共同为一套试题，且答题时间为150 min，因此对于化学知识点的考查不可能"面面俱到"，关于知识广度较差这种现象也是可以接受的。

参考文献

[1]中华人民共和国教育部制订. 普通高中化学课程标准（实验）[S]. 北京：人民教育出版社，2003.

氮化物红色荧光材料的合成与制备反应综合实验设计

王晓明，焦桓①

（陕西师范大学化学化工学院，陕西西安 710119）

摘　要：现代教育理念倡导培养厚基础、宽口径、重实践的复合型人才，各高校越来越看重学生的实践技能。为了培养本科高年级学生在研究领域基础科研的能力，了解和学习大型仪器的使用方法，并学习和掌握简单材料的合成与表征方法，从而达到教学的效果。在正常的实验教学时间内，采用高温固相法制备合成的氮化物硅酸盐为基质、Eu^{2+} 为特征发光的发光材料的实验作为材料相关专业高年级本科生的实验教学内容。通过对实验内容的设计和所得的红色发光材料这一实验结果的分析，不仅让学生学习和验证了稀土离子掺杂发光、固相合成法等知识[1-2]，还加强了学生对科研的兴趣，训练了一般材料的常用表征方法。

关键词：实验设计；合成与制备；氮化物

一、实验目的

学习固相反应的机理、掌握无氧合成以及固相法制备材料的方法。

了解荧光材料的形貌、结构以及荧光性质的表征方法。

二、仪器与药品

1. 药品

药品规格要求如表 1 所示。

表 1　药品规格要求

试剂名称	化学式	纯度	生产厂家
氮化硅	Si_3N_4	99%	Alfa Aesar
氮化钙	Ca_3N_2	99%	Alfa Aesar
氟化铕	EuF_2	99.5%	Alfa Aesar

2. 仪器

样品制备中需要用到的设备和反应容器有：分析天平，真空手套箱，高温管式炉（1000～1600℃），玛瑙研钵，钼/钨坩埚，日本理学 MiniflexⅡ X 射线衍射仪，日立 F4600 荧光光谱仪，美国 FEI Q25 扫描电子显微镜。

三、实验步骤

1. $CaSiN_2$：Eu^{2+} 的制备

样品的制备分为两步：粉体的研磨与样品的烧结。样品的称量与制备全部在手套箱内完成，分别

---

①　通信联系人：焦桓，jiaohuan@snnu.edu.cn。

称取 1.4380 g Ca_3N_2，1.4028 g Si_3N_4 和 0.0570 g EuF_2 为原料，在玛瑙研钵中研细混匀，装入钼坩埚内。将坩埚盖好并用封口膜密封后取出手套箱置于高温管式炉中，反应过程中以体积比为 6/94 的 H_2/N_2 混合气为保护气氛，以 15℃/min 的升温速率使炉温升至 1500℃，反应 2 h 后随炉温自然冷却，将冷却后的产物在玛瑙研钵中稍加研磨即得到橙色固体粉末。

2. 样品性质测试

所得产物的结构和性能表征：使用理学 MiniflexII X 射线衍射仪对高温固相的产物进行晶体物相分析；用 F4600 型荧光光谱仪测量粉体的激发和发射光谱；用 FEI Q25 扫描电子显微镜观测荧光粉颗粒的大小和形貌；根据样品测试的发射光谱计算并绘制荧光粉的色坐标 CIE 图谱。

四、结果与讨论

1. 结构表征

图 1 是 $Ca_{0.97}SiN_2$：$0.03Eu^{2+}$ 的粉末 X 射线衍射图谱。从图 1 可以看出，样品的衍射峰与标准数据卡片库 JCPDS No.20－230 相吻合，说明实验得到了纯相的粉末样品 $CaSiN_2$：Eu^{2+}。

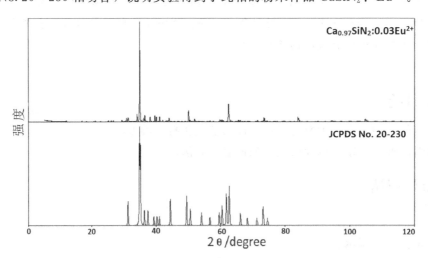

图 1　$Ca_{0.97}SiN_2$：$0.03Eu^{2+}$ 的粉末 X 射线衍射图谱

2. 形貌表征

图 2 为 $Ca_{0.97}SiN_2$：$0.03Eu^{2+}$ 在扫描电子显微镜下的形貌照片。从图中可以看出，样品的颗粒为不规则球形，颗粒直径在 2～5 μm。颗粒形貌会因研磨时间和反应温度的不同有所变化，需要注意观察和比较。

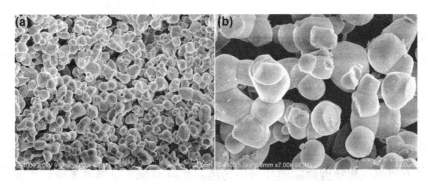

图 2　$Ca_{0.97}SiN_2$：$0.03Eu^{2+}$ 在不同放大倍数下的样品形貌

3. 荧光性能表征

图 3 为 $Ca_{0.97}SiN_2$：$0.03Eu^{2+}$ 的荧光光谱图和色坐标 CIE 的结果以及样品在日光下和紫外光 365nm 照射下的发光照片。Eu^{2+} 在外来光的激发下会发生 $4f{\rightarrow}5d$ 的电子跃迁，被激发到激发态的电子回到基态时会以光的形式放出能量，这就是样品发光的原因。从图中可以看出在 $300\sim450$ nm 范围内 $Ca_{0.97}SiN_2$：$0.03Eu^{2+}$ 均可以被有效地激发，并发射出 610 nm 左右的红光。荧光粉的色坐标测量是研究样品发光性能的重要参数之一。色坐标测量的基本原理是根据光源的光谱分布由色坐标的基本规定进行计算而得出的。根据样品发光的色坐标 CIE 的数值以及在图中显示的颜色，可以与样品激发后的发光颜色进行比较，学习发光材料在色度学的一般描述方法。

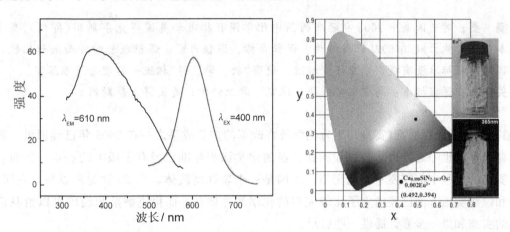

图 3　$Ca_{0.97}SiN_2$：$0.03Eu^{2+}$ 的荧光光谱以及其色坐标 CIE 和样品在日光下和紫外光下照片

五、小结

(1)设计了以高温固相法制备的氮化物硅酸盐为基质、Eu^{2+} 作为激活剂离子的红色发光材料的实验作为实验教学内容。该实验有效地将教学与科研相结合，通过实验内容及所得的红色发光材料的实验结果，不仅让学生学习了固相合成方法、稀土离子掺杂的发光材料、色度学等知识，还可以加强学生的科研兴趣，培养良好的实验习惯，使学生对科研工作有初步的了解，并为今后的科学研究打下一定的基础。

(2)实验中采用了多种测试和表征方法。学生了解和学习了无机化学合成中的无氧操作、结构表征、形貌测试以及样品发光性能的测试等多种表征手段。通过本实验，学生可以亲自操作手套箱、X射线粉末衍射仪、扫描电镜等大型仪器，培养动手能力。通过实验优化，该实验可以作为一个实用性和可视性较强的学生综合实验予以推广。

参考文献

[1]Wang X M，Zhang X，Ye S，et al. A promising yellow phosphor of Ce^{3+}/Li^+ doped CaSiN₂-2 delta/3O delta for pc-LEDs[J]. Dalton Transactions，2013，42(14)：5167-5173.

[2]Gal Zoltan A，Mallinson Phillip M，Orchard Heston J，et al. Synthesis and structure of alkaline earth silicon nitrides：$BaSiN_2$，$SrSiN_2$，and $CaSiN_2$[J]. Inorganic Chemistry，2004，43(13)：3998-4006.

中美高中化学课程标准中科学探究部分的比较研究
——以美国得克萨斯州课程标准为例

魏亚慧，杨承印①

（陕西师范大学化学化工学院，陕西西安 710119）

摘　要：对中国高中 2003 年颁布的高中化学课程标准和美国得克萨斯州（得州）《高中科学基本知识与能力》（2009）从课程结构、课程目标、课程内容、课程理念四方面进行比较，发现中国的课程标准没有提供学业评价标准，使得"教、学、评"相统一的理念很难落实。

关键词：课程标准；高中化学；科学探究；学业评价；美国得克萨斯州

《普通高中化学课程标准（实验）》作为化学教育改革的重要成果之一在 2003 年已经面世，新修订的高中化学课程标准也呼之欲出。与以往相比，新的化学课程标准已经有了很大的进步。然而，任何课程标准在实施的过程中都需要不断地完善。美国是一个联邦制政体，自 20 世纪末以来，在课程目标、教学指导和课程实施方面已经建立了比较完善的化学教育体系，而得克萨斯州经验可以给我们的化学课程标准的实施和进一步修订提供一些启示。

《得州高中科学基本知识与能力》（Texas Essential Knowledge and Skills for Science，High School，TEKS，2009）是得州所有中小学科学课程和教学的指南。它通过广泛收集各级政府教育行政部门、学校管理人员、教研员、学生家长及学校教师的意见和建议，制定出来的指导学校科学课程教学的教育政策[1]。

TEKS 从整个科学的大方向出发，规定了相应科学课程（水产科学、天文学、生物学、化学、地球与空间科学、环境系统、综合物理与化学、物理学）学习的具体要求。在这些课程中涉及化学课程的是"化学"和"综合物理化学"。每一门科学课程又分为三个部分：第一部分"总体要求（General requirements）"给出了本课程的学分、学习要求及建议开设此课程的年级；第二部分"介绍（Introduction）"界定了相关课程学习的内容主题、科学本质、科学探究、科学与社会道德、科学系统；第三 部分"知识与技能（Knowledge and skills）"描述了学生学习每一部分内容的具体要求和将要达到的目标。以"化学"和"综合物理化学"为例，其课程标准结构如图 1 所示，其中作为课标主要内容的第三部分"知识与技能"其具体结构如表 1 所示。

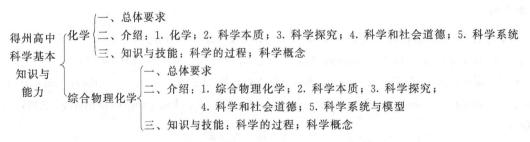

图 1　《得州高中科学基本知识与能力》化学部分课程标准结构

---

①　通信联系人：杨承印，yangcy@snnu.edu.cn。

表1 "化学"和"综合物理化学""知识与技能"模块结构

项目	化学	综合物理化学
科学的过程	实验教学要求	实验教学要求
	科学探究方法	科学探究方法
	科学探究思维	科学探究思维
科学概念	知道物质的特性并能分析化学或物理变化与其特性之间的关系	知道生活中力与运动的存在
	理解周期表的发展历史并会应用	认识各种形式的能量,知道能量转换和能量守恒
	知道并理解原子理论的历史发展	知道结构和物质间的关系
	知道原子是如何形成离子键、金属键和共价键的	知道物质的变化
	掌握化学反应中的化学计算	—
	理解理想气体、分子运动论以及影响气体运动的因素	—
	理解并能运用影响结果表现的因素	—
	理解化学反应中的能量变化	—
	理解核化学反应的基本过程	—
预期	学生预期	学生预期

　　"科学探究"不是一般意义上的化学知识教育,而是侧重于实践、观念和情感的综合性教育[2]。本文对中美高中化学课程标准中的科学探究部分进行比较研究,选择得州的科学课程标准(TEKS)中的"化学"和"综合物理化学"课程以及中国的《普通高中化学课程标准(实验)》(2003),采用比较研究法,从课程结构、课程目标、课程内容、课程理念四个方面进行分析。

一、课程结构

1. 课程结构介绍

　　两国的课程结构都是由相对完整的模块组成,面向全体学生,明确提出科学探究。

　　中国的课程标准将课程内容分为必修和选修两部分,每部分都提出了相应的内容标准和与内容标准相匹配的"活动与探究建议",它对每一项内容标准都提出了相应操作性的科学探究活动,为教师设计多种多样的化学教学活动提供指导[3],所以科学探究包含在"活动与探究建议"中。另外,课程标准的第四部分"实施建议"还概述了科学探究在具体教学中的实施策略。

　　TEKS的科学课程标准包括三部分(总体要求、介绍、知识与技能)。第二部分"介绍"中提出了对科学探究的总体定义,第三部分"知识与技能"中的"科学的过程"模块对科学探究的具体要求进行了细化,该课程标准是从整个科学教育的角度去制定的,所以包含不同的学科,每个学科都提出了科学探究,但对于科学探究的定义和"科学的过程"的具体要求都是相同的。

2. 课程结构比较

　　从课程结构上来看,中国高中化学课程设置必修和选修模块是合理的,选修课程按照课程内容类型和学生需求取向分类,设置多样化的课程供学生自主选修,具有特色性和先进性[4]。其中"活动与探究建议"这一模块的设立为教师开展教学活动指明了方向,对如何在教学中提高学生科学素养具有重要的实践指导意义。针对不同水平的教师,课程标准中都有符合教学目标的科学探究活动建议,这大大提高了科学教育的现实性。但是,课程标准如果给出大量参考内容,教师在实际教学中就容易缺乏思考和改变,会习惯性按照课程标准和教科书中安排的科学探究活动来进行,这样无法满足一些程度较好的学生。

TEKS 由总体描述到具体细化分为三部分，整体渗透着科学本质，而且没有不可执行的硬性指标，便于水平较高的教师自主进行教学操作，教师和学生可以根据课程标准、教科书甚至课外的科学问题开展科学探究活动，培养学生的探究意识和创新意识。这种模式和美国的国情以及教育体制十分匹配。但是美国课程标准对科学探究的描述比较简洁，只明确规定了一般过程。如果实际教学中遇到水平较低或者惰性较强的教师，教师可能不作为，对学生来说接受的教育就很容易变成两个极端，教育部门也不便监管。

二、课程目标

1. 课程目标介绍

两国的高中化学课程目标，都是培养和提高学生的科学素养，都提到了"科学态度""科学精神"等。在"过程和方法"方面，一致强调技能的训练，看重科学探究过程，重视对学生的观察能力和动手能力的培养，如得州在化学目标中提到"运用科学方法进行化学实验和实地调查，培养和提高科学探究能力"，我国在"过程与方法"目标中也提到相类似的内容。

从课程目标层次上来看，《普通高中化学课程标准（实验）》构建了三维度、四层次的目标体系，如图 2[1] 所示。三维目标模式"知识与技能""过程与方法""情感态度与价值观"分别对应"认知性学习目标""技能性学习目标"和"体验性学习目标"。课程标准在"前言"部分对三维目标的要求从低到高进行了划分，在"课程目标"部分概述了整个化学课程所要达到的三维目标，在"内容标准"部分对每个主题下的知识点需要达到的目标层级进行详细描述。

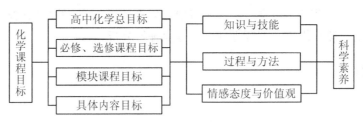

图 2　中国课程目标结构

TEKS 课程目标是根据不同的课程模块进行不同的课程目标描述。课标明确提出了"知识与技能"这一维度的目标（见图 3）。将技能性学习目标隐含在"知识与技能"的具体知识中，对体验性学习目标没有提出要求。

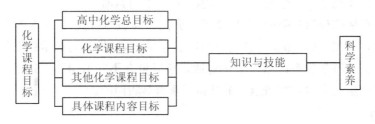

图 3　美国化学课程目标结构

2. 课程目标比较分析

从科学探究角度来看，中国课标根据三维目标开展科学探究活动，既有知识技能方面的，又有行为和情感态度方面的，整个活动兼顾过程和结果，从各个方面都能关注到学生的发展，更有利于在科学探究中建构知识体系，提高学生的科学素养，培养学生的科学精神。但是，中国课程标准对认知性和技能性学习目标的水平采用结果性目标的方式陈述，即使用可量化评价的标准来明确监测学生的学习结果，对体验性学习目标的水平采用体验性目标的方式表述，不能采用可量化评价的标准，在实际教学中因实施情况而异，不好评判[1]。

TEKS的课程目标的呈现没有分层，并且只采用"知识与技能"一维目标，在实际教学中使用可量化评价的标准来监测学生的学习结果，但是目标层级设置单一，条理不够清晰，对学生学习的关注不够全面。

三、课程内容

1. 课程内容介绍

从课程内容上来看，中美课程标准中的科学探究都包括了科学探究活动过程和进行科学探究活动所必需的基础知识。

中国的课程标准是分科制，提到的科学探究活动是和化学学科有关的，是化学类的科学探究。比如，必修1主题三"常见的无机物及其应用"的"活动与探究建议"②～④实验：溶液中 Ag^+、CO_3^{2-}、Cl^-、SO_4^{2-} 等离子的检验；用铝盐和铁盐净水；Cl_2、SO_2 漂白性的比较[5]。

TEKS课程标准是从整个科学的角度制定的，设有不同的科学课程，其中包含化学部分，涉及的科学探究活动有单独化学科目的科学探究，也有跨学科或多个学科相结合的探究活动。比如，在TEKS中有一科学科目"综合物理化学"(Integrated Physics and Chemistry)，其中的"知识与技能"模块"科学的过程"提出的知识和科学探究活动既有物理的也有化学的，还有综合其他学科的。例如"(5)科学概念(b)演示势能常见的形式，包括重力、弹力和化学力，比如一个球在斜面、弹簧和电池上；(10)科学概念(a)描述水在化学和生物系统中的独特作用[6]"。

2. 课程内容比较分析

中国课程标准的内容设置将各个学科分开，保留了各学科的特色，课程内容全面、细致，特色鲜明，但是缺少交叉学科和综合学科的设置。探究学习是各学科都倡导的教育理念，一个比较完整的、有难度的科学探究活动不可能只包含一个学科的知识，在我们平时开展化学科学探究时也经常用到物理和生物的知识、数学的方法等。

TEKS主张从科学这个大方向来制定课程标准，不给科学划界限，具有创新性和前瞻性，这种编制方法有利于培养学生的综合探究能力和思维发散能力，还可促进化学学科与其他学科的交流，让学生在探究的过程中对其他学科也产生兴趣，触类旁通。我国在课程标准的制定时也可吸收综合学科这种思想，在坚持各科特色的同时跨学科设置一些综合知识模块，然后以这些知识模块中的问题设计科学探究活动，让学生参与其中。

3. 课程内容中的科学探究要素和科学探究定义

(1)课程内容中的科学探究要素的比较

中国的课程标准中写到"教师应充分调动学生主动参与探究学习的积极性，引导学生通过实验、观察、调查、收集资料、阅读、讨论、辩论等多种方式，在提出问题、猜想与假设、制订计划、进行实验、搜集证据、解释与结论、反思与评价、表达与交流等活动中，增进对科学探究的理解，发展科学探究能力[5]"

TEKS在"科学的过程"中提到"要求学生知道科学假说是暂定的，知道科学理论，以及科学理论和科学假说的区别和联系，要求学生能够规划和实施整个探究过程：包括提出问题，提出可被验证的假设，并选择实验的设备、技术和方案；收集数据，并用准确度和精密度测量；用科学的方法表示结果；整理、分析、评估数据，并做出推论和预测；将实验结果变为有效结论，如图表、报告等[6]"。

中国课程标准中提到科学探究八要素：提出问题、猜想与假设、制订计划、进行实验、搜集证据、解释与结论、反思与评价、表达与交流。TEKS中"科学的过程"提到的科学探究要素与中国课标中的八要素相类似，在进行科学探究之前多了科学概念和辩证思维的教育，在科学探究的过程中多了准备实验的环节。这比中国课标更加完整全面，体现了对科学方法论教育的重视。

（2）课程内容中的科学探究定义比较

中国课程标准中对科学探究的定义为"科学探究是学生学习化学的一种重要方式，也是培养学生探究意识和提高探究能力的重要途径"[5]。

TEKS 中对科学探究的定义为"科学探究是对自然世界有计划和有目的的调查，调查的科学方法可以是实验、描述或比较。所选择的方法应该适合所调查的问题"[6]。

中美课程标准对科学探究的定义都体现了对学生的素质教育，鼓励学生通过科学探究来认识自然世界、学习知识、解决问题。

中国的课程标准更注重将科学探究定义为一种学习知识的方式，是培养探究意识和提高探究能力的途径。课程标准中还提到"科学探究能力的培养应紧密结合化学知识的教学来进行。要按照课程内容的要求，积极开展实验探究"[5]。可以看出课程标准要求科学探究能力的培养应紧密结合化学知识来教学，科学探究为学习知识服务，不可脱离知识本体。在实际的教学中，科学探究活动需由教师指导学生完成，大部分的科学探究活动要在课堂上进行。所以中国课程标准的内容设置是基于活动（探究）来学习知识。

TEKS 的科学探究定义侧重科学探究的本身意义和实施科学探究过程中学生的体验。在美国教育中科学探究不仅是一种学习知识的手段和方法，其本身就是一类活动、一种知识和能力，TEKS 将学习知识和体验科学探究活动看作同等重要。在实际的教学中，科学探究活动要以学生为主体，教师可以指导学生，学生也可以自主探究，科学探究活动在课堂内外都可以进行，形式自由活泛。所以，美国科学探究内容的设置更多是基于活动来体验探究科学。

四、课程理念

1. 课程理念介绍

中美两国的课程标准都主张对学生科学理念、科学素养的培养，渗透了 STSE 教育思想，即科学、技术、社会和环境的结合，注重对科学、技术、社会、环境之间关系的理解，强调对与化学有关问题的判断和解决，比如社会、环境问题等。两国课程标准均强调学生在科学探究过程中解决问题的自主性和创新性。

中国课程标准提到"引导学生形成科学的价值观和实事求是的科学态度，培养学生的合作精神，激发学生的创新潜能，提高学生的实践能力"[5]。

TEKS 中提到"在科学探究的过程中，学生运用批判性思维，科学推理和问题解决能力，能在课堂内外都做出理性的决定"。

2. 课程理念比较分析

中国课程标准重视学生在科学探究活动中合作精神和实践能力的培养；重视"知识与技能"的培养，强化科学探究意识，形成科学的世界观。但没有明确提出培养学生对科学的批判精神和怀疑态度，只有隐含意义。

TEKS 体现了更强的人性化、自由化、开放性和批判性。TEKS 在科学探究理念方面倡导培养学生的批判性思维、科学推理能力和自主解决问题的能力；要求学生明白科学假说是暂定的、是有待证实的以及它与科学理论的区别；提倡以发展和变化的眼光看待科学理论，学会辩证思考；鼓励学生理性地参与公众有关的科学和技术问题的讨论，通过不同的科学探究途径获取知识、掌握科学家研究自然界所用的方法[6]。

另外，TEKS 往往与内容标准和表现标准（学业评价标准）相伴出现，而我国基础教育各学科的课程标准均没有相应的学业评价标准。对于科学探究来说，其本身灵活度较大，涉及的影响因素较多，如果没有形成评价与反思的标准，就不能及时发现缺陷和总结优点，无法监测和评价学生的学习情况。我国基于标准的化学课程改革实施十多年来没有取得很好的实质性效果的一个重要因素就是没有学业评价标准，教师和学生都无法判断化学到底学习了有多少，学得有多好。因此，我国在修订课程标准的同时应考虑借鉴美国的学业评价标准，制定出符合我国国情的化学学业评价标准。

参考文献

[1]徐燕. 中美高中化学课程标准比较研究——以美国得克萨斯州为例[D]. 西安：陕西师范大学，2014：1-44.

[2]郑振勤. "科学探究"教育的新架构——《义务教育化学课程标准(2011年版)》研读心得之二[J]. 教育实践与研究(B)，2013(6)：12-17.

[3]秦臻臻. 《高中化学课程标准》中"活动与探究建议"实施的研究[D]. 长春：东北师范大学，2013:1-30.

[4]王磊，刘强，张小平，等. 试析《普通高中化学课程标准(实验)》中的实验体系[J]. 化学教育，2004(9)：9-12.

[5]中华人民共和国教育部. 全日制普通高中化学课程标准(实验)[S]. 北京：人民教育出版社，2003.

[6]陈芳芳，刘继和. 中美课程标准中科学探究含义与内容的对比分析[J]. 沈阳教育学院学报，2009(5)：105-108.

我国概念图研究述评[①]

谢婷婷，严文法[②]

（陕西师范大学化学化工学院，陕西西安 710119）

摘　要：概念图是组织和表征知识结构的工具，我国对概念图（concept map）的研究始于 21 世纪初。十几年来，概念图的研究和应用经历了引进介绍到独立开展研究的过程。在分析梳理 2002—2017 年我国关于概念图相关研究文献的基础上，对文献综述类研究、概念图与其他图式工具的比较研究、概念图制作及绘制工具软件的研究、概念图在评价领域中的研究以及概念图在"教"与"学"领域的研究进展进行了述评，并探讨了我国概念图研究的发展趋势。

关键词：概念图；研究现状；研究趋势

概念图（concept map）是由美国康奈尔大学诺瓦克（J. D. Novak）博士于 20 世纪 60 年代根据奥苏贝尔的有意义学习理论提出的。概念图是表示概念与概念之间相互关系的空间网络图，它是组织和表征知识结构的工具，由节点和带有标签的连线组成。节点表示某一命题或知识领域的概念，它通常被置于圆圈或方框之中；点之间的连线表示概念之间的内在逻辑关系，连线可以带有方向，可以是单向的也可以是双向的，箭头的指向也就是概念或命题之间的逻辑关系的方向；连线上的标签表示概念之间是如何或者是通过什么方式来建立联系的。概念图的四个基本是图表特征概念、命题、交叉连接和层级结构。从诺瓦克于 20 世纪 60 年代开发并于 80 年代初期确定概念图的名称以来，概念图就作为一种有效的教学工具在西方国家得到了广泛的应用。我国概念图的研究经历了从吸收、引进到研发、应用的发展历程。

一、我国概念图研究状况

本文在中国期刊全文数据库中以"概念图"为关键词，检索到我国 2002—2017 年与概念图相关的文献一千余篇，对精选的 150 篇文献作系统分析，以了解我国概念图的研究进展。近 10 年来我国概念图研究呈现增长趋势，主要集中在文献综述类研究、概念图与其他图式工具的比较研究、概念图制作及绘制软件的研究、概念图在评价中的研究、概念图在"教"与"学"中的研究五个领域。

1. 文献综述类研究进展

我国概念图研究综述类文章较多，不同时期研究视角不同。2002 年我国概念图研究处于吸收、引进阶段，概念图综述侧重于概念图知识的介绍以及对国外研究状况的分析，如朱学庆[1]、徐洪林[2]等学者对概念图的由来、理论依据及如何制作概念图进行了阐述，并分析概括了概念图在国外的研究发展现状和特征。在我国概念图研究有所发展之后综述类文章则以概括我国概念图的研究现状为主，如张丽萍[3]以及祝成林[4]、李应[5]等对我国概念图研究状况和存在问题进行了述评。然而从 2011 年至今，概念图研究又有了许多新的进展，但没有一篇文章系统地对之加以评述。

① 项目资助：陕西省教育科学十二五规划课题"陕西省农村中小学教师专业能力发展的现状与培养模式研究"（项目编号 SGH130421）和陕西师范大学教师教育研究 2015 年度"陕西省中学教师教学设计 能力现状及培养策略研究"（项目编号：JSJY2015J008）资助。

② 通信联系人：严文法，陕西师范大学化学化工学院副教授，主要从事化学教育、教师教育研究，sxnuywf@163.com。

2. 概念图与其他图式工具的比较研究进展

我国概念图研究主要集中在教学和评价领域，概念图和其他图式工具的比较研究是我国现有的关于概念图的一类研究，其中最常见的是概念图（concept map）和思维导图（mind map）的比较。笔者在中国知网上进行主题和关键词搜索"概念图"并含"思维导图"得到相关度极高的文献共 116 篇。我国学者对其做了双视角研究。一是两种工具之间有什么异同？2004 年赵国庆[6-7]从理论和实践层面对概念图和思维导图的历史渊源、定义、创作方法、表现形式和应用领域等方面做了比较，2012 年他再次从概念图和思维导图不同的本质特征、发展研究等方面对之做了更加深入的探讨。2013 年魏利霞、周震从其绘制工具、画法规则、评分标准、应用领域及适用范围等方面讨论了二者的异同[8]。二是两种图式工具怎么样使用才能更有效？我国有学者结合存在的困惑针对性探讨了二者教学中结合使用的可行性和有效性[9-10]，根据两者的功能优势合理将其应用于不同的教学环节[11-12]，近年来对二者的研究多集中于此。总之随着概念图技术的发展，概念图本身的含义也在逐渐深化，如表示概念间动态关系的循环概念图与以前只能表示概念间静态关系概念图相比就是一大进步。

3. 概念图制作及工具软件的研究进展

早期的概念图主要依靠手工绘制，近年来概念图绘制已经从简单的纸笔构图转变为计算机构图、协同构图等。现在已经有很多计算机软件专门用于绘制概念图，如 amp2.0、inspiration、Activity map、Mind Map、Mind Manager、Mind man、Axon Idea Professor5.0、Decision explore 等。在这些软件中应用较广泛的 inspiration（灵感）软件，现已发展到 9.2 版本，它具有界面直观、操作简单、同时可用于绘制思维导图的优点，新版本增加了文件导入和导出的功能[13]。有学者对 inspiration（灵感）软件的功能做了总结：记录和整理集体思维过程的工具；培养发散思维和创新思维的工具；进行建构主义教学的支架、教学评价的工具[14]；掀起头脑风暴培养学生创造性思维的工具。

由于概念图是学生协作知识建构的一种有效支持工具，网络协作构图可以推进概念图在网络协作学习实践中的应用，我国有学者探究了基于网络的概念图构图模式，如在《E-learning 中基于 Web 的概念图协同创作系统研究》[15]中作者设计了概念图协作创作系统的功能模型和动态模型，介绍了基于 Flex 和 FMS 技术的系统实现方案，推进概念图在网络协作学习实践中的应用。

由我国独立研制开发的概念图制作和学习工具很少，比较经典的概念图编辑器有易思—认知助手、基于笔的概念图协同绘制工具[16]和基于手势笔的概念图编辑器的设计与开发。我国在概念图绘制工具研究方面比较突出的是"基于笔的概念图协同绘制工具"和"基于手势笔的概念图编辑器"，以笔作为手势输入不仅符合人们日常习惯而且容易实现。这两种工具在交互方式、对群体协同构建概念图的支持、对模糊信息的支持、对构建过程的支持等方面与传统的概念图绘制软件（Inspiration 等）不同，能够满足实时协同构图的需要。在概念图绘制工具方面我国仍然在引进国外的技术，如顾连忠，刘建军[17]介绍了一种国外流行的适于网络的概念图评估工具——COMPASS，它能客观记录学生学习过程中的具体事实，能进行自我评价、自我反馈、同学互评，这与我国新课程所倡导的"重过程，促发展，多样化"评价理念相吻合。总体来看我国在概念图工具和软件的研发上还相对滞后，需要更进一步的研究。

4. 概念图用在评价领域中的研究进展

Novak 最初提出概念图是为了测定学习者已有的知识结构，它是一种评价的工具。他在提出概念图的同时就提出了基于概念图成分的评分方案，其他评分方案都是对 Novak 评分方案的某种改变。近年来概念图评分多采取与标准图对照的方式，如 Osman Nafiz Kaya(2008)[18]、Jianhua Liu(2013)[19]。国内概念图在评价领域内的研究主要是从评价形式、评价系统、评价效果[20]、评价的功能与局限[21]四个方面来进行的。文献调研可知概念图用于学生评价有 4 种题型[22]：C 技术（创造性构图题）、S 技术（选择填图题）、F 技术（填空型）、G 技术（引导型构图题）。评价系统（评分方法）指的是评分标准或评分方案，我国学者根据不同的评价形式设计了不同的评分方法，主要是基于以下三种记分策略：①就概念图中的成分评分(如节点数目、连接数目、横向连接数目);②以标准图为参照,比较一个学生的图与标准图的相似度;③前两种策略的复合:既评估概念图中的成分,又参考标准图。评价效果指的是概念图用于评价的信度、效度、区分度等问题,研究表明概念图在评价学生的认知结构时具有良好的信度、效度[23]。

5. 概念图在"教"与"学"领域中的研究进展

我国概念图在"教"与"学"领域内的研究最为活跃,近几年尤为突出,已超过总研究量的80%。有学者汇总了概念图在"教"与"学"领域概念图的5大功能:教学设计的有效工具、思维可视化的工具、有效学习的策略、教与学的评价工具、诊断学生的前概念的工具[24],而且它还可以是校际协作中同步交流协调的工具[25]。我国概念图已经广泛地应用在了化学、生物、物理、数学、英语、计算机、论文、作文、阅读和研究性学习等方面。在教学领域中的应用主要包括以下三个应用范畴:

(1)概念图用作"教"的策略

概念图作为"教"的策略是我国学者近年来研究的热点领域。研究表明概念图可以用于教学设计、培养学生的创新思维、创建基于概念图的教学模式、培养儿童的视觉素养、思维旅行教学等方面。概念图可以用于新课学习[26],同时也能用于复习课[27]。

(2)概念图用作"学"的策略

作为一种有效的学习策略,概念图可以用于新课程中的合作、自主、探究性学习,从而促进学生学习方式的转变。在合作学习中可以是协作学习的支架[28];在自主学习中可以激发学生自主学习的动机[29];在探究性学习中可以有效促进学科知识的整合,从而有助于有意义学习[30];除此之外,概念图也在远程协作学习[31]、优化化学课程网站[32]等方面发挥了一定的作用,把概念图应用于远程教育的教与学已经成了当下研究的热门话题。

(3)概念图用于"教"与"学"中的评价

概念图的起源是用于对学生学习的评价,我国在概念图用于"教"与"学"的评价方面主要包括以下几方面:诊断学生的错误概念、评价学生的学业成就、评估学生的认知结构、评估学生的思维水平、评估学生的创造力等。伴随着网络时代的发展和新课程改革的全面实施,网络课程的评价[33]以及协作评价活动[34]不失为一种新的研究取向,即概念图评价的评价对象由个人向集体转变,评价方式由传统的基于个人的纸笔测验向基于网络的概念图协同评价转变。

二、我国概念图的研究趋势

1. 概念图研究将注重实证研究,提高研究质量

我国概念图的研究起步较晚,与国外概念图的相关研究相比数量较少。但是我国在概念图教学研究等领域的也取得了一定的研究成果,随着研究的深入以及研究队伍的壮大,我国概念图研究不仅会呈现研究数量上的增长,而且研究质量将会不断提高。因此我国概念图的研究必将从思辨走向实证。

2. 学科概念图将成为概念图研究重点

全球化社会的发展要求人们具备开放性思维和创新精神,因此各国课程改革都强调创造性与开放性思维的培养同时在课堂上使用概念图可以促进学生核心素养的培养[35],跨学科概念图创作能力能有效促进学生的科学创造力,并且概念图对学生跨学科知识集成能有效地作出评价,基于我国基础教育课程改革对学生创造力发展和对学生素质提高的要求,跨学科概念图研究将成为我国概念图研究的重点。

3. 概念图研究将由教学领域扩展到其他领域

从概念图的国际研究来看,概念图的研究领域由科学学科扩展到其他学科和领域:概念图早期的研究主要是集中在生物、物理和化学学科中，特别是在生物学科上的应用，但是研究很快就突破了科学学科范围而被广泛应用到其他学科。我国概念图研究也发生着和国际概念图研究一样的变化：我国概念图已经在生物、物理、化学、文学、英语、写作、阅读、生态学、计算机辅助教学、数学等领域得到应用。近几年的研究还扩展到了兽医、临床医学、成人教育、教师职前培训、新产品的设计、市场的开发等领域，概念图的网络实时协作、新的概念图模型和软件以及知识管理、多维概念图应用等成了概念图研究的重要前沿领域，因此我国概念图的研究领域变得越来越广泛。

4. 概念图的研究队伍将更加壮大

概念图引进我国之初主要的研究集中在高校，伴随着教育学、心理学的理论基础在我国扎根和概念图理论和实践研究的深入，我国概念图的研究队伍和研究群体迅速得到了扩充，除了大学知名学者外，中学一线教师和高校的博、硕士研究生也纷纷加入了这一行列。近年来我国有很多关于概念图的研究成果是出自一线教师之手，越来越多的博、硕士研究生也把概念图选作自己毕业论文的题目。此外，企业、商业、政府等部门的工作人员为了工作的需要也把概念图当作一种有效的记录工具和知识管理工具等。总之，我国概念图的研究队伍在逐渐壮大。

三、结语

近10年来，我国概念图的研究在一定程度上发生了扩展和研究视角的转变。在新课改的背景下，我们不再信奉技术理性，我们尊崇关注教育教学情景的实践理性和关注人文关怀的价值理性，作为一种工具的概念图将展现出怎样的使用效果取决于我们使用者本身。目前，虽然我国概念图研究取得了一定的进展，但是与国外相关研究相比仍然有一定的差距。例如，我国概念图的研究很多，但是大部分一线教师对之还不太了解，能在实际的教学中运用概念图的更少，因此我国概念图之路仍然"任重而道远"。

参考文献

[1]朱学庆. 概念图的知识及其研究综述[J]. 上海教育科研，2002(10)：31-34.

[2]徐洪林，康长运. 概念图的研究及其进展[J]. 学科教育，2003(3)：39-42.

[3]张丽萍，吴淑花. 我国概念图研究概览[J]. 现代教育技术，20075(17)：34.

[4]祝成林，张宝成. 我国概念图研究评述[J]. 大学·研究与评价，2008(4)：24-27.

[5]李应. 概念图研究综述及其应用[J]. 山西大同大学学报(自然科学版)，2011，27(6)：12-16.

[6]赵国庆，陆志坚. "概念图"与"思维导图"辨析[J]. 中国电化教育. 2004(8)：42-44.

[7]赵国庆. 概念图、思维导图教学应用若干重要问题的探讨[J]. 电化教育研究，2012(5)：78-83.

[8]魏利霞，周震. 浅析思维导图与概念图[J]. 哈尔滨学院学报，2013，34(3)：91-95.

[9]杨凌. 概念图、思维导图的结合对教与学的辅助性研究[J]. 教学研究，2006(6)：59-61.

[10]张中文，马德俊，谷素青. 概念图和思维导图在初中语文教学设计中的应用[J]. 中国教育信息化，2009(12)：54-55.

[11]杨季冬. 概念图和思维导图在化学教学中的比较及运用[J]. 现代中小学教育，2015，2(31)：79-82.

[12]刘荣玄. 概念图与思维导图辅助教学的研究与实践[J]. 教育现代化，2017(2)：119-123.

[13]周恩杰. Inspiration几种概念图模板在地理知识梳理中的应用[J]. 地理教学，2013，22：56-58.

[14]王东，李兆锋"Inspiration功能特点及其在教学中的应用"[J]. 现代教育技术，2006，16(2)：42-44.

[15]施泽磊，王永固．E-learning 中基于 Web 的概念图协同创作系统研究[J]．现代教育技术，2012，22(8)：89-92.

[16]芦宏亮，华庆，蔡萍，等．基于笔的概念图协同绘制工具[J]．计算机工程与应用，2009，45(8)：65-67.

[17]顾连忠，刘建军，张丽萍．一种适于 Web 的概念图评估和学习工具[J]．中国电化教育，2010(10)：62-64.

[18] Osman Nafiz Kaya . A Student-centred Approach：Assessing the Changes in Prospective Science Teachers' Conceptual Understanding by Concept Mapping in a General Chemistry Laboratory [J]．Science Education，2008(38)：99-101.

[19] Jianhua Liu．The Assessment Agent System：design，development and evaluation Education [J]．Tech Research Dev，2013(61)：197-215.

[20]刘荣玄，刘诗焕．概念图用于教学评价的实践研究：以数学教学为例[J]．井冈山大学学报，2011，32(2)：133-136.

[21]陆珺．概念图评价研究综述[J]．嘉兴学院学报，2013，25(6)：62-66.

[22]刘荣玄，朱少平．概念图引导型构图题的研究与实践[J]．数学教育学报，2017，26(2)：86-89.

[23]安立静．概念图评价及其信度和效度的问题[D]．石家庄：河北师范大学，2007：24-27.

[24]张东升．概念图教学功能初探[J]．新课程研究，2016(7)：42-43.

[25]谭姣连．校际协作中同步交流协调策略的设计及应用研究[J]．现代教育技术，2009，19(7)：23-28.

[26]黄琳琳．概念图在高中化学概念教学设计中的应用研究[D]．西安：陕西师范大学，2016：28-32.

[27]陆巧明．交互智能性概念图课件在高中化学教学中的应用[J]．中学教学参考，2015(2)：84.

[28]蔡铁权，叶梓．促进合作学习的概念图建构[J]．中国电化教育，2011(291)：97-10.

[29]仝娟娟．基于概念图策略的初中生物自主学习实践研究[D]．西安：陕西师范大学，2016.

[30]叶成美．概念图在探究性学习中的应用[J]．软件导刊·教育技术，2009(11)：70-72.

[31]厉毅，概念图支架在远程协作学习中的应用探索[J]．中国远程教育，2009(5)：37-40.

[32]陈凯，蔡敏尧．hem cases 案例评析与启示[J]．化学教育，2011(2)：56-58.

[33]李宇峰，李兆君．概念图在信息化教学评价中的应用研究[J]．中国教育信息化，2009(20)：45-47.

[34]陈明选，龙琴琴，马志强．基于概念图的协作评价活动设计与应用研究[J]．电化教育研究，2016(11)：75-84.

[35]陈颖，唐晓春，陈锦模．利用思维导图与概念图提升学生核心素养[J]．中小学信息技术教育，2017：53-55.

基于鲍建生难度量化工具的
陕西学业水平试题分析

任程，薛亮①，马敏娜，李俊杰，冯珏

（陕西师范大学化学化工学院，陕西西安 710119）

摘　要： 结合化学试题特征及鲍建生难度量化工具对陕西省近两年的学业水平化学试题进行难度分析。结果显示该量化工具能准确衡量陕西省学业水平化学试题难度且能具体指出试题难度差异主要表现在哪些方面，这为试题试前难度分析和试题修正提供了新思路。

关键词： 试题难度；鲍建生难度量化工具；学业水平

学业水平考试在高中生高考升学中占的比重越来越大，那么试题的难度特征如何？难度主要表现在哪些方面？为了保证试题全面性、覆盖率以及知识考查比例的科学性和合理性，就需对试题难度进行试前分析。

一、高中学业水平考试

学业水平考试是根据国家普通高中课程标准和教育考试规定，由省级教育行政部门组织实施的考试，主要衡量学生达到国家规定学习要求的程度，是保障教育教学质量的一项重要制度。考试成绩是学生毕业和升学的重要依据[1]。目前，普通高中学业水平考试以教育部宏观调控分化管理为主要特征，因而在考试性质定位、功能定向、建模形态等方面均存在多元化特征[2]。国家课程标准明确指出课程标准是教材编写、教学、考试命题的依据，是国家管理和评价课程的基础，学业水平考试是考核高中生学习是否达到课程标准要求的手段[3]。学业水平考试的科目为思想政治、历史、地理、物理、化学、生物、通用技术、信息技术。学业水平考试每年组织两次，学业水平考试的成绩采用等级制评定，其中考试科目按照 A、B、C、D 四个等级评定。

二、鲍建生难度量化工具介绍

从化学视角来看，化学试题难度影响因素主要包括：通常认为特殊符号、原理和有关具体事实的定义及其直接描述等，属于知识深度的第一层次；进一步的推论及有关性质的理论等属于第二层次；知识的深部内涵和外延及其与相关知识的内部联系、特殊情境下的性质与特征等属于第三层次[4]。鲍建生难度量化工具中包含 8 个难度指标和 23 个子指标，具体如表 1 所示。

表 1　鲍建生难度量化工具难度指标及赋值标准

难度指标	难度子指标	说明	赋值
背景	无背景	—	1
	生产生活背景	以生产生活为背景	2
	科学背景	以科学情境为背景	3

---

① 通信联系人：薛亮，xueliang@snnu.edu.cn。

难度指标	难度子指标	说明	赋值
内容	识记	对化学事实、概念、公式、法则性质的记忆及常规程序的复制，具有机械、缺少联系的特点	1
	理解	对已学化学理论、方法和过程的领会与运用，包括选择化学知识、方法，灵活地运用程序性知识，建立不同知识点之间的联系	2
推理	无推理	不需要推理	1
	简单推理	只需要一步推理	2
	复杂推理	需要多步推理	3
探究	无探究	不需要探究	1
	非实验探究	对已学知识的扩展，深入挖掘题目中的条件建立解题模式，对所学知识创造性的应用，探究具有一定的开放性、创造性特点	2
	实验探究	借助实验来完成对知识的应用	3
开放	条件和结论确定	题目的条件和结论都确定	1
	条件确定而结论不确定	题目条件确定，但题目答案不确定	2
	条件不确定而结论确定	题目不确定，但答案确定	3
	条件和结论都不确定	条件和结论都不确定	4
运算	无运算	不需要运算	1
	简单运算	只需要简单的符号或数值运算	2
	复杂运算	需要复杂符号运算和复杂数值运算	3
知识综合	一个知识点	解题需要一个知识点	1
	两个知识点	解题需要两个知识点	2
	多个知识点	解题需要多个知识点	3
阶梯	问题阶梯排布	问题是按照循序渐进的方式排布	1
	问题互不相干	各问题之间互不相干	2

三、基于鲍建生难度量化工具的学业水平试题难度分析

1. 试题与专家选择

本研究选取陕西省 2016 年、2017 年的学业水平化学题为研究对象，选 5 位化学教师和 5 位化学专业研究生作为分析专家。

2. 专家分析

从"背景、内容、推理、探究、开放、运算、知识、阶梯"8 个指标的子指标分别对每道试题进行分析并根据赋值标准赋值。

（2017 年陕西省学业水平第 17 题）下列关于铜锌原电池说法正确的是（　　）

A. 正极发生氧化反应　　　　　　B. 烧杯中的溶液变为蓝色

C. 电子由锌片通过导线流向铜片　　D. 该装置将电能转化为化学能

表 2 所示为 2017 年学业水平化学试题第 17 题赋值结果。

表 2　2017 年学业水平化学试题第 17 题赋值结果

难度水平	难度水平赋值
背景	无背景 4 次，赋值 4
内容	识记 2 次，赋值为 2；理解 2 次，赋值 4
推理	无推理 3 次，赋值 3；简单推理 1 次，赋值为 2
探究	无探究 4 次，赋值 4
开放	题目的条件和结论都确定 4 次，赋值 4
运算	不需要运算 4 次，赋值 4
知识综合	一个知识点 3 次，赋值 3；两个知识点 1 次，赋值为 2
阶梯	各问题之间互不相干 1 次，赋值 2
$d_1 = d_i/n = 4/29 = 0.14$；$d_2 = 6/29 = 0.34$；$d_3 = 5/29 = 0.17$；$d_4 = 4/29 = 0.14$；$d_5 = 4/29 = 0.14$；$d_6 = 4/29 = 0.14$；$d_7 = 5/29 = 0.17$；$d_8 = 2/29 = 0.07$；	
这题的难度值 $= (0.14 + 0.34 + 0.17 + 0.14 + 0.14 + 0.14 + 0.17 + 0.07)/8 = 0.16$	

(2016 年陕西省学业水平第 17 题)下列关于石墨－铁－硫酸铜原电池装置叙述正确的是(　　)

A. 能将电能转化为化学能　　　　B. Fe 为正极

C. 电流由 Fe 片通过导线流向石墨　　D. 石墨上有 Cu 析出

表 3 所示为 2016 年学业水平化学试题第 17 题赋值结果。

表 3　2016 年学业水平化学试题第 17 题赋值结果

难度	难度水平赋值
背景	无背景 4 次，赋值 4
内容	识记 1 次，赋值为 1；理解 3 次，赋值为 6
推理	无推理 1 次，赋值 1；简单推 3 次，赋值为 6
探究	无探究 4 次，赋值 4
开放	题目的条件和结论都确定 4 次，赋值 4
运算	不需要运算 4 次，赋值 4
知识综合	一个知识点 2 次，赋值 2；两个知识点 2 次，赋值为 4
阶梯	各问题之间互不相干 1 次，赋值 2
$d_1 = d_i/n = 4/34 = 0.12$；$d_2 = 7/34 = 0.21$；$d_3 = 7/34 = 0.21$；$d_4 = 4/34 = 0.12$；$d_5 = 4/34 = 0.12$；$d_6 = 4/34 = 0.12$；$d_7 = 6/34 = 0.18$；$d_8 = 2/34 = 0.06$	
这题的难度值 $= (0.12 + 0.21 + 0.21 + 0.12 + 0.12 + 0.12 + 0.18 + 0.06)/8 = 0.14$	

3. 数据统计

应用鲍建生难度量化工具对陕西省 2016 年和 2017 年学业水平化学试卷每道化学试题分别赋值并统计结果。

4. 试题难度分析

(1)各难度指标值计算

将上述统计数据代入难度计算公式 $d_J = \sum d_i/n$，计算每一指标难度值。其中 n 表示整个试卷中各子指标出现总次数，陕西省 2017 年和 2016 年学业水平化学试题各子指标出现总次数为 274 次和 284 次，d_J 是每一指标的子指标赋值总和，其计算结果如表 4 所示。

表4 2017年化学试题各指标难度值及总体难度值

背景	内容	推理	探究	开放	运算	知识综合	阶梯	总体难度值
0.17	0.36	0.34	0.10	0.09	0.13	0.22	0.18	0.19

（2）总体难度值

总体难度值计算总体难度值是对每一道试题难度指标求平均值，计算公式为$D = \sum d/n$，其中d是每一指标难度值，n是试题难度指标，总个数为8，其计算结果如下：试题总体难度值$D = \sum d_J/n =$ (0.17＋0.36＋0.34＋0.10＋0.09＋0.13＋0.22＋0.18)/8＝0.19。

5. 结果讨论

用同样的方法对陕西省2016年学业水平化学试题进行统计，计算各指标难度值和总体难度值，2016年陕西省学业水平化学试题难度值计算结果如表5所示。

表5 2016年化学试题各指标难度值及总体难度值

背景	内容	推理	探究	开放	运算	知识综合	阶梯	总体难度值
0.17	0.46	0.23	0.10	0.09	0.16	0.22	0.16	0.20

从总体难度值来看，陕西省2017年学业水平化学考试的总体难度与2016年学业水平化学考试的总体难度相对一致。"背景水平"的难度值2017年和2016年的相等；"内容水平"2017年的难度值为0.36，2016年的难度值为0.46，比较可得的内容水平2017年的难度值有所下降；从"推理水平"来比较，2017年的推理难度和2016年的相比有所降低；"探究水平"和"开放水平"以及"知识综合水平"的难度值2017年和2016年的相等；从"运算水平"来看，2017年的运算水平难度值比2016年的要低0.03；2017年的"阶梯水平"难度值比2016年的高0.02。

四、结论启示

通过应用鲍建生难度量化工具对陕西省学业水平化学试题进行难度分析，可以得到以下结论和启示：

(1)高中学业水平考试是考核普通高中学生相关学科学习是否达到课程标准要求的主要手段。鲍建生难度量化工具是在考试之前对试题进行难度分析，可以保证高中学业水平试题的整体性以及知识考查比例的科学性和合理性。

(2)应用鲍建生难度量化工具测得陕西省学业水平化学试题的总体难度在0.20左右，可得学业水平考试考察基础化学知识。大多数考题的背景水平在0.17，应在考试中多添加具有生活背景和科学背景的考题，这样可以培养学生的知识迁移能力；探究水平的难度在0.10，可以得出考题的探究水平难度较低，化学是一门勇于探索、敢于发现的学科，所以考题应该培养、提升学生的探究能力；试题的开放水平难度在0.10左右，大部分的试题都是条件和答案确定的，这样不利于培养学生的发散思维，学业水平试题应该增大开放水平难度，培养学生多项思维的能力。

(3)学业水平考试是检查普通高中学分认定公平、公正程度的重要手段，学业水平考试结果是高等学校招生选拔的主要参考依据之一。应用鲍建生难度量化工具对学业水平考试进行分析有助于命题者研究试题不合格的主要原因并结合各难度子指标对试题进行修改。

(4)在教学活动中，现在的考试有周测、月考、期中考、期末考，试题的合理选择与编写是一线教师的必备能力，鲍建生难度量化工具为一线教师试题的编写和修正提供了理论依据。

参考文献

[1]王秀红，王妍. 高中化学学业水平考试与课程标准的一致性探究——以吉林省高中化学学业水

平考试为例[J]. 化学教育，2016，37(7)：38-42.

[2]刘廷先. 浙江省高中化学学业水平考试试题与课程标准一致性研究[D]. 杭州：杭州师范大学，2016.

[3]王焕霞. 高中物理内容标准和学业水平考试的一致性研究[D]. 重庆：西南大学，2012.

[4]薛亮，马敏娜，付来强，等. 基于鲍建生试题难度量化工具的高考试题难度分析：以2016年全国Ⅰ、Ⅱ卷为例[J]. 化学教学，2017(2)：32-36.

建构主义学习环境下的化学教学设计应用研究

李俊杰，薛亮①，任程，郭静

（陕西师范大学化学化工学院，陕西西安 710119）

摘　要：本文探讨的是建构主义理论指导下以学生为中心的化学教学设计的理论与应用研究，旨在通过将建构主义理论和现代教学设计理论的结合，探讨出一种有别于传统的以教师为中心的教学设计，以适应新课程改革对化学学科的要求。

关键词：建构主义；化学教学设计；学生中心

一、建构主义的学习观和教学观

1. 学习观

在学习观上，与以往的学习理论相比，建构主义在学习观上体现出三个密切相关的重要倾向，或者说重心变化：强调学习的主动建构性、社会互动性和情境性。

建构主义认为，学习不是从外界吸收知识的过程，而是学习者建构知识的过程。每个学生都在以自己原有的知识经验为基础构建自己的理解。在传统教学中，学生学习的主要任务是对各种事实性信息及概念、原理的记忆保持和简单应用。建构主义的学习和教学则要求学生通过高水平的思维活动来学习，通过问题解决来学习。学习过程中的核心认识活动是高水平思维。高水平思维是需要学习者付出较高的认知努力的思维活动，它需要学习者对知识进行分析、综合、评价和灵活运用，解决具有一定复杂性和不确定性的问题。解决问题的方法不循规蹈矩，解决问题的方案常常是多元化的，评价解决方案的标准常常也是多元的。学生要不断思考，对各种信息和观念进行加工转换，基于新、旧知识进行综合和概括，解释有关的现象，形成新的假设和推论，并对自己的想法进行反思性的推敲和检验。学习者作为学习活动的主人，需要对学习活动进行积极的自我管理和反思。

传统观点往往把学习看作每个学生单独在头脑中进行的活动，往往忽视了学习活动的社会情境，或者至多是将它看作一种背景，而非实际学习过程的一部分。在学校中，过度的竞争压力已经成了学生发展的障碍。建构主义者强调，学习是通过对某种社会文化的参与而内化相关的知识和技能、掌握有关的工具的过程，这一过程常常需要通过学习共同体的合作互动来完成。所谓学习共同体，即由学习者及其助学者共同构成的团体，他们彼此之间经常在学习过程中进行沟通交流，分享各种资源，共同完成一定的学习任务，因而在成员之间形成了相互影响、相互促进的人际关系，形成了一定的规范和文化。

2. 教学观

在教学上，建构主义者提出要尊重学生的观点和经验，重视与学生相关的问题，而且这些问题应当是学生所关注的、能引起他们兴趣的问题。建构主义者提出，要针对学生的观点展开教学。建构主义提倡在教师指导下的、以学生为中心的学习。学生是信息加工的主体，是知识意义的主动建构者，教师则是教学过程的组织者、指导者、参与者和促进者，教师要对学生的意义建构过程起促进和帮助作用。因此，在以学生为中心的教学过程中，教师在充分考虑如何体现学生主体作用、用各种手段促

---

① 通信联系人：薛亮，xueliang@snnu.edu.cn。

进学生主动建构知识意义的同时，绝不能忘记教师的责任，不能忽视教师的指导作用。以学生为中心，并不意味着教师责任的减轻和教师作用的降低，反而越发复杂和重要。

二、基于建构主义化学教学设计的基本原则

基于建构主义学习原则的教学设计（即"建构主义教学设计"）和基于系统方法的传统教学设计（即"工程型教学设计"）两者并非誓不两立，在许多情况下可以很好地整合在一起，相互取长补短，实现优势互补[1]。

1. 学生中心原则

明确"以学生为中心"这一点对于教学设计有至关重要的指导意义。因为从"以学生为中心"出发还是从"以教师为中心"出发将得出两种全然不同的设计结果。建构主义认为，以学生为中心的教学设计必须从以下三方面努力：（1）在学习过程中充分发挥学生的主动性，要能体现学生的首创精神；（2）给学生多种机会在不同情境中应用所学知识；（3）让学生根据自身行动的反馈信息形成对客观事物的认识和解决实际问题的方案[2]。在具体实施时，要考虑学生已有的知识和经验，考虑学生的生理和心理发展水平。了解学生，尊重学生，建立平等、民主、和谐的课堂氛围，做到忠于教材和忠于学生的一致性。一句话，教师所做的一切都应为促进学生的有效学习服务。

2. 情境活动原则

情境是指教师在设计教学时要把所学的知识与一定的真实任务情境联系起来，使学生以解决在现实生活中遇到的问题为目标，最大限度地把学习与实践联系起来。在这种环境下，可以使学习者利用自己原有认知结构中的有关经验去"同化"和"顺应"当前学习的新知识，从而赋予新知识某种意义，最终达到对新知识的意义建构。活动是要求学生在这一环境下动脑、动口、动手，也就是教师将教学内容、学术形态转化为教育形态，学生的任务是在参与活动的过程中经历知识的再发现。

3. 协作会话原则

建构主义认为，学习者与周围环境的交互作用，对于学习内容的理解起着关键性的作用。学生们在教师的组织和引导下一起讨论和交流，共同建立起学习群体并成为其中的一员。在这样的群体中，共同批判地考察各种观点、理论和假说；进行协商和辩论，先内部协商，然后再相互协商。通过这样的协作学习环境，学习者群体的智慧与思维就可以被整个群体所共享，即整个学习群体共同完成对所学知识的意义建构，而不是其中某一位或某几位学生完成意义建构[1]。小组合作学习和全班交流讨论是常见的两种协作学习方式。在教学设计中，我们应创设一种群体合作解决的问题情境，让每位学生都能发挥自己的潜能，共同协作解决问题。通过协作会话，学生逐渐学会与他人交流、沟通，学会人与人之间的相互理解和支持。

4. 学习环境的设计原则

建构主义认为，学习环境是学习者可以在其中进行自由探索的和自主学习的场所。在此环境中学生可以利用各种工具和信息资源来达到教学目标。在这一过程中学生不仅能得到教师的帮助和支持，而且学生之间也可以相互协作与支持。按照这种观念，学习应当被促进和支持而不应受到严格的控制与支配；学习环境则是一个支持和促进学习的场所。在建构主义理论指导下的教学设计应是针对学习环境的设计而非教学环境的设计，其目的旨在为学生提供更多的主动与自由[3]。

5. 多种信息资源支持"学"的原则

建构主义认为，为了支持学习者主动探索和完成意义建构，在学习过程中要为学习者提供各种信息资源。化学中的信息来源非常广泛，包括传统的媒体和资料以及各种计算机软件、教师自制的课件，尤其是网上资源非常丰富。但必须明确，这里利用这些媒体和资料并非用于辅助教师的讲解和演示，

而是用于支持学生的协作学习和协作式探索[4]。如在学习"二氧化硫"这一节的酸雨内容时，按照教材上泛泛地向学生介绍其形成和危害，学生会感到空洞，若组织学生自己从报刊或网上获取更多的信息，在课堂上进行小组交流或角色扮演，印发或播放一些真实的材料、影音文件，既能使学生更深刻地认识酸雨的危害，又能激发学生防治污染的探索热情，从而促进了新知识的建构。

三、建构主义学习环境下的化学教学设计应当包含下列内容与步骤

教学目标分析：对化学课程及各教学单元进行教学目标分析，以确定当前所学化学知识的"主题"。

情境创设：创设与主题相关的、尽可能真实的学习情境。

信息资源设计：确定学习本主题所需化学信息资源的种类和每种资源在学习本主题过程中所起的作用。

自主学习设计：进一步创设能从不同侧面、不同角度表现上述主题的多种化学情境，以便供学生在自主探索过程中随意进入情境去学习。

协作学习环境设计：在个人自主学习的基础上开展小组讨论、协商，以进一步完善和深化对学习主题的意义建构。协作学习环境的设计内容包括：①能引起争论的初始化学问题；②能将讨论进一步引向深入的后继化学问题；③教师要考虑如何站在稍稍超前于学生智力发展的边界上通过提问来引导讨论；④对于学生在讨论过程中的表现，适时作出恰如其分的评价。

学习效果评价设计：小组对个人的评价和学生个人的自我评价。评价内容包括：自主学习能力；协作学习过程中作出的贡献；是否达到意义建构的要求。

强化练习设计：设计一套可供选择并有一定针对性的补充学习材料和强化练习，最终达到符合要求的化学意义建构[5]。

四、建构主义学习环境下的化学教学设计应用研究——以支架式教学为例

随着课程改革的不断深入和建构主义理论的不断完善，越来越多的教师都开始尝试将建构主义理论运用于教学设计中，并开发出了多种教学设计模式。目前已经开发出的比较成熟的教学模式主要有：抛锚式教学模式、支架式教学模式、随机进入式教学模式。现以支架式教学应用于化学课堂教学设计中，探讨建构主义学习环境下的化学教学设计应用研究。

1. 支架性教学的基本理念

所谓支架性教学，即教师或者其他助学者通过和学习者共同完成蕴含了某种文化的活动(如数学活动、语言活动、科学活动等)，为学习者参与该活动提供外部支持，帮助他们完成独自无法完成的任务，而随着活动的进行，逐步减少外部支持，让学生逐渐独立活动，直到最后完全撤去脚手架。

支架式教学由以下几个环节组成[6]：

(1)搭脚手架——围绕当前学习主题，按"最近发展区"的要求建立概念框架。

(2)进入情境——将学生引入一定的问题情境(框架中的某个节点)。

(3)独立探索——让学生独立探索。探索内容包括：确定与给定概念有关的各种属性，并将各种属性按其重要性大小顺序排序，探索开始时要先由教师启发引导，然后让学生自己去分析；探索过程中教师要适时提示，帮助学生沿概念框架逐步攀升，起初的引导、帮助可以多一些，以后逐渐减少，越来越多地放手让学生自己探索；最后要争取做到无须教师引导，学生自己能在概念框架中继续攀升。

(4)协作学习——小组协商、讨论，促使矛盾明朗化，逐渐达成一致意见，在资源共享的基础上，完成知识意义建构。协作学习对意义建构起关键作用。

(5)效果评价——包括学生个人自我评价、学习小组对个人的学习评级及教师对学生群体和个人的评价。内容包括：①自主学习能力；②对协作学习的贡献；③是否完成了对所学知识的意义建构。

2. 支架式教学模式在化学教学设计中的应用

实例："富集在海水中的元素——氯"教学设计

●教学目标设计

证据推理与模型认知：根据化学反应过程中的现象，分析反应的产物。在对实验现象进行分析的过程中，建构研究非金属单质的一般思路和方法；在已有的认知基础上，构建新的科学模型。

科学探究与创新意识：通过以化学实验为主的多种科学探究活动，经历探究化学物质及其变化的过程，学习科学探究的基本方法，强化科学探究的意识，进一步理解科学探究的意义，提高科学探究能力。本节课采用大量的实验探究氯气的化学性质，同时对氯气与水的反应进行创新。

科学态度和社会责任：通过对身边清洁剂、消毒剂使用问题的分析，以及微型实验的设计，体会化学与生活、化学与环境保护的关系，树立关注社会的意识和责任感。

宏观辨识与微观探析：从宏观角度观察实验现象，从微观角度探析实验中的反应机理。

变化观念与平衡思想：根据实验现象分析氯气所发生的反应，根据质量守恒的思想分析反应后所得到的产物，能用氧化还原反应、离子反应的观点解释氯气的化学性质，并能用化学方程式正确表达。

●学习者分析

认知基础：学生在初中化学的学习中接触到了氧气、二氧化碳等物质，知道应该从哪些方面描述物质的物理性质，学习过盐酸、NaCl 与 $AgNO_3$ 溶液的反应等。在初中和前一阶段的学习中，对以化学实验探究的方法研究物质的性质也比较熟悉。本节课学生可以从物质的分类、离子反应、氧化还原反应等不同角度来理解和认识物质以及物质所发生的化学变化。

学科能力：具备基本的实验操作能力、基本的实验设计能力、具有一定的综合分析问题的能力。

生活经验：零散地了解一些含氯的物质，听说过氯气，对海水中的资源了解很少。

●学习环境设计

任务情境设计：

让学生收集海水中富集的元素以及海水晒盐的相关知识。

通过科学史话的介绍，学生以小组协作的形式模拟氯气发现的实验，进而探究氯气的物理化学性质，教师只起到引导者、启发者和组织者的作用。

媒体环境的设计：

利用多媒体播放海水晒盐的过程以及氯气在日常生活中的应用，激发学生参与探究的兴趣和积极性。

向学生提供网络等学习资源，便于学生在遇到困难时及时查找资料。

协作学习环境的设计：

让学生充当小老师，在讲台上发表自己的意见。无论观点是否正确，教师对其参与热情都予以肯定。针对学生存在的共同问题以及讨论过程中提出的质疑进行释疑。

学习活动设计：

学习活动的构建方法：问题解决法。

学习活动的程序：引导—发现程序。

学习活动的组织形式：小组相互作用的协作式学习。

●教与学过程设计(见表1)

表1 教与学过程设计

教学环节	教师活动	学生活动	设计意图
搭脚手架 进入问题情境	【播放视频】播放美丽的大海 。通过视频和图片资料,引入课题。 【教师引导】海洋中含有多种多样的动植物资源,同时还含有几十种化学元素,蕴藏着丰富的化学资源。 【图片展示】海水晒盐的图片 海水中存在大量的盐类,氯元素是最重要的成盐元素。据推测,海水中含盐 3%。"若将海洋中的盐全提取出来,铺在地球的陆地上,可使陆地平均升高 150 m"。NaCl 是我们日常生活中常见的一种盐。 【教师引导】本节我们来学习富集在海水中的元素——氯,具体研究氯元素组成的重要物质——Cl_2。 【板书】第三节 富集在海水中的元素——氯	观看、倾听、思考、笔记 引导学生联系生活实际	建构实际情境,激发学习兴趣,感受化学学科在生活中的广泛应用
独立探索 寻找突破口	【科学史话】播放音频"Cl_2 的发现和确认",并思考三个问题: 1. 为什么 Cl_2 发现的时间如此之长? 2. 从 Cl_2 的发现到确认为一种新的元素时间长达三十多年。你从这一史实中得到什么启示? 3. 舍勒发现 Cl_2 的方法至今还是实验室制取 Cl_2 的主要方法之一,请写出化学反应方程式	1. 学生自主学习。通过观察 Cl_2、阅读"科学史话""Cl_2 的发现和确认"并思考问题,书写化学反应方程式。 2. 学生交流对三个问题的思考,互相碰撞	1. 通过化学史实渗透严谨求实的科学思维品质的培养。 2. 学会从史料中获取科学知识。 3. 学生学会筛选信息,进行交流
小组合作 协作学习	【小组实验】Cl_2 的物理性质 展示一瓶 Cl_2,学生以小组为单位,分别从颜色、气味、状态等方面总结出其物理性质,并推断密度,是否有毒性。同时向提前制备的 Cl_2 中加入水,振荡观察溶解性。讲解一体积水大约溶解两体积 Cl_2。 【过渡】引导学生画出氯原子结构示意图,分析氯原子最外层 7 个电子,易得一个电子,具有强氧化性,表现为典型的非金属性。 【小组实验】Cl_2 的化学性质 1.Cl_2 与金属反应 以小组为单位分别进行以下实验: Na 在 Cl_2 中的燃烧; Fe 在 Cl_2 中的燃烧; Cu 在 Cl_2 中的燃烧。 2.Cl_2 与非金属反应 播放实验录像:H_2 在 Cl_2 中的燃烧。 【微型实验】Cl_2 与 H_2O 反应 用问题情境引入——游泳池中的水有异味,采用微型实验探究。 Cl_2 的溶解,教师演示实验操作步骤: (1)装有 Cl_2 的针筒。 (2)用针筒抽取 H_2O,使 H_2O 和 Cl_2 的体积比不小于 1:2。 (3) 充分振荡,观察。 (4)教师写出化学方程式:$Cl_2 + H_2O == HCl + HClO$。 【对比实验】探究氯水的漂白作用 将干燥的有色布条和湿润的有色布条分别放入干燥的氯气中,观察并比较实验现象	小结 Cl_2 的物理性质:黄绿色、刺激性气味的气体,有毒,扇闻法,密度大于空气,溶解性约 1:2。 观察并记录实验现象,写出化学反应方程式。 1.Cl_2 与金属反应。 (1)Na 熔成小球,剧烈燃烧,黄色火焰,产生白烟; (2)铁丝剧烈燃烧,产生红棕色的烟; (3)铜丝剧烈燃烧,产生棕黄色的烟。 2. 安静燃烧,苍白色火焰,有白雾形成。 3. 学生经过实验探究,思考交流 现象:Cl_2 不能使干燥有色布条褪色,能使湿润的有色布条褪色	本节课实验量很大,采取学生小组实验、演示实验相结合的方法,提高课堂教学效率。为防止 Cl_2 逸散,由老师进行实验,污染严重的采用实验录像、同时引入微型实验,渗透绿色化学的思想。通过微型实验,学生提高环保意识、创新能力和应用化学知识解决实际问题的能力 体会 Cl_2 的强氧化性、氯水的漂白性,体会透过现象分析事物本质和辩证发展的观点

教学环节	教师活动	学生活动	设计意图
小组讨论 评价矫正	一、Cl_2 的物理性质 二、Cl_2 的化学性质 1. 氯的原子结构 2. Cl_2 与金属的反应 3. Cl_2 与非金属的反应 4. Cl_2 与 H_2O 的反应		
归纳总结 方法提升	教师总结：今天我们对富集在海水中的元素——氯的单质 Cl_2 的制备及其物理化学性质做了探讨。其实，我们研究 Cl_2 的制备及其物理化学性质的过程和方法也是人们进行科学探究的常用方法之一，大家谈一谈研究方法包括哪些基本步骤。 学生思考并回答：提出假设→设计方案→实验操作→分析研究→得出结论		

●学习效果评价

每位学生一份实验记录评价表，边做实验边记录，课后从设计方案、完善方案过程、实验结果情况、建议和设想四个方面进行自我评价。

对于实验中提出新问题的学生，教师及时给予鼓励性评价。

对于学生设计的实验方案，学生之间、小组之间、师生之间进行评价。

参考文献

[1]何克抗. 对美国《教育传播与技术研究手册》(第三版)的学习与思考之一：对"建构主义学习原则"和"建构主义教学设计"认识的深化[J]. 电化教育研究，2013，34(7)：5-10＋52.

[2]何克抗. 教学设计理论与方法研究评论(上)[J]. 电化教育研究，1998(2)：3-9.

[3]程玉芳. 基于建构主义以学生为中心的化学教学设计研究[D]. 武汉：华中师范大学，2005.

[4]杨文斌. 谈建构主义理论与中学化学教学[J]. 化学教育，2004(5)：14-16.

[5]柳若芍，王成霞. 建构主义学习环境下的化学教学设计[J]. 山东教育学院学报，2001(2)：25-26.

[6]何克抗. 建构主义的教学模式、教学方法和教学设计[J]. 北京师范大学学报(社会科学版)，1997(5)：74-81.

建构主义理论在大学微型化学
实验探究中的应用[①]

郝琪，闫生忠[②]，陈亚苟

（陕西师范大学化学化工学院，陕西西安 710119）

摘　要： 本文根据建构主义学习理论对大学微型化学实验的教与学进行了探讨。阐述了建构主义学习理论的内涵，分析了微型化学实验的作用和目前大学微型化学实验的教学现状。并以柠檬味饮品中糖含量测定实验为例，比较了常规化学实验教学与微型化学实验教学的区别，最后对建构主义学习理论应用于大学微型化学实验教学提出了一些建议。

关键词： 建构主义；微型化学实验；实验教学

近年来微型化学实验在国内外化学实验教学中逐步推广，推动了创新型实验教学方法的发展，微型化学实验不仅仅是常规实验中药品用量的减少或仪器的微缩，而是以微型化为目标，以绿色化学理念为指导，通过对实验进行改进，达到以微量的试剂、简化的装置获得最佳实验效果的目标。目前，我国在微型化学实验教学上多聚焦于微型化学实验装置的设计和仪器改进方面的研究，较少涉及教师和学生如何运用微型化学实验来进行教学活动，尚未形成系统全面的微型化学实验教学改革方案，有关微型化学实验与教学设计的教材及其他资源较少[1]。随着我国对大学生创新能力要求日渐提高，从建构主义学习理论结合化学学科特点的角度考虑，微型化学实验既有利于学生基础化学实验原理的构建，对学生探究性学习思维的训练也有重要作用。

一、建构主义应用于微型化学实验教学的内涵

建构主义学习理论认为学习是学习者在一定的教学情境下，通过与其他人的合作与帮助而实现的意义建构过程，提倡在教师指导下以学生为中心进行学习。何克抗[2]提出，在建构主义理论下的教学中，教师并不是一味地给学生传授知识，而是帮助学生进行知识建构；学生是信息加工的主体，知识的主动建构者，通过自主探究，与他人合作共同获得知识，提高学习能力。

以此理论为基础，实施大学微型化学实验教学，实验教学设计要以掌握基础化学原理和提高创新能力为原则，以引导学生灵活地运用实验原理和技能来解决生活中的实际问题为目标，结合建构主义理论，注重提高学生发现问题、探究解决问题的综合能力。在教学实施过程中，教师应遵循建构主义教学的原则，帮助学生在实验中自主设计、探究、学习，提高学生的创新能力和团队合作精神。

二、微型化学实验与常规化学实验的区别

林志兰对当前大学化学实验课堂的主要问题进行了分析，认为大学化学实验教学存在几个主要问题。

（1）实验内容及实验教学过程缺乏创新性。传统实验教学中学生大都按照实验教材给出的步骤"按图索骥"地做实验，很少会主动思考实验的原理以及步骤的合理性。由于实验内容与实际问题联系不够紧密，所以学生多数为被动接受，缺乏创新性。

① 项目资助：校级课堂教学改革创新研究项目(16KG23)；大学生创新训练计划项目（CX17043）。
② 通信联系人：闫生忠，szyan@snnu.edu.cn。

（2）教学评价模式单一。多数老师仅按照教材教授知识，从报告完成情况、操作规范性上评判学生实验水平和能力，并未重视与关注学生对实验现象与步骤的思考与探索。

（3）实验室安全及环保教育不足。在常规化学实验中，学生所用药品用量较大，若操作不当易发生事故，而且实验产生有毒气体以及实验废液的处理并不细致，易造成污染，不够环保[3]。

传统化学实验与微型化学实验的教学效果比较分析如表 1 所示。微型化学实验不仅可以兼顾常规化学实验中注重实验原理和实验操作的特点，还有利于培养学生的创新思维、学以致用和解决实际问题的能力。在大学化学实验教学中推行微型化学实验教学对学生探究性思维和创新研究能力的培养很有必要。

表 1　传统化学实验与微型化学实验的教学效果比较

传统化学实验	微型化学实验
学生严格遵守实验流程，依赖实验课本	学生提前设计预习实验，边思考、边学习、边设计
教师说教式教学，指导学生进行实验	教师帮助学生进行实验，解释学生的问题
评价与学习分离，评价标准单一	根据学生设计和完成实验的整体表现评判
学生单独实验，自己解决实验中出现的问题	小组合作，师生讨论解决实验中的问题
实验时间长，药品用量多	实验消耗时间少，使用试剂少

三、大学微型无机化学实验的应用举例

微型化学实验设计（以柠檬味饮品中还原糖含量的测定实验为例）：

老师提出问题：夏日炎炎，冰镇饮料可谓是消暑佳品。大家知道"不甜"的柠檬水的糖含量究竟是多少吗？提示：大家可以参考"3.15"晚会中的红参糖含量测定的实验。

布置任务：学生通过观看"3.15"晚会中红参糖含量测定的视频，查找资料，以国标法[4]和已学知识为依据，自主设计饮品中还原糖含量测定的实验方案。

查找资料：目前食品中测糖含量的方法多以国标法为依据，采用仪器进行精准测定。通过查找资料得知，斐林试剂间接滴定法和间接碘量法都可以较好地测定饮品中的还原糖含量。师生在讨论交流的基础上，学生自主设计实验方案，一组以斐林试剂与还原糖的反应为依据设计实验方案，另一组以碘单质与还原糖的反应为依据设计实验方案。

1. 斐林试剂间接滴定法

样品预处理：样品溶液加入盐酸在加热条件下进行水解，其中蔗糖经水解转化为还原糖。

实验原理：样品中原有的和水解后的糖具有还原性，与过量的斐林试剂共沸，还原糖将 Cu^{2+} 还原成 Cu_2O。剩余的 Cu^{2+} 在酸性条件下与 I^- 反应生成定量的 I_2。以 $Na_2S_2O_3$ 标准溶液滴定生成的 I_2，从而计算出样品中还原糖的含量。I_2 与淀粉形成的蓝色物质颜色褪去作为滴定终点。

化学反应式如下：

$$CH_2OH(CHOH)_4CHO + 2Cu^{2+} + 5OH^- \longrightarrow CH_2OH(CHOH)_4COO^- + Cu_2O\downarrow + 3H_2O$$

滴定前：$2Cu^{2+} + 4I^- \longrightarrow 2CuI\downarrow$（白色）$+ I_2$（此时溶液为棕红色或棕黄色）

滴定时：$I_2 + 2S_2O_3^{2-} \longrightarrow 2I^- + S_4O_6^{2-}$

2. 间接碘量法

样品预处理：不含蛋白质的样品溶液加入盐酸在加热条件下进行水解，其中蔗糖经水解转化为还原糖。

实验原理：在碱性溶液中，I_2 与 NaOH 作用可生成次碘酸钠（NaIO），葡萄糖能定量的被次碘酸钠氧化成葡萄糖酸（$C_6H_{12}O_7$）。过量的 NaIO 可以转化为 $NaIO_3$ 和 NaI。在酸性条件下，$NaIO_3$ 和 NaI 作用析出 I_2，然后用 $Na_2S_2O_3$ 标准溶液滴定析出的 I_2，即可计算葡萄糖的含量。碘与淀粉形成的蓝色物

质颜色褪去作为滴定终点。

化学反应式如下：

I_2 与 NaOH 作用：$I_2 + 2NaOH \longrightarrow NaIO + NaI + H_2O$

$C_6H_{12}O_6$ 和 NaIO 定量作用：$C_6H_{12}O_6 + NaIO \longrightarrow C_6H_{12}O_7 + NaI$

总反应式：$I_2 + C_6H_{12}O_6 + 2NaOH \longrightarrow C_6H_{12}O_7 + 2NaI + H_2O$

过量 NaIO 发生歧化反应：$3NaIO \longrightarrow NaIO_3 + 2NaI$

在酸性条件下 $NaIO_3$ 和 NaI 作用：$NaIO_3 + 5NaI + 6HCl \longrightarrow 3I_2 + 6NaCl + 3H_2O$

过量碘用 $Na_2S_2O_3$ 标准溶液滴定：$I_2 + 2Na_2S_2O_3 \longrightarrow Na_2S_4O_6 + 2NaI$

确定方案，进行实验：实验小组列出每组实验所需药品与仪器，老师指导审核后即可进行实验。学生须记录实验现象和结果。实验中小组成员可以对实验现象进行提问和讨论，老师引导讨论解决实验中的问题。

分析实验中的问题：由于微型化学实验要求操作更为精细，因此实验结果受实验操作影响较大；由于所购饮品的糖含量不同，在实验过程中需进行灵活处理，调节得到稀释程度合适的糖水溶液，以适应实验小组预先设计的实验方案；由于斐林试剂滴定法中，中间有加热步骤，需探索最佳反应时间和温度。

完成实验报告：各实验小组记录从实验设计到实验操作一系列环节中详细数据以及实验过程中发现的问题，问题答案还可通过小组交流以及老师讨论获得，实验报告形式多样。

评价：对学生的评价根据学生设计和完成实验的整体表现评判，注重小组成员的参与贡献和对实验过程及结果的反思总结。

四、利用建构主义理论对微型化学实验提出的几点建议

(1)实验教学目标是基础化学原理理解与创新能力培养相结合[5]。在微型化学实验教学中，教师以基础知识为背景，联系生活创设实验问题，引导学生自主地进行探究式学习，注重学生创新能力的培养。

(2)实验教学内容体现基础性、综合性、创新性。实验教学内容要以基础＋综合＋创新为层次，针对不同层次的学生设计递进式的微型化学实验项目，结合生活实际和科学前沿项目拓展实验的趣味性和科普性。

(3)实验教学过程以学生为中心，充分调动学生的主观能动性。微型化学实验课堂以训练学生创新思维为主，可以发展和丰富实验内容，改进实验教学策略。促使学生在实验课上勇于发现问题，大胆质疑，更加灵活地运用化学知识，建构自己独特的知识体系。

(4)教学评价以过程评价、结果评价和自我评价相结合为原则。建构主义理论认为学生是自己知识的建构者，这是学生主体性的内在根据。为此教学评价必然要以学生为中心，考虑到每个学生的发展，将评价贯穿于微型化学实验的设计到结束的整个过程，让团队中每一个成员得到成长。

建构主义理论对微型化学实验有着重要的借鉴和指导意义，我们只有在实验教学实践中恰当处理好基础认知与创新训练、教师引导和学生探究等各种关系，才能收到最佳的教学效果。

参考文献

[1]刘一兵，沈戮. 微型化学实验课程资源的开发和利用[J]. 课程·教材·教法，2007(3)：62-66.

[2]何克抗. 建构主义的教学模式、教学方法与教学设计[J]. 北京师范大学学报(社会科学版)，1997(5)：74-81.

[3]林志兰，魏波，高原. 无机化学实验教学模式的探索[J]. 实验室科学，2016(3)：53-55，58.

[4]刘烨，马微. 测定食品中还原糖方法的研究[J]. 食品安全质量检测学报，2016(6)：2381-2385.

[5]J. G. Brooks，M. G. Broo. 建构主义课堂教学案例[M]. 范玮，译. 北京：中国轻工业出版社，2005.

国外科学探究教学常见问题与对策评析[①]

李彦花[1]，严文法[2②]

（1. 陕西师范大学远程教育学院，陕西西安 710119；2. 陕西师范大学化学化工学院，陕西西安 710119）

摘　要：我国当前的基础教育课程改革提倡重视科学探究教学，但是在实施过程中遇到了一些问题和困难，这些问题和困难在国外课堂教学中同样存在。了解各国在践行科学探究教学过程中所遇到的困难与对策，汲取其成功的经验，有助于进一步推动我国基础教育课程改革的顺利实施。

关键词：科学探究；问题；对策

自杜威在 1909 提出在学校科学教育中运用探究的方法以来，迄今已有一百多年的历史。百年来，科学探究教学经历了几度浮沉。而随着 20 世纪 80 年代科学教育改革浪潮的再度兴起，在科学教育中进行探究教学已经成为超出国界而在全球都广为熟知和实践的一个理念。随着美国 1996 年《国家科学教育标准》将科学探究作为一个核心课程理念并将其作为学生应发展的重要能力和科学教学的核心方式，科学探究更深刻影响了进入 21 世纪以来各国科学教育课程改革及科学类课程标准的制定。当前我国基础教育课程改革也倡导教学方式的多样化，重视科学探究教学，但是教师在践行科学探究教学的过程中遇到了一些问题和困难，而这些问题和困难并非我国一家独有，而是在国际范围内普遍存在，即便是在《国家科学教育标准》中首倡科学探究教学的美国，也因"探究"一词"多年来在科学教育共同体中被以多种不同方式理解着"，将"认知、社会、行为等多维度的实践活动"部分简化甚至省略，导致实施出来的"探究"变了味儿，而在 2011 年 7 月发布的美国国家科学教育新标准制定的奠基之作——《K-12 年级科学教育框架：实践、跨学科概念和核心概念》（简称《框架》）一书中，将"科学探究"一词修改为"科学实践"，并在 2013 年 4 月 9 日正式发布的基于《框架》的美国《新一代科学教育标准》（Next Generation Science Standards)中明确将科学探究替换为科学工程与实践[1]。在此背景下，了解各国在践行科学探究教学过程中所遇到的困难并吸取教训，有助于进一步推动我国基础教育课程改革的顺利实施，提升学生科学探究和实践的能力，发展学生的科学素养。

一、国外科学探究教学中的常见问题

在美国，自 20 世纪 60 年代以来科学教育者便将科学探究与"良好的科学教学"相联系。其后，在世界范围内科学教育者提倡使用科学探究教学，并在一些国家的课程政策文件中得以体现。已有研究表明，科学探究提供了一个学生可以学习科学本质和发展科学思维的环境，是一种能提高学生科学知识学习的有效的学习模式。通过参加科学探究活动，学生能够发展批判地评价科学数据和模型的能力，克服存在的前概念，并能发展对科学的积极态度，提高学生的科学过程技能、学习科学的动机以及对科学本质的理解和促进学生进行交流的技巧。但是，这些研究结果多是在典型的实验环境中得出的，不足以反映日常教学的真实情况。那么，国外进行日常科学探究教学的情况如何？存在哪些常见的问

---

① 项目资助：陕西省教育科学"十二五"规划课题"陕西省农村中小学教师专业能力发展的现状与培养模式研究"（课题批准号：SGH13042)的阶段性研究成果。

② 通信联系人：李彦花，陕西师范大学远程教育学院讲师，主要研究方向为教师教育；严文法，男，汉族，陕西师范大学化学化工学院副教授，主要研究方向为化学教育，sxnuyWf@163.com。

题呢？

1. 教材中科学探究活动的设计问题

教材是能对学生产生最直接、最深刻影响的文本资源，也是科学探究活动的主要载体。各国科学教材中普遍设计了大量的科学探究活动，但是这些活动的设计往往不能真正体现科学探究的实质。齐恩和马尔霍特拉(Chinn & Malhotra)调查了美国 9 种小学和初中科学教材中的全部 468 个科学探究活动，发现只有 2% 的活动允许学生选择自己要进行研究的变量，而要求学生控制变量的活动则更少，且只有 17% 的活动需要学生进行两次以上的观察，而允许学生自己提出研究问题的活动数为 0[2]。大多数教材中的科学探究活动均不需要学生对数据进行转换、不要求学生关注观察或实验中的一些主观偏差，较少关心实验的瑕疵。

2. 科学探究课堂教学中存在的问题

尽管科学探究是科学教育改革的方向已经被普遍接受，但是在许多课堂中并没有得到执行。在科学课堂教学中实施科学探究教学的比例并不高，而且随着年级的升高，采用科学探究教学的课堂比例也大幅度下降。维斯(Weiss)等人在他们的研究中发现，其观测的课堂教学中采用科学探究教学的比例由 K-5 年级的 12% 降低到 9～12 年级的 2%[3]。

美国国家研究委员会(National Research Council，NRC)批评美国科学实验室对科学探究教学的执行能力不足，认为教师们往往通过菜单式的(cookbook)的实验室活动来验证先前在科学课堂上所学习的知识，因为教师们更关注学生进行实验的步骤而不是从这些活动中"获得意义"，多数实验室的活动不能与其他课堂教学进行整合并且很少有教师与学生进行分析和讨论，因而这使得学生很难将其课堂所学习的科学知识内容与科学学习过程之间建立联系[4]。

3. 教师的科学探究教学观存在的问题

教师是课堂教学的实施者，教师的科学探究教学观必然会影响科学教学的实施，而且即使教师持有恰当的教学观念，也不一定能必然转化为恰当的教学行为。斯塔尔(Staer)等人使用问卷调查了 197 位澳大利亚科学教师，发现多数教师即使知道科学探究的好处也不会在课堂教学中使用科学探究教学[5]，而德特斯(Deters)调查了 517 名美国化学教师，发现有 45.5% 的教师从来没有提供给学生设计实验步骤的机会[6]，琼斯(Jones)访谈了 30 位科学教师，其中只有 3 位教师曾经允许学生自己设计研究[7]。而且一些教师认为让学生进行科学探究并非是非常必要和重要的[8]。

另外，在澳大利亚，汉克林(Hackling)等人调查了 2802 名初中生，发现有 33% 的学生从来没有自己设计过实验[9]。以上这些研究显示，即使是在诸如美国、澳大利亚等发达国家，科学探究教学在学校的实施情况也并不理想。

二、国外科学探究教学中常见问题成因分析

早在 1980 年，赫德(Hurd)等人的研究就指出大部分科学教师并不愿意使用探究取向的教学方法。针对这个问题，考斯特森和劳森(Costenson & Lawson)访谈了多位有经验的科学教师，并总结出了科学教师不使用探究式教学法的 10 个最常见理由[10]。从时间上看，这项研究代表的是第二次科学课程改革浪潮时期的情况。而如前文所述，近年来国外相当数量的科学教师也不愿意使用科学探究进行教学，其原因有些与考斯特森等人的研究相同，但也表现出了一些新的特点。

1. 时间不足的问题

探究教学会花费比传统教学更长的时间，因为学生需要花费时间去设计实验、基于尝试而修正研究步骤，并且决定数据如何进行分析和呈现。因而许多教师考虑到课程进度的问题而放弃进行科学探究。布斯(Booth)调查了 14 位科学教师，发现这些教师在进行科学探究教学时首要顾虑的问题是时间

不足的问题[11]。斯塔尔等人使用问卷调查了 197 位科学教师，发现教师们即使知道科学探究的好处也不会在课堂教学中使用科学探究教学，而其中一个重要的原因就是时间的局限性[5]。其他一些科学教育者的研究也发现许多教师认为科学探究太花费时间，使得他们不能完成教学任务[12]。

2. 教师的教学信念问题

罗瑞格和卢福特(Roehrig & Luft)研究了影响 14 位初任科学教师进行科学探究教学的因素，发现最普遍的影响因素是教师认为学生的能力和动机水平比较低。更加意味深长的是，其中有些教师认为科学是客观知识，因此可以作为事实来教给学生，因此这些老师不允许学生修改实验程序。他们还普遍持有教师中心观，认为如果学生们按照教师的引导来进行学习就可以顺利完成学业并学到科学[13]。布朗(Brown)等人访谈了 19 位大学科学教授，发现影响这些科学教授进行科学探究的最主要的限制因素是他们对科学探究教学的认识太狭隘，这些大学教授普遍认为科学探究活动是完全学生主导的、毫无结构可言的并且浪费时间的活动[14]。

3. 教学法的问题

有些教师不愿意引导学生进行探究学习的原因是因为他们难以把握在探究活动的不同阶段什么时机以及如何干预学生的活动，并且不知道如何处理在研究过程中得到的与科学相悖的结论。鲁本和拉姆斯登(Lubben & Ramsden)研究了 18 位英国初中科学教师，这些教师表示在引导学生选择研究的课题并将其设计为研究活动时遇到了很多问题[15]。一般情况下，教师们不知道如何为了让学生保持对探究的热情而保守研究问题的答案。而且，即使是具有良好的学科知识的教师，他们也未必胜任科学探究教学。例如，罗瑞格和卢福特的研究还发现调查中的 14 位初任科学教师中，有 5 位教师即使学科知识很好但是因为缺乏教学法的知识而不使用科学探究教学。

4. 安全问题

自主科学探究活动的一个最主要的特点就是让学生自己设计研究程序。很多教师担心学生设计出不安全的程序来，认为尽管教师会细心检查学生提交的研究程序，但仍然可能会存在一些隐蔽的不安全的步骤。例如斯塔尔等人的研究证明澳大利亚的初中科学教师倾向于认为科学探究活动是危险的，有 75％的被调查者认为学生可能会把自己炸飞上天[5]。

5. 担心会引发学生的错误概念

有人认为，对于科学探究活动，学生们可能只准备了一个比较粗糙的研究计划，可能得到的是不正确的结论，因而学生可能没有学到科学探究活动所倡导的正确的概念以及过程技能，反而得到的是错误概念[5,6]。

6. 评价的问题

传统的纸笔测验在评价学生科学探究活动表现的时候是无效的。多数教师已经习惯了给学生赋分，他们在给科学探究活动中的学生进行打分的时候感到非常犹豫，因为他们不确定如何给学生在科学探究活动中的表现进行准确而又充分的评价。在科学探究活动中，很难鉴别、观察和测验学生的成绩与进步，而且探究活动实验报告的评价也要比工作单式的评价表更难于评价，并花费更多的时间[15,16]。

三、对策评析

1. 澄清教师对于时间与进度的理解误区

考斯特森和劳森在总结了科学教师不愿进行科学探究教学的 10 条原因之后，认为这些原因都是站不住脚的[10]。例如时间与精力的问题，在考斯特森和劳森看来很多采用讲述式教学法的教师依赖教科书以及已准备好的教案来进行教学，这样使得日复一日的教学前的准备工作相对比较容易，而探究式教学法的准备工作则被认为是比较花时间的。然而，批评探究式实验课会花费太多精力以至于不能有效教学，这种批评是相当奇怪的。的确，准备实验的材料是需要精力，但不会比使用传统验证式实验课所需的精力还多。准备探究式实验课事实上还比讲述式或验证式实验课所需的精力少，因为学生一旦确信他们探究所得的资料是形成实验结论的基础，就会形成动机并参与到此过程中，因此在往后要使用这种教学方法时就不需要太多的监督。而对于教学进度太慢这一原因，考斯特森和劳森认为教师若是为了将一整年的所有教材教完，则其教学将只是表面层次的教学，而此种情况将使学生以背诵记忆的方式来学习科学，使用探究式教学法意味着教材涵盖范围较少，但概念理解的精熟程度较高。因此，在教师可用的有限时间里，教师应慎选学生必须学习的知识，选择的基本要素有两个，一是具有发展理性思考潜能的知识，二是在学生生活与社会生活中具有重要性的知识。

2. 加强在职和职前教师培训，解决教师信念和教学法的问题

大部分科学教师在其受教育的生涯中并没有体验过科学探究，所以他们很难确定真正的科学探究应该是什么样子，并且不能确定在帮助学生通过科学探究活动发展科学理解时自身的作用是什么[17,18]。而在职前教育中很少体验到科学探究的过程，也使得中学教师经常会面临他们自己都没有进行过探究却要在自己的科学教学中应用科学探究教学的尴尬，事实上科学探究教学是一项复杂而且需要高度熟练的教学方式，因此需要专业发展训练[18,19]。

美国科学教学研究会前任主席莱德曼（Lederman）通过研究认为科学教师需要理解当前关于科学探究含义的观点，他建议无论是 K-12 教师还是对于大学科学教育专业的学生都需要大量的时间去适应基于科学教育标准的科学探究[17]。也有类似研究指出，科学教育专业的导师应能帮助学生适应科学探究教学，科学教育专业应该修正其教学目标以使得科学课堂能够有真实的探究目标的内容。新的 K-12 教师需要在作为职前教师时的课程中经历过科学探究。希伯特（Siebert）建议应鼓励职前教师进行科学探究而非进行验证性实验，认为未来的科学教师应作为学习者来体验科学探究，所有的 K-16 科学教师都应重视科学探究，而不是"嘴上高谈阔论科学探究，却不在实践中践履它"。提供一定量的可以参照的科学探究案例或许可以帮助教师开展科学探究教学[20]。为了帮助学校教师进行科学探究教学，美国国家科学基金会（National Science Foundation，NSF）启动了一个研究生 K-12 教学团队计划（Graduate Teaching Fellows in K-12 Initiative，GK-12），由研究生与中学教师进行合作以支持中学教师进行科学探究教学。

3. 加强对科学探究本身的研究

科学探究理论本身的不完善对教师使用科学探究教学也起到了阻碍的作用。比如，在过去的一个世纪中，科学教育家提出了对科学探究含义的多种阐释，这也导致了 K-12 年级科学教师、学生、家长的困惑，为了解除大众对《国家科学教育标准》中科学探究含义的迷惑，美国国家研究理事会在 2000 年出版了《科学探究与国家科学课程标准》一书来澄清科学探究的概念。

通过对国外科学探究教学情况、存在问题以及对策的分析可以发现，科学探究教学虽历经百年发展，但在实践过程中仍然存在一些问题，即使是在科学探究教学的首倡国美国也是如此。而这些问题有些是带有普遍性的，在我国科学探究教学实践中也存在这些问题。而我国有些问题可能更为突出，比如班容量大的问题，西方发达国家多为小班教学，因此在其文献中几乎不存在班容量影响探究教学的问题，而我国班容量通常在五六十人甚至更多，在调查研究中我们发现班容量大的问题是影响我国科学探究教学的一个重要因素。应该认识到，在科学探究教学实践中出现的各种问题并非我国一家独有，我们不应妄自菲薄，而应该积极针对这些问题寻找对策，以期将基础教育课程改革进一步推向深入，更好地培养学生的科学探究能力，发展学生的科学素养。

参考文献

[1] Achieve. The Next Generation Science Standard［S/OL］.［2013-11-26］. http://www.nextgenscience.org/next-generation-science-standards.

［2］Chinn C，Malhotra B. Epistemologically authentic inquiry in schools：A theoretical framework for evaluating inquiry tasks［J］. Science Education，2002，86：175-218.

［3］Weiss I R，Pasley J D，Smith P S，et al. Looking inside the classroom：A study of K-12 mathematics and science education in the United States［M］. Chapel Hill，NC：Horizon Research，2005.

［4］McComas W . Laboratory instruction in the service of science teaching and learning［J］. The Science Teacher，2005，72(7)：24-29.

［5］Staer H，Goodrum D，Hackling M. High school laboratory work in Western Australia：Openness to inquiry［J］. Research in Science Education，1998，28：219-228.

［6］Deters K M. Student opinions regarding inquiry-based labs［J］. Journal of Chemical Education，2005，82：1178-1180.

［7］Jones M E，Gott R，Jarman R. Investigations as part of the key stage 4 science curriculums in Northern Ireland［J］. Evaluation and Research in Education，2000，14(1)，23-37.

［8］Lotter C，Harwood W S，Bonner J J. The influence of core teaching conceptions on teachers' use of inquiry teaching practices［J］. Journal of Research in Science Teaching，2007，44（9）：1318-1347.

［9］Hackling M W，Goodrum D，Rennie L J. The state of science in Australian secondary schools［J］. Australian Science Teachers Journal，2001，47(4)：6-17.

［10］Costenson K，Lawson A E. Why isn't inquiry used in more classrooms?［J］. The American Biology Teacher，1986，48(3)：150-158.

［11］Booth G. Is inquiry the answer?［J］. The Science Teacher，2001，68(7)，57-59.

［12］Backus L. A year without procedures［J］. The Science Teacher，2005，72(7)，54-58.

［13］Roehrig G H，Luft J A. Constraints experienced by beginning secondary science teachers in implementing scientific inquiry lessons［J］. International Journal of Science Education，2004，26：3-24.

［14］Brown P L，Abell S K，Demir A，et al. College science teachers' views of classroom inquiry［J］. Science Education，2006，90：784-802.

［15］Lubben R，Ramsden J B. Assessing pre-university students through extended individual investigations：Teachers and examiners views［J］. International Journal of Science Education，1998，20：833-848.

［16］Hofstein A，Shore R，Kipnis M. Providing high school chemistry students with opportunities to develop learning skills in an inquiry-type laboratory：A case study［J］. International Journal of Science Education，2004，26：47-62.

［17］Abd-El-Khalick F，et al. Inquiry in Science Education：International Perspectives［J］. Science Education，2004，88(3)：397-419

［18］Trumbull D J，Bonney R，Grudens-Schuck N. Developing materials to promote inquiry：Lessons learned［J］. Science Education，2005，89：879-900.

［19］Windschitl M. Folk theories of "inquiry"：how preservice teachers reproduce the discourse and practices of an atheoretical scientific method［J］. Journal of Research in Science Teaching，2004，41(5)：481-512.

［20］Crawford B A，Zembal-Saul C，Munford D，et al. Confronting prospective teachers' ideas of evolution and scientific inquiry using technology and inquiry-based tasks［J］. Journal of Research in Science Teaching，2005，42：613-637.

复杂酸碱滴定体系中滴定曲线绘制的通用 Excel 方法[①]

王慧[1]，刘成辉[1]，漆红兰[1]，张延妮[2]，岳宣峰[1][②]

(1. 陕西省生命分析化学重点实验室/陕西师范大学化学化工学院；

2. 陕西师范大学生命科学学院，陕西西安 710119)

摘 要：针对复杂酸碱互滴体系中 pH 的计算和滴定曲线的绘制，推导滴定过程中任意时刻 pH 计算的高次方程运算通式；然后利用 Excel 软件的"单变量求解"结合"宏"命令，建立了适用于复杂酸碱滴定体系的曲线绘制的一般 Excel 方法；并将该方法应用于 6 种复杂酸碱滴定体系滴定曲线的绘制。

关键词：复杂酸碱互滴；滴定曲线绘制；Excel 软件；pH

由于在化学和生物领域的广泛应用，pH 的计算和酸碱滴定曲线的绘制曾备受关注[1-3]，付孝锦等[1]根据 EDTA 滴定的基本原理，将有关参数存放在数据库中，利用 VB 设计编程，通过人机对话输入滴定分析测定数据和调用数据库进行配位滴定理论终点的计算，我们也曾介绍了 Excel 软件的高次方程求解功能在酸碱滴定分析中的应用[2]。在有关酸碱滴定的 pH 计算及滴定曲线的绘制方面，已经有学者做了很多有益的尝试，甚至做出了专用的计算软件。韩海洪[3]基于 VB 编程实现了强酸(碱)、一元弱酸(碱)、二元弱酸(碱)、混合酸碱溶液 pH 的计算；朱斌等用 VB 语言设计编制了模拟强碱滴定弱酸的程序，推导了建立模拟强碱滴定弱酸程序的数学模型[4]；李熠明等[5]利用 VB 语言通过计算机编程，实现了强碱滴定弱酸和强酸滴定弱碱滴定过程 pH 的计算和滴定曲线的绘制；赵鑫等[6]以 Microsoft. NET Framework 为开发平台，使用 C 语言开发了 NaOH 或 HCl 滴定体系的 pH 计算及滴定曲线绘制的软件。计算机语言显示了强大的运算能力，尤其是 VB 语言。在有关分析化学酸碱滴定的计算中依然有像多种多元混酸和多种多元混碱互滴的复杂体系亟待研究，其 pH 的计算和滴定曲线的绘制无疑都有求于计算机语言的帮助，设计更为通用的程序也很有必要。徐永群等[7]探讨了一般酸碱滴定中 pH 的通用计算式并采用计算机语言绘制滴定曲线。

本文针对复杂酸碱互滴体系，利用质子条件式推导滴定过程任意时刻 pH 计算的高次方程运算通式，然后利用 Excel 软件的"单变量求解"结合"宏"命令设计应用于复杂酸碱滴定体系的一般 Excel 方法，实现了高次方程求解的批量处理。并将该方法应用于 6 种复杂酸碱滴定体系滴定曲线的绘制。

一、一元强碱滴定多元弱酸的质子条件式通式及滴定曲线的绘制步骤

1. 以 C_1 mol/L NaOH 滴定 C_2 mol/L 三元弱酸 H_3A(体积为 V_2 mL)为例，推导滴定过程中任意时刻 pH 的计算公式

根据物料平衡(忽略不同溶液混合对体积变化的影响)，在溶液中弱酸总的物质的量恒定：

$$n_{H_3A} = ([A^{3-}] + [HA^{2-}] + [H_2A^-] + [H_3A]) \times (V_1 + V_2) \tag{1}$$

因为

---

① 项目资助：陕西师范大学教学改革与研究项目(GERP-15-09，17JG24)。

② 通信联系人：岳宣峰，副教授，主要从事色谱质谱分析，xfyue@ snnu. edu. cn。

$$[H_3A] = \frac{[H_2A^-] \times [H^+]}{K_{a1}} \tag{2}$$

$$[HA^{2-}] = \frac{[H_2A^-] \times K_{a2}}{[H^+]} \tag{3}$$

$$[A^{3-}] = \frac{[H_2A^-] \times K_{a2} \times K_{a3}}{[H^+]^2} \tag{4}$$

将式(2)、式(3)、式(4)代入式(1)，得到

$$C_2 \times V_2 = \left(\frac{[H_2A^-] \times K_{a2} \times K_{a3}}{[H^+]^2} + \frac{[H_2A^-] \times K_{a2}}{[H^+]} + [H_2A^-] + \frac{[H_2A^-] \times [H^+]}{K_{a1}} \right) \times (V_1 + V_2) \tag{5}$$

从式(5)得

$$[H_2A^-] = \frac{C_2 \times V_2}{\left(\frac{K_{a2} \times K_{a3}}{[H^+]^2} + \frac{K_{a2}}{[H^+]} + 1 + \frac{[H^+]}{K_{a1}} \right) \times (V_1 + V_2)} \tag{6}$$

根据电荷平衡，各个离子之间有以下关系，即质子条件式(PBE)

$$[Na^+] + [H^+] = [H_2A^-] + 2[HA^{2-}] + 3[A^{3-}] + [OH^-] \tag{7}$$

将式(2)、式(3)、式(4)及式(6)代入式(7)中，获得以下关系式

$$\frac{V_1 \times C_1}{V_1 + V_2} + [H^+] - \frac{\left(1 + 2 \times \frac{K_{a2}}{[H^+]} + 3 \times \frac{K_{a2} \times K_{a3}}{[H^+]^2} \right) \times C_2 \times V_2}{\left(\frac{K_{a2} \times K_{a3}}{[H^+]^2} + \frac{K_{a2}}{[H^+]} + 1 + \frac{[H^+]}{K_{a1}} \right) \times (V_1 + V_2)} - \frac{K_w}{[H^+]} = 0 \tag{8}$$

其本质是一个忽略了离子强度的含有[H⁺]的一元五次方程，如果展开此关系式，计算相当复杂。我们利用 Excel 软件的"单变量求解"命令可以在不把以上高次方程展开的情况下方便地求出该方程的解，即[H⁺]。

2. 利用 Excel 软件"单变量求解"求解高次方程，计算[H⁺]

首先，在 Excel 软件菜单"工具"中选择"选项"，然后选择"重新计算"标签，选中"迭代计算"，进行设置：选择"自动重算"；选择"迭代计算"；设置"最多迭代次数"为 2500（根据误差及有理数解阈值等具体要求确定此数值）；设置最大误差为"0"（根据误差的要求来设置此数值）。

在 Excel 中单元格第一行的 13 个单元格中（比如 A_2 到 M_2）分别输入与加入一定体积滴定剂（NaOH 溶液）相对应的 pH（=−LOG(B2,10)）、[H⁺]（初始数值，根据单调区间和值阈等给[H⁺]一个合适的初始数值）、滴定剂体积 V_1（具体数值）、被滴定的弱酸的体积 V_2（具体数值）、滴定剂的浓度 C_1（具体数值）、被滴定的弱酸的浓度 C_2（具体数值）、弱酸的一级解离常数 K_{a1}（具体数值）、弱酸的二级解离常数 K_{a2}（具体数值）、弱酸的三级解离常数 K_{a3}（具体数值）、[A³⁻]（＝式(4)）、[HA³⁻]（＝式(3)）、[H₂A⁻]（＝式(6)）及 PBE 方程式（＝式(7)），如图 1 中第一行所示；然后执行"工具"菜单下的"单变量求解"（选择目标单元格为 PBE 方程式所在单元格 M2，选择目标值为 0，选择可变单元格为同行的 B2），如图 2 所示。Excel 软件会从自动从[H⁺]的给定初始数值开始经过多次迭代计算，直到符合设定的条件为止。

	A	B	C	D	E	F	G	H	I	J	K	L	M
	pH	[H⁺]	V_base	V_acid	C_base	C_acid	Ka1	Ka2	Ka3	[A³⁻]	[HA²⁻]	[H₂A⁻]	PBE
1													
2	10.00	1.0E-10	0.00000	0.0200	0.1000	0.1000	7.6E-03	6.3E-08	4.4E-13	4.3E-04	9.9E-02	1.6E-04	2.0E-01
3	10.00	1.0E-10	0.00004	0.0200	0.1000	0.1000	7.6E-03	6.3E-08	4.4E-13	4.3E-04	9.9E-02	1.6E-04	2.0E-01
4						----	----	----	----				
5													
2001	10.00	1.0E-10	0.07996	0.0200	0.1000	0.1000	7.6E-03	6.3E-08	4.4E-13	8.7E-05	2.0E-02	3.2E-05	-4.0E-02
2002	10.00	1.0E-10	0.08000	0.0200	0.1000	0.1000	7.6E-03	6.3E-08	4.4E-13	8.7E-05	2.0E-02	3.2E-05	-4.0E-02

图 1　对应一定体积滴定剂的 pH 及其他滴定条件的 pH 计算

3. 利用"宏"命令批执行"单变量求解"，处理海量[H⁺]的计算

结合滴定方式，根据滴定体积逐级变化量（常规滴定就是每滴体积约为 0.00004 mL），通过 Excel 自动填充功能，在单元格（C2 到 C2002）中填充滴定剂加入体积（0.00000 到 0.08000 mL），接下来自动填充与一定滴定剂体积对应的 pH 公式、[H⁺]初始值等其他参数，如图 1 所示。然后在"工具"菜单下的"宏"命令下编写一个"宏"命令，如下

图 2　单变量求解执行界面

```
Sub Macro1()
    For i＝2 To 2002
        Cells(i, 13).GoalSeek Goal：＝0, ChangingCell：＝Cells(i, 2)
    Next i
End Sub
```

然后执行该"宏"命令，就会获得一系列与一定滴定剂体积相对应的 pH。

4. 利用 Excel 作图工具预先制作滴定曲线图

以滴定体积为 X 轴，pH 为 Y 轴（见图 1），绘制滴定曲线。

二、复杂酸碱滴定体系中 pH 通式及其滴定曲线绘制的通用 Excel 步骤

1. 复杂酸碱滴定体系中质子条件式及[H⁺]计算通式

根据上述原理，一个复杂酸碱滴定体系中起始时被滴定的对象既可以是弱酸，也可以是强酸，还可以是多个弱酸和强酸的混合酸（用弱酸 H_1L、H_mM、——，强酸 H_nN 表示）；滴定剂既可以是弱碱，也可以是强碱，还可以是多个弱碱和强碱的混合碱（用弱碱 X^{x-}、Y^{y-}、——，强碱 Z^{z-} 表示），其对应的体系的质子条件式如下

$$a_1 \times \sum_{i=1}^{x} i[H_iX^{(x-i)-}] + a_2 \times \sum_{i=1}^{y} i[H_iY^{(y-i)-}] + \cdots + b \times z[Z^{z+}] + [H^+] -$$

$$c_1 \sum_{i=1}^{l} i[H_{l-i}L^{i-}] - c_2 \sum_{i=1}^{m} i[H_{m-i}M^{i-}] - \cdots - d \times n[N^{n-}] - K_w/[H^+] = 0 \quad (9)$$

其中

$$i[H_{m-i}M^{i-}] = i \times C_{H_mM} \times V_{H_mM} \times K_{a1}K_{a2}\cdots K_{ai}[H^+]m - i/$$

$$\langle [H^+]^m + K_{a1}[H^+]^{m-1} + \cdots + K_{a1}K_{a2}\cdots K_{am} \rangle$$

$$i[H_iX^{(x-i)-}] = i \times C_{X^{x-}} \times V_{X^{x-}} \times K_W^{x-i}(K_{bx}K_{b(x-1)} \wedge K_{b(i+1)})^{-1}[H^+]^i/$$

$$\langle K_W^x(K_{bx}K_{b(x-1)} \wedge K_{b1})^{-1} + K_W^{x-1}(K_{bx}K_{b(x-1)} \wedge K_{b2})^{-1}[H^+] + \wedge + [H^+]^x \rangle$$

$$n[N^{n-}] = n \times C_{H_nN} \times V_{H_n}/(V_{酸} + V_{碱})$$

$$z[Z^{z+}] = z \times C_{Z(OH)_z} \times V_{Z(OH)_z}/(V_{酸} + V_{碱})$$

a_1、a_2、b、c_1、c_2 及 d 一般为 1 或 0，体系中有该组成，则选择 1，没有则选择 0。

2. 酸碱滴定曲线绘制的通用 Excel 方法

首先，如前所述，设置"重新计算"标签中的"最多迭代次数"等；在 Excel 中表第一行的单元格中分别列出式（9）中的各项，然后在行列的对应单元格中键入相应的体积（数值）、解离常数（数值）、浓度（计算式）、[H⁺]（初始数值）及 PBE 方程式（9），利用自动填充命令给所有其他行填充相应数据和计算式；利用"宏"命令执行批处理"单变量求解"，处理海量[H⁺]的计算。图 3 为一例表，然后利用 Excel 作图工具预先制作滴定曲线图（pH 为 Y 轴，滴定体积变量为 X 轴）。

3. 应用

按照以上步骤建立了一个最多含有 3 种酸和 3 种碱的滴定体系，其 Excel 表格如图 3 所示。首先根

据参与滴定反应的具体酸碱设置相应的 a_1、a_2、b、c_1、c_2、d、各酸碱的解离常数 K_a、K_b、各酸碱的浓度 C；然后执行同样的宏命令。这是一个通用的有关 pH 算式及酸碱互滴曲线绘制的命令组合，它有广泛的用途，既可以用于一元到多元强碱（强酸）与一元到多元弱酸（弱碱）的互滴、一元到多元弱酸与一元到多元弱碱的互滴，还可以用于多种混酸与多种混碱之间的复杂体系的互滴。图4～图9为该方法对6种较复杂酸碱体系应用的结果。"宏"命令，如下

```
Sub Macro1()
    For i＝3 To 2003
    Cells(I，38).GoalSeek Goal：＝0，ChangingCell：＝Cells(i，1)
    Next i
End Sub
```

类别	参数	1	2	3	4	5	6	7	1000	1999	2000	2001	2002	2003
	pH	10.00	10.00	10.00	10.00	####	####	####	10.00	####	10.00	10.00	10.00	10.00
弱碱 X^{3-}	$V_{X^{3-}}$ (L)	0.0200	0.0200	0.0200	0.0200	####	####	####	####	####	0.0200	0.0200	0.0200	0.0200
	$C_{X^{3-}}$ (mol/L)	0.1000	0.1000	0.1000	0.1000	####	####	####	####	####	0.1000	0.1000	0.1000	0.1000
	K_{b1} (X^{3-})	1.6E-07	1.6E-07	1.6E-07	1.6E-07	####	####	####	####	####	1.6E-07	1.6E-07	1.6E-07	1.6E-07
	K_{b2} (X^{3-})	7.7E-13	7.7E-13	7.7E-13	7.7E-13	####	####	####	####	####	7.7E-13	7.7E-13	7.7E-13	7.7E-13
	K_{b3} (X^{3-})	0.0E+00	0.0E+00	0.0E+00	0.0E+00	####	####	####	####	####	0.0E+00	0.0E+00	0.0E+00	0.0E+00
	$[H_3X]$	0.0E+00	0.0E+00	0.0E+00	0.0E+00	####	####	####	####	####	0.0E+00	0.0E+00	0.0E+00	0.0E+00
	$[H_2X^-]$	6.2E-13	6.2E-13	6.2E-13	6.2E-13	####	####	####	####	####	6.2E-13	6.2E-13	6.2E-13	6.2E-13
	$[HX^{2-}]$	8.0E-05	8.0E-05	8.0E-05	8.0E-05	####	####	####	####	####	8.0E-05	8.0E-05	8.0E-05	8.0E-05
弱碱 Y^{3-}	$V_{Y^{3-}}$ (L)	0.0200	0.0200	0.0200	0.0200	####	####	####	####	####	0.0200	0.0200	0.0200	0.0200
	$C_{Y^{3-}}$ (mol/L)	0.1000	0.1000	0.1000	0.1000	####	####	####	####	####	0.1000	0.1000	0.1000	0.1000
	K_{b1} (Y^{3-})	1.8E-05	1.8E-05	1.8E-05	1.8E-05	####	####	####	####	####	1.8E-05	1.8E-05	1.8E-05	1.8E-05
	K_{b2} (Y^{3-})	0.0E+00	0.0E+00	0.0E+00	0.0E+00	####	####	####	####	####	0.0E+00	0.0E+00	0.0E+00	0.0E+00
	K_{b3} (Y^{3-})	0.0E+00	0.0E+00	0.0E+00	0.0E+00	####	####	####	####	####	0.0E+00	0.0E+00	0.0E+00	0.0E+00
	$[H_3Y]$	0.0E+00	0.0E+00	0.0E+00	0.0E+00	####	####	####	####	####	0.0E+00	0.0E+00	0.0E+00	0.0E+00
	$[H_2Y^-]$	0.0E+00	0.0E+00	0.0E+00	0.0E+00	####	####	####	####	####	0.0E+00	0.0E+00	0.0E+00	0.0E+00
	$[HY^{2-}]$	7.6E-03	7.6E-03	7.6E-03	7.6E-03	####	####	####	####	####	7.6E-03	7.6E-03	7.6E-03	7.6E-03
强碱 Z^{z+}	$V_{Z^{z+}}$ (L)	0.0000	0.0004	0.0008	0.0012	####	####	####	####	####	0.7988	0.7992	0.7996	0.8000
	$C_{Z^{z+}}$ (mol/L)	0.2000	0.2000	0.2000	0.2000	####	####	####	####	####	0.2000	0.2000	0.2000	0.2000
弱酸 H_3L	V_{H_3L} (L)	0.0200	0.0200	0.0200	0.0200	####	####	####	####	####	0.0200	0.0200	0.0200	0.0200
	C_{H_3L} (mol/L)	0.1000	0.1000	0.1000	0.1000	####	####	####	####	####	0.1000	0.1000	0.1000	0.1000
	K_{a1} (H_3L)	7.6E-03	7.6E-03	7.6E-03	7.6E-03	####	####	####	####	####	7.6E-03	7.6E-03	7.6E-03	7.6E-03
	K_{a2} (H_3L)	6.3E-08	6.3E-08	6.3E-08	6.3E-08	####	####	####	####	####	6.3E-08	6.3E-08	6.3E-08	6.3E-08
	K_{a3} (H_3L)	4.4E-13	4.4E-13	4.4E-13	4.4E-13	####	####	####	####	####	4.4E-13	4.4E-13	4.4E-13	4.4E-13
	$[H_2L^-]$	1.6E-04	1.5E-04	1.5E-04	1.5E-04	####	####	####	####	####	3.9E-06	3.9E-06	3.9E-06	3.8E-06
	$[HL^{2-}]$	9.9E-02	9.7E-02	9.6E-02	9.4E-02	####	####	####	####	####	2.4E-03	2.4E-03	2.4E-03	2.4E-03
	$[L^{3-}]$	4.4E-04	4.3E-04	4.2E-04	4.1E-04	####	####	####	####	####	1.1E-05	1.1E-05	1.1E-05	1.1E-05
弱酸 H_3M	V_{H_3M} (L)	0.0200	0.0200	0.0200	0.0200	####	####	####	####	####	0.0200	0.0200	0.0200	0.0200
	C_{H_3M} (mol/L)	0.1000	0.1000	0.1000	0.1000	####	####	####	####	####	0.1000	0.1000	0.1000	0.1000
	K_{a1} (H_3M)	7.4E-04	7.4E-04	7.4E-04	7.4E-04	####	####	####	####	####	7.4E-04	7.4E-04	7.4E-04	7.4E-04
	K_{a2} (H_3M)	1.7E-05	1.7E-05	1.7E-05	1.7E-05	####	####	####	####	####	1.7E-05	1.7E-05	1.7E-05	1.7E-05
	K_{a3} (H_3M)	4.0E-07	4.0E-07	4.0E-07	4.0E-07	####	####	####	####	####	4.0E-07	4.0E-07	4.0E-07	4.0E-07
	$[H_2M^-]$	1.5E-10	1.4E-10	1.4E-10	1.4E-10	####	####	####	####	####	3.6E-12	3.6E-12	3.6E-12	3.6E-12
	$[HM^{2-}]$	2.5E-05	2.5E-05	2.4E-05	2.4E-05	####	####	####	####	####	6.1E-07	6.1E-07	6.1E-07	6.1E-07
	$[M^{3-}]$	1.0E-01	9.8E-02	9.6E-02	9.4E-02	####	####	####	####	####	2.4E-03	2.4E-03	2.4E-03	2.4E-03
强酸 H_nN	V_{H_nN} (L)	0.0200	0.0200	0.0200	0.0200	####	####	####	####	####	0.0200	0.0200	0.0200	0.0200
	C_{H_nN} (mol/L)	0.1000	0.1000	0.1000	0.1000	####	####	####	####	####	0.1000	0.1000	0.1000	0.1000
	PBE	-5.9E-01	-5.8E-01	-5.6E-01	-5.5E-01	####	####	####	####	####	1.9E-01	1.9E-01	1.9E-01	1.9E-01

图 3　最大容量为 3 种酸 3 种碱的酸碱滴定体系 pH 计算

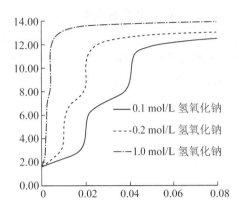

图4 不同浓度的 NaOH 滴定 20 mL 0.1 mol/L H₃PO₄

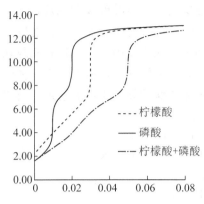

图5 0.2 mol/L 的 NaOH 滴定 20 mL(0.1 mol/L H₃PO₄＋0.1 mol/L 柠檬酸)

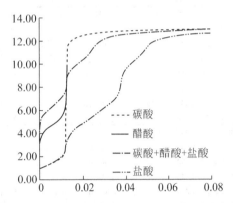

图6 0.16 mol/L 的 NaOH 滴定 20 mL(0.1 mol/L H₂CO₃＋0.1 mol/L HAc＋0.1 mol/L HCl)

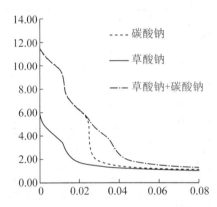

图7 0.16 mol/L 的 HCl 滴定 20 mL(0.1 mol/L Na₂C₂O₄＋0.1 mol/L Na₂CO₃)

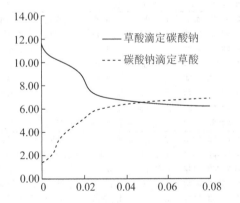

图8 0.12 mol/L 的 H₂C₂O₄ 与 0.12 mol/L Na₂CO₃ 互滴

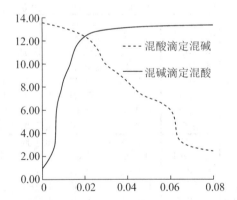

图9 混合酸液(H₂SO₄＋H₃PO₄＋H₃AsO₄，浓度都是 0.05 mol/L)和混合碱液(含有 0.12 mol/L 的 NaOH＋0.2 mol/L 的 NH₃·H₂O＋0.3 mol/L 的 Na₂S)互滴

参考文献

[1]付孝锦，张运陶. EDTA-Mn⁺滴定结果的计算机处理[J]. 西华师范大学学报(自然科学版)，2003，24(4)：463-466.

[2]岳宣峰，张延妮，卢樱，等. Excel 软件在酸碱滴定分析教学中的应用[J]. 计算机与应用化学，2006，23(11)：1153-1155.

[3]韩海洪. 基于可视化 VB 编程实现酸碱溶液 pH 值计算[J]. 青海师范大学学报(自然科学版)，2009(4)：44-46.

[4]朱斌，张运陶. 模拟强碱滴定弱酸的 VB 程序及应用实例[J]. 四川职业技术学院学报，2004，14(2)：105-107.

[5]李熠明，曹岩，刘红明，等. 酸碱滴定过程的计算机模拟[J]. 药学实践杂志，2011，29(6)：462-463，480.

[6]赵鑫，王殿书，丛培盛，等. pH 精算及酸碱滴定曲线绘制通用软件的开发[J]. 计算机与应用化学，2010，27(2)：257-261.

[7]徐永群，李鑫. 用计算机处理混合酸碱滴定计算问题[J]. 黄冈师范学院学报，1999，19(4)：56-62.

分析化学辅导课教学模式的探索

张静①

（陕西师范大学化学化工学院，陕西西安 710119）

摘　要： 针对分析化学课堂教学课时缩减，教学内容增加的矛盾，以及学生课堂参与度低、学习兴趣低等问题，笔者在分析化学辅导课教学实践中，探索了小组讨论、课堂翻转、思维导图绘制等多元化教学模式，以提高和改善分析化学辅导课的教学效果，从而达到分析化学的教学目标。

关键词： 分析化学；辅导课；教学模式

大学的课程设置一般包括课堂讲授课、辅导课、实践课三个环节。辅导课是教学中的重要环节。它是以实现学生对知识的真正掌握和灵活运用为目的，是对新课教学的有益补充，两者构成了一个有机的统一整体[1]。辅导课在各学科教学中，都起到了重要的作用。然而，在实际的教学过程中，无论教师还是学生对辅导课的重视程度远远低于讲授课和实践课。本文从分析化学的教学实际出发，分析目前存在的问题，探索适合的教学模式，以提高和改善分析化学辅导课的教学效果，从而达到分析化学的教学目标。

一、现状分析

以本校为例，新修订的教学大纲中化学分析和仪器分析的课堂学时设置分别为 46 课时和 64 课时，辅导课为 36 学时。现在使用的高等教育出版社的教材内容相比之前都有所增加[2]。因此新教学大纲中课时缩减和内容增加的矛盾非常突出。课堂讲授课不可能给学生提供交流和互动时间。因此，充分利用辅导课，增加学生和学生之间、学生和教师之间的交流和讨论，使学生加深课堂内容的理解，通过讨论纠正一些概念的错误理解，成为辅导课的新任务。而目前的辅导课多采用传统的教学模式，和讲授课并没有区别，课堂上教师仍然是以讲授为主，内容包括总结课程的知识要点，讲解一些习题和例题。因此亟须对相关教学实践进行新的探索。

二、课堂实践

为了解决传统辅导课的弊端，我们在教学实践中采用了新的教学模式替代传统教学模式。该模式包括小组讨论、课堂翻转、思维导图绘制三个环节。

1. 课前准备

在每周的辅导课前，根据教学内容和学生的作业情况，评估学生对所学内容的掌握情况。在评估的基础上，分三个层次准备辅导课的内容。①针对难点内容和学生理解不正确或模棱两可的概念设计一些讨论题。②寻找和所学内容相关的一些文献中的实例作为资料，请学生阅读或分析。③学生通过绘制思维导图，总结整理所学内容。

---

①　通信联系人：张静，zhangjing8902@snnu.edu.cn。

2. 课堂设计

（1）小组讨论

将学生 4～5 人分为 1 组，根据课前设计的讨论题和文献资料，让学生自己充分讨论。以武汉大学编的《分析化学》第五版下册内容为例，练习题为"铬黑 T 在 pH＜6 时为红色（$\lambda_{max}=515$ nm），在 pH＝7 时为蓝色（$\lambda_{max}=615$ nm），在 pH＝9 时与 Mg^{2+} 形成的螯合物为紫色（$\lambda_{max}=542$ nm），试从吸收光谱产生机理上给予解释"。在作业中大部分学生从互补光的原则解释了不同条件下铬黑 T 所呈现的颜色。在分组讨论中，学生们经过充分的讨论，认识到铬黑 T 在不同条件下，分子中萘环上助色基团的不同才是颜色不同的真正原因，而且通过核外电子的排布分析，解释了每种条件下的最大吸收波长规律。在此基础上，学生分析了常见的助色团的核外电子排布，更深入地理解了助色团的助色原理。为今后分析判断物质的紫外吸收特性，打下了坚实的基础。进一步，让学生分析了为什么在络合滴定中，使用铬黑 T 为指示剂时，一定要在碱性缓冲溶液中进行滴定的理论基础。

（2）讨论总结——翻转课堂[3]

经过充分的讨论，将课堂交给学生，请他们自己总结得出结论。教师在讨论过程中只进行引导，引导学生将所学的知识联系起来。如在铬黑 T 的颜色变化分析中，引导学生将无机化学中学习的核外电子排布、杂化轨道的知识联系起来，解决问题，并用铬黑 T 吸收光谱的知识，从理论上解释滴定实验中的实际应用。在总结阶段，教师和学生一起对结论进行严格地斟酌、描述，从而帮助学生准确理解所学的概念和知识。通过这样的模式，学生学习的参与度大大增加，提高了学习的兴趣，对知识的理解更加准确和深入。

（3）知识整理——绘制思维导图

在课堂教学、辅导课讨论后，要求学生对所学内容按照章节或者单元绘制思维导图。还是以仪器分析课中的紫外分光光度法一章为例。在课程结束后，要求学生通过绘制思维导图的方式，总结本章所学内容。在收到的 50 份学生作业中，学生采用了自己喜欢的方式，绘制了思维导图。从这些色彩、图形各异的思维导图中，可以看到每个学生都进行了认真的绘制，通过对知识的深层挖掘、拓展延伸，在离散的知识点、群之间建立起关联，能够加深对某一主题及相关知识点内容的理解和记忆，从而实现知识的灵活运用[4]。

三、总结

本文论述了在辅导课教学模式的实践中，以学生主动学习为中心，以能力提升为核心的原则，发展学生的思维潜力与创造性。实践围绕这一原则，运用了小组讨论、课堂翻转、思维导图绘制等多元化教学模式，可以明显看到学生的参与度增加，学习兴趣浓厚。学生反馈显示欢迎课堂讨论的形式，对于思维导图绘制这项作业也很感兴趣。在后续的考试中，成绩也明显提高，有效促进了分析化学的教学效果。

参考文献

[1]宋逢泉. 工科课物理辅导课教学改革与探讨[D]. 合肥：合肥工业大学，2002.

[2]武汉大学. 分析化学[M]. 5 版. 北京：高等教育出版社，2006.

[3]林毅，吴云，丁琼. "分析化学中误差与数据处理"翻转课堂教学实践[J]. 大学化学，2017(3)：15-18.

[4]陈亚芍，宁清茹. 思维导图在物理化学教学中的应用[J]. 大学化学，2017(3)：24-29.

高中化学有效课堂教学实践与思考

张旭，王增林①

（陕西师范大学化学化工学院，陕西西安 710119）

摘 要：随着新一轮课程改革缩减了高中化学课时，这给高中化学教师带来了挑战。在有限的教学时间里，如何提高课堂教学的效率？基于教学理念和具体的教学环境，结合工作实践与案例分析，探讨了有效课堂的构建与思考。实践表明，重视对学生的鼓励和提高学生在课堂教学中的参与度，是提高课堂教学有效性的根本；重视学生的学习心理衔接，营造和谐的课堂氛围是教学有效性的基本保障。通过教学实践发现，高中化学有效课堂教学可以减轻学生学业负担，提升学生学习化学的兴趣。

关键词：有效教学；教学实践；课堂效率

从国外有效教学的研究中，我们可以了解到有效教学的理念源于 20 世纪上半叶西方的教学科学化运动，其关键问题就是教学的效益[1]。通过检索文献发现，在我国对有效教学的内涵理解有两种不同的解释。一是从教学效果、教学效率、教学效益三方面综合来描述有效教学，而不是单看其中任何一个方面。这种观点认为有效教学是指教师遵循教学活动的客观规律，以尽可能少的时间、精力和物力投入，取得尽可能多、尽可能好的教学效果，从而实现特定的教学目标，满足社会和个人的教育价值需求而组织实施的活动。二是从学生有效学习与发展的角度规定有效教学。把"教学的有效性"规定为以下三方面：激发和调动学生学习的主动性、积极性和自觉性是有效教学的出发点和基础；促进学生的学习和发展是有效教学的根本目的，也是衡量教学有效性的唯一标准；提供和创设适宜的教学条件，促进学生形成有效的学习是有效教学的实质和核心[2]。有效教学是指教学过程的最优化、教学方法的科学化和教学效果的最大化，旨在提高课堂教学效益[3]。

有效化学课堂教学是指教师利用学生在社会生活中积累的经验，实现知识迁移，激发学生学习化学的兴趣，建立起积极的师生情感[4]。高中化学课堂的效率高低关键是看教师能否在有限的时间和空间内，采取恰当的教学方式，激发学生学习的积极性、主动性，让学生参与学习过程，最大程度地发挥课堂教学的功能和作用，即在课堂有限时间内要最大限度、最完美地实现知识与技能、过程与方法、情感态度与价值观三维目标的整合以及核心价值观的建构，以求得课堂教学的最大效益。新课程改革要求教师"重新认识教学、认识课堂、认识教材，不断探索新的课堂教学模式，在新型师生互动关系中重建自己的角色"。课堂教学是实施教学的主阵地，如何利用有限的课堂教学，提高教学的效率是我们一线教学工作者奋斗的方向。基于以上的有效教学理念和化学有效课堂的建立，本文作者从教学实践出发，探讨了高中化学有效教学的一些策略。

一、更新教学理念，重视鼓励在课堂教学中的作用

现代教学理念要求教师摆正在教学活动过程中的位置，把自己当成学生，和学生一起学习、一起成长；关注学生，走进学生，鼓励学生，给学生更多的自信；利用课堂教学充分发挥学生的主动性和参与度，更新教育教学观念[5-8]；努力让学生喜欢上自己，进一步喜欢上化学课，逐步提升课堂的教学

---

① 通信联系人：王增林，wangzl@snnu.edu.cn。

效率。

案例1：高中化学学科分很多模块与专题，如无机化学、电化学、有机化学。每接触一个新的模块，告诉学生这块学习内容跟前面联系不大，只要认真学习这一模块内容完全可以掌握得很好，每节课都给他们以提示和鼓励。

鼓励学生做得最多的就是当学生获得好成绩或者进步比较大时，给予一定的鼓励，如奖励一个书签、一支笔、一本书。比如我的一位学生，无机化学和电化学都学得不好，但是有机化学那个模块就学得特别好，每次考试最后一道有机化学选考题可以拿12~15分。记得第一次有机化学考试考及格后我奖励她一本书，她受到了极大的鼓舞，上课很认真，高三复习时也很努力，高三适应性考试时取得了一个不错的分数。曾经带过的另一位学生，中考成绩刚300分，中考化学成绩20多分，前20号元素符号都不是很熟悉。因为一次契机，和他谈了几次话，逐步地鼓励他，慢慢地他开始对化学感兴趣，从20多分到40多分，高三的时候化学考试可以及格了，高三适应性考试考了67分。通过追踪他的成绩发现，当他在化学学习上获得一些信心后，对待其他学科的态度也有了一定的转变。

案例2：上课把每个班分成四个组，四个组之间进行竞争。让每个学生都参与课堂教学，提高课堂的教学效率。如讲选修5有机化学的官能团时，可以通过听写官能团，听写最好的一个组给予一定的奖励，听写最差的一个组给予更多"爱的鼓励"。学习必修1第三章和第四章元素内容时，化学方程式比较多，学生普遍反映难记、难理解。利用化学课堂做关于钠、镁、铝、硫等元素的化学方程式接龙，让学生在游戏中熟记化学方程式。利用学生的不服输性格，四个组之间进行竞争，通过竞争提醒学生参与课堂教学，从而培养学生的团队精神。

二、教学内容口诀化、程序化

大多数学生认为化学的内容繁、多、杂，对化学学科的学习普遍认识就是背和记，还戏谑性地把化学称为"背多分"。导致那一现象的主要原因是学生不理解知识，单凭死记硬背。随着学习的深入，需要记忆的内容就会逐渐增多，久而久之学生会失去学习化学的兴趣。利用学生这一特点，将化学知识总结为口诀，方便学生理解记忆，进一步提高课堂教学效率。

案例3：在氧化还原反应中，学生很难记住氧化剂、还原剂、氧化产物、还原产物等概念。在教学时将氧化还原反应的相关概念总结为口诀，学生会快速记住，在做题时丢分率会有所下降，例如，升失氧、降得还，若说剂，恰相反。

案例4：以氧化还原反应为基础知识的电化学内容，学生通常会把原电池和电解池的相关知识混淆。这部分内容被学生称为"化学界的金刚石"。在教学时将电化学内容总结为口诀方便学生记忆。如在原电池中离子迁移方向为"阳正阴负"，电极反应类型为"负氧正还"（联系学生感兴趣的电视剧人物——甄嬛的谐音）。在电解池中离子迁移方向"异性相吸"（阴离子移向阳极，阳离子移向阴极），电极反应类型总结为"阳氧阴还"。在电镀池的学习中将电极材料的判断总结为"外阳内阴"。对于口诀学生遗忘的速度会减慢很多，同时学生做题速度会大幅提高。

案例5：电极反应的书写和溶度积的计算是学生的一个难点，将这部分知识程序化，教给学生书写电极反应式的程序和溶度积相关计算的思路，可以极大地提升化学课堂效率。例如，只要看到K_{sp}就将已知量代入K_{sp}的表达式，再求出未知量。做电化学的题目时：先判断是电解池还是原电池，再结合题目快速画出草图，根据草图将电极名称标出来，分析电极材料和电解质溶液，并排出相关离子的放电顺序，结合口诀最后书写电极反应式。电极反应式的书写主要依靠记住电极反应类型再结合氧化还原的口诀可以快速写出。

三、巧找解题方法，提高教学效率

上每节课前将课标看一遍并将相关的辅导资料做一遍，找到最适宜、最简单的解题方法教给学生，让学生在有限的时间里，提高做题的速度和准确率。

案例6：物质氧化性和还原性强弱的比较是氧化还原反应中的难点。通过做题发现在比较氧化性和还原性强弱时，一般比较的都是氧化剂和氧化产物的氧化性，还原剂和还原产物的还原性。通过做题发现这部分题目的解题思路是方程式左边物质的性质比方程式右边的物质强，逐步向学生渗透强强生弱弱的化学思想，利用这种思想解题，学生做题一般不会出错，哪怕基础差的学生。

四、改进教材演示实验，提升课堂效率

让学生感受化学学科的魅力，重视实验在化学课堂教学中的作用。利用大学先进的实验设备和化学家对人类作出的贡献来吸引学生。

案例7：利用化学前沿，吸引学生学习化学的兴趣，进一步提升课堂效率。例如，陕西师范大学房喻教授合成了一种物质可以快速检测爆炸物；西安交通大学研制出最轻金属材料——镁锂合金，大幅减轻了卫星重量，显著提高有效载荷，降低了发射成本。将这些化学前沿引进课堂教学，激发学生努力学习的斗志。

案例8：改进教材上的演示实验，将复杂的实验过程简化，有利于实验现象的观察，进一步提升课堂效果，提高学生学习化学的兴趣。曾经改进过的一个演示实验是必修1第三章的焰色反应。教材上是用铂丝蘸取待测液，然后放在酒精灯上灼烧，由于铂丝蘸取的待测液较少，实验现象不是很明显，不利于学生观察。为了提高课堂的效果，将实验改成如下：①配制不同金属盐溶液装在喷壶里；②将5 mL无水乙醇倒在蒸发皿里并点燃；③再向蒸发皿里喷洒已经配好的溶液。改进之后的优点是：实验现象很明显，钾元素的焰色不用透过蓝色钴玻璃就可以观察。

五、重视学生的学习心理衔接

学生升入高一学习，面对陌生的环境、教师和教学方式，心理上产生了一些紧张或者恐惧。因此，在开学前，对学生进行适度的心理辅导很重要。作为教师，要主动走下讲台，走进学生，和学生构建良好的师生关系，对学生进行方法指导。主动走进学生的学习生活，让学生体会教师的关心和爱，形成良好的师生关系，使自己成为学生的朋友和值得信任的人，减少学生进入陌生环境的恐惧感。

针对基础不一样的学生，设计不同的内容进行教学。一方面为了让学生更快地适应教师的教学方式，如教学速度、教学节奏、表达方式等；另一方面使学生回忆已有的化学知识。加强对初高中化学之间存在联系的认识，提升学生间的竞争意识。此外，还可以平衡来自不同学校学生的化学基础，尽可能地使学生站在同一起跑线上学习。

学生在初中只学过一年的化学，内容简单。进入高一就接触"化学计量在实验中的应用"——物质的量，学生学习这部分内容时普遍反映难学。在讲解这部分内容时，可以适当降低难度，注重学生学习心理衔接。

六、营造轻松融洽的课堂氛围

1. 老师上课有激情

老师上课有激情，学生才会积极配合。教学是师生互动的一种活动，我们面对的是朝气蓬勃的高中学生，如果课堂很沉闷，学生易打瞌睡。再精彩的讲解，没有学生参与也等于做无用功，慢慢地，学生还会失去学习兴趣。在实际的课堂教学中，用我们教师的激情去感染学生，吸引学生参与课堂教学。

2. 语言精练，巧比喻

串讲教学环节时，语言精练不拖沓，学生听课不会疲倦。在讲解有机化学取代反应时，可用打篮

球来比喻，取代反应就像打篮球换球员一样，场上和场下的球员互换位置。讲解萃取这一抽象的概念时可以将萃取剂比喻成破坏别人家庭的第三者。使学生可以快速地理解难以理解的化学概念，进一步提升课堂的效率。

3. 变相激励法

充分调动学生的学习积极性，鼓励学生上讲台讲课或讲题，营造一个轻松活跃的课堂。利用学生不服输的要强心理，如讲到某一块知识链接高考题时，给学生几分钟做题的时间，然后奖励前三名做对的学生，并在给周围的同学讲清楚后给予一定的奖励和特权——免做一次化学作业等。

有效教学课堂应该充分发挥学生在课堂教学中的主体作用，关注课堂教学的每一个参与者。鼓励和激励学生展示自我，充分挖掘每一位学生的潜能。积极构建融洽和谐的课堂氛围和良好的师生关系，使学生学在其中、乐在其中。这样的课堂教学能更有效地传授知识，促进学生的发展。

参考文献

[1]程红，张天宝. 论教学的有效性[J]. 上海教育科研，1999(5)：13-14.

[2]李佳颖，薛来奇，王新瑞. 有效教学理论在南疆中学化学双语教学中的应用[J]. 教育教学论坛，2014(35)：62-64.

[3]石中英，王卫东，陈厚德. 基础教育新概念：有效教学[M]. 北京：教育科学出版社，2000：29，119.

[4]杜亭序. 新课改下中学化学有效教学策略的研究[D]. 成都：四川师范大学，2013.

[5]祁恒琳. 高中化学课堂教学中实验探究的实践与思考[J]. 学周刊：中旬，2015(6)：56.

[6]骆建平. 提高初中化学课堂教学有效性的实践与思考[J]. 考试周刊，2010，20(53)：196-197.

[7]施建荣. 打造化学高效课堂的实践与思考[J]. 延边教育学院学报，2011，25(6)：91-93.

[8]董强. 优化教学模式　构建高效课堂：高中化学有效教学的思考[J]. 中学生数理化：教与学，2012(11)：37.

教学目标之过程与方法设计策略

——以人教版高中选修 5 第二章"烃和卤代烃"为例

赵洋¹，杨承印¹①，王丽²

(1. 陕西师范大学化学化工学院，陕西西安 710119；2. 西安市长安区第一中学，陕西西安 710119)

摘　要：在化学教学目标设计中，知识与技能目标能够以课程标准为基础进行设计，而过程与方法目标的设计目前还处于混乱状态，难以真正落实到教学设计的文案中，造成了课程实施的障碍。对此，笔者提出以知识学习为线索的过程与方法教学设计策略，并以人教版选修 5 第二章"烃和卤代烃"为例进行设计与分析，取得了明显的效果。

关键词：过程与方法；知识与技能；目标设计；教学设计；教学策略

《高中化学课程标准》(2003)指出："构建知识与技能、过程与方法、情感态度与价值观相融合的高中化学课程目标体系。"化学教师在进行教学设计、构建教学目标过程中，对于知识目标，都能按照行为主体是学生，行为动词和动词水平层级以课程标准为基础进行选择。但是对于过程与方法这样的体验性目标，存在的问题就比较多了。如何选择行为动词，选择哪一层级水平的行为动词，都是至今没有完全解决的问题。我们以过程与方法目标为例，提出在设计时，以化学知识目标为线索，以化学表象知识为起点，按照理性思维的进阶序列，对其进行思维进阶加工。整个过程通过学生外显行为与内隐思维的活动，达到过程与方法目标的落实，从而解决了长期以来化学教学设计中的一个难题。

一、"过程与方法"目标设计思想

1. "过程与方法"中的"过程"进阶设计

过程与方法的落实体现在学生对知识的学习过程中，如图 1 所示。学生首先通过观察、实验的方法获取表象知识，如化学物质的颜色、状态、气味和化学反应的实验现象等。然后，学生再通过比较、分类、归纳、演绎、类比等方法对表象知识进行整理，提取出抽象知识，如物质的化学性质和化学反应的类型。最后，学生通过假说、模型、逻辑分析、综合等方法对抽象知识进一步加工，形成系统知识，如设计、评价及优选实验方案。从表象知识的学习到系统知识的形成，学生经历了学习过程和科学探究的过程，逐渐形成了自己的学习方法，增强了自身的化学学科核心素养，提高了自主学习和科学探究的能力，形成了问题意识、合作精神和创新意识。在当前的教育模式下，教师通过对学生过程与方法的训练，使学生的学习能力进一步提高[1]。

2. "过程与方法"中的"方法"进阶设计

布卢姆和霍恩斯坦都认为教育目标具有一定的层次结构，课程标准也按照学习目标的要求分为不同的水平[2]。在进行"过程与方法"目标设计之前，对于化学学科中的科学方法在中学化学层面的层级水平应有清楚的认识，如表 1[3] 所示。

---

① 通信联系人：杨承印，yangcy@snnu.edu.cn。

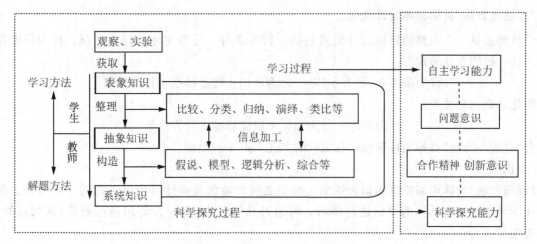

图 1 实现过程与方法目标示意图

表 1 关于方法的层级分类

学习水平层级	科学方法	释义
层级1	观察 实验	利用感官直接获取化学物质的颜色、气味、状态等 利用仪器通过限定条件获取化学反应的具体现象
层级2	比较 分类 归纳 演绎 类比	区分相似的化学物质、化学反应及其历程的异同 依据相称性、同一性、层次性原则对化学事物进行本质分类 从化学实验数据和事实材料中得出一般规律和结果 从化学的一般规律出发得出具体化学事物的事实 从两个(类)事物中的相似属性推出其他相似属性
层级3	假说 模型 逻辑分析 综合	依据事实材料和理论知识推测化学事物的未知性质和规律 利用想象、抽象、类比建立化学模型反应和代替客观规律 将复杂的物质及化学反应过程分解成简单要素分别研究 对化学中具体研究结果进行概括,整体上把握本质规律

在进行目标设计时,应根据学生所学知识的类型和具体特点,结合学生学习和探究的过程,选择不同层级的科学方法,对"过程与方法"目标进行合理预设。

3. "过程与方法"进阶层级与体验性目标水平层级的整合

从使用情境上看,化学科学方法和行为动词都是对学生行为的一种限定。根据知识的不同类型,方法可以分为三个层级。根据体验性目标的要求,行为动词设有三种水平层次,以高中课程标准为例,体验性目标分为"感受""认同""形成"三个层次。如图 2 所示,知识线作为明线贯穿学生的整个学习过程和探究过程,方法线和体验线作为暗线依托于方法层级和目标水平呈现一定的对应关系。知识要求较低的对应较低的方法层级和目标水平,知识要求较高的对应较高的方法层级和目标水平。

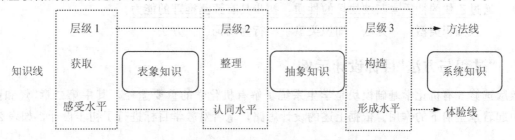

图 2 方法层级与体验性目标水平关系图

4."过程与方法"目标教学设计类型

化学教师公认一个完整的目标设计要素包括：行为条件、行为主体、行为动词、行为程度和行为结果[4]。其一般的表现形式为：

行为条件＋(行为主体)＋行为动词＋程度标准＋行为结果

其简化处理的形式为：

行为条件＋行为动词＋程度标准＋行为结果

结合"过程与方法"目标的特殊性，在设计时其主要有3种类型。

(1)知识型

"过程与方法"的体现需要以知识为线索，知识之间的转化是设计时需要考虑的重要因素。学生通过某种化学科学方法对具体的知识进行学习，再通过具体行为(用行为动词进行规范)获取新的知识，其一般表现形式为：

方法＋知识类型 ＋行为动词＋知识类型

举例：通过类比苯和甲苯的化学性质，体会有机物基团之间的相互影响。
　　　方法　　　知识类型　　　行为动词　　　知识类型

在某些情境下，行为动词用具体方法替代规范学生的行为，其一般表现形式为：

方法＋知识类型 ＋方法＋知识类型

举例：通过观察部分烷烃和烯烃的沸点和相对密度规律，能够归纳出脂肪烃的物理性质。
　　　方法　　　　知识类型　　　　　方法　　　知识类型

(2)过程型

"过程与方法"中的过程分为学习过程和科学探究过程，学生通过具体过程完成对新的知识的学习或者深化对原有知识的理解，其一般表现形式如下：

过程(学习过程/科学探究)＋行为动词＋知识类型/方法

举例：通过学习烷烃和烯烃的结构与性质，初步具有信息迁移的能力。
　　　　过程　　　　　　　　行为动词　　方法

(3)方法型

方法型设计强调学生的方法的形成。学生通过化学科学方法对知识进行初步认知，再通过具体的行为(通过行为动词进行规范)形成对此方法的系统认知或者促进新的方法的形成，其一般的表现形式为：

方法＋知识类型＋行为动词＋方法

举例：通过观察脂肪烃的分子模型，增强空间想象能力。
　　　方法　知识类型　　　行为动词　方法

对于某些方法，如类比，使用时需要两种知识类型匹配，因此，方法型过程与方法目标设计的另外一种表现形式为：

知识类型＋方法＋知识类型＋行为动词＋方法

举例：通过乙炔的性质来归纳炔烃的性质，初步具有预测推理的能力。
　　　知识类型　　方法　知识类型　　行为动词　　　方法

二、"过程与方法"目标设计示例

人教版选修5有机化学基础模块是学生系统了解有机化学的重要途径，其中第二章"烃和卤代烃"在全书中起着承上启下的作用。依据上述的设计思路，笔者对教学目标进行了初步设计，如表2所示。

表2 "烃和卤代烃"过程与方法目标示例

章节	过程与方法目标示例
脂肪烃（A）	A1 通过观察部分烷烃和烯烃的沸点和相对密度规律，归纳脂肪烃的物理性质。 A2 通过观察脂肪烃的分子模型，增强空间想象能力。 A3 通过学习烷烃和烯烃的结构和性质，初步具有归纳总结和信息迁移的能力。 A4 通过乙炔的性质来归纳炔烃的性质，初步具有预测推理、归纳总结的能力
芳香烃（B）	B1 通过研究苯和苯的同系物的结构与性质的关系，形成结构决定性质的这一化学学科思想。 B2 通过设计实验方案，初步具有有机实验的设计与评价的能力。 B3 通过对甲苯化学性质的研究，体会有机基团之间的相互影响
卤代烃（C）	C1 通过分析溴乙烷中 C—X 键的结构特点和反应类型，体会结构和性质的相互关系。 C2 通过溴乙烷中溴原子的检验和溴乙烷消去反应产物的检验实验的设计，初步具有实验方案的设计和优选的能力。 C3 通过溴乙烷的化学性质归纳卤代烃的化学性质，形成归纳的学习方法

由表 2 可知 A1 属于知识型，A3、B2、B3 属于过程型，A2、A4、B1、C1、C3 属于方法型。

三、"过程与方法"目标评价

对于化学教师而言，有效的目标评价应具有易操作性、准确性。从定性角度看，表现性评价，即通过创设情境，使学生完成某个综合的和真实的任务和活动，依据事先预定的标准对学生的表现进行评价。从定量评价上看，对于与"知识与技能"紧密相关的"过程与方法"目标可以采取纸笔测验进行评价[5]。同时，我们可以借助课堂观察的工具对教学过程进行分析，运用访谈法对学生在达成体验性目标的主观感受进行调查，运用契合性分析法通过一致性分析逆向评价教学目标的设计效果。

参考文献

[1]张莉娜，王磊. 促进学生化学认识方式发展的"过程与方法"维度教学目标设计：基于对高中生化学概念发展水平的测查与思考[J]. 化学教育，2008(8)：13-16.

[2]丁念金. 霍恩斯坦教育目标分类与布卢姆教育目标分类的比较[J]. 外国教育研究，2004(12)：10-13.

[3]王德胜. 化学方法论[M]. 杭州：浙江教育出版社，2008：60-316.

[4]杨承印. 化学课程与教学论[M]. 西安：陕西师范大学出版社，2010：117-118.

[5]吴金财. 高中地理"过程与方法"目标及其设计、实施与评价[J]. 地理教学，2011(22)：13-15.

流动注射在线稀释电导法测定表面活性剂临界胶束浓度

李银环[①]，杨云

（西安交通大学理学院化学系，陕西西安 710049）

摘　要： 表面活性剂临界胶束浓度的测量是大学物理化学实验课程教学中的一个基础实验。在现有的实验教材中，测量表面活性剂临界胶束浓度时通常都需要配制一系列不同浓度的表面活性剂溶液，每次测量前都需要对电导池进行润洗，实验过程比较烦琐复杂。本文将流动注射在线稀释技术与电导法测量相结合，并用于表面活性剂十六烷基三甲基溴化铵的临界胶束浓度的测定之中，获得较理想的结果。由于避免了大量溶液的配制和电导池的润洗过程，使实验操作更加简单快捷。同时，使学生对流动注射技术有了初步的了解。

关键词： 临界胶束浓度；表面活性剂；电导；流动注射技术；实验教学

临界胶束浓度是表面活性剂的重要物性参数。表面活性剂临界胶束浓度的测量是普通本科院校普遍开设的一个基础物理化学实验[1,2]。临界胶束浓度（Critical Micelle Concentration，CMC）指的是表面活性剂分子形成胶束时的最低浓度。在临界胶束浓度附近，表面活性剂溶液的一些物理化学性质会发生转折性变化，可借助此类变化来测量表面活性剂的临界胶束浓度。表面活性剂临界胶束浓度常用的测定方法有表面张力法、电导法、伏安法、荧光法等[3]，其中，以电导法最为常用[4,5]。

在稀溶液中，离子型表面活性剂完全解离为离子。随着溶液浓度的增大，溶液中离子的数目增多，其导电能力随之增强，溶液的电导率值随着表面活性剂浓度的增大而线性增大。当离子型表面活性剂溶液的浓度增大到临界胶束浓度时，一部分表面活性剂离子形成胶束，胶束的形成减缓了电荷的定向移动速率。此时，虽然随着离子型表面活性剂浓度的继续增大，电导率值亦增大，但上升趋势明显变缓。电导率值变化趋势的转折点即为离子型表面活性剂的临界胶束浓度。

现行的表面活性剂临界胶束浓度的电导法测量实验存在如下两个不足之处：①需要配制一系列不同浓度的表面活性剂溶液，使得实验操作较为烦琐、复杂；②测量每一个表面活性剂溶液时，都需要对电导池进行润洗，冲洗干净电极，并吸干电极上的水，否则会对测量溶液的浓度造成影响。

针对以上实验不足之处，本实验将流动注射在线稀释技术与电导法相结合，并用来测定表面活性剂十六烷基三甲基溴化铵（Cetyltrimethy lammonium bromide，CTAB）的临界胶束浓度，所获得的测定值（$0.93 \ \text{mmol} \cdot \text{L}^{-1}$）与文献值（$0.92 \ \text{mmol} \cdot \text{L}^{-1}$）十分吻合[4]。本实验避免了大量表面活性剂溶液的配制以及电导池的处理过程，简化了实验操作，缩短了实验时间，同时，使得学生对流动注射技术有了初步的了解。

一、仪器与试剂

流通式电容耦合非接触电导检测池（C4D）、IFIS－C 型智能流动注射进样器、USB 1208LS 数据采集卡、超纯水仪；$0.1000 \ \text{mol} \cdot \text{L}^{-1}$ KCl 溶液、$2.00 \ \text{mmol} \cdot \text{L}^{-1}$ 十六烷基三甲基溴化铵溶液。

---

① 通信联系人：李银环，liyh@mail.xjtu.edu.cn。

二、实验步骤

流动注射在线稀释电导法测定表面活性剂临界胶束浓度流路示意图如图 1 所示。流通管分别连接 2.00 mmol·L^{-1} CTAB 溶液和超纯水。开启蠕动泵，将 CTAB 溶液和超纯水泵入管道中，CTAB 溶液和超纯水在混合管中充分混合均匀，在流经 C4D 检测池时电导被测量。利用 USB 1208LS 数据采集卡记录测量得到的电导率。在保持总流速不变的情况下（0.7 mL·min^{-1}，也可用总转速代替总流速，此时可省略流速的测量步骤），通过改变两个蠕动泵相对流速可获得不同稀释比例的 CTAB 溶液即不同浓度的 CTAB 溶液。每个流速下平行测定 3 次，取其平均值。

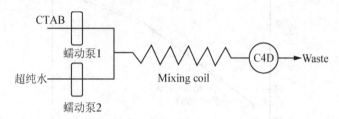

图 1　流动注射在线稀释电导法测定表面活性剂临界胶束浓度流路示意图

三、实验内容

1. 流速的测量

将蠕动泵的转速设定在某一值处，测定 5 min 内流过水的质量，通过水的密度（1.0 g·mL^{-1}）算出水的体积，进一步计算出这一转速下的流速。

2. 电导池常数的测量

在保持总流速为 0.7 mL·min^{-1} 的情况下，使 0.1000 mol·L^{-1} KCl 溶液泵入管道中，测量记录其电导值。通过 0.1000 mol·L^{-1} KCl 溶液的文献电导率值可计算出电导池常数。

3. 不同稀释比的 CTAB 溶液电导率的测量

在保持总流速为 0.7 mL·min^{-1} 情况下，改变两个蠕动泵的相对流速，获得不同稀释比的 CTAB 溶液，测量记录其对应的电导率值，结果如表 1 所示。

表 1　总流速为 0.7 mL·min^{-1} 时稀释后 CTAB 的浓度及测量得到的电导率

CTAB 溶液的流速/ （mL·min^{-1}）	水的流速/ （mL·min^{-1}）	稀释后 CTAB 溶液浓度/ （mmol·L^{-1}）	电导率/ （$\mu S·cm^{-1}$）
0.211	0.489	0.60	54.5
0.246	0.454	0.70	63.2
0.263	0.437	0.75	67.5
0.281	0.419	0.80	71.4
0.298	0.402	0.85	75.1
0.316	0.384	0.90	78.1
0.333	0.367	0.95	81.0
0.350	0.350	1.00	83.5
0.368	0.332	1.05	85.5
0.384	0.316	1.10	87.4
0.403	0.297	1.15	89.0

4. 数据处理

以稀释后 CTAB 溶液的浓度为横坐标，以测量得到的电导率值为纵坐标进行作图，结果如图 2 所示。由图 2 可知，在测量的浓度范围内，电导率值随 CTAB 溶液的浓度呈现两个明显的分段直线。其转折点对应的浓度即为 CTAB 溶液的临界胶束浓度，可由两个线性方程式联立计算得到。计算得到 CTAB 溶液的临界胶束浓度为 $0.93\ \mathrm{mmol \cdot L^{-1}}$，与文献中的测定值十分吻合[4]。

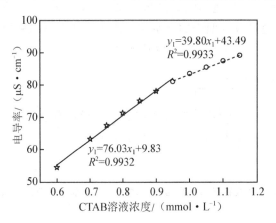

图 2　电导率-CTAB 浓度关系曲线

四、结论

将流动注射在线稀释技术引入电导法测量表面活性剂临界胶束浓度的实验之中，减少了实验中溶液的配制过程和电导池的润洗过程以及所带来的实验误差，缩短了实验时间，降低了仪器设备的损耗。该实验设计原理简单，过程简单可行，既可以作为大学物理化学实验课程——表面活性剂临界胶束浓度测量实验的改进实验，也可以作为大学仪器分析实验课程的一个综合设计性实验。

参考文献

[1]冯霞，朱莉娜，朱荣娇. 物理化学实验[M]. 北京：高等教育出版社，2015.

[2]王军，杨冬梅，张丽君，等. 物理化学实验[M]. 2 版. 北京：化学工业出版社，2015.

[3]赵喆，王齐放. 表面活性剂临界胶束浓度测定方法的研究进展[J]. 实用药物与临床，2010，13(2)：140-144.

[4]邹耀洪. 电导率法测定表面活性剂的临界胶束浓度[J]. 大学化学，1997(6)：47-52.

[5]武丽艳，尚贞锋，赵鸿喜. 电导法测定水溶性表面活性剂临界胶束浓度实验的改进[J]. 实验技术与管理，2006(2)：29-30.

基于"未来教室"提升学生化学核心素养的课堂教学实践与思考

——以苏教版必修2《乙烯》为例

王文①，翁华怡

（西安交通大学苏州附属中学，江苏苏州 215000）

摘　要：学生化学核心素养的构建是化学学科育人价值的集中体现。以《乙烯》教学过程为例，通过以信息技术为依托的"未来教室"，打破传统教学模式和传统教室的时空限制，优化教学内容，促进课堂交互开展以及情境感知，有效而全方面地促进学生化学核心素养的培养。

关键词：未来教室；化学核心素养；乙烯；教学实践

一、课题设计的背景分析

学生核心素养模型建构成为推动世界教育改革的重要标志。化学学科核心素养是指通过学习化学学科知识与技能、思想与方法而习得的重要观念、关键能力与必备品格，是化学学科育人价值的集中体现。化学学科核心素养主要包括：宏观辨识与微观探析、变化观念与平衡思想、证据推理与模型认知、科学探究与创新意识、科学态度与社会责任等方面[1]。

"未来教室"是指打破传统教学模式和传统教室的时空限制，以信息化为支撑的新型教育生态环境，融合信息时代全新教育教学理念，支撑未来教育发展需求的新一代智能学习环境。在教学空间上，表现为对物理空间、资源空间和虚拟空间的无缝整合；在教学过程上，表现为对课前、课中、课后各环节的全面覆盖。化学核心素养客观存在于具体知识和知识的学习过程之中。教师借助"未来教室"环境，优化教学内容、获取学习资源、促进课堂交互开展以及情境感知、环境管理等功能，有效全方面地促进学生化学核心素养的建构[2]。笔者以学校配备的未来教室硬件系统为技术支持，师生共同探究了苏教版必修2《化石燃料与有机化合物》中的乙烯，体会化学核心素养的建构过程。

二、课程标准、教材和学情的分析

《普通高中化学课程标准(实验)》中对乙烯的要求：了解乙烯的主要性质，认识乙烯在化工生产中的重要作用。教学活动建议实验探究乙烯的主要化学性质[3,4]。

教材分析：本节课的内容位于苏教版化学必修2的专题三第一单元：化石燃料与有机化合物。乙烯是烯烃的代表物。教材介绍了乙烯的结构、主要性质和生产途径。课本中从乙烯用途的角度来激发学生的学习兴趣，侧重从生活和实验角度研究物质，构建实验探究的科学态度与社会责任观念。根据物质结构的知识，紧紧围绕结构—性质—用途的关系，学生掌握一般有机知识学习方法，掌握一定的分析问题、解决问题的能力，构建宏观辨识与微观探析、证据推理与模型认知的等观念，并将学习的观念和方法渗透到学习中。

学情分析：在初中化学的学习中，学生对有机物中的淀粉、油脂、化学燃料、蛋白质等就有一定

---

① 通信联系人：王文，苏州工业园区西安交通大学苏州附属中学，wangwen7812@sina.com。

的了解。上一节课已经学习甲烷的知识，为乙烯的学习打下基础。学校配置"未来教室"设备，学生经过一段时间磨合，对未来教室的硬件、软件的操作基本熟练。高一的学生，面对网络上的信息，初步具备具有判别、筛选的能力，具备利用未来教室进行学习的基本素养。

三、教学流程

1. 课堂实施过程

【引入】从学生熟悉的生活情境"乙烯利催熟青香蕉"引入，通过真实的生活经验激发学生的学习兴趣，体会知识来源于生活。随后在"未来教室"的智能的学习环境下，学生突破传统的说教课堂，自发利用网络进行知识搜索，了解乙烯的来源、用途、结构，并由此整合产生问题链自主探究，从而使传统的说教课堂进入"互联网＋时代"。

【实验探究】以学生为主体，教师引导学生基于已有证据进行分析推理，对乙烯的性质提出可能的假设，提出"乙烯具有可燃性""乙烯可以与$KMnO_4$溶液反应""乙烯可以与溴反应""乙烯可以自身反应生成高聚物"等假设。学生可以通过分析、推理等方法认识研究对象的本质特征、构成要素及其相互关系，建立模型，从而将化学核心素养中"证据推理"理念渗透到学习过程中，并从中体会科学研究的乐趣。

为了进一步培养学生证实证据的能力，学生依据探究目的设计并优化实验方案。实验不采用开放体系的试管实验，而用 3 mL 青霉素瓶，用针筒注入气体。微型实验用量少，体系密闭，避免溴的四氯化碳溶液挥发，减少污染和浪费，符合绿色化学思想。实验过程中，学生需要观察记录实验信息并进行加工获得结论，有利于培养学生实验观察能力和合作互助精神。

【活动探究】通过乙烯与乙烷性质的对比，从碳的成键方式探究乙烯的结构。利用直观的球棍模型增强学生对乙烯结构的认识，帮助学生搭建"宏观辨析与微观探析"之间的桥梁，运用模型解释化学现象，揭示现象的本质和规律。培养学生掌握有机物学习的一般方法：结构—性质—用途。

随后对比乙烯与乙烷的结构，利用平板电脑查询两者结构的差异，同时汇总学生查询的资料，列取部分数据，对比数据总结双键特点。多次运用对比的方法，用数据从不同视角对乙烯结构进行分析，让学生直观地了解碳碳双键的特点，培养数据分析能力和逻辑推理能力。

学生利用球棍模型的构建从成键、断键的角度探究乙烯与溴的四氯化碳溶液的反应，并拍照上传。利用模型构建，学生从微观结构层面理解宏观现象"溴的四氯化碳溶液褪色"的加成机理，形成"结构决定性质"的观念，培养"模型认知"的核心素养，建立解决复杂化学问题的思维框架。同时"未来教室"多组信息同步展示的功能，既方便学生对比反思，也方便教师同步点评，帮助学生树立严谨的科学态度，崇尚真理的科学精神。

最后播放乙烯与溴水加成反应的动画，全感官型地加深学生对加成反应机理的理解，并辅以方程式书写练习，巩固知识点。

【游戏】请一组学生，两两充当乙烯分子，没有其他分子的参与下，如何使更多的乙烯分子相连在一起？通过游戏，将抽象的乙烯加聚反应的知识形象化、具体化，深入浅出，学生在掌握知识时，也构建了解决复杂化学问题的方法。

【小结】将教学课件和电子板书发至学生平板电脑，学生对照本节课学习目标，自主整理，提出疑惑。"未来教室"的引入既改变了课堂结尾的方式(教师总结学生记忆的总结方式)，也改变了传统意义上学生仅仅依托于课本和笔记进行复习的方式。它将完整的学习过程、思考过程呈现给学生，进一步培养学生学会自主整理，形成知识体系，同时培养学生独立思考、敢于质疑和批判的创新精神。

【课堂巩固】当堂练习，加强对核心知识的整理和理解，学生将答案通过客户端发给教师。交互交流是在"未来教室"教学过程中十分重要的环节，而"未来教室"便捷的统计功能，也使得教师更为精确地诊断学生的课堂掌握情况，有针对性地点评，同时能及时调整教学进程，提高课堂效率，真正在课堂上实现以学生为主体的交流互动。

2. 课后的思考与延伸

教师布置任务：根据乙烯的性质，用联系发展的观点预测 $CH_2=CH-CH_3$ 可能的性质和应用。借助书本和"未来教室"的多媒体资源，分小组讨论，并相互评价。鼓励学生通过类比的方法，运用已有的知识和方法对新物质进行拓展延伸，培养终身学习的意识。通过资料的查询和比较，判断内容的真伪，加强学生证据收集推理能力，也使得核心素养扎根于课堂课外。在成功地完成学习任务、达到既定目标之后，组织各组学生进行相互评价，评价过程中引导学生自我反思、自我小结，把化学的学习延伸到课堂外，使化学变得鲜活起来，达到"课虽止，思未停"的意境。

四、教学总结与思考

《乙烯》课堂教学中，通过生活情境的引入，激发学生的内驱学习动力，强化自主学习的意识。教学过程中教师遵循"导而不牵"，留给学生足够的自主空间，帮助学生充分利用资源，有条不紊地开展学习活动。学习过程中，"未来教室"提供实验、分子模型、模拟动画交互等方式，学生能够从宏观、微观、符号多重角度进行表征，充分认识化学现象和模型之间的联系，能运用模型来描述和解释化学现象，进一步培养"宏观辨识与微观探析""证据推理与模型认知"等核心素养。基本内容完成后，学生利用"未来教室"软件系统，自测互评，认真反思总结，及时反馈，有效调整，提高学习效率。

"未来教室"下的课堂，资料信息不再局限于课本，学生可以通过网络检索获得，资料更具有时效性，学生参与度高，更利于激发学生的学习热情。此外学生摆脱了"一心不能二用"的局面，不需要死记笔记，有更多的时间可以思考和消化学习的内容。同时课堂的互动不再局限于教师提问、学生回答的模式，而可以实现点对点的互动。

此类课堂得以顺利开展，师生对"未来教室"的硬件、软件的操作要熟练。互联网的介入，也对学生的信息处理能力提出了更高的要求。面对网络上的信息，学生必须具有判别、筛选、整合的能力。此外也要求学生对已有的知识能活学活用，对问题进行深层次、批判性的思考，这样才能提出有探究价值的问题，促进学习向纵深方向发展。与此同时，对教师也提出了相应的要求，教师需要更好地设计和掌控课堂，借助测试或者必要的反馈信息，及时调整学生的学习情况与进度。

"未来教室"拓展了教学时间和空间，在建构学生自主学习、主动探究、合作交流方面发挥了重要作用，让知识学习、思维发展和化学核心素养的形成协调同步。

参考文献

[1]杨梓生. 对高中化学学科核心素养的认识[J]. 中学化学教学参考，2016(8)：1-2.

[2]瞿琳琰. 基于"未来教室"环境下翻转课堂模式的课例研究[J]. 化学教与学，2015(12)：50-52.

[3]中华人民共和国教育部制定. 普通高中化学课程标准(实验)[S]. 北京：人民教育出版社，2003：13.

[4]王祖浩. 普通高中课程标准试验教科书. 化学 2(必修)[M]. 4 版. 南京：江苏出版社，2007：69-70.

摇出来的银镜[①]

——银镜反应的实验改进

弓弦[②]

（西安市庆安高级中学，陕西西安 710077）

摘　要：银镜反应（Silver Mirror Reaction）是银（Ag）化合物的溶液被还原为金属银的化学反应，由于生成的金属银附着在容器内壁上，光亮如镜，故称为银镜反应。银镜反应是用来检验醛基及还原性糖的一个定性实验。此实验现象明显，易于观察，能够激发学生的学习兴趣，提高学生的动手能力。但人教版化学选修五教材中所涉及的银镜反应实验过程复杂，耗时较长，成功率不高。所以笔者在原有教材实验的基础上做了一系列改进，以期简化装置、缩短时间、节约药品，提高实验的成功率。

关键词：银镜反应；实验改进；取消水浴；充分摇动

一、实验的功能与价值

银镜反应（Silver Mirror Reaction）是银（Ag）化合物的溶液被还原为金属银的化学反应，由于生成的金属银附着在容器内壁上，光亮如镜，故称为银镜反应[1]。银镜反应是用来检验醛基及还原性糖的一个定性实验。

从实验现象来看，银镜反应是一个极有趣的实验。它是培养学生化学学习兴趣的理想手段；是检验醛基的重要实验；是强化官能团观念的重要途径[2,3]。但这也是一个过程复杂、成功率不高的实验。为了体现银镜反应在教学当中的特殊作用，本实验在原有教材实验的基础上做了一系列改进，以期简化装置、缩短时间、节约药品、提高实验成功率。

二、实验的改进

1. 教材中原有实验的操作与存在的缺陷

在教材中银镜反应是这样操作的：在洁净的试管中，加入 1 mL 2% 的 $AgNO_3$ 溶液，然后边振荡试管边滴加 2% 的稀氨水，至最初产生的沉淀恰好溶解为止，制得银氨溶液。再滴入 3 滴 2% 的 CH_3CHO 溶液，将试管放在热水浴当中温热。

在实际教学中这样操作存在以下缺陷：

(1)水浴加热时间过长，学生在长时间等待中好奇心与求知欲会随之消解。

(2)银镜生成速率较慢，且银镜生成时不能晃动试管，不便于观察银镜的生成。

(3)镀出的银镜面积较小，消耗药品较多，银盐的利用率不高。

(4)利用乙醛作为还原剂时，在实际操作中成功率不高。

(5)原有实验中，清洗银镜时需要用 HNO_3，清洗过程中有氮的氧化物生成。

---

①　本实验获得由教育部 2016 年 11 月在南宁主办的第四届中小学实验说课大赛全国二等奖。

②　通信联系人：弓弦，西安市庆安高级中学一级教师，陕西省优秀教学能手，陕西省优秀教学能手工作站站长，mrgongxian@126.com。

2. 针对缺陷的改进

(1)取消了水浴加热这一步骤,节约了时间。水浴加热所起到的加快反应速率作用由后继改进代替。

(2)把原来银镜生成时不能晃动试管,变为充分摇动、振荡,摇动可以加大微粒之间的碰撞概率从而加快化学反应速率。在摇动的过程当中,较少的反应物就可以产生较大的覆盖面积,在节约药品的基础上,还可以增加镀银的面积。这与在原有实验中水浴加热中不能移动试管的做法恰好相反。

(3)把反应容器由试管变为平底烧瓶、培养皿。这样加大了镀银面积,更便于观察,提高趣味性。

(4)$CH_3CHO + 2[Ag(NH_3)_2]^+ + 2OH^- \xrightarrow{\triangle} CH_3COO^- + NH_{4+} + 2Ag\downarrow + 3NH_3 + H_2O$

我们从银镜反应的离子方程式可以看出:OH^- 为反应物,适当加大 OH^- 的浓度有助于提高化学反应的速率,所以在反应混合物中加入适量的氢氧化钠溶液。同时,在强碱性条件下,醛基的活性会有所增强,有利于银镜快速、高质量生成。

通过反复实验对比,发现在其他药品的浓度与用量不变的情况下,氢氧化钠溶液的浓度控制在15%左右,更有利于形成高质量银镜(见表1)。

(5)银镜反应完成后一般使用硝酸清洗试管。这样处理有氮的氧化物产生,会污染环境。在实验中,改用过氧化氢,速度更快,效果更好,更环保。其原理是银在过氧化氢分解过程中起到了催化作用,在催化过程中银镜的致密结构遭到崩解,利于洗脱。

表1 氢氧化钠浓度对实验的影响

序号	AgNO₃ 溶液	氨水	NaOH 溶液	现象
1	2%	2%	5%	银镜很薄,且不均匀
2	2%	2%	10%	银镜光亮,但不均匀
3	2%	2%	15%	银镜光亮,且均匀
4	2%	2%	20%	银镜不光亮,有黑色沉淀
5	2%	2%	25%	银镜很薄,有黑色沉淀

3. 改进后的实验过程

(1)实验准备

平底烧瓶、培养皿、表面皿、烧杯、2% CH_3CHO 溶液、15% $NaOH$ 溶液、2% $AgNO_3$ 溶液、2% $NH_3 \cdot H_2O$、30% H_2O_2 溶液。

(2)操作过程

取平底烧瓶,向其中加入 1 mL,2% $AgNO_3$ 溶液。向其中加入适量 2% $NH_3 \cdot H_2O$,配成 $[Ag(NH_3)_2]OH$ 溶液,再向其中加入 1 mL 左右的 2% CH_3CHO 溶液,充当还原剂。然后向混合溶液中加入 1 mL 左右 15% $NaOH$ 溶液。向同一方向充分摇动,大约 1min 便有光亮银镜在烧瓶壁生成。利用同样的原理与操作,在培养皿中也可以镀出高质量银镜,如图1和图2所示。

图1 平底烧瓶镀银

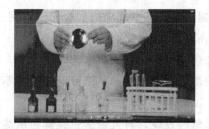

图2 培养皿镀银

三、实验教学过程与评价

1. 引入情境、激发兴趣

笔者首先录制了一个与生活相关的视频：展示了西安一个大型家居市场镜子专区的情景，让学生了解银镜反应在生活当中的实际应用，引起他们的探究兴趣（见图3）。

图3　家居市场形形色色的镜子

2. 尝试实验、发现问题

接下来讲解课本上银镜反应的做法与原理，要求学生按照课本的实验设计进行实验，统计实验结果，然后分析实验存在的问题。

学生实验后，笔者发现有的实验没有成功，等待很长时间只产生了黑色沉淀；有的产生了银镜，但是银镜不均匀，效果较差；只有少数小组得到了预期效果，但耗时较长（见图4）。

图4　学生银镜实验现象

笔者对实验结果进行了统计，如表2所示。

表2　学生实验结果统计表

分类	组数	平均耗用时间（不含对水加热时间）
未成功	8	5～8 min
银镜效果较差	12	5～8 min
基本成功	4	5 min 左右

从统计数据来看，基本成功的实验比例不到17％。对于这样的实验结果学生们也发表了自己的看法，主要集中在以下几点：

（1）水浴加热，用酒精灯加热水的时间太长，水浴等待的时间也太长。

（2）因为怕影响银镜的附着，溶液配好后都不敢晃动试管，水浴时也不敢动试管，不便于观察银镜形成。

（3）清洗试管时发现，有大量黑色银颗粒沉淀。镀上的银其实是少部分，试剂的使用率并不高，比较浪费。

3. 实验探究、优化改进

了解学生在实验中的困难后，笔者引导学生对实验做了探究改进，然后用前文所述改进后的方法再次进行了实验。

实验效果，与改进前形成了鲜明的对比。图 5 中，光亮者为改进后的实验效果，灰暗者为改进前的实验效果。学生们还尝试了在平底烧瓶和培养皿中镀银，效果都十分理想（见图 6）。

图 5　两种实验方法的银镜效果比较　　　图 6　同学们的镀银成果

4. 实验效果分析

学生利用这个方法进行实验之后，再次统计了实验结果（见表 3）。

表 3　学生改进实验结果统计表

分类	组数	平均耗用时间
未成功	0	
银镜效果较差	3	1～2 min
基本成功	21	1～2 min

从统计结果来看，实验成功率有了很大的提升，为 87.5%，而且用时还大大缩短了。有趣的是，有学生提出在培养皿中可以镀银，那么在表面皿里是不是也可以镀银呢？通过尝试，学生用改进后的方法在表面皿上制出了哈哈镜（见图 7）。

图 7　培养皿中镀银制成的哈哈镜

5. 实验教学效果与评价

(1)摇出来的银镜，打破了课本中固有实验模式对学生思维的禁锢，培养了学生思辨的探究精神、求真的科学态度。

(2)简化了装置，节约了时间，便于学生观察。将实验放在烧瓶等装置中进行，增加了实验的趣味性。改进前后实验效果差异明显，增强了学生对探究学习的兴趣。

(3)在清洗银镜过程中把 $AgNO_3$ 改为 H_2O_2，有助于强化学生的环保意识。

参考文献

[1]李福生. "振荡法"银镜反应实验研究[J]. 新课程，2014(9)：1.

[2]黎茂坚. 利用银镜试管及其银重做银镜反应实验的研究[J]. 化学教育，2012，33(2)：65-66.

[3]费玉蓉. 异想天开的银镜反应[J]. 中学化学教学参考，2015(9X)：58-59.

基于核心素养的高三化学有效复习备考策略

曾蓉蓉①

（西安市曲江第一中学，陕西西安 710061）

摘　要：化学学科核心素养充分地体现了化学的本质特征，将学科基础知识、学科学习能力和学科思想方法有机融合，学科基础知识是学生发展化学学科核心素养的载体。高考化学立足于考查内容的基础性、综合性、应用性和创新性，着重考查化学学科核心素养。针对这些变化，高考化学的有效复习要积极适应新一轮课程改革和高考内容改革的需要，优化复习方案，实现由知识本位向提高学生化学学科能力转化，促进学生化学学科核心素养的发展。

关键词：核心素养；高三化学；有效复习；备考策略

高中化学学科核心素养是学生发展核心素养的重要组成部分，是高中生综合素质的具体体现，反映了社会主义核心价值观下化学学科育人的基本要求，全面展现了学生通过化学课程学习形成的关键能力和必备品格。它是学生在化学认知活动中发展起来并在解决与化学相关问题中表现出来的关键素养，反映学生从化学视角认识客观事物的方式与结果的水平，其要素包括"宏观辨识与微观探析""变化观念与平衡思想""证据推理与模型认知""科学探究与创新意识""科学态度与社会责任"5个维度[1]。化学学科核心素养充分地体现了化学的本质特征，将学科基础知识、学科学习能力和学科思想方法有机融合，学科基础知识是学生发展化学学科核心素养的载体。高考化学立足于考查内容的基础性、综合性、应用性和创新性，着重考查化学学科核心素养。针对这些变化，高考化学的有效复习要积极适应新一轮课程改革和高考内容改革的需要，优化复习方案，实现由知识本位向提高学生化学学科能力转化，促进学生化学学科核心素养的发展。

一、以考纲为依据——不要"瞎跑"

化学课程标准是教学的依据，《考试说明》是高考命题的依据，也是高考复习备考的依据。高考复习，必须在《课程标准》及《考试说明》的指导下进行，才能做到有的放矢。

2018年高考化学考试大纲与2017年高考化学《考试大纲》进行逐字对比，可以发现基本没有变动，考核目标与要求、考试范围与要求均没有什么变化，这也符合《考试大纲》修订原则的一贯特征。2017年高考化学《考试大纲》相比2016年高考化学《考试大纲》，修订处相当多，而这些修订在高考命题中的体现，不是仅仅在当年高考试卷中，而是在往后的几年高考命题中都会有体现，也就是说，在2018年《考试大纲》未有变动的情况下，重新研读2017年《考试大纲》与2016年相比的修订之处，可以更加懂得2018年高考命题的新动向。

回顾2017年考纲的修订，虽然删去《化学与生活》《化学与技术》两个模块，但是通过调整必考内容，仍然保留了其基础内容，其中了解层次变为掌握（理解）层次的有7处，新增知识点有15处，替换知识点有8处，删去内容有3处，有1处层次要求降低，由理解层次变为了解层次。例如增加了原电池和电解池的应用、常见无机物及有机物的应用，强化对"科学态度与社会责任"的考查。将粒子的表示方法由了解提升为掌握，并且增加了"电子式"，丰富对"宏观辨识与微观探析"的考查。在物质结构与

---

① 通信联系人：曾蓉蓉，657411948@qq.com。

性质模块中，重新梳理了内容呈现层次，将"晶体结构与性质"独立列出，凸显对"宏观辨识与微观探析"和"证据推理与模型认知"的考查。"化学实验与探究的能力"要求中增加"能设计合理方案，初步实践科学探究"，"化学实验"内容中凸出"设计实验方案"、修订"掌握控制实验条件的方法"、增加"预测或描述实验现象"，"有机化学基础"模块中增加"能根据信息设计有机化合物的合成路线"，这些修订都体现对"科学探究与创新意识"的考查。从这些变化可以看出，突出应用性和创新性，注重体现对化学学科核心素养的考查。

二、以教材为根本——不要"裸奔"

高考试题是由教材知识点、能力考查点衍生而来，所以夯实基础是提高应考能力的源头活水，况且高考化学命题要求低、中、高档题比例为 3：5：2，以中档难度题为主。高三复习阶段更需要回归教材，梳理主干知识点，不断反思与总结，注重学科内的综合和应用，并根据知识内容在不同模块中的深广度和相互关系，将必修和选修教材中的知识有效融合，例如物质结构元素周期律根据实际情况可整合选修 3 内容，氧化还原部分可以和电化学整合，再比如，可将基础理论用作"筋和骨"，将元素化合物这些"血和肉"串联合并，归纳找出期中规律能更好地掌握知识的内涵和外延。具体做法，学生应该：①结合进度，同步看教材；②梳理教材内容，构建知识网络；③解题遇到障碍，重温教材。老师应该：①做好细致指导；②不是教教材，而是利用教材去教；③结合教材，变换教材和试题的设问方式；④借力其他版本教材，给力人教版教材 。

三、以真题为载体——不要"跑偏"

历年高考试题，对 2018 年的高考复习迎考及命题趋势有很好的参考价值。应充分利用好历年高考的大数据，用大数据的思想分析高考试题，通过统计考试中出现的知识内容，确定考试的知识范围，得出"考什么"的结论；通过试题的呈现形式和解题方法，确定考试所体现的能力要求，得出"怎么考"的结论；通过统计相似信息的频度，确定考试出现的热度，即"主干知识和重要内容"。随着时间的推移，不再出现的考法和题型，直接划为"偏、难、旧"。

四、培养学科思想，优化解题策略

高中化学学科思想方法主要包括：结构决定性质思想、守恒思想、极限思想、平衡思想、建构模型的思想和将化学问题抽象成数学问题的思想等。在复习中培养学生科学的思想方法，要有意识地将这些学科思想在复习中进行渗透，使其在学生的头脑中逐渐转变为解题的意识。通过对化学物质的分类教学，引导学生掌握物质分类的基本方法，形成分类观，使学生能应用分类的思想深入理解元素、分散系、化学反应类型等概念。通过对典型元素和物质的教学，引导学生领悟研究物质的基本方法，建立学生的元素观和微粒观，使学生能应用"物质决定性质"的思想认识更多的元素和物质，发展学生"宏观辨识与微观探析"的素养[2]。通过对不同类型经典化学反应的研究，引导把握不同类型化学反应的本质特征，建立学生的变化观和守恒观，使学生能多角度、动态地分析化学反应，发展学生"变化观念与平衡思想"的素养。

如对氧化还原反应的认识，我们从系统的角度就会发现，它只不过是在氧化剂和还原剂之间玩起了传递电子的游戏。在一个系统中，如果多"人"扔电子，得看谁扔得快；如果多"人"抢电子，得看谁抢得快；如果扔和抢在不同的位置，电子通过导线在中间传递，那就构成了原电池，可以对外做功；如果在同一电解系统中，那么扔和抢的能力则变成了离子的放电顺序，电镀锌则是 Zn^{2+} 和 H^+ 浓度影响其系统行为的结果；如果能力不足以抢到电子，那么跳起来抢，一旦把电子抢到后就立刻飞走（脱离系统），则是根据平衡移动和熵增原理在工业上由钠制备钾的做法；如果金属离子有多种途径抢得电子还原成单质，则需要在反应条件、效率、环境等方面衡量和比较，找到最佳生产方式；扔和抢的能力越强，反应自发进行的程度就越大；如果在食品或药品中加入还原剂去抢得 O_2 的电子，则可以延长保质期，但是过量的添加剂对人体健康又是有害的。从这个系统的角度看，就会发现化学反应变得有序而有趣，化学反应的发生既是具体物质性质的使然，又是该物质存在于系统中的系统行为的必然结果，对化学反应的认识，也不再是局限于反应本身，而是放在了与自然界相互作用的关系中。这样一种系统化的思考，不仅有利于学生对化学知识体系的整体把握，而且能够帮助他们在系统思考中发现有利于迁移的知识，提升其对世界的整体认知和解决问题的能力。

五、加强实验教学，提升创新能力

实验是化学学科的灵魂，高考对实验的考查力度都很大。陌生的原理、未知的现象、多种可能的结果、仍需讨论的细节，构成了实验试题的内容。高考中的实验题是学生主要的失分点，成为影响高考化学成绩的瓶颈。纵观近几年高考化学试题，不难发现，试题注重对基本实验知识的综合，重视对基本实验操作能力的考查，注重实验方案的设计，重视对实验现象和结果的描述，重视对实验定性和定量的有机结合，对教材典型实验的拓展和延伸，创新思维能力的培养等。例如 2016 年全国卷 I—26，氮的氧化物（NO_x）是大气污染物之一，工业上在一定温度和催化剂条件下用 NH_3 将 NO_x 还原生成 N_2，某学生在实验室中对 NH_3 与 NO_x 反应进行了探究。问题的落脚点：(1)NH_3 的制备原理、装置、收集等知识，考查课本经典实验；(2)NH_3 与 NO_2 的反应，在已有知识的基础上进行适当拓展创新。因此实验教学，不仅能培养学生的化学学科科学素养，而且是提升创新能力的有效途径。在各个模块的复习中，应结合模块特点强化实验教学，熟悉常见基本操作，认真对待教材实验，力求对教材实验进行深入拓展和挖掘。

六、关注社会生活，扩大复习视野

近几年，高考试题背景材料新颖，与社会生活、生产实际相联系，将化学价值性知识与 STSE 情境巧妙融合，呈现了丰富的化学信息，并从中提炼出与化学相关的问题，起到了很好的导向作用，在体现化学应用价值的情境中培养学生的科学精神，在具有正能量的情境中培养学生的社会责任。为此，在平时的复习中，需要特别关注源于教材的知识新生长点，关注生活、环境、重大事件中与化学有关的知识以及本学科发展前沿，广泛收集、整理相关资料，这能最大限度地降低对试题的陌生感，消除考试中的焦虑情绪。

七、常抓规范训练，提高答题精准度

平时要严格要求，讲究规范，培养严谨的科学精神和解题素养，提高答题精准度。笔落在卷面上，就要文字语言表述清楚，化学用语使用准确，养成良好的答题习惯。进行设置陷阱专题训练，力求杜绝因题目较易而轻视，因过于自信而疏忽，因题目面熟而造成思维定式。例如，经常在试卷上出现要求用化学用语元素符号回答，却误写了名称，要求书写离子方程式却误写了化学方程式等。

有效的高考复习，不应仅仅是基本知识、基本技能的机械传递，更应该体现学科素养、思维方式、价值观念的知识建构，如果高考复习陷入题海战术、反复操练、低效运行，学生失去的将不仅是考卷上的知识与技能。所以，高三的复习教学，我们需要从更深、更远的角度来重新思考和定位，它不应仅仅是解题技巧和答题规范，更应该是一种对当下和未来生活都有重要意义的思维方式、价值观念、学科素养。

参考文献

[1]杨梓生. 对高中化学学科核心素养的认识[J]. 中学化学教学参考，2016(8)：1-2.

[2]吴明好. 基于高考对学科核心素养的考查谈高中化学教学[J]. 中国考试，2017(3)：31-37.

家庭小实验对促进初中化学教学的研究

高晨①

（西安市曲江第一中学，陕西西安 710061）

摘　要：化学是一门以实验为基础的自然学科，家庭小实验是化学实验的一种重要形式[1-5]。由于学校条件限制等诸多原因，许多初三学生几乎没进过实验室，没接触过实验仪器，课本上的学生实验多是通过演示实验或者播放视频来完成。学生无法动手操作，完全失去了实验的意义。因此，对于与我们日常生产生活密切相关的实验题，教师可开发出一些操作简单、取材方便，能从日常生活中获取的药品和替代仪器的家庭小实验，弥补学习的不足，为学生提供大量的动手操作机会，让学生学习更富有趣味性，获取探究带来的成就感。

关键词：家庭小实验；主动探究；动手操作能力

一、西安市初中化学家庭小实验的教学现状

对于初三学生而言，时间紧张，任务繁重，作业多，睡眠少，课外活动几乎没有，实验重理论轻实践，很多家长眼里只有成绩，认为做实验既不安全又浪费时间，不如出去上个辅导班补文化课。另外，中考实验考核以 A、B、C、D 四个等级为评价方式，不计入中考总分，学校往往不重视。

但是，西安市部分重点中学，学校基础条件设施齐全，孩子自身程度较好，教师也越来越重视开展家庭小实验，对培养孩子的科学素养来说是锦上添花。

二、家庭小实验研究的目的与意义

家庭小实验是课堂演示实验和学生实验的重要延伸，它以实验目的清楚、设计灵活多样、操作容易简单、现象趣味生动、联系生活密切等优势成为提高学生综合素质的重要组成部分，有很重要的研究价值和意义。

1. 有利于激发学生学习兴趣

家庭小实验可在家中就地取材，贴近生活，能让学生亲自动手，观察一些鲜明、生动、直观的现象，诱发他们的好奇心和探究欲，增强学生学习的主动性和积极性，体验实验带来的乐趣和成就感，树立学生的自信心，提高学习兴趣。例如，学生自制汽水碳酸饮料（见图 1），感受化学与生活的紧密联系；自制精美的叶脉标签（见图 2），可以自己保留或送老师、家人、朋友做个纪念品。

图 1　自制碳酸饮料　　　　　图 2　自制叶脉书签

①　通信联系人：高晨，1050168797@qq.com。

2. 有利于巩固和提高所学的内容

实践是检验学生课堂学习效果最直接的手段,通过简单的家庭小实验,切身感受所学知识的真实性,有利于加深学生的理解。比如探究铁生锈的条件,学生自主实验,加深对铁只有在与 O_2 和 H_2O 同时接触时才会生锈的知识点,也能感受到在盐水和酸性溶液中铁锈蚀速率会加快(见图3)。通过设计碳酸饮料产生 CO_2 通入澄清石灰水(用食品包装袋中的干燥剂生石灰制取)中变浑浊的现象,体会 CO_2 的化学性质(见图4)。

图3　铁生锈条件实验探究　　　　　　图4　CO_2 能使澄清石灰水变浑浊

3. 有利于提高动手操作能力

学生亲自体验独立完成实验的过程,摆脱课堂和教师的束缚,学生能够充分发挥自己的创造力和想象力。自制实验用具,改进家里生活用品设计实验,独立完成实验,掌握基本操作技能。例如,学习完粗盐提纯实验后让学生尝试自制简易漏斗练习过滤、蒸发和结晶的操作。图5所示为自制净水过滤器。图6所示为自制硫酸铜晶体($CuSO_4 \cdot 5H_2O$)。

图5　净水过滤器　　　　　　　　图6　自制硫酸铜晶体

4. 有利于增进孩子与父母的亲情

家庭小实验需要家长的理解和支持,帮孩子准备实验材料,减少实验安全隐患,在一起完成家庭小实验的过程中,父母可以了解孩子的性格,发现孩子的潜质和闪光点,多一些陪伴,多一些沟通,增加父母与子女的亲密感。如制作酸碱指示剂时,用到的 $NaOH$ 溶液有腐蚀性,有了家长的监督和陪伴,孩子会更自信(见图7)。

图7　自制酸碱指示剂

三、初中化学家庭小实验的设计分类和原则

教科书中的家庭实验类型，如表1所示。

表1　教科书中的家庭实验类型

序号	章节	实验	类型
1	1.3	探究蜡烛的燃烧	探究型
2	1.4	加热铜丝	活动型
3	7.1	除去衣服上的油污	应用型
4	9.1	烧不坏的手帕	趣味型
5	8.1	测定常见食品的 pH	应用型
6	7.1	探究溶液的导电性	探究型
7	7.1	验证物质的溶解性	验证型
8	7.1	鸡蛋的浮沉	趣味型
9	2.2	探究分子间有间隙	探究型
10	5.3	证明纸中含碳元素	验证型
11	6.4	废旧金属的回收调查	应用型
12	8.3	验证生石灰与水反应热效应	应用型
13	8.3	探究熟石灰的性质	探究型
14	8.4	除去水壶中的水垢	应用型
15	7.1	探究影响物质溶解快慢的因素	探究型
16	7.1	硫酸铜晶体的制备	应用型
17	7.1	认识生活中的乳化现象	应用型
18	8.1	自制酸碱指示剂	趣味型
19	8.1	自制叶脉书签	趣味型
20	8.3	鉴别厨房中的碱面、食盐	应用型
21	9.4	检验食物是否含淀粉	验证型
22	9.2	鉴别棉花、头发、化纤	应用型
23	9.2	检验塑料是否有毒	应用型
24	7.1	探究温度对分子运动速率的影响	探究型
25	4.1	自制简易净水器	应用型
26	5.1	1+1是否一定等于 2	探究型
27	4.1	区分硬水和软水	验证型
28	8.4	自制汽水、碳酸饮料	趣味型
29	6.4	探究铁生锈条件	探究型
30	7.4	粗盐提纯	探究型

教材中一共安排了 36 个演示实验、9 个学生实验、28 个家庭小实验，发挥家庭小实验对课堂的补充和延伸作用有着重要的研究意义，开发和选择应遵循以下 4 个原则。

1. 有效性、安全性原则

因化学药品多数有很大的安全隐患，如 P_2O_5 等有毒，浓 H_2SO_4 等有强腐蚀性，H_2 等易燃易爆，

所以在选择实验药品时，应取材于日常生活，寻找没有强腐蚀性、无毒无污染的药品替代，做到安全第一。

2. 简单性趣味性原则

初三学生才开始学习化学，掌握的化学知识不够，独立完成实验的能力欠缺，自主设计实验的水平较低，因此，选择简单可行、易操作完成、富有趣味性、成功率高的实验，学生才有动力。

3. 探究性原则

家庭小实验能培养学生提出质疑、发现问题、调查研究、收集资料、分析研讨、表达与交流、最终解决问题的科学探究能力。

4. 生活化原则

设计家庭小实验，药品准备、仪器的选取以及实验步骤，要以贴近生活为原则，要考虑实验药品是否容易获得，家庭小实验的仪器是否能用日用品来替代或简单地改造，设计步骤不要烦琐，实验内容要有教学价值，完成实验时间不宜过长，这样的家庭小实验才有意义。

四、初中化学家庭小实验的组织实施

1. 选题

根据初三化学每个章节的教学内容，教师根据课堂演示实验、学生实验、课本课后习题中出现的实验，以及教师自己创新改编出来的实验，设计出合适的家庭小实验。

2. 准备

仪器准备："工欲善其事，必先利其器"。学生可在淘宝网上买常用仪器套装，但教师还是应多鼓励学生动手将不用的生活用品改造成简单实用的实验仪器。

药品准备：生活中易得，取材于生活，如易拉罐(铝片)、蔗糖、面碱(苏打)、火柴盒外皮的红磷、食用菜籽油、白酒、食醋、生锈的铁钉、碘酒、大理石、食品包装袋中的干燥剂(生石灰)、紫甘蓝汁(替代酸碱指示剂)、鸡蛋壳、铅笔芯(石墨)、热水壶中的水垢、废旧电池(锌皮和石墨棒)、铜导线、蜡烛等，或是发放给孩子必需药品，或者在化学试剂药品店或商店购买必需的药品，如医用酒精、双氧水(过氧化氢)、活性炭、柠檬酸等。

实验仪器装置替代品，如表2所示。

表 2　实验仪器装置替代品

实验仪器	替代品
量筒	有刻度的小药杯/电饭煲中的米杯
玻璃管	饮料吸管
胶头滴管	注射器或眼药水瓶
漏斗	截取矿泉水瓶的上部
玻璃棒	长铁质或木质筷子
药匙	汤勺
坩埚钳	钳子
试管夹	改造晾衣夹
试管刷	牙刷
长颈漏斗	注射器加上饮料管
点滴板	包装药片的聚氯乙烯塑料板
小酒精灯	墨水瓶装上酒精

续表

实验仪器	替代品
托盘天平	电子称
烧杯	玻璃水杯
试管架	鞋盒上钻几个小孔
细口瓶	苹果汁饮品的玻璃瓶
广口瓶	辣椒酱的玻璃瓶
集气瓶	饮料瓶

3. 指导

教师提供指导和思路，针对性地开展家庭小实验，成功率大，效果好，不限制孩子的自由和空间，发挥孩子的潜力，大胆去做，从中获取新知识，体现家庭小实验的价值。

4. 实验

独立自主操作式或小组合作操作式或教师辅导操作式。

五、初中化学家庭小实验活动表现评价方法

家庭小实验是课堂的延伸，教师应给予及时的评价。实验成果可通过展示实物、制作课件，进行优秀家庭实验室评比。要求学生对实验成果进行拍照、录像，书写实验报告，教师认真评议，采用激励机制，课间在班里播放、传阅，走廊展示等，鼓舞先进，使做得好的学生更加热爱小实验、小探究。教师及时总结和评价，既能检查和督促实验进展，又能让学生感受到自己的实验成果被尊重（见图 8）。

图 8 家庭小实验活动表现评价

六、展望

初中化学家庭小实验对教学的促进作用还有待进一步挖掘，设计实施方案还需完善，评价体系仍需健全，希望更多的教师集众人智慧研究开发更适合学生的实验，并能主动地应用到我们的实际教学中，以延伸和弥补课堂教学的不足，为学生的全面发展贡献力量。

参考文献

[1]袁淑侠. 化学家庭小实验的开发[J]. 数理化解题研究(高中版)，2015(2)：52.

[2]曹学明. 家庭小实验：化学实验教学的催化剂[J]. 现代教育科学(中学教师)，2014(2)：172.

[3]张建军. 家庭小实验的益处多多[J]. 作文成功之路(中)，2015(1)：64.

[4]邹飞. 化学家庭小实验的实践与探索[J]. 青年教师，2007(7)：17.

[5]朱章良. "家庭小实验"不可忽视[J]. 中小学实验与装备，2005(4)：20.

基于实验探究的原电池教学设计

彭娟①

（西安市曲江第一中学，陕西西安 710061）

摘　要：化学核心素养的培养要关注教学的过程。在"原电池"的教学设计中，通过设计恰当的问题组织教学，通过实验来探究原电池的原理和构成条件，在落实学生应用氧化还原知识理解原电池原理的同时，发展学生的分析推理能力、科学探究意识等核心素养，培养学生的化学思维。同时总结反思了教学中发展核心素养的策略：创设良好的教学情境，重视实验探究，合理利用问题教学[1-2]。

关键词：原电池；实验探究；教学反思

一、教材分析和学情分析

1. 课程标准的要求

举例说明化学能与电能的转化关系及其应用，可以利用生活中的材料制作简易的电池。

2. 教材的地位和作用

化学能与电能的学习可以让学生在对氧化还原反应充分认识的基础上继续巩固和应用氧化还原反应的本质，在化学能与电能的转化过程中充分体现了氧化还原反应的学科价值和社会价值。同时，本节课的知识内容和分析方法也是选修 4《化学反应原理》中电化学专题的重要理论基础。

3. 学生分析

通过初中化学和高中必修模块的学习，已经了解了氧化还原反应的本质是电子的转移，学会了分析电解质的电离，并从物质的反应、能量的转化等多个角度为原电池的学习奠定了基础，但是学生应用氧化还原反应原理分析原电池工作原理的能力不足。

二、教学目标

1. 教学目标

教学目标以课程标准中的内容标准为指导，通过教材分析、学生学习现状分析以及学校教学条件调研，确定本节课的三维目标。

知识与技能目标：了解原电池的概念；理解原电池原理；探究原电池的形成条件，会用化学方程式表达电池反应。

过程与方法目标：通过合作学习，增强小组合作以及交流表达的能力；通过对原电池形成条件的实验探究，学习科学探究的方法，提高探究能力。

情感态度与价值观目标：体验科学探究的艰辛与喜悦；感受化学科学在生活中的重要应用。

2. 教学重点、难点

重点：原电池的工作原理和构成条件。

难点：原电池中离子的移动方向、闭合回路的形成。

---

①　通信联系人：彭娟，1320981520@qq.com。

三、教法和学法

通过创设情境，提出问题，教师通过问题驱动，引导学生进行实验探究，从宏观到微观认识原电池原理和原电池装置。通过动画模拟构建原电池模型，从而促进学生对通过原电池装置实现化学能转化为电能的本质的理解。

教法：诱导式教学法、实验探究法、多媒体辅助教学法。

学法：合作学习、探究学习。

四、教学准备

准备视频："用 2380 片橙子和锌片做电源，为手机充电""原电池原理 Flash 动画"。

实验材料：电流计（带导线）、C 棒、Zn 片、Fe 丝、Cu 片、蔗糖溶液、稀硫酸、酒精溶液、西红柿、橙子、烧杯。

五、教学过程设计

表 1 所示为教学过程设计。

表 1　教学过程设计

教学环节	教师活动	学生活动	设计意图
环节 1：情境导入，感受价值	【播放视频】用 2380 片橙子和锌片做电源，为手机充电。 【过渡】我们现在找不到这么多的橙子给手机充电，但是我们可以仅用一个橙子让小灯泡发亮。 【演示实验】用橙子、锌片、铜片、导线做成的水果电池使小灯泡发亮。 【提问】在刚才的视频和实验中，能量是如何转化的？ 【板书】这节课就来学习 2.2 化学能与电能（第 1 课时）	观看、思考。 【学生回答】视频中：化学能→电能； 实验中：化学能→电能→光能	学生认识该装置中的能量转化形式为化学能转化为电能，感受该装置的应用价值，激发研究热情
环节 2：演示实验，分析原理	【提出问题】化学能是如何转化为电能的？ 【过渡】橙子里面是一个比较复杂的电解质溶液环境，可以改用稀硫酸溶液。 【教师演示实验1】将锌片和铜片平行插入稀硫酸中。 【引导】用离子方程式解释你看到的实验现象，并从氧化还原反应的角度分析锌片表面能产生气泡而铜片不能的本质原因。	【学生观察实验1现象】锌片表面有大量气泡产生；而铜片的表面没有气泡。 【学生回答】活泼金属与酸反应的本质是它们与 H^+ 反应：$Zn+2H^+=Zn^{2+}+H_2\uparrow$，金属活动性顺序中只有排在 H 以前的金属才能把 H^+ 置换出来，即在稀硫酸溶液中，只有 Zn 能失电子，Cu 不能失电子。 【学生思考】Zn 失去的电子只能在导体中移动，不能进入电解质溶液。	通过实验认识活泼金属与酸反应的实质，认识到：在稀硫酸溶液中只有 Zn 能失去电子，Cu 不能失去电子；电子只能在导体中移动，不能进入电解质溶液。
	【引导】在 Zn 与稀 H_2SO_4 溶液反应的过程中，为什么气泡在 Zn 表面产生而不是在溶液中？ 【教师演示实验2】锌铜用导线连接后插入稀硫酸中。 【提问】Cu 片表面产生大量气泡，说明 H^+ 在 Cu 表面得电子，H^+ 得到的电子是 Cu 失去的吗？ 【追问】如何确定是 Zn 失去的电子？ 【总结归纳】通过电流计证明在该装置中实现了化学能转化为电能，把这样的装置叫作原电池。 【板书】原电池的概念：化学能→电能	【学生观察现象】Cu 片表面产生大量气泡，Zn 片表面有少量气泡。 【学生回答】不是，稀硫酸溶液中 Cu 不能失去电子。 【学生设计实验方案】如果是锌失去的电子经过导线到达了 Cu 片表面，电子定向移动应该有电流产生，可以在导线上接入电	学生提出用电流计进一步探究的方案，培养质疑、思考、运用已有知识解决问题的能力。学生感受到该装置确实产生了电能，形成原电池的概念，同时体验成功的喜悦

教学环节	教师活动	学生活动	设计意图
环节2：演示实验，分析原理	【引导】生活中使用的各种电池就是根据原电池的原理设计并改进的。电池都有正负极，原电池两个电极如何判断？ 【教师演示实验4】将上述装置更换为7号电池，将电池两极与电流计两极短暂接触 【总结归纳】电流计指针偏向电池正极，而实验3中电流计指针偏向Cu片，因此把Cu称为正极、Zn称为负极。 【板书】铜锌原电池：负极—Zn，正极—Cu	流计进行验证。 【学生演示实验3】锌铜接入电流计，再插入稀硫酸中。 【学生观察现象】电流计指针发生明显偏转，且偏向Cu片。 【学生观察现象】电流计指针偏向电池正极的方向	
环节3：模拟动画，构建模型	【播放Flash动画】模拟锌-铜-稀硫酸原电池的工作原理。 倾听，评价	观看，总结离子移动方向和闭合回路的形成。 【小组汇报】原电池中负极（即Zn），发生失电子的氧化反应（$Zn-2e^-=Zn^{2+}$）；正极（Cu），发生得电子的还原反应（$2H^++2e^-=H_2\uparrow$）；该原电池的本质是（$Zn+2H^+=Zn^{2+}+H_2\uparrow$）。 原电池中电子移动方向为：负极→导线→正极；溶液中阳离子移向正极，阴离子移向负极	通过多媒体辅助教学手段，让学生直观形象地来认识原电池的原理；通过合作学习总结出离子的移动方向和闭合回路的形成，明确电子和离子是通过得失电子建立联系的，从而进一步认识到原电池的本质是氧化还原反应
环节4：设计装置，探索条件	【准备实验材料】电流计（带导线）、C棒、Zn片、Fe丝、Cu片、蔗糖溶液、稀硫酸、酒精溶液、西红柿、烧杯。 第1组：改变电极材料，探究原电池对电极的要求，同时确定正负极； 第2组：改变溶液，探究原电池对溶液的要求； 第3组：重点探究闭合回路对原电池形成的影响。 对学生设计的装置进行评价和改进。 【提出问题】如何理解"闭合"？给出装置判断能否构成原电池	学生分组探究原电池的构成条件。 【总结】通过小组探究成果的总结归纳，得到两个结论：一是构成原电池的三个条件：两个活泼性不同的电极、电解质溶液、闭合回路；二是原电池中，负极通常为较活泼金属，正极通常为较不活泼的金属或导电非金属	在理解原电池原理的基础上，充分调动学生的思维，增强学生设计原电池能力，体验探究的乐趣。 给学生的实验作补充，进一步体会到"闭合"可以是正负极用导线相连，还可以是正负极直接接触，还可以是正负极所处的电解质溶液用盐桥相连
环节5：总结归纳拓展延伸	【总结】本节课通过实验探究体验了化学能转化为电能的过程，明确了原电池原理及原电池的构成条件。 【练习】将Zn、Cu、稀硫酸原电池中的稀硫酸更换为$CuSO_4$溶液，写出电极反应和总反应。 【课后作业】 ①课时作业第35页第1课时； ②利用家中的一些材料，如水果、铁丝、铜丝、食醋等制作原电池； ③思考：为什么Zn、Cu、稀硫酸构成的原电池中Zn片表面也有气泡产生	学生板演。 学生总结本节课的收获	评价学生对原电池原理的掌握情况。 通过家庭实验促使学生学以致用，提高学习兴趣；通过思考题锻炼学生对原电池装置的深入思考能力，为选修四盐桥原电池做铺垫

六、板书设计

2.2 化学能与电能（第 1 课时）

氧化还原反应

化学能——→电能

原电池

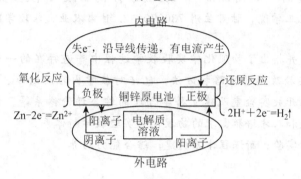

七、教学反思

本节课的核心问题在于理解原电池装置实验化学能转化为电能的实质。通过设计"创设情境—实验探究—构建模型—探究加深—归纳拓展"的课堂活动，学生的学习热情高涨，课堂气氛活跃，激发学生自主学习，使学生能较好地理解原电池中闭合回路的形成是由于外电路电子定向移动、内电路离子定向移动。落实了本节课的重难点。从生活中给手机充电的情景提出化学问题，深入探究原电池原理，再到生活中各种电池的应用，在教学中贯穿了化学知识与生活的联系，学生能够感受到化学科学的价值，增强了学习兴趣。

参考文献

[1]吴荣华，严晓梅，陈慧. 结合核心素养 整合三维目标 优化教学设计：以"原电池的工作原理"教学为例[J]. 福建教育学院学报，2018(2)：21-24.

[2]殷志斌. 解析高中化学核心素养培养途径[J]. 教育文化，2017(9)：47-48.

以培养学生综合能力为目标构建物理化学
实验教学新体系

童金辉[1]①，薄丽丽[2]，杨玉英[2]，杨云霞[2]，陕多亮[2]

（1. 西北师范大学化学化工学院，甘肃兰州 730070；2. 甘肃农业大学理学院，甘肃兰州 730070）

摘　要：本文分析并指出了物理化学实验教学过程中普遍存在的一些问题，并针对这些问题提出了物理化学实验改革的思路和方法，包括对教学内容的改革、对教育资源的整合、开设设计型实验、建立开放实验室及建立科学合理的综合评价体系等。希望通过改革，能够建立适应当前社会发展和人才培养需求的物理化学实验教学新体系。

关键词：物理化学实验；新课程体系构建；综合能力培养

化学是一门以实验为基础的中心科学。因此，实验技能的学习和提高是化学专业学生培养目标的重要组成部分。物理化学实验[在有些学校被称为理化测试(Ⅱ)]是化学实验学科的一个重要分支。它是借助于物理学的原理、技术、手段和数学的方法及运算工具，来研究物质体系的物理化学性质和化学反应规律的一门科学。物理化学实验既是一门实践性很强的实验课程，又是探讨和验证化学反应一般规律的一门理论性很强的课程。它不仅要求学生要熟知实验基本原理和仪器的基本操作方法，能正确组装和使用仪器设备，而且要求学生能根据原理设计实验，并对实验结果做出正确的分析和处理；它不仅培养学生会做精密实验的本领和素质，而且培养学生处理、分析实验数据，对实验结果进行分析和判断的能力[1]。这门课程的特点决定了其在人才培养体系中占有非常重要的地位。目前，随着科学和经济的快速发展，新的技术手段层出不穷，传统的物理化学实验教学已经不能很好地适应新时代人才培养的需求。如何在新形势下提高学生的综合能力，使学生系统地、广泛地在实验理论、实验技能和分析、解决问题的独立工作能力等方面得到切实的培养和训练仍是当前实验教学改革的一个十分重要的研究课题[2]。下面，就目前物理化学实验教学中存在的问题及改革思路谈谈我们自己的一些思考。

一、物理化学实验教学中存在的主要问题

1. 实验内容陈旧，不能适应学科发展的要求

目前，物理化学实验部分内容较陈旧，基本上反映不出学科的发展现状及前沿。此外，部分实验过于简单，如恒温水浴的组装及性能测试、溶液电导率的测定等，不利于培养学生的动手能力和综合分析问题的思维能力。再者，部分学生的综合能力较强且对物理化学实验有浓厚的兴趣，传统的物理化学实验内容已不能满足他们的需要。

2. 理论学习与实验教学不同步，不利于学习效果的提高

由于物理化学实验要涉及复杂的、系统的物理化学知识和原理，因此，学生只有在先修了物理化学课程，掌握了基本的理论知识和原理后再上实验课，才能够做到目标明确、心中有数。但是，部分学校的一些专业，物理化学实验先于物理化学理论课程而开设。这就导致了学生在上实验课时原理不清楚、目标不明确，指导教师要花更多的时间和精力给学生讲述实验原理及数据处理方法。关键的是，

---

①　通信联系人：童金辉，西北师范大学化学化工学院，jinhuitong@126.com。

学生很难在较短的时间内完全接受相关的理论知识。这样造成的结果就是学生做实验"照方抓药"，处理数据"照猫画虎"。这既不利于学生实验思维能力的提高，也不能激发学生的积极性和创造性，更不能将所学理论知识通过实验进一步消化理解。学生做完实验后也云里雾里，不知所云，大大降低了学生的实验热情，达不到预期的培养目标。

3. 实验仪器设备偏少，不利于学生动手能力的培养

与其他基础实验课程不同，物理化学实验需要使用到较多成套的精密设备，需要较多的资金投入。在经济欠发达地区的高校，无力满足所需的投入，仪器设备数量较少，实验分组人数较多，使得有些学生在实验过程中处于"没事做"的状态。

4. 学生实验积极性不高，教学效果有待提高

物理化学实验一般是作为考查课，学生不够重视，课前预习流于形式。尤其是对于还没有学习相关理论知识的学生来说，由于不能理解实验内容，所以很难对实验产生兴趣，上课只是机械应付。另外，对于人数较多的小组，部分怕动手的学生依赖性强，总是处于"观战"状态。

5. 考核方式简单，不利于学生综合能力的提升

物理化学实验课程一般都是考查课，教师通常根据实验报告及平时表现对学生进行综合给分。实验报告的核心部分是数据处理与结果讨论，但是只有少部分学生能够独立完成实验报告，或是同组共同讨论完成实验报告。有很大一部分学生都是等同组的同学处理完数据后直接"照搬"过来。因此，实验报告雷同的较多，区分度不大。而且，对于学生平时的表现也不好衡量，该课程考核结果不足以反映学生的学习效果。因此，建立多元化的考核方式势在必行。

二、改革思路和设想

物理化学实验存在的上述问题已不利于学生综合能力的培养和综合素质的提高。为了进一步加快实验教学改革及新课程体系的构建，以适应新形势下人才培养的要求，我们对物理化学实验教学改革提出以下思路。

1. 改革教学内容及教学模式

针对目前物理化学实验教学内容较陈旧的问题。在条件允许的情况下，我们可以通过资源整合，最大限度地利用各种资源，包括利用教师的科研课题，尽可能开设一些能够反映目前科技发展水平、和物理化学学科发展前沿接轨的实验。而且，在实验设置上，我们可以将实验分为必修实验和选修实验，将一些经典的实验，如饱和蒸汽压的测定、水的表面张力的测定等，作为必修内容，以培养学生的基本实验技能；而将一些比较前沿的实验，如纳米材料的制备、电池的组装等，作为选修实验，以满足那些对实验感兴趣、动手能力强的学生自我提高的需求。这样做体现出因材施教的原则，有利于人才的选拔和多层次人才的培养[3]。

针对理论学习与实验教学不同步的问题，由于课程体系设置是一个牵一发而动全身的系统工程，因此，可在新课改的建设中，统筹考虑、合理安排，使理论课先于实验课一个学期来开设，避免学生"一无所知"就做实验，以保证实验教学的效果。

2. 充分利用教师的科研课题，增加可利用的实验资源

针对部分高校因缺乏资金投入、实验设备不足，导致实验过程中部分学生"没事可做"的情况，我们可以采取两种方式来解决。一方面，我们可以通过增加实验教学课时数，提高仪器利用效率，减小实验分组来缓解；另一方面，我们完全可以考虑利用教师的科研课题和学校的公共资源，多方开源，采取灵活多变的形式让学生做实验。比如有老师从事纳米材料方面的研究，我们就完全可以利用该老师的科研平台，让其为学生设计一个简单易行的、短周期内（如1～2周）能完成的实验，如某种纳米材料的制备。教师的科研方向丰富多样，充分利用好这一资源，不仅能够减少公共资金投入的压力和公共实验仪器的使用压力，更重要的是，能够丰富实验内容，满足不同兴趣的学生所需[4]。

3. 增开设计性实验，尝试开放物理化学实验室

部分学生对物理化学实验缺乏兴趣是因为物理化学实验中可动手操作的地方相对较少，实验缺乏探索性和挑战性。为了最大限度地调动学生对物理化学实验的积极性和主动性，我们可以尝试设置一些探索性和设计性的实验，建立开放型实验室。设计性实验的选题要充分体现内容的探索性和方法的多样性，以便调动更广泛学生的兴趣和主动性。教师根据现有的实验条件，制订好设计性实验的要求、实验室管理制度和实验室开放的时间。学生可根据自己的兴趣、能力和时间去选择实验，并根据选题查阅资料，完成实验方案的设计。教师重点把握学生方案的可行性，引导、启发、帮助学生完善实验方案。最后，由学生独立完成实验，写出实验报告，就实验过程中遇到的问题和老师共同探讨。这样做既调动了学生对物理化学实验的兴趣，又培养了学生的创新能力和独立性[5]。

4. 建立多元有效的考核评价体系

考核是教师督促学生学习，掌握和评价学生学习情况的最直接方式。因此，建立科学、有效的考核评价体系非常重要。好的评价体系能够引导和激励学生好好学习、健康发展。传统的对实验教学效果的评价主要依据学生的实验报告，不能真正反映出学生的动手能力、分析和解决问题的能力，更无法反映学生的创新能力。为了能全面了解和评价学生物理化学实验的学习情况，物理化学实验的考核成绩应该包括课堂表现、实验报告和期末考试三部分。课堂表现还应该包括对实验的预习情况、实验操作能力、实验态度及实验数据的准确性等内容。对实验报告的评价也不能只看数据处理及结果的好坏，还应该包括实验报告撰写的规范性、对实验误差的分析及实验过程中的体会与思考。期末考试也不能将考实验变成考理论，或是在"纸上谈实验"，而是应该确定一些实验内容，让学生自行设计、独立完成一个新的实验，这样才能综合反映出学生的创新能力。总之，要建立起一套多元有效的物理化学实验课程的考核评价体系，以达到真正的公平，提高学生的学习积极性[6]。

三、结语

总之，物理化学实验中存在着诸多不适应学科发展和人才综合能力培养的问题，要提高物理化学实验的教学水平，充分发挥物理化学实验在人才培养中的重要地位，就必须加快改革，尽快建立新的物理化学实验教学和评价的新体系，以适应新形势下科技发展和人才培养的需求。

参考文献

[1]翁艳英. 地方院校基础课物理化学实验教学中的问题及对策[J]. 科技创新导报，2015，12(1)：155-157.

[2]李浩，张喜斌，金真，等. 地方院校物理化学实验教学改革探讨[J]. 实验室研究与探索，2011，30(10)：114-116.

[3]张秋霞，王香. 改革物理化学实验教学，提高实验教学质量[J]. 实验室科学，2007(5)：45-47.

[4]张国艳，金为群，王岚. 物理化学实验教学的改革与创新[J]. 实验室研究与探索，2013，32(6)：329-331.

[5]田福平，贾翠英，陈静，等. 物理化学实验教学方法在创新人才培养中的作用[J]. 实验技术与管理，2011，28(11)：109-111.

[6]郑传明，吕桂琴，王良玉. 在物理化学实验教学中注重培养学生的能力[J]. 实验技术与管理，2008(1)：132-134.

教师"少讲一点"，学生"多动一点"
——多媒体课件辅助物理化学实验教学的一点探索

杨云霞[①]

（西北师范大学化学化工学院，甘肃兰州 730030）

摘　要：本文以物理化学多媒体实验课件为突破点，试图改变传统的示范讲授实验教学方式，采取"角色反转"等教学方式，促使学生更好地进行实验预习，从而改善现有的物理化学实验教学现状，获得更好的教学效果，从而进一步锻炼学生的实验动手能力、表达能力和逻辑思维能力。

关键词：中医药专业；分析化学；教学方法

物理化学是在物理和化学两大学科基础上发展起来的，该课程以化学为研究对象，但以物理学成就和实验技术探索、研究化学的基本规律和理论，是一门理论起点较高的化学专业必修课程[1]。而与之配套的物理化学实验课程担负着加深理论课程理解、锻炼学生实验动手能力的重要责任，但是现在的物理化学实验教学却由于教学方式单一、学生预习流于形式、实验设备老旧、实验与理论课程衔接不够紧密等多种复杂的原因无法圆满地完成该课程的教学目标[2,3]。本文主要讨论如何通过多媒体辅助实验课件的使用促使学生深入进行物理化学实验预习，使得学生在实验过程中能够充分理解物理化学实验原理、实验内容、注意事项等，能够充满兴趣地实践物理化学实验，并通过这一学习过程充分地锻炼自己的实验动手能力和逻辑思维能力。

众所周知，由于物理化学实验的特殊性，学生充分预习实验是顺利开展物理化学实验教学的重要的、不可或缺的教学环节，只有在学生充分预习的前提条件下，学生才能通过顺利开展物理化学实验，充分锻炼自己的实验动手能力、逻辑思维能力等。遗憾的是，部分学生预习往往流于形式，学生只是做简单的"搬运工"，单纯将预习内容从书本上或者网上誊写到纸上，自己并没有进行深入思考，而所撰写的预习报告很多情形下也只是应付授课教师的检查而已。究其原因，出现这样的情况一方面是由于学生对物理化学实验课程的理解不够深入，对该课程学习兴趣不大，更不用说花费精力去准备预习实验了，另一方面也是因为我们现在的实验授课教师由于种种原因（如仪器陈旧、缺乏专职实验教师、实验时间过长等）采取"满堂灌"的示范讲解模式，将所有的问题讲得面面俱到，怕学生中间出错，不给学生出错的机会。显然，这样的教学模式使得我们的授课教师往往讲得口干舌燥、头晕眼花，但是学生却无所事事、神游天外，并且大部分学生基于现状都认为不需要认真预习，因为老师都会进行详细讲解，那么为什么还要花时间进行课前的实验预习呢？显然，这样的教学现状并不是我们所乐见的，我们必须改变单纯示范讲授的实验教学模式，采用新的教学方式促使我们的学生自己动起来，积极地准备实验，积极地思考实验，进入主动学习的实验学习模式，而不是只充当一个"容器"或者"操作工"，被动地接受授课教师所讲解的实验内容。

如何改变这样的教学现状？如何使学生进行主动的学习？如何圆满地完成我们的实验教学目标？这一系列问题都是摆在每一个物理化学实验授课教师面前急需解决的问题。为了解决这一系列问题，我们试图以多媒体课件辅助教学作为实验教学的一个突破点，改变传统的示范讲授实验教学模式，让

---

① 通信联系人：杨云霞，yangyx80@163.com。

我们的授课教师"少讲一点"，而让我们的学生"多动一点"。事实上，多媒体课件在物理化学实验教学中的使用并不少见[4,5]，但是，我们在结合自身实验特色的基础上，采取多媒体实验辅助课件与"角色反转"的教学方式，试图促使学生主动预习并充分锻炼学生的表达组织能力。具体来说，在具体的物理化学实验教学过程中，由于实验条件限制，每个授课教师需要在每次授课过程中讲解两个物理化学实验，在对一组学生进行实验讲解过程的时候，通常另一组学生自行进一步熟悉实验、熟悉仪器，等待老师的讲解，在这一等待过程中，我们可以提供给学生相应的多媒体实验教学课件，要求学生结合预习报告和实验教学课件深入熟悉实验，然后在该实验讲解过程中，进行"角色反转"，学生充当"教师"角色，分别由不同学生负责讲解实验目的、实验原理、实验步骤、注意事项等实验内容，而由教师充当"学生"角色，在重要实验环节提出问题，在获得解决方法的过程中进一步强调该实验环节，在实验讲解完毕后，由教师对学生的实验讲解内容进行点评，从而完成整个实验讲解过程。

推而广之，我们可以将所有物理化学实验制作成相应的多媒体课件，然后将课件放在网络平台上，要求每个学生结合实验课件进行预习，充分准备物理化学实验预习报告。一般实验教学都采取分组教学的模式，我校的物理化学实验教学也不例外，一组一般是2～4人，实验授课教师可以预先提出要求，告知每组学生，每次实验讲授由每组学生分工合作，进行"角色反转"的讲授，教师负责引导和点评。通过这样的教学方式，我们的授课教师就不会陷入"我自滔滔不绝，你自神游天外"的尴尬，学生也在具体的讲述过程中真正熟悉了实验，达到了预习的目的，此外，作为师范院校的学生，也锻炼了学生将来"为人师"的素质，可谓"一举两得"，何乐而不为之呢？

基于上述观点，我们首先选择了个别实验制作了相应课件，要求学生充分利用实验课件结合自己的预习报告，结合眼前的实验仪器，对所做的物理化学实验充分深入地进行预习。在经过一学期的试运行后，我们一方面在实验考试中检验该教学方式的有效性，另一方面则设计相应调查问卷进行统计分析，期望能在此基础上对以后的物理化学实验教学有较好的指导作用。值得我们高兴的是，在已经采取该教学方式的个别物理化学实验考试中，我们发现学生很少出现以前实验考试中的一些问题，如不熟悉实验仪器、忘记实验步骤、混乱实验环节等，由于学生自己已经进行了充分的实验准备，而且经由自己的讲解，学生对该实验的记忆相较其他实验要深刻得多，所以在进行实验考试的过程中出现的问题较少。此外，根据我们的课件辅助物理化学实验教学的调查问卷结果来看，80%的学生认为辅助实验课件对学习物理化学实验有帮助，约77%的学生认为实验课件的使用会改变学生上实验课的现状，约86%的学生表示更加喜欢课件辅助实验教学的教学方式，约99%的学生认为课件辅助实验教学与课堂融合或十分融合，约59%的学生认为实验辅助课件明显提高了自己的学习兴趣，约88%的学生认为课件辅助实验教学过程中教师与学生具有较好的互动程度，约82%的学生认为实验辅助课件的教学方式值得进一步推广。结合这两方面的结果，我们欣喜地发现实验辅助课件与"角色反转"这样的教学方式具有更好的教学效果，能够促使学生更加主动地进行实验学习，进一步培养自己的实验动手能力和逻辑思维能力。

综上所述，多媒体课件辅助物理化学实验教学是在我们现有实验条件基础上能够促使教师"少讲一点"、学生"多动一点"的具有良好教学效果的教学方式，相比传统的示范讲授实验教学模式，实验课件辅助教学的学习目的和学习任务更加明确、学习重点更为突出，有利于学生巩固、积累知识，进一步拓展、丰富知识体系，值得我们在物理化学实验中进行推广，也值得我们在其他实验课程中进行尝试和探索。

参考文献

[1]何荣幸，黄成，彭敬东．物理化学实验教学改革中的创新教育思路[J]．西南师范大学学报（自然科学版），2012，37(4):186-189.

[2]贺国旭，张秋霞．物理化学实验教学中存在的问题与思考[J]．广东化工，2010，37(9):

188-189.

[3]赵丽娜，李欣，任玉刚，等．以学生能力培养为目标开展物理化学实验教学[J]．实验技术与管理，2015，32(3)：196-198.

[4]徐永群，徐坦，王小兵，等．开放式物理化学实验多媒体课件的设计与应用[J]．广东化工，2015，42(6)：192-194.

[5]邸静，初一鸣，萧岭梅，等．物理化学实验多媒体课件的设计与应用[J]．首都师范大学学报(自然科学版)，2004(S2)：34-35.

多媒体课件辅助物理化学实验教学的调查问卷

本调查仅为学术调研所用，绝非用于任何商业目的，并保证所有信息的绝对保密。请您在拿到此表后根据自己的真实情况，认真填写。

1. 您是否了解过课件辅助实验教学？

A. 是　　　　　　　　B. 否

2. 您认为课件辅助对您的实验学习的帮助有多大？

A. 帮助很大　　　　B. 帮助较大　　　　C. 帮助一般　　　　D. 没什么帮助

3. 您认为课件辅助实验教学能否改善学生现在上实验课的现状？

A. 能改善　　　　　　B. 不能改善　　　　C. 不清楚

4. 您认为老师通过课件辅助教学比传统实验教学有什么优势？（可多选）

A. 巩固并积累了知识　　　　　　　　B. 重点更为突出

C. 学习任务更明确　　　　　　　　　D. 学习目的性更强

E. 拓展丰富了知识体系　　　　　　　F. 其他：

5. 您认为在课件辅助实验教学时，遇到不懂的问题该怎么办？

A. 要求老师讲解　　　　　　　　　　B. 与同学一起讨论

C. 课后自己查资料，独立学习　　　　D. 无所谓

6. 您更喜欢哪种实验教学方式？

A. 传统的仅讲授式的实验教学方式　　B. 直接使用课件讲授的实验教学方式

C. 课件辅助实验教学的教学方式　　　D. 其他

7. 您认为课件辅助实验教学能否与课堂融合？

A. 十分融合　　　　B. 融合　　　　　　C. 一般融合　　　　D. 不融合

8. 您希望老师在课件辅助实验教学中使用哪些素材？

A. 文本素材　　　　B. 图片素材　　　　C. 音频素材　　　　D. 视频素材

9. 您认为实验教学中辅助课件的使用是否提高了您的兴趣？

A. 明显提高　　　　B. 提高不大　　　　C. 没影响　　　　　D. 降低

10. 您认为课件辅助实验教学的过程中，教师与学生的互动程度怎么样？

A. 十分好　　　　　B. 比较好　　　　　C. 一般　　　　　　D. 比较差

11. 您认为课件辅助实验教学存在的问题有哪些？（可多选）

A. 上课容易走神　　　　　　　　　　B. PPT 播放速度太快

C. 内容太过繁杂　　　　　　　　　　D. 形成惰性心理

12. 您认为课件辅助实验教学是否值得推广？

A. 值得推广　　　　B. 不值得推广　　　C. 随便，无所谓

材料科学与工程专业物理化学课程
教学探索与实践

张子瑜①，杨玉英

（西北师范大学化学化工学院，甘肃兰州 730070）

摘　要：物理化学是材料科学与工程专业的必修基础课程。本文结合教学实际，分析了该专业物理化学教学中存在的问题，从充实和更新教学内容、合理利用教学手段、改革课程考核方式等方面进行了探索与实践，结果表明，对于调动学生的学习积极性、提高教学质量和教学效果具有很好的推动作用。

关键词：材料科学与工程；物理化学；教学实践；教学效果

物理化学是材料科学与工程专业一门重要的专业基础课，是该专业前期基础课与后续专业课相联系的重要桥梁，不仅对培养学生的逻辑思维和分析能力有重要意义，对理解材料的性能与结构也有极其重要的作用[1]。扎实的物理化学知识不但可以为后续课程的学习，也可为日后进行实验实践、科学研究奠定了扎实的理论基础。

但是由于物理化学课程集数学、物理、化学知识于一体，内容抽象、理论性强、公式繁多，初学者普遍会感到起点高、难度大，学习困难。而且在高等学校不断深化教学改革，以及现代社会对学生综合素质的要求不断提高的大背景下，各专业基础课的教学内容不断更新，教学时数明显压缩，因而对课程的教学手段和教学效果提出了更高要求[2]。结合西北师范大学材料科学与工程专业物理化学课程的教学实践，笔者对该专业物理化学课程存在的问题进行了分析与思考，并进行了一些教学改革在与实践，取得了较好的效果。

一、存在的问题

1. 课时量少

我校面向材料科学与工程专业开设的物理化学课程，总课量为 90 学时，在如此有限的课时中，要讲授热力学、相平衡、化学平衡、动力学、电化学、界面化学、胶体化学等理论内容，还要进行必要的复习与练习，造成课程的进度较快，学生的接受难度较大。

2. 学习难度大

物理化学课程本身具有逻辑性强、概念多、原理多、公式多、计算复杂等特点，而近年来学生的数理水平有所下降，使学生容易在学习过程中产生畏难情绪，导致学习积极性下降，甚至完全丧失学习兴趣。

3. 学生学习时间不足

一方面，学校把课程集中排在前 3 年，致使学生在 1～3 年级，尤其是 2 年级课程特别密集，而物理化学课就在 2 年级第 1 学期开设，使学生难以投入足够的时间与精力；另一方面，受社会大环境影响，部分学生在网络、娱乐等方面又要耗费很多时间，致使课后复习时间严重不足，学习效果较差。

---

①　通信联系人：张子瑜，西北师范大学化学化工学院，xbsfdxzzy@126.com。

4. 物理化学实验课与理论课有脱节现象

目前我校物理化学实验的设备较为陈旧，开设的实验课内容不够全面，如缺少电化学、物质结构方面的实验，而且基本以验证基础理论为主，缺少综合性和设计性实验，在培养学生创新思维以及提高学生动手能力方面有所欠缺，导致学生对实验课的兴趣不足，也难以起到理解和巩固物理化学原理的作用。

二、探索与尝试

1. 充实和整合教学内容，帮助学生建立起完整的物理化学知识框架

先行课程中有些内容和物理化学存在一定程度的重叠，如无机化学对化学热力学、化学平衡、化学动力学、电化学方面的概念都有涉及，只是系统性和深度不及物理化学[3]。那么在这些内容的讲授过程中，侧重于体现知识点的系统性和逻辑性，采用重点难点教师讲授、简单章节学生自主学习的方法，采用课堂提问、随堂小测验的方式检验学生的学习效果，帮助学生理清思路，学会自己学习和总结，建立起完整的知识框架。

2. 教学过程中提示学生复习后面章节中要用到的数理知识，必要时在课堂上简要复习或强调

必要的物理学和数学知识是学习物理化学的基础，例如很多重要的定义、基本原理、结论及其推论都概括为数学公式，公式推导以及计算更需要依靠大量的数学知识，尤其是微积分知识。虽然学生以前学过相关知识，但如不联系物理化学这门课程作必要的复习，往往会给学生掌握物理化学知识造成困难。

3. 合理安排板书和多媒体课件的使用，多媒体的应用要适度

近年来，多媒体教学在大学课堂教学中逐渐成为主要的教学手段，其优点不言而喻，尤其对解决内容多、课时少之间的矛盾有很重要的作用。但是整个篇幅应用多媒体课件并不适用于物理化学教学，尤其是复杂的公式推导和例题的讲解需要采用板书，便于学生跟随教师的思路进行同步思考，从而达到对知识的理解和记忆的目的。而便于用图表、模型、动画等来展现的内容，如卡诺循环、相图以及界面化学的部分内容，使用 PPT 教学，可以形象、直观地展示教学内容，提高学生学习兴趣，加深理解和记忆。总之，板书和课件要依据教学内容、教学需求等灵活应用，才能取得良好的教学效果。

4. 引导和鼓励学生合理运用网络资源[4]

近年来，大学生对于网络和智能电子产品的依赖，严重影响了教学秩序和教学效果。例如：有大量的学生利用搜索工具、论坛、微信等方式来寻求习题答案，而上课玩手机、考试时使用手机作弊等更是屡禁不止的现象。针对这些状况，教师在课堂上可以有意识地加以引导，比如推荐名师教学视频、电子教案等，供学生课后复习或自学；介绍和授课内容相关的前沿科技成果，鼓励学生检索相关文献资料，在相关章节讲授完毕后安排 10 min 的学生报告，内容可以是对于某个知识点的剖析，也可以是对于感兴趣的科技成果的介绍，或者是对生活中的物理化学原理的分析等，不仅丰富了学生的学习体验，还形成了对网络资源的良性利用，也为日后从事实验与科学技术研究奠定了基础。此外，在学院的网站上开辟网络教学与在线答疑模块，建立师生的微信群等，这样的师生互动不仅有利于教师及时了解学生的学习情况并进行辅导答疑，还可以提高学生对物理化学课的兴趣。

5. 教学内容与科研实践相结合

借助于学生做学年论文和毕业论文的契机，为学生提供与材料科学密切相关的选题，参与到该领域的科研工作中。一方面可以提高学生分析问题、解决问题的能力；另一方面又可以激发学生学习理论知识、进行实验操作的积极性，同时启发学生的思维，培养其探索精神，为后续专业课的学习以及读研深造奠定坚实的基础。

6. 考核方式多样化

目前我校总评成绩中平时成绩占40%，期末考试成绩占60%。平时成绩中包括课堂考勤、回答问题、课后作业的得分，但是由于学生在做作业时存在大量抄袭现象，所以我们不定期安排随堂小测验，并把该成绩计入平时成绩，学生报告也是平时成绩的重要得分点。这种多样化的考核方式可以较好地反映学生的真实学习状况，调动学生的学习积极性。

7. 短期授课与长期辅导相结合[5]

我校材料科学与工程专业的物理化学课程安排在大二第1学期完成，共90学时，时间紧，任务重，学生不容易将课程内容吃透。我们在第2学期开物理化学实验课时，安排学生提前复习相关的物理化学知识，查阅相关资料，要求同组学生派代表以板书或PPT的形式讲解实验原理和方法，教师再带领学生进行分析、讨论、补充，最后进行实验操作。结果表明，学生的学习主动性和积极性得到极大调动，不仅起到了复习和巩固物理化学原理的作用，也改善了实验课的教学效果，一举两得。而网上辅导答疑、师生微信群内的师生互动，一直可以延续到学生毕业，形成了短期授课和长期辅导的有效结合，大大提升了物理化学课程的学习效果。

8. 切实加强实验课教学

物理化学实验室对实验内容和相关装置与设备进行更新升级，并引进一些原来缺失的实验及设备，针对材料专业的特点开设综合性和设计性实验，不仅可以充分发挥学生的自主能动性，调动学生对实验课的兴趣，锻炼动手能力和思维能力，又可以将理论与实际相结合，全面提升物理化学课程的教学效果[6]。在西北师范大学和化学化工学院的大力支持下，这部分工作已经稳步开展，已完成调研和论证，即将进行招标采购。

综上所述，在材料科学与工程专业物理化学课程的教学过程中，一方面要尊重课程本身的特点与规律，另一方面要探索有针对性的、切实可行的教学方法，努力培养学生对物理化学课程的学习兴趣和学习热情，培养学生的逻辑思维能力以及发现问题和解决问题的能力，为今后学习其他后续课程及深造打下坚实的理论基础。

参考文献

[1]吴国元. 材料、冶金类工科物理化学教学实践与思考[J]. 云南大学学报（自然科学版），2014，36(S2)：171-175.

[2]侯文华，姚天扬. 物理化学课程教学探索与实践[J]. 中国大学教学，2012(7)：38-40.

[3]彭邦华，肖芙蓉，廉宜君，等. 材料科学与工程专业物理化学课程教学改革的几点建议：以石河子大学化学化工学院材料专业为例[J]. 教育教学论坛，2016(37)：128-129.

[4]白杨，张秀辉. 物理化学教学中的师生多途径交流[J]. 大学化学，2016，31(1)：28-32.

[5]唐树戈，牟林，郑其格，等. 高等院校物理化学课程教学实践的研究[J]. 教学研究，2015，38(3)：81-83.

[6]杨冬梅，王军. 应用化学专业物理化学实验课程设置改革[J]. 大学教育，2016(2)：145-147.

高校虚拟仿真实验管理与
共享平台存在问题浅析

张浩，龚成斌，彭敬东，魏沙平①

（西南大学化学化工学院，重庆北碚 400715）

摘　要：作为教学管理与资源共享核心，虚拟仿真实验管理与共享平台存在的某些共性问题严重影响教学管理和资源利用。本文对其使用过程中出现的安全性低、兼容性差、功能不全、集成困难等问题进行了分析并提出了相应解决方法。

关键词：虚拟仿真；管理平台；反思

随着 MOOC、虚拟现实技术和移动计算技术的发展，互联网与高等教育的深度结合使 21 世纪的高等在线教育呈现前所未有的新模式[1,2]。为了加强高等教育中实践教学的信息化进程，教育部在通过建设国家级实验教学示范中心加强实验教学的基础上，进一步提出国家级虚拟仿真实验教学中心的工作。虚拟仿真实验教学中心建设工作可分为虚拟仿真实验教学资源、虚拟仿真教学管理队伍、虚拟仿真实验教学管理体系及虚拟仿真教学管理和共享平台四方面[3,4]。作为虚拟仿真教学实验中心各项功能的保障和实施基础，管理和共享平台的安全性、兼容性、易用性以及互通性对虚拟实验教学管理和资源共享效率影响巨大。作为一种新生事物，虚拟仿真实验教学具有与实际教学截然不同的内容构架和管理模式[5]。然而，大部分高校虚拟仿真实验管理和共享平台的核心功能设计多脱胎于教务管理平台，导致虚拟教学资源的集成、管理和共享面临着相当多的困难和问题，如安全性低、兼容性差、功能不全、集成困难等。本文通过与各高校虚拟仿真实验教学中心的交流和学习，对虚拟仿真实验管理和共享平台存在的共性问题进行了简单探讨以获取其解决之道。

一、虚拟仿真教学管理和共享平台的共性问题

1. 平台安全性低

由于虚拟仿真实验教学资源的信息属性，其管理和共享平台必须向公共网络开放，供全校师生和共享单位通过网络访问，这使得平台容易受到网络攻击[6]。除去极少数配备专业信息安全管理员的虚拟仿真实验教学中心，大部分高校的虚拟仿真教学管理和共享平台由企业协助维护。由于企业安全资质有限，大多数平台目前都存在如下安全问题：

（1）密码安全：目前大多数管理与共享平台通过用户名和密码验证方式进入系统。为了维护安全，大多数信息技术企业会预留默认具有最高权限的管理员账户在系统中，其用户名多为 administrator 之类；由于未设置最大尝试次数和动态验证码，只需暴力破解即可获取管理员权限。普通用户多由教务系统直接导入，撞库技术直接获取批量用户名的概率很大。

（2）代码安全：大多数商业公司提供的管理和共享平台开发周期较短，为降低开发成本，往往舍弃安全评测环节，导致程序存在大量安全漏洞。专业安全公司测试结果显示，大多数管理与共享平台存在程序缺陷，给黑客留下可乘之机。由于软件产品的可复制性，某一高校的管理平台的安全漏洞公布会使使用同一公司产品的高校均面临安全威胁。

---

① 通信联系人：龚成斌，gongcbtq@swu.edu.cn；魏沙平，shapingw@swu.edu.cn。

(3)网络安全：由于商业公司技术储备与成本限制，大多数管理平台多安放在 Windows 服务器平台，其安全性相比 Linux 来说较差，容易受到 DDOS 和 CC 攻击[7]。若未能限制服务器远程访问，有可能使中心网站和管理平台遭到 DNS 劫持和污染攻击，使管理和共享平台瘫痪。

2. 平台兼容性差

虚拟仿真教学管理和共享平台的主要功能是虚拟仿真教学资源整合和用户数据库管理，对教学资源使用者进行合理授权，从而实现资源管理与共享。管理平台的结构主要为 Web 服务器软件、脚本语言和数据库管理系统，其兼容性的外在表现为：

(1)服务器平台兼容性差：目前主流服务器操作系统为 Windows、Netware、Unix 和 Linux，但是商业化管理平台多在 Windows 平台下开发而成。尽管 Unix 和 Linux 服务器操作系统相对 Windows 系统更加安全、稳定和兼容性好，目前高校虚拟仿真实验管理和共享平台很难用于 Windows 之外的其他平台。

(2)多浏览器支持较差：采用的 B/S 开发平台支持的浏览器多限于 IE 内核浏览器，不能兼容更为安全、快速和智能的 Google Chrome、Firefox 和 Apple Safari 浏览器平台。为了控制成本，小型软件开发公司缺乏足够的软件测试环节，在应对层出不穷的浏览器时往往捉襟见肘。

(3)数据库兼容性差：为了节省成本，目前大多数商业化管理和共享平台多使用 MySQL 作为平台数据库，同时微软公司旗下的 SQL Server 和 Access 以及甲骨文公司的 Oracle Database 也是主流数据库软件。由于数据形式的差异，导致管理平台与教务平台以及其他虚拟仿真实验中心的数据互通存在较大的问题。

3. 平台功能不全

(1)虚拟仿真教学出现时间较短，具有与实际实验教学完全不同的知识点编排和教学模式。借助于移动计算技术，虚拟实验教学不必局限于固定场合，具有随时随地学习的特点。其特殊属性必然带来平台功能的革新，然而目前的管理与共享平台尚未与时俱进地发展出相应的管理和共享功能。作为虚拟教学资源建设的核心，资源共享工作是重中之重。但是，目前的虚拟教学资源管理与共享平台多数重管理，轻共享，不能发挥出虚拟教学资源随时随地学习的独特优势。

(2)资源集成困难。为了使用户单位产生使用依赖感，虚拟资源开发技术公司往往会附赠一套管理系统，并以技术保密为理由拒绝提供标准数据接口接入其他公司平台；在资源和平台分离采购时，资源方和平台方以各自的技术标准和要求为准，不注重共享，导致资源平台的开放性不够。同时，系统改造缺乏必要的支持，使得资源整合平台从其他系统中获取数据的难度增大，集成困难。

二、管理和共享平台建设相应对策

1. 引入第三方信息安全企业

保护知识产权需要社会文化的改变，需要法律体系的相应调整，单靠防盗版技术无法解决此问题。然而在目前的情况下，高校自身开发团队应该首先自律，充分利用高校资源优势，从自身做到开发环境的正版化；其次，商业软件的招标标书应特别表述采购的软件已经得到充分授权；最后，为了防止成为二次盗版的受害者，应该选择规模较大的软件开发公司作为合作对象。

2. 使用通用超文本语言与数据库技术

在 B/S 开发结构大行其道的环境下，管理与共享平台开发过程中应选择使用率较高的几种浏览器作为开发对象，使用兼容性好的超文本语言构建网页，针对不同浏览器开发出加载项、证书、浏览器 Cookie 一键设置插件，提高对不同浏览器的兼容性。在平台使用说明帮助中，详细阐述不同浏览器的设置问题。

3. 制订统一技术标准

平台开放性、兼容性较差的核心原因在于目前的商业产品缺乏统一的技术标准和规范要求。各高校与其合作伙伴各自为战，导致管理平台的系统构架、数据库支持、功能模块等存在较大差异，彼此难以对接、集成[8]。在目前情况下，高校要在建设和采购时，首先应该制订统一开发规范，项目实施方应当统一开发标准，提供必要源代码，以便于系统集成；其次，在开发过程中一线实验教学老师要积极参与，对系统管理功能提出整改意见，使其有利于实验教学安排和考核；再次，国资处、校际合作处和实验中心工作人员应对共享功能提出建议，充分探讨共享模式并在管理与共享平台得到相应体现；最后，高校与项目实施方共同推荐项目经理，对项目建设全程监控，确保项目保质保量按期完成。

三、结语

作为高校信息化建设的重要内容，虚拟仿真实验中心建设工作的开展有利于教育公平、教育开放、资源共享和教育方式革新。其中，虚拟仿真教学管理和共享平台的建设是以上功能成功实施的保障。因此，在平台建设过程中发现问题、积极探索、深入思考、解决问题，才能不断推进虚拟仿真实验中心建设工作的优化和创新。

参考文献

[1]陈萍，周会超，周虚. 构建虚拟仿真实验平台，探索创新人才培养模式[J]. 实验技术与管理，2011，28(3)：277-280.

[2]老松杨，江小平，老明瑞. 后 IT 时代 MOOC 对高等教育的影响[J]. 高等教育研究学报，2013，36(3)：6-8.

[3]李平，毛昌杰，徐进. 开展国家级虚拟仿真实验教学中心建设提高高校实验教学信息化水平[J]. 实验室研究与探索，2013，32(11)：5-8.

[4]曹礼，邓锋，宋锦璘，等. 虚拟仿真教学平台提高医学实践操作学习效率的方法改革与应用探索[J]. 教育教学论坛，2013，39(1)：43-44.

[5]蒲丹，周舟，任安杰，等. 多层次综合性虚拟仿真实验教学中心建设经验初探[J]. 实验技术与管理，2014，31(3)：5-8.

[6]邵鹏，林予松，王宗敏. 应对高校网站五大安全漏洞[J]. 中国教育网络，2013(8)：55-57.

[7]池水明，周苏杭. DDoS 攻击防御技术研究[J]. 信息网络安全，2012(5)：27-31.

[8]胡今鸿，李鸿飞，黄涛. 高校虚拟仿真实验教学资源开放共享机制探究[J]. 实验室研究与探索，2015，34(2)：140-144，201.

模型化教学在初中化学教学中的实践研究
——以"氧化汞分子、水分子和氯化氢分子"的水果模型为例

王丽娟，崔华莉①

（延安大学化学与化工学院，陕西延安 716000）

摘　要：本文首先介绍了在"分子和原子"传统教学中所存在的问题，通过教学案例分析，探讨了模型化教学对学生理解分子和原子相关知识点的重要性，涉及的实物模型有氧化汞分子、氧气分子、汞原子、氢气分子、氯气分子、氯化氢分子和水分子的水果模型，最后阐述了模型化教学对化学教学的重要意义。

关键词：水果模型；模型化；微粒观

在化学世界中，化学微观概念是抽象化、本质化的微观化学知识，"分子和原子"这一课时的学习是学生由宏观世界转向微观世界的一个开端，是初中化学学习中的一个重点和难点[1]。目前，关于"分子和原子"的教学研究存在着一定的问题，为了解决这些问题，笔者对"分子和原子"的教学进行了重新思考和设计，运用水果模型进行教学实践，最后取得了很好的教学效果。

一、传统教学中存在的问题

通常的教学都是通过演示课本中的实验、多媒体展示图片等方法了解分子的特征，用播放动画等形式说明分子与原子的定义和关系，辅之以相关练习题的训练[2]。很少有教师采用模型化教学策略来有效展示化学反应过程的本质，解释分子和原子的本质，更没有让学生主动参与到整个模型的建构中去。针对以上问题，笔者开展了此教学案例的设计。

二、教学案例分析

1. 创设情境

[教师活动]一声"老师今天请大家吃水果"，展现在大家面前的是五颜六色、大小各异的水果。教师展示提前准备好的水果模型。

[学生活动]观察思考，注意力集中，对本节课产生了浓厚的兴趣。

[教师活动]分子怎样构成？分子和原子有什么关系？我们将对这些问题进行深入研究。

2. 模型化教学的实施

[教师活动]播放气态、液态和固态水微观状态的视频。

[学生活动]观看视频，分析水的蒸发过程和结晶过程。

[师生共同总结]分子的定义：保持物质化学性质的最小微粒。

[教师活动]引导学生观察贴有标签的水果，每个水果表示一个原子，将学生分成小组，每个小组分给几个不同的水果，让学生根据自己所学组装几个分子模型。

[学生活动]学生积极动手开始组装，完成后各组派出代表给大家展示自己的水果模型，并且进行

---

① 通信联系人：崔华莉，延安大学化学与化工学院，副教授，研究生导师，研究方向为中学化学教育教学研究，cuihuali07@163.com。

介绍。

[师生共同总结]分子是由原子构成的。

[教师活动]引导学生阅读课本第 50 页的内容，组装并讲解 HgO 分解成 Hg 和 O_2 的过程。加热 HgO 粉末时，HgO 分子会分解成氧原子和汞原子，边讲边将组装好的 HgO 分子拆开，每两个氧原子会结合成一个 O_2 分子，许多汞原子会聚集成金属汞，边讲边重新组装。

[师生共同总结]在化学变化中，分子可以分成原子，原子又可以结合成新的分子，这就是化学变化的本质。由此可见，在化学变化中，分子的种类发生变化，而原子的种类不会发生变化。因此，原子是化学变化中的最小微粒。

拓展迁移

[学生活动]学生分组利用水果模型进行自主组装和拆分，并进行讲解：①氢气和氯气生成氯化氢的反应过程；②电解水的反应过程。

[教师活动]在学生旁边指导、解疑，评价学生的操作过程和讲解情况。

课堂总结

[师生共同总结]分子和原子的区别和联系。

三、研究水果模型的意义

模型不仅是一种学习工具，更是一种科学方法和策略。模型化教学是新课程标准的基本要求，是素质教育的必然选择[3]。通过模型化教学可以对复杂的事物进行直观的表述，帮助学生深入理解分子和原子的本质特征和关系。水果模型与学生生活实际贴近，具有直观生动的特点，通过组装水果模型，提高了学生的抽象思维能力和动手操作能力，在教学过程中具有一定的使用价值。

参考文献

[1]李娟，钱扬义. 采用模型教学策略实现"分子和原子"概念辨析的实践研究：以"氧化汞分子、水分子、氯化氢分子"球棍模型为例[J]. 中学化学教学参考，2014(9)：27-30.

[2]朱雪琴，龚颖潮. 建构新知 形成概念：九年级化学"分子和原子"教学设计与实践反思[J]. 中学化学教学参考，2015(5)：16-19.

[3]王瑞芬. 化学模型在学校化学教学中的运用探讨[J]. 电子制作，2014(15)：136.

基于建构主义理论的中学化学教学实践研究

胡宏权①

（云南省陆良县第一中学，云南曲靖 655600）

摘　要：建构主义学习理论为教师反思教学行为提供了一个全新的视角。本文基于建构主义的基本观点，提出了在化学教学中促进学生意义建构的指导思想和具体做法；在该理论的指导下可以对当前的化学教学模式进行研究，形成支架式、抛锚式、随机访问式教学模式，有助于提高教学效率；举例说明了该理论在化学概念教学中的具体运用，以期对化学教学改革起到抛砖引玉的作用；在化学实验教学中应用建构主义思想进行教学，促使学生的实践能力和创新能力得到发展。

关键词：建构主义；教学模式；化学概念；化学实验

教育发展到现在，学校教育是人生接受教育的最重要阶段。随着基础教育课程改革的不断推进，在中学教学一线的教师面对各种教育教学改革应积极实践。人类之所以能超越其他所有动物，一方面人类能够使用工具和具有丰富的想象力，另一方面就是人类有教育意向和教育方法。从古代的手传、口传教育到后来的文字教育，直到现代的综合性教育，都是教育在不断进步的体现，也正是因为教育的飞速进步，人类社会才得以突飞猛进地发展。现代人是生活在知识的海洋，人从出生到成年这一段时间要学习大量的知识，而学习知识的快慢和掌握的程度直接与教学方法有关[1]。现代的教师不应再是带着教材走向学生，而是带着学生走向现实中的科学问题；学习不仅是一种知识获得的过程，而且是一个不断丰富和建构自身的过程；随着课程的改革，教育的方式方法也将跟随改革，而具有现代学习理念的建构性学习理论正好为教与学的改革注入活力。

中学化学教学具有三大特殊性：以观察和实验为基础，以形成化学概念、掌握知识结构和发展学生能力为中心，以化学教学紧密联系实际为原则。这就要求教师充分发挥学生学习的自主性，引导学生主动发现问题，主动收集、分析有关信息和资料，主动构建化学概念和化学规律，这正是建构主义理论的核心。在提倡素质教育的新形势下，化学教师如何以新的教育理论为指导，运用新的教学方法，构建新的教学模式，对学生实施素质教育，是广大化学教师面临的重要课题。本文拟在简介这一理论的基础上，力图探讨这一理论在中学化学中的应用。

一、建构主义理论的源和流

1. 建构主义的产生和发展

追溯建构主义的渊源，当首推心理学界的巨人皮亚杰（Piaget，J.）和维果茨基（Vygotsky，L.）及其后继者、美国心理学家布鲁纳（Bruner，J.S.）。

皮亚杰认为知识是一种结构，然而离开了主体的建构活动就不可能产生知识。他提出以平衡作为解释学习的机制。他认为这种平衡是一种动态的过程，它包括儿童与环境相互作用的两个基本过程："同化"与"顺应"。同化是指把外界所提供的信息整合到自己原有认知结构（也称图式）内的过程；顺应是指外部环境发生变化，而原有认知结构无法同化新环境提供的信息时所引起的儿童认知结构发生重

---

①　通信联系人：胡宏权，529715718@qq.com。

组与改造的过程，即个体的认知结构因外部刺激的影响而发生改变的过程。可见，同化是认知结构数量的增长（图式扩充），是量变过程。而顺应则是认知结构性质的改变（图式改变），是质变过程。当认知个体能用现有图式去同化新信息时，他处于一种平衡的认知状态；而当现有图式不能同化新信息时，平衡被破坏，进而修改或创造新图式（即顺应）的过程就是寻找新平衡的过程。学生的认知结构就是通过同化与顺应过程逐步建构起来，并在"平衡—不平衡—新平衡"的循环中不断地丰富、提高和发展[2]。这就是皮亚杰的建构主义思想。

苏联杰出的心理学家维果茨基有关人的心理发展的研究，对建构主义的发展也是十分重要的。他首先确定了儿童心理发展中的两种水平："现有发展水平"和"最邻近发展区"。"最邻近发展区"是指儿童独立解决问题时的实际发展水平和在教师指导下解决问题时的潜在发展水平之间的距离。可见教学可以创造最邻近发展区。他揭示了教学的本质特征不在于"训练""强化"已形成的心理机能，而在于激发、形成儿童尚未成熟的心理机能。因此，教学应该成为促进儿童心理机能发展的决定性动力，只有走在前面的教学才是好的教学。

布鲁纳于20世纪70年代末把维果茨基的思想介绍到美国，对建构主义的进一步发展起了推动作用。

2. 建构主义学习理论的基本观点

建构主义认为，知识不是通过教师传授得到的，而是学习者在一定的情境即社会文化背景下，借助他人（包括教师和学习伙伴）的帮助即通过人际间的协作而获得的，因此，"情境""协作""会话""意义建构"是学习环境中的四大要素。建构主义既强调学习者的认知主体作用，又不忽视教师的指导作用。教师是意义建构的帮助者、促进者，而不是知识的传授者与灌输者。学生是信息加工的主体，是意义的主动建构者，而不是外部刺激的被动接受者和被灌输者[2]。

（1）建构主义的知识观

统整的建构主义知识观十分注重知识建构的四个辩证统一，即：知识的客观性与主观性的辩证统一；以发现为主导的知识接受与发现的辩证统一；以建构为主导的知识的结构与建构的辩证统一；知识的抽象性与具体性的辩证统一。为此，课程结构设计与教材编写都应致力于创建一种开放性、浸润性、积极互动的学习文化，以帮助克服知识的惰性，增加知识的弹性，促进知识的正迁移。

（2）建构主义的学习观

统整的建构主义还认为，每个学习者都不应等待知识的传递，而应基于自己与世界相互作用的独特经验去建构自己的并赋予经验的意义。为此，新教材编写时十分注重学习的建构性、累积性、反思性、探究性、情境性及问题定向学习（如基于案例的学习）等。

学生在学习过程中应努力做到：①用探索法、发现法去建构知识的意义；②主动去收集并分析有关信息和资料，对所学习的问题要提出各种假设并努力加以验证；③把当前的学习内容与旧知识相联系，并对这种联系认真思考。在思考中应进行"自我协商"或"相互协商"。"自我协商"是指自己和自己争辩什么是正确的；"相互协商"是指学习小组内部之间的讨论与辩论。

（3）建构主义的教学观

在更新知识观、学习观的基础上，统整的建构主义还强调：教学应该通过设计一项重大任务或问题以支撑学习者积极的学习活动，帮助学习者成为学习活动的主体；设计真实、复杂、具有挑战性的、开放性的学习环境与问题情境，诱发、驱动并支持学习者的探索、思考与问题解决活动；提供机会并支持学习者同时对学习的内容和过程进行反思与调控[3]。总之，统整的建构主义的教学应基于：

①教学内容的真实性与支撑性。
②学习环境的内容丰富性、挑战性和开放性。
③评价的激励功能与支持反思和自我调控的功能。

④学习共同体的构建、共创互动合作与支持双赢的学习文化。

⑤教学情境的浸润性功能。

二、建构主义对化学教学的启示

"主导—主体"相结合的化学教学模式中需要建立互助合作的新型师生关系，教师不再是知识的仲裁者、课堂的控制者，而是学生探究学习活动的支持者、引导者和合作者。探究性教学过程是教师帮助学生认识问题、解决问题、发现新知识的过程，是师生之间、生生之间相互交流合作的过程，它是双向信息和多向信息的交流。而教材所提供的知识不再是教师传授的内容，而是学生主动建构意义的对象，媒体也不再是帮助教师传授知识的手段方法，而是用来创设情境、进行合作学习和会话交流，即作为学生主动学习、协作式探索的认知工具。它不仅能提供界面友好、形象直观的交互式学习环境，还能提供图文声并茂的多重感官综合刺激，有利于学生的主动探索、主动发现，使学生更多更好地获取关于客观事物规律与内在联系的知识[4]。譬如在"有机化学化学基础"的教学中，通过分子模型的制作和组装，多媒体演示化学键断键、原子间的重组过程、官能团的变化等动画，归纳整合出获取知识的方法和策略。显然，在这种场合，教师、学生、教材和媒体四要素与传统教学相比，各自有完全不同的作用，彼此之间有完全不同的关系。但是这些作用与关系也是非常清楚、非常明确的，因而成为教学活动进程的另外一种稳定结构形式。

1. 展开化学研究性学习

化学研究性学习是指在教师引导下，学生在一定情境中发现问题、选择课题、设计方案，通过主体性的探索研究求得问题解决，从而体验和了解科学探索过程，养成自主探索、创新的意识和习惯，形成和提高创造能力，增加知识，积累和丰富直接经验的活动过程。研究性学习重视学生的主体性研究活动，重视问题的解决过程，强调学习体验的重要地位，从而有利于培养学生的实践能力和创新精神。开展研究性学习充分体现了建构主义的上述基本教育思想。

在化学教学中，要指导学生结合当地和学校的实际情况，以及学生的特长、兴趣、学习情况，选择适宜的课题。例如，在学习"环境保护"的内容时：(1)首先学生在教师的引导下剖析光雾霾产生的原理，再设计减少汽车尾气中有害气体的方案。(2)分析酸雨的来源和成因，调查当地为防止酸雨采取的措施，测量当地降雨的平均 pH，设计模拟酸雨对建筑材料的腐蚀，提出防止酸雨的策略。这些课外活动，不仅有利于学生深刻理解所学知识，还有利于学生掌握学习方法，提高学习能力和实践能力，使学生寓教于乐。

2. 重视化学实验教学，培养学生的动手能力和解决实际问题的能力

依照建构主义理论，教学不能把知识作为预先生成的东西传授给学生，化学教学必须由重"结果"向重"过程"转移，要重视引导学生对知识形成过程的认识和理解，并从中仔细领会这一知识产生的基础、发展的过程和趋势，以及跟其他知识的联系，将学生引向一个深而广的思维空间，培养学生的创新精神和创造能力。例如"离子反应"这一节知识：先提出酸、碱、盐导电的条件，学生在教师引导下讨论得出最优方案，用实验验证导电的条件，得出结论，进而深入探讨电解质的概念的实质，主动建构知识。实施探索性化学实验教学，让学生通过自主地参与知识获得的过程，亲历知识探索，使自己成为知识的发现者，从而掌握科学研究的方法，提高探究能力，是化学教学由重"结果"向重"过程"转移的途径之一。

3. 广泛开展讨论学习，促进交流

建构主义十分重视学习中的"相互作用"。这就要求我们在课堂教学中，使学习主体真正参与到教学过程中来，增大教学形式的开放性。

首先在化学教学中营造民主、平等、合作的课堂教学氛围，抛弃传统的"师道尊严"。教师要尊重

学生的不同观点,对其科学合理的部分给予充分肯定,对错误的部分在认真解释的同时,允许其暂时的"想不通"而有所保留,形成民主、平等、热烈的交往气氛[4];要创设良好的教学情景,广泛开展老师与学生、学生与学生之间的讨论,使学生的观念和思想可被教师和同学充分地了解,提高了知识建构的自主性和学习的合作性。在化学教学中,可通过以问题为线索,力求实验与思维有机结合、层层递进,使学生始终处于不断探索的情境之中;要培养学生之间合作的习惯,提倡以小组学习活动为特征的"合作学习"模式,使学生适应信息社会对人才的合作要求。

三、基于建构主义教学观的化学教学模式

化学是一门实验性、实践性和操作性都非常强的学科,化学教学应该注重认知能力的培养,提倡学生主动探究。化学教师在教学过程中如何运用全新的建构主义教学观构建新的教学模式,对学生进行科学思维、操作、观察等素质的培养是一个值得研究的重要课题。

在建构主义教学观的指导下,形成的化学教学模式主要有支架式教学模式、抛锚式教学模式、随机进入式教学模式等。

1. 支架式教学模式

支架式教学借用建筑行业的"脚手架"概念。教师先为学生的学习搭建支架(指教师教学过程的管理、调控),通过支架逐步把学习的任务转移给学生,然后逐步撤去支架,让学生独立探索学习[5]。支架式教学有以下几个环节:搭脚手架(按"最邻近发展区"的要求建立概念框架)—进入情境—独立探索—协作学习—效果评价。

图1所示的"Na 与 H_2O 的反应"即属支架式教学模式。用这种支架式的教学模式可以将学生的智力从一个水平提高到另一个新水平,真正做到使教学走在发展的前面。

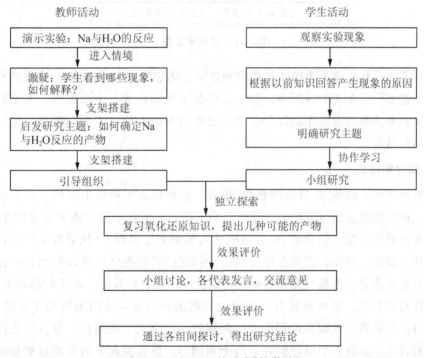

图 1　"Na 与 H_2O 的反应"教学过程

2. 抛锚式教学模式

抛锚式教学,也称"实例式教学"。这种教学模式要求建立在有感染力的真实事件或真实问题的基础上。确定这类真实事件或问题被形象地比喻为"抛锚",因为一旦这类事件或问题被确定了,整个教

学内容和教学进程也就被确定了（就像轮船被锚固定一样）。抛锚式教学的主要目的是"使学生在一个完整真实的问题情境中产生学习的需要，并通过镶嵌式教学以及学习共同体中成员间的互动、交流，即合作学习，凭借自己的主动学习、生成学习，亲身体验从识别目标到提出目标、达到目标的全过程"，它主要由创设情境、确定问题、自主学习、协作学习和效果评价[6]五个环节组成。图 2 所示的 Cl_2 的教学即属抛锚式教学。

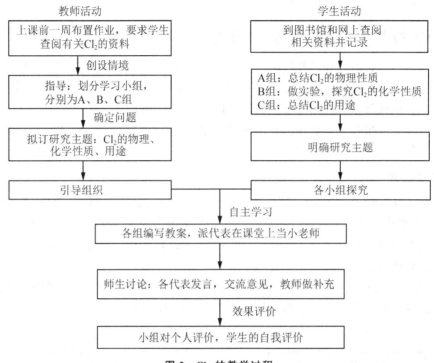

图 2 Cl_2 的教学过程

这种教学模式不仅进行了意义建构（Cl_2 的物理性质、化学性质以及用途），而且还提高了学生自主学习、协作学习的能力[5]。在这个课例中，学生始终处于主动探索、主动思考、主动建构意义的认知主体位置，但是又离不开教师事先作的教学设计和协作过程的引导，整个过程充分体现了教师指导作用与学生主体作用的结合。

3. 随机进入式教学模式

随机进入式教学模式，也称"随机访问教学"模式，这种模式要求学生对同一内容的学习在不同时间多次进行，每次的情境都是经过改组的，而且目的不同、侧重点不同，使学生对概念获得新的理解。这种教学模式主要由确定主题、创设情境（为随机进入教学创造条件）、独立探索、协作学习、自我评价和深化理解等环节组成。例如，教师在进行"氧化还原反应"的教学时可以采用这一模式。教师围绕这一教学内容拟订若干题目：得氧、失氧与氧化还原反应；化合价升降、电子转移与氧化还原反应等。要求学生用多媒体形式直观、形象地把自己选定的问题表现出来，在图书馆和互联网上查阅资料后，学生制作了一些自己的视频，教师选取其中合适的视频，向全班学生播放，播放后立即组织讨论。在讨论过程中教师对讨论中的观点加以评判并进行个别辅导；把有关教学内容的理解逐步引向深入，有针对性地对薄弱环节作补充学习和练习。

应该指出的是，单一的教学模式并不能满足于任何教学内容。在实际教学中，教学应根据不同的教学内容、教学要求及学生的发展水平、接受能力和心理特点等灵活选用适当的教学模式。

四、建构主义学习理论对化学概念教学的作用

对化学概念教学来说，运用建构主义学习理论可以把教学分成 3 个阶段，即冲突阶段、建构阶段和应用阶段，具体从以下几方面入手。

1. 创设情境，引发学生的认知冲突

学习化学概念时，教师要提供尽可能充足的化学事实（实验、实物、模型或数据图表等）和化学史实，或先行给出与概念教学内容相关的、包摄性较广、比较清晰和稳定的引导性材料，或联系生产和生活实际以引发学生的认知冲突，学生则积极地搜索旧有的认知结构，为认知结构的转换奠定基础。比如，在学习"氧化还原反应"的概念时，教师可引入生活中的铁生锈、食物的变质、月饼包装盒里的抗氧化剂、给金属刷油漆和涂油等先行材料。

2. 提供例证，帮助学生识别化学概念的基本特征

在教学中，教师以不同方式呈现与所教概念相关的正例与反例。第一批正例应该相对详细和明确，要保证每一个正例都与概念的基本属性相关，而反例不具备这样的相关性。这样正例就能帮助学生识别概念的基本特征，而反例则帮助学生辨识和排除那些引起混淆的非本质属性而增加概念的清晰性。由此运用不同的策略理解所学概念的关键属性，从而获得初步概念。

3. 分析例证，引导学生确认正确假设

为了让学生自己建构对化学概念的理解，学生应当在教师的帮助下确认概念的一般属性，并给予教师所提供例证一个标志或概括性的说明。教师要指导学生分析例证、生成假设，或针对学生的问题补充例证、或运用信息反馈与评价，引导学生确认正确假设，排除无效的、多余的假设。

4. 对话与商议，帮助学生定义、完善化学概念

在确认假设的基础上，教师应对所有保留下来的假设进行审视，并帮助学生对化学概念下定义。在这一过程中，促使学生思考为什么对于一个化学概念而言，有些例证是肯定的、有些例证是否定的，通过对话与商议，帮助学生借助归纳、分析、对比等方式来建构新的认知结构，逐步修正和完善化学概念的定义[7]。

5. 应用化学概念，促进学生对概念的理解

让学生应用化学概念，通过正反例的识别、本质属性与非本质属性的区分，以及在新情境中运用分析等方式，巩固和完善新的认知结构，顺利实现知识的迁移，加深对化学概念的理解。

6. 引导反思，促使学生学会思维的策略和方法

通过引导学生运用多种方式反思化学概念获得的过程、思考学习过程的得失，学会思维的策略和方法，真正地学会学习。以促进学生通过意义建构的学习朝着教师所期待的方向获得可持续的发展。

7."电解质"概念获得教学实例

(1)课前请学生写出所知的酸、碱、盐化合物分子式（回忆所学过的知识）。

(2)探究实验：各种物质的导电性实验（创设情境，引起认知冲突）。

①固体：蔗糖、$NaCl$、$NaOH$、Cu、KNO_3。

②熔融固体：蔗糖、KNO_3。

③一定浓度的溶液：蔗糖、$NaCl$、$NaOH$、KNO_3、盐酸、CH_3COOH、$NH_3 \cdot H_2O$。

(3)教师出示带有事例标记的卡片或题板（提供正例和反例），如：O_2，(否)、Cu(否)、$NaOH$ 溶液(是)、CH_4(否)、CH_3COOH(是)、SO_2(否)、H_2SO_4(是)、NH_3(否)、$NH_3 \cdot H_2O$(是)、蔗糖(否)、氯化氢(否)、盐酸(是)、熔化 $BaSO_4$(是)、$NaCl$ 溶液(是)。

①说明：所有肯定例证都具有一种共同属性。

②要求：就此概念提出假设，并比较和证实这些不同的例证的属性是否与给出的假设相符。根据此概念的基本属性来阐述概念的定义。

③提示：是单质吗？是化合物吗？能导电吗？什么状态？是酸吗？是碱吗？是盐吗？

（4）教师补充出示无标记的事例卡片或题板，请学生判断"是"或"否"（分析例证，获得概念）。

$Al(OH)_3$、HNO_3、H_2SO_4、$MgSO_4$、H_2、Al、SO_3、CO_2、H_2CO_3。

在学生正确确认的基础上，给概念下定义。

电解质的定义：在溶液里或熔融状态下本身能电离出离子而导电的化合物叫电解质。

（5）要求学生提出例证，以检验学生是否真正获得概念。教师提出问题，以确定学生是否真正掌握概念，显示出学生理解的深度，并巩固他们已有的知识（应用概念）。

如判断是非：①电解质一定是化合物，非电解质一定不是化合物；②化合物一定是电解质；③单质是非电解质；④在 $NaCl$ 水溶液中不存在 $NaCl$ 的分子。

（6）教师组织学生讨论、反思、评价他们在电解质概念获得过程中的思维策略。

五、建构主义学习理论对化学实验教学的功能

"实验是化学的最高法庭"，化学实验是中学化学教学的重点和难点。化学实验课给学生提供了培养实践动手能力的机会，有助于发展学生的创新意识，有利于学生对课堂知识点的吸收。但在实际的化学实验教学中却存在不少问题，学生的实践能力和创新能力并没有真正得到发展[8]。如何有效开展化学实验教学，并发挥出它在化学教学中的优势和特点，建构主义理论给我们提供了一个很好的理论指导。

在整个教学过程中，学生是化学实验学习的主动建构者，教师是教学过程的组织者、指导者、帮助者和促进者，"情境创建""自主探索""协作学习"和"效果评价"是建构主义学习理论的四大要素。教师在实验教学过程中充分利用好这四大要素，充分发挥学生的主动性、积极性和首创精神，最终达到使学生有效地实现当前所学知识的意义建构的目的，这就是建构主义理论的教学模式。

1. 教师提供实验素材、创设问题情境、诱导学生发现和提出问题

实验教学中，可根据不同的教学内容，通过精心设计具有启发性的问题、通过学生意想不到的错误、通过化学史实、通过联系社会和生活实际问题等方面创设问题情境[9]。在教师创设问题情境、学生产生疑问并提出问题以后，教师的主要任务不是给学生解决问题，而是为学生的探究和学习活动提供基本的实验材料，主要是教材中的相关内容、实验用品、媒体资料（含录像、投影等）。如：$Fe(OH)_2$ 制取实验的改进，传统的教法是教师直接告知或教师边演示实验边启发学生思考，而运用建构主义理论则是教师通过创设问题情境（观察不到白色沉淀），诱导学生发现和提出问题，自己得出结论。

又如，在探究原电池构成条件时，关键是要强调原电池的三要素。教师可先暗示学生若撤掉原电池实验中的某一要素，结果会出现什么现象。这时学生们会根据教师的暗示设计出以下几组不同的对照实验：

（1）将 Zu 片、Cu 片分别插入盛有稀 H_2SO_4 溶液的烧杯中，中间不用导线相连也不接入电流计，观察 Zu 片、Cu 片上的变化；

（2）将两 Cu 片用导线相连，中间接入一电流计后插入盛有稀 H_2SO_4 溶液的烧杯中，观察两 Cu 片及电流计上的变化；

（3）将 Zn 片、Cu 片用导线相连，中间接入一电流计后插入盛有蔗糖溶液的烧杯中，观察 Zn 片、Cu 片及电流计上的变化；

（4）方法同（3），将 Zn 片、Cu 片插入盛有稀 H_2SO_4 溶液的烧杯中，观察 Zn 片、Cu 片及电流计上

的变化。设计第一组实验的学生发现，Zn 片上有气泡产生，而 Cu 片上无现象，设计第二、三组的学生们观察到电流计不发生偏转，两电极上也无气泡产生，仅设计出第四组原电池的学生发现电流计发生了偏转，且 Cu 片上有气泡产生。

教师再根据不同的实验现象适时归纳总结出构成原电池的三要素：

(1)有两种活泼性不同的金属(或其中一种为非金属导体)作电极；

(2)电极均须插入电解质溶液；

(3)两电极相互接触或相连。三要素缺一不可，否则不能构成原电池，加深了学生对原电池概念的理解与记忆。

2. 学生收集信息、自行(协作)设计实验方案、自主实验探究

(1)学生自主或协作收集信息

确定实验主题所需要的信息、种类和每种资源在实验过程中所起的作用，对于应从何处获取相关信息、如何去有效地利用这些资源，学生都应自行考虑。如学生确实有困难，教师也应给予帮助。

例如：学习"酸碱指示剂"时，让学生收集波义耳发现酸碱指示剂的史实，让学生感受到化学就在我们身边，指导学生用不同的花制作酸碱指示剂，追寻科学家探究的足迹，快乐主动地体验"提出问题—猜想与假设—进行实验—解释与结论"的探究过程。

(2)学生提出假设、自己(协作)设计实验方案、寻找解决问题的途径

首先，要为学生创造一种宽松环境，让学生凭借原有的知识经验、认知水平提出解决问题的设想。然后，在学生独立假设或设想之后，学生之间交流方案。教师只在必要时给予适当点拨，帮助学生完善设想或萌发其他的设想，最终使得解决问题的方案趋于合理、可行。

(3)学生动手实验、探究发现

在学生自行设计的基础上，教师尽可能不告诉学生实验步骤，也不要过多强调如何做，而是直接让学生实施方案，让学生在独立探究、不断实践中自行发现问题、解决问题，从而顺利完成实验。同时，教师注意引导学生认真观察、深入思考、发现规律。这一过程要加强教师的巡视辅导，不仅要随时规范学生的实验操作，还要注意布疑、集疑，做到心中有数[9]。如在制 SO_2 时，实验设计要用 Na_2SO_3 固体与稀 H_2SO_4、浓 H_2SO_4 或稀、浓盐酸来制取，也可用 Na_2SO_3 饱和溶液与稀、浓 H_2SO_4 或与稀、浓盐酸反应来制取，哪一种方法更好呢？首先，学生收集信息，根据已有知识设计实验，通过各组实验来引发学生分析产生 SO_2 的速率，并依据 SO_2 在 H_2O 中溶解度大的性质，展开讨论，最终确认用 Na_2SO_3 固体与浓 H_2SO_4 反应。

3. 师生共同总结归纳，合理构建认知结构

在学生实验探究、得到初步认识的基础上，教师引导学生对所发现的规律发表见解，阐述自己的观点，或引导学生适度辩论，使学生在表达自己观点与听取他人观点的过程中拓展思维，从而进一步挖掘概念的内涵和外延，揭示化学规律的实质，并及时进行归纳、总结、整理，进而构建一个有序开放、稳定灵活、清晰合理的认知结构。

4. 引导反思，突出应用和创新

"真正的教育是自我教育"。在教学中，要培养学生的动手能力、创造能力，就要引导学生不断地对学习活动进行自我反思、自我解悟。要引导学生对自己学习的知识或解决的化学问题进行整理和归纳，想一想自己学到了哪些知识？是如何获得的？碰到哪些困难和问题？通过什么方式解决的？即让学生自己归纳学习过程。

综上所述，在建构主义理论知识指导下的化学教学应该是：学生是认知的主体，是知识意义的主动建构者，而教师是学习的主体，是知识的载体，应该起组织者、指导者和促进者的作用。因此，化学教学不再仅仅是授予和接受的过程，而是在一定社会环境中学生主动建构知识的过程。

建构主义理论是对传统教学的改革，对中学化学教学改革具有很强的指导意义。只有在教学实践中，以建构主义理论为指导，发展学生能力、提高学生素质，进行科学态度和科学方法的教育，开发学生的智力，培养他们思维的准确性、敏捷性和发散性，提高他们的化学素养，才能培养适应21世纪具有创新能力的人才。

参考文献

[1]唐崇高．建构主义学习理论在中学化学教学的应用[J]．广西师范学院学报（哲学社会科学版），2008，29：187-194.

[2]江爱莲．用建构主义指导化学教学[J]．上饶师范学院学报，2002，22(6)：57-60.

[3]张建国．建构主义理论指导下的化学教学方式[J]．教学月刊，2002(12)：36-38.

[4]李俊波，李小燕．新课程下的建构主义与中学化学教学[J]．四川教育学院学报，2005，21(11)：88-91.

[5]陈淑芬．建构主义理论与化学教学[J]．洛阳师范学院学报，2006(5)：130-132.

[6]杨文斌．谈建构主义理论与中学化学教学[J]．化学教育，2004(5)：14-16.

[7]罗静．建构主义学习理论对化学概念教学的启示[J]．卫生职业教育，2005(3)：61-62.

[8]刘莹．建构主义理论在中学化学实验教学中的运用[J]．高等函授学报（自然科学版），2008，21(3)：46-48.

[9]罗静．建构主义学习理论对实验化学教学的启示[J]．中小学实验与装备，2006，16(87)：1.

翻转课堂下"二氧化碳制取的研究"的教学设计

李先燕，许应华①

（重庆师范大学化学学院，重庆沙坪坝 401331）

摘　要：随着信息技术的发展以及专家学者对传统教学模式的研究，新的教学模式翻转课堂应运而生。这种新的教学模式给课堂教学效果带来了巨大的改变。"二氧化碳制取的研究"这一课题是培养初三学生科学探究能力、团队协作能力、热爱科学的品质的良好素材。因此本文从翻转课堂的由来和定义出发探讨如何在翻转课堂下实现初中化学教学内容"二氧化碳制取的研究"的教学设计，并在此基础上思考当下教师与学生如何更好地适应信息时代发展的需要。

关键词：翻转课堂；化学；教学设计

自有学校以来，教师和学生总是这样的一种关系：教师一人仔细讲解，全班学生认真聆听；教师课上讲解，学生课后完成作业。随着信息技术的发展以及专家学者对传统教学模式的研究，我们不难发现传统的教学模式已经不再适应现代社会的发展。因此，2004 年"可汗学院"、2007 年"翻转课堂"等一系列基于网络信息技术的先进的教学模式应运而生。

一、翻转课堂的概述

翻转课堂最早是由美国科罗拉多州落基山林地公园的两位高中化学老师——乔纳森·伯尔曼(Jonathan Bergmann)和亚伦·萨姆斯(Aaron Sams)实施的，其主要是用来解决当时部分学生因距离学校比较远或者因为缺课无法跟上课程进度的问题。他们利用软件将教学内容录制下来放在网络上供缺课的学生使用。后来那些在学校学习过的学生也在使用，把传统的教学模式进行了"颠倒"，课堂上在教师指导下完成作业，课前课后的学习是观看教学视频[1]。近几年来，翻转课堂教学模式不断发展，为教育教学带来了新的机遇。从大学、高中、初中一直到小学都在不断地发展。接下来以初三化学"二氧化碳制取的研究"为例谈谈翻转课堂下的教学设计。

二、翻转课堂下的教学设计

1. 教材分析

本教学设计选取的课程是"二氧化碳制取的研究"，它安排在碳的化学性质之后，起到了由浅入深的作用，在学习这节课程之前我们已经学习过"氧气的制取"，它与二氧化碳的制取共同构成了初中阶段气体制取较为完整的知识体系和探究思路，这两节课程是培养学生基本实验技能的最佳素材，同时为培养学生良好的思维能力以及今后学习化学的能力夯实了基础。

2. 学情分析

(1)已有经验和知识

学过"氧气制取的研究"的前期基础知识，熟悉实验室气体制备的反应原理、实验装置、气体收集等基本要素，掌握气体制备的基本实验操作技能。

---

①　通信联系人：许应华，教授，博士，硕士生导师，xyh. luck@163.com。

通过活动和探究的方式来研究实验室中制取二氧化碳的装置及其改进，并利用设计的装置制取二氧化碳，由此使教学目标能够达成。

（2）尚有欠缺和不足

气体制备的一般思路较模糊。学生素质参差不齐，抽象思维能力和语言表述能力较薄弱。

3. 教学重难点

在学习完"氧气制取的研究"之后，对气体制备应该考虑的因素（如反应原理、实验装置、气体收集等）有一定的了解。根据这样的教材分析和学情分析我们确定如下的教学重难点。

重点：自主探究实验室制取二氧化碳的方法。

难点：总结实验室制取气体的一般思路。

4. 三维目标

知识与技能：掌握二氧化碳的反应原理，探究实验室制取二氧化碳的装置，并利用设计的装置制取二氧化碳；了解实验室制取气体的方法和设计思路；提高自主学习和碎片化学习的能力。

过程与方法：通过实验室里制取氧气的方法和设计思路，探索实验室制取二氧化碳的药品和实验装置；初步学习科学探究的基本过程（提出问题→做出猜想→实验探究→获得结论→交流与应用）和方法；体验化学实验方法的科学性；能进行初步的科学探究活动并学会归纳总结。

情感态度与价值观：通过实验、问题讨论，培养求实、创新、合作的科学品质；通过师生间、同学间合作学习、研究性学习，体验探究成功的乐趣，激发学生的探究欲望，养成终身学习的意识。

这样的教学目标在传统的教学模式下其实是很难实现的，传统教学模式中，老师是站在知识和学生的中间，老师是知识的传递者，而且大部分都是"灌输式"的教育，学生接受的是一样的信息，这就大大限制了学生的个性化发展，甚至消磨学生的学习兴趣；而在翻转课堂的教学模式中，知识由学生直接获取，老师关注的是学生获取知识的能力和效果。知识围绕学生和老师实现了内化的过程，这种模式为知识做了保鲜，学生得到的不仅仅是一手的知识，还有获取知识的本领——授之以鱼，不如授之以渔。

5. 教学过程

（1）课前预习

本堂课提供的学习资源：微课网陈乐天老师的教学视频，以及我们自主创作的微课视频，这两个视频，来自不同的渠道和制作团队，就在一定的基础上相互弥补了各自的缺点（比如说视频的趣味性和内容的深度），形成比较完善的知识架构供学生学习。

根据思维导图将课程进行分解：整节课程可以分为药品选择、装置选择、实验步骤三方面（见图1），需要在每一方面预留几个典型问题，然后将学生分成小组。学生需要做的就是根据老师的分组，自主学习老师分发的课程资源（微课视频），并且回答老师预留的问题，并把自己学习过程中的疑问记录下来。

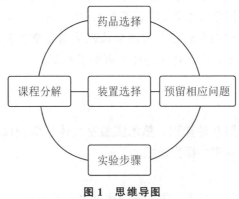

图1 思维导图

（2）课堂互动：药品选择

预留问题：在"木炭燃烧、碳酸钙高温分解、碳酸钠与稀盐酸反应"中，哪种制取方法比较合理，为什么？

设计意图：导学案上提供了几种有二氧化碳产生的例子，同时让学生试着回忆之前学过的能产生二氧化碳的方程式，再通过预留的问题将学过的内容与本堂课联系起来达到巩固旧知识、学习新知识的目的。学生从书写的方程式中去分析每个反应式发生的条件、药品的特性、是否易于操作、是否环保等，通过自主学习、合作学习选择出本实验最佳的实验药品。

（3）装置选择

发生装置：在"反应物状态、发生条件、是否易于操作、是否环保"中，实验室制备气体用的发生装置需要考虑哪些因素？

收集装置（见图2）：主要有哪些收集气体的方法？二氧化碳适合选用哪一种收集方法？

图 2　收集装置

设计意图：在选择发生装置时，将初中阶段一些常见的装置罗列出来，用计算机技术制作出一个供学生选择的界面，让学生自主选择发生装置需要的仪器。在选择收集装置中，学生在学完实验室制取氧气后知道收集气体的方法有向上排空法、向下排空法、排水法，并且知道每种方法适用的条件，列举收集气体的方法既可以帮助学生复习，同时也可以帮助学生快速地判断二氧化碳的收集适合选用哪一种方法。

（4）组装并实验

学生通过选择、优化给出了自己初步的设计图，接下来就是小组进行合作，去选择自己组需要的仪器并将仪器组装起来，向大家展示自己的设计成果并解释设计思路，最后进行实验，记录现象、实验数据、验满操作并与大家交流自己的发现。

（5）自主探究（解释设计思路，见图3）

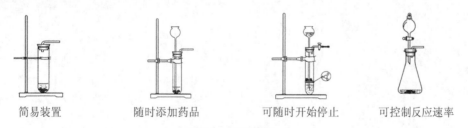

简易装置　　　随时添加药品　　　可随时开始停止　　　可控制反应速率

图 3　设计思路

（6）课后复习

课后，对于教师来讲，需制作"二氧化碳制取的研究"课程的复习微课，同时根据学生的学习情况进行课程总结。对于学生来讲，要重温"二氧化碳制取的研究"的微课内容，夯实重要知识点。小组合作制作思维导图（电子版、手写版均可），并作分享展示。

三、反思与总结

翻转课堂固然有诸多好处，体现了学生的主体地位，但这种教育模式真正得到大范围的实施还需要各种资源和技术支持。这主要从以下三个维度来阐述：第一，从国家层面来讲，国家应该大力提供各种资源，并且保证网络技术从城市到乡村彻底连通；第二，从学校层面来讲，学校大力培养具有高素质的教师人才队伍，并提供各种学习和实践的机会；第三，从人的层面来讲，从学生层面，学生必须要积极主动起来，不能只会传统地接受学习，更要学会与人沟通、收集信息、处理信息，从教师层面，教师首先应该转变自己的教育理念，同时扩充自己的知识储备量，随时为学生的学习内容提供必要并且准确的素材和资源。

《教育信息化十年发展规划(2011—2120)》指出，教育信息化发展要以教育理念创新为先导，以优质教育资源和信息化学环境建设为基础，以学习方式和教育模式创新为核心[2]。翻转课堂恰到好处地体现出了发展规划中的指导思想，这种教育模式能更好地适应未来社会发展的需要。

同时，信息时代背景下，教育发展对学生和教师提出了更高的要求。对于学生来说，不仅要养成基本的科学素养，更要注重提升信息素养，而且要有终身学习的意识和能力。对于教师来说，不仅要突破传统教学思维的束缚，而且要注重深化学科理解，开发整合教学资源，依托混合式教学模式，提高教学质量[3]。

参考文献

[1]何克抗. 从"翻转课堂"的本质看"翻转课堂"在我国的未来发展[J]. 电化教育研究，2014 (7)：5.

[2]宋士涛，吴素霞，彭友禹，等. 翻转课堂在教学中的应用和实践[J]. 广州化工，2016 (44)：22.

[3]张其亮，王爱春. 基于"翻转课堂"的新型混合式教学模式研究[J]. 现代教育技术，2014 (24)：4.

基于"三维目标"的化学教学设计
——以高中化学"化学能转化为电能"为例

蔡腊梅，许应华①

（重庆师范大学化学学院，重庆沙坪坝 401331）

摘　要：围绕"三维目标"在化学教学设计中的制订与实施，对"化学能转化为电能"进行了创新教学设计。分析在化学教学中落实"三维目标"所存在的问题，据此在教学设计和实施中进行了改进。

关键词：三维目标；教学设计；高中化学；化学能转化为电能

课程改革已进行多年，在一定程度上卓有成效。《普通高中化学课程标准（实验）》指出："高中化学课程以进一步提高学生的科学素养为宗旨，并从课程目标的角度将科学素养界定为三个目标维度，即知识与技能、过程与方法和情感态度与价值观，从而构建三维目标相融合的高中化学课程目标体系[1]。"三维目标是一个有机结合的整体，三者缺一不可，在教学实践中不能顾此失彼，要将三个维度整合为一体。

一、化学教学中落实三维目标存在的问题

1. 教学过程中将"三维目标"人为分裂，难以融合

"三维目标"是基础学里的一种表述。第一维目标（知识与技能）指人类生存所不可或缺的核心知识和基本技能；第二维目标（过程与方法）的"过程"指应答性学习环境与交往体验，"方法"指基本学习方式和生活方式；第三维目标（情感态度与价值观）指学习兴趣、学习态度、人生态度及个人价值与社会价值的统一[2]。"三维目标"中第一维目标"知识与技能"是基础，在教学活动中，掌握基本的知识和技能是最低的要求；第二维目标"过程与方法"是关键，落实"过程与方法"目标的同时，"知识与技能"目标也可得以实现，还可以形成正确的情感态度与价值观；第三维目标"情感态度与价值观"依附于"知识与技能"和"过程与方法"，它不是独立存在于教学的某一环节，学生在经历学习活动的过程中得以落实这一目标。三维目标相互渗透、相互交融，有机联系在一起，学生学习效果才能达到最佳。

然而在教学实践中，部分教师将"三维目标"人为分裂，认为在教学环节的设计中，每一个教学环节只能孤立地达到某一个教学目标，单方面为达到"知识和技能"目标，忽略"过程与方法"目标，那就会出现灌输知识的现象；如果单方面只注重课堂开展形式，也会造成部分学生在探究过程中忽略了知识和技能的学习。实际上，三维目标中的每一个目标都具有双重属性，例如"过程与方法"目标一方面是属于过程性目标，同时也具有结果性属性。从双重属性的视角出发，设计与描述三维目标时，首先要从思想上重视过程性属性。教师认识到三维目标都有双重品质，正视三维目标不可或缺的过程性属性，才能够在教学设计过程中，根据内容选择合适的方法保证学生经历过程，在过程中获取知识、掌握方法、提升能力、获得体验[3]。因此，在教学实践过程中，不能将三维目标人为地分裂。

---

① 通信联系人：许应华，教授，博士，硕士生导师，xyh.luck@163.com。

2. 在教学过程中三维目标的落实缺乏有效性

受传统教学模式的影响，日常教学活动过分突出了"知识与技能"目标，大多数教师对于"知识与技能"目标的制订与实施可以做到准确、具体。近年来全国各地开展探究性学习、翻转课堂等以学生探究为主的教学模式，"过程与方法"目标在教学过程中越发显得重要，但是由于应试教育的根深蒂固，高考作为学生升学必经之路，这与素质教育之间的矛盾是不可忽略的，因此在基础教育中，部分教师仍然采取应试教育的模式，不重视教学的"过程与方法"目标，学生在课堂的主导地位凸显不出。"情感态度价值与价值观"目标在教学设计中缺乏清晰的认识和预期，对于想要达到的教学效果不具体，难以在实际的教学中与学生达到情感上的共鸣，因此这一目标的制订普遍显得空洞。

二、落实三维目标的"化学能转化为电能"教学设计

为避免在化学教学实施过程中出现以上问题，本文以"化学能转化为电能"为例，在教学设计中围绕原电池本质和知识逻辑联系，以翻转课堂为教学模式，采取游戏化学习、实验探究和问题解决等教学方法，将"三维目标"以恰当的方式融合，并切实有效地落实"三维目标"。

1. 教材分析

"化学能转化为电能"在人教版高中化学必修二，属于化学反应原理的范畴，是高中化学非常重要的原理性知识之一，本节内容是电化学基础知识的入门性知识。随着科学技术的发展和社会的进步，"化学能转化为电能"的知识渗透在生活和社会的各个领域，广泛地应用于科学、教育、生活和工业生产中。因此，通过学习"化学能转化为电能"的原理和应用，学生应对化学在提高能源的利用率和开发新能源中起到的作用和贡献有初步认识。在教学设计中应充分体现教学内容的基础性和实践性，尊重学生在教学活动中的主体地位，充分发挥学生的主观能动性，以探究性学习为主，让学生在探究过程中掌握知识、提升能力，提高自身的科学素养。

2. 教学目标

知识与技能：理解原电池的工作原理，掌握形成原电池的基本条件；能正确规范书写电极反应方程式；能初步根据典型的氧化还原反应设计原电池。

过程与方法：通过分组探究实验的过程，体会化学知识的获取方法；同时培养观察能力、分析问题能力以及分工协作、互相协助的工作方式。通过设置探究问题，分组讨论的过程，学会发现问题、解决问题的方法；同时进一步理解实践→认识→再实践→再认识的辩证唯物主义的思维方法。

情感态度与价值观：通过动手实验，激发学习兴趣与投身科学追求真理的积极情感。通过探究知识的问题讨论，体验科学探究的艰辛与愉悦，增强为人类的文明进步而积极学习化学的责任感和使命感。

3. 教学重、难点及其突破策略

教学重难点是化学能如何转化为电能，也就是原电池反应的本质，在教学过程中引导学生从电子转移的微观角度探究化学能转化为电能的本质[4]。

4. 教学过程设计与分析

（1）课前自主学习微视频

PPT型微视频＋学习测验＋课前总结复习，表1为本节主要知识点以及认知目标，原电池的概念、Cu-Zn原电池的电极反应和电池反应为课前自学内容。

表1 "化学能转化为电能"(第1课时)知识点整理

知识点名称		认知目标
原电池基本概念	原电池的定义	理解
	正极、负极的定义	识记
	电极反应式的定义	了解
	电池反应式的定义	了解
Cu-Zn原电池电极反应、电池反应	电极反应的现象	理解
	电极反应式的书写	应用
	电池反应式的书写	应用
Cu-Zn原电池的工作原理	化学能如何转变为电能	理解

(2)课堂播放微视频,创设情境

播放微视频:手机游戏中,突然停电,怎么办?大人利用水果电池为手机续航。引入教学内容:化学能怎样转化为电能?

【设计意图】引入知识的应用背景,激发学生的求知兴趣,为落实三维目标奠定情感基础。

(3)课堂组织游戏闯关大挑战

【环节1:基础知识抢答】

①什么是原电池?

②铜锌原电池的正负极和电极反应是什么?

③写出铜锌原电池的电池反应。

【设计意图】通过游戏的形式,激发学生参与的积极性,落实过程与方法目标;复习巩固旧知,能正确规范地书写电极反应方程式,落实知识与技能目标;培养学生热爱学习的积极情感。

【环节2:内化巩固】

情境假设:某一天,突然停电了,你如何借助这些仪器、药品让小灯泡亮起来呢?

仪器及药品:一些电线、几块锌片、几块铜片、镁片、几个装有稀硫酸的烧杯、一个灯泡、若干个柠檬。

学生实验:设计水果电池、Cu-Zn原电池(见图1),分小组汇报成果。

对比案例:微视频中的水果电池。

教师引导:学生将锌片换成镁片(控制变量法)。

综合讨论:讨论铜镁原电池正负极、电极反应式、反应现象。

【设计意图】锻炼学生实验能力,引导学生感知知识的获取过程,锻炼学生的自主学习意识和解决问题的能力,设置探究问题,学生分组讨论,让学生学会发现问题、解决问题的方法;能初步根据典型的氧化还原反应设计原电池;通过分组探究实验的过程,使学生体会化学知识的获取方法;同时培养学生的观察能力、分析问题能力以及分工协作、互相协助的工作方式;同时进一步理解实践→认识→再实践→再认识的辩证唯物主义的思维方法,落实知识与技能、过程与方法目标,同时通过学生动手实验,激发其学习兴趣与投身科学追求真理的积极情感,情感态度与价值观目标贯穿其中。

【环节3:本质探索】

现象观察:观察实验现象。

学生思考:为什么图2、图3没有电流?

学生讨论得出原电池的构成条件。

结论认识:是原电池这个"神奇"的装置将氧化还原反应中的化学能转化为了电能。

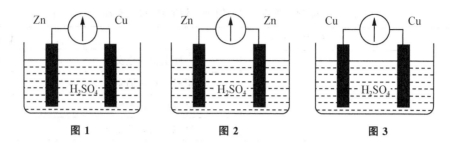

图1   图2   图3

教师引导：为什么在原电池这个装置里微粒就愿意定向移动了呢？

深入探讨，分小组汇报结果，从微观角度分析原电池反应的实质。

【设计意图】通过探究知识的问题讨论，体验科学探究的艰辛与愉悦，增强为人类的文明进步而积极学习化学的责任感和使命感，理解原电池的工作原理，掌握形成原电池的基本条件。

（4）课后巩固勤反思

①尝试用概念图的形式总结本节课的知识。

②尝试制作不同的水果电池，探究影响电压大小的因素。

5. 板书设计（见图4）

化学能转化为电能
原电池：将化学能转化为电能的装置

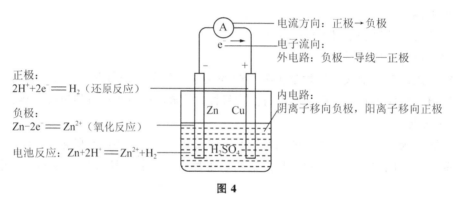

正极：
$2H^++2e^- = H_2$（还原反应）

负极：
$Zn-2e^- = Zn^{2+}$（氧化反应）

电池反应：$Zn+2H^+ = Zn^{2+}+H_2$

电流方向：正极→负极
电子流向：
外电路：负极—导线—正极
内电路：阴离子移向负极，阳离子移向正极

图4

6. 教学反思

通过教学过程的实施，化学教学应做到了三维目标的真正意义上的统一，在每一个教学环节都不是独立落实某一个教学目标的，充分认识到教学设计要将化学教学设计三维目标融合统一。整个教学实施中，学生积极地参与实验设计、问题的讨论等活动，并在实验中提出了许多知识上的疑问，通过小组讨论和教师指导基本上实现了自我学习、自我提高的学习效果，知识的理解非常到位，课堂应用的效果也比较理想。

参考文献

[1]中华人民共和国教育部．普通高中化学课程标准（实验）[S]．北京：人民教育出版社，2003.

[2]钟启泉．"三维目标"论[J]．教育研究，2011(9)：62-67.

[3]朱彩兰，李艺．基于双重属性的"过程与方法"解读及三维目标描述建议[J]．课程·教材·教法，2012，11(11)：57-61.

[4]李胜荣，荆峰．"原电池原理及其应用"教学过程的设计与探析[J]．化学教学，2010(3)：39-43.

以多层次应用为导向的化学实验教学的探索与实践①

刘杰，苗慧，盛良全②

（阜阳师范学院化学与材料工程学院，安徽阜阳 236037）

摘　要：结合目前学院正在实施的"大类培养"方案，充分利用实验课特殊的地位，开展以多层次应用为导向的"两个阶段、三个步骤"的实验教学新模式。在实验教学中，引入专业分流的观念，使学生形成理性、科学的专业定位和选择；并提供学生锻炼专业技能的平台，把专业技能的培养和学习贯穿在大学四年的实验教学中。

关键词：大类培养；化学专业分流；实验教学；多层次应用

Abstract：In view of the special status of experiment courses, a new model of experiment class teaching with "two stages and three steps", oriented by the multi-level applications, was carried out under the current training mode of broad categories in college. In order to make the students form a rational and scientific specialty orientation and choice, the concept of major shunt was introduced during the experimental course. Moreover, it also provided an effective platform for students to develop their professional skills through their four years of experimental classes.

Keywords：Training mode of broad categories; Chemical major shunt; Experiment class teaching; Muli-level applications

随着高等院校招生规模扩大，高等教育从过去的"精英教育"快速发展到普遍意义上的"大众教育"[1,2]。"大众化"之后的高等教育，首先面临的变化就是入校学生学习水平的参差不齐，社会对学生素质的要求呈现多元化、多层次趋势；社会对应用型、创新型人才的要求不断提高[3-6]，因此，培养具有较强的动手能力、实践能力、创新能力和独立工作能力的本科生一直是理工类等专业致力发展的目标[7-9]。按大类招生及培养学生的做法，在强化基础教学、拓宽专业口径、培养复合型人才等方面为实现上述目标起到了很好的作用，提高了人才培养质量[10,11]。因此，从 2001 年北京大学创办元培计划班，推行按大类招生之后，这种新型的招生方式已在越来越多的高校推行。在这些高校中，有的全部是大类招生，如复旦大学、浙江大学、宁波大学；有的以基地班、实验班的形式进行大类招生，如北京大学元培计划实验班、河海大学基地强化班；有的在整合学校专业后，设定学科大类实施大类招生——如中国语言文学类、经济学类、工商管理类、材料类等，这是目前最普遍的大类招生模式[12-14]。

所谓"大类培养"，就是将学科门类相同或相近的专业合并归类招生，让学生经过一年或两年的基础学习后，根据本人意愿、兴趣、就业去向以及社会需求和自主择业的实际情况，进行中期专业分流的一种新型人才培养模式[15]。这种人才培养模式包含两个关键的阶段：第一，专业大类招生，高校不

① 项目资助：安徽省质量工程项目（2014zdjy081、2015zy037、2016jyxm0750）；阜阳师范学院本科教学工程项目（2016PPZY01、2017WLKC02）；阜阳师范学院青年人才基金重点项目（2017rcxm15）；校级自然科学研究项目（2018FSKJ18）

② 通信联系人：盛良全，shenglq@fync.edu.cn。

再按专业或专业方向来确定招生计划进行招生，而是将相同或相近学科门类的专业合并，按一个专业大类招生，考生高考填报专业志愿时，对于同一个大类包含的专业只需填报该大类即可，而不再需要考虑填报其中的某个专业；第二，专业分流，学生进入高校后前一年或两年不分专业，学习学科有关的基础课程，大二、大三时根据各自的兴趣爱好和双向选择的原则再进行专业分流。

一、我院现行"专业培养"的弊端

长期以来，我院（化学与材料工程学院）本科生的招生及培养均按照学校规定的招生计划和培养方案来执行，我们并不否定这种"固定专业招生"在实施统一招生计划、人才培养方案、教学管理上等方面上的优越性，但是这种招生及培养模式已越来越凸显出它的弊端。

（1）按"专业招生"是每一个专业都具有一个专业代码，考生选择专业志愿非常有限。由于有些考生和家长对选择专业是一知半解，或者以是否是"热门专业"、是否好就业、是否工资高为标准填报专业志愿，很少考虑考生对所选专业是否真正有兴趣，是否能够学好这个专业，这既严重影响了学生的学习主动性和积极性，又不利于高校人才的培养。尽管学校也考虑到这种情况，为学生提供了两次转专业的机会，但是专业差别及课程设置等的不同，也会给转专业带来一定的阻碍。

（2）专业发展是一个历史的过程，新老专业、不同学科之间发展往往是不均衡的。比如我院的化学专业（师范类）是传统优势专业，而应用化学专业与材料化学专业是新兴专业，学生在选择专业的志愿时，大多是避"冷"趋"热"，热门专业人人争报，冷门专业转走学生较多，这必然会造成教育教学资源的相对短缺与学生专业选择之间的矛盾，这既会影响到部分学科专业的人才培养质量，同时也会加剧冷、热专业发展的不平衡，造成了教育教学资源的浪费。如表1所示，通过对我院各专业近三年的转专业学生数的统计可以看出，化学专业（师范类）是传统优势专业，每年都有很多外院学生愿意转入，然而对于新办的材料化学专业则有不少学生选择转出[16]。

表1　近三年（2013—2015年）各专业转专业人数统计

专业	转出/转入（人数）		
	2013年	2014年	2015年
化学（师范类）	15/12	4/12	3/25
应用化学	9/8	21/8	33/5
材料化学	41/1	21/3	42/3

（3）"专业培养"规避了专业间的竞争，不利于学院及教师个体对教学质量和教学改革的关注。尽管近年来，教育行政管理部门及学校先后启动了各级各类的"本科教学质量工程"和教学改革工程项目，但在现行的评价机制下，广大教师更注重是科研业绩，他们参与教学改革、教学建设的积极性没有得到有效调动和引导，教学精力投入不足、教学效果不尽如人意等现象仍有发生。

二、实施"大类培养"的优势

1. 有利于提高学生的学习积极性和主动性

一方面，由于专业分流工作一般是在大学第4学期之后进行，学生与入学前相比，进一步加深了对专业的了解、减小了入学前选择专业的盲目性，缩小了专业选择和就业方向之间的误差，有利于学生专业思想的确立，为将来学生爱岗敬业奠定了良好的基础；另一方面，学生选择专业成为一场竞争，把竞争机制引进学生的学习中，使学生在无形中感受到一定的压力，从而鞭策他们刻苦学习，提高学习的主动性和自觉性。这对引导学生形成良好的、积极向上的学风，营造良好的学习氛围肯定是大有裨益的。

2. 有利于调动广大教师的教学积极性和主动性

实施大类招生、分流培养，使各学科专业生源及资源的竞争白热化。这种竞争不仅是学科实力的竞争，更是教学水平、人才培养质量的竞争。生源不好的专业，学科调整和专业改造压力剧增；生源的数量和质量成为专业间的竞争性资源，直接关系学院的生存与发展。办学水平低的专业要么通过改造和调整获得新生，要么逐步萎缩直至被撤销，提升办学质量和教学水平的压力被有效传递到院系及教师个体，教学中心地位得到有效保障，教师对教学质量和教学改革的关注由被动转为主动，教育教学改革也有了可持续发展的动力。

3. 有利于调整专业结构和优化专业设置

实施按大类招生的人才培养方式是对传统专业教育弊端的改革，既有利于因材施教培养优秀人才，又有利于促进院系把专业改革与社会需要结合起来。这会使得学校更加重视本校优势专业和特色专业的建设，使一些专业得到强劲的发展，成为本校，甚至全省、全国的强势和特色专业。另外，学校发展的视角也会倾向那些具有发展前景的、目前相对弱势的专业，切实加强弱势专业的师资队伍建设，改善实验、实践条件，提高人才培养质量水平。同时，专业分流使弱势学科专业发展面临萎缩和调整，强化了弱势学科专业的危机意识，对学科和专业的发展必然产生积极的促进作用。

三、实施"大类培养"的途径

当然，要实施"大类培养"离不开学校的政策支持，学院也着手了前期的准备工作，诸如教学大纲和教学计划的修订，教研室整合及师资结构的调整等。目前，对于实施"大类招生"培养模式中，其课程结构体系的设计大多是"平台＋模块"模式——这个模式是基于多元化的人才培养目标提出来的。"平台"根据学生的共性发展和学科特征要求，由带有相应通用性的学科或专业知识课程组成。在这些平台中，化学实验室平台在提升大学生的科学素质，培养分析问题、解决问题的重要手段以及进行全面素质教育方面具有独到的、其他教学平台无法比拟的优势，另外，也要充分认识到专业技能及素质的培养和提高不是自然形成的，也不是一步到位的，而应是一个不断发展和完善的、在实践中加以磨炼的、长期性的过程[17,18]。

由此笔者设想：在目前"大类培养"的背景下，考虑到学生专业分流的科学性与合理性及专业技能培养的长期性，充分利用实验课特殊的地位探索实验教学的新模式——多层次应用为导向。该模式在第一阶段，我们称之为专业选择和成长期(大一和大二)，在化学基础实验的教学中，向学生阐明基础实验将会应用在后续的综合性、设计性实验中，大学生创新创业训练项目中，毕业论文设计中，教育实习级专业实习中，从而激发学生学习化学实验的兴趣及热情。与此同时，结合专业就业前景，诸如公务员、考研深造、人民教师和研发员等，灌输专业规划思想，引入专业分流观念，使他们能形成理性的专业兴趣和意愿，最终为他们进行科学合理的专业定位和选择奠定基础。在第二阶段，我们称之为专业发展和成熟期(大三和大四)，同样以多层次应用为导向，把实验与专业实践结合起来，提供可行性实践平台，加强专业技能的培养和训练，可以能让学生巩固专业认识、坚定专业选择并树立专业理想，最终目的是能形成专业优势，树立专业品牌，具体如下流程如图1和图2所示。

图 1 第一阶段：专业选择与成长期

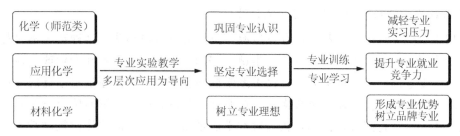

图 2　第二阶段：专业发展与成熟期

基于在上述两个阶段中，采用多层次应用为导向的化学实验教学新模式，需从以下三个步骤进行开展：

1. 多层次应用为导向的教法融入实验课程教案中——准备专业分流

将各专业潜在的应用进行多层次分解、归纳，融入教师自身实验课程备课的内容中。随着实验教学内容的更新、实验教学形式和管理模式的改变，对实验指导教师提出了更高、更全面的要求。这就要求实验指导教师既要有扎实的各学科和交叉学科（专业）的理论和实践知识，还要有机智、敏捷的反应能力，所以教师素质的提高势在必行，备课质量的高低是在实验课的平台中引导专业分流能否成功的关键所在。

2. 多层次应用为导向的教法融入基础实验课堂中——引导专业分流

在化学基础实验教育阶段（大一和大二两个年度），将各专业潜在的应用进行多层次分解并实施到教师实验教学的课堂上，引入专业分流观念，激发学生实验兴趣，形成理性的专业兴趣和热情，从而为他们的科学合理的专业定位和选择奠定基础，如图 3 所示。

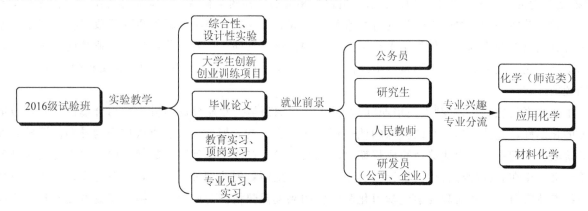

图 3　多层次应用为导向的教法融入基础实验课堂

3. 多层次应用为导向的教法融入专业实验教学中——巩固专业分流

如图 4 所示，在专业分类教育阶段（大三和大四两个年度）继续加强多层次专业应用的引导，把实验与专业实践结合起来，提供可行性实践平台加强专业技能的培养和训练，可以让学生巩固专业认识、坚定专业选择和树立专业理想。

四、结语

通过对我院 2016 级化学、应用化学与材料化学三个专业的 1 班学生为试验对象，按照上述"两个阶段，三个步骤"——以多层次应用为导向的实验教学模式的实施，有力地支撑了学院"大类招生，分类培养"改革的开展并作了了有益的探索。然而，这项改革毕竟是一项长期复杂而艰巨的系统工程。它涉及学校层面的管理制度、经费保障、师资倾斜和学院层面的课程内容调整、专业分流指导、宣传与学生管理等众多方面。但我们会正确对待实践过程遇到各种问题，继续探索，不断努力，进一步发展和完善多层次应用为导向的实验教学，最终达到减轻见习和实习压力，提升专业就业竞争力，形成专业优势和专业品牌的目的。

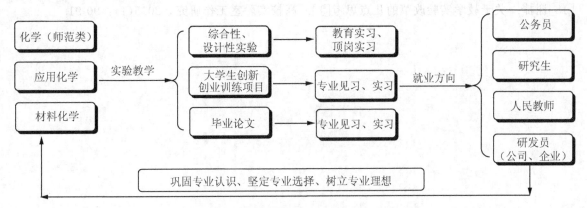

图4 多层次应用为导向的教法融入专业实验教学

参考文献

[1]李立国. 中国高等教育大众化发展模式的转变[J]. 清华大学教育研究，2014，35(1)：17-27.

[2]佘远富，刘超. 论大众化背景下高等教育的社会适应性[J]. 高等教育研究，2010，31(1)：41-48.

[3]何万国，漆新贵. 大学生实践能力的形成及其培养机制[J]. 高等教育研究，2010，31(10)：62-66.

[4]汤佳乐，程放，黄春辉，等. 素质教育模式下大学生实践能力与创新能力培养[J]. 实验室研究与探索，2013，32(1)：88-89，135.

[5]徐高明，张红霞. 我国一流大学创新人才培养模式的新突破与老问题[J]. 复旦教育论坛，2010，8(6)：61-66.

[6]王丽霞，戴昕，刘焕君. "2＋2"应用型人才培养模式的理论研究[J]. 高等工程应用研究，2015(1)：180-184.

[7]廖志豪. 基于素质模型的高校创新型科技人才培养研究 [D]. 上海：华东师范大学，2012.

[8]秦悦悦. 高校应用型本科人才培养模式研究与实践 [D]. 重庆：重庆大学，2009.

[9]李儒寿. 应用型本科人才培养模式改革探索——以湖北文理学院"211"人才培养模式为例[J]. 高等教育研究，2012，33(8)：65-70.

[10]张强. 高校人才培养模式改革新动向[J]. 北京教育，2015(6)：14-16.

[11]张晓明，王燕妮. 深化实施按大类招生人才培养的再思考[J]. 东北农业大学学报(社会科学版)，2010，8(6)：82-83.

[12]吕慈仙. 高等学校按学科大类招生的现状分析[J]. 宁波大学学报(教育科学版)，2007，29(1)：65-68，78.

[13]禹奇才，蔡忠兵，苗琰. 推进高校大类招生改革若干问题的探讨[J]. 高教探索，2014(1)：136-139.

[14]刘宝存. 大学理念的传统与变革 [M]. 北京：教育科学出版社，2004：35-41.

[15]张晓芬. 面向大类招生的"新生导学"模式[J]. 沈阳师范大学学报(自然科学版)，2012，30(2)：303-306.

[16]刘杰，盛良全，张宏，等. 二级学院实施"大类培养"模式的探索与实践[J]. 化学教育，

2016，37（22）：6-10.

[17]徐晓红，张红，刘斌. 探索实践教学体系促进创新人才培养[J]. 实验室研究与探索，2011，30（10）：235-237.

[18]谢捷. 关于教学实验改革的几点思考[J]. 高校实验室工作研究，2015（1）：90-91.

基于设计的学习模式在化学实验教学中的应用①

苗慧，马克龙，刘杰，崔玉民

（阜阳师范学院化学与材料工程学院，安徽阜阳 236037）

摘　要：以槐花米提取药物芦丁实验为例，探讨了基于设计的学习模式（DBL 模式）在化学实验教学中的应用。在以"设计"为核心的 DBL 教学模式中，学生接受任务后确定实验目标，检索文献，设计实验方案，收集准备材料，完成实验过程，撰写实验报告并进行交流展示。实践证明，基于设计的学习模式应用于实验教学能有效培养学习者的创新思维和独立解决问题的能力。

关键词：实验教学；DBL 模式；自主学习；教学评价

Application of Design-based Learning Model in Chemistry Experimental Teaching

Abstract：Taking the experiment of rutin extracted from flos sophora as an example, the application of design-based learning model in chemistry experimental teaching was discussed. In DBL teaching mode with design as the core, after accepting tasks, students determine the experimental target, retrieve literatures, design the experimental scheme, collect the preparation materials, complete the experimental process, write the experimental report and communicate and demonstrate. Practice has proved that the application of design-based learning mode in experimental teaching can effectively cultivate learners' innovative thinking and ability to solve problems independently.

Keywords：Experimental teaching；DBL model；Autonomous learning；Teaching evaluation

引言

化学实验课程重在锻炼学生在教师提供的学习情境中对所学知识的综合运用与迁移，及实验过程中不断学习、思考和解决问题的能力。合适有效的教学方法可以增加学生的学习热情，培养学生的创新思维，锻炼学生的实验操作能力，还能促使学生将所学的专业知识、技能与生活相联系，用以解决现实生活中的实际问题。这需要用一个巧妙的教学方式将知识与生活实践很好地结合起来[1]，传统"以教师为中心，以课堂为中心"的实验教学使得学习者过分依赖教师，而自身很少主动参与探究，主动思考问题、发现问题的能力得不到较好的培养。教师只是课程的组织者、参与者，需要把学习的主动权交给学生，教师适时加以引导。如果学生都是按照教师演示，跟着教师的"模板"被动学习，很少自主思考探讨，做实验时缺少交流与讨论，则发现问题、分析问题和解决问题能力的培养目标难以达成[2]。为了更好地达成化学实验在培养学生科学素养的目标，我们以"从槐花米中提取药物芦丁实验"为例，基于设计的学习模式（DBL 模式），以学生为中心，优化了实验的学习过程。基于设计的学习模式以"任务发布—实验准备—成果"三个阶段的学习为主线，教师辅助或指导实验教学，学生根据发布的任务明确实验目标、查阅文献，然后讨论设计实验方案、收集准备原料，最后制备产品并撰写报告进行交流

① 项目资助：安徽省质量工程教学研究项目（2016jyxm0750、2017jyxm0279）；阜阳师范学院本科教学工程项目（2017WLKC02、2016PPZY01）；安徽省大学生创新训练计划项目（201710371088）。

展示。在此过程中学生自主对相关知识重新进行整理深化，结合情境设计实验方案，并通过对方案的循环修改而不断思考与提高，最终落实实验任务并促成自身能力的提升。

一、DBL 模式在实验教学中的应用

DBL 模式有"任务发布—实验准备—成果"三个阶段。首先由教师发布有机药物提取的实验任务，提出以"寻找身边熟悉的植物并设计化学实验提取其主要成分"为学习课题，以一个开放性课题鼓励学生对周边事物进行观察思考，提升学生的探索兴趣，培养科学创新能力。学生通过对校园周边的观察，发现校园种植的许多槐树已经开花，在教师指导下，学习者查阅文献获知槐花米中含有药物成分芦丁，可以以槐花米为原料进行实验提取药物芦丁。学生通过文献检索与学习，了解提取芦丁的方法及影响收率的因素，然后进行实验方案的设计，采集了校园周边的槐花米，并进行芦丁提取实验的探究，依据实验的结果，撰写了实验报告并交流展示。整个模式以"设计性"为核心，设计任务来源于实际生活，而完成这一任务的过程，便是将学习者掌握的知识技能重新整合利用的过程[3]。

1. 任务

教师发布任务，鼓励学生主动参与实验设计与探究，让学习者能够跟着自己的思维模式去思考并学习。DBL 模式中，任务应根据培养目标及学生知识水平提出，学习者在完成任务过程中起主导作用，注重对实际操作能力的锻炼，培养学生主动参与任务的积极性，有效提高教学成果。

2. 实验准备

基于设计的学习模式中的情境内容有着重要作用。在任务发布后，学习者分小组迅速分工准备与实验有关的内容。

①知识与实验工具的准备：学生学习并熟练使用中国期刊网、ACS Publications、Wiley Online Library 等数据库进行相关文献的查阅，自主学习掌握实验相关知识，并整理、讨论解决实验问题。教师开放实验室并提供可能用到实验仪器，并且对实验仪器进行管理与讲解；学生进行原材料的收集与制备。整个过程中，教师需要适量为学生提供设计任务案例等相关知识方面的支持[4]。

②情境的构建：DBL 的教学模式中，情境的构建有着非常大的作用。教师在考虑到学生对知识的掌握程度情况下发布实验任务，注重对学生"反思""批判"和"创新"精神的锻炼。并且在提出任务时尽可能多地给予学习者更多的选择方案。这样可以让学习者结合自己的知识自主选择实验方案、自主设计实验任务并完成实验。在这个过程中，锻炼了学习者自主思考能力，培养学习者解决复杂现实情况的能力。而在学习者准备过程中，教师只需为学习者提供适量的帮助和维持实验制度的管理，而学习者则需要按照教师提供实验任务的目标，自主组成学习小组，小组成员合作交流探究完成学习任务。

③合作与交流：DBL 模式注重小组合作交流的学习方式。在完成分组后，各小组迅速分配好组员的工作，并开始决定实验方向，讨论制订初步实验计划。在教师的指导下，各小组展示本组的实验方案与实验思路，提出设计任务时碰到的难题，接受其他小组的指导意见。在学习过程中，提升了学习者对团队合作的意识，学会与他人交流表露自己的想法，加强了学习者的逻辑思维、解决问题以及语言表达等方面的能力。

④评价反思与循环论证：DBL 模式和其他学习模式的本质的不同在于 DBL 模式下的实验课程不会以设计出一次性任务方案为终点，而是在学习者展示自己的实验设计成果后，接受评价与指导并且快速讨论查阅文献解决相关问题，对实验设计加以完善之后进入多次循环再设计过程。这样不停循环论证以获得更加完善的方案，最终得到尽可能完善的实验设计成果。学习者在参与中，不断思考与讨论，接受教师和组员的指导和评价，对自己的设计方案不断修改、完善，学习者在参与反思论证过程中有效地提升了创造性和批判性思维。学习者在学习过程中可以充分将书本上的知识运用到现实中，加深对已获得知识的理解和构建，从而激发出学习者对实验课程的热情。

3. 成果

在 DBL 模式中的教学任务完成后，学习者通过自己探索得到的满足任务要求的方案或产品叫作成果。实验小组通过实验探究得到一条具有高产率的提取路线，完成了教师的课题任务。且在实验探究过程中学习者通过自我学习探究掌握了一套实验探究本领，学会了各种实验技巧，不再依靠教师提供的"模板"进行实验学习，掌握了学习的主动性。

二、DBL 模式的实验总结报告

基于教师提出"寻找身边熟悉的植物并设计化学实验提取其主要成分"的学习课题，学习小组通过查阅相关文献资料后决定以校园中生长的槐树为目标，小组成员采集槐树上的新鲜槐花米为原材料，通过晒干处理得到实验所用材料。由参考资料知在酸沉淀 pH 为 3～5 时，碱提取 pH 为 8～9 情况下，芦丁析出效果最佳。在教师的适当引导下，学习小组每个人发表自己的实验思路并请小组其他成员作出评价，小组讨论实验方案的优缺点，吸取每个实验思路的优点，并通过多次互相讨论验证，明确实验方向和实验任务分配，最终确定实验方案。

1. 原理和方法

芦丁为淡黄色小针状结晶，不溶于乙醇、乙酸乙酯、石油醚等溶剂，溶于碱液后溶液呈黄色，酸化后芦丁以结晶状产物析出。槐花米含有大量的药物芦丁成分，且槐花米价格低廉，实验成本小，产品产率高。学习小组以采集的槐花米为起始原料，水与饱和石灰水为提取液，将槐花米放入并加热煮沸，通过调节不同碱性使槐花米中的芦丁溶解到提取液中，过滤，再通过调节不同酸性使芦丁结晶，多次操作得到产物芦丁。分多组进行不同酸碱度提取实验，得到芦丁产物并通过仪器进行表征，筛选出最佳实验方案及提取路线。

2. 主要实验仪器及药品

电子分析天平、傅里叶变换红外光谱仪、盐酸、氢氧化钠等。

3. 实验步骤

取处理后得到槐花米粉状物，放入烧杯中，缓慢加入饱和石灰水溶液，加热煮沸且不停搅拌。加热一段时间后抽滤，将滤渣用饱和石灰水溶液搅拌煮沸并再次抽滤。合并两次滤液并且用 15% 的盐酸调节 pH 为 3～5，静置，抽滤洗涤，得到粗产品。将粗产品溶于热水中，用饱和石灰水调节 pH 为 8～9，使其全部溶解。趁热过滤，滤液调节 pH 为 3～5 且放置一段时间后将析出的结晶进行抽滤，再用水和乙醇洗涤结晶数次，置于烘箱中烘干得到产品芦丁。保持其他变量不变，改变溶液 pH，重复实验。

4. 实验数据的处理与分析

小组通过分工协作获得大量实验产品，在教师指导下快速熟练地掌握了表征仪器的操作方法并对实验产物进行表征，对产物结构进行了分析，筛选出最优实验路线，并运用 Origin 软件对数据进行了分析和处理。

5. 实验效果及结论

小组依照实验方案进行各自的实验工作，依据最初设计的方案开展初步的试验研究，经过方案的讨论与改进得到更为完善的实验方案。按照最终确定的实验方案以 pH 等不同影响因素为研究变量，对比不同条件下芦丁的产率及产物纯度，得到了最佳实验路线，解决了最初提出的实验问题。DBL 模式下的化学实验方法，以"从槐花米中提取药物芦丁实验探究"实验课题为导向，在教师少量帮助下，学生通过对问题的学习，了解实验相关知识，熟悉并熟练掌握实验用到的各种仪器，相互探讨实验所需要解决的问题，明确实验分工[5]，反复讨论制订详细的实验方案并将方案用于实验中，通过得到的实验成果，确定以槐花米为原料提取药物芦丁的最佳实验路线，最终达成了教学目标。

三、DBL 模式的实验教学评价

DBL 模式的实验教学注重对学习者解决实际问题能力的培养，以"学习设计"为核心教学目标，让学习者不断对所学知识进行梳理和构建，从而掌握新的知识技能。在教学过程中反复培养学习者的批判性思维、逻辑性思维和创造性思维，以及解决复杂问题的能力。学生在实验学习探索过程中，教师发布一些开放性课题任务来提升学生对实验课程的参与兴趣，鼓励学生大胆创新与尝试，学生通过研究该课题并提出以"槐花米提取药物芦丁"为课题的探究实验，在完成该探究实验中，学生掌握了自主学习探究的科研能力。在教师给予适量的帮助下，独立自主学习思考，快速、有效地掌握一个新的知识。由于在实验探究过程中，学习者占据主导地位，学习活动探索以学生为主，教师少量帮助情境下，学生自主设计实验，对培养学生的动手、发现问题和解决问题能力，团队合作、吃苦耐劳精神、创新意识等优良品质具有重要作用，对培养学生的学习兴趣，提高教学质量、培养出更多优秀人才起到积极作用。实际教学成果证明，这种以设置一些开放性问题为导向鼓励学生主动学习、大胆探讨，学生综合实际情况对实验目标、实验材料和实验方法确定的这一系列过程，使学生对实验课程体系有了整体的认知，学生通过自主学习探讨设计实验，获得了低成本、高产量的药物芦丁提取方法。DBL 模式用于实验教学，学生能够了解如何从文献中获得自己需要的知识并将知识整理设计成实验方案，能够自主学习设计实验并在探究过程中占据主动性，能够学习掌握相关仪器、Origin 数据处理软件等实验仪器或工具的使用方法，能够积累从事科学研究的知识与经验，从而得到创新精神及能力的培养。

参考文献

[1]余瑶. 项目学习的特征及教学价值[J]. 教师教育论坛，2017，10(30)：55-58.

[2]郑春满，盘毅，洪晓斌，等. 基于双 PBL 模式的有机化学实验教学探索[J]. 实验室研究与探索，2013，32(8)：179-180.

[3]胡炫. 基于设计的学习模式研究[J]. 中国教育技术与装备，2017，10(7)：7-8.

[4]张钢，王春茹，黄永慧，等. 基于项目学习的教学模式实验环境构建[J]. 实验室研究与探索，2012，51(8)：292-296.

[5]苗慧，刘俊龙，张文保，等. 基于 PBL 模式的化学实验设计与实施[J]. 化学教育，2015(24)：36-37.

微型实验在高校有机化学实验教学中的作用

陈正旺，叶敏，王青豪，钟金莲

（赣南师范大学，江西赣州 341000）

摘　要：本文阐述了微型实验的概念、优点，以及它在高校有机化学实验教学中的应用和实践，初步探索了微型实验中存在的问题。实践证明微型实验具有显著的经济效益和环保效益，对有机化学实验进行微型化改革是必要的，也是切实可行的。

The Effect of Microscale Experiment in Organic Chemistry Experimental Teaching in Universities

Zhengwang Chen, Min Ye, Qinghao Wang, Jinlian Zhong

Abstract：This paper describes the concept and advantages of microscale experiments, and its application and practice in organic chemistry experimental teaching in universities, and explores the problems in the microscale experiments. The practice has proved that the microscale experiments have remarkable economic and environmental benefits, and it is necessary and feasible to carry out organic chemistry experiment reform.

化学是重要的基础科学之一，是一门以实验为基础的学科，有机化学是化学的主干课程之一，扮演着非常重要的角色。有机化学实验是我校化学、应用化学和材料化学专业的学位基础课之一，其目的是使学生掌握实验的基本操作技能，学会一些重要的有机化合物的制备、分离、提纯和鉴定方法，通过实验教学获得感性认识，验证和巩固所学的有机化学的理论知识，培养理论联系实践的工作作风、严谨的科学态度、良好的实验习惯，培养分析问题和解决问题的能力、动手能力和初步的独立工作能力，为进一步应用有机化学知识和技术去解决科学研究、生产和开发工作中所涉及的有机化学问题打下良好的基础。

有机化学实验具有以下特点：（1）大多数有机物有一定的毒性，沸点低，易燃、易挥发；（2）有机化学反应一般比较缓慢，副产物多，反应不完全；（3）常需使用催化剂且要加热来加快反应，为便于控制温度，常采用水浴、油浴、电磁加热等加热方法使反应顺利进行；（4）大部分有机物价格比较贵，污染严重，产品后处理比较困难，存在一定安全隐患。

此外，随着科技的进步，大型仪器在检测有机化合物中的运用越来越广泛，比如核磁、质谱等仪器是有机合成中最重要的仪器，这些仪器的检测灵敏度非常的高，需要样品的量非常少，客观上要求得到的目标化合物的量非常少。在研究生培养阶段，很多研究方向如有机合成方法学、天然化合物提取、全合成等需要得到的目标化合物的量一般在毫克级，客观上需要在本科阶段培养学生开展微型实验的技能。另外部分高校化学实验经费有限、实验室不足、缺乏实验员以及教学节奏急促，导致有些常规实验不能开展，且实验过程中学生积极性不高。如果我们把常规实验改为微型实验，就可以既克服以上许多困难，又能达到常规实验的要求，因此，开展微型实验具有非常重要的意义。

1. 微型实验

1982 年，微型实验在美国几所高等院校基础有机化学实验室里试验成功[1]。1984 年，Mayo 所研发的微型仪器在美国化学年会引起了大家的关注。1993 年，正式成立全美微型化学研究中心，主要任务是积极组织培训各类学校的化学教师推进微型化学实验的推广工作[2]。1999年，我国成立了全国微型化学实验研究中心，大力开展规划和协调全国微型化学实验的研发与实际应用工作[3]。此后，这种方法和技术得到迅速推广。

微型化学实验，是在微型化的仪器装置中进行的化学实验，就是以尽可能少的化学试剂来获取所需化学信息的实验方法与技术。虽然它的化学试剂用量一般只为常规实验用量的几十分之一乃至几千分之一，但其效果却可以达到准确、明显、安全、方便和防止环境污染等目的[4]，具有体积小、用药少、反应快、时间省、易操作、较安全、效果好、动手机会多、趣味性高、污染低的特点[5]。

现阶段已有数千院校开始进行化学实验微型化的研究与应用。研究从绿色化学的角度出发，针对课程实验中涉及有毒有害化学试剂、价格昂贵或对环境污染严重的实验内容、实验项目进行微型化、绿色化改造，在加强微型实验理论研究及实验设计研究的同时，开展了微型化学实验仪器的研发。

2. 有机化学微型实验

微型化学实验在有机化学教学领域中实现了可持续发展的目标。它倡导实验仪器微型化、容量小，实验试剂用量少，是一种节能、减排的好方法，具如下优点：

(1)省钱、省时，减少污染，保护环境。实验试剂的量的减少，既可以节约实验的经费投入，又可减短实验操作时间，较好地培养学生可持续发展的思想观念，为建立资源节约型社会作贡献。实验仪器的微型化，使实验所需空间大大减小，缓和了原本拥挤的实验室空间，提高了实验教学效率和效果。同时实验试剂用量的减少，减少有毒有害物质的生成，降低了对环境的污染和三废排放。

如溴乙烷的制备实验，可以将药品95％的乙醇由50 mL减为7 mL，浓硫酸由100 mL减为9.5mL，NaBr由原来的75 g减为7.5 g。又如乙酸乙酯的制备实验，可改用微型实验装置[6]，试剂乙醇由23.0 mL减为3.0 mL，冰醋酸由14.3 mL减为2.0 mL，浓硫酸由7.5 mL减为1.0 mL。实际试剂用量减少，可以节约实验成本及时间。

从茶叶中提取咖啡因的实验是各大院校普遍选用的提取与分离实验内容，常规实验中，用索氏提取器进行提取。而在微型实验中，可将其改为用梯氏提取器进行提取，即中间部分改为标准磨口筒形恒压漏斗[7]。这样做可以和现有仪器配套，茶叶容易装入，而提取效果与常规实验相同。同时常规实验中，每组需10 g茶叶末，量比较大，因而实验过程中，室内污染严重，实验时间长，需要6学时才能完成。改为微型实验后，茶叶及其他试剂用量减少为常规实验的1/ 10，有效地节省实验成本，可以缩短2个学时的实验时间，且咖啡因收率高、后处理操作简单、实验效果良好。

(2)更安全。微型化实验减少了易燃易爆试剂药品的用量，降低了有机化学实验的危险性，使操作更安全。绿色化学是以绿色意识为指导，以降低或消除实验产物、残余物对环境的污染为目标，它最大的特点在于它不是控制和处理终端或过程污染，而是在起始端就采用预防污染的科学手段，以实现零排放或零污染，对培养学生的环保意识和生命态度具积极作用。

上述列举的从茶叶中提取咖啡因的实验中，茶叶及其他试剂用量减少，实验室气味明显改善，实验过程心情舒畅。

乙醚制备实验，对实验室污染严重，有一定的危险性，产品后处理比较困难。在常规实验中，如果实验室的通风效果不好，开设此实验有点困难，若改为微型实验，反应产生的乙醚量比较少，实验过程中还可以把接收乙醚的接收瓶整个浸泡于冰水中，在萃取、分离等操作时，用同一离心试管在冰水浴中进行。这样，只有非常少量的乙醚挥发到空气中，空气污染就大大减少，提高了实验的安全性。

(3)有利于激发学生的学习兴趣，有利于培养学生的探究能力、创新能力。微型化实验中使用的反应仪器、装置较常规实验更少，安装更简单便捷，学生上手操作会更容易，学生的学习热情也会更高，同时为学生提供了更广阔的探索空间，有充裕时间去参与实验的整个过程。不仅如此，设计微型实验有利于课堂开放，探究合作氛围更浓。

三芳基甲烷制备实验是我们课题组在实验室发现的一例创新实验。由于该实验反应时间短，投料量比较小，适合开展微型实验，因此被选入有机化学实验课本中。三芳基甲烷是一种非常有应用价值的基本骨架，一些三芳基甲烷类化合物已经被报道具有抗氧化、抗病毒、抗肿瘤等活性[8]。实验中，分别称取吲哚(58 mg，0.5 mmol)、TsOH(9 mg，0.05 mmol)和苯甲酸(32 mg，0.3 mmol)于干净的10 mL 圆底烧瓶中，再加入四氢呋喃(1 mL)，室温下反应 0.5 h，基本反应完全。反应完毕后，我们经过萃取，合并有机层，并用旋转蒸发仪浓缩有机混合液，再经过硅胶柱层析，分离得到目标产物，产率可以达到 70%~80%。因此该实验不仅可以培养学生的反应能力，还锻炼了后处理以及柱层析分离的能力。

该实验内容与生活密切相关，易赢得学生的认同，激发学生兴趣，开阔学生视野，教师实行启发式和讨论式教学，激发学生的独立思考和创新意识，当学生拿到自己合成的三芳基甲烷时，获得极大的成就感，有利于培养参与意识及增加对自己动手能力的认同感。

3. 有机化学微型实验教学的问题

有机化学微型实验实践中收获很多，但是也遇到一些问题：

(1)由于微型化实验试剂的减量使用，实验过程中如有多步转移操作会引起损耗，同时对实验操作人员的实验操作技能、仪器使用规则等要求更高。(2)一些需要处理大量物料的实验，如从天然产物中提取微量有效成分的实验不能使用微型实验方法。(3)由于微型实验教材、参考资料有限，微型实验仪器没有统一规格，装置配套较难，实验室所用热源有待改进，与微型实验仪器配套的辅助设备也需重新设计，教师授课的过程中难度加大。

4. 结论

研究表明，微型实验进入有机化学教学领域，在提高经济效益、节约时间、绿色环保、培养学生认真求实严谨的科学态度方面，发挥了很大的作用。但是微型实验并非是常规实验的简单微缩，其核心思想是一种新理念、新技术、新方法在实验中的改革和应用。

在今后的教学实践中，我们将不断深化教研改革，把微型实验与常规实验有机地结合起来，加强微型实验教材的编制、实验方案的改进、实验仪器的研发。随着教学改革的深入，微型有机化学实验内容将更加充实，有机化学实验教学水平将得到更大的提高。

参考文献

[1]毕华林，黄婕. 国外关于化学学习水平的界定与研究进展[J]. 全球教育展望，2007(1):90-96.

[2]毕华林. 教材功能的转变与教师的教科书素养[J]. 山东师范大学学报，2006(1)：87-90.

[3]毕华林，卢姗姗. 化学课程中情境类型与特征分析[J]. 中国教育学刊，2011(10)：60-63.

[4]杨俊毅. 微型化学：体验化学的微秒之美[J]. 科学大众. 科学教育，2015(7)：6.

[5]胡乔生，张世勇. 微型化学实验教学与学生创新素质的培养[J]. 江西化工，2009(1):163-165.

[6]苏一理. 医学院校微型实验与医学有机化学实验教学[J]. 华章，2013(9)：185.

[7]高岩，朱鹤，邱雪飞，等. 农业院校有机化学微型实验研究[J]. 吉林农业大学学报，1997(19)：155-157.

[8]李中贤，王俊伟，赵俊宏，等. 三芳基甲烷类化合物合成方法的研究进展[J]. 有机化学，2014(34)：485-494.

大型精密仪器和量子化学从头计算运用于本科物理化学实验的尝试

——导电聚合物的电变色性质及量子化学计算解释实验的设计

张贵荣①，王媛媛，王欢，陆嘉星

（华东师范大学，化学与分子工程学院，上海 200062）

摘　要：本文试图设计一个利用大型精密仪器和 Gaussian 量子化学从头计算程序的化学系本科生高级物理化学探索实验，提出了实验的步骤，介绍了通过在线紫外—可见光谱电化学技术观察聚邻甲氧基苯胺电化学合成的过程，也介绍了观察聚邻甲氧基苯胺电致变色的过程，并用量子化学计算的结果来解释实验结果，目的是让学生能有机会了解如何在实验中使用大型精密仪器和量子化学计算程序包。

关键词：量子化学从头计算法；紫外—可见光谱；邻甲氧基苯胺；Gaussian 09

Application of Advanced Instruments and Ab Initio Quantum Calculation in Physical Chemistry for Undergraduate Student

—A Design of the Experiment for the Electrochromatism of Conducting Polymer and its Explanation by Quantum Calculation

Zhang Guirong*　Wang Yuanyuan　Wang Huan　Lu Jiaxing

(Chemistry and Molecular Engineering School，East Normal University，Shanghai，200062)

Abstract：An experiment for the electrochromatism of conducting polymer and its explanation by quantum calculation was designed. The experiment included three steps. First step was to observe the process of electropolymerization of o-anisidine at ITO electrode using *in-situ* spectroelecrochemistry. Second step was to investigate the electrochromatism of poly(o-anisidine) deposited on ITO electrode. Last one was to explain the two aforementioned ones using Gaussian 09 calculation. These experimental steps may allowed students to master how to use the advanced instruments and Gaussian 09 in their future study and work.

Keywords：Ab initio quantum calculation；Uv-vis spectrum；O-anisidine；Gaussian 09

一、引言

物理化学实验是全日制大学化学专业高年级学生重要的必修课之一[1-3]。由于其涉及化学学科中较深的物理化学和其他化学知识，同时实验中涉及的相关测试仪器设备较多，因此对学生的基础知识和实验技能的训练是较为全面的。通过此课程的学习，能促进学生较好地掌握和理解化学学科基础理论知识和综合的实验技能，为其今后完成毕业论文、参加各类科技创新和顺利进行研究生的学习打下较为扎实的理论和实验技能基础。目前华东师范大学化学与分子工程学院与其他兄弟院校一样，随着国家的持续投入，采购了许多大型精密科学仪器充实于教学和科研中，如 FTIR、紫外—可见光谱仪、XRD、SEM、TEM、激光拉曼显微镜、核磁共振仪、高分辨飞行时间质谱仪和时间分辨高灵敏荧光光

---

① 通信联系人：张贵荣，grzhang@chem. ecnu. edu. cn。

谱仪等，同时也采购了各种计算化学的软件如 Gaussian 量子化学计算软件包。这些大型仪器设备和软件的购置极大地改善了教学和科研的条件，但如何将这些科学仪器引入基础实验教学中，使本科生尽早地接触这些大型精密仪器设备和软件，加快和促进培养创新型人才是一个值得探讨的问题。由于这些仪器和软件涉及的理论知识较深，因此在高年级的物理化学综合探索性实验教学中，我们尝试通过设计一些原理经典简单、新颖有趣和操作方便的综合实验，引入有关大型精密仪器和量子化学计算软件。为此，我们设计了一个利用在线紫外—可见电化学光谱观察电合成导电聚合物聚邻甲基苯胺和其电致变色性，并用量子化学 Gaussian 计算软件模拟其紫外—可见光谱并与实验结果进行比较的综合探索性实验。限于篇幅，在本文中我们简单介绍了此实验设计的基本想法、实验的主要步骤和基本原理。目前通过安排了几个本科生将此实验作为他们的毕业设计来进行验证，结果表明这个综合探索性实验是切实可行的。

二、实验的设计和步骤

（1）首先让学生用在线紫外—可见电化学光谱技术跟踪邻甲基苯胺在 ITO 导电玻璃上的电化学聚合过程。目的是让学生了解和掌握电化学合成导电聚合物的原理和方法；学生通过实验可以较全面地了解和掌握电化学工作站的原理和方法；同时也更加深刻地了解紫外—可见光谱仪有关高级应用的方法。

（2）利用在线紫外—可见光谱电化学技术对沉积在 ITO 导电玻璃上的聚邻甲氧基苯胺的电致变色性能进行观察。使学生了解电致变色的原理，结合文献发展对导电聚合物电致变色原理进行探索性的讨论。

（3）用 Gaussian 量子化学计算程序包对有关聚合物的紫外—可见光谱进行模拟计算和讨论。目的是让学生初步掌握 Gaussian 量子化学计算程序的原理和使用方法[4-5]，尤其是在聚合物研究中的一些使用方法。

尽管上述实验操作主要涉及导电聚合物的电合成、电致变色和量子化学计算的应用，但这个实验还是可以继续拓展，如用电镜表征导电聚合物的形貌、用 FTIR 表征其结构等。

三、实验原理介绍

1. ITO 导电玻璃上电化学制备聚邻甲氧基苯胺

以 ITO 导电玻璃为工作电极，在 650 mV（相对于饱和 Ag/AgCl 电极，以后电位均相对于此电极），对含 80 mM 邻甲氧基苯胺的 0.5 mol/L H_2SO_4 溶液进行恒电位电解，电解开始时同时启动紫外—可见光谱仪记录体系的紫外—可见光谱，设置参数为每隔 5 s 记录一次体系的在线紫外—可见光谱。

图 1 是邻甲氧基苯胺电聚合过程的在线紫外—可见光谱的吸收曲线。从图 1 可看出在 650 mV 下，电化学氧化邻甲氧基苯胺初期在 300～400 nm 间有吸收峰，表明聚合过程中存在相邻苯环的 π-π* 电子跃迁，这一点也得到了量子化学计算结果的证实。

图 2 是邻甲氧基苯胺还原态的单体、二聚体、三聚体和四聚体的 TD-DFT/ B3LYP/6-31G（d，p）计算模拟的紫外—可见光谱图。从图中可以看出邻甲氧基苯胺单体在高于 300 nm 处没有强的吸收带，只有在 186 nm 处有强吸收带，而在 280 nm 处的吸收带是很弱的；二聚体的最强吸收带也在 188 nm 附近，但其 300 nm 的吸收带吸收强度较强；对于三聚体，其最强的吸收带已红移至 280 nm 处，而在 340 nm 处的吸收带的强度已与 280 nm 处的吸收强度接近了；而对于四聚体，最强的吸收带在 343 nm 处，在 420 nm 有一微弱的吸收带。这些均说明当邻甲氧基苯胺聚合后，只要有相邻的苯环出现，其紫外—可见光谱在 300 nm 以上应出现吸收带，而且由于共轭的产生随着链的增长发生红移现象。466 nm 处的吸收峰代表的是在聚合过程中自由基阳离子与极化子之间的跃迁[6-7]。随着电解的进行，20 分钟时在图 1 的 725 nm 处出现新的吸收带，这归因于双阳离子与双极化子之间的跃迁[7-8]，表明聚合过程中产生了双极化子，尤其此吸收峰的吸光度增加速率明显加快，表明实验中产生了大量的

中间体，形成了长链聚合物。

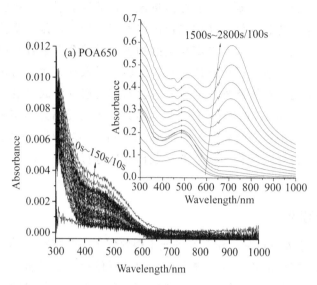

图 1　恒电位电聚合邻甲氧基苯胺的在线紫外—可见吸收光谱

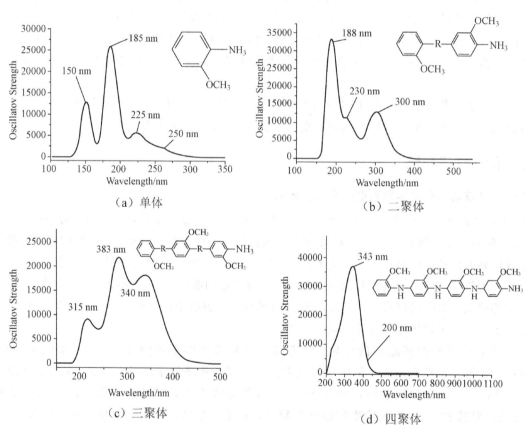

（a）单体　　　　　　（b）二聚体

（c）三聚体　　　　　　（d）四聚体

图 2　邻甲氧基苯胺还原态的单体、二聚体、三聚体和四聚体的紫外—可见光谱模拟图

2. 沉积在 ITO 电极的聚合物聚邻甲氧基苯胺的电变色行为

从图 3 可以直观地看到在 0.5 mol/L H_2SO_4 中聚合物膜随着施加电位的升高，膜的颜色发生了明显的变化：从浅绿—深绿—蓝绿—浅蓝—亮蓝依次变化。此时导电聚合物按图 4 由还原态（LE）变为碱式半氧化态（EB）/盐式半氧化态（ES）最后变到完全氧化态（PE）。

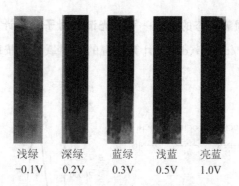

浅绿	深绿	蓝绿	浅蓝	亮蓝
-0.1V	0.2V	0.3V	0.5V	1.0V

图3 聚合物膜颜色随电位的变化示意图

图5是不同电位下沉积在ITO导电玻璃上的聚邻甲氧基苯胺的在线紫外—可见电变色光谱图。从图中可知其主要存在三个随电位变化明显的吸收带：在短波长330 nm附近有一个吸收带，代表了聚邻甲氧基苯胺中典型的相邻苯环的 π-π* 跃迁[9-10]；在420 nm附近的吸收峰代表的是聚邻甲氧基苯胺中存在的单极化子的跃迁[11]；而长波长区域550~1100 nm的吸收带在低电位下主要是代表双极化子结构的跃迁[11]。当电位升高时吸收带的峰位波长向短波长方向发生明显的移动，说明此时聚合物按图4由还原态变为半氧化态最后变为完全氧化态，从而颜色就会表现出如图3中的由浅色系到深色系的变化。

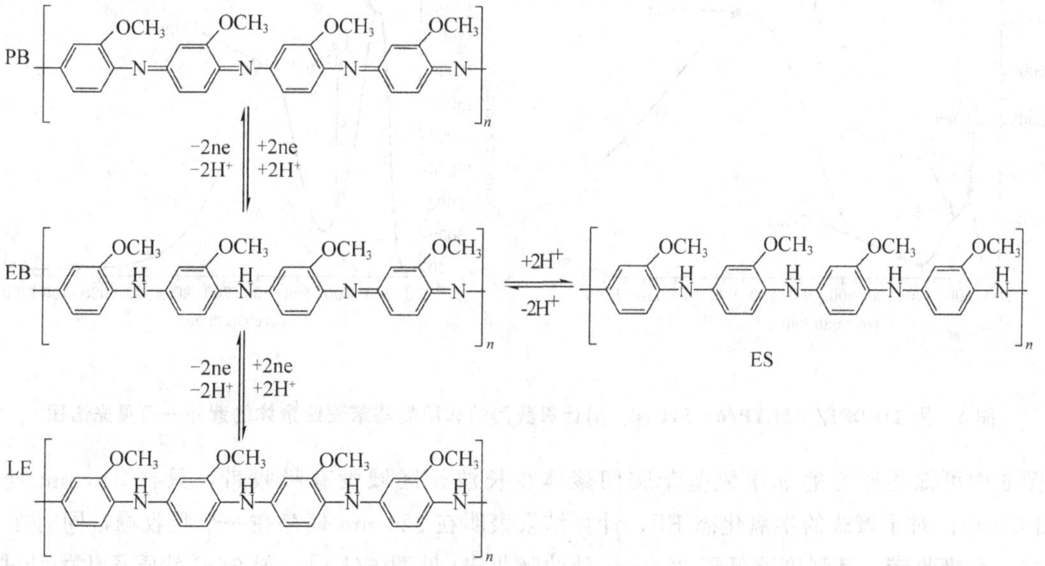

图4 聚邻甲氧基苯胺各氧化态之间转换示意图

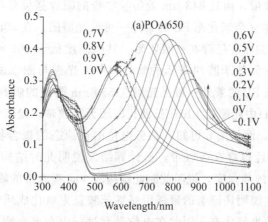

图5 不同电位下沉积在ITO导电玻璃上的聚合物的在线紫外—可见电变色光谱图

3. 邻甲氧基苯胺四聚体不同氧化态的紫外—可见光谱的量子化学计算

图 6 是用 TD-DFT/ B3LYP/6-31G(d，p)计算获得的邻甲氧基苯胺四聚体的紫外—可见光谱图。

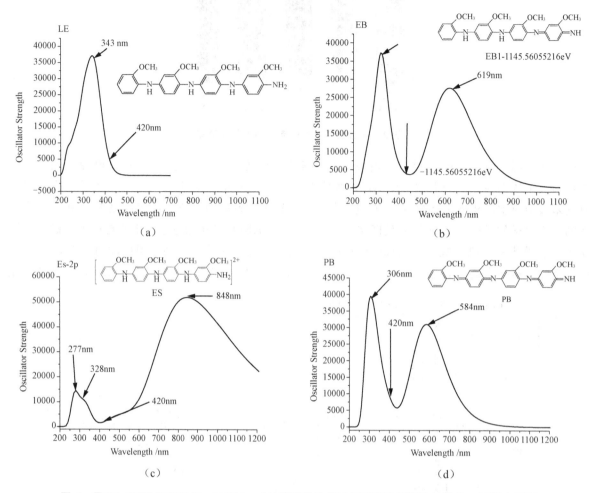

图 6　用 TD-DFT/ B3LYP/6－31G(d，p)计算获得的邻甲氧基苯胺四聚体的紫外—可见光谱图

　　从图 6 中可知还原态的邻甲氧基苯胺四聚体在长波长区域没有吸收带，只在 343 nm 处有吸收带[见图 6(a)]；对于碱式的半氧化态 EB，计算结果表明在 324 nm 处存在一个吸收峰，同时在 619 nm 处也存在一个吸收带，其强度要低于 324 nm 处的吸收带[见图 6(b)]；图 6(c)是质子化的盐式半氧化态邻甲氧基苯胺四聚体 ES 用量子化学计算得到的紫外—可见光谱图，图中在 277 nm、328 nm、420 nm 和 848 nm 处均有吸收带，而且 848 nm 处的吸收带的吸收强度要明显高于其他吸收带的强度；图 6(d)是邻甲氧基苯胺四聚体完全氧化态 PB 的紫外—可见光谱图，在 306 nm 处有吸收带，在 420 nm 处有一不明显的肩峰，而在 584 nm 处存在一吸收带，其峰高度低于 306 nm 处的吸收峰高度。这些有关用量子化学计算得到的邻甲氧基苯胺四聚体的紫外—可见光谱与图 5 所示的实验结果是较吻合的，图 5 中在高电位时完全氧化态 PB 的紫外—可见光谱在 550 nm 附近的吸收带与计算结果的紫外—可见光谱图 6(d)是一致的；图 6(a)中还原态 LE 在长波长区域无吸收带，盐式半氧化态 ES 和碱式半氧化态 EB 在长波长区域均有吸收带，而从图 5 可知，在低电位时还原态的聚合物中除了在 330 nm 处有吸收带，在长波长区域 880 nm 附近也存在吸收带，按计算结果说明此时结构中存在质子化的半氧化态结构，由于强度低于 330 nm 处的峰强度，说明此时此结构较少，吸收带的峰位随电位升高而向短波长方向移动，同时吸光度增加，这说明还原态的聚邻甲氧基苯胺首先氧化成质子化的半氧化态的 ES，然后随电位的继续升高变为碱式的半氧化态，因此在电位升高过程中在聚合物中可能 ES 和 EB 共存，而且

吸光度升高，这是因为按计算的结果 ES 的长波长吸收高于 330 nm 处的吸光度，随着电位的进一步升高，聚合物向完全氧化态转化，此时的质子化的半氧化态 ES 减少而 EB 变多，吸光度又逐步变小，最后到完全氧化态 PB 时，长波长的吸光度变为 580 nm。

参考文献

[1]董超，李建平. 物理化学实验[M]. 北京：化学工业出版社，2011：99-104.

[2]岳可芬. 基础化学实验Ⅲ——物理化学实验[M]. 北京：科学出版社，2012：150-154.

[3]孙文东，陆嘉星. 物理化学实验[M]. 北京：高等教育出版社，2014：206-211.

[4]Frisch M J，Trucks G W，Cheeseman J R. Systematic Model Chemistries Based on Density Functional Theory：Comparison with traditional Models and with Experiment[J]. Theoretical and Computational Chemistry，1996，4：679-707.

[5]陈光巨，黄元河. 量子化学[M]. 上海：华东理工大学出版社，2008.

[6]S. Ito，K. Murata，S. Teshima，et al. Simple synthesis of water-soluble conducting polyaniline [J]. J. Synth. Met，1998，96(2)：161-163.

[7]Lei Zhang，Wenjuan Yuan，Yingying Yan. In situ UV-vis spectroeletrochemical studies on the copolymerization of o-phenylenediamine and o-methoxy aniline[J]. J. Electrochimica Acta，2013，113：218-228.

[8]P. Santhosh，A. Gopalan，T. Vasudevan. In situ UV-visible spectroelectrochemical studies on the copolymerization of diphenylamine with ortho-methoxy aniline[J]. J. Spectrochimica ActaPart A，2003，59(7)：1427-1439.

[9] C. Y. Chung，T. C. Wen，A. Gopalan. In situ UV-Vis spectroelectrochemical studies to identify electrochromicsites in poly(1-naphthylamine) modified by diphenylamine[J]. J. Spectrochimica Acta，2004，60A(3)：585-593.

[10]S. Bilal，R. Holze. In situ UV-vis spectroelectrochemistry of poly(o-phenylenediamine-co-m-toluidine)[J]. J. Electrochimica Acta，2007，52(17)：5346-5356.

[11] Ayşegül. Gök，SongülŞen. Preparation and characterization of poly (2-chloroaniline)/ SiO$_2$ nanocomposite via oxidative polymerization：Comparative UV-vis studies into different solvents of poly(2-chloroaniline) and poly(2-chloroaniline)/SiO$_2$[J]. J. Appl Polym Sci，2006，102(1)：935-943.

改进实验教学　提高创新技能

——以有机化学实验教学改进为例[①]

谢永荣[②]，李勋，刘良先，陈正旺，杨瑞卿

（赣南师范大学化学化工学院，江西赣州 341000）

摘　要：有机化学实验是化学专业学生学习的重要基础实验之一，是有机化学课程的重要组成部分。改进有机化学实验教学是时代发展的必然要求。本文在教材、实验内容、因材施教、实验仪器、指导老师、教学方法、考核七方面开展了有机化学实验教学改革，取得了较好的效果。

Improvement Experimental Teaching，Increase Innovation Skills
—Taking the Improvement of Organic Chemistry Experiment Teaching as an Example

Xie Yongrong，Li Xun，Liu Liangxian，Cheng Zhengwan，Yang Ruiqing

(School of Chemistry and Chemical Engineering Gannan Normal University，Jiangxi Ganzhou 341000)

Abstract：Organic chemistry experiment is one of the important basic experiments for chemistry students，and is an important part of the organic chemistry curriculum. Improving the teaching of organic chemistry experiment is an inevitable requirement of the development of the times. In this paper, the teaching reform of organic chemistry experiment has been carried out in seven aspects such as teaching materials，experimental content，teaching in accordance with their aptitude，experimental instruments，instructors，teaching methods and assessments，and achieved good results.

有机化学实验是化学专业学生学习的重要基础实验[1]，是有机化学课程的重要组成部分。本学院化学专业有机化学实验课程安排在第二、三学期开设，总课时 96 学时，4.0 学分。本课程要求学生通过有机化学实验掌握一些重要的有机化合物的制备、分离、提纯和鉴定方法，验证有机化合物的性质，熟悉实验操作技术，提高动手能力。同时，可以巩固课堂所学的有机化学理论知识，培养学生理论联系实际的学风，培养学生严谨、认真的态度和分析问题与解决问题的能力，激发学生学习有机化学的兴趣，提高学生学科素养与创新能力。

对有机化学实验教学的改进研究是广大有机化学工作者关心的问题[2-5]。下面简要介绍本学院对有机化学实验课程教学采取的几项改进措施。

一、自编合适的教材

有机化学实验有多种版本的参考书，本学院前几年一直采用曾昭琼[6]主编的《有机化学实验》作教材。2016 年开始结合教学改革，使用自编的教材《有机化学实验》[7]，取得较好的效果。

---

①　项目资助：赣南师范大学 2018 年课堂教学改革专项。

②　通信联系人：谢永荣，yongrongxie@foxmail.com。

二、整合实验内容

随着实验教学要求的提高，单一的基本操作实验、验证实验已没有足够的时间安排教学。因此，把各种基本操作或验证实验渗透到有机化合物的制备实验中，开设更多的综合实验，以训练学生的系统思维和综合实验能力。例如：不再单独开设液态有机化合物折光率的测定和固态有机化合物的重结晶提纯等实验，而是将它们分别渗透到溴乙烷的制备和 Diels-Alder 反应的实验中，提高了教学效果。

三、实施因材施教

从 2016 年开始，本院化学专业除在省内招收一本学生外，在全国约 25 个省市范围内招收二本学生。由于各省初高中使用的教材不尽一致以及教学要求不尽相同。学生入学后，不同学生掌握的化学知识层次不同，差距较大，为有机化学实验教学带来了一定困难。因此，除了按学生的层次编班外，还要求教师在教学中进一步加强因材施教，重视个体实验指导，帮助基础较差的学生提高实验能力。

四、共享实验仪器

由于本院招生规模不断扩大，有机化学实验室的容量已不能满足每个学生单独使用 1 套实验仪器。因此，同一套实验仪器安排了多组学生共同使用，这就要求学生要有较强的集体观念和爱护共享实验仪器的责任，提高了学生的集体荣誉感。

五、交换指导老师

在同班各组的有机化学实验指导老师中，采取了一学期一轮换指导教师的办法。一方面可以平衡各组的教学情况；另一方面可以使学生接触和熟悉更多的指导教师，获得更多的指导和帮助，提高学习兴趣。

六、改进教学方法

利用微课辅助实验教学。通过录制微视频，阐明实验的重难点或展示实验的装置图等，让学生能够随时随地在移动设备上进行碎片化、移动化学习，掌握实验的关键技术，实现知识的传播与共享。

七、重视平时考核

指导老师对学生的实验考核从每一次实验开始，内容包括学习态度、出勤、组织纪律、预习报告、仪器装置的平整度、规范操作和实验报告等多方面，严格要求，认真考核。培养学生实验时严谨、认真的态度，科学求实的精神，促进良好习惯的养成。

通过上述实验教学的改革，提高了学生学好有机化学理论课的积极性和主动性，培养了学生的创新思维和实验能力，培养了良好的科学素养。近年来，学生在全国高等师范院校大学生化学实验邀请赛上多次获得一、二等奖的好成绩，同时，应届本科毕业生考研录取率从 2011 年的 29.17% 逐年上升。

参考文献

[1]曾艳萍，黄齐林. 基于地方高校转型发展的有机化学实验教学改革[J]. 大学化学，2018(1)：54-60.

[2]安胜姬，吕蕾，郑松志. 国内 8 所大学基础有机化学实验课程现状调查[J]. 实验室研究与探索，2018(1)：150-153.

[3]李厚金，陈六平. 有机化学实验教学方法探索与实践[J]. 大学化学，2018(1)：7-11.

[4]王满刚，张麟文. 绿色化学理念在大学有机化学实验教学中的实践与探索[J]. 教育教学论坛，2016(2)：238-239.

[5]安琳，牟杰，张玲，等. 序列化有机化学实验改革与创新型人才的培养[J]. 实验室研究与探索，2016，35(7)：218-220.

[6]曾昭琼. 有机化学实验[M]. 3 版. 北京：高等教育出版社，2000.

[7]刘良先. 有机化学实验[M]. 上海：上海交通大学出版社，2015.